全自磨半自磨磨矿技术

Fully and Semi Autogenous Grinding

黄国智　方启学　任　翔　王德明　编著

北京

冶金工业出版社

2018

内 容 提 要

本书对全/半自磨磨矿技术的备料、工艺、设备结构及工作原理进行了详细的介绍，并且介绍了全/半自磨在不同矿厂的应用实例。本书主要内容包括自磨机与半自磨机工艺选择、全/半自磨机的结构、全/半自磨机工作原理、磨机衬板、磨机给矿准备、全/半自磨机排矿筛分、顽石处理与破碎设备、水力旋流器、全自磨磨矿流程、全自磨机磨矿操作、半自磨磨矿流程和操作、粉碎作业功率能量模型、信息时代的选厂生产监控、矿石粉碎性能测试。

本书可作为磨矿技术科研人员、管理人员的参考书，也可作为矿山职工技能培训的教材。

图书在版编目（CIP）数据

全自磨半自磨磨矿技术/黄国智等编著 . —北京：冶金工业出版社，2018.1

ISBN 978-7-5024-7660-1

Ⅰ.①全…　Ⅱ.①黄…　Ⅲ.①磨矿—高等学校—教材

Ⅳ.①TD921

中国版本图书馆 CIP 数据核字（2017）第 320193 号

出 版 人　谭学余
地　　址　北京市东城区嵩祝院北巷 39 号　邮编　100009　电话　（010）64027926
网　　址　www.cnmip.com.cn　电子信箱　yjcbs@cnmip.com.cn
责任编辑　李鑫雨　刘小峰　美术编辑　彭子赫　版式设计　孙跃红
责任校对　李　娜　责任印制　李玉山
ISBN 978-7-5024-7660-1
冶金工业出版社出版发行；各地新华书店经销；三河市双峰印刷装订有限公司印刷
2018 年 1 月第 1 版，2018 年 1 月第 1 次印刷
169mm×239mm；38 印张；741 千字；589 页
166.00 元

冶金工业出版社　投稿电话　（010）64027932　投稿信箱　tougao@cnmip.com.cn
冶金工业出版社营销中心　电话　（010）64044283　传真　（010）64027893
冶金书店　地址　北京市东四西大街 46 号(100010)　电话　（010）65289081(兼传真)
冶金工业出版社天猫旗舰店　yjgycbs.tmall.com
（本书如有印装质量问题，本社营销中心负责退换）

前　　言

经典的破碎-球磨工艺在金属矿山已经成功地应用了一个世纪之久。随着"低品位"矿石的大量开采和生产规模相应扩大，对于大型选矿厂来说，单机处理能力受限、工艺流程较长，导致生产序列繁多进而设备型号和数量增加，投资高，生产操作量大，金属磨矿介质消耗高，经典破碎-球磨工艺的不足之处逐渐凸显。

为降低人工成本和减少设备运行维修费用，全自磨/半自磨磨矿技术应运而生，且已成为处理能力超过200t/h新建选矿厂的首选工艺。采用矿石本身作为（部分）磨矿介质的全自磨/半自磨磨矿技术，在20世纪30~60年代成功实现工业化，80年代以后其技术越来越成熟。据不完全统计，全球有超过2000台全自磨/半自磨机在运转，其中，中国有200台左右，单机日处理能力已经超过5万吨。

全自磨/半自磨磨矿技术具有以下特点：

（1）矿石适应性强。特别是半自磨，其工艺的可靠性和可操作性几乎不受矿石性质影响，几乎适用于任何矿石，如含大量水或泥的矿石。对于含大量矿泥的风化矿，半自磨磨矿工艺是目前唯一高效而可行的技术方案；对于全自磨磨矿工艺，尽管其适应范围相对较窄，一般适用于中等可磨度矿石，但其具有成本低的巨大优势。除了磁铁矿等强磁性矿石，全自磨与半自磨磨矿工艺可以很容易地相互转换，以便实现低成本或高处理能力的生产要求。

（2）单台磨机处理能力高。通常单机处理能力越大，优越性越明显。设备数量少，厂房占地面积小，基建投资少，进而操作人员少和劳动成本低。适用于大型矿山选矿厂。

（3）有利于后续浮选作业。磨矿产生的游离铁少，产品解离较好，浮选回收率高。

（4）自动控制水平高，机械化程度高。大中型全自磨/半自磨机多采用变速驱动装置调节转速，提高了磨机对不同矿石的适应性，并有利于保持产品的稳定性；通常全自磨/半自磨磨机直径大，允许采用大型机械手更换衬板。

（5）破碎-磨矿破碎作业流程短，设备数量少，投资低。

尽管全自磨/半自磨磨矿与球磨磨矿的原理区别不大，但是由于采用矿石全部或部分代替金属磨矿介质，因此各种磨矿机理在磨矿过程中的重要性与球磨磨矿不同，所采用的设备参数和工艺流程也需做相应调整，在生产实践中的差异很大。

通过查阅大量全自磨/半自磨磨矿文献，笔者发现部分文献仅报道了工业应用案例却未做深入的技术分析和总结，常发现在不同的文献中存在不一致甚至相互矛盾的信息。在工程中，任何简单的模仿都可能导致技术路线错误进而造成重大经济损失。

笔者先后在澳大利亚年处理量超过千万吨的两全自磨选厂（即必和必拓公司奥林匹克坝铜铀金银选厂和中澳铁矿项目）、年处理能力近400万吨的帕丁顿半自磨金选厂、年处理能力近200万吨的传统三段破碎-球磨约翰逊湖镍选厂等单位从事全自磨/半自磨选矿技术的科研、服务、生产等技术和管理工作近二十年。

方启学博士先后在西北矿冶研究院、北京矿冶研究总院、五矿有色金属股份有限公司、南非标准银行和紫金矿业等机构从事选矿技术、生产管理和投资工作近40年。任翔博士在中国和澳洲从事选矿事业十余年，并在澳洲从事生产信息管理软件系统开发工作近20年，现负责国家"互联网+"重大工程投资计划"江西铜业股份有限公司矿山智能化平台"项目的建设。王德明先生从事旋流器及相关领域的研发、产品设计和工业化应用等工作近20年，在旋流器生产操作、控制及自动化等实践方面具有丰富的经验。基于共同的兴趣，笔者与方启学、任翔、王德明三位专家一起对大量国内外全自磨/半自磨磨矿技术文献进行梳理，并根据多年来的实际工程经验进行总结，编写成本书。

本书系统、全面地介绍了全自磨/半自磨磨矿技术，包括基本磨矿理论、设备参数选择、不同工艺流程的特点和适应性以及生产操作等。书中选取大量国外选矿厂采用全自磨/半自磨磨矿工艺的成熟案例，全面展示实际生产细节，尽可能为读者提供详细而实用的全自磨/半自磨磨矿技术和生产实践参考案例。

期望本书能为国内从事全自磨/半自磨磨矿设备设计和选型、流程设计和生产操作的一线工程技术人员提供帮助。

由于作者水平所限，书中不妥之处，敬请读者批评指正。

黄国智

2017 年 12 月于澳大利亚

目 录

1 绪 论

扫码观看彩色图表

在常规选矿厂中，破碎-磨矿流程是投资高、生产成本高和能耗大的作业，其设备投资通常占选矿厂全部设备投资的50%以上，能耗则占选矿厂总能耗的60%~70%。通常破碎-磨矿流程是围绕磨机选型而进行的，常规初磨机种类包括棒磨、球磨、全自磨、半自磨、高压辊磨等。前两种为传统磨矿工艺，另一类是全/半自磨工艺。传统的磨矿流程经多年的生产实践检验，表现出工艺流程长、所用设备型号和数量多、金属消耗量大、基建投资和生产费用高等缺点。而常规全/半自磨流程省去了两段破碎及筛分作业，配置方便，投资省，已经在全球范围广泛采用。它的优越性不仅具有单机处理量高的优点，对处理潮湿的、黏性的高黏土的矿石更具有明显优越性。

1.1 常用初磨工艺简介

目前金属矿山最常用的初磨设备与工艺为：

（1）多段破碎-棒磨-球磨：常用于20世纪20~50年代（1920~1950年），目前新建选厂极少采用。

（2）多段破碎-球磨：20世纪60年代大型球磨机出现并普遍应用，目前一些中小型新建选厂仍采用此工艺。

（3）一段破碎-全自磨或半自磨：20世纪60年代全自磨机大规模工业应用，随后半自磨出现并应用。20世纪80年代后，大中型新建选厂绝大多数采用全/半自磨工艺。

（4）二段破碎-高压辊磨：21世纪初工业化，目前应用越来越普遍。

1.1.1 球磨工艺

球磨机已有100多年矿山应用历史，是矿山磨矿工艺的常用设备之一。通常采矿来料需经过2~3段破碎至8~20mm。对大规模选厂，倾向于破碎到更小粒度，以提高球磨机的能力和降低能耗，即通常所讲的"多碎少磨"。磨机筒体内的磨矿介质与物料在离心力和摩擦力的作用下，随着筒壁上升然后自由脱落或抛落等，矿石由于冲击力和磨剥的作用而粉碎。主要操作参数有：给矿粒度、磨矿浓度、磨矿介质形状/大小、磨矿介质充填率等。目前最大规格球磨机装机功率近20MW。据报道，澳大利亚的Sino铁矿项目采用直径7.93m×长13.6m球磨机

（装机功率 15.6MW）再磨磁铁矿粗精矿，Aitik 铜矿采用了直径 9.1m×长 10.7m 砾磨机，Centinela 矿采用了直径 8.2m×13.6m 球磨机（装机功率 18.6MW）。有设备供应商宣称可提供装机功率达 22.38MW 球磨机（3 万马力）。

球磨工艺的优点是生产操作稳定，对生产控制系统的要求不高等，但其也存在如下缺点：

（1）流程长、占地面积大。

（2）维修工作量大。

（3）不适于含泥大的矿石或需有洗矿作业。

（4）单机处理能力小。

1.1.2　高压辊磨工艺

1985 年世界上第一台双驱动液压高压辊磨机问世，但前期由于辊面磨损等问题至 21 世纪初才普遍接受和采用。目前已经广泛应用于各类非金属和金属矿山，如澳大利亚的 Karrara、Onesteel 铁矿等。高压辊磨机主要特点：能耗低、无磨矿介质消耗、降低矿石的磨矿难度（高压辊磨产品的磨矿功指数下降）等。其主要适用于碎脆性、高硬度或磨蚀性高的矿石。其存在问题有：

（1）其允许的最大给矿粒度与设备大小/规格（或处理能力）相关，这可能制约在中小选厂的应用。

（2）采矿来料通常需经过 2 段甚至 3 段破碎，仍存在流程长、占地面积大的问题。

（3）高压辊磨前需有料仓或料堆以保障连续给矿。

（4）不适于含泥大的矿石或需有洗矿作业。

（5）产品棱角特别锋利，对泵等转运设备的磨损大。

（6）部分料饼不易打散，影响后续干式筛分效果。

1.2　全/半自磨工艺发展

全自磨概念已经有一百多年的历史。1880 年出现滚筒式磨机年并于 1899 年在金矿试用后不久，人们就意识到矿石中的一部分组分能用作磨矿介质进而实现矿石磨矿石，而无需另加（钢质）磨矿介质，即全自磨概念。事实上，砾磨就是一种全自磨，只是它采用天然砾石或从矿石中精心挑选的矿石作为磨矿介质，这表明全自磨应该在技术上是可行的。AIME 杂志 1908 年出版了全球第一篇关于矿石作磨矿介质的专业学术文献。

第一例全自磨技术工业化应用的报道出现在 20 世纪 30 年代。Alvah Hadsel 原来为美国加利福尼亚砂石行业的一位有丰富经验的机械工程师，他构思了第一台全自磨机用于取代整个破碎-磨矿流程。这台全自磨机是把矿石提升到足够的高度，然后摔落到一硬面上使矿石摔碎。1932 年，按这原理生产的第一台全自磨机在加利福尼亚 Georgetown 镇附近的 Beebe 金矿安装（如图 1-1 所示）。该机型包括 2 个平行的像水车式的转轮（直径 7.7m，宽 1m），其运转速度为 2.66r/min。每个转轮有 24 个篮子，其尺寸为 1.0m×0.6m，用于提升矿石，然后倾倒在破碎板上。驱动电机功率为 74.6kW。转轮有 90°弧角在水泥做的分级槽中。该磨机为湿式，磨机中加有水。细粒产品从分级池中溢出，粗粒沉降到转轮内面，再次提升摔碎。它处理能力达 275~308t/h，给矿粒度为小于 300mm，产品粒度为 65% 小于 75μm（200 目）。一开始的结果是非常鼓舞人心的，进而认为是磨矿的新纪元的到来。但不久发生了一系列问题。当处理被认为来自硬矿石区域的矿石时，处理能力下降，时有机械故障。当处理原生矿时，处理量进一步降低且机械故障频发。

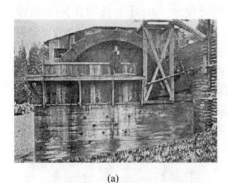 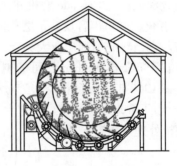 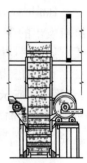

(a) (b)

图 1-1 Hadsel 磨机[1]

（a）加利福尼亚 Beebe 金矿磨机；（b）磨机工作原理图

但是 Hadsel 全自磨优点和理念获得了矿业公司和制造公司的青睐。在 1934 年，Hardinge 和 Hadsel 公司合伙生产制造这种全自磨机，商品名称为 Hardinge-Hadsel 磨机。这种磨机的最大型号为直径 8m×长 1.45m，装机功率为 74.6kW。处理一种矽卡岩的能力为 210t/d，给矿小于 203mm，产品粒度为 96% 小于 150μm。Hardinge-Hadsel 磨机粉碎机理依旧为摔碎，仅仅定性为全自磨，但实际与现代全自磨机理相差甚远。生产中观察到，一些矿石或岩石需要高达 70 次才能完全摔碎，这造成提升篮磨损严重。因此，这种磨机被认为仅适合软矿石，不适合硬和磨蚀性高矿石。20 世纪 30 年代中，Hardinge 重新设计了 Hardinge Cascade（泻落）式磨机，其特点是大直径、短筒和高线速。一系列这种磨机成功安装生产后，"临界粒子"的现象和问题逐渐展现出来。

到 1935 年，Hadsel 与 Hardinge 的合作结束，Hadsel 转而开始关注并从事干式全自磨机的研发。1935 年开发制造了一台干式全自磨机用于初磨作业，其特点是大直径×短筒，空气分级，最初设计采用高转速（即临界转速）使物料离心而贴在筒体表面以减少磨损。1936 年 3 月，一台直径 3.2m×长 1.6m 干式全自磨机在亚利桑那州的 Harqua-Hala 金矿安装投产，处理能力为 90t/d，给矿小于 200mm，产品粒度为 62%小于 75μm。1937 年，当时加拿大最大的矿业公司 Cominco 收购了这种磨机在加拿大的产权，该矿业公司在其安大略省和西北领地州的矿山（包括 New Golden Rose 矿）安装了一台直径 3.9m×长 1.3m 和两台直径 2.9m×长 2.0m 这种全自磨机，断断续续生产了 5 年，处理能力为 139t/d，产品粒度为 66.5%小于 75μm。1946 年，Weston 公司拥有了在多伦多的 Aerofall 磨机公司。通过不断地更新改进，到 1960 年，Aerofall 磨机销售安装了 20 台左右，其仍为干式全自磨机（如图 1-2 所示）。1954 年在纽约州的 Benson 铁矿安装了一台直径 6.0m×1.6m 的 Aerofall 磨机，其被认为是铁矿行业的第一台商业化全自磨机。值得注意的是 Weston 拥有干式全自磨机加 6%钢球的专利。

Hardinge 继续深入研究 Cascade 磨机并成功研发出"电耳"技术，用于监控磨机发出的声音变化，磨机声音反映了磨机内的充填率变化及是否矿石或磨矿介质直接冲击衬板。在当时的美国矿业大会上，Hardinge 展示了其 12 台直径 5.8m×长 1.6m 的磨机在 Pickands-Mather 公司的魁北克的 Wabush 铁矿成功安装应用（如图 1-3 所示）。1966 年，一台直径 9.75m×长 3.66m 装机功率为 5074kW 的磨机销售给了加拿大的 Griffith 铁选矿厂。这台直径 9.75m 的磨机与 7 年前的 12 台直径 5.5m 的磨机处理量相当。

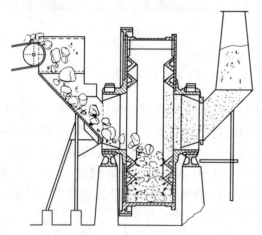

图 1-2　Aerofall 干式全自磨机工作原理图[1]

图 1-3　1959 年在魁北克的铁矿选厂安装的 12 台直径 5.8m×长 1.6m（18ft×5ft）的湿式全自磨机[1]

1956 年，南非的 Grootlvie 资产公司把一台直径 3.9m×5.2m 的砾磨机改为全自磨粗磨机。值得注意的是，一个名为"Williamson"的控制器用于该磨机操作以便有效控制磨机的载荷。

随着北美地区的铁矿石工业的需求和发展，要求经济地处理大量矿石，因此全自磨机早期在北美铁矿石处理领域获得蓬勃发展。与传统的单机产能低投资高的棒磨/球磨工艺相比，全自磨+砾磨工艺特别适用（磁）铁矿石的处理，该工艺具有无磨矿介质消耗且磨机衬板寿命长等优点。第一台直径为 18ft（5.49m）、24ft（7.32m）、30ft（9.15m）、32ft（9.76m）和 36ft（11.0m）的全自磨机均出现在铁矿山。第二次世界大战以后，北美地区大量处理低品位的铁矿石，全自磨机+砾磨机组合广泛应用。最大的湿式全自磨机直径达 11.9m，装机功率为 9000kW。

到 20 世纪 60 年代，Hardinge 和 Aerofall 磨机公司在全球销售了 50 多台全自磨机。同期其他洲/国家的制造商有南非的 Dorbly 公司、美国的 Allis-Chalmers 公司、瑞典的 Morgardshammar 公司和俄罗斯的 Tyazhmash 公司。

到 20 世纪 70 年代，新建的选厂广泛考虑全/半自磨工艺，但最后采用的并不普遍。直到 20 世纪 80 年代，由于全/半自磨工艺的低生产操作成本和该工艺越来越成熟，应用越来越普遍。甚至，一些原来的球磨或砾磨工艺流程也改为全/半自磨工艺。表 1-1 和图 1-4 分别列举和图示了全/半自磨机发展历程。一些采用全/半自磨矿山实例如下：

（1）1982 年，美国 Chino 矿业公司投产的新选矿厂采用 2 台直径 8.15m×长 3.15m 半自磨机，处理能力达 37500t/d。

表 1-1 全/半自磨磨机发展里程碑[2]

年份	直径 D/ft	直径 D/m	全/半自磨	功率	
				kW	HP
2010	42	12.80	半自磨	28000	37520
1996	40	12.20	半自磨	20000	26800
1996	38	11.60	半自磨	20000	26800
1986	32	9.75	半自磨（第一台无齿驱动）	8200	11000
1979	34	10.40	全自磨	6560	8800
1973	36	11.00	全自磨	8950	12000
1970	30	9.14	全自磨	5220	7000
1970	26	7.93	全自磨	2240	3000
1965	32	9.75	全自磨	4470	6000
1965	20	6.10	全自磨	370	500
1962	28	8.53	全自磨	2610	3500
1962	24	7.32	全自磨	1300	1750
1959	22	6.71	全自磨	930	1250
1959	18	5.49	全自磨	450	600

（2）1988 年，Kennecott 选矿厂原来的常规破磨流程改造为 3 台直径 10.14m×长 4.16m 半自磨机，处理能力为 77000t/d。1990 年 Kennecott 公司又扩建第四条半自磨作业线。

（3）1989 年，加拿大最大的铜矿 HVC 铜矿选矿厂新安装了 2 台直径 10.14m×长 4.16m 的 Dominion 半自磨机。

（4）1989 年，Chuquicamata 铜矿新安装了 2 台直径 9.18m×长 4.16m 半自磨机，处理能力增加 51000t/d。

（5）1998 年，当时世界上最大的半自磨机和球磨机在澳大利亚的 Cadia Hill 铜金矿选矿厂投入运行。该流程为半自磨-球磨-破碎（SABC）流程由一台 12.2m×6.71m 装机容量 20000kW 的半自磨机和 2 台 6.71m×11.1m 装机容量 8600kW/台的球磨机及 2 台 MP1000 破碎机构成系统处理能力 1700 万吨/年。

（6）2009 年，直径 12.12m×长 10.97m 的全自磨机在澳大利亚的中澳铁矿安装，装机功率为 28MW。

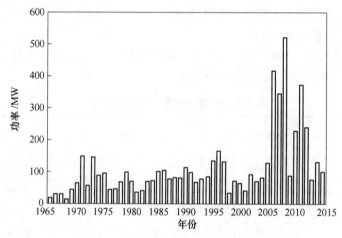

图 1-4　过去 50 年全/半自磨机安装功率[2]

中国于 20 世纪 70 年代初开始在工业上应用全/半自磨技术。1970 年，中国在密云铁矿投产了第一台干式全自磨工艺，年处理能力 100 万吨。1971 年第一台湿式全自磨在歪头山铁矿投产，整个选厂采用 9 台 5.5m×1.8m 湿式全自磨机，年处理能力 500 万吨。随后，有许多新建矿山采用了全自磨工艺，如石人沟、金山店、东山、玉石洼、吉山等铁矿。20 世纪 80 年代又有许多矿山采用全/半自磨工艺，如德兴铜矿、鲁中、西石门、保国（二期）铁矿、云浮硫铁矿等。到 90 年代先后有南京吉山铁矿、新余良山铁矿、安徽黄梅山铁矿、浙江漓渚铁矿、唐山石人沟铁矿、南山铁矿、福建潘洛铁矿、铜矿峪铜矿、德兴铜矿、武山铜矿、岫岩金矿、阿西金矿等矿山选矿厂采用湿式全/半自磨工艺。冬瓜山铜矿采用了

Svedala 公司的半自磨机，型号为直径 8.53m×长 3.96m，装机功率为 4850kW，于 2004 年顺利投产。大红山铁矿引进 Metso 公司的半自磨机，型号为直径 8.53m×长 4.27m，装机功率为 5500kW，于 2006 年投产。2009 年中国黄金集团乌努克吐山铜钼矿一期工程采用 2 台直径 8.8m×长 4.8m 国产半自磨机，该设备为当时中国产最大的半自磨机，装机功率为 6000kW/台，处理能力超过 35000t/d。2010 年江铜集团德兴铜矿采用当时中国产最大的半自磨，规格为直径 10.37m×长 5.19m，功率为 2×5586kW，单系列处理能力达到 22500t/d。

1978 年歪头山选矿厂为了提高磨机处理能力和磨矿效率将原来的一段全自磨开路流程改为半开路流程，并在磨机中添加容积为 3%~5% 的 120~150mm 的钢球将其改造成了半自磨流程。采用干式全自磨流程的密云铁矿投产后，由于生产中粉尘带来的环境污染和设备磨损等问题，于 1983 年将干式全自磨改为湿式全自磨，1984 年又将流程改为半自磨-球磨流程。良山铁矿选矿厂也于 1982 年将全自磨流程改为半自磨流程，钢球添加量为 6%。

1.3 全/半自磨大型化

全/半自磨设备一直存在大型化的趋势。尽管 20 世纪 70 年代环形电动机已在水泥工业应用，但第一台的环形电动机或称无齿轮驱动的半自磨机出现在 1987 年，其型号为直径 10.20m×长 5.12m（36ft×17ft），装机功率为 11.20MW（15000HP），安装在智利的 Chuquicamata 铜矿。自此，大型化趋势日趋明显，大型化实例见表 1-2 和表 1-3（中国）。

表 1-2 世界大型全/半自磨机（直径≥36ft）主要应用实例[2]

磨机规格（D×L）		台数	功率		电机数或形式	矿石	安装地	供货时间
ft	m		HP	kW				
40×36	12.19×10.97	6	37548	28000	RM	铁矿	澳大利亚	2009
40×24	12.19×7.32	1	29480	21983	RM	铜矿	秘鲁	2008
40×24.8	12.19×7.56	1	29480	21983	RM	铜矿	智利	2008
40×24	12.19×7.32	1	26800	19985	RM	铜金	BC	2008
40×25.5	12.19×7.77	1	29480	20983	RM	铜矿	智利	2007
40×24	12.19×7.32	1	28140	20984	RM	铜矿	智利	2001
40×22	12.19×6.70	1	26000	19388	RM	金矿	澳大利亚	1996
38×24.8	11.58×7.56	2	29480	21983	RM	铜金	巴拿马	2008
38×45	11.58×13.72	2	30284	22583	RM	铜矿	瑞典	2006
38×23	11.58×7.01	1	26000	19389	RM	金矿	加拿大	2006
38×24.5	11.58×7.47	1	26800	19985	RM	金矿		2006
38×24.5	11.58×7.47	1	26800	19985	RM	金矿	委内瑞拉	2006
38×24.5	11.58×7.47	1	26800	19985	RM	金矿	巴西	2005
38×23	11.58×7.01	1	26800	19985	RM	铜矿	巴西	2002

磨机规格（D×L）		台数	功率		电机数或形式	矿石	安装地	供货时间
ft	m		HP	kW				
38×22	11.58×6.71	1	26000	19388	RM	铜矿	智利	2000
38×22.5	11.58×6.86	1	26000	19389	RM	铜矿	智利	1999
38×21	11.58×6.40	1	27000	20134	RM	铜锌	秘鲁	1999
38×25.5	11.58×7.77	1	24120	17986	RM	镍矿	澳大利亚	1996
38×20	11.58×6.10	1	26000	19388	RM	铜金	印尼	1996
36×17.75	10.97×5.41	1	17000	12677		钼矿	加拿大	2007
36×19	10.97×5.79	1	20100	14989	RM	金矿	罗马尼亚	2006
36×19	10.97×5.79	1	15000	11186		铁矿	加拿大	2006
36×19	10.97×5.79	1	18000	13423	RM	铜金	内华达	2004
36×19	10.97×5.79	1	17487	13040	RM	银矿	玻利维亚	2004
36×20.5	10.97×6.25	1	16750	12491	RM	金矿	澳大利亚	2004
36×20.5	10.97×6.25	2	20100	14990	RM	金矿	澳大利亚	2002
36×19.5	10.97×5.94	1	18000	13423	RM	锌矿	澳大利亚	1997
36×19	10.97×5.79	2	17000	12677	RM	铜矿	智利	1997
36×19	10.97×5.79	2	18000	13423	RM	金矿	印尼	1997
36×16.7	10.97×5.09	1	16000	11931	RM	铜矿	智利	1996
36×19	10.97×5.79	2	18000	13423	RM	铜金	阿根廷	1995
36×16.7	10.97×5.09	1	16000	11931	RM	铜矿	智利	1995
36×19	10.97×5.79	1	18000	13423	2	铜矿	智利	1994
36×16	10.97×4.88	1	16000	11931	2	金矿	澳大利亚	1994
36×16.7	10.97×5.09	1	16000	11931	RM	铜矿	智利	1991
36×18.7	10.97×5.70	1	16000	11931	RM	铜矿	美国	1990
36×17	10.97×5.18	1	15000	11185	RM	铜矿	智利	1987
36×15	10.97×4.57	3	12000	8948	2	铁矿	明尼苏达	1975
36×15	10.97×4.57	6	12000	8948	2	铁矿	明尼苏达	1973

表 1-3 中国大型全/半自磨机应用实例[3]

磨机规格（D×L）		台数	功率	电机	矿山
ft	m		kW		
28×14	8.53×4.27	1	5400	2	大红山
28×13	8.53×3.96	1	4850	2	冬瓜山
	8.00×2.80	1	3000	1	保国
	8.80×4.80	1	6000	2	乌努克吐山

磨机规格（$D \times L$)		台数	功率	电机	矿山
ft	m		kW		
36×22①	10.97×6.71	2	16000	2	袁家村
34×18	10.36×5.49	3	11000	2	袁家村
34×18.75	10.36×5.72	1	11920	2	德兴
32×15.5	9.75×4.72	2	8195	2	普朗
30×16.5	9.15×5.03	1	8400	2	白马二期
24×14	7.32×4.27	2	3800	1	白马二期

①为原初步设计。

1996 年，当时的斯维达拉公司（现今的 Metso 公司）向澳大利亚的 Cadia Hill 金矿提供了一台直径 12.12m×长 6.11m（40ft×20ft）半自磨机（安装功率为 26000HP 约 19.4MW）和两台直径 6.17m×长 11m（22ft×36.15ft）的球磨机以及一台 MP1000 的圆锥破碎机构成 SABC 流程。一个系列的处理量为 5 万吨/d。环形电动机由西门子电气公司提供。

2002 年，智利拉古纳希卡（Lagnna Seca）铜矿采用 SABC 流程，包括一台直径 11.58m×长 6.10m（直径 38ft×长 20ft）半自磨机，装有 19.4MW（26000HP）环形电动机。配套的是 3 台直径 7.62m×长 12.24m（25ft×长 40.15ft）球磨机，每台球磨机由一台 13.4MW（18000HP）环形电动机传动，这是环形电动机第一次配到球磨机上。生产能力为 110000t/d。

2005 年，一台直径 12.12m×长 7.13m（40ft×24ft）半自磨机在智利的科拉豪西（Collahusi）铜选厂投产，其日处理为 15 万吨。功率为 21MW（28140HP）的环形电动机由 ABB 公司提供。

据悉 Metso 公司和 Outokumpn 公司已经完成了 42ft 和 44ft 全/半自磨机的设计准备，装机容量可达 30MW。一旦有用户需要就可进行设计和制造。

到目前为止全世界已经有 30 多台大型全/半自磨机在生产中应用。近 20 年来，环形电动机的使用使得全/半自磨机大型化成为可能。现在应用的最大磨机为直径 40ft（12.2m）。

除了传统机械传动模式外，磨机大型化还有中空轴支撑的问题及其他机械强度的问题。在设计广泛采用离散元（DEM）方法来分析磨机运行时的应力分布。这种中空轴支撑要求磨机筒体两端有个锥形的端盖板且必须是用结晶困难的球墨铸铁件，还必须是分块的在模具中缓冷以消除其应力，如何防止微小的变形和裂纹以及随后的切削加工都是对制造厂商的挑战。因此，出现了排料端没有中空轴而是开放式或半开放式磨机。磨机筒体落在下面滑轮上，这种结构不需要制造锥形端盖板，且有利于排矿。

1.4　临界粒子问题与全/半自磨的适应性

　　如前所说，在全自磨机的早期，已经意识到"临界粒子"对全自磨的重要影响。当处理硬矿石时，全自磨工艺有很大的不适应性。全自磨机的单位时间的处理量下降，甚至有时不得不停止新给料，低效地把累计的临界粒子（顽石）磨掉。这些临界粒子很难在全自磨机内磨碎，对剪切粉碎而言颗粒太小，但对于冲击粉碎而言颗粒太大。另一个重要的因素是没有棱角的近圆形（球形）形状。工业实践发现添加少量的钢球可大幅度地减少临界粒子的累计，从而导致半自磨工艺出现和广泛采用。除了磁铁矿项目外，绝大部分采用半自磨工艺。在磁铁矿项目，由于顽石有磁性造成不能用除铁器（通常为磁性皮带机或磁性吸铁器）清除半自磨吐出的钢球而不能采用顽石破碎机，因此半自磨的优势不明显。同时添加钢球可有效地对抗矿石大小或可磨性的变化。1960 年和 1961 年，魁北克的 Cartier 矿业公司安装了 12 台直径 5.49m×长 1.83m 装机功率为 4474kW 的湿式半自磨机。这是矿业界首次大规模安装采用半自磨机，预示着半自磨时代的来临。从 20 世纪 70 年代，半自磨成为最普遍的选项之一。

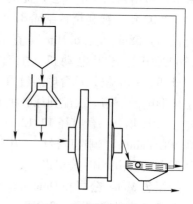

　　另外一个可靠而有效消除临界粒子的办法是把这些临界粒子排出磨机然后破碎使其改变为有棱有角的物料，易于去边角而粉碎。同时，其粒度变小甚至不再在临界粒子的粒度范围之内。临界粒子（顽石）破碎设备通常为（短头）圆锥破碎机，但有时也采用高压辊磨进一步粉碎。采用圆锥破碎机典型流程如图 1-5 所示，通常可以把顽石破碎至 $P80 = 15 \sim 25mm$ 水平，甚至到 10mm 水平。顽石破碎后，磨矿速率大大加快，很快排出磨矿作业而进入下一段作业，减少了磨机的循环负荷。

图 1-5　典型顽石破碎全/半自磨流程

1.5　全/半自磨机基本结构

　　全/半自磨机在结构上与格子型球磨机十分相似，但其外观尺寸相差很大，经典的全/半自磨机径长比（直径与长度的比例）很大。全/半自磨机有磨矿、分级和排料等功能。物料进入磨机后首先由于冲击、摩擦、剪切等作用而被粉碎，然后被格子板分级。大于格子板孔的物料被滞留在磨机内继续粉碎，而小于格子板孔的细物料则倾向通过格子板孔进入矿浆提升格。矿浆提升格像一台低压泵最后把物流排出磨机。生产实际中除了矿石性质和磨矿效果外，顽石的大小和数量还取决于格子板的特征（包括开孔面积孔的大小、位置等）和磨机排料筛筛孔尺寸。因此格子板和筛子的孔大小对整个磨矿流程的效率有极大的影响。通常需要深入研究确定临界粒子的范围进而选择格子板和筛子孔的大小。对全自磨而言格子板孔的大小主要取决于设计或需求的处理量或磨矿粒度，但半自磨磨矿还必须考虑格子板对防止大磨矿介质（钢球）或大量钢球排出。因此通常全自磨机格子板孔比半自磨机的大些。

1.6 全/半自磨工艺的经济性

与传统的棒/球磨工艺相比，全/半自磨工艺的优点有：

（1）全/半自磨单机处理能力远远大于传统工艺。

（2）全/半自磨投资额大幅度低于中－细碎-棒/球磨工艺。

（3）全/半自磨产品粒度较细，其后续再磨负荷低，所需球磨机能力也低，大幅度减少了其投资。

（4）全/半自磨工艺的单位矿石生产成本通常低于常规碎磨流程。

（5）全/半自磨流程设备数量少工艺流程短，因此操作维修人员少、人力成本低。

（6）全/半自磨维修费用也较低。

（7）半自磨流程简单易于操作。

经典全/半自磨流程只有一段破碎，甚至地下采矿时没有破碎作业，因此没有常规的二、三段破碎及筛分作业，解决了常规流程处理湿而黏的矿石易导致流程不畅的难题，同时还没有破碎产生的粉尘回收及处理问题。另外也为整个流程的控制自动化创造了条件。一个半自磨+球磨系列的生产能力可达到 50000t/d，而常规磨矿单系列的生产能力不超过 15000t/d。不采用粗破碎作业而直接将矿山采出的矿石给半自磨机的选厂也不少，如菲律宾的 Dizon 铜矿选矿厂。另外由于矿石的特殊性质，破碎作业可能造成严重环境和工作人员身体健康问题，通常也取消破碎作业，如美国内华达州的 McDermitt 汞矿选矿厂、许多铀矿山等。

（1）投资和经营费用低。全/半自磨具有冲击破碎和研磨兼有的磨矿特点，且其设备不断大型化，这为大型选矿厂的投资和经营费降低提供了更大的可能。全/半自磨流程取消了中细碎厂房、筛分厂房和多条带式输送机及其相应的收尘设备、设施等基建投资，按同比价格下的一般估计，破碎作业的建筑物和构筑物投资比常规流程低 30%~40%，甚至更多，选厂总基建投资可少 15%~25%。如果处理含泥矿石，常规流程中需增加洗矿作业（如东山铁矿、黄梅山铁矿），则全/半自磨方案明显优越。占地面积方面也具有优越性。根据西米尔卡米、洛奈克斯、艾兰、阿夫顿、皮马等选矿厂设计和实践资料，在经营生产方面与常规的碎磨流程相比，全/半自磨流程的单位能金属消耗较低，全/半自磨流程生产费用节省 20%～35%。某厂安装的全/半自磨机年度汇总见表 1-4。一些实例比较如下。

表 1-4　安装的全/半自磨机年度汇总（数据来源为 2015 年 SAG 会议论文集[2]）

年份	直径/ft													
	38～40	36～38	34～36	32～34	30～32	28～30	26～28	24～26	22～24	20～22	18～20	16～18	14～16	≤14
1940	0	0	0	0	0	0	0	0	0	0	0	0	0	0
1941	0	0	0	0	0	0	0	0	0	0	0	0	0	1
1942	0	0	0	0	0	0	0	0	0	0	0	0	0	1
1943	0	0	0	0	0	0	0	0	0	0	0	0	0	0
1944	0	0	0	0	0	0	0	0	0	0	0	0	0	0
1945	0	0	0	0	0	0	0	0	0	0	0	0	0	0
1946	0	0	0	0	0	0	0	0	0	0	0	0	0	0
1947	0	0	0	0	0	0	0	0	0	0	0	0	0	1
1948	0	0	0	0	0	0	0	0	0	0	0	0	0	1
1949	0	0	0	0	0	0	0	0	0	0	0	0	0	0
1950	0	0	0	0	0	0	0	0	0	0	0	0	0	0
1951	0	0	0	0	0	0	0	0	0	0	1	0	0	1
1952	0	0	0	0	0	0	0	0	0	0	0	0	0	1
1953	0	0	0	0	0	0	0	0	0	0	1	0	0	42
1954	0	0	0	0	0	0	0	0	0	0	1	0	0	1
1955	0	0	0	0	0	0	0	0	0	0	6	0	0	0
1956	0	0	0	0	0	0	0	0	0	0	0	0	0	6
1957	0	0	0	0	0	0	0	0	2	0	0	0	0	1
1958	0	0	0	0	0	0	0	0	0	0	0	0	0	1
1959	0	0	0	0	0	0	0	0	0	7	0	16	0	1
1960	0	0	0	0	0	0	0	0	0	1	0	0	0	7
1961	0	0	0	0	0	0	0	0	0	0	1	0	0	0
1962	0	0	0	0	0	0	2	1	12	0	0	1	2	1
1963	0	0	0	0	0	0	0	0	7	0	0	1	0	1
1964	0	0	0	0	0	0	0	0	12	8	0	0	2	1
1965	0	0	0	0	2	0	0	2	0	1	3	1	1	1
1966	0	0	0	0	2	0	13	1	0	0	2	1	1	4
1967	0	0	0	0	0	1	0	0	0	0	2	0	0	7
1968	0	0	0	6	0	1	0	0	2	0	1	0	0	1
1969	0	0	0	0	6	0	0	1	0	0	3	5	0	0
1970	0	0	0	0	5	2	2	4	3	0	4	1	1	2
1971	0	0	0	0	0	0	23	0	14	2	4	0	0	0
1972	0	0	2	0	6	0	0	0	5	0	2	2	2	0
1973	0	0	6	0	0	0	0	0	7	3	12	5	0	31
1974	0	0	0	0	5	27	7	1	6	0	8	3	0	2
1975	0	0	3	0	5	6	1	0	5	0	1	2	0	9
1976	0	0	0	0	16	0	0	0	3	0	1	0	5	9
1977	0	0	0	4	0	0	2	0	2	0	1	0	2	3
1978	0	0	0	0	0	6	2	0	2	0	3	3	6	3
1979	0	0	2	3	0	0	3	2	3	0	0	1	2	3
1980	0	0	0	0	4	0	3	1	1	1	0	6	1	3
1981	0	0	0	0	0	0	0	0	2	0	1	2	0	3
1982	0	0	0	0	1	0	0	0	1	0	1	2	2	2
1983	0	0	0	0	0	0	0	1	1	0	1	2	6	2
1984	0	0	0	0	0	0	2	1	2	3	0	4	7	4
1985	0	0	0	1	2	2	3	0	4	0	0	6	10	6
1986	0	0	0	0	2	0	0	1	4	4	5	4	0	6
1987	0	0	1	0	0	2	2	2	4	5	1	0	4	5
1988	0	0	0	0	0	0	0	0	6	3	1	7	5	15
1989	0	0	0	1	3	1	3	1	1	1	0	8	0	2
1990	0	0	1	1	2	0	1	0	6	4	4	7	2	6
1991	0	0	1	1	0	1	2	3	0	0	5	3	9	5
1992	0	0	1	0	3	1	0	2	3	4	0	6	0	2
1993	0	0	0	2	2	0	0	2	2	4	0	6	0	2
1994	0	0	2	0	1	0	3	2	1	0	0	3	0	2
1995	0	0	4	2	1	2	0	1	1	2	0	8	5	3
1996	1	2	1	2	4	3	0	1	0	0	0	2	2	3
1997	0	0	5	1	3	0	0	1	1	0	0	9	1	3
1998	0	2	2	0	1	0	2	0	2	3	0	2	1	2
1999	0	1	2	0	0	2	1	2	1	0	1	1	0	2
2000	0	1	0	0	2	1	0	0	1	0	0	4	0	2
2001	1	0	0	0	0	0	0	0	0	0	0	9	0	0
2002	0	1	0	2	0	0	1	0	0	0	2	9	0	0
2003	0	0	0	0	0	0	0	0	3	5	4	3	2	1
2004	0	0	3	1	0	0	0	0	3	5	0	6	0	3
2005	0	2	0	2	2	1	2	0	3	0	0	1	0	2
2006	0	8	2	6	3	0	7	3	6	4	3	7	1	1
2007	3	1	7	2	7	6	3	2	2	3	3	0	1	0
2008	13	1	1	5	0	4	2	2	0	0	2	1	0	0
2009	1	0	0	1	1	3	2	0	1	0	2	0	0	0
2010	2	0	5	0	0	2	0	4	0	0	0	0	0	0
2011	3	2	9	4	1	0	3	1	0	0	7	0	0	0
2012	4	0	2	0	1	0	3	0	0	4	3	0	0	1
2013	0	0	1	0	0	0	2	2	5	2	0	0	0	0
2014	2	0	5	0	0	0	0	0	1	1	0	0	0	0
2015	0	0	0	9	0	0	0	0	0	0	0	0	0	0

美国的 Pima 选矿厂采用常规碎磨流程和半自磨流程处理同样的矿石。从 1974 年到 1977 年进行了 4 年的比较，结果表明半自磨流程和常规流程相比，电力消耗高 15.5%，但衬板消耗低 6.7%，球的消耗低 14.5%，平均钢耗低 13.5%，总生产费用低。

美国塞普鲁斯、皮马铜矿选矿厂的生产实践为半自磨和常规磨矿流程提供了非常丰富的数据。该厂常规流程（破碎、棒磨、球磨）每天处理矿石 30000t，半自磨流程处理矿量为 19000t/d；该厂矿石经粗破碎后分为两部分，然后分别送往两种流程处理，故其指标的可比性较强。该厂半自磨与常规流程比较，前者的基建投资低 20%，生产费用低 15% ~ 20%，钢耗低 14%，电耗高 15%。前者为 16.47kW·h/t，后者为 14.26kW·h/t。

前南斯拉夫马坦佩克铜矿选矿厂原采用三段破碎、棒磨、球磨常规流程，后来扩建采用半自磨加球磨流程。试验结果表明：两种流程的比功耗与被磨矿石的功指数有关。矿石的功指数越高，半自磨流程的功耗较常规流程增加的比例越大；虽然半自磨流程的衬板消耗较高（41% 左右），但总钢耗仍低（42% 左右）；另外由于半自磨流程单位电耗（kW·h/t）较高，故按单位电耗计的钢耗量（g/(kW·h)），半自磨流程较常规流程低 13% 左右。

全/半自磨流程的基建投资及生产费用均较常规流程低，因此近 10~15 年来全球 40% 新建选矿厂采用全/半自磨流程，其他多因为规模小而未采用。

一种矿石是否适合采用全/半自磨流程，其经济效益及适宜的加球量都应通过试验来决定。半磨机产量随加球量的增加而增加，但半磨机功率消耗也随之增高。适宜的加球量应根据最佳的磨矿效率来决定。适宜的介质充填率应使在规定的磨矿条件下磨矿效率最高或比功耗（kW·h/t）最低。

（2）改善了矿浆的电化学性质有利于矿物的选别。

半个世纪前已经观察到铁基磨矿介质对下游硫化矿浮选的影响，可能通过如下几种机理。

1）铁基磨矿介质氧化污染硫化矿表面。

既然大部分硫化矿是半导体，磨矿过程中的铁基磨矿介质发生如下电化学反应。

在铁基磨矿介质表面：

$$Fe \longrightarrow Fe^{2+} + 2e \qquad (E^0 = -0.447V)$$

$$Fe \longrightarrow Fe^{3+} + 3e \qquad (E^0 = -0.771V)$$

在矿物表面：

$$\frac{1}{2} O_2 + H_2O + 2e \Longrightarrow 2OH^- \qquad (E^0 = -0.401V)$$

氧化后的铁离子最后沉淀到硫化矿表面，降低了其可浮性。通常需要加更多的捕收剂来清除沉淀的铁氢氧化物。

2）氧还原过程中间产品的影响。

当水中溶氧还原成氢氧根的过程中，有可能产生类似于过氧水的物质，对硫化矿的浮选起抑制作用。

3）降低矿浆电位。

铁基磨矿介质的氧化消耗了大量的矿浆中的氧气，导致矿浆电位下降，影响硫化矿的表面微度氧化和表面单质元素硫或聚合硫的形成，进而降低了其（天然）可浮性。对于黄药类捕收剂，通常需要达到一定的矿浆电位才能在其矿物表面吸附或反应以提高矿物的疏水性。

4）残留的铁基介质的碎片的影响。

对于一些碳合金钢做的磨矿介质，在磨矿过程中还会产生大量金属碎片。这些活性极高的物料将在下游的浮选过程中继续发生作用。一是可能通过磁力作用而吸附在磁性的矿物表面进而影响其浮选行为。二是继续消耗氧气，降低电位，其影响同上面的降低矿浆电位。

图1-6总结了钢质磨矿介质与半导体硫化矿的相互作用。其作用机理比较复杂，但是一般情况下以铁的氢氧化物吸附到矿物表面使矿物表面的电化学性质发生变化而受到抑制进而影响可浮性为主，其次影响矿浆电位 Eh。更多细节参见 Guozhi Huang 的博士论文 "Modelling of Sulphide Minerals-Grinding Media Electro-chemical Interaction during Grinding"[4]。既然全/半自磨工艺全部或部分采用矿石自身作为磨矿介质，因此减少或消除了外来铁离子的污染，提高/保持了矿物的"天然"可浮性，改善浮选环境。与常规碎磨流程相比，在处理复杂的硫化矿

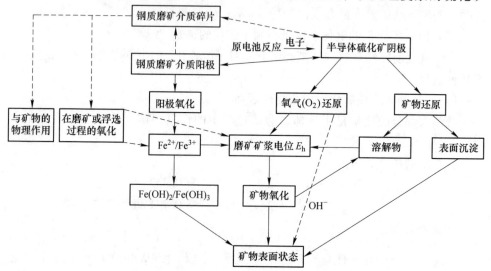

图 1-6　铁基磨矿介质与硫化矿、矿浆的反应及影响

时，铜、镍、钴、金、钼、铅、锌等硫化矿浮选回收率都相应的提高。

2006 年澳大利亚一大型铜矿山尝试把全自磨磨矿转变为半自磨磨矿以提高产量。在实验室进行了磨矿介质对下游浮选的影响试验，结果如图 1-7~图 1-10所示。试验结果表明：

1）铁基磨矿介质降低了矿浆电位。

2）降低了矿浆中的溶氧量。

3）产生了大量 EDTA 可萃取铁（铁的氢氧化物）。

4）铁基磨矿介质化学活性越强，硫化铜矿物的可浮性越低，浮选回收率越低。

5）铁基磨矿介质化学活性越强，硫化铜矿物的浮选速率越低。

6）铁基磨矿介质化学活性越强，铜精矿品位越低。

7）当采用碳钢钢球做半自磨磨矿介质时（注：最常用半自磨磨矿介质），若不更改全自磨时的浮选药剂制度，铜回收率和品位将分别下降 5% 和 10% 左右。

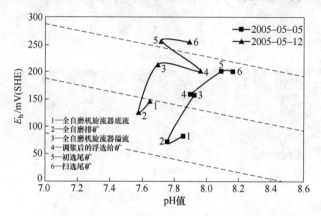

图 1-7 磨矿和浮选过程 pH-E_h（工业生产流程考查结果）

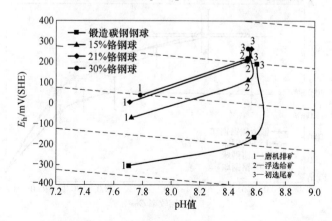

图 1-8 采用不同磨矿介质时磨矿和浮选过程 pH-E_h（小型试验结果）

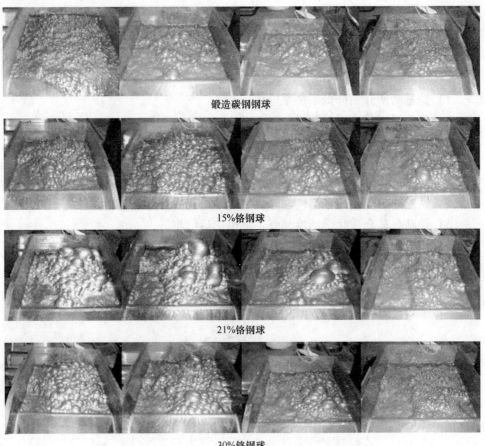

锻造碳钢钢球

15%铬钢球

21%铬钢球

30%铬钢球

图 1-9　钢球品种对浮选状态的影响

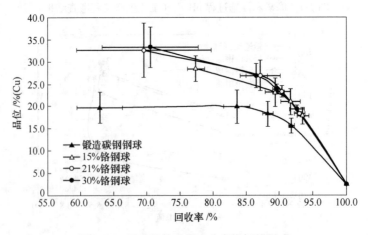

图 1-10　钢球品种对浮选分享指标的影响

（3）要求的自动控制水平高。

由于全/半自磨机全部/部分靠矿石自身形成的介质进行磨矿，磨矿效率受所磨矿石性质的影响。矿石的硬度、粒度、含泥量等的变化都会导致磨机的处理能力波动，因此要求给矿量和磨矿能力均能进行调节，以适应矿石性质（硬度、粒度）的变化。生产实践中为了更好地稳定全/半自磨机的工作状态，除全/半自磨机的给矿量可以灵活调节外，大多数的大型全/半自磨机采用了变速驱动装置，可以根据矿石的硬度和粒度调节磨机转速保持磨矿产品的性质稳定。

粉碎流程的经济性还与选厂规模相关。表1-5列举了破碎-磨矿流程选择的一般原则。依据这个原则，全自磨磨矿适于中等抗冲击粉碎性能的矿石且大中型选矿厂。半自磨磨矿流程适于的范围比较广，但一般不适用于小型选矿厂处理难冲击粉碎矿石。对于难冲击粉碎矿石的其他选择是：小型选矿厂采用传统的破碎-球磨工艺流程，对于大型选矿厂可采用破碎-高压辊磨-球磨工艺。

表 1-5　破碎-磨矿流程选择原则[5]

抗冲击粉碎性能	磨矿流程处理量			
	<0.5 百万吨/年	0.5 百万~2 百万吨/年	2 百万~6 百万吨/年	>6 百万吨/年
低	单段半自磨	单段半自磨	单段半自磨	SAB
中等	单段半自磨	单段全自磨、半自磨或 ABC	单段全自磨、半自磨或 ABC	ABC
高	2 段破碎+球磨	2 段破碎+球磨或 SABC	SABC	SABC 或多段破碎-高压辊磨-球磨

在特殊区域或特殊矿种，全/半自磨工艺有无与伦比的优势。如俄罗斯西伯利亚地区，传统的破碎-球磨工艺占地面积大，建成室内选厂必然投资成本太高。如钻石矿，既然钻石越大价值越高且嵌布粒度比较粗，传统的破碎-球磨和半自磨工艺均是不合适的。为了避免金刚石颗粒的损坏，甚至取消了常规的粗碎机，采场采出的矿石经简单破碎到一定规格后直接给入开路全自磨机进行磨矿。

1.7　矿石的全/半自磨可磨性测试

矿石的可粉碎性通常分为破碎类、全/半自磨可磨性、棒/球磨可磨性以及高压辊磨类，反映了矿石在不同粒度阶段或被不同粉碎设备类型粉碎的难易程度。由于矿石的结构和成分上的不均性，一般存在各种各样的缺陷、裂缝或晶体界面等，矿石在粉碎时首先倾向于沿着最脆弱的断面裂开，随着粒度变小脆弱面越来越少或消失使矿石变得越来越坚硬，粉碎的难度越来越大。

尽管半自磨与全自磨存在巨大的差异，但其针对矿石可磨性测试方面没有任何差异。所有的小型/实验室规模测试方法都不涉及半自磨钢球大小和充填率问题。换句话说，半自磨工艺设计生产参数是通过数学模型得出来的，只有在连续实验时才可能测试钢球因素的影响。

1.7.1　粗粒级

（1）对粗粒级（全/半自磨工作范围）主要研究矿石是否能生存下来作为磨矿介质及冲击粉碎的难易程度。其对全/半自磨磨矿工艺的选择有重要的意义。常用的方法是澳大利亚 Queensland 大学 JKMRC 研究中心研发的 JK 落重方法以及衍生的 SMC 方法。常用或区域性常用的方法有 AMCT、SAGDesign、SPI、JKRBT 等。

（2）MacPherson 自磨可磨性测试。采用干式半自磨（8% 的钢球充填率）工艺。

（3）抗压强度（UCS）测试。是全/半自磨可磨性的重要指标之一，但目前仅限于对比分析，没有进入数学模型。

（4）高压辊磨可磨性测试。当高压辊磨为选项之一时，该测试将确认其能耗和产品粒度特性。

1.7.2　中等粒级

对中等粒级（棒/球磨初磨工作范围）主要研究矿石在常规磨矿条件下抵抗外力作用被磨碎的能力的特定指标。它主要用来计算不同规格棒/球磨矿机磨碎不同矿石时的处理能力。通常这部分研究还包括矿石的可破碎性（用于设计破碎机）。最常用的是邦德功指数系列。通常进行以上粗粒级可磨性测试时，同时也要求进行这些测试。

（1）邦德破碎功指数。测试矿石的破碎性能。

（2）邦德棒磨功指数。测量用棒磨从 12.5mm 磨到 1mm 所需的能量。

（3）邦德球磨功指数。是最常用的粉碎能耗测试。通常的范围为：软矿石从 5kW·h/t 开始，其数值随矿石硬度增加而增加，最大值可能超过 25kW·h/t。

（4）邦德冲击功指数。

1.7.3　细粒级

对细粒级（再磨、细磨甚至超细磨工作范围）研究目标和中等粒级一样但研究方法随设备类型而变。

（1）Levin 细磨实验：一种变体开路邦德球磨功指数实验。用于常规球磨再磨作用，一般要求产品粒度 P80 大于 28~38μm。

（2）各种细磨设备实验：包括 Isa 磨、塔磨、搅拌磨磨机专项实验。

1. 7. 4 磨蚀性

另外一个性质是矿石的磨蚀性。它是研究破碎磨矿过程中矿石对衬板和钢球的磨损性能。

除了以上测试外，有时尚需连续中间规模（Pilot Plant）实验，甚至（半）工业实验。

当选择破碎-磨矿流程时，以上测试必须一体化考虑。当测试初磨后的再磨作业时，必须仔细考虑其入磨粒度。

以上测试的深度通常取决于项目的阶段和目的。在预可行性研究阶段（Prefeasibility），通常岩芯样的测试就可满足要求。在进一步的论证性研究（Defintive Feasibility Study-DFS）时，通常需要增加矿石样品测试数量并考虑矿石性质变化，也可能需要开展连续中间规模（Pilot Plant）实验以确认碎磨工艺的性能。特别是考虑采用全/半自磨工艺时，连续中间规模（Pilot Plant）实验可以确认临界粒子的数量和是否累计及确认单位能耗。

另外一个关键的问题是样品的代表性。代表性矿样才能获得可靠而准确的破碎性能和可磨性数据。否则不准确的数据将造成磨机选的太大或太小。磨机选的太大将增加没必要的投资；如果磨机选的太小，生产工艺不能达到设计能力，进而可能导致整个项目失败。特别在项目的初期，获得代表性矿样是极不容易的。另外一种办法是地质工程师取各种不同性质的矿石样品，然后分别进行可磨性测试，最后根据整个矿床或某个时间段的所采矿石的特征计算出综合/混合矿石的可磨性。

2 自磨机与半自磨工艺选择

扫码观看彩色图表

首先分析全自磨和半自磨工艺的适应范围，粗略地采用经典的邦德球磨功指数为参考指标分析。

（1）当邦德球磨功指数小于 5~8kW·h/t 时，这时矿石太软，矿石不能起到任何磨矿介质的作用，原则上采用全自磨或半自磨都是不合适的。合适的磨矿工艺应该是棒磨流程或加球磨。值得注意的是如果矿石成分的硬度变化很大时，即矿石中有一小组分很硬可作为磨矿介质，这时应该考虑作为例外情况。另外半自磨磨矿可操作在"ROM（原矿）球磨机"状态。实践中仍多采用半自磨磨矿，但操作条件不同于一般情况，如磨机格子板孔小、钢球直径小等。

（2）当邦德球磨功指数大于 20kW·h/t 时，这时矿石太硬，采用全/半自磨工艺时，会存在严重的临界粒子累计、磨矿速率低和产品偏细等问题。最合适的流程应该是高压辊磨工艺，其次是传统的破碎-球磨工艺。

（3）半自磨工艺的适应区间为：邦德球磨功指数从 8~10kW·h/t 到 20~22kW·h/t。

（4）全自磨工艺一般仅适于中等硬度矿石，例如邦德球磨功指数为 12~20kW·h/t 矿石。

以上是在选厂设计时流程的优选原则。但工业实践上，全自磨磨矿的适应范围略窄，但半自磨磨矿几乎覆盖所有硬度的矿石磨矿。全自磨和半自磨工艺在很大邦德球磨功指数范围均有工艺应用实例，如：

（1）Cannington 银-铅-锌矿：采用单段全自磨工艺，其邦德球磨功指数为 17~19kW·h/t。

（2）中澳铁矿：采用单段全自磨工艺，其邦德球磨功指数为 14~19kW·h/t。

（3）Palabora 铜矿：采用单段全自磨工艺，其邦德球磨功指数为 12~14kW·h/t。

（4）LKAB 磁铁矿：采用全自磨-砾磨工艺，矿石的 $A \times b$ 在 100 左右（属于超软），但其石英岩的 $A \times b$ 在 37 左右（属于比较硬）。

（5）Porgera 金矿：经典 SABC 流程，其邦德球磨功指数为 18~20kW·h/t。

（6）Similco 选厂：采用半自磨磨矿，矿石邦德球磨功指数高达 22kW·h/t，矿石的 $A \times b$ 为 22 左右，属于超硬矿石。

（7）Palabora 矿：采用半自磨磨矿，矿石邦德球磨功指数为 12.1kW·h/t，

矿石的 $A \times b$ 为 110 左右，属于易冲击粉碎的中等硬度矿石。

（8）Cadia Hill 金矿：采用经典 SABC 流程，但扩产增加了给矿预先（二段）破碎和高压辊磨破碎，矿石邦德球磨功指数高达 19~23kW·h/t，矿石的 $A \times b$ 为 35 左右，属于难冲击粉碎的超高硬度矿石。

许多新建选厂，在调试期间先采用全自磨工艺，若不成功再调试半自磨工艺，这充分说明全自磨和半自磨有一定的互换性。因此，以上依据矿石粉碎性能而选择全自磨还是半自磨磨矿流程的分析仅作流程选择的参考。当选择全自磨磨矿工艺时，还必须考虑当地是否有经验的全自磨机操作和技术人员。另外的因素是下游作业对粒度变化的敏感性等。

2.1 全自磨与半自磨工艺的差异

与全自磨工艺相比，半自磨工艺的优点有：

（1）矿石适应性好。

（2）生产操作稳定、容易。

（3）相同磨机规格时，处理量大。

（4）投资额度稍低。

其缺点有：

（1）消耗金属磨矿介质。

（2）磨机衬板寿命短。

（3）有时生产成本稍高。

（4）半自磨的金属材料（包括钢球和衬板）消耗高。

如前所述，全自磨工艺对如下两因素特别敏感：

（1）原矿硬度。

（2）给矿块度。

这两因素的变化将大幅度地影响磨矿介质和临界粒子的稳定，进而导致全自磨机工作状态的不稳定和全自磨机的磨矿效率变化。从生产的角度看，这将导致全自磨机处理量以及磨矿粒度的波动，其产量的波动幅度能高达 25%~50%。例如，中澳铁矿全自磨处理量能从 1000t/h 左右波动到 1600t/h 左右，其初磨粒度 P80 从 150μm 变化至 60μm 左右。对常规浮选厂而言，处理量和磨矿粒度的波动对浮选分离有致命的影响。

对全自磨磨矿而言，至关重要的是：

（1）以上两因素与磨矿效率不是单向增减关系。如果存在配矿，不是矿石越硬越好，也不是越软越好。同时矿石的硬度是不能快速测量的，因此只能根据经验估计，进而优化。对来料块度而言也是类似的，不能太大也不能太小。实践中只有一个大致的范围，如通常新给料的 P80 为 200mm 水平，但对一个具体的案例，可能从 150mm 到 250mm，并可能随全自磨机的衬板和顽石破碎机的状况而改变。因此参数最优值只能定性或半定量，这还取决于生产人员和工程师的经验和技能。

（2）以上两因素的最优值不是独立的而是相互影响的。通常而言，矿石越硬，来料块度可以适当减小，特别是应该减少中间粒级（临界粒子范围）的量。反之，如果矿石软而脆，需要的块度大些。

为此，有些矿山为了消除全自磨工艺的不稳定性或为了满足提产的需求，在全自磨机中添加钢球以提高全自磨机的磨矿效率，从而极大地减轻了全靠矿石自身作为磨矿介质而导致的全自磨机生产不稳定的状况，由此形成了半自磨机概念和工艺。

尽管半自磨机是在全自磨机的基础上添加适量的钢球而衍生出来的，但半自磨工艺在如下方面与全自磨工艺存在很大差别。

（1）磨机设备设计。全自磨机仅是根据所磨矿石的性质（硬度、密度、最大给料粒度、载荷等）来进行设备的机械结构设计、强度计算、功率配置等。半自磨机则是要在考虑矿石性质的同时，还要考虑所添加钢球的最大直径和最大钢球充填率等。因此半自磨机设计的机械强度、功率等配置更高。因此同种规格下半自磨机的机械强度和驱动功率要比全自磨机大得多。

（2）矿石准备。当要求提高处理量时，半自磨工艺会要求采矿细爆和初破细破或预先破碎，而全自磨通常则相反，通常要求放粗新给料粒度。

（3）操作。半自磨的日常操作更接近于球磨，特别是钢球充填率高于 8% ~ 10% 时。而全自磨工艺的操作比较复杂，这也是全自磨工艺比较少的原因之一。简单而言，半自磨操作的核心是从新给矿和流程中消除临界粒子，而全自磨操作的关键是如何保障磨矿介质（注：不仅仅是大块磨矿介质，有时还有中等尺寸的磨矿介质，与磨矿流程相关）。

2.2　全自磨与半自磨工艺的选择

基于以上的分析，当选择全自磨工艺时，考虑如下因素：

（1）下游作业对处理量和粒度是否十分敏感。为减少处理量对下游作业的影响，可以在其作业前加大缓冲槽，如 Olympic Dam 铜-铀浮选作业前设有一非常大的搅拌槽，其缓冲能力达数小时。另外一些分选方法对给料粒度不敏感，如磁选作业、重选作业、一些混合浮选作业等。

（2）矿石的可磨性比较稳定或可以通过配矿方式保障矿石性质稳定。

（3）采矿和初破能生产出大块矿石（可能高达 P80 = 200 ~ 250mm），并且（皮带）运输系统允许通过。由于初破排矿口的限制和挤满给矿的要求，旋回破碎机不一定能有效地生产足够的大块且同时不出现或少出现超大块（如大于

350~400mm）。同时矿石放粗后，将（大大）加快运输皮带和溜槽的损坏，进而影响设备的运转率。

（4）全自磨有效磨矿时对新给矿矿石 P80 的要求。有研究和报道表明对 O-lympic Dam 矿石最优的新给料 P80 在 140~160mm，而中澳铁矿的生产实践表明 P80 为 180mm 时，其处理量仍不是最优点，仍有进一步提高增加新给矿粒度而提产的空间。

（5）全自磨工艺电耗高，需要考虑当地的供电能力。

（6）全自磨工艺的钢球和衬板消耗量低，在一些远离钢球和衬板市场或运输困难地区应该考虑选择全自磨工艺。

（7）既然全自磨操作要求更高的能力和经验，选择全自磨工艺时应该考虑生产和技术人员的素质。

（8）二段磨矿采用砾磨工艺时，需要一段采用全自磨生产出更多的砾石。

2.3　经济性比较

在采矿工业，目前普遍采用钢质（或合金钢）磨矿介质。特别是在初磨作业中，除了全自磨机外，其他滚筒式磨机都采用钢质磨矿介质。全自磨机磨矿采用矿石本身替代钢质磨矿介质，这没有任何额外成本。与之相比，通常典型半自磨磨矿到 P80=105~150μm，钢质磨矿介质的成本为 1 澳元/t 左右[6]（注：2002年报道的数据）。全自磨磨矿在北美地区的铁矿十分流行，在欧洲和非洲也普遍，有时也应用于金、铜和其他有色金属矿山。在这些采用全自磨机的矿山，许多矿山的二段磨矿采用顽石磨矿工艺。采矿业的全自磨机磨矿的经济性还取决于流程情况，包括磨机尺寸、磨机径长比、矿石块度、筛分、破碎和细分级作业的流程结构。

与半自磨机或更传统的 2~3 段破碎-球磨机工艺流程相比，全自磨机磨矿流程无可置疑在设计和操作上面临着更多的技术挑战。至今已出现一些过去全自磨机磨矿项目失败的报道[7]，这限制了全自磨磨矿流程作为设计最后选择，这种现象曾经在大部分北美矿业公司发生，甚至影响至今。一些北美选矿厂建成全自磨磨矿流程，后来转变为半自磨机流程，进而引起了对全自磨磨矿功能性的怀疑。主要质疑点是全自磨磨矿是否能实现设计选矿厂的处理能力，磨矿粒度控制（对于下游采用浮选作业的选厂，这特别重要）和操作的困难度（例如保持磨机载荷和功率以及顽石粒度和数量）。当采用半自磨机或球磨机磨矿时，磨机内的钢质磨矿介质稳定了磨矿作用并超越了矿石性质变化带来的波动，有助于协助操作工达到生产设定目标。

从经济上，全自磨磨矿的优点有：

（1）不需要购买和运输钢质磨矿介质。

（2）能给二段磨矿提供顽石磨矿介质，例如瑞典的 Aitik Boliden 和 LKAB 矿。一般磨矿介质成本占选矿总成本的比例很高，能高达 25%。

（3）磨机衬板寿命比较长，同时也提高了整个流程的设备完好率。既然采用矿石作为磨矿介质，因此可以采用硬质衬板材料。而对于采用钢球的半自磨机、球磨机或钢棒棒磨机而言，硬质磨矿衬板使用受限，这是因为硬质衬板更容易被钢球冲击毁坏。全自磨机衬板寿命一般为 4~6 个月，甚至更长。而半自磨机的衬板寿命一般只有 3 个月左右。

（4）与半自磨机流程相比，全自磨机流程磨矿产品粒度更细。甚至极其容易实现单段磨矿流程，生产分选作业所需要的最终磨矿粒度，或者大幅度降低二段磨矿所需的能力（二段磨矿负荷低），能快速控制磨机功率。而当磨机功率被钢质磨矿介质控制时，需要数日甚至数个星期才能把磨机功率降低，这是因为磨机内钢质磨矿介质的寿命相对很长。这一点对于供电能力有限的边远地区尤为重要。

（5）与传统的球磨机流程相比，没有二段或三段破碎作业。

（6）磨矿过程几乎没有污染。这一点有时对有色金属硫化矿的浮选极其重要。从钢质磨矿介质氧化下来的铁元素会转运到矿物表面。铁氧化物或氢氧化物在矿物污染倾向于降低硫化矿的浮选的可浮性和动力学，进而降低回收率。通常需要添加更多化学药剂才能消除其影响。

全自磨磨矿缺点包括：

（1）对于相同的流程处理能力，全自磨机比半自磨机型号大。为了达到与 15%钢球充填率、功率 20MW、直径 40ft（12.19m）半自磨机等量处理能力，全自磨机的直径将高达 44ft（13.41m），并且长度更长，充填率更高[8]，这是因为全自磨磨矿介质矿石比钢质磨矿介质轻（通常矿石比重为 2.7~3.5；而钢质磨矿介质比重为 7.5~7.8）。因此需要更大磨机才能产生相同的磨机功率，这将导致投资增加。有报道，在许多情况下差异为 10%~15%[7]。

（2）对矿石的抗粉碎冲击性能敏感。这包括新给矿中部分物料的粒度和抗粉碎冲击性能。这给无论是短期还是长期的采矿生产和采矿计划带来了挑战，还可能给初破作业以及随后的矿石输送系统带来一系列问题，如大块矿石对输送皮带机和溜槽的冲击损坏。这需要更深入了解矿床的地质-选矿性能，并在整个矿山寿命周期内控制配矿或均衡供矿矿石种类或性质。

（3）提高磨机处理量的可调整性低。这是因为需要保留大块矿石在磨机内作为磨矿介质而限制了顽石窗的尺寸，限制了磨机的通过能力，进而影响处理能力。

（4）在一些工业应用中，设计采用二段顽石磨机替代球磨机导致了某种程度的成本增加。

（5）需要很高能力的顽石破碎系统应对顽石返回量的波动。这是由于新给矿的粒度和矿石可磨性波动引起的。否则，需要增加破碎机排矿口方式增加破碎机处理能力以便应对顽石高返回量，但这导致顽石破碎效果降低，进而全自磨磨矿处理量下降和顽石返回量的进一步增加。生产中观察到 100%～150% 的顽石返回率（与新给矿的比例）。

（6）全自磨机磨矿流程自动控制性差。特别是当今世界，自动控制已经广泛认为是降低生产成本、提高生产稳定性和维持产品质量的重要手段。换句话说，操作全自磨机流程需要或更依赖于经验丰富、能力强的生产操作人员来维持和优化处理量和磨机功率。当需要持续提高磨矿性能（处理量、粒度、能耗等）时，需要研究合理的磨机充填率。

总而言之，虽然全自磨机磨矿消除了钢质磨矿介质，初磨作业采用全自磨机能降低该段作业成本的 30%～40%[9]，但要求矿石性质适于全自磨磨矿。生产实践中，通常全自磨机流程还装配有顽石破碎作业，提高了流程的能量效率。顽石还是二段磨矿理想的磨矿介质，在工业实践中已经有许多成功的案例。但是由于全自磨机流程的生产控制性能差、能量效率不高或提产要求等原因，一些全自磨机流程改造成有钢质磨矿介质的半自磨机。

2.4 工业磨矿流程选择实例分析

2001 年 SME 年会上 Levanaho 等[7]发表了 "Economics of Autogenous Grinding"（全自磨磨矿经济性）一文，报道了几个工业项目的几种破碎-磨矿流程的投资和生产成本的比较。该文作者报道的实例如下。

案例 1：Pyhasalmi 矿生产实例。1962 年该矿山最初设计采用棒磨-球磨流程，但 1992 年改造为全自磨机流程。全自磨机流程的生产成本比原来的棒磨-球磨流程低 1.95 美元/t，这包括选矿厂处理能力提高带来的经济效益。

案例 2：上文作者还报道了另外一个项目的经济性分析，数据列于表 2-1。与半自磨磨矿流程相比，全自磨磨矿流程总投资额增加了大约 1.5%，而生产成本降低了 4.4%。全自磨流程的还款期只有 2.5 年左右。

表 2-1 半自磨、全自磨和 OG 磨矿流程的成本比较[7]

项　目		单位	半自磨流程	全自磨流程	OG 流程
磨机	初磨磨机型号	mm	6097×3049	6710×2440	4878×6097
		ft	20×10	22×8	16×20
	初磨磨机功率	kW	1100	1100	1000
	二段磨机型号	mm	4268×7165	6097×8536	6097×7012
		ft	14×23.5	20×28	20×23
	二段磨机功率	kW	1860	1860	2000

项　目		单位	半自磨流程	全自磨流程	OG 流程
磨机成本	初磨磨机	美元	1263620	1621400	1262950
	二段磨机	美元	1061280	3027730	2839460
	其他成本	美元		2540066	2314802
	差异	美元		4864296	4092312
总投资		美元	336000000	340900000	340100000
总投资差异		%		1.5	1.2
与半自磨相比的生产成本降低量	磨矿介质	美元/吨		1.03	
	衬板			0.14	
	磨矿介质运输			0.94	
	成本运输			0.027	
	总成本节省			2.13	
		%/选矿厂		13	
项目生产成本		美元/吨	50.9	48.8	18.8
项目生产成本差异		%		4.4	4.4
与半自磨流程相比（12年矿山寿命）	投资差异	美元		4864296	4092312
	NPV @ 6%	美元		9754000	10482000
	IRR	%		38	45
	还款期	年		2.6	2.2

2006 年，Putland[10]在当年的半自磨会议上发表了 3 个项目的破碎-磨矿流程的经济性选择。流程的经济性分析总结如下。这 3 个项目的矿石性质见表 2-2。

表 2-2　矿石可磨性测试和设计标准[10]

指　标			项　目		
			A	B	C
核心矿石粉碎参数	年处理量	Mt	3.65	12.00	7.00
	矿石性质	CWi	kW·h/t	18.4	18.6	—
		RWi	kW·h/t	12.6	26.3	29.5
		BWi	kW·h/t	15.5	23.3	24.9
		Ai	g	0.46	0.44	0.07
		矿石比重		2.68	2.77	2.7
				60	27	45
		平均 A×b		变化大	变化小	变化小
				35~108		

指 标			项 目		
			A	B	C
其他因素	产品粒度 P80	μm	100	280	150
	矿山寿命	年	9	+20	—
	地质		变质花岗岩+氧化带	原生镁铁玄武岩+长英质英安岩	超铁镁质岩,部分风化
	采矿方法		露天	露天	露天
	下游工艺		浮选-浸出	浮选	浮选

案例 3：项目 A 处理变质花岗岩矿石，矿床的上部为氧化带。主要矿石是中等抗冲击粉碎性能、中等磨矿功指数，但磨蚀性能高。当处理上部氧化带矿石时，虽然矿石球磨功指数相对稳定，处理量略低，但磨矿粒度细。表 2-3 列举了所选择的主要设备和财务分析。各种流程财务分析是以半自磨的 SABC 流程为基准进行比较。

表 2-3 不同流程结构的经济性比较[10]

指 标		单位	流 程			
			SABC	ABC	高压辊磨-球磨	高压辊磨-砾石磨
比能耗		kW·h/t	18.4	19.2	12.7	14.7
主要消耗品		澳元/t	1.77	1.12	1.47	0.84
主要设备	初破破碎机		42/65 旋回破碎机			
	二段破碎机 种类				圆锥破碎机	圆锥破碎机
	二段破碎机 数量				1	1
	二段破碎机 功率	kW			375	375
	二段筛 种类				DD 香蕉筛	DD 香蕉筛
	二段筛 数量				2	2
	二段筛 尺寸 W×L	m			2.1×4.9	2.1×4.9
	顽石破碎机 种类		圆锥破碎机	圆锥破碎机		
	顽石破碎机 数量		1	1		
	顽石破碎机 功率	kW	375	375		
	初磨磨机 种类		半自磨	全自磨	高压辊磨	高压辊磨
	初磨磨机 数量		1	1	1	1
	初磨磨机 尺寸 D×L	m	8.53×4.35	9.75×4.95	1.85×1.3	1.85×1.3
	初磨磨机 功率	MW	6.0	8.0	2.0	2.0

指　　标			单位	流　　程			
				SABC	ABC	高压辊磨-球磨	高压辊磨-砾石磨
主要设备	高压辊磨筛	种类				DD 香蕉筛	DD 香蕉筛
		数量				1	1
		尺寸 $W×L$	m			3.0×7.3	3.0×7.3
	球磨/顽石磨	数量		1	1	1	1
		尺寸 $D×L$	m	5.5×9.5	5.2×9.3	5.5×9.5	7.92×11.25
		功率	MW	5.0	4.0	5.0	7.0
经济性	投资额差异		百万澳元		+1.7	+5.6	+15.5
			%		+2.3	+7.5	+20.7
	生产成本差异		澳元/t		−0.53	−0.81	−1.08
			%		−11	−17	−22
	内部收益率差异		%		107	42	17
	净现值差异（10%）		百万澳元		+8.2	+7.8	+4.0

图 2-1 显示了各种流程的投资额和生产成本与 SABC 的差异。高压辊磨-砾石磨流程的生产操作成本最低，然后依次为高压辊磨-球磨流程和 ABC 流程，而 SABC 流程的生产成本最高，但是投资额度则恰好相反。当综合分析投资和生产成本的影响，ABC 和高压辊磨-球磨流程的项目经济性最好。ABC 流程的内部收益率最高，还款期最短。但与高压辊磨-球磨流程的差异不明显。对于 ABC 流程，矿石性质波动应加以考虑，该流程的比较难操作和优化。

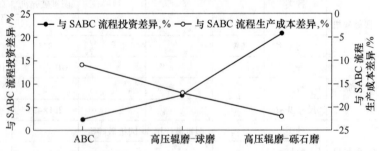

图 2-1　各种流程与 SABC 流程在投资额和生产成本的差异[10]

对于项目 B 和 C，该文作者认为矿石的抗冲击粉碎性能太高，不适于采用全自磨机。因此，其流程选项局限于半自磨、球磨或高压辊磨。

利比利亚邦格选矿厂原来用湿式全自磨机及螺旋选矿机处理磁铁矿石，后来由于矿石嵌布粒度变细使全自磨机处理能力下降 10%~15%。后进行半自磨工业试验采用100mm洛氏硬度为43~60的钢球，其充填率为5%。工业结果表明：改用半自磨后产量提高32.4%，电耗下降27.5%。但由于半自磨产品粒度变粗导致精矿品位下降3.5%。半自磨流程单位生产费用较低的主要原因是其添加不同比例的钢球导致处理能力高于全自磨机，进而单位矿石生产成本低。

1989年，Koivistoinen等[11]在1989年半自磨会议发表了传统磨矿流程与全/半自磨机流程的经济性比较，结果如图2-2所示。该文作者认为：

（1）在投资额上，决定性因素为是否有细破碎作业。

（2）投资费用占总生产成本的30%~50%。

（3）随着生产规模增加，单位生产成本降低。但年处理量超过5百万~10百万吨时，降低幅度很小。

（4）一段球磨流程的生产成本最高，而全自磨+顽石磨的成本最低。

（5）造成全自磨+顽石磨的成本最低的原因是磨矿介质。

但是值得注意的是，该比较案例发生在近30年前，各种成本的相对比例可能已经发生了变化。

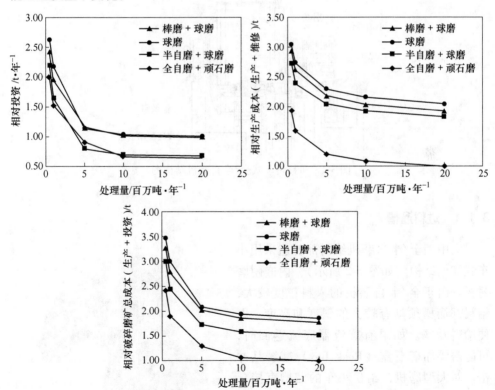

图2-2 传统磨矿流程与全自磨机和全自磨流程经济性比较[11]

3　全/半自磨机的结构

扫码观看彩色图表

3.1　全/半自磨机的结构

　　全/半自磨机系统主要由进料溜槽、筒体、排矿系统、轴承和润滑系统、传动和控制系统等部分组成。磨机筒体部分又细分为：给矿端、圆筒体、格子板、矿浆提升格和排料端等。传动和控制系统包括主电机、联轴器、动离合器、慢速驱动装置、电控等。轴承和润滑系统还包括顶起装置等。图 3-1 显示了机械传动式全/半自磨的结构图。

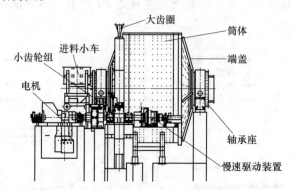

图 3-1　机械传动式全/半自磨机结构图

3.1.1　进料溜槽

　　大中型全/半自磨机给料部普遍采用小车式溜槽结构（如图 3-2 所示），内嵌耐磨衬板。由于全/半自磨机的入料粒度较大，给料部溜槽须具有较大的斜度和高度，以便给料顺畅。如果有旋流器底流返回时，可能需要加矿石盒（Rock Box）减缓其冲击。对大型磨机，给矿小车的溜槽直接穿过给矿端的中空轴进入磨机内部，因此中空轴处不磨损而无需衬板。对中小型磨机或全/半自磨机，中空轴处仍需衬板，物料

图 3-2　全/半自磨机给矿小车 3D 结构

须经过一段中空轴然后进入磨机内部。

3.1.2　给矿中空轴

在磨机启动及停车时，中空轴（如图3-3所示）需采用高压润滑油将轴颈顶起，并形成油膜，防止滑动面干摩擦。正常运行时给入低压油，靠轴颈的回转运动形成动压油膜。在中空轴承处，通常有止推轴承限制磨机轴向移动。对大型磨机，中空轴承处还有载荷测量仪（Load Cell），用于计量和监控磨机内物料重量，是磨机安全和自动化控制的极重要的参数。轴承衬内设有蛇形冷却水管，必要时给入冷却水，降低轴瓦温度。

每个主轴承上装有测温探头，对轴瓦温度进行动态监控，当温度大于规定的温度值时，能自动报警和停磨。主轴承两端采用环形密封，通过润滑油管充填油脂，防止润滑油外漏和灰尘进入。

4个载荷测量仪　　　　　　　　　　　　　　　　轴承

图3-3　中空轴结构图

3.1.3　筒体

全/半自磨的筒体包括给料端盖、圆筒体、排料端盖、排料喇叭口。可做整体式或分体式，中空轴通常采用铸件。小型磨机通常采用整体式，随着磨机放大，分部件数量增加。关键部位粗加工后进行超声波探伤，精加工后进行表面磁粉探伤。中空轴轴颈表面经机加工后抛光处理。端盖、筒体之间全部采用高强度螺栓联结。加

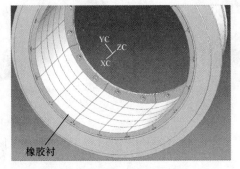

图3-4　全/半自磨筒体

工精度高以便确保连接可靠及总装后两端轴颈的同心度。采用分体式时，采用法兰连接止口定位。磨机筒体有内壁有橡胶衬，如图3-4所示。

3.1.4　衬板

　　磨机内部所有与矿石或矿浆直接接触的地方均装有衬板（如图 3-5 所示），它们是磨机可更换的表面，也是磨机主要生产成本构成之一（占全/半自磨生产成本的三分之一左右）。衬板的主要作用如下：

　　（1）保护磨矿筒体不被磨机内的强烈的物料冲击、摩擦或/和化学腐蚀损坏，并提供可更换的抗磨损表面。

　　（2）把磨机筒体运转的能量传给磨机内的磨矿介质和矿石，使其运动实现磨矿功能。

　　衬板的磨损率是衬板的关键性能参数之一。衬板的厚度必须连续监控避免磨机筒体磨损。另外衬板的性能对磨机处理量、设备完好率、衬板寿命、能量利用率、生产成本等都有显著的影响。如果衬板磨损速度过快，将大大增加衬板材料成本并导致非计划停车更换衬板，降低了设备的完好率和平均处理量。对有钢球磨矿介质的半自磨而言，衬板设计错误可能导致钢球直接冲击衬板，进而造成衬板砸碎或/和钢球破裂，大幅度增加生产成本和停产维修时间。

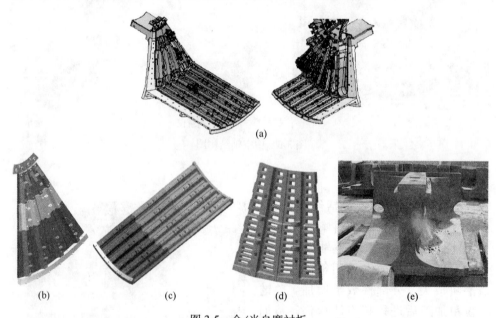

图 3-5　全/半自磨衬板

（a）衬板装配图；（b）给矿端衬板；（c）筒体衬板；（d）格子板；（e）矿浆提升格

3.1.4.1　筒体衬板

　　筒体衬板是把能量传给磨机内物料的界面，对磨机内的物料粉碎效率起着举足轻重的作用。筒体衬板的几何形状控制着磨机内物料的运动进而导致不同的磨矿机理和磨矿效率及产品的粒度特性。生产实践中，不仅考虑新衬板的几何形状，还要考虑整个磨损过程中的几何形状变化及效果。因此，筒体衬板的设计（包括其上的提升条）对提高磨机的单位时间处理量是至关重要的。值得注意的是筒体衬板的几何形状是随物料的性质、磨矿粒度要求等变化而变化的。

3.1.4.2　格子板

从原理和功能上，格子板与筛分等分级设备的功能是相同的，允许比格子板孔小的物料通过。物料通过格子板的驱动力是格子板两侧的压力差。格子板的主要作用包括：

（1）把大块物料（对于半自磨机则包括磨矿介质）保留在全/半自磨机内。对于全自磨机而言大块矿石是磨矿介质。同时由于矿石块度太大，可能超出顽石破碎机允许的最大给矿粒度，不能有效处理或影响整体破碎效果。对半自磨机而言，格子板起着限制钢球排出磨机而导致磨矿介质损失的作用。

（2）格子板同时还起着限制物料（甚至包括中小矿石）排出的功能。对要求细磨的全/半自磨机而言，这将有助于保持全/半自磨机高载荷，强化物料的摩擦粉碎机理，进而导致细磨。

但是，如果格子板对矿浆流的阻力太大，磨机内将积矿浆到一临界高度。在这临界高度以内，有助于提高细粒的磨矿效率，特别是全自磨磨矿可以提高磨矿细度。但积累过多，会在全/半自磨机内形成一个矿浆池，降低磨矿效果。这是因为磨矿介质必须先穿过矿浆层才能冲击到矿石，损失了磨矿介质的动能。有时虽然在矿石上面没有矿浆层，但矿石表面占了一层厚厚的矿浆，同样降低磨矿介质的冲击粉碎力。

如果磨机内存在矿浆池，大型磨机采用带弧线提升条的格子板，提高其通过能力。有时为了充分利用顽石破碎，结合格子板大开孔面积，提高顽石通过格子板的速度。

格子板的关键设计参数为开孔面积、孔的大小与形状、孔的位置、格子板上提升条的高度等。如果下一作业的矿浆提升格有足够的能力，通过优化格子板可实现一个预期的矿浆排出速度。

3.1.4.3　矿浆提升格

矿浆提升格像泵一样把已通过格子板的矿浆排出。辐射状矿浆提升条与车轮的辐条相似，但它有抗磨损的底板，起着保护磨机排料端锥体的作用（相当于衬板）。当磨机转动时，在各个矿浆提升格的矿浆被提起来，当提升格超过水平位置，矿浆将流向中间的排出孔，然后通过喇叭口最终排出磨机。

为了加快且更有效排出矿浆，矿浆提升格可以做成弧线形。但是磨机局限于单向运转，这对大型磨机而言，可能影响磨机其他衬板的寿命，增加衬板成本。

考查矿浆提升格的性能有两个关键参数，即回流和携带。回流是指矿浆提升格内的矿浆通过格子板倒流回磨机的磨矿腔内。这可能恶化磨矿腔的矿浆池的形成，并加快格子板孔的磨损。携带是指在一个磨机旋转周期内，矿浆提升格内的矿浆不能完全排空。当矿浆提升格从水平位置往下转时，矿浆提升格内仍有矿浆，其不再向磨机中心的排出孔方向运动，而是开始向磨机的周边移动。既然矿浆比大块矿石运动速度快，通常留下来的是以顽石为主。但往磨机周边运动时，通常将冲击到矿浆提升格的底部，造成磨损加快。

对这个矿浆提升格而言，需要考虑矿浆提升格的数量。如果数量太少，每一个矿浆提升格的空间大，这将增加回流量，同时需要更长的时间排出每一个矿浆提升格内的矿浆，容易导致携带。如果数量太多，矿浆提升格的壁所占的空间过多，降低了整个矿浆提升格的能力，同时每一个矿浆提升格的空间变小，增加了大块矿石或钢球卡死的机会，进而更降低排料能力。

3.1.5 排料端

常规全/半自磨的排料端的中空轴与给料端的几乎一样，但没有止推轴承和载荷测量仪。图3-6显示从磨机排矿端向磨机方向的图片。特别是在非洲（南非）地区，有一些特殊的排料端，如图3-7所示。磨机的排料端只有类似于格子板的格子。一旦物料通过将直接排出，无需矿浆提升格装置，因此物料的排出不受限制。

图3-6 常规全/半自磨机排料端

图3-7 无中空轴排料端（通常也无矿浆提升格）

3.1.6 圆筒筛

为了简化磨矿系统，中小型磨机排料端通常装配有圆筒筛（如图3-8所示），用于磨矿排矿分级，可以无需外设分级振动筛。与球磨机的出渣圆筒筛几乎一样，但筛孔需要根据工艺的要求更改。另外，全/半自磨机的圆筒筛内没有反向螺旋。对大型磨机，圆筒筛的分级能力有限或一般远远不足于实现有效分级，因此大部分大型磨机不配圆筒筛。

图 3-8 全/半自磨排料端圆筒筛

3.1.7 润滑系统

润滑油的高压系统提供高压顶起中空轴，其低压系统给磨机中空轴承和止推轴承提供润滑和冷却。储能器内是高压氮气，一旦润滑系统不工作，磨机跳停，但磨机不是立即就完全停止，这时高压氮气将短时期把润滑油压向仍必须继续润滑的部位，避免磨机损坏。其 3D 图如图 3-9 所示。

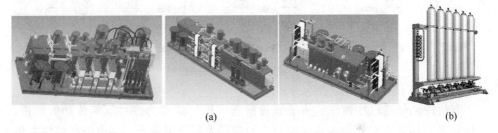

(a) (b)

图 3-9 润滑油站 3D 图 (a) 和储能器 (b)

3.2 传动系统

随着全/半自磨机的大型化，对机电行业提供的磨机带来了两个明显的改变和要求。

（1）随着磨机的直径增加，单机的电机功率也增加。

（2）对变速电机需求增加。这是因为需要提高磨矿作业对矿石性质变化的适应性，能有效提高产量或及时调整磨矿粒度以有利于提高回收率。

全/半自磨机的驱动系统通常首先考虑如下关键要素：

（1）启动电流或载荷。

（2）最大功率的极限。

（3）是否变速。

（4）维护量和难度。

（5）价格。

（6）生产操作及维修成本。

全自磨和半自磨机的传动形式首先分为有齿和无齿轮传动。有齿传动又分为同步电机传动和异步电机传动。根据功率大小，同步电机传动和异步电机传动分为单传动和双传动。因此常用的驱动形式有同步电机单驱动、异步电机单驱动、同步电机双驱动、异步电机双驱动、环形电机无齿驱动 5 种。常用的磨机驱动系统如图 3-10 所示。

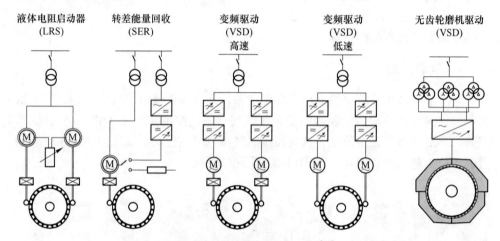

图 3-10　常用的磨机驱动系统[12]

有齿传动是通过小齿轮、齿圈装置向磨矿机传输动力。对于单传动的磨机，按其布置形式分为左装和右装（面对进料端顺着料流方向看，主电机在筒体左侧的是左装，主电机在筒体右侧的是右装）。根据工艺流程布置的需要，传动装置放置在进料端、出料端均可。对有齿传动，通常采用软启动的方式以降低启动扭矩和电流，实现磨机主电机-筒体的分段启动，降低装机功率，启动电流比直接启动时低数倍。常用软启动的方式有空气离合器和液阻启动器，随着电子行业的发展，变频器（VSD）也时有使用。

无齿传动是一种特殊电机装置。整个磨机像一个电机，磨机筒体像电机的转子，而环形电机像普通电机的定子。它天然就有变速的功能。

由于机械强度限制，有齿单驱的最大功率为 8.5~11.5MW，而有齿双驱的最大功率可达到 15~17MW。对于无齿环形电机，通常用于功率>10MW 的情况，目前最大无齿环形电机功率为 28MW。

3.2.1　电动机

3.2.1.1　异步电动机

三相异步电动机的基本结构如图 3-11 所示，主要由定子和转子两个基本部分组成。

（1）定子。定子是电动机的固定部分，用于产生旋转磁场。定子铁芯由硅钢片叠成，在铁芯内圆有许多槽，用来嵌放定子绕组。主要由定子铁芯、定子绕组和基座等部件组成。

（2）转子。转子是电动机的转动部分，由转子铁芯、转子绕组和转轴等部件组成。转子铁芯也由硅钢片叠成，在铁芯外圆有许多槽，用来嵌放转子绕组。其作用是在旋转磁场作用下获得转动力矩。转子按其结构的不同分为鼠笼式转子和绕线式转子，其区别在于转子。

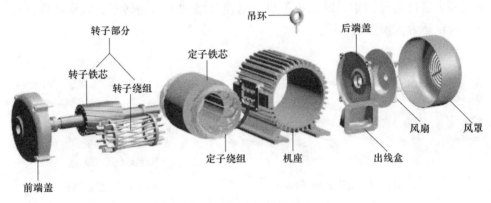

图 3-11 异步电动机结构

异步电动机的优点在于结构简单，性能稳定，维护方便，价格便宜，且制造工艺上也是最简单的，因此异步电动机在工业中得到了最广泛的应用。

鼠笼式三相异步电动机（Squirrel-cage rotor）（如图 3-12 所示）是指电动机的定子上为三相散嵌式分布绕组，转子为笼式的导条。因为该导条形状与鼠笼相似，故称之为鼠笼式异步电动机。鼠笼型电机转子由金属条制成，铜制或铝制。铝的价格比较低，在要求不高的场合应用广泛，但铜的力学性能和导电性能都好于铝，绝大部分都是铜制转子。电动机在定子绕组加三相交流电后，会形成旋转磁场，其转子上的闭合的导条会因为切割定子磁场的磁力线而感应出电势和电流，而通电的导体在磁场中就会受到洛伦兹力，从而驱动转子运动，电动机转子就会旋转起来。鼠笼式电动机在工艺上解决了断排的问题后，可靠性远远超过绕组型转子的电机。而其缺点在于，金属转子在旋转的定子磁场中切割磁感线获得的转矩较小，且启动电流较大，一般不适宜对启动力矩要求较大的负载。尽管增加电动机铁芯长度可以获得更多的转矩，但力度十分有限。绕线型电动机在启动时通过滑环给转子绕组通电，形成转子磁场，与旋转的定子磁场相对运动，因此获得转矩更大，且在启动过程中串联液阻启动器来降低启动电流，液阻启动器由电控装置控制随启动过程改变阻值。由于鼠笼式电动机结构简单、价格低，控制电机运行也相对简单，所以得到广泛采用。

液阻启动器是采用特种介质的水溶液作为电阻，在特殊设计的高压液阻箱中引入极板作电极，串入电动机定子回路中，电动机启动时，通过对液体电阻值和启动时间的控制，实现电动机的平滑无冲击降压启动。

绕线式转子（Wound-Rotor）（如图 3-13 所示）的绕组和定子绕组相似，三相绕组连接成星形，三根端线连接到装在转轴上的三个铜滑环上，通过一组电刷与外电路相连接。由于绕线型异步电动机相对鼠笼式电动机增加了滑环、液阻启动器等，结构上比鼠笼式复杂，但是其启动扭矩大。绕线式电动机能够通过外加电阻器来条件启动转矩，既减小了启动电流又增加了启动转矩，启动特性比较好，所以适合大惯量的磨机。

图 3-12　鼠笼式转子　　　　　　　　　　图 3-13　绕线式转子

异步电动机由于给定子绕组通电建立旋转磁场，而绕组属于电感性元件不做功，要从电网中吸收无功功率，对电网冲击很大。有大功率电感性电器接入电网时，电网电压下降。因此供电对异步电动机的使用会有所限制，这也是很多工厂必须考虑的地方。异步电动机如果要满足大功率负载使用，需配备无功功率补偿装置，而同步电动机则可通过励磁装置向电网提供无功功率，功率越大同步电动机的优势就越明显，由此导致同步电动机应用广泛。

3.2.1.2　同步电动机

同步电动机是属于交流电机，定子绕组与异步电动机相同。它的转子旋转速度与定子绕组所产生的旋转磁场的速度是一样的，所以称为同步电动机，如图 3-14 和图 3-15 所示。正由于这样，同步电动机的电流在相位上是超前于电压的，即同步电动机是一个容性负载。为此，在很多时候，同步电动机是用以改进供电系统的功率因数的。

同步电动机在结构上大致有两种：

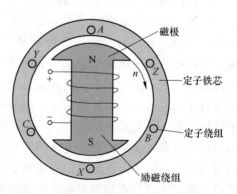

图 3-14　同步电动机的结构模型

（1）转子用直流电进行励磁。这种电动机的转子做成显极式的，安装在磁极铁芯上面的磁场线圈是相互串联的，接成具有交替相反的极性，并有两根引线连接到装在轴上的两只滑环上面。磁场线圈是由一只小型直流发电机或蓄电池来激励，在大多数同步电动机中，直流发电机是装在电动机轴上的，用以供应转子磁极线圈的励磁电流。由于这种同步电动机不能自动启动，所以在转子上还装有鼠笼式绕组而作为电动机启动之用。鼠笼绕组放在转子的周围，结构与异步电动机相似。当在定子绕组通

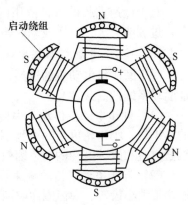

图 3-15　同步电动机的转子

上三相交流电源时，电动机内就产生了一个旋转磁场，鼠笼绕组切割磁力线而产生感应电流，从而使电动机旋转起来。电动机旋转之后，其速度慢慢增高到稍低于旋转磁场的转速，此时转子磁场线圈经由直流电来激励，使转子上面形成一定的磁极，这些磁极就试图跟踪定子上的旋转磁极，这样就增加电动机转子的速率直至与旋转磁场同步旋转为止。

（2）转子不需要励磁的同步电动机。转子不励磁的同步电动机能够运用于单相电源上，也能运用于多相电源上。这种电动机中，有一种的定子绕组与分相电动机或多相电动机的定子相似，同时有一个鼠笼转子，而转子的表面切成平面。所以是属于显极转子，转子磁极是由一种磁化钢做成的，而且能够经常保持磁性。鼠笼绕组是用来产生启动转矩的，而当电动机旋转到一定的转速时，转子显极就跟住定子线圈的电流频率而达到同步。显极的极性是由定子感应出来的，因此它的数目应和定子上极数相等，当电动机转到它应有的速度时，鼠笼绕组就失去了作用，维持旋转是靠着转子与磁极跟住定子磁极，使之同步。

同步电动机的优点除了过励状态可以补偿无功功率外，还包括：（1）同步电动机的转速严格遵守 $n = 60f/p$，可以精确控制转速。（2）运行稳定性高，当电网电压突然下降，其励磁系统一般会强行励磁，保证电动机运行稳定，而异步电动机转矩（与电压平方成正比）则会大幅下降。（3）过载能力比相应异步电动机大。（4）运行效率高，尤其是低速同步电动机。

同步电动机无法直接启动，需要异步启动或变频启动。所以同步电动机缺点之一是需要为启动增加额外的设备装置。通常有三种启动方法：辅助电动机启动法、变频启动法和异步启动法。其中以异步启动法最常用。励磁是加在转子上的直流系统，它的旋转速度和极性与定子是一致的，如果励磁出现问题，电动机就会失步，调整不过来，触发保护"励磁故障"电动机跳闸。所以同步电动机缺点之二是需要增加励磁装置，以前是由直流机直接供给，现在大多由可控硅整流供给。

对于低速重载设备，使用同步电动机最为合理。因为同步电动机功率因数高，过载能力大，电压波动影响小，而且外形尺寸小，应用较为广泛。

3.2.1.3　电动机与供电

对于磨矿机电动机的选型，要综合考虑多种因素，选择合理的电动机才能保证驱动系统的高效性。

（1）同步电动机传动。中型全/半自磨机采用低速同步电动机直接带动磨机的小齿轮，小齿轮再带动大齿圈使磨机转动。优点是传动效率高、占地面积小、维修方便和改善电网的功率因数，但同步电动机售价较高，而且需直流电源。

（2）异步电动机齿轮减速器传动。小型全/半自磨机采用异步传动，齿轮减速器带动小齿轮、大齿圈而驱动球磨机。优点是异步电动机价格便宜，但多用了一大套大型减速器。

对于小型磨机可以采用鼠笼式电动机，这种装置可使电机在空载下启动当达到额定转速时，再连接磨机。目前可以采用的软驱动装置主要有：液力耦合器、电磁离合器、气动离合器和液体黏性离合器等（如图 3-16 所示）。应用液力耦合

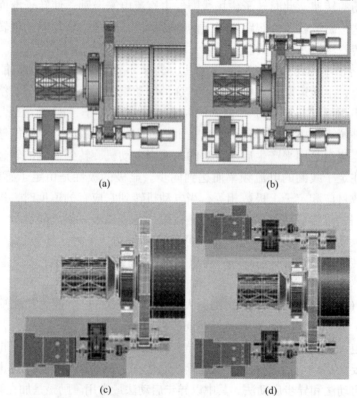

(a)　　　　　　　　　　　　　(b)

(c)　　　　　　　　　　　　　(d)

图 3-16　常用的有齿磨机驱动系统

（a）单驱-同步电动机-空气耦合器；（b）双驱-同步电动机-空气耦合器；
（c）单驱-异步电动机-减速器；（d）双驱-异步电动机-减速器

器的优点是提供了电动机的启动能力，改善了加速性能；电动机可以空载启动，降低了启动电流，并缩短了启动电流的持续时间。液力耦合器对环境和维护技术条件要求不高，可以长期无检修地运行，应用于磨矿机的驱动系统节能降耗效果显著。

3.2.2 齿轮传动

传动部包括大小齿轮、韶轮装置、齿轮护罩及其附件。磨机传动部大齿轮装在磨机筒体上，尺寸较大；大齿轮采用分半结构，大齿轮的径向、轴向跳动控制在要求范围内。大齿轮密封采用径向密封，加固的大齿轮防护罩，在制作厂内组对后焊接并精细加工制造，控制好几何尺寸，防止变形，确保密封效果。同时还可以采用甘油强化密封。大小齿轮润滑：采用喷射润滑装置定时定量强制喷雾润滑，自动控制，无需人工操作。

3.2.3 环形电动机无齿轮传动

无齿轮传动是将环形电动机的转子固定在磨机筒体周围，使磨机筒体成为电动机转子的一部分。磨机筒体实际上变成了一个大型低速同步电动机的转子。环形电动机为低速同步机可采用变频调速，如图 3-17 所示。无齿轮传动与常规的齿轮传动相比投资较高但具有如下优点：（1）传动功率大。常规的齿轮传动每个小齿轮的最大传动功率为 8.5MW，而采用双机传动最大为 17MW。而无齿轮传动可达到更高的传动功率。所以无齿轮传动突破了常规齿轮传动对功率的限制，为全/半自磨机进一步大型化创造了条件。（2）具有较高的传动效率。（3）方便于磨机调速。（4）运转率较高维修量较小占地面积较小。采用无齿轮传动的磨机最先应用于水泥工业，20 世纪 90 年代开始应用于全/半自磨机。（5）使用寿命长。（6）不需要专门的慢驱系统。（7）具有板结检测和去板结的能力或潜力。但其有投资额高，需要专业人员维护等缺点。

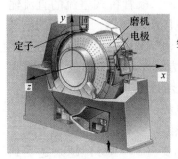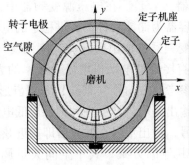

图 3-17　环形电动机无齿轮传动

3.2.4　组合柔性传动

组合柔性传动系统是改进了的齿轮传动系统。它与常规齿轮传动不同之处是每个减速系统有 2 个小齿轮与磨机大齿轮啮合（如果是双机传动则有 4 个小齿轮与大齿轮啮合）。小齿轮具有自调整功能可以平衡大齿轮运转偏差并使其具有相同的扭矩。由于实现了多点啮合传动就可以使大齿轮宽度减小。据称这种传动系统兼容了无齿轮传动运转率较高、维修量较小以及常规齿轮传动投资较低的优点。采用组合柔性传动系统的全/半自磨机由 Polysius 公司（即原 Aerofall 公司）制造，于 90 年代中期应用于伊朗某铁矿（3 台直径 9.75m×4.72m 半自磨机，每台功率为 2×4000kW）和澳大利亚某铜矿（1 台直径 10.36m×5.18m 半自磨机，功率为 2×5500kW）。这种传动系统在大型球磨机也有所应用。

3.2.5　变速

高压大功率同步电动机广泛应用于冶金、钢铁、石化等行业。但是，同步电动机的启动一直是一个相当复杂的问题，其启动方式长期以来是研究和关注的一个重要课题。高压大功率同步电动机常用的启动方式通常有：直接全压启动、串联电抗器降压启动、变频启动等，其中最佳的启动方式为变频启动。同时为了适应矿石性质的变化而调整磨机速度的需要，特别是大中型磨机通常有变频系统。

3.2.5.1　变频器种类

变频器（Variable-Frequency Drive，VFD），也称为变频驱动器或驱动控制器，也可译作 Inverter（和逆变器的英文相同）。变频器是可调速驱动系统的一种，是应用变频驱动技术改变交流电动机工作电压的频率和幅度，来平滑控制交流电动机速度及转矩，最常见的是输入及输出都是交流电的交流/交流转换器。常见的变频系统如下：

（1）电压源变频器（VSI）。在电压源变频器中，二极管桥式整流的直流输出接到电容器中，电容器为储能元件，提供稳定的电压给变频器，大部分的电动机驱动器都是电压源变频器，输出为脉冲宽度调变（PWM）的电压。其中弦波 PWM（SPWM）是最直接调整电动机电压及频率的方式，在图 3-18 上方，有大小及频率均可调整的参考弦波信号（细线）及锯齿形的载波信号（粗线），若参考信号超过载波，则输出高电势，反之，则输出低电势，即可产生一个脉冲宽度随时间变化的输出信号，输出信号在滤波后即接近弦波。变频器的脉冲宽度调变除了 SPWM 外，还有其他的方式，其中空间矢量调变（SVPWM）越来越受到欢迎。

（2）电流源变频器（CSI）。在电流源变频器中，硅控整流器（SCR）桥式

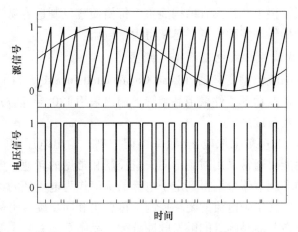

图 3-18　电压随时间变化曲线

整流的直流输出接到电感器中，电感器为储能元件，提供稳定的电流给变频器，电流源变频器的输出可以是 PWM 输出或是六步方波输出。

（3）六步方波变频器。可以是电压源变频器或电流源变频器，一般会称为脉波振幅调变（PAM）驱动器或方波驱动器。六步方波变频器中，SCR 桥式整流的直流输出经过电容器，提供达灵顿对或 IGBT 六步方波的电压或电流给电动机。

（4）循环换流器（Cycloconverter）或矩阵转换器（Matrix Converter）。循环换流器及矩阵转换器都没有中间储存能量的直流电容器或电抗器，循环换流器可视为三相的电流源，三相之间再接三个反并联连接的 SCR 桥式整流器，每一相个别产生一相的交流电源，矩阵转换器则是将每一相电源各接三个开关，分别对应电动机的三相，用三相电源的九个开关切换控制输出的电压，一般矩阵转换器的开关会以 IGBT 为基础。

（5）双馈电动机（Doubly Fed Electric Machine）滑差功率回复系统。只适用在绕线转子电动机，转子的滑差功率透过整流，再经过电感器滤波，透过另一个逆变器将能量回复到电源端，可以透过调整直流电流来调整电机的转速。

循环换流器、Scherbius 型变频器、矩阵转换器、电流源变频器（CSI）及负载换流变频器（LCI）本身都有可将能量回升到交流电源系统的功能，不过电压源变频器（VSI）则需针对整流器的线路进行修改才可提供此机能。

3.2.5.2　绕组串联频敏变阻器启动

绕线转子异步电动机转子串电阻启动，不仅可以达到减小启动电流的目的，还可以增大启动转矩，减少启动时间。因此，绕线转子电动机比笼型异步电动机有较好的启动特性，适用于功率较大的需重载启动的场合，如球磨机等。转子串联电阻启动时，电阻上有功率损耗。转子串联频敏变阻器启动就像定子串联电抗器启动一样，损耗很小，且具有结构简单、价格便宜、制造容易、运行可靠、维护方便、能自动操作等多种优点，已获得大量应用。

3.2.5.3 负载换相式电流源型变频器

负载换相式电流源型变频器（Load Commutated Inverter，LCI），负载为同步电动机，变频器逆变功率器件采用晶闸管，输出采用120°导通方式。变频器输出电压由输出电流及负载决定。

在控制上，LCI一般采取电压-频率协调控制，输出电压的闭环控制由电压环来控制。高性能时通常采用磁场定向矢量控制和常见的转速、电流双闭环，通过速度和磁通闭环调节器分别得到定子电流的幅值作为电流环的给定值，控制晶闸管整流电路，实现定子电流的闭环控制。负载角和同步旋转坐标系的位置角叠加在一起，用于逆变器晶闸管的触发脉冲分配。晶闸管的关断主要靠同步电动机定子交流反电势自然完成，不需要强迫换相，逆变器晶闸管的换流与整流桥晶闸管的换流极其相似。变频器的输出频率一般不是独立调节的，而是依靠转子位置监测器得到的转子位置信号按一定顺序周期性触发逆变器中相应的晶闸管，LCI这种"自控式"功能，保证变频器的输出频率和电动机转速始终保持同步，不存在失步和振荡现象。同步电动机在整个调速范围内都必须提供超前的功率因数，以保障逆变器晶闸管的正常换相。电动机必须有足够的漏电感，以限制晶闸管的 di/dt，电动机也要能够承受变频器输出的滤波电流。除了需要特殊的同步电动机之外，LCI应用是较为成功的，尤其是在一些超大容量的传动系统中，因为LCI无需强迫换流电路，结构简单，在大容量时，相对异步电动机也有不少优势。

3.2.6　慢驱系统

慢速传动装置由制动电动机、联轴器、行星减速器及爪形离合器组成，该装置连接到小齿轮轴上，用于磨机检修及更换衬板用。此外，磨机长时间停机后，启动主电动机前用慢速传动装置，可以消除钢球偏载，达到松动钢球与物料的板结，保证安全启动，避免空气离合器过载，起到保护作用。慢速传动装置在电控设计中可实现点动反转。在接入主电动机驱动时，爪形离合器必须脱开。

3.2.7　板结检测与去板结功能

磨矿内的物料是否板结是通过磨机的运转电流判断的。对于松散的物料，磨机慢速启动时，其电流通常快速增加，当磨机内的物料旋转到一定的角度（小于90°）时，松散的物料开始泻落，这时磨机电流会下降。这种情况表明物料没有完全板结，但可能出现局部结块现象。如果磨机旋转到一定的角度，其电流仍然不降，表明磨机内的物料没有明显的相对运动，则判为板结，磨机会跳停。通常慢驱后重新启动直到板结消除。去板结是通过控制磨机的速度实现的。通过快速改变磨机转速的大小甚至旋转方向使磨机内的物料在某个方向获得极大的加速度，从而使物料与磨机的内表面相对运动（滑动），造成物料不再黏附在磨机筒体的内壁上。往复以上动作，物料与筒体衬板摩擦而使物料松散。

3.3 径长比

理论模型和试验数据分析结果表明磨机圆筒给料端和排料端粗颗粒含量有差别。当磨机筒体短时，物料撞击次数少，过磨的概率降低，并且有利于物料磨到所需的粒度而及时排出。因此认为磨矿效率随着筒体长度的增加而降低，筒体长度较短的磨机磨矿效率较好。但实践上，全自磨机和半自磨机的长径比变化范围更大些，如图3-19所示。北美国家一般为（2.5~3）∶1，斯堪的纳维亚国家为1∶1，南非为（0.5~0.3）∶1，见图3-20的统计分析。目前世界上最大的长筒型半自磨机规格为9.76m×10.37m，其安装功率为16.5MW。

图3-19 大、小径长比全/半自磨机

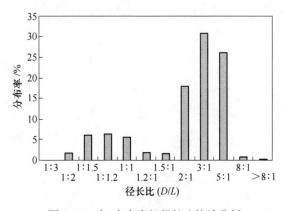

图3-20 全/半自磨机径长比统计分析

图 3-21 的中试结果表明：径长比对磨矿能耗没有明显影响，但径长比大的磨机产品粒度粗，而径长比小的磨机产品粒度细，因此合理的径长比与要求的产品粒度相关。

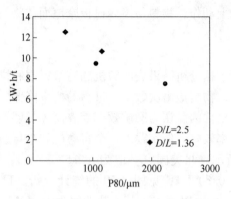

图 3-21　径长比对全/半自磨机磨矿效率的影响[13]

3.4　主要生产厂家

主要的跨国全/半自磨机供应商为美卓（Metso）、奥托昆普（Outotec）、Flsmidth 等。中国自 20 世纪 50 年代末开始研究干式全/半自磨机，至 20 世纪 70 年代初的十多年间有较大发展，但其后的近 30 年发展比较慢。21 世纪初前后全/半自磨制造和工业应用再次兴起。中国已有多家全/半自磨机制造商，其中中信重工（洛重）是全球能制造直径 40ft（12.2m）全/半自磨机的制造商之一。

4 全/半自磨工作原理

4.1 磨矿动力学

磨矿动力学是描述磨矿过程中被磨物料粒度随磨矿时间而变化的数学表达式，进而用以研究磨矿过程动态特性。由于影响磨矿过程的因素很多，故磨矿动力学的数学表达式有许多种类型，如微分方程表达式、函数分布表达式、连续磨矿动力学方程和总体平衡动力学方程等。常见的微分方程表达式如下：

$$\frac{\mathrm{d}R(t)_i}{\mathrm{d}t} = -k_i R(t)_i^n$$

式中，$R(t)_i$ 为磨矿时间 t 时磨机中被磨物料中粒级 i 的含量；k 为比例常数；n 为主要与被磨物料性质有关的参数。$R(t)$ 的方次为 n 时，称"n 阶"磨矿动力学。当 $n=1$ 时，称"一阶"磨矿动力学，其意义为粒级磨碎速度随磨矿时间呈线性关系。磨矿实践数据表明 n 阶磨矿动力学公式比较符合实际情况，而一阶动力学通常仅适于磨矿时间比较短的条件。

4.2 全/半自磨磨矿基本原理

4.2.1 粉碎机理

根据物料的破碎特性，可将物料分为两大类，即脆性和延展性。当受压破碎时，延展性物料通常破碎成 2 块，如橡胶；而脆性物料将压碎成许多块，形状大小不等。矿石绝大部分是脆性的。一旦外力超过物料的强度极限，物料将出现裂隙进而破裂。除了物料的化学键和晶体结构外，物料的强度还取决于：

(1) 已存在的裂缝或缺陷。

(2) 相对完全脆性的弹性变化量。

在磨矿过程中，磨矿介质和矿石之间存在多种作用力，如张力、弯力、挤压力、扭力、冲击力、剪切力等。如图 4-1 所示，磨机内最常见的力是挤压力、冲击力和剪切力。挤压力和冲击力是高能粉碎机制，产生的产品粒度倾向正态分布。摩擦和磨边角等剪切粉碎机制是一种低能量粉碎方式，产生细粒产品。图 4-2 描述了这 3 种磨矿机理产生的产品粒度特性。

(1) 冲击粉碎（Impact）。冲击粉碎是指当矿块被大块矿石或钢球等磨矿介质直接冲撞而产生裂隙进而扩大，并最终产生破裂使矿块消失。对全自磨而言，

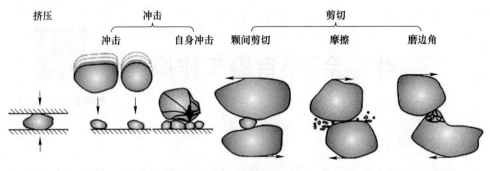

图 4-1　全/半自磨磨矿机理

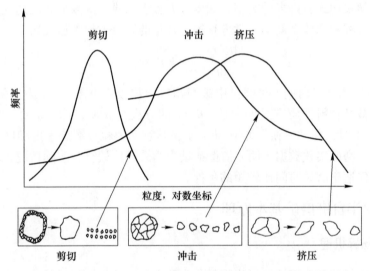

图 4-2　全/半自磨磨矿机理与产品粒度特性

落下的大块直接冲击到矿石床层上也能导致其本身破裂撞碎，这种机理为自身粉碎（Self Breakage）；大块矿石直接撞击而导致矿石床层上的矿石破裂，此则为常规冲击粉碎。对半自磨而言，特别是高钢球充填率时，主要是钢球冲击粉碎矿石。

（2）颗间剪切粉碎（Attrition）。颗间剪切粉碎是相向运动或存在速度差的两个大物料之间的小颗粒由于受到剪切力而粉碎。

（3）摩擦粉碎（Abrasion）。摩擦粉碎是相对运动的两个表面比较光滑大物料由于表面接触摩擦使物料表面产生细颗粒。但这两物料之间的力还不足以导致整个矿石破裂。

（4）磨边角粉碎（Chipping）。磨边角粉碎是指有棱有角的物料与其他物体相对行动时其边角被磨掉。它是摩擦粉碎的前身，同时导致矿石变向圆形。在全自磨中，该机理反应和显示顽石破碎的重要性。

后3种粉碎机理属于表面磨碎现象，即细颗粒从一个相对比较大的颗粒表面剥离出来，通常也称为磨剥或研磨过程，它的特点是磨矿作用能量低、产生细颗粒产品和粉碎速率低等。

4.2.2 磨矿机理

实际上，几乎所有的滚筒式磨机都主要以这几种磨矿机理为主，不同磨机磨矿中每种磨矿机理的重要顺序是不一样的，甚至同一类磨机的磨矿机理重要性顺序随磨作业和给矿粒度的不同而不同，如：

一段球磨：冲击、剪切。

二段球磨：颗间剪切。

全自磨：冲击、磨边角、颗间剪切。

半自磨：冲击、颗间剪切、磨边角。

一种磨矿机理的对整个磨矿作业的重要性取决于磨机内的物料运动。物料的运动是受磨机速度（即临界转速率＝（转速/临界转速)×100%）、磨机衬板几何形状/磨损状态、磨机介质特性（包括大小、形状、密度等）、磨矿浓度或黏度、充填率等影响。一般情况下，磨机速度、磨机筒体衬板的提升格的形状和单个磨矿介质的重量是主要参数，按磨矿机筒机转速由低到高，可将介质运动状态分为四种：

（1）泻落状态（如图4-3（a）所示）。磨机在低速运转时产生泻落式运动状态。泻落是指磨矿介质或物料沿着旋转上升物料的表面滑落或滚落。在泻落状态，上下层物料存在速度差（包括不同方向），因此产生挤压和剪切粉碎，进而以生产细颗粒为主。棒磨机和二段球磨机一般在这种运动状态下工作，几乎对任何一个滚筒式磨机都存在或多或少的泻落运动。

（2）抛落状态（如图4-3（b）所示）。磨机在较高速度运转时产生抛落式运动状态。抛落是指物料不与上升物料接触，而是离开物料层以自由落体的方式下落。当落到底部时，对物料或衬板产生巨大的冲击，此时磨碎过程以冲击粉碎为主。全自磨、半自磨和一段球磨机一般在这种运动状态下工作。

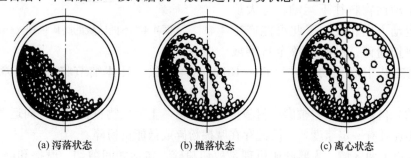

(a) 泻落状态　　　　　(b) 抛落状态　　　　　(c) 离心状态

图4-3　磨机在不同转速时的物料运动状态

（3）离心状态（如图4-3（c）所示）。当筒体转速提高到某极限值时，即达到或超过临界转速时，紧临近磨机筒体的物料随筒体转动而不会下落，此时便称为离心运动状态。在离心状态下的物料一般不产生磨碎作用。但是应该注意的是与内层的离心物料相邻的物料将直接冲击磨机衬板，增加了磨机冲击损坏的风险。因此，普通磨机不在这种状态下工作。值得注意的是临界离心转速与直径的开方成反比，这意味着，在某一速度下，外层物料是离心状态，但内层物料仍然存在相对运动而产生磨矿效果。实际上，南非的一些磨机就在超临界速度下运转。例如当磨机转速为115%的临界速度时，最外层物料紧贴磨机筒体，次外层则可以直接冲击在最内层的随筒体运转的物料上导致粉碎。由于冲击作用物料可能使物料脱离离心运转状态或当运动到物料层时受到摩擦、挤压等作用而离开最外层，进而可能进一步磨细和排出磨机。值得注意的是这可能需要对磨机衬板进行特殊设计。

（4）旋转状态。当物料在低位时，物料主要随筒体旋转。上下层之间仍存在速度差。当两大物料之间的物料足够小时，此小物料仍可能由于颗间剪切而粉碎。

当磨机从零速度开始，随磨机速度提高，物料泻落减少而抛落增加。但速度超过临界转速时，物料不再抛落而是离心运动。当磨机的转速在80%的临界速度左右，如图4-4所示，磨矿内可划分为如下3个区域：

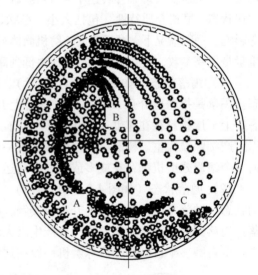

（1）区域A。物料主要是被磨机衬板提升，即以旋转状态为主。但是上下层物料仍有速度差，且在粗磨作业，物料之间的缝隙会夹带细颗粒或可流动性物料上升，同时有可流动性物料往下运动，与大块物料运动方向相反，因此可能产生颗间剪切粉碎，进而导致全自磨或

图4-4　不同区域的磨矿机理

半自磨工艺中的无功磨矿（Free Grinding）现象。具体细节将在以后章节中讨论。

（2）区域B。物料被磨机衬板提升后泻落。上下层物料朝同一方向运动，但紧密相连且有一定速度差，因此存在摩擦粉碎或低能量粉碎。

在以上两区域，主要磨矿机理是剪切粉碎，包括颗间剪切、摩擦和磨边角，

但有时也存在低能量的冲击作用。

（3）区域 C。在此区域，自由落体的物料直接撞击磨机底部物料，是唯一的冲击粉碎区。物料在自由落体过程几乎没有接触，因此没有磨矿作用。只有到达冲击区域才发生磨矿作用。物料的冲击力与物料被提升的高度和重量相关。

4.2.3 全/半自磨磨矿过程

与传统的球磨相比，全/半自磨有如下主要特征：

（1）磨矿介质大。

（2）矿石大。

（3）通常磨机的直径也大。

以上的特征表明物料自由落体高度大（即冲击速度高）和物料重量大，因此冲击能量高。这表明冲击粉碎机制在全/半自磨中起着重要作用，这与球磨有很大差别。同时，全/半自磨运转速度通常也略高于球磨机。这些是造成全/半自磨磨矿粒度粗和产量高的重要原因。

由于物料的粒度差异大，全/半自磨机运动中物料存在分级作用，所以不同块度的物料运动轨迹也不一样。小块物料倾向处于旋转的内层（靠近磨机中心方向），基本上呈泻落状态，形成一个剪切、摩擦粉碎区。中等和较大的物体倾向在靠近筒体的外层，其提升高度大，脱离筒体后被抛落下来，形成抛落区。对全自磨而言，在冲击区，中小颗粒颗粒被砸碎，同时大块也能由于冲击的反作用而粉碎自己。但对半自磨而言，主要大磨矿介质是钢球，有可能冲击破碎在此区域的比较大的矿石，甚至钢球自身由于冲击而破裂。

1980 年，Manlapig 等[14]采用一台 1.8m 的中试磨机进行了一系列的实验用于辨识和测量全/半自磨过程中物料粉碎机理和磨矿速率。该实验是测量带标识矿石的重量随磨矿时间的变化。实验结果如图 4-5 所示。从图 4-5（a）可见：

第一阶段：磨边角粉碎。新给料（可能包括原矿和破碎后的顽石）有棱有角，物料的粗糙表面很容易磨失。这阶段磨矿速率大且矿块重量磨失也高。

第二阶段：摩擦粉碎。经过第一阶段物料磨去了棱角而倾向圆形。在这一阶段，物料通过表面摩擦产生细颗粒。磨矿速率小且速率几乎保持不变。

第三阶段：冲击粉碎。当矿块磨到足够小时，颗粒有机会一次性冲击破裂和粉碎。冲击粉碎取决于所受的冲击力大小和频率。冲击粉碎是忽然发生的，因此在此过程瞬时磨矿速率有时极高，但若大量未破裂冲击时其速率则很小。

第四阶段：颗间剪切粉碎。在第三阶段能产生新的棱角，但颗粒太小，磨边角粉碎很难发生。以上 3 个阶段产生的细颗粒进一步通过颗间剪切粉碎。颗间剪切粉碎速率取决于细颗粒被啮合的概率。因此磨矿速率倾向不变且数值不大。

图 4-5（b）描述了矿块可磨度随磨矿时间的变化，从该图可见：

（1）细粒级。磨矿速率不随磨矿时间明显变化。这表明磨矿速率与颗粒的形状无明显相关性，与作用频率相关。

（2）中间粒级。磨矿速率随磨矿时间明显降低。这表明磨矿速率与颗粒的形状和硬度明显相关。在此粒级范围，随着磨矿时间的增加，物料逐步倾向圆形化。同时，硬的难磨的颗粒更倾向留下来。由于这两方面的原因，造成在此粒级范围的物料的磨矿速率随时间而显著降低。

（3）粗粒级。一开始，磨矿速率随磨矿时间明显变化，然后趋向不变。这表明磨矿速率开始时与颗粒的形状有关，应该是磨边角造成的。随着矿块倾向于圆形，在全自磨过程其主要磨矿机理为自身冲击粉碎，这时的磨矿速率除了与矿石的性质相关外，还主要取决于冲击能量和频率。因此，对一定的磨矿系统，其磨矿速率趋向不变。

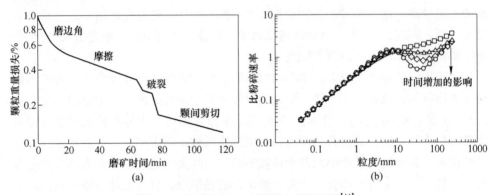

图 4-5　物料在全/半自磨机中磨碎过程[14]

尽管一些理论认为磨矿内的物料应该很好混合且任何颗粒受到的磨矿能量大小的概率和频率应该是相同的，但实践中发现，磨机内的物料在磨机的径向存在离析现象，即物料粒度在磨机径向的分布是不同的。大块偏向于在外圈而小块倾向在内表面。如前面讨论的，在不同的径向的物料所受的作用力或磨矿机理是有所不同的，这也造成其磨矿速率不同。与球磨磨矿机理不同，全/半自磨磨矿速率明确取决于颗粒的大小和形状。

4.3　模型

既然磨矿过程是极其复杂的，几乎不可能建立一个理论数学模型去描述一个磨机内的所有物料的运动和粉碎行为。因此，广泛建立和运用经验数学模型用于预测磨矿的物理参数变化对磨矿效果的影响。既然磨矿过程存在数量极大的物理参数，采用人力计算几乎是不可能的，甚至在电子计算技术的初期，这些数学模型也不得不分成几个区域分别计算以减少计算量。从 20 世纪 90 年代起，随着计算机的迅速发展，这些数学模型的运用才真正成为普通选矿工程师的常规技术工作的一部分。对全/半自磨而言，通常仍需专门的软件。

最初，建立发展全/半自磨的经验数学模型的目标是用于预测单位重量矿石磨矿所需的能耗（比能耗），也用于评估已有生产实践的能耗是否合理、查找磨矿作业存在的问题、提出解决问题的方案以降低比能耗。这与球磨经典的邦德磨矿功指数（Bond Work Index）模型的目的一样，该模型建立了能耗与（给矿、产品）粒度的数学关系或所谓的粉碎原理（Laws of Comminution）。基于磨矿物料的特性（实验测量出的指数），邦德磨矿功指数模型被广泛运用于估计球/棒磨过程的比能耗。对全/半自磨而言，由于很难操作在一个稳定状态，全/半自磨数学模型最初核心目标是希望建立发展计算公式用于预测磨矿行为并用于控制全/半自磨磨矿状态。这些模型一开始是通过统计的办法建立相关关系，并朝着更复杂的工艺模拟方向发展。

早在 1948 年，Epstein[15]就在磨矿粉碎过程引入了粉碎几率的概念，包括磨矿选择函数以及粉碎速率（Selection Function）和粒度特性的表观函数（Appearance Function）。后者是磨矿或粉碎过程产品的粒度分布特性函数。在滚筒磨机领域，这个基本概念已被广泛接受，进而发展成数学模型描述粉碎过程。

1974 年，基于一系列的中试和工业考察，Stanley[16]成功发展了第一个全/半自磨机理模型。这个数学模型包括：

（1）磨机载荷的完美混合数学模型/函数。

（2）在中间粒级的 Wickham 粒度特性函数。

后者允许逐步从冲击粉碎过渡到摩擦粉碎。粉碎速率是从实验或流程考察数据中回算的，并与磨矿条件相关。进而，通过中试实验数据，建立发展了排料和分级数学模型/函数。这个数学模型假定全/半自磨是一个混合器，其中有粉碎和运输两个作用。

1956 年，Broadbent Callcott 等提出利用矩阵描述磨矿速率特征，即矩阵模型。1977 年，Austin 等[17]引进了这个动力学数学模型，并进行了一系列实验，进而通过这个经验数学模型放大到工业生产磨机。JKMRC 进一步发展了全/半自磨动力学数学模型。这个数学模型已经商业化，并在澳大利亚等国广泛应用，软件名称是 JKSimMet。

全/半自磨工艺模型包括以下 3 个数学模型方程：

（1）Selection Function。磨矿选择函数或粉碎速率函数。

（2）Appearance Function（表观函数）。磨矿或粉碎过程产品的粒度分布特性的表观函数。

（3）Dischage Function（排料函数）。

4.3.1 总体平衡模型（Population Balance Model）

总体平衡模型是用来描述计算在一个连续磨矿作业中磨机内某一个粒级的进

出动态平衡。如图 4-6 所示，在一稳定状态（稳态）的磨矿作业，在磨机内的这一粒级的变化量有如下 4 部分。

（1）给矿中这一粒级的量。

（2）从比这一粒级粗的物料中生产来的量。

（3）这一粒级磨失的量。

（4）这一粒级排出磨机的量。

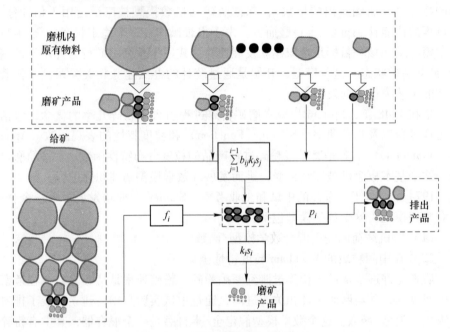

图 4-6　不同粒级的总体平衡模型

根据在一稳态下的物料平衡，对一给定的粒级有如下平衡。

$$（1）给矿中这一粒级的量 +（2）新生成这一粒级的量$$
$$=（3）这一粒级磨失的量 +（4）这一粒级排出磨机的量$$

各项的计算或测量如下。

第（1）项：给矿中第 i 粒级的量（f_i）。可通过对给矿进行筛水析等测量粒度分布生成粒度分布曲线，进而计算任何粒级 i 的量。

第（4）项：磨机排矿产品中第 i 粒级的量（p_i）。可通过对磨矿产品进行筛水析等测量粒度分布生成粒度分布曲线，进而计算第 i 粒级的量。

其他两项涉及磨矿速率，如果采用"一阶磨矿动力学"方程，即一粒级的磨失量与它在磨机内的量成正比。

$$粉碎速率 = -\frac{\mathrm{d}s_i}{\mathrm{d}t} = k_i s_i$$

式中，s_i 是第 i 粒级在磨机载荷中的量；k_i 是第 i 粒级在单位时间内的磨失量，该数值可以从小型实验数据估算或从流程考查的粒度数据中反算出来。

因此，第（3）项：第 i 粒级磨失的量。可以通过 $k_i s_i$ 计算。

第（2）项：新生第 i 粒级的量。是在比其粗的粒级的磨失量乘以其粉碎产品在第 i 粒级的分布。后者涉及前面讨论的表观函数（Appearance Function）。计算方程如下：

$$新生第 i 粒级量 = \sum_{j=1}^{i-1} b_{ij} k_j s_j$$

因此，总体平衡计算方程为：

$$f_i + \sum_{j=1}^{i-1} b_{ij} k_j s_j = p_i + k_i s_i$$

式中，b_{ij} 是第 j 粒级的粉碎产品中第 i 粒级的量，可以通过表观函数计算。

表观函数为矿石的固有性质，由 JK 落重试验在不同能量输入的条件下确定。

磨矿速率由磨机的作业条件决定，比如磨机功率、处理量、转速、球径、矿浆浓度、给矿粒度等。一般根据磨矿条件通过数值分析方法计算得出。

若需要计算或估计产品中第 i 粒级的量，只需要变换上式，公式如下：

$$p_i = f_i + \sum_{j=1}^{i-1} b_{ij} k_j s_j - k_i s_i$$

4.3.2 完美混合模型

从以上总体平衡模型，要计算粒级 i 的磨矿（粉碎）速率，除了实验室测量的表观函数外，还需要测量磨机内粒级 i 的量 s_i。这对于磨机内有大块矿石的全/半自磨而言是非常巨大的工作量同时也很耗时间。完美混合模型提供了一种从磨矿排矿粒度组成估计磨机载荷粒度组成的方法。

完美混合模型假定磨机内的载荷是完全混合的，即不存在任何颗粒离析偏析现象。因此，磨矿产品中粒级 i 的量 p_i 计算如下：

$$p_i = d_i s_i$$

式中，d_i 是粒级 i 的排出比率。

变换上式可得 s_i，如下：

$$s_i = \frac{p_i}{d_i}$$

总体平衡模型方程可变换为：

$$f_i + \sum_{j=1}^{i-1} \frac{a_{ij} r_j p_j}{d_j} = p_i + \frac{r_i p_i}{d_i}$$

在完美混合模型，通常用 a_{ij} 代替总体平衡模型中的 b_{ij}；用 r_i 代替总体平衡模型中的 k_i。

考虑到磨机的缓冲作用，采用校对后的 d_i^*。d_i^* 与 d_i 的关系如下：

$$d_i^* = \left(\frac{D^2 L}{4Q}\right) d_i$$

通过一系列的实际磨机给矿和排矿的粒度分布测量，就可以计算出各个粒级的 $\dfrac{r_i}{d_i^*}$。但各个粒级的 $\dfrac{r_i}{d_i^*}$ 计算值存在比较大的误差。

对球磨而言，通常采用三或四次样条函数回归。

对全／半自磨而言，磨机的格子板起了排料及分级的作用。粒级 i 的排料率 d_i 取决于格子板的最大排出率和粒级 i 的分级效率。

$$d_i = dc_i$$

式中，d 是最大排出率；c_i 是粒级 i 的分级效率。

4.3.3　粉碎速率

JKMRC 的研究人员把实验数据代入以上的完美混合模型，反算出矿石粉碎率。在 1986 年，Austin 等[18]获得了一组典型的粉碎率数据，如图 4-7 所示。全／半自磨粉碎速率曲线分为 3 大区域。

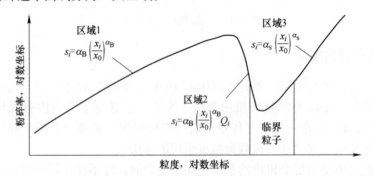

图 4-7　JKMRC 全／半自磨模型的典型的粉碎率

区域 1：细粒级。在此区域，粉碎机理是位于两磨机介质或大块矿石之间的细颗粒由于其啮合作用导致细粒粉碎，即颗间剪切作用（Attrition）。该作用的上限是摩擦粉碎的下限。当颗粒小到一定尺寸，颗粒在矿浆中有良好的流动性，因此摩擦粉碎的概率低。简单而言，对摩擦粉碎而言，这些颗粒太小。

区域 2：中间粒级。在此区域，对于啮合粉碎（颗间剪切）而言颗粒太大。同时，在全自磨工艺，这些颗粒太小不能自身粉碎。甚至对半自磨工艺而言，这些近圆形的颗粒也很难被钢球的冲击粉碎。同时，硬而难磨的颗粒更倾向留在这个粒级。因此，甚至在半自磨工艺，顽石破碎仍被应用于强化处理难磨矿石。

对全自磨工艺而言，这些中间粒级的颗粒倾向于累积在磨机内。这就是临界粒子累积的现象。特别是对于 5~15mm 近圆形的颗粒，其自身粉碎的比粉碎速率极低，几乎可以忽略不计。此粒级的主要粉碎机理是摩擦粉碎及少量的冲击粉碎。既然摩擦粉碎速率是比较低的，在全自磨工艺就需要另外的措施处理这些"临界粒子"。因此，全自磨机的格子板通常有大孔的顽石窗（通常指宽度大于60mm的格子板）用于排出这些"临界粒子"。排出的顽石通常采用圆锥破碎机破碎，甚至有的矿山进一步采用高压辊磨粉碎。顽石破碎的目的有两个，一是改变"临界粒子"的近圆形的形状，另一个是尽可能把其粒度降到"临界粒子"的粒度范围之下。这样使破碎后的物料能有效的通过磨边角或颗间剪切粉碎机理实现高效磨矿。在 20 世纪 70 年代以前，特别是北美地区的铁矿项目常采用砾磨再磨工艺，因此一部分大顽石被用作砾磨的磨矿介质，这样既消耗了一部分顽石，同时再磨又无需铁质磨矿介质。但是砾磨后来被认为效率低而现在极少采用。

在此区域，实验室的粉碎数据不符合"一阶磨矿"动力学模型，这是因为其包含至少两种粉碎机理，即正常的冲击破裂机理和磨边角粉碎机理。

为了计量矿石的摩擦粉碎性质，参数 t_a 被采用，其被定义为粉碎产品中小于原颗粒十分之一大小量的十分之一，即：

$$t_a = \frac{t_{10}}{10}$$

式中，t_a 是摩擦粉碎性质参数；t_{10} 是粉碎产品中小于原颗粒十分之一大小的量。

例如，一个 20mm 的颗粒，其粉碎产品中 -2mm 的量即是 t_{10}。摩擦粉碎性质参数 t_a 是通过磨矿实验测量的。一个低 t_a 或 t_{10} 表明生产细颗粒（比原颗粒的十分之一大小还小的颗粒）量少，这证明这个 20mm 颗粒不易摩擦粉碎。

区域 3：粗粒级。在此区域，矿石被认为足够大以致自由落体冲击磨机底部的矿层时有机会导致自身撞碎，即自身冲击粉碎。

对于全自磨而言，这是非常重要的，由于冲击力随矿石的重量或块度增加而增加，这造成全自磨磨机的比磨矿速率在此区域也随矿石的粒度增大而增大。在全自磨工艺中作为主要的磨机介质的大块矿石反而消失得很快，因此，在新给料中是否有足够的大块往往是全自磨磨机成功与否的关键。自身冲击粉碎也符合"一阶磨矿"动力学，即指数关系。自身粉碎速率不但取决于矿石的大小，还取决于在磨机内自由落体的高度。后者通常主要取决于磨机的直径，其次是磨机总充填率。对于小于 10mm 的颗粒的自身冲击粉碎的概率极低或几乎可以忽略不计，因此其自身冲击粉碎速率值也极小。

综上所述，全/半自磨的粉碎速率与颗粒的粒度密切相关，示意图如图 4-7 所示。

1987 年，Leung[19] 引入了排料函数和矿石比表观函数发展了一个更通用的数学模型。这个新的模型结构采用了 5 节的样条函数，即分别为 128mm、44.8mm、16mm、4mm 和 0.25mm。对全/半自磨磨矿，通过生产现场的流程考查或实验室测试，这个新模型在 5 个点反算出粉碎率。数据和平滑曲线均如图 4-8 所示。最初认为这些值是常数，与磨矿条件无关，但随后 Morrell 等[20] 发现这些值随磨机操作条件改变而变化，操作参数包括给矿粒度、磨机速度、钢球的数量和大小等，其影响如图 4-9 所示。图 4-9 表明：

（1）钢球的存在促进了大于 1～10mm 颗粒的磨矿速率，但对小于 0.5mm 颗粒有负面影响。

（2）新给料粒度的影响与钢球相似，但分界点不一样且规律性差些。

（3）钢球大小的影响也类似，但分界点也不一样。

（4）磨机转速的影响也类似，但分界点也不一样。

很明显，这些操作是在改变冲击粉碎在整个磨矿作用中所占的比例。冲击粉碎速率取决于冲击频率和冲击作用力。以上四个因素的增大将提高冲击力和频率。因此，粉碎速率主要取决于磨机载荷粒度分布和磨机转速。

样条函数的节(Spline Knots)		L_n(粉碎率)	
指标	mm	AG	SAG
R_1	128	3.37	4.08
R_2	44.8	1.98	2.75
R_3	16.0	3.32	3.58
R_4	4.0	4.04	4.44
R_5	0.25	2.63	2.18

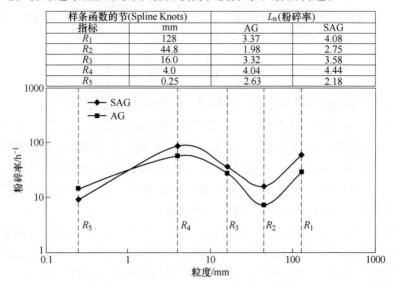

图 4-8　典型全/半自磨粉碎率分布曲线[19]

随后开展了一系列的实验以便操作参数影响输入到磨机粉碎速率模型中[21,22]。通过 52 个中试实验和 2 个工业矿山的流程考查，JKMRC 建立了一个经验数学模型并通过回归的办法获取了各项的系数。JKMRC 的经验数学模型如下：

$$R_n = a + bJ_B + cW_i + d(J_BW_i) + eF80 + fRR + gRf$$

式中，R_n 是样条函数中 1～5 节的粉碎率（这 5 个节分别是 0.25mm、4.0mm、16.0mm、44.0mm 和 128mm）；J_B 是磨机内钢球的充填率,%；W_i 是磨矿功指数

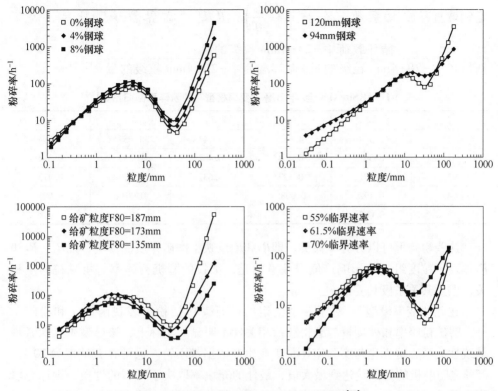

图4-9 操作参数对磨矿分析速率的影响[20]

(与采用Leung方法在实验室测量的摩擦粉碎参数 t_a 相关)，kW·h/t；F80是新给矿的P80，P80是描述物料的粒度大小的参数，当小于某粒度的物料占整个物料重量的80%时，该粒度为P80；RR 是循环率,%；Rf 是R80/F80；R80是循环载荷的P80；a，b，c，d，e，f 和 g 是通过最小平方差回归出来的系数。

1996年，开发并使用了一个更复杂的数学模型[23]。此数学模型从本质上体现了在各个区域内磨矿操作因素对粉碎速率的影响。以下这些方程已进入了JK-SimMet软件，该模型被命名为"变率模型"（Variable Rates Model）。

$$\ln(R_1) = [k_{11} + k_{12}\ln(R_2) - k_{13}\ln(R_3) + J_B(k_{14} - k_{15}F80) - D_B]/S_b$$

$$\ln(R_2) = k_{21} + k_{22}\ln(R_3) - k_{23}\ln(R_4) - k_{24}F80$$

$$\ln(R_3) = S_b + [k_{31} + k_{32}\ln(R_4) - k_{33}R_r]/S_b$$

$$\ln(R_4) = S_b[k_{41} + k_{42}\ln(R_5) + J_B(k_{43} - k_{44}F80)]$$

$$\ln(R_5) = S_a + S_b[k_{51} + k_{52}F80 + J_B(k_{53} - k_{54}F80) - 3D_B]$$

式中，k_{ij} 是采用最小平方回归出来的系数，其数值见表4-1；S_a 是转速放大系数，等于 $\ln\left(\dfrac{\text{RPM}}{23.6}\right)$；$S_b$ 是临界转速率的放大系数，等于 $\ln\left(\dfrac{N_{fcs}}{0.75}\right)$；$D_B$

是钢球直径放大系数，等于 $\ln\left(\dfrac{D_{\text{ball}}}{90}\right)$；$R_{\text{r}}$ 是"临界粒子"比率，等于

$$\dfrac{\text{循环载荷中}-20+4\text{mm 粒级的量}}{\text{新给矿中}-20+4\text{mm 粒级的量}+\text{循环载荷中}-20+4\text{mm 粒级的量}}。$$

表 4-1　JKSimMet 全/半自磨"变率模型"的粉碎率回归系数[23]

j	k_{1j}	k_{2j}	k_{3j}	k_{4j}	k_{5j}
1	2.504	4.682	3.141	1.057	1.894
2	0.397	0.468	0.402	0.333	0.014
3	0.597	0.327	4.632	0.171	0.473
4	0.192	0.0085		0.0014	0.002
5	0.002				

　　这些粉碎率可以分为 2 大类，即 R_4 和 R_5 反映了磨矿介质的影响，而 R_1、R_2 和 R_3 体现了粒度组成的影响。值得注意的是，细粒的磨机粉碎率与粗颗粒的量相关，但是其关系极其复杂。

　　在此"变率模型"，对于一个给定的矿石（包括粉碎表观函数 a 和粉碎率 r），磨矿粉碎率和处理量与磨机载荷相关性不明显。实际上，该模型中这两者是弱线性关系，这无论与实验室还是工业生产数据都不符。通常在充填率为 20% ~ 45% 之间磨机的处理量达到最大值，最佳的充填率取决于矿石的性质、钢球充填率和其他操作条件。通常钢球充填率越高，最佳的磨机充填率越低，而工业界对磨机载荷的影响却十分感兴趣，这是因为无需改造就可能提高处理量。在 2001 年，该数学模型引进了修正因子体现能耗和磨机载荷对粉碎率、载荷的运动和形状等的影响[24]。改进后的模型数据如图 4-10 所示，改进后的模型表明高载荷降低了粗粒级的磨机粉碎速率而增加了细粒级的粉碎速率，这将更接近事实的载荷-处理量的响应关系。

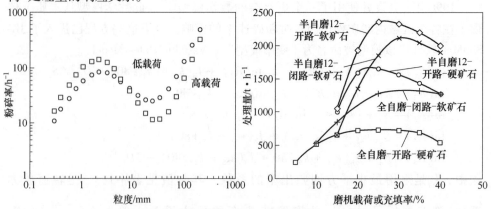

图 4-10　磨机载荷对磨机粉碎率和处理量的影响[24]

在该粉碎率模型，磨机放大因子包含在磨机转速项里，即 RPM 项。对于一个给定的临界转速率（即实际转速/临界转速×100%），磨机的转速与其直径的开方成反比。图4-11反映了磨机放大对不同粒度矿石粉碎速率的影响。

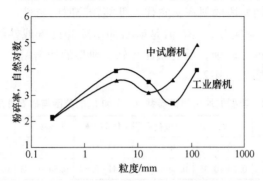

图 4-11　中试与工业全/半自磨机的粉碎率比较[24]

4.3.4　表观函数与冲击粉碎能量

表观函数或粉碎粒度分布函数是描述一个粉碎事件后产品的粒度组成及分布。有许多数学模型，有的是与矿石性质相关，有的是与粉碎能量相关。对于高能粉碎（冲击和颗间剪切）和低能粉碎（摩擦粉碎），这些模型给出了不同的方程。

1987年，Leung[19]提出了一个矿石比表观函数。此函数与矿石粉碎过程中所实施的能量相关。此数学模型从大量的双锤粉碎试验数据衍生而来。粉碎量或粉碎指数 t_{10} 与比粉碎功耗的关系如下（关系样图如图4-12所示）。

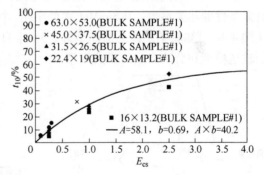

图 4-12　t_{10} 与 E_{cs} 关系例图[19]

$$t_{10} = A(1 - e^{-bE_{cs}})$$

式中，t_{10} 是小于 1/10 原平均粒度的颗粒质量分数；E_{cs} 是比粉碎功耗，kW/t；A 和 b 是矿石冲击粉碎性质参数。

对一特定的矿石的全/半自磨而言，其表观函数至少需要 3 个粒度的实验以决定这 3 个参数，即 A、b 和 t_a。既然表观函数是矿石粒度和粉碎功双重因素决定的，在广泛磨矿的能量水平，表观函数能通过磨机载荷和磨机大小决定。矿石的冲击粉碎性是通过落重或锤摆实验测量来的。

JKMRC 经典落重或锤摆实验是 5 个窄粒级的 3 个能量水平试验。一组典型的数据列于图4-12。t_{10} 与 E_{cs} 的曲线陡表示矿石软。值得注意的是参数 A 是 t_{10} 的极限值，这时候采用了极高的冲击能量水平。参数 b 与 $t_{10} - E_{cs}$ 的曲线的总体斜率相关。但 A 和 b 不是独立的，一个值影响另一个。因此通常 JK 落重试验报告 $A \times b$ 的值，以这个单一值评价矿石的冲击粉碎特性或日常所说的硬度。$A \times b$ 的值是 t_{10} 与 E_{cs} 的曲线的初始段的斜率，它代表低能粉碎时的特性。

在 JKMRC 的落重实验，$A \times b$ 值是矿石冲击粉碎硬度或性能的指标，一个低值代表矿石难破裂或比较硬，反之就比较软。典型的冲击粉碎参数 A、b 和 t_{10} 的范围与矿石软硬性质见表 4-2。

表 4-2　典型的冲击粉碎参数 A、b 和 t_{10} 的范围与矿石性质[19]

指标	非常硬	硬	偏硬	中等硬度	偏软	软	非常软
$A \times b$	<30	30~38	38~43	43~56	56~67	67~127	>127
t_{10}	<0.24	0.24~0.35	0.35~0.41	0.41~0.54	0.54~0.65	0.65~1.38	>1.38

4.4　JK 全/半自磨数学模型

澳大利亚昆士兰大学 JKMRC 研究中心利用数学模型和数值模拟来描述、分析和优化破碎和磨矿回路。该中心研发的全/半自磨、球磨和旋流器数学模型在全/半自磨机回路（例如 ABC 和 SABC 回路）设计中得到较广泛应用，已经应用了近半个世纪。

依据全/半自磨磨矿的粉碎过程（见工作示意图 4-13）和总体平衡模型中与磨矿条件的相关参数，JKSimMet 软件中全/半自磨数学模型结构如图 4-14 所示。从图 4-14 可知除了总体平衡模型外，JK 半自磨机模型还包括矿浆物料在磨机内的输送模型和磨矿产品的排放模型。

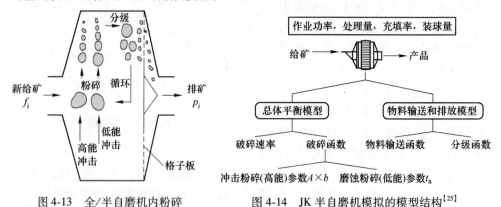

图 4-13　全/半自磨机内粉碎　　　　图 4-14　JK 半自磨机模拟的模型结构[25]
　　　　工作示意图

JK 半自磨机数学模型在设计放大全/半自磨机过程中主要利用表观函数确定矿石比能耗（kW·h/t），将磨机处理量与磨机功率代入计算过程中，磨矿速率同时反映各种磨矿条件对产品粒度的影响，物料输送和排放模型反映磨机尺寸和内部结构对矿浆流动的限制。

如前所述，使用 JKSimMet 软件成功地模拟全/半自磨流程的前提包括：（1）有针对性的进行矿石粉碎特性方面的研究获得试验数据；（2）进行磨矿过程的流通考查，获得磨机过程中各（中间）产品的粒度特性。

对选厂设计阶段，通常进行如下矿石性质测试：

（1）JK 落重试验。该试验是通过 JK 落重冲击试验获得矿石在全/半自磨机内的冲击粉碎（高能）参数 A、b 和 $A×b$ 以及磨蚀粉碎（低能）参数 t_a。

（2）邦德粉碎系列实验。这些数据不用于全/半自磨数学模型，但用于与 JKMRC 的数据库的案例进行比较。同时，邦德球磨功指数试验还可获得用于球磨计算和设备选型所需的磨矿功指数。

（3）矿石的抗压强度。这些数据也不用于全/半自磨数学模型，但用于辅助判断矿石是否能有效作为磨矿介质的条件。

在用 JKSimMet 做设计与优化的过程中，首先需要进行流程的设定之后输入矿石碎磨特性参数、设备参数、工艺参数等内容，然后通过调整参数设置实现流程的总体平衡并得到平衡后的最佳设备选型参数，如功率、最大处理量等。

例如，曾经利用 JKSimMet 软件对乌山一期使用的半自磨机与球磨机的最大处理量进行了拟合计算，获得了该 SABC 流程最大可能的实际生产能力和最佳设备配置。具体的拟合参数设定见表4-3。该矿石 $A×b$ 为 68，属于偏软矿石，即矿石易冲击粉碎不易保持矿石磨矿介质，不宜采用全自磨磨矿。为了保持磨矿效率，应该采用高钢球充填率。但是邦德磨矿功指数为 14.3kW·h/t，属于中等球磨难磨矿石。一般而言，这种矿石的半自磨排矿比较粗而球磨功耗高，因此球磨设备的型号应该比较大。

表4-3　设备和矿石碎磨特性参数[25]

项目	参数	单位	数值
半自磨机	处理能力	t/d	15000
	给料粒度	mm	−300
	转速	%临界速率	78
	磨矿浓度	%	80~85
	台数	台	1
	产品细度（−0.074mm）		65%
球磨机	磨矿浓度	%	70~75
	台数	台	1

项目	参数	单位	数值
	SG	t/m³	2.62
	A	—	63.08
	b	—	1.08
矿石性质	A×b	—	68.1
	DWi	kW·h/m³	3.7
	t_a	—	0.61
	BWi	kW·h/t	14.3

据报道，经 JK 软件拟合得出半自磨机最大处理量为 850t/h，钢球充填率为 8%，总充填率为 25%，计算功率约为 4300kW。球磨机运转功率约 5700kW，为球磨机装机功率的 95%。拟合结果说明：

（1）乌山磨矿能力可达到 850t/h。被认为是半自磨机和球磨机能力充分利用的最佳状况。而该选厂一期设计处理能力 625t/h，因此有进一步提高处理能力的可能（高达 36%）。

（2）半自磨机钢球充填率仅为 8%，其功率仍有较大富余。如果提高钢球充填率，半自磨机处理量还有很大的上升能力，但是球磨机能力已经接近极限，因此优化的重点在半自磨机或半自磨机产品的粒度设定（即分级设备的分级粒度）。

（3）拟合得到的球磨机功率比乌山实际球磨运行功率高，但进一步提高球磨机运行功率的空间不大，应主要开展提高磨矿效率工作。例如，适当提升钢球充填率改善球磨给矿的粒度特性等。

4.5　离散元法的应用

常见的滚筒磨机有全自磨、半自磨机、球磨机和棒磨机等。这些磨机的磨矿原理大致相同，即通过驱动筒体绕轴心连续回转，筒体内的耐磨衬板上带有若干排提升条，将研磨介质及矿料连续提升到一定高度后，磨矿介质和矿料在筒体内发生抛落或泻落运动，通过磨矿介质对矿料的冲击和摩擦等作用，实现对矿料的粉碎。显然，在磨矿过程中，磨介运动轨迹影响到矿料的磨矿效果，而磨机载荷运动与磨机转速、衬板提升条的形状和几何尺寸以及磨机充填率等因素又密切相关。因此研究磨机载荷与矿料在筒体中的运动轨迹的关系将有利于提高磨矿效率和磨机衬板使用寿命并降低成本。

如果把颗粒群视为是一个整体，用连续介质方法对其进行研究，就无法分析每个颗粒的运动以及颗粒与颗粒之间的接触作用，且颗粒介质并不满足连续性假设。

自 20 世纪 70 年代以来，开始用离散元法（DEM，Discreted Element Method）

研究离散体的动力学问题。这种方法是把颗粒群简化成具有一定形状和质量的颗粒集合，集合中包含一个个单独的颗粒单位，通过计算某时刻各单独颗粒间接触和分离时产生的相互作用力后，用牛顿第二定律建立运动方程，确定各颗粒单位的新位移。目前，离散元法已成为研究散粒矿料动力学问题的一种通用方法，在粉磨研究领域得到了广泛的应用。

离散元法在选矿领域应用越来越广。常用于全/半自磨机筒体衬板几何形状对磨机载荷运动轨迹的影响。对全/半自磨磨矿，理想情况下磨矿介质抛落轨迹为：从最高处抛落的磨矿介质应落在矿料堆最下角的尖角处（称底角区或趾部），而其他磨矿介质应该落到料堆的一侧。这部分磨矿介质对矿料进行冲击破碎，还有一部分磨矿介质由矿料堆上滑动落下，靠摩擦力对矿料进行剥磨破碎。但实际情况是，往往会有磨矿介质（特别是半自磨机的钢球）被提升条举升得太高，致使其越过矿料堆，直接撞击在磨机衬板或凸起的提升条上。这样一方面造成磨矿介质对衬板基板或提升条造成的直接冲击进而导致衬板过早断裂失效；另一方面，也不能充分地利用这些能量破碎矿石，造成能量损失。为了在给定的处理量和转速下，使抛落的磨矿介质既有高的冲击能量，还要避免对衬板造成冲击，衬板提升条的形状设计就成了关键。衬板提升条的设计与其数量、形状、高度及其面角等都有关系。衬板的形状设计主要依靠长期积累的设计和运行经验。对给定磨机的衬板形状修改也只能依靠用户在实际使用中积累的测量、统计数据逐步改进。而运用离散元法则可以对衬板形状设计进行事先评估，在设计阶段就对衬板提升条形状进行优化。

虽然离散元法可以论证一些解决问题的方案，避免大量的人力、物力的投入，但专业人员很难从中获取知识积累经验。离散元法的结果往往有难以理解的问题，通常需要借助其他手段、知识加以分析和发现规律。就现在的电脑技术而言，还不能做到工业磨机的整体模拟，通常仅有几千个到几万个粒子的磨矿过程模拟，这与实际的情况相差太远。

5 磨机衬板

扫码观看彩色图表

5.1 导言

　　磨矿是选矿技术和操作的最常见最重要的作业之一。有效操作磨矿作业是确保选厂生产经济高效的必要条件。在目前的选矿工业界，特别在初磨作业，最普遍采用的是滚筒式的磨机。最常见的滚筒式磨机有棒磨、球磨、全自磨和半自磨机。滚筒式磨机磨矿是磨矿介质和物料在同一水平滚筒内进行的。在全/半自磨中，通常磨矿物料和水从磨机给矿端进到磨机圆筒部分。这些物料（包括矿石和磨机介质）随筒体的旋转而被提升，当物料达到动态平衡点后，物料矿石滑落或泻落到磨机底部的物料上，产生磨矿效果。磨好的物料通过格子板和矿浆提升格排出磨机。对于湿式溢流型磨机，它通常由给矿中空轴、筒体和排料中空轴组成。由于排料中空轴的直径大于给矿中空轴的直径，从磨机给料端到排料端形成水力坡度，因此磨矿产品能沿着磨机的轴向自然排出。但对格子型的全/半自磨机而言，其结构更复杂。格子型全/半自磨机的结构和其固定在其内壁的衬板示意图如图 5-1 所示。与磨矿作用相关的全/半自磨机的重要组成如下。

　　（1）给矿中空轴。给矿中空轴是矿石、磨矿介质和水进入磨机的通道。

　　（2）磨机筒体。磨机筒体是矿石粉碎的空间。

　　（3）格子板。其功能和形状均像一个筛子，允许磨细的颗粒和水以矿浆的形式通过。当配有大孔的顽石窗时，临界粒子或顽石也可排出。

　　（4）矿浆提升格。矿浆提升格像泵把通过格子板的物料提升起来并排到排料中空轴。

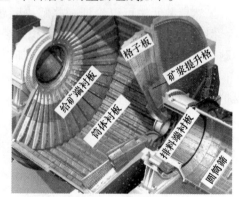

图 5-1　典型自磨/半自磨机衬板示意图

　　（5）排料中空轴。排料中空轴是让物料最终排出磨机的通道。

　　在整个（连续）湿式磨矿过程中，磨机内除了有大量高强度的冲击和摩擦外，同时水和溶解的化学物质对磨机内壁有腐蚀作用。这些磨损现象自从 19 世纪滚筒式磨机发明应用以来就已观察到。直接更换磨损的磨机筒体和中空轴是不可行的。这对大型磨机就尤为明显。因此磨机需要在其内壁上安装保护层以避免磨机外壳的磨坏。这些保护层是最原始的衬板。最早的衬板是由木板/木条和金属楔块构成，因此它们需要经常维修更换。

尽管最初那些小型棒磨、球磨机的衬板是被设计用于保护筒体和给、排料端的，避免磨机内极度摩擦而毁坏，但 100 年前，已经发现其形状对磨矿效率有巨大的影响[26,27]，但第一篇有关衬板设计对磨机内物料运动有影响的报道却出现在 70 年后[28]。自 20 世纪 80 年代以来，全/半自磨越来越大型化，已经可以用一个全/半自磨磨矿系列代替原来的几个甚至几十个小型棒/球磨系列，进而磨机衬板的重要性也就随之突现出来了，从工程技术人员到生产操作人员都意识到了衬板对大型磨机磨矿效率的影响。

全/半自磨机衬板与球磨机衬板要求有所不同。这是因为与球磨机相比，全/半自磨机具有直径比较大、入矿粒度大、钢球填充率低、矿石自身需要充当全部或部分磨矿介质等特点。全/半自磨衬板特殊要求有：（1）有一定的硬度来抵抗尺寸大的磨矿介质的频繁冲击疲劳磨损。（2）能抵抗高冲击而造成的衬板变形，有足够的韧性来抵抗高冲击可能造成的衬板断裂损坏。（3）能抵抗矿石的棱角带来的切削磨损，因此通常橡胶衬板不适宜大中型全/半自磨机。这对全/半自磨机衬板的设计提出了比球磨衬板设计更高的要求。为适应各种不同工作状态（粉碎或细磨）的要求，衬板的形状和材料也不同。当以冲击粉碎为主时，要求衬板对磨机载荷（包括磨矿介质）的提升能力比较强，同时衬板应具有良好的抗冲击性能；当以细磨为主时，衬板的提升条就比较低，对磨机载荷提升作用就弱，冲击较小，而磨剥作用为主，要求衬板具有良好的耐磨性能。衬板是磨机的重要部件之一，其使用寿命直接决定了磨机的检修周期，对选矿厂的生产效率有着至关重要的影响。

磨机衬板是磨机生产成本的主要组成部分，据报道衬板的成本分别占全/半自磨和二段球磨总成本的 37% 和 6% 左右[29]。图 5-2 所示磨机衬板的几何形状对磨机产量、磨机完好率、衬板寿命、磨矿能量效率和生产成本[30]（成本构成详见表 5-1）的影响。不合适的衬板设计可能导致衬板的损坏和磨矿介质的消耗，如图 5-3 所示，砸坏的磨机衬板和砸裂的钢球，这些损坏导致额外衬板材料成本和生产时间的损失。在设计不佳衬板寿命循环周期中，选厂产量会降低。优化磨机衬板的设计必须考虑磨机衬板寿命和磨机磨矿效率之间的最佳经济平衡点，以便有效地提高选厂进而提高整个矿山的经济效益。

对于像澳大利亚这样的国家，更换磨机衬板一般都是预定好时间的，由专业合同公司进行衬板更换。而磨机衬板更换公司也是预定好并计划好依次更换各个矿山的衬板。一旦有一个矿山衬板更换时间调整，有可能需要调整整个工作计划，

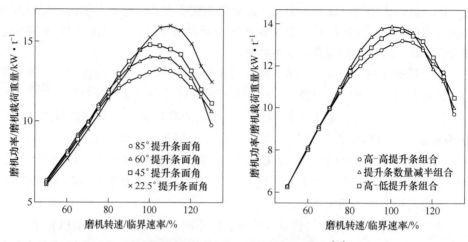

图 5-2　磨机衬板对磨机运转功率的影响[31]

图 5-3　磨机衬板设计对磨机介质（钢球）和衬板自身的磨损、毁坏[32]

表 5-1　衬板占磨矿成本的比重[32]

项目	初磨衬板			二段磨衬板		
	未优化	优化后	成本差异	未优化	优化后	成本差异
磨矿介质	70.3	42.6	−39.4%	56.5	56.5	0%
衬板	9.6	12.9	34.7%	5.5	8.3	50%
能耗	20.1	19.0	−5.7%	37.9	31.6	−16.7%
合计	100	74.5	−25.5%	100	96.4	−3.6%

进而这个矿山需要支付大量的额外费用。本书的作者在澳大利亚工作时经历多次磨机衬板非计划更换，其中的一次是半自磨机的给矿端衬板的提升条损坏，与衬板更换公司联系，该公司在 15 天之后才有空更换。该矿山决定由选厂维修人员临时更换必须更换的几块，造成停产 36 小时，15 天之后又停产 48 小时更换全部给矿端的中间和外圈的衬板。因此，对于在澳大利亚的矿山，磨机衬板的随机性损坏和更换将造成预想不到的生产中断和停产。如以上的例子，对于那些有数台磨机且涉及合同公司进行磨机衬板更换的情况，通常需要雇佣额外人员进行更换，增加了衬板及人员费用，同时还增加了磨机衬板更换频率。所以如果衬板的寿命未知，就必须提前更换以避免没必要的额外支出，但同时可能导致衬板未充分使用并增加磨机衬板的费用。因此磨机衬板的磨损程度的监测和寿命的预计对像澳大利亚这样的国家具有重大的经济性。磨机衬板磨损的监控将有助于制定和及时调整衬板更换计划，实施预防性维修策略。

衬板的首要目标是保护磨机外壳避免磨机内极度冲击和摩擦等的环境情况带来的损坏，同时磨矿衬板和更换成本是昂贵的，因此对于磨机衬板生产商而言，他们尽量和试图提高磨机衬板的寿命。但对于最终用户而言，还必须考虑更多的衬板选择标准，包括如下性能。

（1）衬板寿命。

（2）衬板可维修性和可更换性。

（3）衬板检查时的安全性。

（4）衬板成本。

（5）衬板对磨机磨矿效益影响。

降低成本促使研发了各种各样的磨机衬板的形状和提升条，并使得衬板寿命大幅度延长。通常磨机衬板本身的成本占的比例不大，因此磨机衬板的优化必须考虑磨矿介质的消耗、停产带来的损失、衬板安装成本、磨矿效率等。选择磨矿衬板时，必须考虑评估整个磨矿效益，而不仅是衬板和更换成本。图5-4列出了一些矿山大型全/半自磨机衬板寿命优化的案例。采用磨机衬板的不同模式组合、允许双向运转等其他实践也导致磨机衬板寿命增长。

总之，磨机衬板首先是用来保护磨机筒体等外壳，使筒体免受磨矿介质和物料直接冲击和摩擦，同时提升物料和磨矿介质，是增强磨矿介质对物料的粉碎和研磨作用的关键部件。它有助于提高磨机的磨矿效率，增加产量，降低金属消耗。对于像澳大利亚的矿山，磨机衬板的寿命须做到有效监控、可预测和预防性维修，避免没必要的材料和人员成本的额外支出。

值得注意的是本章节的内容不限于全/半自磨机衬板。

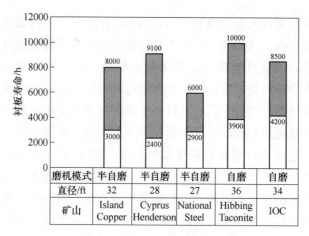

图 5-4　磨机衬板优化实例[34]

5.2　衬板磨损机理

当磨粒作用在金属材料表面上，磨料上承受的载荷 P 可分为法向分力和切向分力。在法向分力作用下，磨料的棱角刺入材料表面；在切向分力作用下，磨粒沿平行于表面方向滑动，带有锐利棱角并具有合适的迎角的磨粒能切削材料而形成切屑（如图 5-5 所示）。图 5-6 是一典型的磨粒切削材料而形成显微切屑过程的照片。可以看出，切屑仍然立在表面上，黑色的磨粒仍然镶嵌在切屑的根部。磨粒切削过程使材料表面产生某种极度的变形，从图 5-6 上还可以看到划痕两边保留的剪切皱折。这种切削过程与机加工过程产生的切屑极为相似，只是体积小一些，故称为微观切削。

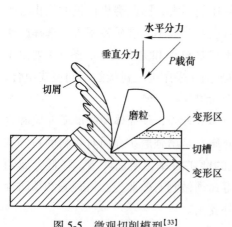

图 5-5　微观切削模型[33]

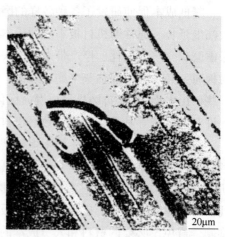

图 5-6　微观切削[33]

如果磨粒不够尖锐，或刺入材料表面角度不适合切削，则会将材料表面挤出犁沟。犁沟变形有两种：一种是由于磨粒推挤材料，使之堆积在运动的前方，当堆积增高后就会阻碍磨粒运动直到磨粒破碎，或被其他磨粒破碎带走。另一种是磨粒将材料挤向沟槽两侧（也可能挤向一侧）。磨粒犁沟材料表面一般不能一次产生磨屑，而是当第一个磨粒推挤材料表面形成犁沟后，已经使沟槽底部或沟槽两侧再次发生一定程度的塑性变形，后继的磨粒可能切削金属或继续推挤已经发生变形的犁沟底或两侧，当磨粒多次使金属变形且变形程度超过材料允许的延伸极限后，变形材料表面就会产生裂纹，裂纹扩展，形成薄片状磨屑，这一磨损过程被称为微观犁沟。

当材料较脆或其中含有硬而脆的第二相质点时，磨粒与材料或第二相粒子就会发生冲撞或滑动，造成材料或硬质点发生裂纹和碎裂，这一磨损过程称为微观断裂。如高铬铸铁磨损表面微观形貌上往往出现很多凹坑，就是由于脆性的碳化物脱落造成的。表5-2列举了工业常见磨损分类。

表5-2 工业常见磨损分类[35]

磨损分类	定义	示意图	实例
低应力磨料磨损	松散磨料自由在表面上滑动，磨料不产生破碎		输送过程，如料仓、溜槽和料车
高应力磨料磨损	磨料在两工作面间互相挤压和摩擦。磨料被不断破碎，总载荷低但局部应力高		高压辊磨、磨球、衬板
凿削型磨料磨损	粗糙磨料使磨损表面撕裂出很大的颗粒。这种磨损通常形成很高的应力，经常在输送、破碎大块时发生		颚式破碎机的齿板
冲击磨料磨损	块状磨料垂直或以一定的角度以比较高的速度落在材料的表面。与冲蚀很相似，但局部应力高		破碎机的溜槽、半自磨机的衬板
冲蚀磨损	流体中的细小颗粒与材料做相对运动，造成其表面损耗		泵壳、叶轮

续表 5-2

磨损分类	定义	示意图	实例
气蚀-冲蚀磨损	固体与液体做相对运动,在气泡破裂区产生高压或高温而引起的磨损,并伴有流体与磨料的冲蚀作用	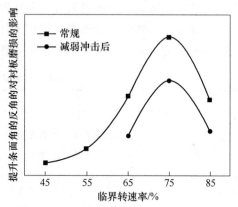	矿浆泵的零件
腐蚀磨料磨损	同环境发生化学或电化学反应而磨损		低 pH 值下的磨机衬板

衬板磨损机理主要有三种,即冲击损坏、摩擦磨损和化学腐蚀。

(1)冲击损坏是指物料(特别是磨矿钢球和大块矿石)重复性以高速度或高冲量直接与衬板表面发生冲撞而造成的破坏。在全/半自磨机生产操作中,任何冲击损坏衬板都应该避免。在衬板设计时,需采用合理的衬板提升条的高度和面角。在操作时,应该控制磨机的速度与载荷水平。载荷越低,需要操作磨机越低的速度。如图5-7 所示,对半自磨而言,在实际生产中衬板冲击损坏仍是一个普遍现象,但应通过优化降低占整个磨损量比例。

图 5-7　衬板冲击磨损占总磨损的比例[36]

(2)摩擦磨损是指物料与衬板表面紧密接触并发生相对运动,由于摩擦力的作用,在微观上衬板表面被硬物料穿入使磨机衬板表面层以长条形剥离,进而造成的衬板重量损失。当光滑的表面变得粗糙时,或出现肉眼可见的有规律的沟痕(如图 5-8 所示),甚至金属表面留有金属屑,都表明衬板有摩擦磨损。根据金属表面磨损程度,其进一步可分为:划痕、刻痕和沟痕。

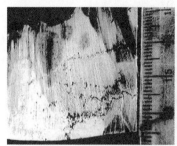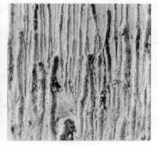

图 5-8　摩擦磨损[37]

（3）化学腐蚀是指由于金属晶体中的金属（铁）原子与环境发生化学反应导致原子从工程材料中脱离出来，造成其物质的损失。在通常广泛的术语中，化学腐蚀是指金属与氧化剂（如氧等）发生电化学反应而导致金属材料损失。化学腐蚀通常集中在某些点，进而形成点蚀甚至缝隙。化学腐蚀在金属材料表面的扩延将导致金属表面失去光滑性（如图5-9所示）。

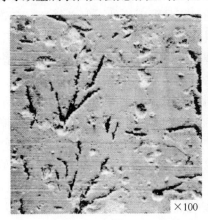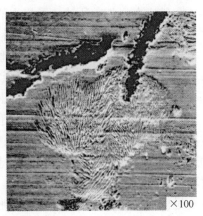

图 5-9　腐蚀磨损[37]

在通常磨损的情况下，特别是磨矿环境，摩擦磨损和化学腐蚀量不是简单加和，而是有叠加、相互促进的作用，即摩擦腐蚀（Tribocorrosive）。首先，化学腐蚀造成表面凹凸不平、易磨损的脆的氧化物或多孔的表面层，降低了金属材料的抗机械冲击能力。在摩擦过程中，化学腐蚀的凹凸不平的表面增加了摩擦系数和摩擦力，进而导致摩擦磨损量增加。同时，摩擦作用将快速而容易剥落这层金属氧化物或氢氧化物，裸露出新表面，进而又加速发生氧化，随后又被磨掉，如此氧化层的形成又除去，造成金属材料表面被快速磨损。这种现象为增效作用（Synergism）。因此，摩擦腐蚀率通常远远高于单一的摩擦磨损或化学腐蚀。所以，既然摩擦磨损是不可避免的，磨机衬板材质须有较高的抗化学腐蚀性能以弱化摩擦磨损和化学腐蚀的增效作用。

5.3　衬板材质

自从1930年以后，由于材料工业的发展，磨矿机衬板材质也随之得到长足的进展，陆续出现了数百种钢和铁衬板、陶瓷衬板、特制橡胶衬板及复合衬板。全/半自磨机衬板仍以合金钢或铁质为主，主要研究开发为两方面，一是研发新合金类型，二是对已有各种合金材料调整合金元素含量，采用不同热处理方式改变合金材料的硬度和金相组织。此外，有两种非铁基金属材料，即特制橡胶制品和高铝砖也已研制用于磨机衬板；另外，还有一种专门烧成的碳化钨，也用于小型特殊用途的磨机，但因其成本高，对绝大多数工业规模磨机来说，使用经济性不高。

在全/半自磨机问世之时就出现了衬板的磨损问题，由于当时磨机直径小而未对衬板的磨损引起足够重视。随着磨机规格加大和自动化程度提高，衬板磨损问题已变得越来越突出，衬板耐磨性差将导致频繁更换衬板，降低了设备运转率且增加了磨矿成本。如前所述，磨机内的衬板是可更换件，但必须具有有效抗冲击和摩擦磨损的特性并能有利于磨矿物料合理运动。因此工程技术人员极度关注磨机衬板材质以便降低维修衬板并提高磨矿效率。目前市场上，最常用的滚筒式磨机衬板材质有：钢/铁衬板、橡胶衬板、橡胶-钢头复合衬板、磁性衬板。

每种衬板材质有自己适宜的应用范围。传统的钢或合金衬板仍大量用于初磨作业，至少 10 种以上的耐磨合金材料用在初磨球磨机。越来越多的抗摩擦磨损合金被广泛采用，这些合金含大量的锰、铬、钼、镍等合金元素，因此这些合金材料的造价也高。橡胶衬板已经被广泛地经济地用于二段或再磨作业，这是因为橡胶材料的长寿命和良好的抗摩擦性能。最新发展的衬板材质是合金头-橡胶底座的复合衬板，它充分利用了金属和橡胶的优点，目前仍主要用于中小型全/半自磨机衬板，但已经开始应用于中型甚至大型全/半自磨机的端衬板和格子板。这是因为这些部位衬板所受的冲击力比较弱而摩擦磨损为主。

既然磨机衬板是选厂的主要成本之一，也是造成磨机运转中断的主要原因之一，因此衬板制造商和矿山都在尽力延长磨机衬板寿命。但是，磨机衬板材质不是完全基于磨损速率选择的，停产时间、维修成本和磨矿效果等也是磨机衬板经济性的决定性因素。但对大部分选厂，通常采用吨矿石衬板成本作为衡量标准。对于大型全/半自磨机衬板材质的选择，倾向于选择最优的最经济的服务周期，这需要考虑衬板成本、更换衬板的人力、衬板更换停产损失和磨矿效果引起的成本/收益变化等。

5.3.1　钢质材料

碳钢衬板依然在中小磨机上广泛采用，特别是初磨段。

5.3.2　合金材料

磨机衬板合金材料经历了从高锰钢、普通白口铸铁、镍硬铸铁到高铬铸铁的几个阶段，目前已发展为耐磨钢、耐磨铸铁两大类。耐磨钢除了传统的奥氏体锰钢及改性高锰钢、中锰钢以外，从其含量的不同可分为中碳、中高碳、高碳合金耐磨钢；从合金元素的含量又可分为低合金、中合金及高合金耐磨钢；从组织的不同可分为奥氏体、贝氏体、马氏体耐磨钢。

耐磨铸铁中的普通白口铸铁和低碳白口铸铁应用目前极少，常用的为低合金白口铸铁和高合金白口铸铁两大类。二者中最具有代表性的是低铬白口铸铁和高铬白口铸铁。由于地球上的铬资源远大于镍,且价格较便宜,至今这两种材料已在耐磨铸铁中占有主导地位。从资源成本和耐磨性等方面考虑,目前极少有镍硬铸铁在磨机衬板应用的报道。常说的高铬铸铁实际上是指高铬钼白口铸铁,从含铬量可分为Cr15及Cr20两类,前者用于承受一般冲击磨损,后者用于高摩擦磨损及厚度较大的耐磨件。含铬量为30%数量级以上的高铬铸铁则用于耐热、耐磨或耐腐蚀的工作,如再磨钢球。总体上,合金白口铸铁比较脆,适于冲击力比较小的磨矿环境,如钢球小于60~70mm的再磨磨机。但抗摩擦磨损性能高,这种材质衬板寿命长。

与合金白口铸铁相比,耐磨铸钢韧性好但硬度低,允许用于冲击力比较大的全/半自磨机,在耐磨管道等方面也有着广泛的应用。但是该材质制作的衬板耐磨性低。

热处理能有效调整合金材质的微观结构进而影响其硬度和韧性,因此热处理对大型全/半自磨机衬板抗磨损和冲击性能有着巨大影响。

基于合金材质良好的抗摩擦磨损性、抗冲击破坏性和合理生产成本,以下合金衬板材料以前或现在广泛用于制造磨机衬板:

(1)奥氏体锰钢(Austenitic Manganese Steel)。

(2)硬镍铸铁合金(Ni-Hard Iron)。

(3)低碳铬钼合金(Low Carbon Chrome Moly Steel)。

(4)高碳铬钼合金(High Carbon Chrome Moly Steel)。

(5)铬钼白铁(Chrome Moly White Iron)。

(6)高铬铁(High Chrome Iron)。

5.3.2.1 奥氏体锰钢

高锰钢也叫哈德菲尔德钢,是1882年由英国的R. A. Handfield发明的性能良好的耐磨钢,具有明显的形变硬化特性,属于Fe-Mn-C系奥氏体锰钢。经典高锰钢公称锰的质量分数为13%。

中锰钢和高锰钢都是奥氏体锰钢,水淬后组织都是单一奥氏体组织,但它们的主要性能差异有以下三方面:

(1)中锰钢的力学性能一般低于高锰钢,不含钼的中锰钢抗拉强度一般为550MPa左右,伸长率为10%~20%,断面收缩率为20%~25%,冲击韧度为100J/cm^{2}左右。尽管中锰钢加钼后的力学性能能显著提高,仍不及高锰钢。

(2)高锰钢的锰含量高,奥氏体稳定性好,M_s点低于室温,主要通过形变孪晶和堆垛层错机制实现形变硬化,提高抗磨能力,硬化后的表面硬度达HBW400~450。中锰钢锰含量低,导致奥氏体稳定性降低,M_s点上升,它主要通过形变诱发α马氏体机制实现形变硬化,硬度提高的速率显著上升,是形变孪晶和堆垛层错两种机制的 2～3 倍，硬化后的表面硬度可达 HBW750～850。

（3）处理较软物料时，中锰钢使用效果更好。中锰钢颚板用于小型破碎机上破碎石灰石时，中锰钢寿命约为高锰钢的 185%，而破碎硬矿石（如普氏硬度系数 $f=14$ 左右的含金矿石）时，寿命提高很少。

奥氏体锰钢通常含 0.9%～1.4%C，10%～14%Mn，冲击强度 α 为 150J/cm^2 左右。初始硬度仅为 HB179～229，磨损后的硬度提高到 HB240～350，最高硬度可达 HB605（相当于 HRC56）。但表层之下保持韧性，能抵抗高强度冲击而不破裂。奥氏体锰钢通常用于制造格子型衬板或小型磨机衬板。它的主要缺点是扩散冲击，进而导致固体衬板开始挤压在一起而拆除极其困难。如果压力太大使之粘在一起太牢，甚至可能在拆除过程中伤害磨机筒体。

已研制出多种改性高锰钢：（1）将锰含量降低为低锰、中锰或维持高锰水平，加入其他合金元素以改变微观晶体结构；（2）加入 Ti、Nb、V、Mo 及 Cr 等碳化物形成元素以实现第二相强化；（3）加入 W、Cu、Ni、B 等元素以实现固溶强化；（4）加入稀土元素以净化钢液，改善夹杂物形态及分布以实现综合强化。另外，探索新的热处理工艺，提高冶铸质量和高锰钢的使用寿命。

5.3.2.2　硬镍铸铁合金

镍硬铸铁在普通白口铸铁的基础上加入 3.0%～5.0% 镍和 1.5%～3.5% 铬，获得非常硬而耐磨的马氏体基体+M$_3$C 型碳化物组织。镍和铁无限固溶，能有效地提高淬透性，促使形成马氏体-贝氏体基体，同时镍稳定奥氏体，过高镍含量会造成大量残余奥氏体。铬的加入可以阻止石墨化，促使形成碳化物，并提高 M$_3$C 型碳化物的硬度。

硬镍铸铁合金衬板最初用在小型棒磨球磨机等冲击力很低的环境。这种合金脆但抗摩擦性好。但随着高铬合金和铬钼合金的出现，目前这种合金在磨机衬板应用方面几乎已经绝迹。

5.3.2.3　低碳铬钼合金

低碳铬钼合金的硬度通常为 BHN300～370。

在采用高碳铬钼合金之前，低碳铬钼合金通常用于制造全/半自磨和球磨机衬板。它有极好的抗磨损特性和一定程度的抗冲击性能。与高碳铬钼合金相比，低碳铬钼合金现在主要用于需要略微好的抗冲击能力的排料格子板或比较薄的部分。

5.3.2.4　高碳铬钼合金

高碳铬钼合金的硬度通常为 BHN325～380。

高碳低合金铬钼（如质量分数为 1.15%C，1%Cr，0.25%Mo）在硬度上相近但微观组织不同时，耐磨性也有显著差异。这种奥氏体化油淬后在不同温度下进行回火、正火及马氏体点附近等温处理，分别得到回火马氏体、珠光体和贝氏体组织。淬火后的回火温度对耐磨性有影响。例如，质量分数为 0.8%C，1.0%

Cr，0.4%Mo 的高碳铬钼钢钢球分别在 880℃和 820℃奥氏体化后油淬，在同样条件下进行磨损试验，880℃油淬的钢球有较高的耐磨性。这是由于提高淬火温度后，马氏体固溶碳含量增高和残余奥氏体量增多对耐磨性的有利作用所致。马氏体的磨损比最低、耐磨性最佳。

高碳铬钼合金衬板因碳含量及合金含量都比较高，所以冲击韧性都比较低，冲击值一般只有 30~40J，其次高碳铬钼合金衬板因为需要保证具有一定的冲韧性，热处理时通常采用风冷加回火工艺，得到组织为回火屈氏体，这种组织硬度适中耐磨性较差。所以高碳铬钼合金衬板在使用过程中存在易断裂及衬板使用周期较短，这就使得选矿厂需要频繁更换衬板，降低了设备运转率加大了选矿厂的运营成本。

高碳铬钼合金应用于全/半自磨机衬板。由于碳或铬的量不同，有一系列产品。通常这些合金的碳和铬量随磨机衬板大小和厚度而改变。在该领域，由于磨机衬板大小的要求，标准的高碳铬钼合金已经不能满足工艺的需要，目前仍在开发此类合金材料。

5.3.2.5 铬钼白口铁

铬钼白口铁的硬度通常在 BHN600~700。

这种铸造材料已经高度开发并广泛应用于需要抗摩擦的磨矿环境。目前广泛用于水泥磨机和大型球磨机衬板，以及抗摩擦性仍需提高的领域。

5.3.2.6 高铬铸铁

高铬铸铁的硬度通常大于 BHN600。

铬系合金铸铁化学成分（质量分数）碳（C）与铬（Cr）在合金中形成 M_3C 型碳化物，耐磨相随着碳含量提高，合金中碳化物含量增加则合金硬度提高，但冲击韧度降低。碳含量为 2.37%~2.69%时，珠光体的铬铸铁可获得较高的冲击疲劳抗力、韧度以及在硅砂为磨料时有较好的冲击耐磨性。所以增加最关键的元素铬的含量，可改善碳化物的分布形态提高材料的冲击韧度。高铬铸铁的特点是韧性和耐磨性较高，碳化物完全以 $(Fe,Cr)_7C_3$ 型出现。高铬铸铁的化学元素中，铬和碳是高铬铸铁中两个重要元素，一般碳决定碳化物数量，铬决定碳化物的类型。当碳一定时，随着铬含量的增加，共晶碳化物和基体的溶铬量都增加，但当铬一定时，碳含量增加，共晶碳化物增加而基体的溶铬量降低。高铬合金铸铁的共晶碳化物量 K 与碳、铬含量存在一个函数关系式：

$$K = (11.3C + 0.5Cr - 13.4) \%$$

高铬合金铸铁一般是指铬含量在 12%~30%，碳含量在 2.4%~3.6%的合金白口铁。高铬铸铁优点：首先在含铬 12%时，可以形成 Cr_7C_3 型碳化物，显微硬度 HV1300~1800，比普通白口铸铁中 Fe_3C 型碳化物的显微硬度（HV800~1100）高很多，因此耐磨性好；其次碳化物形状变为断网状、菊花状、孤立状弥散分布于马氏体（金属基体中最硬的组织）基体上，减少了对基体的割裂作用。因此，该合金衬板具有高强度、强韧性和高耐磨性，比网状碳化物韧性高。此外，高铬铸铁的基体可以通过不同的热处理工艺来获得从全部奥氏体到全部马氏体的各种基体，扩大其应用范围，满足不同工况条件的需要。在耐磨性上，它比合金钢高得多；在韧性和强度上，它又比普通白口铸铁高很多，且优于镍硬铸铁。

　　高铬铸铁经常用于制造中小磨矿钢球和水泥大型棒/球磨机衬板，如图 5-10 所示。高铬铸铁有极度优秀的抗摩擦性能，后者的使用寿命通常在 5 年以上，甚至近 15 年，因此其有很好的价格性能优势，但比铬钼白口铸铁脆。

图 5-10　高铬铸铁水泥大型棒/球磨机衬板

　　但在使用高铬铸铁需特别注意如下事项：

　　（1）提高高铬衬板的冲击韧性。在选用高铬铸铁材料制备衬板时，在优先考虑其耐磨性的同时，还应该特别重视其强度和强韧性的配合。提高高铬铸铁的性能，首先应提高高铬铸铁的断裂韧性 KIC 值。当共晶碳化物不变，且 Cr/C 比在 6.6~7.1 时，高铬铸铁的断裂韧性 KIC 值最高，即此时抗裂纹扩展能力最强。高温淬火或适当延长保温时间，也能改善 M_7C_3 型共晶碳化物的形貌、分布和大小，细化碳化物，提高强度，增加韧性。铁液进行变质处理是改变高铬铸铁共晶碳化物形态、数量、大小及分布并提高强韧性的最简单而且经济有效的方法，控制其凝固，更重要的是细化共晶碳化物，减少其对基体的割裂作用，细化基体，改善韧性。

　　（2）高铬衬板的安全使用。1）断裂是合金衬板磨料磨损主要失效形式。引起断裂的主要原因是铸造缺陷如铸件疏松、缩孔、气孔、夹杂等，因此必须从严控制铸造缺陷的发生。2）高铬衬板宜小而厚，单螺栓孔或无螺栓孔，不允许块大而薄或双螺栓孔衬板的使用。3）高铬衬板在安装时，凡有螺栓孔的衬板，螺栓固定要紧实牢固。安装面与筒体面应为面接触，选用橡胶垫作垫层，严禁无任何铺垫而直接安装和使用高铬衬板。安装完毕进行初（试）运转时，磨机内必须填充一定量的物料方可运行，严禁磨机空载运转。

5.3.2.7 复合合金

总体上讲，合金材料的抗摩擦性与抗冲击性是互相矛盾的，因此出现了耐磨合金与耐冲击合金一起使用。通常耐冲击合金作为基底，而耐摩擦合金作为插入件。这种组合已经在全/半自磨机的给矿端衬板获得应用。例如，全/半自磨机给矿端衬板存在局部磨损严重，在以铬钼合金为基底的提升条中间插入高铬铸铁件，大幅度提高其寿命。

有报道，在中国借鉴钢筋混凝土原理，采用钢筋网与铬系合金铸铁复合浇注成形为衬板。在一台 5.50m×1.80m 磨机上工业性试验，使用寿命近 7 个月，是原来高锰钢衬板的 1.75 倍左右。

5.3.2.8 金属材料抗摩擦性能对比

铬钼合金是使用最广泛的磨机衬板材质之一，特别是广泛应用于全自磨、半自磨和大型球磨机的筒体衬板，这是因为其珠光-铁素体微观结构能抵抗严重的冲击作用。对其他棒磨、球磨等粗磨作业，由于其磨机内的冲击强度远小于全/半自磨磨矿，因此各种各样的硬合金材料被使用。当钢球的直径小于 50mm 时，球磨机的衬板可以采用硬质铸铁材料。但当大于 50mm 时，应该优先采用合金材料为锰铸钢、铬铸钢等材料。棒磨机的衬板一般采用合金钢、铸铁等为主。对于棒直径小于 40mm 时，有时也采用硬镍台阶式磨机衬板。

摩擦磨损很大的磨矿环境通常优先选用马氏-贝氏钢，例如，再磨球磨。现在最耐磨的合金是高铬铸铁和铬钼白口铸铁。表 5-3 列出和对比了各种钢质衬板的优缺点、应用范围及使用极限。表 5-4 对比了在给定环境下各种合金材料和热处理方式的磨损率。

表 5-3　各种合金衬板的选择

材料	球磨机				半自磨机				自磨机			
	给矿端	筒体	排料端	格子板	给矿端	筒体	排料端	格子板	给矿端	筒体	排料端	格子板
珠光体铬钼钢	◎	◇	◎	◎	◎	◎	◎	◎	◎	◎	◎	
高铬铸铁		◎							△	◎	△	
抗磨损焊接板	△											
硬镍铸铁			△									△
马氏体铬钼钢				△		△		△	△			

表 5-4　各种合金磨机衬板磨损性能[40]

序号	描述	热处理	典型含量/%						硬度		抗摩擦性
			C	Mn	Si	Cr	Mo	Ni	RC1	RC2	
1	Martensitic Cr-Mo white iron 马氏铬钼白口铸铁	AQ&T	2.8	1.0	0.6	15.0	3.0		54	66	89

续表 5-4

序号	描述	热处理	典型含量/%						硬度		抗摩擦性
			C	Mn	Si	Cr	Mo	Ni	RC1	RC2	
2	Martensitic high Cr-Mo white iron 马氏高铬钼白口铸铁	AQ&T	1.7	1.0	0.9	26.0	0.5		53	64	98
3	Martensitic Cr-Mo steel 马氏铬钼钢	AQ&T	1.0	0.8	0.6	6.0	1.0		49	55	100
4	Chill-cast Ni-Cr-Mo white iron 冷铸镍铬钼白口铸铁		3.2	0.7	0.5	2.0	1.0	3.0		59	107
5	Sand-cast Ni-Cr white iron 砂铸镍铬白口铸铁		3.2	0.6	0.5	2.0		4.0	53	60	109
6	Martensitic Cr-Mo steel 马氏铬钼钢	盐水 Q&T	0.7	1.0	0.6	1.5	0.5		55	58	111
7	Austenitic 6-1 alloy steel 马氏 6-1 钢	WQ	1.2	6.0	0.5			1.0	10	49	115
8	Chill-cast Ni-Cr white iron 冷铸镍铬白口铸铁		3.0	0.5	0.4	2.1		4.5		55	116
9	Martensitic Cr-Mo steel 马氏铬钼钢	WQ&T	0.4	1.5	0.4	0.8	0.5		48	55	120
10	Type 420 cast stainless 420 号铸不锈钢	AQ&T	0.4	0.5	0.5	13.3	0.7		50	52	126
11	Pearlitic Cr-Mo steel 珠光体铬钼钢	AQ&T	0.8	0.8	0.6	2.3	0.4		38	39	127
12	Austenitic Mn steel 奥氏锰钢	WQ	1.2	12	0.5				10	49	140

注：RC1—新钢球表面 1/8in 下的平均硬度；RC2—磨了的表面平均硬度，是工作面的最高硬度；
　　AQ&T—空气淬火和回火；Q&T—淬火和回火；WQ—水淬。

热处理前后合金的相对耐磨性简单地主要取决于其宏观硬度，但随其宏观硬度增高其耐磨性变化斜率不同。耐磨性不仅取决于钢的硬度，而且取决于它们的成分，不同成分的钢热处理后虽然具有相同的硬度，但其耐磨性却不同，这说明各种钢的耐磨性与其宏观硬度间并不存在单值的对应关系。

据报道[38]，一种多元合金衬板经过合适热处理工艺，提高了力学性能，其冲击值达到 120~150J，与半自磨机高碳铬钼合金衬板的性能对比见表 5-5。其组分为：碳 1.1%~1.3%，硅 0.3%~0.8%，锰 11%~14%，铬 0.8%~1.5%，钼

0.1%~0.5%，钒 0.3%~0.7%，钛 0.05%~0.2%，磷小于 0.05%，硫小于 0.03%。该多元合金衬板在内蒙古矿业有限公司 8.8m×4.8m 和云南黄金有限责任公司镇远分公司 5.5m×2.4m 半自磨机成功应用（如图 5-11 和图 5-12 所示）。应用结果表明：该多元合金衬板不变形、无断裂、耐磨性优异，使用周期是其他同类产品的 1.3 倍左右。

(a)　　　　　　　　　　(b)

图 5-11　多元合金衬板在内蒙古半自磨机的应用[38]

(a) 新装；(b) 使用后的

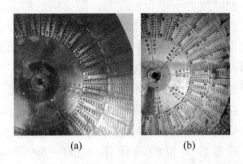

(a)　　　　　　　　　　(b)

图 5-12　多元合金衬板在云南半自磨机衬板的应用[38]

(a) 新装；(b) 使用后的

表 5-5　高碳铬钼合金衬板与多元合金衬板性能比较[38]

产品名称	初始平均硬度（HBW）	使用后平均硬度（HBW）	冲击值/J·cm^{-2}	金相组织
高碳铬钼合金衬板	345	404	33.5	T+C
多元合金衬板	305	535	≥150	A+C

5.3.2.9　矿石硬度、形状、大小的影响

图 5-13 显示了各种合金材料的抗摩擦性能和微观结构。材料的抗摩擦磨损性能随非铁的金属和碳的合金化程度提高而提高。Gates 等[39]报道硬度与抗摩擦磨损性能的正相关性。

同时，磨料硬度对材料磨损率有明显的影响。这种影响的程度主要是以材料的硬度和磨料的硬度的比值为标志，随着比值的变化，材料主导磨损机制就会发

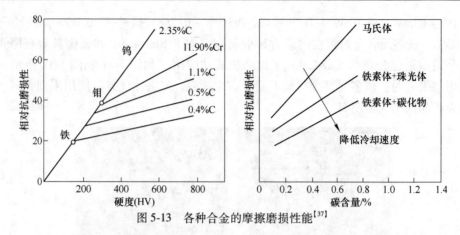

图 5-13　各种合金的摩擦磨损性能[37]

生变化[41]。因此，对磨矿过程而言，合金钢与要磨的矿石硬度的比值是决定改衬板和磨矿钢球磨损率的一个重要参数。该比值提高将降低合金衬板的磨损率。由此可见，当矿石硬度远远大于磨机衬板硬度时，磨损严重，磨损与衬板材料硬度无关；当衬板材料硬度接近于矿石硬度时，随比值的增大，磨损急剧减小。应该指出的是，即使是很软的磨料，由于冲击作用或者其中渗有硬磨料等因素，也会导致磨机衬板的磨损。因为实际磨料的硬度和材料硬度都不是一个单一的数值而是一个分布值。因而，即使磨机衬板的平均硬度值超过矿石的平均硬度值，由于矿石与衬板材料硬度的统计分布关系也会引起磨损。因此，要获得一个低的磨机衬板摩擦磨损率，该衬板合金的微观结构的硬度必须超过要磨矿石的硬度。一些矿石和金属微观结构的硬度见表 5-6。例如，磁铁矿的硬度为 575Knoop，优先考虑磨机衬板的材质需含大量的马氏体（500 ~ 800Knoop）或铬碳化合物（1735Knoop）。

表 5-6　矿物与合金相的硬度[37]

矿物	硬度		材料或晶相	硬度	
	Knoop	HV		Knoop	HV
滑石	20		铁素铁	235	70 ~ 200
碳	35		珠光铁，未合金化		250 ~ 320
石膏	40	36	珠光铁，合金化		300 ~ 460
方解石	130	140	奥氏体，12% Mn	305	170 ~ 230
萤石	175	190	奥氏体，低合金		250 ~ 350
磷灰石	335	540	奥氏体，高铬铸铁		300 ~ 600
玻璃	455	500	马氏体	500 ~ 800	500 ~ 1010
长石	550	600 ~ 750	碳化铁	1025	840 ~ 1100
磁铁矿	575		铬碳体 (Fe, Cr)$_7$C$_3$	1735	1200 ~ 1600
正长石	620		钼碳体 Mo$_2$C	1800	1500

矿物	硬度		材料或晶相	硬度	
	Knoop	HV		Knoop	HV
燧石	820	950	钨碳体 WC	1800	2400
石英	840	900~1280	钒碳体 VC	2660	2800
黄玉	1330	1430	钛碳体 TiC	2470	3200
石榴子石	1360		硼碳体 B_4C	2800	3700
精钢砂	1400				
刚玉	2020	1800			
硅化碳	2585	2600			
钻石	7575	10000			

　　磨料形状（尖锐度）对衬板磨损也有明显的影响。新破碎的石英砂和河砂相比，新破碎的石英砂对衬板磨损更剧烈。由于各种磨材的形状难以测量或定量区别，一般仅定性地将磨料分为三种类型：即尖锐形、多角形和圆钝形。

　　在相同硬度条件下，尖锐形矿石颗粒对衬板磨损最剧烈，磨损机制以显微切削为主；多角形对衬板磨损次之，磨损机制为显微切削加犁沟；圆纯形又次之，磨损机制以犁沟为主。

　　磨料的尺寸粒度对磨损也有一定的影响。当磨料在某一临界尺寸以下时，体积磨损随矿石尺寸的增加而急剧地按比例增加；当超过一临界尺寸后，磨损增大的幅度显著降低。

5.3.2.10　合金的微观结构与热处理

　　金属材料的微观组织对材料磨损性能有明显的影响。金属材料的组织又由其化学成分和处理工艺所决定的。同种材料采用相同的处理工艺，可能表现出不同的耐磨性，这又与生产厂的冶炼、铸造水平有密切关系，因此微观组织对材料的耐磨性影响是一个复杂的问题。

　　图 5-14 是高锰钢、合金钢的耐磨性与它们组织之间的关系。在一定的接触应力、一定的滑动磨料磨损试验条件下，具有较高含碳量的回火马氏体钢能获得较高的耐磨性；相同硬度条件下，贝氏体的耐磨性又比回火马氏体的耐磨性高。

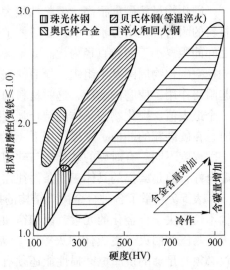

图 5-14　高锰钢、合金钢的耐磨性与
它们组织之间的关系[42]

这时高锰钢只相当于回火马氏体和贝氏体钢的中间耐磨水平。珠光体的硬度最低，耐磨性最差，相同硬度的奥氏体与珠光体组织相比，奥氏体的耐磨性又高得多。残余奥氏体对钢的耐磨性也是有影响的。在马氏体-碳化物的混合组织中存在着残余奥氏体。对提高抗磨料磨损性能是有益的。残余奥氏体在其中起的作用一般认为是：

（1）在磨屑形成过程中，阻止裂纹扩展。

（2）与碳化物结合比马氏体好，能防止磨损过程中碳化物脱落。

（3）转变为马氏体时，吸收了能量，消耗了外界功，形成高硬马氏体从而提高了耐磨性。

在珠光体、马氏体、贝氏体、奥氏体基体组织，如果分布些高硬度的合金碳化物、硼化物、氮化物、金属间化合物，就会形成耐磨骨架，大大地提高材料的耐磨性。这时材料的耐磨性又取决于这些硬质点的类型、大小、硬度、数量、分布、与基体组织之间的结合强度以及具体的工作条件等。

在碳化物中，M_3C 型结构的硬度较低，对耐磨性贡献小，马氏体和合金工具钢中碳化物多属于 M_3C 型结构。高铬铸铁中碳化物主要是（FeCr）C_3 型碳化物，也有少量的（FeCr）$_6C$、（FeCr）$_{23}C_6$ 型碳化物，它们的硬度均较 M_3C 型高，对耐磨性贡献也大。在硬质合金中的碳化物大多是 WC、TiC、ZrC、NbC、VC 等。它们都具有极高的硬度和高温稳定性，是硬质合金具有高的耐磨性的硬件的主要原因。此外，很多合金元素还可与 B 生成 Fe_2B、TiB、CrB 等同硬度的化学物，对材料的耐磨性也具有较大的影响。

碳化物虽然硬度很高，但脆性很大，在材料组织中如果形成网状碳化物，对材料的耐磨性是十分不利的。一般要求碳化物颗粒大小适中，分布均匀，碳化物之间的距离小于磨粒直径为优。如果磨料直径小于碳化物间的距离，磨料将会首先挖空碳化物周围基本组织，最后使碳化物脱落。碳化物的作用是对磨粒的刺入起阻碍作用，使磨沟变浅，这时材料的耐磨性随碳化物含量的增加而增加，达到一个最大值。碳化物与基体的结合强度对材料耐磨性也有很大影响，结合强度低时，在硬磨粒的冲撞、摩擦作用下，碳化物易脱落。不同类型碳化物与基体结合牢固程度不同。有时硬的碳化物与软的基体组织配合较好，有时与强度高的基体配合好，但是磨损的具体工作条件往往是决定性的因素。

表 5-7 列举了各种合金微观结构的抗摩擦磨损性能。一种合金材料的微观结构不仅取决于合金化的元素，例如铬和碳，还受制于热处理的过程，包括直接淬火、马氏体回火、奥氏体回火等[43]。基于磨机衬板的功能，其所采用的合金不仅必须有足够的抗摩擦磨损性能还须有良好的抗冲击特性。珠光体-铁素体的铬钼钢衬板通常用于冲击极其恶劣的情况，而马氏-贝氏体钢衬板通常用于摩擦磨损特别严重的情况。

表 5-7　合金的微观结构与抗摩擦磨损性[37]

合　金	VPN, 30kg	微观结构的影响
SG 铸铁	270	无球墨组织的不好影响
SEA 1020 钢	137	没热处理时，其抗磨损性能取决于珠光体的量
珠光体白口铸铁	425	在软的组织中有硬而脆的碳化体，磨矿作用时容易破裂
奥氏体锰钢	212	奥氏晶体，如果在晶体边界上有碳化铁沉淀将影响力学性能
铬钢 CRO	283	对于低合金材料，珠光体量越高，抗摩擦磨损性能增加；对于高合金材料（如果 15%Cr 以上），则抗摩擦磨损性能随含碳的珠光体量减少而增加
低合金马氏体钢	510	马氏体结构，具有良好的抗摩擦磨损性能
低碳铬钼钢	358	抗摩擦磨损性能取决于全马氏体结构的生成
共晶硬镍铸铁	640	通常在基体中含有一些残留的奥氏体，因此仅次于高铬马氏白口铸铁
高铬马氏体白口铸铁	740	在以马氏体为主导的基体中有非常硬的碳化体

在很多衬板案例中，残留的马氏体对铬钼钢衬板的抗磨损性能和抗破裂强度有致命的影响。铬钼钢的 M_f 温度低于室温，因此去微观结构中含大量的残留奥氏体。这些残留的奥氏体的存在表明有高含量的碳和其他合金元素，如钼、铬、镍、锰和硅。通过微观偏析，导致在微观晶体边界和晶间区域富有更多的合金元素，进而造成更多的残留奥氏体。在钢微观结构中的这些残留奥氏体的存在将导致如下缺点[43]：

（1）材料的抗磨损性能降低，这是因为有一个低硬度和强度的微观相存在。

（2）由于磨矿过程中的极强冲击作用和温升，奥氏体会变为马氏体，进而导致有害的空间尺寸变化。

（3）奥氏体变为马氏体时，随温度升高，奥氏体的体积的变化将导致在奥氏体与马氏体边界形成极度的压应力。

这些缺陷将导致在一些特定的区域形成裂隙的源头，因此降低了衬板的耐久性。考虑到衬板材料中残留的奥氏体的有害影响，非常有必要通过一些技术手段减少或甚至消除钢材料微观结构中的残留的奥氏体。最常用的办法是冷却到零度以下（Cryogenic 处理），高温回火、均质化和奥氏回火处理，如图 5-15 所示。Shaeri 等[43]的研究表明残留的奥氏体的量能通过控制淬火条件、热处理温度和时间等降低。同时，由于不同的淬火或回火条件，材料的硬度也发生改变[44]。

如何控制碳化体和基体的微观结构提供了无数的机会改变抗摩擦磨损性能和强度，制造期望合金材料。在马氏体或奥氏体微观结构基体中的铁比在珠光体中的铁有更好的抗摩擦磨损性能，因此应该通过调整合金元素和热处理以避免形成珠光体。低水平的奥氏体也有很好的抗摩擦磨损特性。特别是通过低温（零摄氏

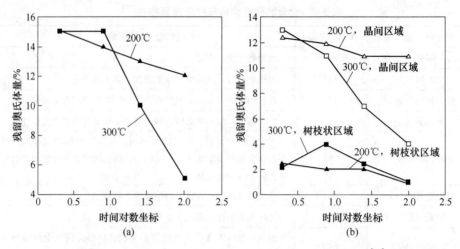

图 5-15　在盐池中回火温度及时间对残留奥氏体量的影响[43]

度以下）热处理手段可以控制奥氏体的水平，进而优化使之适应各种工作条件的需求。增加脆性的碳化体相的量将导致无论在静还是动载荷时易裂，强度降低。最理想的抗磨损性能应该是高碳化体量但同时其量又与抗冲击强度需要相符。图5-16 是高锰钢热处理微观组织结构变化示意图。高锰钢衬板的铸态组织通常是由奥氏体、碳化物和珠光体所组成，有时还含有少量的磷共晶。碳化物数量多时，常在晶界上呈网状出现。因此铸态组织的高锰钢衬板很脆，不能用于磨机衬板，需要进行固溶处理，即将钢加热到 1050~1100℃，保温消除铸态组织，得到单相奥氏体组织，然后水淬，使此种组织保持到常温。热处理后其强度、塑性和韧性均大幅度提高，所以此种热处理方法也常称为水韧处理。

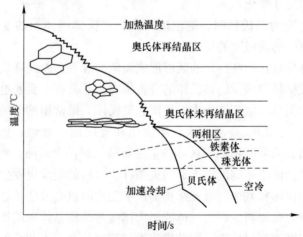

图 5-16　锰钢热处理微观组织结构变化示意图[45]

对高铬合金材料，除了碳和铬外，第三种合金元素的引入对其微观结构（如图 5-17 所示）和性能具有很大影响。

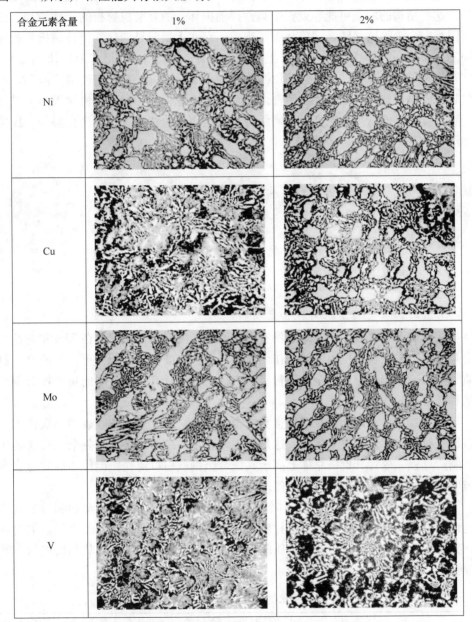

合金元素含量	1%	2%
Ni		
Cu		
Mo		
V		

图 5-17　第三种合金元素对 16%Cr 铸铁的微观结构的影响[46]

铸造质量也是衬板质量的极其重要的影响之一。在浇注和冷却过程中，由于化学组分偏析和机械缺陷导致衬板质量降低。常见铸造缺陷如图 5-18 所示。收缩引起的空隙是最常见的缺陷之一。不管使用的是何种模型或浇注工艺，所有工艺浇注材料中都会出现缩孔。采用压铸技术可通过在充型之后立即升高最终压力来防止缩孔形成或使其最小化。这些缺陷将导致局部应力升高。在一定的条件下，这些结构的弱点可能导致整个铸件提前损坏。随着磨机衬板的尺寸增加，已很困难完全消除这些铸造缺陷。为了确保不存在大量明显的化学组分偏析和收缩缺陷，采用一些特殊的数学模型工具（如 Magna Soft 和 Solid Cast）协助设计。这些模型工具能在铸件生产之前诊断哪些地方或区域可能存在浇注缺陷问题。现代超声波检测技术已经能检测铸件内的空隙。因此，为了确保磨机衬板内部结构达到设计要求的特性，生产过程需综合现代应用铸造技术（例如浇注温控、压力浇注等）和（超声波）检测技术。

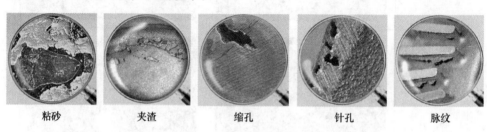

　　粘砂　　　　　　夹渣　　　　　　缩孔　　　　　　针孔　　　　　　脉纹

图 5-18　常见铸造缺陷[47]

5.3.2.11　全自磨机衬板合金材料

在全自磨磨矿过程中，由于没有钢质磨矿介质且通常充填率在 35% 左右甚至更高，这造成全自磨机内的冲击作用显著低于半自磨机。因此，更广泛的合金材质和白口铸铁能被应用于全自磨衬板。但这些材质具有明显不同的抗摩擦磨损性能和经济性能。

除少数几个案例外，对于大直径的全自磨机衬板，生产实践表明马氏铬钼白口铸铁衬板具有很大成本优势。这是因为该合金的高铬钼含量和复杂而完善的生产制造过程，尽管其价格总体上高于其他合金钢或白口铸铁，但价格的缺点完全被明显长的衬板寿命和相应短的停产维修时间所抵消。

表 5-8 列举了全自磨机马氏体铬钼铸铁衬板与有竞争力的合金钢和铸铁材质的性能。测试数据显示各种合金材质的衬板相对抗摩擦磨损性能及差异。同时还在某钼矿一段磨矿进行了这些材质的钢球的磨耗性能试验，其趋势与磨机衬板磨损性能一样或相近。

表 5-8　全自磨机的钢合金材料的相对磨损周期[48]

合　金	钢球实验	直径 11.0m 磨机筒体衬板	直径 8.2m 磨机筒体衬板	直径 9.8m 磨机筒体衬板	直径 9.8m 磨机给矿端衬板	直径 10.4m 磨机给矿端衬板
Austenitic 12% Mn steel 奥氏 12% 锰钢	0.64					

合　金	钢球实验	直径 11.0m 磨机筒体衬板	直径 8.2m 磨机筒体衬板	直径 9.8m 磨机筒体衬板	直径 9.8m 磨机给矿端衬板	直径 10.4m 磨机给矿端衬板
Pearlitic 0.8%C Cr-Mo steel 珠光体 0.8%C 铬钼钢	0.70		0.46	0.48		0.54
Martensitic 0.4%C Cr-Mo steel 马氏体 0.4%C 铬钼钢	0.77	0.63	0.67		0.73	0.81
Martensitic 1.0%C Cr-Mo steel 马氏体 1.0%C 铬钼钢	0.85					0.94
Martensitic 2%Cr-4%Ni iron 马氏体 2%铬-4%镍铸铁	0.83	0.67				
Martensitic 8% Cr-4%Ni iron 马氏体 8%铬-4%镍铸铁		0.79				
Martensitic Cr-Mo white iron 马氏体铬钼白口铸铁	1.00	1.00	1.00	1.00	1.00	1.00

与其他铸铁和合金钢材质相比，马氏体的铬钼合金的超级抗磨损性能取决于其微观结构。总体而言，合金白口铸铁的微观结构中，有大量（10%~14%）的碳化体，其主要为在固化过程中形成的共晶碳化体。这大量的碳化体被金属基体所支持。这些基体包括奥氏体、马氏体、铁素体与碳化体的聚合或混合物。其组成取决于化学组成和整个热处理过程，包括铸模冷却条件和随后的热处理。尽管该合金碳含量很高（通常为 3%水平），但碳在金属基体中的量很低，通常在 0.5%左右。因此，其基体仍被认为是合金钢。

排料格子板通常有多处相对薄的部位，因此通常采用珠光体或马氏体铬钼钢。有些矿山采用铬钼白口铸铁，但一旦磨薄至 50mm 就必须更换。同时，如果格子板没有顽石窗，通常可以采用铬钼铸铁材料的格子板。

为了降低投资和成本，像珠光体的 Cr-KG 钢等低价格合金钢有时用于设备原供应商的第一套衬板。钢质衬板也用于可预期的操作条件极度不稳定的情况，如新选厂试车时期。钢质材料展现了良好抗冲击强度，降低了衬板破裂的风险。例如，在试车期间没有预期的磨机磨空过程。在调试期间采用低抗磨损性能的钢衬板还有一个好处是能快速确定衬板磨损机理，为下一步的铬钼铸铁衬板的设计提供了数据，考虑如何补偿（局部增高或增厚）或开展磨损机理的针对性设计。

5.3.3 橡胶衬板

最初的磨机衬板大都是用金属材料（如高锰钢）所制造的，但是由于橡胶材质使用寿命和经济性等优点，出现了橡胶衬板（如图 5-19 所示）。从 1921 年问世以来，橡胶衬板取得了广泛的应用。据报道，最早的橡胶衬板应用是 1921

年，第一套橡胶衬板安装于美国 Nippissing 金矿的 1 台直径 1.2m×6.1m（4ft×20ft）的二段球磨机。自此，出现了大量橡胶衬板专利和橡胶材料作为磨机衬板的工业尝试，但真正的橡胶衬板商业化出现在 20 世纪 60 年代早期。今天，橡胶衬板已经广泛地应用于二段和再磨作业。尽管金属（钢）质衬板仍是初磨机衬板的主导，但过去的 20 年，橡胶衬板在初磨机领域也获得了长足的发展。棒磨机特别不适于采用橡胶衬板，这是因为棒头易划破橡胶衬板。

图 5-19　橡胶衬板

橡胶衬里的磨损也是由冲击、摩擦磨损、腐蚀三者构成。每一因素的变化，都将对橡胶衬里的磨损产生重要影响。橡胶衬板抗磨损的机理与钢衬板的完全不同，最大最明显的不同是硬度。与钢衬板硬抵抗摩擦磨损不一样，当冲击速度较小时，橡胶衬板只有弹性变形并避开摩擦。橡胶衬板受力时产生变形，但一旦作用力消除后又恢复形状，进而避免橡胶撕掉或磨掉，同时还吸收冲击能量，而钢质材料将塑性变形引起磨损。但当冲击力太大或冲击速度太高（如冲击速度大于9m/s）时，橡胶材料的磨损将急剧增加，即通常撕裂破坏。另一不同方面是强度。如下情况下橡胶衬板比钢质衬板更容易撕裂：（1）受到超高接触压力；（2）作用力集中于尖点；（3）橡胶衬板边角承受超大挤压等。这是由于橡胶材质的强度有限，进而造成橡胶衬板磨损快。不同钢球的冲击角，对橡胶衬板的磨损有很大影响。当冲击角为 90°时，磨损最小；当冲击角降低至 30°时，磨损增大 40 倍左右；在 15°时，甚至增加至 130 倍左右；冲击角 50°~70°时，橡胶与钢衬板相对；70°~90°时，橡胶衬板抗冲击性能比钢衬板好。橡胶材质的拉伸强度和抗撕裂性能是橡胶衬板性能的决定性因素，这是由于这两因素对橡胶衬板的抗疲劳性能起着关键作用。

橡胶衬板在极端磨矿作用力的初磨作业的应用仍是问题，因为橡胶衬板的磨损率太高，甚至采用加厚的橡胶仍很难获得一个合理的衬板寿命。尽管橡胶与钢质衬板的每吨矿石的衬板材料成本相差无几，在这种情况下的橡胶衬板寿命短造成维修频繁而使橡胶衬板不经济。

然而橡胶衬板在二段磨矿应用却十分理想，甚至采用比较薄的橡胶，其寿命仍在可接受的寿命周期范围之内。专门设计分子结构的橡胶材料更进一步提高了抗磨损性能并降低停产维修时间。基于现有的橡胶材料设计数据，已经可以做到针对每个矿山的具体情况和要求专门设计工程化橡胶衬板，满足其要求并提高其使用经济性。

对于已有的磨矿作业，如果矿石的硬度接近或超过磨机的金属衬板的硬度，可改用或尝试橡胶类的材料。橡胶材料衬板可能具有更好的经济性、低衬板材料费用、高选厂完好率等优点[49]。

一种良好的磨机衬板用橡胶或合成橡胶材料的延展应该达到 500%~600%，即它能拉伸 5~6 倍而不损坏。拉伸强度应该在 20MPa（3000psi）左右。第三个重要指标是硬度，其邵尔 A 硬度值应该在 55~70。磨机衬板用橡胶通常是天然和人造橡胶混合物。在一些实例中，可能都是合成橡胶。通常，天然橡胶量、人造橡胶量、添加的化学物和填料构成一个配方（Compound）。每一个橡胶衬板制造商都有自己的配方和设计。

橡胶衬板仍有许多缺点：（1）不适于需要直接在磨机内加浮选药剂，这些药剂可能降低橡胶的性能。（2）也不适于超过 80℃ 温度的情况，当温度超过 85℃ 时，橡胶将逐渐失去弹性，致使磨损加剧。与 50℃ 温度情况下相比，100℃ 时橡胶衬板磨损量增加 5~6 倍。由于橡胶不易散热，故橡胶衬里一般用于湿法磨机。（3）通常比钢质衬板厚，造成磨机的有效磨矿空间或磨矿能力下降，对小型磨机而言影响可能十分显著。（4）钢球直径不宜大于 80mm。（5）磨机介质钢球的耗量可能增加。据报道，与硬镍铸铁衬板相比，橡胶衬板增加磨矿介质（钢球）的消耗。（6）应用橡胶衬板的球磨机一般给矿粒度应该小些（通常不超过 15mm，取决于矿石性质）。值得注意的是，可能通过特殊橡胶配方，有可能克服以上部分缺点。橡胶衬板在设计方面与钢质衬板也存在差异。

总而言之，橡胶衬板已经在大部分再磨作业取代了钢质衬板。橡胶衬板有寿命长、其磨损机理与被磨物料的硬度无关、重量轻、安装容易快捷、隔音消音等优点。橡胶衬板耐磨性好坏，取决于它在受到磨蚀粒子的冲撞或粒子压入其表面时，而不被割断或划破而保持弹性的能力。但当用橡胶衬板取代钢质衬板时，经常发现磨矿介质（钢球）消耗增加但处理量降低。后者是由于橡胶衬板比钢质衬板厚占用了磨矿空间。

5.3.4 合金-橡胶复合衬板

通常橡胶衬板的磨损主要集中磨机筒体的一端或两端。为了使整个筒体衬板的寿命一致并减少停产更换衬板时间，在其提升条的头部加钢块，即（合金钢）金属头橡胶衬板。表 5-9 列举了合金-橡胶复合衬板通常的几种模式。在过去的 20 年，越来越重视金属包头-橡胶衬板（如图 5-20 所示）且应用越来越广泛。另外一种模式是合金嵌入-橡胶复合底板衬板，如图 5-21 所示。

表 5-9　合金-橡胶复合衬板的组合

序号	提升条	底板	图或照片
1	金属	橡胶	
2	金属头-橡胶	橡胶	图 5-20
3	金属头-橡胶	填有金属的橡胶	图 5-21
4	一些部位采用金属衬板，而另外部分采用橡胶衬板		

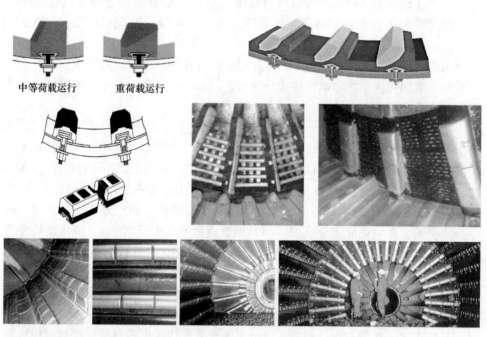

图 5-20　合金头-橡胶复合衬板

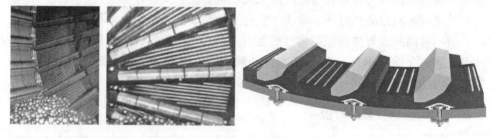

图 5-21　合金嵌入-橡胶复合底板衬板

　　金属包头衬板的基本思想是磨损面采用合金金属，该金属被底部的橡胶材料支撑（如图 5-20 所示）。金属包头提供了高抗磨损性能而底部的橡胶对冲击起缓冲作用。把金属头固定在有弹性的抗磨损的橡胶上允许自由选择金属材质。金属包头的材质与金属衬板的材质相同，但也可以使用更硬的材质。

　　另外一个重要的细节是金属与橡胶的连接。这是因为其必须有足够的连接强度以便对抗磨机内旋转的载荷。金属与橡胶的连接是通过一种化学胶配合机械附着的双重模式确保两种材料在使用寿命周期紧密相连而不分开。金属与橡胶的连接或黏附对衬板的可靠性有极大的影响。如图 5-22 所示，一直径 8m 的半自磨机的给矿端金属头脱落导致额外的 40h 停产更换。

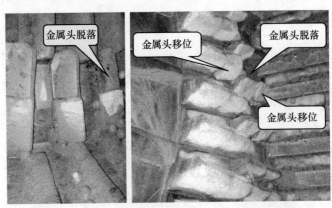

图 5-22　金属-橡胶复合衬板的金属头脱落或移位

　　所有的金属包头衬板的优点取决于金属包头的设计。既然底板仍是橡胶，因此它具有防漏和有时可能无需再张紧。橡胶底板很轻，可以人工搬运和更换。金属包头-橡胶提升条与金属衬板更换用的机械手通用。或者可采用简单的空气提升器提起它，甚至可以使衬板安装速度更快。例如，仅用 108h 就可更换一台直径 6m×2.5m 的采用金属包头-橡胶衬板的全自磨机，整套衬板更换包括拆除现有橡胶衬板，更换给矿端衬板、筒体衬板和格子板。

　　金属-橡胶复合衬板具有更强的抗冲击性能。如图 5-23 所示，在同一磨机中，金属衬板被破坏，而金属-橡胶衬板没有任何损伤。2002 年，智利的 Los Pelambres 矿的 36ft（11m）半自磨机试了一套金属-橡胶复合衬板，没有发现任何未到使用周期的破裂，而以前的传统铸造铬钼合金衬板的筒体衬板的底板经常受极度的冲击破坏，导致超额停产更换筒体衬板。另外一个例子是 Escondida 的 38ft（11.6m）的半自磨机。

图 5-23　金属衬板与金属-橡胶复合衬板对比（破坏的是金属衬板）[50]

　　在金属包头-橡胶衬板开发过程中，已经发展了各种形状和合金材质的金属包头块。目前的设计允许衬板使用到金属包头完全磨损掉。当金属包头-橡胶衬板的提升条不得不更换时，大部分金属材料已经磨损掉了，磨损后的提升条最终仅剩下橡胶部分，因此提升条的重量大大减轻，非常容易拆除，并且剩余的金属残片价值不高。同时，衬板更换人员受伤的风险大大降低。

金属头-橡胶衬板底部与常规橡胶提升条相同，配有 T-形螺栓固定张紧系统。Trellex 模式（见图 5-20 前 4 图）容易固定且方便尺寸的选择。

5.3.5　磁性衬板

磁性衬板工作原理是用磁性材料制作衬板，通过磁力将钢质物体（特别是磨矿介质钢球）和/或磁性矿物（如磁铁矿）吸附在衬板表面形成一个固体保护层并成为衬板本身的一部分（如图 5-24 和图 5-25 所示）。

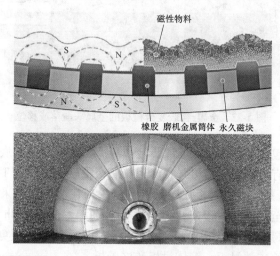

图 5-24　早期磁性衬板

图 5-25　典型磁性衬板图[51]

在 1975 年，Andersson 第一提出了滚筒式磨机上使用有磁性衬板。既然衬板已有磁性，其本身就能吸附在磨机的筒体上而无需螺栓安装固定系统（如图 5-26 所示），且容易安装和更换。随后的 1982 年，Weinert 提出了一种在更广泛的高磨损设备上的应用。在 1982 年，Anon 研究和测试了磁性磨机衬板在滚筒式磨机上的应用，其完全靠磁性衬板把磨矿能量传给矿石。在这种磨机，最佳的衬板形状应该是

图 5-26　无螺栓的磁性衬板实例

平滑而光滑的，但其必须有足够的吸引力把铁氧磁性体黏附在表面以便避免磨机载荷在衬板表面的滑动。20 世纪 80 年代中期以来，中国开始重视磁性衬板的研究、改进和推广应用。磁性衬板的核心部件为永磁体，它必须有足够的磁能积和矫顽磁力，从而能在衬板表面形成足够强的磁场且不易退磁。

　　早期的磁性衬板是把陶瓷磁块装橡胶框中而形成的，生产实践证明在二段磨矿作业的应用非常成功。一个典型这种衬板是 Trelleborg 开发的矿石床磁性衬板（如图 5-24 所示）。这种衬板是把嵌在橡胶盒的磁块贴在磨机筒体上，同时吸附铁磁性物料而形成保护层。在 1980 年，这种磁性衬板安装在瑞典的 LKAB Kiruna 选厂的再磨顽石磨机上。另外一套安装在 Trellex 公司在 Westbury 的 Blue Circle 的砂铁氧化矿。在这些案例中，衬板采用的是陶瓷磁体硬化在橡胶里面用于保护磨机，但是橡胶的拉伸强度和抗撕裂性能没有足够高，以便抵抗或消除磨机载荷对橡胶下的磁体的冲击，而这些磁体是十分脆弱的。因此这类衬板局限于磨矿钢球的直径小于 40mm（1.5in）和磨机直径小于 3m（10ft）的磨矿情况。对于大型磨机，磨矿介质必须小于 25mm（1in）。另外，橡胶磁性衬板仅能用于筒体不能用于端衬板。

　　为了进一步保护衬板中的磁体，Miles 发明了在磁体周围放置金属板的磁性衬板专利，这样能避免磨机内落下的钢球直接冲击磁体。

　　在此之后，为了防止磨机工作时永磁体被研磨介质和物料所损坏，中国冶金矿业集团公司开发了一种在磁体外面安装金属保护盒（或金属架）的磁性衬板，被称之为金属磁性衬板。有时还在金属架表面敷设一层如橡胶之类的弹性物质，以起减震和防腐蚀作用。衬板做成板块状，在磨机筒体上的安装方式有两种：一种是借衬板磁力直接吸附在磨机钢质筒体上；另一种是用压条-螺钉固定在筒体上。磨机工作时由于磁力作用，衬板表面吸附了金属介质（特别是碎钢球等）和磁性物料而形成 30~40mm 厚保护层，成为可自动更新式保护层，可防止衬板

被磨损和腐蚀。保护层的厚薄取决于衬板表面磁场强度大小。1989 年鞍山矿山研究院在一台直径 2.7m×长 3.6m（9.0ft×12.0ft）球磨再磨机成功地试验了该金属磁性衬板。随后的 1992 年，中国金发工业商贸公司开发了一种金属衬板并在中国北方的一铁矿山安装应用。据报道该磁性衬板应用了 9 年而未见明显的损坏。目前有数百套金属磁性衬板在中国选厂使用，其中最大的球磨机为直径5.5m×长 8.8m（18.0ft×29.0ft），磨矿介质为直径 35mm×45mm×40mm 锥体。2006 年金发工业商贸公司在 Cleveland Cliff 公司位于明尼苏达州 Silver Bay 的 Northshore 矿业铁矿选厂安装了一套金属磁性衬板。

金属壳体表面要有很高的磁感应强度，高合金磁钢作为保护壳要求其硬度不小于 HBW250，抗压强度不小于 700MPa，屈服强度不小于 400MPa，断面收缩率不小于 45%，冲击韧性大于 $50J/cm^2$。筒体衬板基体为小平面，端盖衬板为大平面半球凸形体。金属体的筒体衬板和端盖衬板的几何尺寸、形状、结构等也对金属磁性衬板技术性能构成重要的因素。永磁体是金属磁体衬板的核心部分。金属磁性衬板除吸附保护层外，还要将自身紧紧地吸附在筒体和端盖上。胶层是由特殊的弹性黏结剂构成的，它将磁块牢牢地粘在金属壳体内。胶层有很好的弹性，起到物料和介质对磁体的缓慢冲击及吸附冲击能量的作用。

金属磁性衬板的关键部分在于金属磁性衬板的磁场特性。磁路设计采用衬板在筒体端盖内以周围方向 N-S 极交替排列，属开放型磁系。

表 5-10 对比了旧式橡胶磁性衬板和金属磁性衬板主要性能。由此可见，比较坚硬的磁体保护外壳允许金属磁性衬板应用于更大的球磨机和磨矿介质。在此例中，金属磁性衬板磨机中的钢球重量是橡胶磁性衬板的 2.4 倍。

表 5-10　橡胶磁性衬板与金属磁性衬板的比较

球磨机参数	单位	某铜矿的矿床式磁性衬板	美国某铁矿的金属磁性衬板
球磨机大小	ft	10.5×16	10.5×18
转速	r/min	17.5	18.8
钢球大小	mm	38	51
新给料量	t/h	162	250
最大或设计处理量	t/h	103	
给矿粒度		89%-150μm	80%-500μm
产品粒度	%-45μm	100	50

磁性衬板具有如下优点：

（1）提高磨矿空间。金属磁性衬板的优点之一是磁性衬板比传统金属衬板薄且轻，因此采用磁性衬板的磨机有更大的有效磨矿空间，同时磨机的重量也轻。例如，前面提到的直径 2.7m×长 3.6m（9.0ft×12.0ft）的球磨机，包括保护层在内整个磁性衬板的中厚度仅为 95mm（3.75in），该厚度明显低于传统金属衬板。这导致了更大的磨矿工作空间、更高的处理量和磨矿效率。另外一个报道的例子是一台直径 3.2m×长 4.5m（10.5ft×14.7ft）球磨采用金属磁性衬板，该磨机的运转功率降低了 7%，但磨机处理量提高了 5.6%，且完好率提高了 1%。在 Northshore 矿的金属磁性衬板也获得了类似的效果。

磁性衬板的磁块、球磨机筒体、矿垫之间沿着筒体圆周方向形成小型闭合磁路。对于大型磨机，通常有人孔，若安装磁性衬板会导致每一次打开人孔门费力费时。解决问题的办法是多套备用人孔门或人孔门所在位置不安装磁性衬板。非磁性人孔门与磁性衬板之间的磁路，在人孔门框两侧近靠门框的磁块跟门框与筒体之间形成磁闭路，人孔门不磁化，因此人孔门的装卸方便。

（2）寿命长。磁性衬板在安装时，通过磁力作用直接粘在磨机的金属筒体上无需螺栓固定。而当球磨机工作时，磁性衬板吸附碎钢球和磁性矿石到其表面形成一定厚度的保护层，防止滚动的磨矿介质和相对细些的物料直接接触衬板。由于保护层牢固地吸附在磁性衬板表面，阻止了矿浆介质与磁性衬板的直接接触，大大削弱了矿浆及其他介质对衬板的机械磨损和电化学腐蚀程度，极大地延长了衬板的使用寿命，故磁性衬板又被称为"永不磨损衬板"。但是由于球磨机在不停地运转，还具有滑动摩擦和低微的电化学腐蚀等作用，因此磁性衬板仍有轻微磨损。随着磁性衬板磨损程度的加深，更接近于磁极表面，其表面磁场强度的增强，使磁吸引力增大，保护层随之加厚，保护能力加强，所以，磁性衬板初期磨损相对较快，随着金属保护壳的磨损，磨损相应减慢。磁性衬板使用寿命达 10 年甚至更长，而普通金属衬板的寿命一般低于一年。所以磁性衬板的使用寿命一般是高锰钢衬板的几倍甚至十几倍，是橡胶衬板的 5 倍左右甚至更多。虽然磁性衬板的价格比普通衬板的高 1 倍左右，但考虑其附加的成本较低，其额外的还本期比较短，一般仅数月。

（3）磨矿介质消耗低。在数个工业磁性衬板应用案例中，金属磁性衬板的应用导致磨矿介质消耗较低了 10%左右。

（4）维修容易方便。金属磁性衬板比传统的金属衬板在维修性能有很大的优越性。单块磁性衬板比传统合金钢衬板重量要轻，且厚度薄。磁性衬板的质量仅为高锰钢的 40%左右，厚度也仅为 60%左右。磁性衬板也比传统合金钢衬板便于安装，它是靠磁力吸附在筒壁上的，无需螺栓固定，减轻了工人的劳动强度。因此金属磁性衬板维修容易、更换衬板快捷、拆除安装安全。与传统的合金钢衬板相比，金属磁性衬板的每吨矿石磨矿成本大幅度降低。

（5）衬板性能稳定。由于金属磁性衬板的磁力作用，被吸附的钢球和磁性矿石形成一个比较稳定的几何形式，在磁性衬板几年甚至更长的寿命周期其外形几乎不变，因此金属磁性衬板导致磨矿作用稳定。这与传统的合金衬板有很大不同，合金钢衬板的几何形状一直随磨矿过程的磨损而改变，这样衬板性能随着磨损而改变，因此需随合金钢衬板的磨损在操作上做补偿性调整。为了在合金钢衬板寿命周期性能最大化，实践上经常新衬板的角度太陡，但在使用末期提升条却太矮，造成提升能力和磨矿效果降低。同时，由磁力作用而吸附的物料形成的几何形状能有效提升物料并导致高效的泻落式磨矿。

（6）磨矿能量效率高。经常有报道，金属磁性衬板提高磨矿效率。可能的原因如下：1）是被磁力吸引而形成的保护层的几何形状对磨机载荷（包括磨矿介质和矿石）的影响，磁性衬板比传统金属衬板更能导致磨机载荷紧密。2）也有可能是残余的磁力作用，即矿石颗粒与磨矿介质之间更紧密。以上两原因将导致位于磨矿介质（钢球）的矿石颗粒更有效地被剪切粉碎，即颗粒间粉碎（Attrition），同时颗粒间粉碎成为主导粉碎机理。3）钢球和磁性矿物吸附而形成的这种波形有助于提高磨矿效率。

磁性衬板广泛地应用于各种强、中和弱磁性矿物。磁性矿物质包括：强磁性矿物质，如磁铁矿、磁赤铁矿等；中等磁性矿物质，如钛铁矿、假象赤铁矿等；弱磁性矿物质，如大多数铁锰矿、赤铁矿。同时也可以用在非磁性矿物，如铜、金、铅、锌等。特别是在磁性衬板的初期，需要定期加一定数量的铁磁性物质以便形成保护层，如碎钢球和废铁等。

缺点：虽然磁性衬板在应用中有很好的经济效果，但也存在一些不足之处。进口端的磁场力较弱使得保护层相对薄，磨球直接冲击使消磁，这样进口端的衬板寿命就没有筒体内部衬板长。中途必须停机更换，这样对生产带来了不便，影响设备的生产效率。安装时对筒体壁和端盖的表面度要求较高，不容许有凹凸不平的现象，出口和入口端盖的磁性衬板安装的磁力方向要与受到的离心力方向垂直。磁性衬板（包括金属磁性衬板）仍局限于用于小或中型磨机，这是由于其抗冲击性能差。还有磁性衬板一般不能用于磨球直径大于 80mm 的球磨机，因为球径越大其冲击力也大，而磁性衬板抗冲击性较差会使衬板退磁比较快。

5.3.6　其他衬板材质

高铝陶瓷衬板：细磨磨机用陶瓷衬板是由早期许多细磨机（尤其是砾磨机）所用天然石材衬板的演化发展而来，陶瓷砖代替天然石材做衬板，具有许多突出的优点。目前采用的高铝陶瓷砖衬板含 Al_2O_3 为 85% 左右，其比重为 3.4 左右（为钢比重的 44% 左右），其布氏硬度 HB375 左右。石英类磨蚀性矿物粒子也很难刮损或磨损高铝陶瓷衬板。它具有良好的耐磨性、耐崩裂性、强度高、韧性好、耐热性和耐化学腐蚀性强。在必须避免磨矿产品受金属和橡胶污染的情况下需要使用陶瓷衬板，生产白水泥和钛白涂料是陶瓷衬板以及陶瓷磨矿介质应用的两大领域。另外在一些特定场合，这种衬板可经济地替代金属衬板或橡胶衬板。

5.3.7 衬板材质的选择

磨机金属衬板消耗量通常采用 3 种指标衡量，即 kg/t 矿石、g/(kW·h) 和寿命 (h)。通常金属衬板耗量变数很大，对于湿磨粗粒磨蚀性矿石来说，衬板耗量可高达 0.3kg/t 给料，而对于干磨软的石灰石或水泥熟料来说，衬板耗量可低到 0.5g/t。如以每度电消耗的克数来表示，则上述耗量可分别为 23g/(kW·h) 和 0.05g/(kW·h)。如以寿命计，从两三个月到十几年。影响衬板磨损率的因素包括：受磨物料的粒度和硬度、磨每吨物料耗用的电量、磨机直径及转速、衬板的结构形式、衬板材料的耐磨性以及衬板磨到报废时剩余重量或体积对原衬板的百分比等。

尽管衬板材质选择时候有许多指标需要考虑，如矿石的磨蚀性能、矿石大小、磨机种类、磨机大小、磨矿介质特性（材质、大小、重量等）、矿浆矿石腐蚀性等，但是具体到如何选择磨机衬板材质仍没有统一或详细标准，或者说在选择衬板上仍是定性而不是定量分析。虽然整个磨矿的经济或成本效益被认为是衡量衬板材质的标准，但是实际过程中，它是极其困难或几乎不可能地获得相对性或准确的各种数据，包括维修时间、维修人力成本、产能变化、衬板及其配件成本等。同时，仍然很困难在衬板使用前就能预测衬板寿命。另外，就衬板本身的成本也时不时随供应商和商务条款变化而变化，人力成本也类似。一种磨机衬板的预先财务分析是极其复杂的。因此，磨机衬板材质选择通常是依据经验和已有的测试和评估事先决定的。

表 5-11 和图 5-27 列举了一些材质选择与对比的实例。需要注意的是，衬板材质与性能还受制造过程影响，见表 5-12。同样材质衬板可能也因为供应商不同而性能千差万别。表 5-13 列举了几种衬板常用合金的化学组成、微观特性、硬度、强度和热处理方式等。

表 5-11　各种衬板磨损率和寿命的比较

材质	在直径 4.3m×长 6.7m 砾石（顽石）磨机应用[52]				
	按重量损失计算的寿命		按体积损失计算的寿命	成本/块（1990 年价）	成本/衬板/年（1991 年价）
	百万吨	天数	天		
低碳钢	0.72	561	563	847	549
铸铁	0.54	422	420	315	274
橡胶	0.59	458	421	1049	909
奥氏体锰钢格子型	0.51	396	384	289	274
高铬白口铸铁	1.20	935	917	1136	452

材质	平均重量/kg		衬板价格	运转时间	消耗		
	开始	结束	R①	天	kg/天	R/天	R/衬板
锰钢	178	122	288	438	0.13	0.21	0.66
铸造低碳钢	185	100	389	438	0.19	0.41	0.89
铬合金钢	178	138	498	438	0.09	0.26	1.14
白口铸铁	170	82	221	286	0.31	0.4	0.77

在 East Driefontein 金选厂应用[53]

①南非币种。

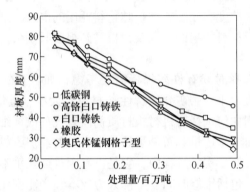

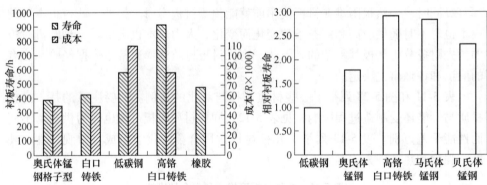

图 5-27　各种材质摩擦磨损率的比较[52,55]

表 5-12　几种合金衬板在 2.7m×3.6m 球磨机上的磨损率的比较[54]

合金	元素/%				微观结构/%		密度	硬度	冲击强度	4320h 运转后磨损率
	C	Cr	Ni	Mn	马氏体	奥氏体	g/cm³	(HRC)	J/cm²	cm³/h
1	0.15	9	2		99	<1	7.48	50	62	0.7882
2	0.2	9	2		99	<1	7.64	53	59	0.4385
3	0.25	9	2		99	<1	7.57	55	56	0.5877
4	0.2	6	<1		99	<1	7.57	52	60	0.8761
5	1.2			13		100	7.45	21	>147	1.0121

表 5-13 合金衬板的化学组成与特性[54]

项 目			高铬铸铁 ASTM A532 类 3A 号	珠光体铬钼钢		马氏体铬钼钢		硬镍 ASTMA532 类 1A 号	焊接板的抗磨损
元素/%	C	最小	2	0.8~0.9		0.55~0.65		2.8~3.6	0.20~0.27
		最大	3.3						
	Mn	最大	2	0.4	1	0.6	1	2	2
	Si	最大	1.5	0.5	0.8	0.4	0.8	0.8	0.7
	Cr	最小	23~30	1.9~2.5		1.9~2.5		1.4~4.0	
		最大							1.4
	Mo		3	0.3		0.3		1	0.6
	S	最大	0.04	0.04		0.04		0.04	0.01
	P	最大	0.04	0.04		0.04		0.04	0.025
	Ni	最小				0.5		3.3~5.0	
		最大	2.5	0.5					1
总余		最大	0.8	0.5		0.5		0.8	0.53 CEV
工作面 Brinell 硬度			600(最小)	330~450		425(最小)		600(最小)	450(最小)
工作面 50mm 下 Brinell 硬度			540(最小)	315(最小)		382(最小)		540(最小)	450(最小)
25℃时冲击强度			10J	25J		30J		15J	50 J
微观结构			马氏体、碳化铁	珠光体、铁素体、碳化铁		马氏体、碳化铁		奥氏体	马氏体
热处理			去稳定	珠光体化		淬火和回火			淬火和回火

表 5-3 列举了一矿业公司对不同磨机种类和磨机不同部位的衬板的金属材质选择的常规准则。除了以上提到的因素，还需考虑：（1）磨矿方式（即干、湿磨）选用不同材质。（2）衬板形状结构对材质的要求。在采用新型耐磨材料时要注意衬板形状结构的配合。（3）应优先考虑使用橡胶衬板或金属-橡胶复合衬板。（4）磨球硬度的影响。在选定衬板时，要注意衬板硬度与磨球硬度匹配。

对于指定磨矿机，筒体衬板的使用寿命取决于如下因素：宏观冲击失效破坏的抗力；宏观疲劳失效破坏的抗力；表面切削或切割磨损的抗力；表面微观冲击疲劳磨损的抗力及各种运转条件。图 5-28 总结了各种材质衬板的适用区域，即衬板材质选择的总指导原则。这里主要考虑磨机内的摩擦磨损性和冲击力的大小。但是，这不意味着它们不能应用于其他区域，但可能带来负面影响，如成本高等缺点。最合适的区间可能随其他情况而变化，例如衬板材料和人工成本。

各种衬板材料及应用见表 5-14。

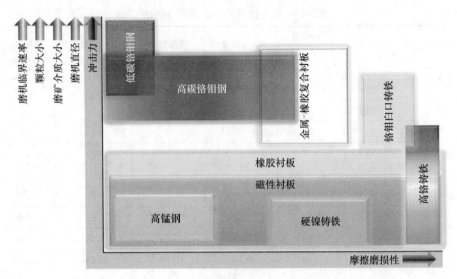

图 5-28　各种衬板材质最适宜的应用区域示意图

表 5-14　各种衬板材料及应用

序号	种类		图　片	硬度BHN	寿命	适于磨机大小	优点	缺点
1	钢	奥氏体锰钢			短	小型	在高压时变硬，下层保持强度	（1）用在格子型衬板。（2）不能吸收冲击。（3）容易与磨机筒体挤压在一起不容易分开，极端情况可能伤害筒体
2		低碳铬钼钢		300～370	短	全/半自磨、球磨机		
3		高碳铬钼钢		325～380	短	主要是半自磨		

序号	种类	图　　片	硬度 BHN	寿命	适于磨机大小	优点	缺点
4	硬镍铸铁		550	短	棒、球磨机	低冲击高摩擦磨损环境	
5	高铬铸铁		+600		棒、球磨机	超高抗磨损、摩擦性能，经济优势高	比铬钼白口铸铁脆
6	铬钼铸铁		600~700		水泥和大型球磨机	高抗摩擦磨损性能	
7	碳钢					价格低	寿命短
8	橡胶				≤24ft 再磨球磨机或原矿磨机	成本低、寿命长、维修容易、单块轻、易搬运、噪声低、吸冲击、防漏	

（种类列"5~7"对应"钢"）

续表 5-14

序号	种类	图　片	硬度BHN	寿命	适于磨机大小	优点	缺点
9	金属－橡胶复合衬板				全/半自磨球磨机	比钢质衬板轻、生产成本低、容易更换、噪声低、安全性好、容易维修、磨机完好率高、生产成本低	仍局限于中小型全/半自磨机筒体衬板
10	磁性衬板				≤18ft(5.5m)再磨磨机或立式磨机	薄、处理能力高、能耗低、有时磨机介质消耗也低	要求冲击力低或大型磨机的钢球不大于 1in(2.54cm)

5.4　筒体衬板

　　在研究衬板材质的同时，衬板几何结构和形式（特别是筒体部分）也引起了广大兴趣并取得了长足研究进展。衬板材质与其结构形式之间存在着密切的关系。如果采用轧钢衬板，一般衬板断面就被限制到几种标准形状；如果使用铸钢或铸铁衬板，那么衬板断面形状几乎可以无限制并可以经济地生产（包括铸造和热处理），并且不易产生裂纹或高的内应力。

　　衬板的材质和几何结构（特别是厚度）与衬板的功能是密切相关。与低提升断面衬板或比较平/光滑的衬板材料相比，设计的衬板需要实现冲击力粉碎和高提升断面时，所选用的衬板材料则要求有更好的韧性和耐断裂性且厚度比较厚。

　　衬板材料和几何形状或大小对衬板的紧固方法和固定的结构形式也有重要影响。首先是磨机筒体外壳的固定螺栓位置。若需要在筒体上钻孔时，必须检验筒体的强度。有些衬板设计为直接用螺栓固定在筒体上的单块衬板，这种衬板更换容易（可以单块更换），但要求螺栓孔密封。采用条形衬板时用楔形压条固定，并用端盖衬板压紧，其制造简单，螺栓孔少（对于小型磨机可不用螺栓固定，完全用端盖压紧），增强了筒体强度及刚度，但更换衬板较繁琐，尤其是当一块衬板损坏后需单块更换时，则要将其他衬板统统拆除后才能更换。

总之，衬板的结构形式对其使用寿命、磨矿效率、衬板磨损到报废时的利用率以及对每吨矿石的磨矿费用等都有很大影响。

衬板的几何形状设计主要与所需要实现的磨矿机理相关。在以摩擦和剪切粉碎为主的细磨矿作业，采用细棱边或完全光滑的衬板，衬板的凸出部分的高度相对比较小，例如波浪形和平滑衬板。而在以冲击粉碎为主的全/半自磨机初磨作业，衬板的表面形状应该使磨矿介质（钢球和大块矿石）与衬板表面的相对滑动量最少，这既可增加衬板的使用寿命，又可降低功率消耗。因此初磨矿通常采用带棱的衬板，主要形状有凸形和阶梯形等。初磨作业的球磨机则一般位于这两者之间，球磨机多采用波形金属衬板或凸台型橡胶衬板，波形衬板有单波及双波之分，一般粗磨用单波，细磨用双波。在一些特殊磨矿条件下，中、小型球磨机还使用橡胶角螺旋及棒形等衬板。特别是角螺旋衬板在一段磨矿中取得优越效果，功耗及能力较其他衬板都有改善，但直径 5m 以上的特大型磨机，由于筒体线速度增大，用角螺旋衬板效果不佳。

磨机筒体衬板是磨机介质和磨机内物料两者运动的决定性因素，进而决定磨矿机理和效率。全/半自磨机的整体式筒体衬板典型结构和参数如图 5-29 所示。整体是指一块磨机筒体衬板既有提升条又有底板。这是相当于分体式而言的，分体式是指一块磨机筒体衬板仅是提升条或底板。在功能方面，整体式和分体式几乎没有区别。全/半自磨机整体式筒体衬板的主要几何和功能参数如下：

（1）断面的几何形状，特别是提升条（部分）的几何形状。

（2）提升条高度，H。从底板表面到提升条顶部的垂直距离。

（3）提升条的面角，θ。本书定义如图 5-29 所示，即提升条工作面与底板垂直方向的夹角。值得注意的是，提升条面角的定义有多种，本书采用最常用的定义。另一使用比较多的底板与提升条工作面的夹角，等于在本书中的 $90°-\theta$。还有定义为提升条两斜面（也可能是垂直面）的夹角，对镜面对称的磨机筒体衬板，该角等于本书定义的 $\dfrac{\theta}{2}$，但对许多非对称的单向运转磨机筒体衬板而言，这种定义就存在问题。

（4）相邻两提升条之间的净空间宽度，简称净宽 S。本书定义为提升条底部到相邻提升条最近底部的距离。个别文献中，被设定为提升条中心间的距离。与本书的定义的转换关系极其复杂，与面角、提升条的上部宽度和提升条的高度相关。

（5）底板厚度，B。

（6）提升条与底板的整合性，即整体式还是分体式。整体式衬板是指提升条和底部在同一块衬板上，提升条与底板之间有过渡弧线，甚至提升面也不是平的而多角度的，还有制作成弧面等。

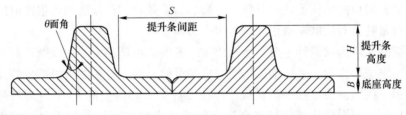

图 5-29　全自磨/半自磨筒体衬板结构示意图

表 5-18 列举全/半自磨机筒体衬板的主要类型和基本特征，包括衬板大小、寿命、维修、生产安全、优缺点等。

随着全/半自磨机的大型化和衬板更换机械手化，特别是像澳大利亚这样人工成本高的国家的，全/半自磨机衬板设计有两个明显的特征：（1）更普遍采用整体式或同时有底板和提升条单片；（2）衬板大型化。无论采用整体式还是分体式衬板，磨机衬板的片数越来越少。这是因为现在的磨机衬板更换机械手已经可以搬运、提升 3t 以上的衬板，衬板数量越少，更换速度越快。对于衬板更换机械手而言，整个磨机衬板更换时间往往与衬板数量直接相关而与单块衬板重量几乎无关。另外，安装和张紧衬板的螺栓仍是手工或半手工的。衬板越大需要的螺栓数量越少，人工工作量越小，整个磨机衬板更换速度越快且人工成本越低。

对于整体式衬板，提升条的高度（H）与底板厚度（B）的典型比例为 3∶1 左右。

目前，已有提出并实施各种各样的提高衬板寿命方案，如增加提升条高度、改变（主要为增加）提升条的面角、降低衬板的排数、提高磨机载荷水平（即充填率）、降低磨机转速、使用高-低提升条配置等。最近在某些的情况下，实践中把破裂的衬板焊接在一起继续使用，同时还发现能有效提高衬板寿命，进而发展成一类新型的焊接衬板。

由于磨机在工作（旋转）方向与非旋转方向的磨损速度和机理往往不一样，因此把两种甚至多种不同材质的金属衬板焊接在一起以提高衬板的抗磨损性能并同时降低了衬板本身的费用。甚至，整个衬板就是由金属片焊接而成。传统耐磨金属衬板是经过配料、熔炼，并同时将衬板做出砂型或金属型，然后浇注、出型、热处理而成的铸造钢铁耐磨材料衬板，或个别轧制制造而成。与传统的耐磨金属衬板相比，这种新型的堆焊耐磨衬板生产经堆焊后再通过切割、卷板变形、打孔和焊接等生产工艺加工而成各种耐磨衬板，如输送机衬板、给煤机底板/旋风分离器倒锥和衬板、耐磨叶片等，耐磨寿命可比普通钢板提高 15 倍以上。耐磨材料不仅局限于一种或金属材料，也可能有陶瓷等耐磨材料，如专利WO2012027964A1（水泥工业管磨机衬板的制造方法）发明的组合式衬板。将金属衬板与筒体结合的凹凸空间里衬置条、片、块形状不等的刚玉陶瓷衬板，形成组合式衬板。采用固化物镶砌、粘贴，以及用局部焊接的方式安装在磨筒体钢板内。但在磨机衬板方面应用报道不多。

在此部分，主要介绍全/半自磨机的筒体衬板。

5.4.1 几何外形

早在 20 世纪 70 年代，澳大利亚的 Waagner-Biro 提出通过改变磨机衬板的传统波形形状可能提高磨机的磨矿能量效率。未经全面论证评估该优化的有效性，一些美国矿山开展了工业磨机的昂贵的工业试验和测试。然而，文献极少报道这些磨机磨矿能量效率是如何提高的。

磨机筒体衬板有着数不尽的提升条形状。光滑衬板（即无提升条）导致很多的摩擦粉碎进而适于细磨作业，但同时金属衬板磨损率高。因此，磨机筒体衬板通常是弧线的或高低凸凹不平的，这凸起部分提供磨机载荷提升能力，增加冲击和破碎能力。如图 5-30 所示，磨机筒体衬板几何形状除了前面提到的光滑外，

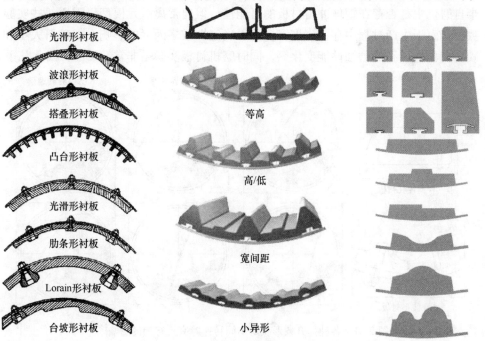

图 5-30　各种磨机筒体衬板的几何形状及组合

常见的还有波浪形（Wave liners）、搭叠形（Ship-lap liners）、格条/凸台形（Osborne liners）、肋条形（Rib liners）、Lorain 形、台坡形（Step liners）等。棒磨和再磨球磨机筒体衬板通常采用波浪形，而 Lorain 形衬板多在粗给矿的棒/球磨机上使用。在图 5-30 的第 2 和 3 列，显示了全/半自磨机筒体衬板的常见形状及组合。

　　案例：角螺旋外形的磨机衬板发展。

　　装有波浪形衬板的磨机通常产生相对大量细颗粒但同时消耗大量能量。1983年，McLvor 发表了一个衬板对滚筒式磨机内钢球的运动理论分析和模拟的文章。该文总结到磨机衬板是通过改变磨机内物料的抛物线形状进而影响球磨机的运行效率。图 5-31 显示了不同磨机衬板几何形状对细磨球磨机内的钢球运动轨迹的影响。与波形衬板（图 5-31（b））相比，带提升条的衬板（图 5-31（a））明显造成不同的抛物轨迹，物料抛的更高更远，更多地表现为抛落形成冲击粉碎和粗磨性质，而相对少的泻落作用和细磨能力。要实现细磨，应该选择波浪形衬板，同时配合磨机低转速。但目前尚未有磨机筒体衬板的提升条对磨机内被磨物体的磨矿动力学和单位能耗影响的十分清楚的相关性关系的报道。换句话说，一个设计磨机衬板的几何形状对磨矿效果影响并不能完全预测出来。通常做法是依据经验预设一种几何形状，然后在工业磨机上进行测试。随着计算机的发展，离散元（DEM）模型的使用，预设的衬板几何形状可以进行初步评估，特别是在半自磨机中是否存在钢球冲击衬板的可能性，但通常离散元模型仍需要一些实验数据。由于生产过程中存在许许多多的不确定性或多因素的影响，如矿石大小和硬度变化、矿石的磨蚀性能变化等，同时磨机衬板实验是非常昂贵的，因此几乎

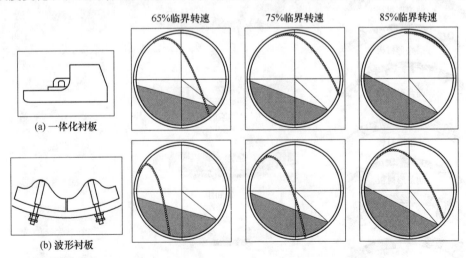

图 5-31　各种提升条形状对不同转速时磨机行为的影响[56]

不可能测试所有衬板的几何形状从而获得最优的衬板形状。同时，应该注意衬板几何形状对磨机功率的影响，一案例如图 5-32 所示。在对已有磨机筒体衬板优化时，必须考虑衬板几何形状对磨机功率的影响或要求。有时一衬板的几何形状有益于提高磨矿效率但超出磨机运行功率。

对球磨机，出现了一个命名为角螺旋衬板（Angular Sprial Lining，ASL）的磨机衬板。经典的传统的球磨机衬板为一圈圈的、在截面上是圆形，而角螺旋衬板组成的磨矿空间为正方形截面，正方形的角上为充填有橡胶、凸缘隔框的圆形，形成与磨机运转方向相反的方螺旋，如图 5-33 所示。多重螺旋衬板如图 5-34 所示。对一单独的衬板，它是双波浪形的，安装在磨机内的框架上。由于磨机筒体衬板的截面整体不是圆形，因此，磨机载荷被一次又一次地提升起来，造成磨矿介质钢球与矿浆沿着磨机的轴向充分混合和运动，进而促进了泻落式磨矿作用。

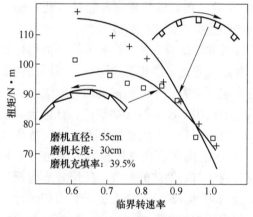

图 5-32 磨机衬板几何形状对能耗的影响[57]

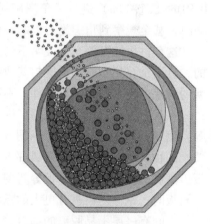

图 5-33 角螺旋衬板

图 5-34 多重螺旋衬板

1982 年，Korpi 和 Kopson 在一台直径 3.05m×长 3.05m 的球磨机上进行了为期 1 年多的对比试验。一台为传统的双波浪形衬板，另一台为 Waagner-Biro 式角螺旋衬板。此两磨机的给矿均为同一棒磨机的排料，以便确保两磨机的给料形状完全一样。与传统衬板相比，角螺旋衬板有如下优点：

(1) 磨机运转功率低大约 16%。这可能与方形衬板占据了更多的空间有关。

(2) 矿石的单位能耗也降低了 16.7%。这是与传统磨机衬板时相同的处理量和磨矿细度的情况获得的。

(3) 磨矿介质消耗下降 16%左右。

然而，有些角螺旋衬板的测试并不成功。如 1982 年 Hill 在 Cities Services 公司位于美国亚利桑那州的铜矿的实验，直径 5.4m×长 6.4m 磨机安装了近乎是角螺旋衬板（截面近乎是正反形）后，也发现磨机功率确实下降了，但既没有提高处理量也没有降低磨矿介质的消耗。1982 年在一台中试规模的磨机（直径 0.91m×长 1.42m）进行了角螺旋衬板的实验，在磨机处理量和能量消耗一模一样时，甚至观察到角螺旋衬板的磨机的产品变得比传统的粗许多。

这个衬板的案例充分表明不同形状衬板的尝试或测试的结果可能是值得怀疑的，甚至是互相矛盾的。这与其他磨矿参数的变化可能相关。同时，不同几何形状的衬板适于不同的磨矿条件，不同的磨矿环境需要不同的衬板几何形状。

在水泥磨矿行业，其采用了许多不同的适用于硬矿石（如铁矿、有色金属矿等）磨矿的衬板，如图 5-35～图 5-39 所示。这可能与水泥行业磨矿过程特征有关，即物料软、磨矿过程需要的冲击力小、采用多仓长筒磨机等。圆角方形衬板、角螺旋衬板、沟槽衬板等新型衬板有利于与研磨体的配合。使用环形沟槽活化衬板时，钢球与衬板有更大的弧线接触（可达 120°），增大了研磨面积，球与衬板之间有一层不易脱离的物料，充分利用了它们相互之间的滑动摩擦，粉碎效率随之提高，因此磨机产量一般可提高 15%左右，磨矿电耗降低 15%左右。常用的多仓管磨机筒体衬板的工作表面形状主要有下述几种：(1) 波纹衬板用于棒球磨机的棒仓。(2) 凸棱衬板多用于多仓管磨机的球仓，这是由于凸棱表面提升磨球能力较强。(3) 梯形衬板，磨机的棒仓和球仓都能使用。(4) 平行衬板的工作表面平滑，提升磨球能力差，常用于磨机的细磨仓。(5) 方形压条橡胶衬板，对研磨介质提升能力较强，介质产生的冲击作用较大，多用于粗磨仓。(6) 非对称型的"K"形压条橡胶衬板一般适用于细磨仓，这是由于提升面为直线和圆弧的组合曲线，提升磨球的能力较弱，磨球的冲击作用较小。由于各仓作用之差异，在管磨机中筒体衬板材料也一般不同，根据其在筒体各仓内的受力状况和作用的不同而进行选择。一、二仓通常装入钢棒或大直径的磨球，衬板受冲击作用力时，应选用耐磨性好的高锰钢或橡胶板。三、四仓的研磨介质多用小球或磨段、衬板受冲击力小、主要为研磨作用，常用合金白口铸铁。对于湿式磨机的细磨仓，采用橡胶衬板，使用寿命和经济效果优于合金衬板。

图 5-35　水泥磨机磨沟槽衬板

图 5-36　水泥磨机磨沟槽衬板与锥面衬板组合

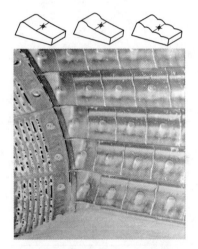
图 5-37　单阶（Mono-step）衬板
（根据需要在单块衬板上增加波
纹提高提升力，见上部的 3 种形状）

图 5-38　用在水泥磨机的第二仓的分级式衬板

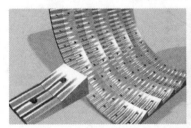
图 5-39　对磨矿介质钢球有分级效果的衬板

　　在金属矿山也有明显不同于传统形状的衬板，如格子型（如图 5-40 所示）、螺旋状衬板（如图 5-41 所示）、楔形衬板（如图 5-42 所示）等。

值得注意的是，衬板的几何外形没有任何衡量指标，需要通过实践判断是否工作性能优秀。以下主要介绍经典的底板-提升条式衬板的性能。

　　　　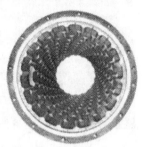

图 5-40　格子型衬板　　　　图 5-41　螺旋状衬板　　　　图 5-42　楔形衬板

5.4.2　提升条高度

磨机筒体衬板的提升条是防止磨机内磨矿介质、矿石等在衬板表面的滑动。对以冲击粉碎为主的全/半自磨磨矿而言，磨矿介质和矿石在衬板表面的滑动将大幅度降低其磨矿效果。如图 5-43 中的实例所示，在低提升条情况下磨机的功

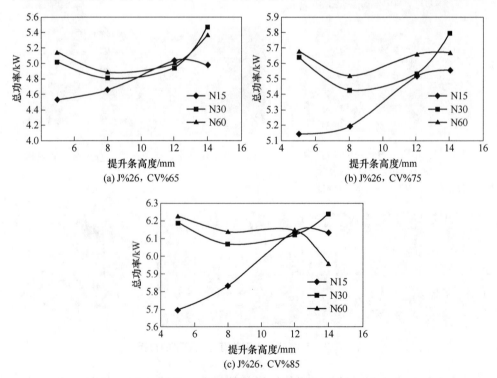

图 5-43　提升条高度对能耗的影响[58]

率高但磨矿效果差，物料在磨机衬板表面的滑动浪费能量。更重要的是，滑动降低了滚筒式磨机衬板把能量传送给磨机载荷的能力，进而导致磨矿生产率的变化，如图5-44所示。

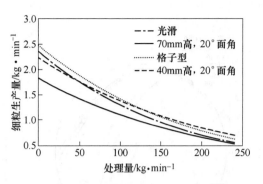

图5-44 提升条对处理能力的影响[59]

5.4.2.1 提升条高度对磨机介质运动轨迹的影响

磨机筒体衬板的提升条同时对磨机内的磨矿介质的运动轨迹（抛物线）有很大的影响，如图5-45和图5-46所示。在相同的磨机速度，筒体衬板的提升条越高，磨矿介质的泻落越强，增强冲击粉碎。反之，提升条高度变低将促使磨矿介质运动以滑落为主，有益于细磨。对于给矿中有大块矿石的全/半自磨而言，应该通过选择合理的提升条高度与磨机速度的配合使磨矿介质直接冲击到接近磨机载荷的底部末端（charge toe）的区域。当磨机筒体衬板提升条从零增加到略微超过磨矿介质和矿石的半径时，磨机载荷抛物线的高度首先随提升条的高度急剧增加。Powell[60]进而观察到进一步提高提升条高度超过物料的半径时，仅略微增加冲击点的高度和角度，超过一定提升条高度时，冲击点的高度下降，这一点对生产实践有重要意义，这是因为高提升条也不会把物料抛到磨机的另一侧高于某个点的位置。因此，提升条的高度能大幅度提高而无需过度考虑磨矿介质钢球对磨机衬板的直接的冲击。注意到，以上Powell的结论是基于一定的磨机速度、提升条面角和磨机载荷情况下获得的。

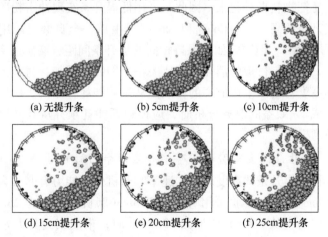

图5-45 提升条高度对磨机内载荷形状的影响[61]

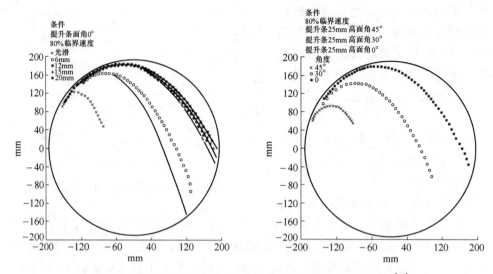

图 5-46　提升条高度和面角对磨机内物料抛物线轨迹的影响[59]

5.4.2.2　提升条高度对磨机功率和能耗的影响

根据 Djordjevic 等[61] 2004 年实验数据，在相同的磨矿条件下（包括相同的磨机角速度、一定的充填率、一样的矿石等），高提升条比低提升条消耗更少的能量。在高充填率时，磨机功率高被认为是因为高充填率促进和增加了低能量级的摩擦粉碎作用消耗大量能量。图 5-45 显示了在其他条件相同情况下，在不同提升条高度和磨机转速时运行状态下的磨机载荷的形状。对全/半自磨磨矿通常要求的冲击粉碎，需要把磨机载荷提升到比较高的位置。图 5-46 显示高提升条比低提升条更容易把物料提升起来。因此，采用低提升条实现冲击粉碎所需要的能量比采用高提升条的高很多。Coles 和 Chong[62] 报道一全自磨机采用高提升条后磨机功率降低了 18%，但同时如果保持相同的提升条间距，磨矿速率下降。进而根据生产数据，能耗与衬板的消耗是正比关系，即能耗增加，衬板消耗加快。因此，提升条的高度对磨矿生产成本的影响是从影响能耗开始的。所以，当对磨机衬板改型进行成本-效益的财务分析时，应该包括能耗项并从其开始计算磨矿衬板和磨矿介质磨损率。

5.4.2.3　提升条高度对磨矿粉碎率和生产率的影响

磨机筒体衬板提升条的高度对磨矿速率和磨机生产能力有非常大的影响。在 1975 年，Malghan 发现：实验采用直径为 508mm 磨机和直径为 25.4mm 钢球磨矿，当提升条的高度从 6.4mm 增加到 12.7mm 时，未观察到其大幅度影响磨机的磨矿速率，但当实验磨机直径改为 127mm 但保持钢球直径为 25.4mm 时，提升条的高度从 3.2mm 增加到 6.4mm 却导致该磨机的比磨矿速率从 0.62min^{-1} 下降到 0.47min^{-1}。相应地，这台直径为 127mm 磨机的生产细粒的产量也随提升条的增加而降低。

5.4.2.4 提升条高度对衬板磨损的影响

众所周知，磨机筒体衬板的提升条影响整个衬板块的寿命。提升条越高其磨损率越低，平衡点是磨机的产能，当提升条高度超过最优时，磨机产能随提升条增高而下降。在评价衬板磨损性能时，非常重要的是监测底板磨损率随提升条高度的变化及整块衬板的磨损情况。如果提升条在整块衬板更换时仍剩很长，提高提升条高度的经济性可能因为底板磨损加速而来不及付出。理想状态是提升条和底板同时达到整个衬板更换的极限。应该避免维修人员希望的超长衬板寿命，而牺牲衬板材质和损失处理能力的做法。没磨损完的衬板通常仅是废铁，单位价值远低于衬板的采购价格。

5.4.2.5 提升条合理高度原则

磨机筒体衬板提升条的形状和大小控制着磨矿介质的运动和磨矿效果。Fuerstenau 和 Abouzeid[63] 重新研究了有关文献和数据、考察、评价并测试了提升条合理高度。当全/半自磨机直径是磨矿钢球或磨矿介质的 20 倍以上，最优的提升条高度应该不超过磨机直径的五分之一但超过磨矿钢球或磨矿介质的半径。如果提升条高度超过磨机直径的五分之一，提升条将干扰磨机内物料的运行轨迹；如果提升条高度低于磨矿钢球或介质的半径，磨矿钢球或磨矿介质将骑在提升条上，容易导致滑下。为了保障磨矿钢球或磨矿介质不滑下而造成的不能有效提升，提升条高度最少不小于磨机内磨矿介质的半径[60]。

总而言之，全/半自磨机筒体衬板提升条最小高度应该超磨机内最大物料直径的一半，否则物料滑下将降低磨矿效率而加速衬板本身的磨损。最大高度通常不能超过最大物料直径的 1.5 倍，否则可能引起物料积在相邻的提升条之间，甚至在整个衬板寿命周期都存在积料情况，进而被提升到磨机的顶部再自由落下，增加了直接从冲击衬板的风险。为了提高衬板寿命而采取的提高提升条方案时，对新衬板应该适当降低磨机转速。如果提升条太高，首先增加了衬板的重量，进而磨机载荷或充填率不得不降低以便符合磨机的总重量的限制，通常导致处理能力下降。另外，提升条高度太高降低了提升条间距与高度的比值（S/H），这部分将在以后的章节中专门介绍。

5.4.3 提升条面角

另外一个重要的与磨机筒体衬板提升条相关的并对磨机载荷行为有显著的影响的参量是提升条的面角。此提升条的结构参量也对磨机的操作和生产有影响，与提升条高度一样，提升条面角影响磨机载荷的运动轨迹、能量传输和最终表现磨机机理的变化。筒体衬板的面角越大，磨矿介质（钢球或大块矿石）和被磨矿的矿石被衬板提升的高度越低，磨机内大或重的物体（钢球或大块矿石）撞击衬板的概率就越小；反之筒体衬板的面角越小，磨矿介质（钢球或大块矿石）和被磨矿的矿石被衬板提升的高度越高，撞击衬板的概率就越大。所以当采用大钢球（如135mm以上），通常通过增大面角来降低钢球被提升的高度，减少钢球对衬板撞击的风险。

　　如图5-47所示，磨机筒体衬板提升条的面角对衬板的提升能力和磨内的物料冲击角有很大的影响。对全/半自磨机而言，提升条面角的设计应该实现提升性能和冲击角最大化，提升条面角控制磨机内被提升的物料抛到所期望或指定的位置。对于采用高速甚至超高速的南非的金矿而言，安装的提升条必须确保磨机载荷不直接抛到磨机衬板上。因此，必须选择合理的提升条结构，主要包括提升条的面角和高度。

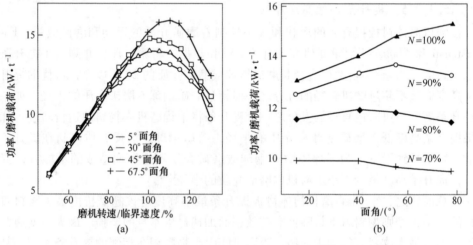

图 5-47　提升条面角对比能耗的影响[31]

　　如图5-48中的实例，改变磨机筒体衬板提升条的面角将改变磨矿介质（钢球或大块矿石）的抛物线轨迹。因此，提升条面角的设计是整个衬板设计的主体之一，任何忽视此参数或不合理的设计将有可能造成整个衬板提前破坏和磨机处理能力的丧失。根据本书的提升条面角的定义，长方形的提升条的面角为0°。对于工作面为弧线或带倒角的提升条，其外层物料的运动轨迹与由两点直接形成的直线的斜的工作面产生的轨迹相似，但中间物料的运行轨迹会有所改变。提升条的高度应该从弧线在底板的起始点算起。以前全/半自磨机筒体衬板提升条面角通常比较小（例如15°~17°），甚至几乎是垂直的。现在经典全/半自磨机筒体衬板提升条面角范围是从15°~17°到35°~36°，并趋向于采用大面角以便使磨机介质冲击到磨机载荷的低点同时保证提升条之间的空间足够大而不积料[64]（提升条间积料实例如图5-49所示）。

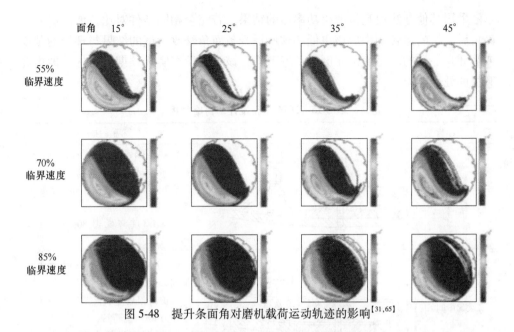

图 5-48 提升条面角对磨机载荷运动轨迹的影响[31,65]

图 5-49 提升条间积料实图

实例：提升条面角改变对全自磨机运行状态的影响。

在澳大利亚西澳州的一铁矿项目，为了进一步提高全自磨机的处理能力，对该磨机的筒体衬板进行了一次优化尝试，具体修改细节见表 5-15，主要修改的磨机衬板功能性参数为提升条的面角。与其平行的并采用以前衬板磨机的运转性能对比如图 5-50 所示。在 3 个多月的生产时间，从图 5-50（a）可见，装有大面角提升条衬板的磨机 B 的磨机功率明显整体低于装提升条小面角衬板（即原来衬板）的磨机 A 的磨机功率。同时，统计学分析结果展示于图 5-50（b），可见增加提升条面角后磨机的运转功率的中间值下降了 10% 以上，这还是在生产操作中不断采用其他办法提高该磨机功率后的结果。若完全相同条件对比，增加提升条面角后磨机的运转功率应该更低。这些提升条面角修改尝试的结果与理论的预期或估计是一致的。至少由于磨机功率下降，该尝试没有实现预期的目标，即提高磨机的处理能力。

表 5-15　2016 年新设计的自磨衬板

序号	项目	绘　图	描　述
1	给矿端		针对磨机转速为 9.6r/min，面角稍微增加到 23°（原来 20°）。 提升条头部有半径为 R65 过渡圆弧。 底板厚度降低到 80mm（原来 100mm）。
2	中间		针对磨机转速为 9.6r/min，面角增加到 23°和 35°。 模仿磨损后形状，提升条头部有半径为 R65 过渡圆弧。 底板厚度降低到 85mm（原来 100mm），但高磨损区为 115mm。
3	排料端		模仿磨损后形状，面角增加到 35°（原来 20°）。 提升条头部有半径为 R65 过渡圆弧。 底板厚度在高磨损区增加到 115mm（原来 100mm）。

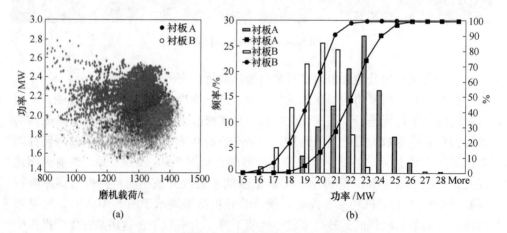

图 5-50　衬板几何形状对自磨机运转功率的影响

从以上案例中，对磨机面角的增大应该持谨慎的态度，除非发现非过低载荷时磨机衬板被磨矿介质砸坏的现象。特别是全自磨机，因为没有钢质磨矿介质，有效提升磨机内的矿石是实现有效磨矿的前提之一，同时矿石对衬板的冲击强度也低。另外，如果一些衬板模拟软件的结果表明需要大于30°~40°的筒体衬板面角才能避免钢球撞击衬板，应该对此结果进行复核。通常不应该是提升条面角存在问题，而是磨机转速太高、提升条高度太高或磨机充填率太低等问题引起的。如果新衬板的提升条面角已经很大，随着磨损，面角将越来越大，其提升能力下降，进而导致冲击粉碎的强度（冲击能量的大小）和频率降低，可能影响全/半自磨磨矿效果，其程度与矿石可磨性及要求的磨矿细度等相关。

5.4.4　组合提示条

全/半自磨机筒体衬板能采用不同的提升条结构和形状形成不同的筒体衬板组合，如图5-51所示。甚至整块衬板的几何形状不相同或类似。提升条的组合还包括采用的提升条的行数（即一圈筒体衬板的提升条总数量）等。最经典的提升条组合为高-高、高-低。但其如何选择和为什么选择某种组合并没有完全明白或被合理地解释。

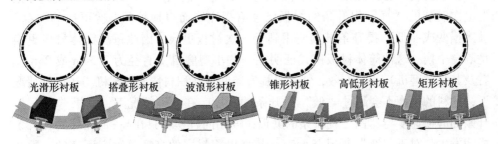

光滑形衬板　　搭叠形衬板　　波浪形衬板　　　锥形衬板　　高低形衬板　　矩形衬板

图5-51　各种提升条的组合

图5-52显示了衬板组合模式对比磨矿能耗的影响。Cleary[31]观察到当磨机速度不超过70%的临界速度时，磨机功率与磨机载荷的比值不随提升条组合模式发生明显变化，即磨机运转功率几乎与衬板的提升条的模式无关，但超过此值（正常磨机运转速度范围）时，磨机的能耗与提升条的组合模式密切相关，非常敏感。在该磨矿条件，提升条减少一半时磨机功率最高，高-低提升条组合次之，而常规的高-高组合最低。当磨机速度超过离心速度并达到120%临界速度时，外层物料已经离心，这时提升条组合模式对磨机功率的影响也不明显。

传统的高-低提升条组合衬板发现通常不适于大型磨机，这可能与大型磨机的高强度的冲击力环境有关。在这种情况下，已经磨损到一半高度左右的提升条很难对抗如此高强度的冲击。因此大型磨机通常采用高-高提升条组合模式以避免衬板因为冲击而破裂。通常大型磨机采用整体式筒体衬板模式或底板上外加提

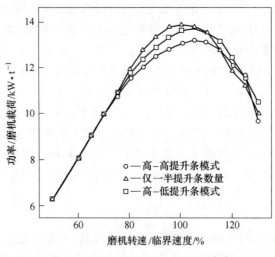

图 5-52　提升条组合模式的影响[31]

升条样式。

　　传统的高-低提升条组合筒体衬板体系，每一次只更换一半筒体衬板，即把上上次安装的"高"提升条的衬板已经磨损完毕而更换掉。上次更换的"高"被磨损变成"低"提升条继续使用到下一次衬板更换。因此每次筒体衬板更换是隔一个换。这种筒体衬板模式证明在一些小型磨机（直径为 7.34m 或 24ft 左右及其小的磨机）十分有效，特别是提升条间存在积料情况的磨机。在这种情况下，积料的高度不会超过"低"提升条的高度。在这种情况下，如果"低"提升条的磨损速度与"高"提升条的磨损速度相同且积料只在高-低相邻的提升条之间发生，对于"高"提升条而言，其高出积料层的高度是固定不变的。因此在整个衬板的寿命周期，被提升的物料的体积几乎不变，且物料的冲击角度和冲击点几乎可以保持不变，可能实现理想的最大冲击粉碎作用，即冲击到磨机载荷的最低点。因此在整个衬板寿命周期，磨矿效果变化不大。这种情况下，这些积料是有利的，否则是不利的，这是因为积料导致磨机的有效空间降低，在一些极端情况下，积料将促使增加筒体衬板的摩擦磨损。

　　另一个新发展是把传统的高-低提升条筒体衬板中的以前使用的"高"进一步大幅度提高而变成"高高"，同时原来的"低"变成原来"高"的尺寸，形成"高高-高"提升条的组合。其目标是进一步提高磨机筒体衬板的寿命、增加衬板的提升能力、继续把物料抛到磨机载荷的最低点等。同时，由于衬板沿磨机轴向的衬板磨损及其造成的积料差异，在一些磨机轴向位置布置"高高-高"提升条组合可改变磨机沿其轴向磨损的特征和磨损速度。这些"高高-高"提升条组合筒体衬板通常采用更大的提升条间距以便减少或消除提升条之间的积料，同时增加了衬板的尺寸和重量。为了保持衬板重量不大幅度增加，可以采用非对称设计（即磨机单向运转）等，这样可以调整非工作面的形状及提升条的宽度以便减少衬板重量，同时增加了提升条的间距。

5.4.5 提升条间距

另外一项磨机筒体衬板的提升条设计标准是相邻提升条之间的距离。提升条间距与衬板的如下性能相关：（1）是否有足够的抗磨损性能；（2）物料在提升条之间积料形成死区大小；（3）有效物料提升量。这一条提升条设计标准主要适应于全/半自磨机和一段球磨机，但对二段球磨机或采用波浪形衬板的磨机不适应或不重要。在传统经典设计中，全/半自磨机磨机筒体衬板的提升条数等于磨机直径英尺数的两倍[66]，例如磨机直径为34ft，其磨机筒体衬板的提升条数为68。减少提升条数量将增加提升条之间的空间，这将获得如下优点：

（1）减少提升条行数加宽提升条的间距将首先增加提升条之间的提升作用的"篮子"的空间大小，这意味着磨机每转一圈，更多物料提升进而有更多的磨机介质（钢球或大块矿石）和物料被抛落，增加了磨矿介质参与磨矿过程，特别是把磨机介质抛到磨机载荷最低点提高了冲击频率，这样增强了磨矿作用；同时降低或消除物料在提升条之间的堆积。

（2）提升条宽间距意味着底板比较宽，这允许调整提升条的面角。这允许采用大提升条面角把物料抛到磨机载荷上而避免直接冲击到宽的底板上。

（3）在其他不变的情况下，提升条行数减少将减少整个衬板衬板的重量，这将允许：

1）增加磨机内载荷重量。

2）增加提升条高度而不使新衬板的总重量超过原来衬板的重量。提高提升条高度将有助于提高磨机每一圈的提升物料的量。同时，既然衬板磨损寿命主要取决于提升条的高度，因此增加提升条高度可以在一定程度上提高衬板的寿命。

（4）提升条间距增加有可能增加磨机运转功率。

（5）既然衬板的数量减少，拆除和安装数量也相应减少，换衬板的更换时间就相应缩短。

同时，它的缺点如下：

（1）提升条的宽间距能引起磨机载荷的滑动，冲销了提升能力的提高同时还导致衬板磨损[64]。

（2）与窄提升条间距相比，宽提升条间距将造成提升空间的物料在抛落过程中散开。与之相比，窄提升条间距抛落点比较集中。宽提升条间距的抛落散开将相对减少落在最佳点（磨机载荷的最低点）的数量或频率。目前磨机筒体衬板比较好的设计是采用相对小些而不是更大的提升"篮子"的尺寸，使物料集中抛落到磨机载荷的最低点，同时随着衬板的磨损增加磨机速度以便提高衬板提升能力。这样做可能降低能耗、提高产能并保持磨矿效果[64]。

　　因此，很难通过简单的只改变提升条间距的方案实现大规模提高磨机磨矿性能。

　　进一步的研究发现，提升条间距的设计参数应该为提升条间距与其高度的相对大小，即图 5-29 中的 S 与 H 比值。图 5-53 和图 5-54 显示了提升条数量或 S/H 对磨机运转功率和处理能力的影响。总体上讲，磨机功率随提升条行数增加而增加，这可能是由于积料和提升量的增加。提升条的间距与高度的比值（S/H）被广泛采用和作为标准设计提升条的间距并用于评估分析其对磨矿效率的影响。新安装的衬板，其 S/H 值比较低（例如 1.8~2.2），这是因为把提升条高度最大化。随着多年的优化，推荐了各种新衬板的 S/H 比值，但近年来，对于"低-中-高"提升条的组合，合理的 S/H 值为 3~4。另一个主要考虑是随 S/H 值的降低，物料在提升条之间堆积而需要到高点才能抛落，增加砸衬板的机会。

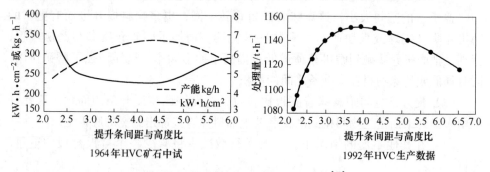

图 5-53　提升条间距与高度比的影响[67]

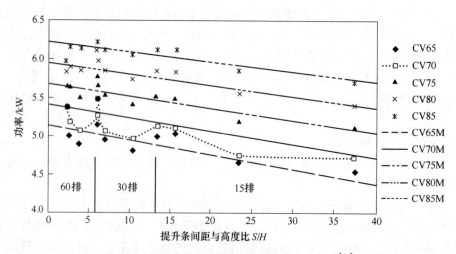

图 5-54　提升条数量或 S/H 对磨机功率的影响[59]

值得注意的是，提升条的 S/H 值是随衬板磨损而变化的。随着磨机生产和衬板的磨损，提升条的高度降低但提升条的间距稍微增加，这造成 S/H 值变化。在衬板寿命周期的末期，S/H 值将会远远大于新衬板的 S/H 值。如图 5-55 所示，磨机筒体衬板提升条的 S/H 比值不仅随磨矿时间而变化（图 5-55（b）），并且磨损后沿磨机轴向发生变化（图 5-55（a））。当磨机生产时间从 1000h 增加到 3000h，提升条的 S/H 比值提高，特别是那些磨损最大的区域。在离给矿端 1.2~1.6m 的地方 S/H 比值最大，这是由于该区域磨损率最高。当衬板磨损 5000h 后，提升条的高度从原来的 152mm 降低到 32mm，这时的 S/H 比值极高，达到 7~7.2，这意味着磨矿机理主要为滑落而造成的剪切粉碎为主，生产更多的细粒。同时这也意味着衬板需要在 5000h 运转前更换以保证磨机的磨矿性能。

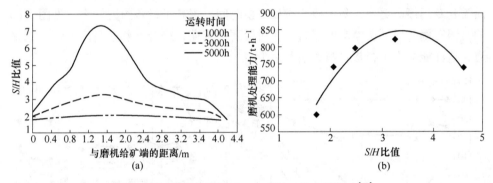

图 5-55　提升条磨损对 S/H 及处理能力的影响[68]

有研究人员发表了提升条间距与高度比值（S/H）对磨机处理能力的影响。在 Sarchestmeh 铜矿半自磨机的处理能力与 S/H 比值的关系见图 5-55，另外一个类似的矿山 HVC 的结果见图 5-53。对处理能力而言，最佳的 S/H 比值 3~4 之间。当 S/H 比值低时，可能提升条之间积料弱化冲击粉碎磨矿机制。S/H 太高表明衬板磨损的极度严重且提升条高度大幅度降低，这时，磨矿转为以滑落为主的磨矿机理。

特别是随着大型衬板更换机械手的发展，允许进一步增加提升条的间距和衬板的大型化。例如澳大利亚的 Cadia Hill 金铜矿 40ft 半自磨机的筒体一圈衬板数量从原来的 78 降低到 52。

对于通常采用金属衬板的全/半自磨机而言，无可置疑的是它们不可能永远操作在最佳的提升条间距与高度比，但应该尽可能保持在最优的范围内。如果衬板磨损末期处理能力快速大幅度下降，这可能意味着要提高衬板更换频率。由于处理能力的提高，增加更换频率在经济上通常应该是可行的。另一方案是采用高-低提升条组合模式，每次仅更换低提升条的衬板，在某种程度上可以缓解矛盾。

但这是以增加提升条更换数量、降低更换效率等为代价的。对于高-低提升条组合，在更换衬板时的另外一个明显缺点是新的衬板必须有效地装到两个已经磨损、可能移位、甚至变形的衬板之间。

值得注意的是，最佳 S/H 值与磨机的操作参数相关，特别是磨机速度相关。

5.4.6　磨机轴向衬板变化

对于大型或长筒全/半自磨机，已经明显观察到筒体衬板磨损沿磨机的轴向是不均匀的[69]，实例见图 5-56 的左图。这样需要把整块衬板未磨损完的也更换。同时也可以针对高磨损区域进行单独和专门衬板设计，最典型的做法是提高高磨损区域提升条高度。同样，可以在同一衬板的长度方向采用不同的提升条高度以补偿某些区域的高磨损。这样可使整个衬板同时更换，无需针对局部衬板的磨损而需要专门停产更换，降低停产衬板更换时间，提高了设备的完好率。见图 5-56 的右图实例，局部调整高度以后，在衬板磨损末期，提升条剩余高度相近。据报道，这样能减少了衬板材料的浪费达 14%[70]。

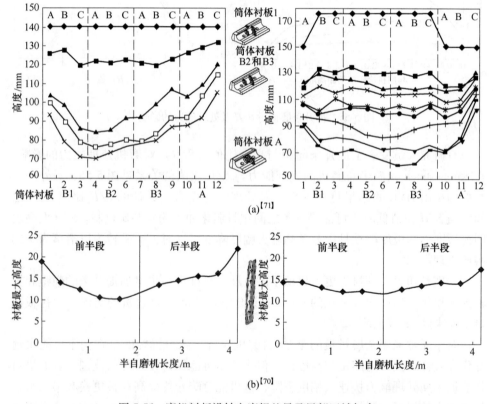

图 5-56　磨机衬板沿轴向磨损差异及局部区域加高

5.4.7 衬板磨损的影响

最开始的时候，广泛观察到随着衬板的磨损，全/半自磨处理能力通常先提高然后下降，见图 5-57 中案例。基于处理能力与衬板寿命周期的关系，其至提出了通过缩短衬板使用寿命提高产量的方案，但这需要平衡频繁更换衬板带来的衬板材料成本、衬板更换成本、停产更换衬板损失的生产时间等。通常过高的衬板更换频率往往是不合适的。

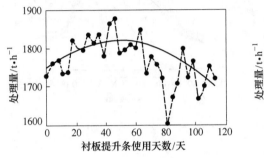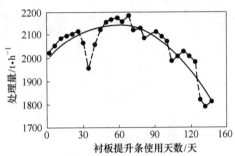

图 5-57 衬板寿命周期的性能[72]

新衬板倾向于把磨机载荷提升得比较高，进而产生更多的抛落现象及更高能量的大块冲击粉碎作用。与之相比，磨损的衬板提升能力下降，产生更多的滑落现象及剪切粉碎，包括摩擦粉碎、颗间粉碎等，生产出更多的细粒级。图 5-58 显示了矿石粉碎率随衬板磨损周期的变化。该图表明，新衬板的中、粗粒级的粉碎速率高但细粒级的低；磨损后的衬板则相反。

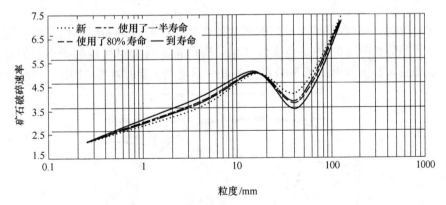

图 5-58 半自磨粉碎率在衬板周期的变化[73]

同时也注意到提升条的面角也随衬板磨损而变化。随衬板的逐步磨损，提升条的面角逐步增加，见图 5-59 中的实例。提升条面角的增加将进一步降低磨机衬板的提升能力，这要求适当补偿性提高磨机转速和磨矿介质的数量以便获得相近的磨矿效果。对于可以双向运转的磨机，应该定期或利用停车的机会改变磨机运转方向，利用非工作面相对面角比较小的优势，每一次换方向就把非工作面变成工作面，这样不断更换充分利用提升条的提升能力，同时也能提高衬板寿命。

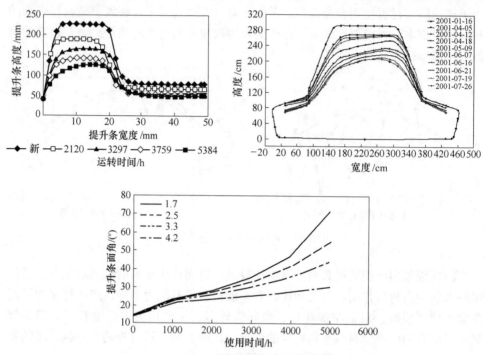

图 5-59　磨机衬板几何形状随磨矿时间的演变[69,71]

　　无可置疑，全/半自磨磨机的磨矿性能在其筒体衬板寿命周期内随磨损而变化，变化趋势如图 5-60 的黑色实线所示。磨机转速通常对衬板磨损引起的处理能力下降具有补偿能力。图 5-60 的虚线是一示意图，随着衬板的磨损，逐步提高

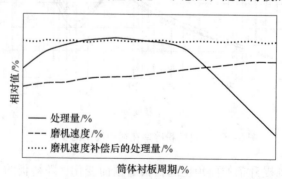

图 5-60　全/半自磨处理量与筒体衬板使用周期及磨机转速补偿

磨机转速以保持磨机处理能力。其他措施包括增大磨机介质的尺寸和数量，逐步提高顽石破碎机的作用（例如逐步降低顽石破碎机的排矿口）等。

5.4.8　衬板大小及更换

衬板大小设计是由降低更换衬板成本驱动，也受材料的制造驱动，但同时受制于铸造、铸造磨具、衬板搬运及磨机内可供更换衬板设备操作空间的限制。更换衬板是一个繁重的劳动工作，不仅考虑单块衬板重量，还需要快捷地把衬板举到正确位置上安装好，否则影响衬板更换效率。在 Equinox Minerals 公司赞比亚的 Lumwana 铜矿，其半自磨机尺寸为直径 38ft×长 20ft（11.6m×6m），装机功率为 18MW，设计年处理能力为 2000 万吨，衬板总重量达 600t，最重的衬板件达 2.2t，全部衬板更换需 4 天左右。

5.4.8.1　小型磨机

对于小型磨机，衬板更换是采用人工搬运、提举到位和安装的，衬板更换人员需借助于各种办法来拆卸和安装衬板，包括使用起重卡车、天车、链条、滑车、体力等。磨机衬板的大小受到能够被人力操纵的衬板的重量和体积的制约。通常大于 2t 的衬板就已经远远超过人力搬运和安装的极限，同时也受制于磨机内的空间大小。因此，提升条分开的分体式小块衬板在衬板更换方面有很大的优势。RME 公司的 Millmast 磨机衬板更换机械手系统是专门为小型磨机设计的，机械手的最大举重量为 400kg。该系统能安全正确地把衬板提举到位，便于安装。该系统的出现改变了小型磨机衬板的设计理念，也可以把衬板设计为数量少而单块体积增大。

5.4.8.2　大型磨机

对于大型磨，其中空轴也大，通常超过 1.5m，对于现有最大直径 40ft 的磨机，其中空轴的净高达 2.5m 左右。这允许衬板更换机械手系统的应用（如图 5-61 所示）。目前这种衬板更换机械手系统已经广泛地在大中型磨机上使用，特别是像澳大利亚这样的人工成本高、安全标准严格的国家和地区。采用双臂-8 轴型，最大可操作衬板重量达 10t。这允许设计更大的衬板块，最小化需要更换衬板的数量，缩短衬板更换时间。

对于那些初磨仅采用一台大型磨机的矿山，该磨机停产通常是对矿山生产的关键因素，因此特别期望把该磨机更换衬板的时间缩的越短越好。依据世界上主要的衬板更换机械手系统的供应商 RME 的数据，采用双臂-8 轴衬板更换系统可以缩短大型磨机衬板更换时间四分之三和相应的人工成本。

5.4.9　筒体衬板几何形状参数的互相影响

长久以来已经意识到要提高磨机效率必须提高磨机载荷在磨矿过程的参与程

图 5-61　RME 公司的各种型号的衬板更换机械手

度。这主要取决于磨机每转一圈的载荷提升量和磨机的转速。在一定的磨机速度范围内，磨机转得越快，越多磨机内物料发生激烈运动而产生磨矿效果。同时磨机转速对磨机的排料也有影响，因此面临的主要问题是在磨机相对高速运转时如何同时维持磨机载荷和排料效率。

　　磨机内载荷的运动首先主要取决于磨机速度。因为磨机转速越高，冲击点越高进而造成过抛。因此磨机筒体衬板的几何形状设计应该更好地、有效地控制磨机内载荷的运动轨迹。这能通过调整提升条高度、面角、间距这 3 个独立因素而实现。

　　增加提升条的高度就增加了磨机的提升能力。提升"篮"的体积是指相邻两提升条之间的空间体积。因此提升"篮"的体积必然是与提升条的高度和间距成正比。传统的提升条行数采用的是 2 倍于磨机直径英尺数，即 2D 原则。这意味着 40ft 磨机典型应该有 80 排衬板。但随着衬板材质的发展和衬板几何形状的改变，目前的趋势是减少衬板的行数增加提升"篮"的体积。现在一般采用的是 4/3 倍于磨机直径的英尺数，有时能降低仅 1 倍于磨机直径的英尺数，即 1D原则。随着提升条数量的降低，反过来却可以增加衬板提升条的高度。这些改变的净作用是提高了磨矿作用和增强了提升条的抗冲击能力。

　　目前趋势是减少磨机筒体衬板的提升条行数同时增加了相邻提升条的间距。首先，尽管增加提升条间距提高了磨机的提升能力、生产能力和提升条抗冲击强度，但是大提升条间距使得衬板底板表面更脆弱更容易受冲击损坏。磨机的提升条数与直径比高时（如采用 2D 原则），磨机通常由于提升条间积料而降低效率但衬板的底板被矿石覆盖形成自动更新的表面。然而，采用大提升条间距，提升条间积料的可能性大大降低了，但这样衬板可能面临着磨矿介质和物体的不断直接"轰炸"，容易造成衬板破裂和提前损坏甚至危及磨机的筒体。大提升条间距还导致提升的物料不能集中砸落到最佳点，降低了冲击粉碎作用。另外，太宽的提升条间距能引起提升条之间物料的滑落，削弱了提升体积带来的优点同时还增加了衬板的磨损。

　　磨机载荷的提升还可以通过调整提升条面角来实现。提升条的面角控制着物料抛落的始发点和冲击点。

　　利用计算机模拟程序，现代设计工程师能进行大量的不同的提升条高度、面角和间距的组合去优选和预测衬板性能。如果考虑增加或降低提升条间距，可以通过数学模拟模型进行论证。

　　进行衬板提升条优化设计经常是很耗时的，且面临着测试精度和误差大小的问题。如表 5-16 显示的磨机筒体提升条的优化案例，通过调整磨机筒体衬板的提升条能成功地提高磨机处理能力。目前的趋势是使用大提升条面角但减少提升条的排数，见表 5-17 筒体衬板优化案例。

表 5-16　筒体衬板对磨机磨矿效率的影响

矿山	全/半自磨机 /ft	最初	第一次 修改	优化后	最初	第一次 修改	优化后	处理能力提高
		面角/（°）			衬板排数			
Los Pelambres	36×17	6	11	30				11%
Candelaria	36×15	10	25	30	72	48	36	5 万~9.6 万吨/天
Alumbrera	36×15	10	20	35	72		36	增加 15%
Collahuasi	32×15	8		30	72		36	提高 1 万吨/天

表 5-17　半自磨机筒体衬板提升条的调整

矿山	半自磨机 直径×长度	原设计		改造后		
		排数	面角	排数	面角	提升条高度
	m		（°）		（°）	mm
Los Pelambres	10.97×5.2	72	8	36	30	216
Alumbrera	10.97×4.57	72	7	36	30	
Freeport	11.6×5.8	69	12	34	25	
Codelco	9.75×4.57				30/35	
KUCC	10.36×5.2	66	9	66	22	254
Candelaria	10.97×4.57	72	8/10.4/20	36	35	356
Cadia	12.2×6.1	78	12	52	30	422/300
Prominent Hill	10.36×5.18		71		65	

续表 5-17

矿山	半自磨机直径×长度 m	原设计		改造后		
		排数	面角 (°)	排数	面角 (°)	提升条高度 mm
Cortez Mine	7.92×3.96	52	17	26	28	229
Col-E-Gohar	9×2.05	36	7		30	225
Collahuasi	9.75×4.57	64	6/17	32	30	
BHP-OK Tedi	9.75×4.88	64	10	64	15	
Escondida	10.97×5.79	72	8.5	36	20	
Kemess Mine	10.36×4.7	64	7	32	20	
Mount Isa	9.75×4.88	60		40	20	
Highland Valley	9.75×4.72		>70		70	
Ernest Henry	10.4×5.1		9		21	225
Fimiston	10.97×4.88	72	7	42	30	
Inmet Troilus	9.14×3.96	60	15	40	30	229
Batu Hijau	10.97×5.79	72	12	48	22	
Northparkes	7.32×3.6		18			190
Northparkes	8.5×4.3		9		25	230
Yanacocha	9.75×9.75	54	20	36	30	230

　　最近，改变筒体衬板提升条的组合产生了一些良好的结果。与传统的高-高提升条衬板相比，如果综合高-低提升条组合和大提升条间距能增加提升"篮"的体积，同时减弱了物料的滑动下落的问题。对于大型磨机，通常允许两方向旋转，相应地开发了双面角衬板，进而延长了衬板寿命和维修间距。

　　衬板类型和应用见表5-18。

表 5-18　衬板类型和应用

序号	种类	描述	实　图	大小	寿命	维修	安全	优点	缺点
1	整体式（整板）	提升条与底板一体		大		机械安装容易；残余块重量大			一旦提升条磨低，需要整体更换或性能下降

序号	种类	描述	实　　图	大小	寿命	维修	安全	优点	缺点
2	分体式—提升条单块	提升条能单独更换,无需更换整个衬板			衬板寿命长	需要很好的固定张紧系统	部件可能松动和掉落	单件重量轻,有利于手工更换衬板	
3	格子式衬板	磨矿介质卡在衬板的格子里成为衬板的一部分且形成稳定的衬板形状					钢球从格子里掉出来,安全程度低	重量轻	经济性好、对高磨蚀性矿石适用	磨机转速高,通常85%～90%的临界转速;仅应用于在南非的中小型磨机
4	楔形块衬板	衬板底板楔形,靠提升条压紧而固定,采用分体式衬板组合,铸造单片块						危及安装人员安全		不再使用
5	整体式波形衬板		波浪形衬板							

序号	种类	描述	实　图	大小	寿命	维修	安全	优点	缺点
6	单向运转的几何形状衬板	提升条的工作面和非工作面的几何形状不同,以便减低重量和残余衬板重量	 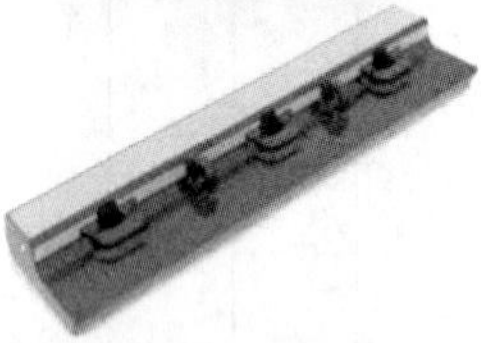					根据磨机速度和充填率专门设计优化,对相同底宽的提升条能提升更多物料	磨机只能单向运转
7	高-低双波形球磨机衬板		 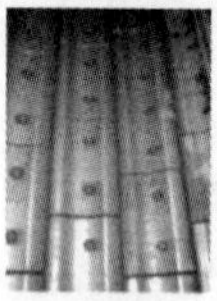						
8	光滑衬板		 光滑形衬板						
9	凸台竖条衬板		 凸台形衬板						

5.5　格子板

　　格子板(Grate)位于磨机筒体靠近排料端的截面上,由有孔或无孔的衬板组成。对全/半自磨机格子板,最普遍的材质是合金钢,有时也采用金属-橡胶复合格子板甚至橡胶格子板。通常靠在后面的矿浆提升格上并通过螺栓一起固定在磨机排料端壳上,如图 5-62 所示。图 5-63 展示了一些全/半自磨机上常用的格子板形状及一些在其他磨机中应用的格子板。通常格子板的最中心是一圆形孔,紧接往外一般为实板(无孔板),这是因为磨机载荷通常达不到此高度,因此不可能从此处排料,若采用有孔板反而会使矿浆提升格中的矿浆和顽石从后面回流到磨机筒体部分,降低效率并加快磨损。通常实板为 2~3 圈,这取决于各圈板的长度和磨机的充填率。有时为了控制物料的排出，实板区域面积可能会大些。再外面为有孔板，通常这些格子板上有提升条（注：最内面的实板可能没有提升条）。在日常矿山工作语言中，格子板这个专业词汇一般可能代表下面3种意思，即：（1）整个截面上的衬板，特别是衬板更换时提到的格子板往往是指整个截面上的所有衬板；（2）在截面上所有的有孔衬板，特别是讨论物料通过能力时；（3）小孔衬板（英文为 Pebble Slot，有时也用 Grate），经典的孔为25mm宽，通常最大孔宽度可达到45~50mm。主要作用是排出可流动性物料，基本上以矿浆为主。相对地，当孔宽度大于50~60mm时，命名为顽石窗（Pebble Port），通常只有顽石窗才能有效排出顽石。和这些实板一起，格子板起着如下两作用：

（1）限制磨机物料排出。主要参数为整个格子板的数量、顽石窗数量、小孔格子板数量（或两者的数量比）、孔几何形状/位置、整个开孔面积等。

（2）格子板功能与筛子一样，允许磨好的物料（小于格子板孔）通过进入下一道作业（矿浆提升格）。同时把大颗粒和磨矿介质滞留在磨机内，继续磨矿。

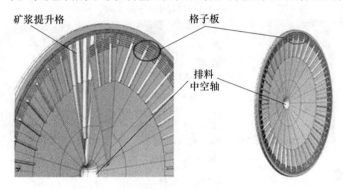

图 5-62　格子板的结构示意图

5.5.1　格子板通过流量模型

一旦矿浆通过磨机载荷，它排出格子型磨机的第一步是通过格子板。因此，如果下游对最大流量没有限制，最大流量取决于格子板的设计，包括开孔面积、孔大小、孔形状和孔的分布等。矿浆流过磨机筒体穿过格子板孔的驱动力是格子板两侧的压力差。如果格子板对矿浆流造成很高的阻力，磨机将会充填超量的矿浆，超过有效磨矿允许的矿浆面高度，磨机将在很大程度上失去磨矿作用。对于全/半自磨而言，磨机内超量的矿浆将严重影响其磨矿效果，这是因为在高浓度矿浆中，磨矿介质的有效比值将变得极小，因此降低了磨矿介质之间的作用力，进而降低了产生细粒的能力。但一些磨机专门采用小开孔面积以便限制矿石颗粒排出促进细磨效果或维持磨机载荷。然而，另一些大型磨机采用弧形 Cantilever格子板（如图5-63（a）所示）以便提高格子板的排矿能力。格子板能通过采用

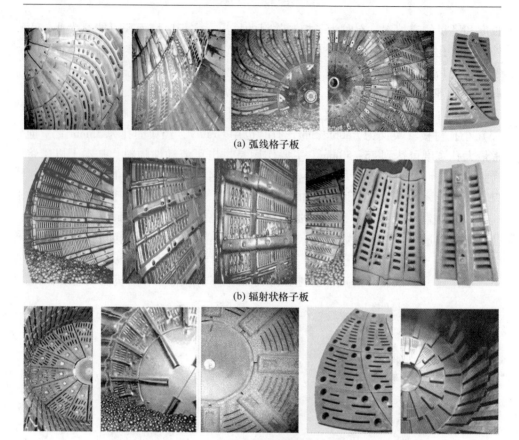

(a) 弧线格子板

(b) 辐射状格子板

(c) 非全/半自磨机格子板

图 5-63　各种格子板

不同比例的顽石窗（包括顽石窗的数量和开孔的大小）和不同开孔面积的格子板形成各种组合。大开孔面积或大开孔的顽石窗通常是为了生产更多的顽石以便充分发挥顽石破碎机的作用。在英文中顽石有 2 种说法，即 pebble 或 recycle。一个给定格子板的通过能力可以采用 JK SimMet 软件或如下 JKMRC 半经验模型估计。

$$Q = k\,J_s^a\,L_g^b\,A^c\,\phi^d\,D^e$$

式中，Q 为格子板通过流量；k 为排料系数 discharge coefficient；J_s 为磨机内矿浆所占净体积；D 为磨机直径；A 为开孔总面积；L_g 为格子板孔在径向平均相对位置；ϕ 为磨机临界速度率；a，b，c，d 和 e 为常数。

值得注意的是，这个模型是从只有水的实验室磨机数据获得的，但任何工业磨机，排出的料含有大量大小不等的颗粒，它的流动性与纯流体应该不完全一样。实际生产中，广泛观察到，在相同开孔面积时，大孔格子板排出的流量比小孔大，但这个现象没有包括在这半经验模型中。另外，还发展了格子板分级函数/

模型，用于描述两种成分的行为。一部分像水有几乎100%的分级效率，而另一部分是格子板对其有分级作用，这一部分应用通常的筛子分级模型描述。进而，发展了两个经验模型描述通过磨矿介质/大块矿石体和矿浆池的流量，公式如下：

$$Q_{\mathrm{m}} = 6100 J_{\mathrm{sm}}^2 L_{\mathrm{g}}^{2.5} A \phi^{-1.38} D^{0.5}$$

$$Q_{\mathrm{t}} = 935 J_{\mathrm{ss}}^2 L_{\mathrm{g}}^2 A D^{0.5}$$

式中，Q_{m} 为通过磨矿介质区的流量，$\mathrm{m^3/h}$；Q_{t} 为通过矿浆池区的流量，$\mathrm{m^3/h}$；J_{sm} 为磨矿介质间矿浆的净占据比例；J_{ss} 为矿浆池中矿浆净占据比例。

因此，总流量如下：

$$Q = k_{\mathrm{g}}(Q_{\mathrm{m}} + Q_{\mathrm{t}})$$

式中，k_{g} 为粗颗粒占据比例修正系数。

k_{g} 的值取决于格子板孔大小和是否采用顽石窗，其值如下：

格子板孔大小	k_{g}
只有小孔格子板，<19mm	1.05~1.1
只有小孔格子板，19~38mm	1.1~1.15
大孔格子板>38mm/顽石窗	1.15~1.25

注：以上为全/半自磨机早期的格子板孔"标准"和定义。目前的格子板孔的"标准"和顽石窗定义已经变化。

根据这个数学模型，在相同开孔面积时，采用大孔格子板/顽石窗时格子板通过流量能比采用小孔格子板时能高出四分之一。通常采用大孔格子板时，允许更大的开孔面积，因此，实践中采用大孔格子板的流量远比小孔的大。

5.5.2　格子板力学性能

格子板设计和使用需要考虑的机械问题包括：

（1）钢球磨矿介质冲击格子板磨损。特别是指金属物流经格子板孔，对其造成冲击。需要重新审查：格子板孔位置、是否被影响的孔必须留有、钢球高能量冲击偶然性、磨机内钢球冲击的一般情况、制造材质、条形开孔大小、格子板整个表面磨损情况等。

（2）堵孔。特别是钢球堵孔（如图5-64所示）。重新审查：开孔的倒喇叭口形状（当新的时候通常有5°释放角，即进入格子板孔的方向小，出来的方向孔大）、钢球硬度情况、钢球磨损后形状（例如是否钢球磨损后更倾向堵孔、或者钢球破裂是更容易堵孔）、孔的形状（通常方形容易卡孔）等。改进：采用孔内部更大抵抗磨损格子板孔允许易堵孔/卡孔大小的钢球很容易通过排出去，采用橡胶或金属-橡胶复合材质格子板（极度情况下，橡胶的伸缩性允许那些在金属格子板卡死的物体通过排出去），采用长条形两端带圆弧孔等。

（3）钢球冲击砸坏。砸坏的格子板如图 5-65 所示。检查：磨机载荷水平（低水平更容易使格子板暴露在钢球冲击下）；是否筒体衬板把钢球抛向给矿端；格子板提升条抛钢球状态；底板的厚度（目前对于大型磨机底板厚度通常 100mm 左右）；边角是否受到良好的支撑；特别是格子板铸造的整体性；支撑网格的厚度和支撑；底板表面磨损率是否增加（例如降低提升条的高度），以便消除钢球冲击带来的蚀点（砸出来的细小坑），或者提高格子板材质的抗冲击强度避免产生裂痕；金属流冲击造成的衬板间的挤压；需要钢球反弹慢慢导向格子板的斜坡；需要陡的格子板提升条面角使钢球导向磨机给矿端方向等。

（4）格子板运转反方向（提升条非工作面）外侧砸坏。检查：钢球抛落轨迹、格子板提升条抛落物料轨迹、底板厚度、边角是否受到良好的支撑、特别是格子板铸造的整体性、支撑网格的厚度和支撑、底板表面磨损率等。

（5）格子板内边损坏。检查：钢球抛落轨迹，特别是是否采用在格子板头端大面角提升条、是否有大量冲击坏的钢球、是否受到内侧底板和提升条保护、格子板和内板之间金属球的流量、载荷水平、格子板铸造的整体性、支撑网格支撑、底板表面磨损率等。

图 5-64　格子板孔被堵　　　　　　　图 5-65　损坏的格子板

5.5.3　格子板组合

传统上，一块格子板上只有一种宽度的孔，但通常长度不一样，以便最大化开孔面积，并且长条形孔（有可能两端有圆弧）与格子板上下两端是平行的（或水平孔），如图 5-66（a）所示。实际上，格子板孔的形状和组合可以无穷无尽种，最普遍的组合是 2~3 种不同孔大小的格子板组合成一整套格子板，有时孔的形状也有差异以便控制排出总量及各种粒级的量，如图 5-66（b）~（h）所示。

最近，一种新式设计是在同一块格子板上有不同大小甚至形状的孔，命名为"double chord"格子板，如图 5-66（h）所示。这些孔的大小是考虑物料在磨机的径向存在离析或偏析。图 5-66（h）中的例子的孔大小分布实例如下。

（1）40mm 的孔在外侧，以便磨好的矿浆通过。

（2）55mm 的孔在中间，以便排出临界粒子。

（3）70mm 的孔在内侧，与大块矿石在磨机载荷外圈运动相对应，以便降低磨矿介质排出速率。

但这种格子板的灵活性差，一旦制造结束，各种大小的孔的配比是固定的。对单尺寸孔的格子板，甚至可以在更换的最后时间更改不同大小孔的格子板配比。

(a) 经典格子板   (b) 不同孔形状的组合   (c) 不同孔形状格子板组合

(d) 格子板之间有大空隙   (e) 楔形格子板   (f) 斜孔格子板

(g) 方孔格子板   (h) 不同孔径格子板
(double chord)

图 5-66 各种格子板的形状与组合

另一种特别值得一提的格子板是专门把相邻的
两格子板之间的缝隙加大（如图 5-66（d）所示），
增加了整个格子板的开孔面积，进而可能提高格子
板的矿浆/矿石通过量。但这可能造成该区域的磨损
增加，需要注意监测。

由于机械强度的限制，通常寿命的格子板的开
孔面积局限于 12%左右，但可以设计更大的开孔面
积，样例如图 5-67 所示，但这是以格子板寿命、高
更换成本（包括材料和人工等）、更多的停产换格
子板时间等为代价的。

图 5-67　大开孔面积高更
换频率的格子板

5.5.4　格子板的提升条影响

对于大型全/半自磨机，格子板的提升条一般在格子板中间或两侧，提升条
的主要作用是减少衬板的损坏。当格子板的提升条太高时，往往造成紧挨着提升
条后面的格子板上的孔不起作用或几乎没有固体物料通过，即所谓的对后面的孔
具有"阴影"效果（shadow effect），提升条的阴影部分是没有物料通过。对于高
速运转的磨机，阴影效果更明显。尽管可以通过降低格子板提升条的方案提高格
子板有效开孔面积，但在一定的程度上降低了格子板的寿命。换一句话说，格子
板的寿命与有效孔面积之间是矛盾的。

在澳大利亚的一金矿的直径为 8m 半自磨机上，当其格子板的提升条降低一
半时，顽石返回量从 130~155t/h 提高到 180~220t/h，但相应格子板的更换周期
从 6 个月降低到 3 个月。

5.5.5　物料通过格子板的驱动力

在工业实践中，经常观察到大型全/半自磨机操作过程中很难保持磨机载荷
这个普遍性现象。同时，在这些大型全/半自磨机操作时，为了提高磨矿效果通
常采取高磨矿浓度。对于那些小径长比且其矿浆提升格超强的磨机，这种高磨矿
浓度与保持磨机载荷的矛盾就更明显。物料从磨机给矿端流向格子板和然后通过
格子板孔的驱动力是格子板两侧的静压差。一台磨机的长度越长需要的流体压头
更高。换句话说，磨机载荷对矿浆在磨机内的流动、最终排出速率起着重要的作
用，如图 5-68 所示。简单地讲，磨机载荷对矿浆在磨机内的流动有非常大的阻
碍作用。随着磨矿介质钢球量增加，流体在磨机内的占有量增加，这还是没有给
矿的时候。这表明钢球对磨机内矿浆的充填率（矿浆占磨机容积的百分数）的
影响很大，甚至可能超过格子板的开孔面积。在全/半自磨机中，大块矿石和良
好流动性矿浆性物料应该也是磨机载荷的重要一部分，也影响矿浆在磨机内的滞
留，但此领域仍缺乏深入研究。

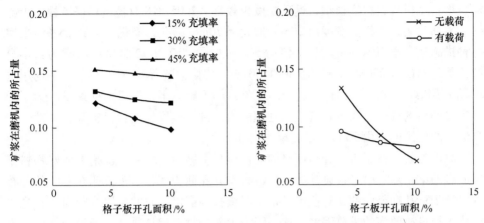

图5-68 不同充填率时格子板开孔面积对磨机内矿浆滞留量的影响[74]

5.5.6 格子板优化工业案例

下面介绍一些格子板优化工业案例。

New Afton选厂对格子板结构（包括格子板孔几何形状和数量等）进行了一系列优化尝试[75]。最初设计的格子板组合了38mm长条孔和50mm的顽石窗，长条孔间的筋条为48.3mm宽。第一次改为76mm宽的长条孔，孔间的筋条宽为101.6mm以保障半自磨启动时其产量不受限制。通过这种增大孔的尺寸保持开孔面积，半自磨的循环载荷保持在合理的范围，同时允许顽石破碎机处理半自磨排出顽石。24个月后，排矿的格子板孔又降回到63.5mm，因为需要保持半自磨机的载荷及减少顽石破碎机的工作载荷。2015年5月，当再次把格子板孔从63.5mm改大到89mm时，磨矿比能耗（单位矿石磨矿能耗）大大降低。这充分说明格子板孔的优化往往不是一步到位的，需要尝试，监测和分析改变对整个磨矿流程的影响及各个设备载荷分布情况，然后再做下一步优化。为了促使更多的物料通过格子板进入矿浆提升格，Afton选厂重新设计了格子板的形状，采用了一种特别有意思的楔形格子板（如图5-66（e）所示）。对于普通经典的格子板，物料主要是由于静压头作用通过格子板的。然而这种楔形格子板使物料通过格子板增加了动态作用力。该楔形格子板的完好率超乎预测的高，报道时尚未发现任何破裂或非均匀磨损造成的非计划更换。

冬瓜山铜矿半自磨机设计处理量250t/h左右，钢球充填率为8%~12%，总充填率为24%~30%，给矿中+150mm级别含量不小于20%以保证有效的磨矿介质。钢球直径为130mm，球消耗0.5~0.7kg/t。调试初期钢球砸筒体衬板强度大、频率高。顽石100%小于20mm，顽石返回量25t/h左右。磨机采用的格子板是衬板孔剖面为退八字锥形孔，在使用中发现这种格子板存在排矿不畅的缺陷，使得半自磨机排料粒度很细，返砂粒度也较细。2005 年 8 月把出料格子板一半筛孔相邻筋除去，它们的宽度由 20mm 加大到 70mm 筛孔，面积增加约 25%。采用这种措施后，顽石返回量增加 1 倍为 50t/h 左右。10 月 12 日生产指标为：半自磨机平均给矿量 270t/h、平均负荷 4150kW、实际总充填率 21% 左右、平均用电单耗 15.4kW·h/t，但仍存在过粉碎现象，严重影响半自磨机的处理量。为了增强半自磨机的排矿提高半自磨机的处理能力，进一步增加出料衬板筛孔尺寸，半自磨机的处理能力由 250t/h 提高至 350t/h。

总而言之，格子板设计是磨机磨矿性能最关键参数之一，也是把磨好物料排出磨机的第一步。格子板设计的主要参数有开孔面积率、格子板孔在空间的分布等。格子板孔在径向的相对位置是指格子板孔到磨机中心的位置或距离，它是决定格子板排矿效率的重要因素，这是因为大部分物料都是通过格子板的外层排出去的。另外，磨机载荷状态（至少包括充填率和浓度）对格子板的排料能力呈现出较大的影响。

5.6　矿浆提升格

对溢流型磨机而言，其给矿端与排矿端没有明显的结构差异，只是排矿端的中空轴大些以形成一定的水力坡度促进物料排出。对于经典的全/半自磨机，格子板后面是矿浆提升格（如图 5-69 所示）。矿浆提升格起着以下两个作用：

（1）保护磨机排料端外壳不受矿浆和顽石运动的磨蚀。

（2）是矿浆和顽石排出磨机的一个机械结构。

典型的辐射状矿浆提升格是一个窄长条形的一端宽一端窄的槽体，宽端是在磨机的周边位置，而窄端指向磨机中心，其实体侧壁指向磨机排矿端，而开口的另一侧为格子板，其形状像水槽，如图 5-69（a）所示（格子板在这些图的上面位置）。在磨机的下半部分，矿浆通过格子板孔形成矿浆流，然后倾流到提升格与格子板之间的空间中。矿浆提升格内的物料通常分为两部分：一部分是具有良好流动性的细粒组成的矿浆流（即可流动性矿浆），另一部分是大块矿石，即顽石。对于全自磨机还有排出的钢球。

矿浆提升格的工作原理像一台超大的旋转式泵，利用重力和离心力两者的结合灌满各个提升格，然后旋转把格子内的物料提升起来后通过格板导流到中心排出。因此，磨机的速度对矿浆提升格排矿性能和机制有巨大的影响。在这种情况下，磨机速度的选择是进退两难的困境。如果采用低磨机角速度，降低了磨矿作用和磨矿粉碎率；但采用极高的磨机角速度，特别是接近临界速度时，离心力将把矿浆和顽石困在矿浆提升格内，离心力升高甚至抵消了重力排料的作用，最终导致矿浆提升格能力部分或甚至全部损失，因此在磨机运转一圈的过程中，矿浆提升格内的物料不能全部排空。

(a) 辐射状矿浆提升格

(b) 弧线矿浆提升格

图 5-69　排料端的各种矿浆提升格

　　如图 5-70 所示，如果磨机逆时针方向旋转，在区域 1，物料通过格子板孔进入矿浆提升格，大概相对 3~6 点钟的位置。随着磨机的旋转，一旦这个矿浆提升格高出磨机中心的水平位置，流体（水和极细颗粒）开始向中心（孔）方向运动，但大颗粒由于离心力作用，须等重力作用超过离心力时才开始向中心滑动。一旦磨机转到 1 点钟位置，在常规磨机转速情况下，所有物料都向中心运

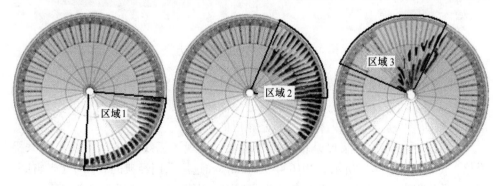

图 5-70　磨机排料过程中矿浆的运动

动。通常只有当一个提升格达到 1~2 点钟位置，才会出现大量明显向中心孔的流。当这个提升格垂直时，整个物料流将加速向下流动，包括固体性物料。这个提升格内最早的物料流应该已经到达排料中心孔。当这矿浆提升格再次回到水平位置，物料就开始回流而不是往外流。特别是像顽石样的固体在回流过程将冲击到矿浆提升格的底部，导致冲击坑和极度磨损。这些物料（可能包括矿浆流、顽石甚至钢球），将被迫进入下一循环。这个现象称为携带，即矿浆提升格内的物料不能在一个循环（磨机转一圈）内完全排空的现象。

5.6.1　携带现象

携带现象是由于矿浆提升格没有足够的能力在一个排料周期内把进入其中的顽石和矿浆全部排出引起的。携带现象导致矿浆提升格磨损急剧加快，特别是底部的冲击磨损，增加了磨机内载荷，阻碍减少了物料通过格子板进入矿浆提升格。矿浆提升格的携带现象至少有以下两个缺点：

（1）携带现象降低了磨机排料系统的效率，这是因为有些顽石或矿浆仍滞留在矿浆提升格中再次返回到矿浆提升格的底部（即靠近磨机周边位置），限制了矿浆提升格在下一个循环周期的排料能力。

（2）既然携带现象存在使物料沿着矿浆提升格的侧壁回滑到其底部，因此该现象加速了矿浆提升格的磨损，如图 5-71 所示。

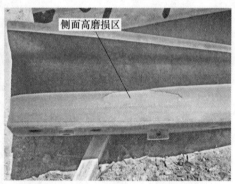

图 5-71　局部高磨损的矿浆提升格

携带现象不仅受磨机转速的影响，还受矿浆提升格内矿浆的黏度影响。众所周知，矿浆黏度除了受物料性质影响，还受固体浓度影响。因此磨矿浓度对整个磨矿过程的影响是多重的，有些甚至是相反的。

为了降低或避免矿浆提升格的携带现象，出现了弧线（包括折线）矿浆提升格，如图 5-69（b）所示。2016 年 Paddington 选厂采用经典的 SABC（半自磨-球磨-顽石破碎机）流程，该半自磨为直径 8m×长 3.9m，装机功率为 4MW，格子板全部采用 75mm 顽石窗，半自磨机排料进入单层振动筛，筛孔为 6~8mm，顽石破碎机为 CH660（装机功率 315kW）。半自磨钢球充填率为 12% 左右，总充填率为 27%~28%。粗破排矿口为 90mm（设备允许的下限），当处理量为 520t/h（矿石邦德磨矿功指数为 12~17kW·h/t），半自磨机和球磨均已满负荷运转，但顽石返回量仅为 140~160t/h，甚至顽石破碎机排矿口降低到 8mm 仍没有挤满给矿，且功率不超过 150~180kW（装机功率为 315kW）。考虑排出更多顽石方案提高产量降低能耗，因此提出尝试弧线矿浆提升格。图 5-72 显示了辐射状与弧线矿浆提升格的排矿差异（DEM 模拟结构）。模拟数据显示：采用弧线矿浆提升格可降低矿浆提升格大颗粒（>1mm）携带量至原来 5% 以下，矿浆携带量的 15% 以下，回流到磨机筒体量也降低到原来的 20% 以下。值得注意的是，由于矿浆提升格的弧线几何形状不一样，产生的效果也不一样。图 5-73 显示两种弧线矿浆提升格不同的排料性能，图 5-73（a）的弧线矿浆提升格几乎没有明显的携带，但图 5-73（b）中仍存在携带现象。

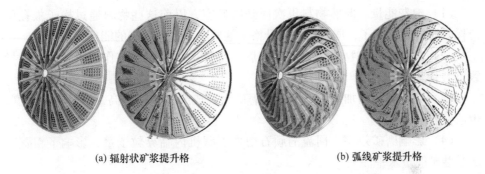

(a) 辐射状矿浆提升格   (b) 弧线矿浆提升格

图 5-72　辐射状与弧线矿浆提升格排矿差异（DEM 模拟）

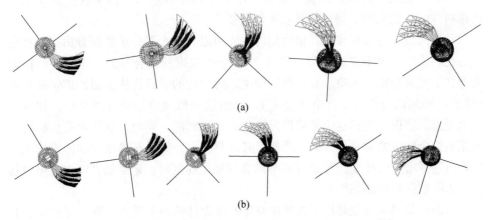

(a)

(b)

图 5-73　不同弧线矿浆提升格 DEM 模拟矿浆排出效果[76]

5.6.2　回流现象

当经典传统的矿浆提升格运转到超出磨机筒体内的矿浆面或超过水平位置时，物料将落在矿浆提升格的侧板上，一侧为矿浆提升格的底板，另一侧为格子板所在的衬板面。当矿浆提升格内的矿浆暴露于（有孔）格子板时（通常在矿浆提升格靠磨机周边），矿浆不可避免地通过格子板的孔流向和回到磨机筒体的磨矿室，这就是回流现象。传统矿浆提升格的性能分析表明有大量的矿浆再次回流到磨机筒体内，其数量取决于矿浆提升格的大小和（几何形状）设计。尽管弧线矿浆提升格能有效减少或消除携带现象，但它不能改变回流现象，回流对它而言也是不可避免的。

回流现象是指已经在矿浆提升格内的矿浆和固体通过格子板的孔反向流回到磨机磨矿室。这些物料流动方向和物料排出磨机方向相反，即回流物料是从磨机排矿向给矿端运动。回流现象带来如下问题：

（1）浪费能量。既然物料再次回到磨矿室，以前这些物料通过格子板孔所消耗的能量就浪费了，同时矿浆提升格把这些物料提升起来的能量也浪费了。

（2）过磨。这些物料回到磨矿室后，将再次暴露在磨矿作用下，这可能导致过磨和非期望的细产品。

（3）磨机载荷增加。顽石回流到磨矿室造成磨机载荷提高，磨机功率提高，也浪费能量。

（4）影响磨矿效率。回流的顽石增加了磨机内临界粒子量，影响了粗颗粒所受磨矿能量水平。

（5）降低磨机磨矿量。回流量抵消了允许的磨机给矿量。中试和工业生产实践表明影响量达 10%~40% 水平。

（6）增加衬板磨损。回流现象大大增加了格子板底部和格子板反面（从磨机排料方向）的磨损，进而导致格子板孔变大。

顽石回流是造成矿浆提升格磨损的主要原因。对大部分矿浆提升格，在接近中心孔的位置，由于空间所限，经常 2~3 个矿浆提升格合并为一。这种结构大大增加了回流现象的风险。在这种结构中，后到达的顽石将从上面的矿浆提升格（通道）掉到低的矿浆提升格（通道）。这给这个低通道造成额外负担，加速了这个通道的磨损，包括这个矿浆提升格的底板和底部。同时，这些顽石负担将预先充填这个低位的矿浆提升格，降低了其排料能力。低顽石排出率和回流的风险随磨机速度增加而提高。当超过 80% 的临界磨矿速度时，矿浆提升能力的损失将会成为限制磨机性能的因素。

控制矿浆回流现象是格子板和矿浆提升格设计的一个重要方面。尽管对于开路流程回流量可能比较低，但对于那些采用旋流器或细筛形成闭路流程时，回流现象的影响可能巨大，大量的矿浆将回流到磨矿室。目前，全/半自磨机采用的最普遍的矿浆提升格是辐射状的，其次是弧线型。作为传统模式，辐射状矿浆提升格更倾向带来更多的回流。

5.6.3 矿浆池与能量效率

一部分矿浆回流磨矿室最终能导致在磨机载荷的低点附近形成矿浆池。矿浆池的出现将吸收大量的冲击能量进而造成粗颗粒粉碎效果大幅度降低。同时，矿浆池的存在也降低了颗粒间剪切粉碎作用，这是因为矿浆对大颗粒明显地对相对运动造成巨大的阻力，即颗粒保留在矿浆中的概率增加，相对运动减少，因此细颗粒的粉碎能力也变差。降低的冲击和剪切粉碎作用最终导致整个物料的粉碎率降低，进而磨矿效率差和磨机的磨矿能力下降。当磨机忽然跳停（即停车后无物料流进或流出）时，打开磨机就能观察到磨机内是否存在矿浆池现象。如图 5-74 所示的矿浆池，其应该位于磨机载荷的低处（或磨机载荷的脚趾处）。

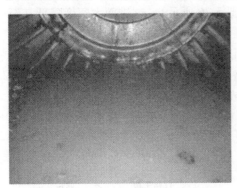

图 5-74　半自磨机内的矿浆池

5.6.4 矿浆提升格大小的影响

图 5-75 显示了矿浆提升格大小的影响，从图 5-75 可见，在一定的矿浆充填率的情况下，矿浆排出量随矿浆提升格的宽度增加而增加。矿浆提升格性能高是由于在一定的流量的情况下，随着矿浆提升格变深而形成的矿浆面降低。简单而言，当相同体积的矿浆在矿浆提升格内，矿浆提升格越大，矿浆的高度越低，矿浆面越低，从磨机给矿端到矿浆提升格的静压差越大，物料通过格子板流向矿浆提升格速度越快，排出量越大。同时还减少了格子板上可能回流的孔的数量。还观察到一个给定的矿浆提升格倾向有一个最大流量限制。不管磨机内矿浆占有率的高低，一旦超过这个极限，不再能排出更多的量。对于一个无顽石返回的全/半自磨机，矿浆提升格深度的指导性尺寸为磨机直径的 4%。对于高顽石循环率或大处理量的软矿石的磨机，矿浆提升格的宽度应该增加以便减少或限制回流

现象。

对于大流量的磨机，矿浆提升格的数量必须合理。（1）数量太多，侧壁所占的体积太大降低了矿浆提升格的提升空间体积，限制了最大的排出量。同时由于矿浆提升格数量太多，其净空间变窄，对于采用大格子板孔时（例如80mm以上），大块物料（包括钢球和矿石）容易在矿浆提升格的排矿端卡死，使该矿浆提升格丧失了排料功能。这也是上面提到的在中心孔附近2~3个矿浆提升格合为一的原因之一。（2）如果矿浆提升格数量太少，每一个矿浆提升格的空间体积很大，同时矿浆量也大。当矿浆提升格越过水平位置时，既然矿浆的底面是矿浆提升格的侧壁且面积是固定的，矿浆提升格内矿浆量大意味着矿浆变深，容易导致更多的回流。同时每个矿浆提升格需要更多的时间排矿，容易恶化携带现象。

5.6.5　矿浆提升格的几何结构的影响

随着磨机旋转，弧线矿浆提升格（如图5-69（b）和图5-72（b）所示）能更有效、更容易、更快捷地排出物料（如图5-76所示），这进而大幅度降低甚至消除携带现象。与辐射状矿浆提升格相比，弧线矿浆提升格还能更有效地降低回流的几率和矿浆提升格的磨损。因此各种形状和结构的弧线矿浆提升格已经在全/半自磨机广泛应用，但是弧线矿浆提升格的明显缺点是磨机只能单向转。如果弧线延伸到磨机排料中心孔附近，后到达或排出的顽石可能"回爬"，这降低了排矿效率。因此，在弧线的上端（靠近排料中心孔的一端）通常应该是一段直线，以便大幅度减少或消除"回爬"现象。

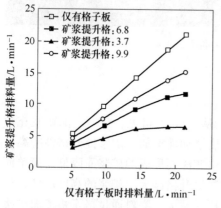

图 5-75　矿浆提升格大小的影响[77]

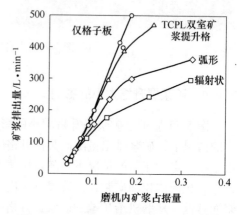

图 5-76　矿浆提升格几何结构的影响[78]

尽管弧线矿浆提升格有利于把携带现象降到最低，但回流现象仍限制了矿浆提升格的能力。JKMR 开发并测试了一种新型矿浆提升格的设计，命名为双室矿浆提升格（Twin Chamber Pulp Lifter, TCPL），如图5-77所示。奥托昆普（Outotec）开发了一种类似几何结构的矿浆提升格，命名为 Turbo Pulp Lifter（注册商标为 TPL），如图 5-78 所示。奥托昆普在 Barrick/Kennecot 公司在美国内华达州的 Cortex 金矿的直径 26ft×长 12.5ft 的半自磨机上进行了试验，结果列于表 5-19。生产数据表明，提高磨机处理能力达 20%，同时磨机比能耗也相应降低了相近的数量（即 20%）。

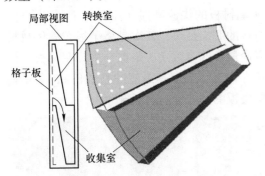

图 5-77　双室矿浆提升格 TCPL 结构示意图

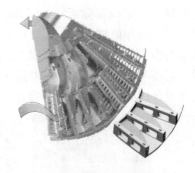

图 5-78　奥托昆普的 Turbo
矿浆提升格（TPL）

表 5-19　TPL 矿浆提升格应用前后磨矿效率[79]

指　标	采用双室矿浆提升格 TPL 之前	采用双室矿浆提升格 TPL 之后
磨机给矿量/t·h^{-1}	344	421
半自磨机功率/kW	2915	1884
半自磨磨矿功耗/kW·h·t^{-1}	8.48	4.74
球磨磨矿功耗/kW·h·t^{-1}	11.13	8.43
选厂功耗 W_i/kW·h·t^{-1}	17.52	13.2
能耗成本/美元·月$^{-1}$	18.9 万	12.1 万

　　磨机排料能力是由磨机的格子板和矿浆提升格组合决定的，其功能是快速有效地把磨好的物料排出，避免物料在磨机内堆积使载荷高而不得不降低给矿量，即降低了磨机的磨矿能力。同时为了提高磨矿效率，还应该避免在磨机内形成矿浆池，如图 5-79 所示。

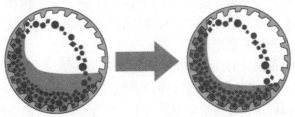

图 5-79　磨机内矿浆高度示意图

5.7　给矿端衬板

　　磨机给矿端衬板实例如图 5-80 所示。从静止磨机载荷向磨机给矿中空孔看过去，整个像一只眼睛，最中心衬板的轮廓线像一圈"眼线"。尽管磨机给矿衬板磨损最快的位置与磨机载荷相关，磨机载荷面所在的高度附近磨损最快，通常也在这一"眼线"附近。为了降低给矿端衬板的快速磨损（注：对于全/半自磨机，当采用相似材质时，通常给矿端衬板的磨损最快，其次是格子板，筒体衬板可能与格子板相近但通常磨损慢些，寿命最长的应该是矿浆提升格，在衬板设计时，需要考虑更换周期，通常做法是长寿命衬板周期是最短的整数倍），采用提升条设计以改变物料原来运动方向降低底板的磨损提高衬板寿命。

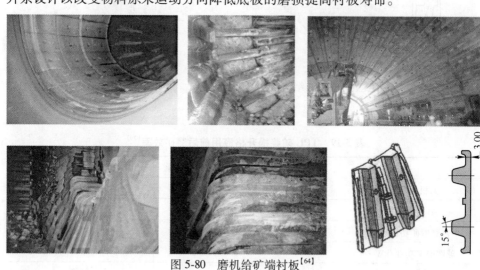

图 5-80　磨机给矿端衬板[64]

　　在设计上，给矿端衬板的提升条应该强化。对于大型磨机普遍采用的整体式衬板，提升条应该一直延伸到中心孔边上，这与格子板上的不一样。这些提升条可以减少磨机内物料直接与其底板摩擦带来的磨损。近来，趋向于采用大而高的提升条以便延长底板的磨损寿命。对于单向运转的磨机而言，提升条的位置需要调整以便给矿端衬板的提升条更有效地对高磨损区提高保护作用。另外一个趋势是给矿端衬板的提升条不再是矩形而是和筒体衬板提升条一样有一定的面角，且在提升条的头部和底部有过渡弧。这种设计的目的是避免钢球抛起来而砸坏近给矿端的筒体衬板而加快其磨损。

　　磨机给矿端衬板设计时注意的机械问题如下：

　　（1）确保给矿端衬板单件与磨机的锥形给矿端配合良好。可以通过加橡胶垫的办法使衬板很好坐在磨机给矿端外壳上。配合不严密将能造成螺栓断裂和底板破裂。

（2）限制衬板部件直接受到径向飞来钢球的冲击，例如，两端暴露、部分地方突出、螺栓开孔太大不断遭受钢球金属流的冲击导致破裂。

（3）避免新旧衬板混用。这样新衬板突出，不断暴露在钢球冲击之下。

（4）优先考虑把主要磨损的地方放在同一圈衬板上，只需一起更换这些衬板。

（5）给矿端衬板应该尽可能与筒体衬板一起更换，避免新的给矿端衬板给旧筒体衬板带来高磨损。

如图 5-81 所示，为了应对与磨机的载荷水平位置附近的那一圈给矿端衬板磨损最快，为了更换尽可能少的衬板，需要对这个高磨损区进行特殊设计。如图 5-82 所示，特殊设计包括：

（1）把高磨损区制作成一块单独衬板（图 5-82 中间的那个灰色的衬板）。

（2）把这部分的提升条加高加厚。

图 5-81　磨损的给矿端衬板

但以上两种技术方案将增加衬板重量，相应需要调整磨机载荷的设定值。因此，在某些情况下，这两种选项可能受限，这是因为磨机载荷降低对磨机处理能力有负面影响。另外一方案是改变衬板材质，需要选择既能抵抗大钢球（90~140mm）或大块矿石（350~400mm）的冲击还要经济上可行。但通常全/半自磨机内的冲击作用很高，一般高硬耐磨材质不适于这种情况。一种技术方案是在这个高磨损区域衬板的提升条中插入高性能抗磨损的（高铬）白口铸铁件，如图 5-83（a）所示。通常整体为白口铸铁衬板太脆并不适用于这种环境，但白口铸铁周围的常规材料保护了它不受冲击损坏。因此，这种

图 5-82　磨损部位单出且加高的给矿端衬板

双合金材料的组合既具有抗摩擦性能又有抗冲击性能，大大延长了衬板的寿命。图 5-83（b）对比了这种衬板与常规衬板磨损后的情况，这种双合金材料的组合制作衬板在高磨损区域的磨损率明显下降。

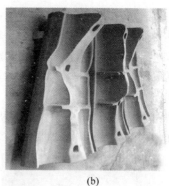

(a)　　　　　　　　　　　　　(b)

图 5-83　耐磨给矿端衬板

（a）高磨损区域有白口铸铁（white-iron）插入；
（b）普通磨损后的给矿端衬板和有耐磨插入件的磨损后的给矿端衬板

5.8　给矿溜槽衬板

　　从选厂的完好率而言，磨机给矿溜槽与粗破一样重要，这是因为所有的物料必须通过它才能进入初磨机。由于全/半自磨机给料小车一般没有备用，一旦给矿溜槽磨损（如图 5-84 所示），必须停产才能更换，导致大量停车。磨机给矿溜槽及其衬板设计必须考虑如下因素：

　　（1）磨矿补加水应该从溜槽的背面给入，与磨机轴线对齐或平行，以便把细物料冲入磨机。

图 5-84　磨损的给矿溜槽衬板

　　（2）结构设计时应该避免由于矿石、矿浆突然改方向或循环载荷重新回到磨机的给矿入口产生的局部区域高磨损。

　　（3）设计给矿溜槽时，其截面应该满足最大流量的要求。这些物料包括新给矿、循环负荷和水。

　　（4）尽可能不同大小形状衬板品种少。

　　（5）合理设计衬板、螺栓和溜槽的强度差异，避免过载时伤及溜槽连接部位。

（6）给矿溜槽尽可能延长甚至直接给入磨机内，尽量避免物料落到或直接冲击磨机中空轴的内衬板（如图5-80左上图所示），进而经常造成磨损。

（7）对高磨损情况，应该考虑购买完全装配好衬板的备用给矿溜槽，一旦磨坏，把它移出备用移进快速恢复运转。

溜槽衬板的使用寿命直接影响磨机的运转率。为不影响整个磨矿系统的正常稳定运行，必须设计合理的溜槽衬板的使用寿命。通常提高溜槽衬板寿命方法有：

（1）加厚衬板。通常溜槽衬板厚度为80~140mm，为了延长其使用寿命，可将其尺寸加厚到100~180mm。

（2）采用矿石箱设计。首先给矿物料从皮带机上落到反射矿石箱后沿着一个一个的矿石箱下行，最后通过光滑衬板进入磨机。这样能吸收物料离开给矿皮带机时的冲击力。

（3）材质选择。给矿溜槽衬板一般能采用加厚的马氏体铬钼铸铁或锰钢等，这取决于溜槽的形状和冲击作用。据报道，BBT-KMC-3变质钢可明显提高溜槽衬板寿命。

（4）几何结构。改进溜槽内物料的运动轨迹：滑动和跳跃并行的矿石运动方式更有利于提高衬板寿命。可在溜槽衬板上适当添加纵向的堵挡产生碰撞，矿石跳跃离开衬板。这样矿石是滑动、跳动并行，减少了滑动磨损，衬板寿命也进一步提高。

5.9　排矿溜槽衬板

全/半自磨机排矿溜槽衬板承受的冲击力一般小些，物料多趋圆形流动性好。因此排矿溜槽衬板主要应该具有高抗摩擦性能。可采用那些锰钢等耐磨材质。另外一种选择为采用矿石箱办法（如图5-85所示）。

图5-85　矿石箱式全/半自磨排矿溜槽

5.10　磨机衬板设计、优化与测试

尽管磨机衬板的再设计、优化和测试通常是一个成本高、时间长、工作量大、结论不明确或不可靠的工作，但大量的工业案例表明是可能通过使用合适的衬板能提高产量同时延长衬板寿命。针对一矿山的特定情况，有一系列的手段和工具用于指导磨机衬板的优化工作。对于磨机衬板本身而言，衬板优化将能大幅度地改变衬板寿命、停产维修时间和衬板材料成本的。如果了解了磨机衬板与磨机生产的互相影响，磨机生产率也能维持在最优的范围内。磨机衬板优化的好处还有：

（1）对全/半自磨机而言，可以优化磨矿介质的抛落高度、最大化冲击作用。

（2）对其他磨机而言，确保滑落或泻落磨矿作用。

（3）避免磨矿介质直接冲击磨机衬板。

（4）通过调整提升条参数对底板提供保护实现衬板寿命最大化。

（5）通过避免钢球直接冲击衬板造成的钢球破裂。

（6）采用合理的提升格间距和高度使磨机产量最大化，这些也是磨机筒体衬板设计必须考虑的参数。

（7）寻找磨机衬板寿命与产能合理的平衡点，采用保护性为主的衬板设计，但同时又能促使磨矿介质和其他载荷作有效磨矿作用的运动。

5.10.1　数学模型预测研磨体的抛物线轨迹

磨机衬板的设计的首要评价标准是磨矿介质应该冲击到磨机载荷的脚趾处（最低处）但不能直接冲击磨机衬板。直接冲击磨机衬板既浪费能量又损坏磨机衬板。对全/半自磨机而言，最理想的应该是确保磨矿介质落在磨机载荷的脚趾处，这样落差最大、能量传递量也最大。现在，以提升条高度和面角为参数的数学模型已经广泛应用于优化衬板设计。其中一些软件（如 MillTraj）已经可以用于设计模拟了。这些软件能预测磨机载荷最外层物料的整个循环闭路，即包裹其他载荷往下的抛落或泻落。更先进的离散元数学模型（DEM）甚至能预测磨机内所有固体的运动。

5.10.2　提升条 S/H 比值使磨机筒体衬板获得足够的提升能力

另外一个磨机衬板设计的评价指标是提升条的间距与高度的比值。该指标是为使衬板既有足够的抗磨损性能又不造成提升条之间积料。这个参数适于全/半自磨机和初磨球磨机，对采用波浪形衬板或再磨机不太重要。同时，S/H 值还在很大程度上受磨机转速的影响。特别对于金属衬板，S/H 明显随着衬板的磨损而变化，对于新衬板，该值比较低但磨到最后将很高。理想的情况是其变化在最优的 $S/H±1$ 的范围内。如果在固定衬板行数的情况下不能获得一个合适的 S/H 比，必要时应该回到高-低提升条组合模式，以便保证提升条之间有足够的间距。

5.10.3　衬板几何结构设计提高磨矿效率

衬板设计的重要方面之一是衬板的形状、结构和组成。一个优化的衬板形状也能提高能量消耗效率，减少磨矿介质无效抛射能量损失。磨机筒体衬板的设计对磨矿效果的好坏起着至关重要的作用。通常衬板寿命最大化是衬板制造商和应用者的核心目标之一，各种各样的方案提出用于延长衬板寿命，包括：

（1）增加提升条高度。

（2）调整提升条面角。

（3）减少提升条的行数。

（4）增加磨机载荷水平。

（5）使用高-低提升条组合等。

5.10.4　衬板设计的工业测试与检验

衬板优化的最大的困难是在因素多变化大的生产环境下如何获得正确和可靠的数据用于评价衬板设计对磨机磨矿性能的影响。特别是在全/半自磨磨矿作业，它像一个小影响因素进入了有大量操作变量的系统。用实验室的数据预测生产中衬板的磨损率极其不准确，在某种程度上，这些数据是误导而不是有用信息。对所有的测试存在的基本问题是如何在生产磨机中重复磨损模式。像物料与衬板接触时的压力、相对运动速度、物料的磨蚀性能等均对衬板的磨损率起着重要的作用。也就是说，在很大程度上讲，这些参量的巨大的变化幅度很容易使一个没有事先计划好的测试方案无法继续或有效进行下去，甚至不得不废弃试验方案。另外，甚至还可能错误地对一系列测试衬板材质的抗磨损性能进行排序。

就目前的技术，衬板磨损性能还必须在工业磨机设备上测试。另外一个方法是在两个或多个平行的磨机上做对比试验，同时监控、检测磨机衬板磨损情况。在对比新旧衬板时，这种方法要求磨机的给矿量差异不超过5%[80]。在整个测试过程中监测磨机衬板磨损情况是进行有意义的比较的最重要的部分。这给出了直接对比，但也要求更精密的实验设计去最小化相邻测试磨机的互相影响，同时进行定期磨损测量为比较提供有用的数据。第二种比较简单方法是只测量衬板磨损情况，而不考虑磨机磨矿性能的变化。

通常，还可以根据磨机所表现的磨矿性能选择磨机衬板的材质、设计、应用等，即简单的试用法，事先没有足够的分析，但这种方法存在如下缺点。

（1）需要很长时间甚至数月之久获得结果。

（2）一套磨机衬板昂贵但若事先完全不知道性能如何，这不是一个可以忽略不计的成本，甚至还可能影响磨机处理能力和磨矿细度等。

（3）需要停产安装和监测需要测试的磨机衬板。

（4）既然选厂的情况随时变化的，可能得不出结论性的结果。

5.10.5　差衬板设计的症状

如下磨机磨矿状态可能表征了磨机衬板存在问题。

（1）特别是给矿性质比较稳定情况下，在衬板寿命周期磨机处理能力变化巨大。

1）新装衬板后磨机处理能力大幅度下降。这表明新衬板的形状和结构不合理，或者新衬板太厚（通常是应对不良的衬板设计造成的极度高磨损率而做的补充措施，结果导致更大错误）。

　　2）在衬板寿命周期，磨机处理能力出现高峰，但经常在衬板周期要结束的时候。这是提升条太大、提升条面角太陡、提升条间距太小等的症状。

　　3）在衬板寿命周期磨机处理能力一直呈下降趋势，且衬板的几何形状比较平。这是物料在衬板表面滑动的征兆。增加提升条的高度降低其面角（变陡些），或需要更换衬板。

　　（2）衬板破裂频发，但没有发现铸造的缺陷（如衬板内部有许多气孔），这应该是由于冲击作用破裂的。

　　（3）衬板磨损率极度高，这表明周围磨矿环境对衬板造成极度划痕，即表面划出沟槽等。

　　（4）钢球破裂或砸成两半。

　　（5）磨机运转过程存在直接钢-钢碰撞声音。

　　（6）优化磨机操作参数后，磨机产品粒度特性不对等。

5.10.6　磨机衬板优化案例

　　案例1： 某铁矿生产工艺中，其矿石供应地为露天矿转入到地下开采，原矿石的性能发生了改变，矿石的风化程度降低硬度提高，粉碎率降低。导致该全自磨设备的效率下降。为了保证其生产的细度与提高全自磨机的效率，向全自磨机内增加了钢球改变为半自磨工艺。由此提高了湿式自磨机的生产能力，保证了精矿质量并取得了良好的经济效益。但是介质中引入钢球改变了原来全自磨机的磨矿状态。磨损的中后期衬板与钢球冲击下产生变形与断裂，衬板的中间位置磨损尤其严重。原有的生产中衬板的寿命为3000h以上，而加钢球后下降了1/3。增长了设备维护工作，并且故障率提高。针对此情况，进行了耐磨配件衬板的结构与性能的优化。优化内容包括：（1）改进衬板的材质，提高其耐磨的性能，进而达到延长其使用寿命的目标。（2）增加衬板的厚度，改变衬板的结构形式，即截面形式，提高使用寿命。

　　案例2： 太钢岚矿安装有3台美卓半自磨机，尝试使用过不同生产商的磨机衬板。由于矿石硬度大，太钢磨机衬板时有断裂且使用寿命短，导致设备频繁停机，严重影响生产。而且，一些生产商各批次磨机衬板的寿命变化大，非常不利于计划性停机维护。美卓对其磨机衬板优化，以期改善其生产运营状况。2016年7月，由美卓优化设计的多角度波形磨机筒体衬板在太钢岚矿磨矿车间安装投产。美卓工程师经过多次现场磨机筒体衬板数据收集与分析，并运用仿真软件设计新的衬板结构。通过改变筒体衬板的提升角度和高度，优化物料在半自磨机内部的运行轨迹，减少钢球与衬板的直接撞击，进而降低衬板磨损率并提高磨矿效率。同时，美卓工程师结合太钢磨机工作条件，改进了衬板的材质，使其硬度和韧性达到最佳匹配，全面提升衬板的抗断裂性和使用寿命。

此外，美卓还为太钢优化设计的格子板。新款格子板改变了排料口的截面形状，可以减少堵料、避免开裂，并提升使用寿命。太钢磨机衬板优化提高了选厂产能和降低了运行成本。

案例 3：国内某大型铜矿直径 10.37m×长 5.19m 半自磨机优化。该半自磨机的给矿粒度为 −300mm，采用振动筛分级，闭路磨矿，磨矿产品粒度 P80 = 194μm，处理量为 938t/h，安装功率为 2×5MW。优化设计之前的筒体衬板为 66 排，衬板螺栓孔都位于提升条上，衬板提升条按高-低的形式布置，高提升条高度为 305mm（含基体），低提升条高度为 205mm（含基体）。筒体衬板工作 3 个半月后发现有断裂现象，断裂形式主要有两种：一种是沿纵向整条断裂；另一种是沿横截面断裂，少数为掉角。衬板的提升条过高以及衬板的面角过小都会导致钢球被过度提升，使钢球直接撞击衬板，造成衬板的破碎与断裂。采用离散元分析软件 EDEM 对磨机内部物料和钢球的运动轨迹进行仿真分析证实了有钢球撞击衬板的情况。磨机衬板面角增加了 10°，通过衬板模拟软件进行模拟，结果表明在此筒体衬板面角时钢球不再撞击衬板。优化后的衬板在现场取得了良好的使用效果。

5.11 衬板的磨损与操作

影响磨机衬板磨损的因素很多，如磨机载荷与衬板材料表面相对强度和硬度、摩擦滑动距离、滑动速度、相互之间的作用力或衬板表面所受压力、磨机载荷变化历史、磨机种类等。表 5-20 列举了在各种磨机类型和组合及矿石类型下磨机衬板磨损率。磨机操作参数对衬板磨损的影响总结如下[81]：

（1）磨机载荷水平对衬板磨损率有明显的影响。首先磨机衬板磨损率随着磨机载荷的增加而加剧，通常磨机衬板磨损率在 20%左右磨机载荷时达到极值。随后，磨机衬板磨损率随着磨机载荷增加而降低。

（2）磨机速度对衬板磨损率也有明显的影响。规律与磨机载荷相似。首先磨机衬板磨损率随着磨机速度的增加而加剧，通常磨机衬板磨损率在 75%左右临界速度率时达到极值。随后，磨机衬板磨损率随着磨机速度增加而降低。

（3）磨矿方式对衬板磨损率也有明显的影响。当把干式磨矿改为湿式磨矿时，衬板磨损率能增加数倍之多。这是由于提升条表面相对滑动速度的变化，同时也可能腐蚀加剧了磨损。

（4）矿石大小对磨机衬板也有影响。对于单一粒度的矿石，相对比较大的颗粒能减少磨机衬板的磨损，但矿石颗粒必须小于提升条的高度。而一个宽粒级的矿石的磨机衬板磨损高些。

表 5-20 各种矿石初磨典型衬板磨损率[82]

序号	矿石种类	给矿粒度 mm	磨机尺寸 ft	衬板磨损率/g·t⁻¹			衬板磨损率/g·(kW·h)⁻¹		
				棒磨	球磨	合计	棒磨	球磨	合计
单段球磨									
1	铜矿	19.1	10×10 格子型		40.0			5.4	
2	铜矿	12.7	12×12 溢流型		32.0			4.8	
3	铜矿	12.7	10.5×10 溢流型		45.0			5.5	
4	铜矿	19.1	16.5×19 溢流型		47.5			5.1	
5	钼矿	9.5	9×9 格子型		47.5			8.8	
6	钼矿	9.5	13×12 溢流型		50.5			9.0	
7	铜矿	12.7	10.5×12 格子型		60.5			8.6	
8	钼矿	9.5	13×12 溢流型		75.0			11.7	
2 段磨矿，棒-球磨									
9	铁矿	19.1	1-RM-10.5×15 2-BM-10.5×15	0.0	0.0	0.0	0.0	0.0	0.0
10	铁矿	19.1	1-RM-10.5×16 2-BM-10.5×14	20.0	15.0	35.0	6.7	2.1	3.5
11	铜矿	19.1	1-RM-12.5×16 2-BM-12.5×14	21.0	15.5	36.5	7.0	2.6	4.1
12	铜矿	19.1	1-RM-10.5×15 2-BM-10.5×15	28.5	15.5	44.0	9.5	2.2	4.4
13	铜矿	19.1	1-RM-12.5×16 2-BM-12.5×14	33.5	13.5	47.0	13.2	2.6	5.9
14	钼矿	19.1	1-RM-12.5×16 2-BM-12.5×15	31.0	17.5	48.5	8.9	2.7	4.9
15	铜矿	12.7	1-RM-10.5×16 2-BM-10.5×13	26.0	27.5	53.5	7.4	6.4	6.8
16	铁矿	25.4	1-RM-11×14 2-BM-11×14	50.0	23.0	73.0	12.5	3.5	7.3

随着磨机衬板的磨损，衬板的几何形状和结构参数发生变化，导致衬板的外观形状改变，见图 5-55 、图 5-59 和图 5-86 中的实例，进而改变磨机磨矿性能。对于通常的磨机衬板设计，磨机磨矿性能一般首先趋向于轻微上升，这是由于磨损作用导致的衬板的形状更接近最优形状，然后趋向于下降直至衬板更换。图5-87 显示了一个磨机衬板磨损对磨机产能的影响和如何相应增加磨矿介质进行补偿以便保持磨机产能。在衬板寿命未达到极限时，通过增加磨矿介质的充填率水

平可以达到磨机设计能力。但当这台磨机衬板寿命超过这个极限后，磨机的产能不再达到最低能力的要求。如前面提到的，对于全/半自磨磨矿，如果磨机能变速，随着磨机产能下降应该总体上稍微提高磨机转速或调整给矿的粒度分布以补偿磨机衬板磨损带来的提升能力和冲击力下降。有时在生产实践中，会观察到高度磨损的衬板效果仍然可以达到足够磨矿性能但不一定是最优的，通常磨矿产品粒度偏细。对于全/半自磨机而言，这种情况通常的原因可能包括：（1）磨机衬板结构设计存在严重缺陷，特别是筒体衬板，不能产生足够频率、能量水平、数量的冲击作用；另外需要检测格子板和矿浆提升格的能力，如新格子板孔太小或开孔面积太小。（2）磨矿介质的问题。磨矿介质不能有效实施冲击粉碎，如磨矿介质太少太小。（3）磨机载荷太高，降低了冲击能量水平。（4）所用的磨矿工艺不适于矿石性质。采用全自磨工艺处理太硬或太软的矿石，所用的冲击能量水平不能有效对矿石实施冲击粉碎而必须通过剪切机理粉碎矿石。磨机衬板磨损到什么程度更换，除了确保不伤及磨机本身外，主要是基于经济性考虑，须对比磨机效率与更换衬板成本。

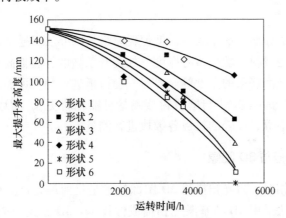

图 5-86 不同提升条在磨损周期的变化[69]

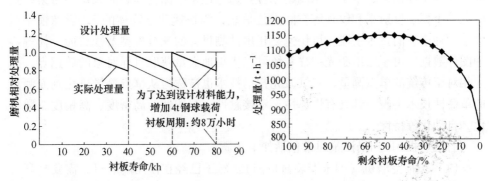

图 5-87 磨机衬板运转时间与磨机处理能力[83]

5.12　衬板磨损监控

既然磨机衬板磨损将改变其几何形状和结构，进而在衬板磨损整个周期，磨机的磨矿性能将随之不断变化。因此，能有效的监控磨机衬板的形状的演变并测量与之相应的磨机磨矿性能变化具有重要的经济价值，这是因为这些数据为各个矿山磨矿的特殊情况选择衬板，同时还可以用于优化新衬板的几何外形，并提高整个衬板寿命周期内的磨矿性能。

若由于磨机保护衬板太薄导致磨机筒体维修，这个成本是太高，因此极其重要的是定期检测磨机衬板的厚度。原则上，只要计划停车时间上允许，均应考虑对磨机衬板进行检查，通常这也是整个计划停车的重要内容之一。通过采用合适的磨机衬板几何形状测量仪器，衬板厚度测量所花的时间可以大幅度降低。对于不同的测量仪器，具有不同的性能，如费用、精度、可靠度、可获得性等，对于不同情况的特殊要求必须选择一种合适的测量手段或仪器。

5.12.1　手工测量

手工测量是最原始最简单成本最低但耗时最长的办法。通常测量人员进入磨机后，用测量尺测量衬板端头核心厚度，如提升条高度、底板高度、格子板孔的宽度、格子板孔之间筋条的宽度等。要对一套衬板进行测量可能需要几个小时到几十个小时。对于大型全/半自磨机衬板测量可能耗时更长，因此目测以后，挑选磨损最严重、中等、最轻的衬板各数块进行测量。

5.12.2　激光扫描与3D图像

与手工测量相对，激光扫描与3D图像技术是目前最先进磨机衬板几何形状测量方法。该方法采用3D陆基激光扫描成像技术。3D激光扫描技术是20世纪90年代中期开始出现的一项新技术。它是利用激光测距的原理，可分为基于脉冲式、基于相位差、基于三角测距原理。通过记录被测物体表面大量的密集的点的三维坐标、反射率和纹理等空间点位信息，为快速建立物体的3D影像模型提供了一种全新的技术手段。可快速复建出被测目标的三维模型及线、面、体等各种图件数据。由于三维激光扫描系统可以密集地大量获取目标对象的数据点，因此相对于传统的单点测量，三维激光扫描技术也被称为从单点测量进化到面测量的革命性技术突破。其具有快速性、不接触性、穿透性、高密度、高精度、数字化、自动化等特性。

磨机衬板3D扫描测量通常包括如下步骤：

（1）扫描空磨机（即未安装衬板前）。对于已经在使用的磨机，需要整套衬板的几何尺寸数据。

（2）新安装的衬板扫描，建立新衬板的空间尺寸基准线。

（3）使用了的衬板扫描。

（4）数据处理，形成 3D 图像。通常采用颜色标出磨机衬板磨损严重程度。

3D 陆基激光扫描成像技术仍然存在系统和偶然误差。对于磨机衬板的测量，已经开发了相应的标定系统。通常测量精度为 3mm 左右。整套 3D 激光扫描成像系统已经在澳大利亚等国广泛使用。各种 3D 激光扫描成像系统如图 5-88 所示。

图 5-88　各种激光衬板扫描器

3D 激光扫描成像系统测量磨机衬板通常净测量时间为 10～20min，但通常的做法是扫描多次供数据处理选择使用。有时，测量人员仍采用其他办法（如手工和进行测量器等）进行选择性或常规测量（取决于时间和人员），以便对 3D 扫描结果校核。

（1）精度。采用专门标定的仪器，3D 激光扫描器可以扫描记录整个磨机内部表面情况且误差低至 3mm 以下。

（2）安全性。尽管通常仍需要人员进入磨机，放置 3D 激光扫描器。但根据生产安全情况，可以实现无人进入，这样同时消除了安全的一整套工作程序问题。

（3）快速性。与手工测量不同，对于小型磨机仅需要不到 5min，对大型磨机可能也仅需要 15min 左右。

（4）降低停车时间。这些净效果意味着减少了停车检查时间。通过这种办法获得准确周全的数据可增加衬板磨损的知识能进一步降低成本、衬板更换的数量和频率。

（5）可视性。该技术产生 3D 衬板图像（实例见图 5-89），给衬板生产商和磨机操作人员提供直观的 3D 衬板磨损前后图像作对比分析。

这种测量方法的另一优势是可以同时测量衬板的厚度和几何形状。一旦新衬板的几何形状已经测量并存储下来了，可以对比历史数据生成衬板，特别是提升条的磨损演变，见实例于图 5-89，进而对每块衬板的磨损进行更详细的分析，为进一步的优化提供数据基础。

图 5-89　3D 激光扫描磨机衬板结果图

5.12.3　机械测量仪

图 5-90（a）显示了一种机械式衬板几何外形测量仪。它是由一根可以卡位的横梁和至少 5 根读针组成，可以同时测量一提升条的外形轮廓。该方法的优点是没有额外成本，测量容易，但对于小型磨机需要大概 30min 测量磨机 12 块重要衬板，但依据这些衬板的测量数据，应该可以合理地估计其他衬板的磨损情况。其精度在 ±5mm 左右，偶然误差几乎为零。测量最大允许厚度大 400mm。该机械测量仪轻便，大概整个包装为 12dm³ 大小和 2kg 重，但其缺点是仅能用于测量衬板的几何外形，对衬板厚度和格子板孔的大小，通常仍采用手工测量办法，如图 5-90（b）所示。

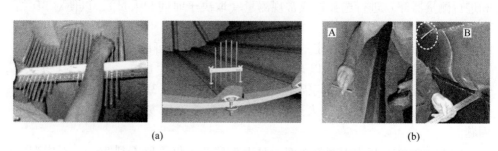

(a)　　　　　　　　　　　　　　　　(b)

图 5-90　磨机衬板几何结构机械测量

5.12.4　超声波厚度测量仪

除了衬板几何外形测量外，另外一个关键的测量是衬板各部位的厚度，特别是衬板几何形状的两端位置，这能用于准确算出衬板沿几何结构的厚度。通常测量衬板底板的厚度不是一件容易的事。基于这些不可靠或不准确的测量数据对衬板寿命的预估可能带来致命的错误。一旦衬板寿命被过估，某个时候需要非计划维修更换。对于橡胶衬板，可采用手工测量，通过用锤子打进一颗钉子穿透整个橡胶衬板，然后测量剩下长度反算橡胶衬板的厚度，如图 5-90（b）左所示。但对金属衬板则困难比较大，有些衬板因为变形和移位靠得太近，或者衬板之间的缝隙被物料填满填死了，测量尺难于进入。通常需要对测量点进行清洗清除缝隙中的物料再进行测量。对于大块金属衬板，如果中间一部位磨损严重则很难采用机械式测量计算。这样的测量很容易出现错误，这是因为不能确认钉子或尺子是否完全穿透整个衬板。在生产实践中发现，甚至非常仔细认真测量但计算出来的衬板厚度数据的精度仍然有问题，这是因为一个小的厚度值有时是两个大测量值的差。另外一种办法是采用超声波测厚仪直接测量。

脉冲超声波测厚仪是根据超声波脉冲反射原理来进行厚度测量的。探头连续不断发射扫描频率的超声波脉冲，当通过被测物体到达材料分界面时，脉冲被反射回探头通过精确测量超声波在材料中传播的时间来确定被测材料的厚度。另一种是回声式超声波测厚仪，当物件的厚度等于波长的一半或一半的整数倍，会产生频率相同、传输方向相反的两种电波（驻波 standing wave）或进行回声。通过电子仪器测量基波共振频率或两种谐波频率的差异。凡能使超声波以一恒定速度在其内部传播的各种材料均可采用此原理测量。使用前一般需要采用钢块标定。

但是，对于弧线形磨机衬板厚度测量可能存在一些困难，测量的厚度是与衬板背面垂直的距离，因此读数容易偏离。这种测量经常不能选择在指定的位置上进行，因为定位困难。所以，不能确保以后的测量中仍在这些点上测量形成以整套历史数据，存在测量重复性差造成监控考察数据不精确问题。同时，回声信号受衬板材料内的任何微孔影响，经常导致测量数据不对甚至不能用，这需要测量人员对衬板的厚度有一定的估计，发现不对，稍微移动位置再测量。常规回声式超声波测厚仪对橡胶衬板测量厚度可达400mm，但对于钢质衬板，需要更贵的高穿透仪器测量厚度可超过 450mm。图 5-91 显示了采用超声波测厚仪对钢质衬板进行测量。

图 5-91　超声波厚度测量仪（UTG）测量及结果

5.12.5　iBolt

磨机筒体衬板的磨损通常是手工测量或仪器扫描衬板而获得的，但任何这样的测量必须首先停下磨机、隔离、把上层的矿浆泵出等。一个最新发展是通过衬板螺栓长度方向上的电子单元监测螺栓头部磨损情况来发现和报告一台正在运转磨机的衬板的预设标准的磨损（通常为冲击）事件。一旦一个标准的螺栓重新改造为"智能螺栓"（Intelligent Bolt，iBolt），就可能提供衬板磨损控制点和破损的信息。图 5-92 显示了运转磨机的工作状态的 iBolt，它提供了一种办法实时监控磨机衬板的磨损。

图 5-92　磨机筒体上的工作中 iBolt 检测

5.12.6　MCU 磨机内摄像头

随着摄像头技术的发展，经济的耐磨高清晰摄像头已经能用于监控磨机或溜槽内物料的运动。2014 年，在加拿大魁北克的 Canadian Malartic 矿的 38ft（11.6m）半自磨机成功地安装了第一套磨机内摄像头（MCU）监控系统（如图 5-93 所示）。这开创了一个监控半自磨内部运行状态、磨矿信息和磨机机械安全的新水平。

图 5-93　在磨机给矿溜槽处的 MCU 摄像头检测系统、照明系统和控制盒

磨机内摄像头（MCU）监控系统主要性能有：

（1）带红外照明的高清晰/伸缩摄像头。

（2）内含微型麦克风系统可以提供磨机内的声音反馈。

（3）摄像头镜头采用自清晰玻璃，确保所有时间视频清晰。

（4）电脑工作站及相关软件系统使 MCU 能与控制和记录系统联通。

（5）摄像头远程连接和操作。

（6）完全进入和查看历史摄像。

5.12.7 其他

一种直接测量衬板磨损的方法是在磨机衬板的端头附上一个像印刷电路一样的薄的导电性膜传感器。这个单元包括第 1 圈（最外圈）闭路位于衬板表面下面，紧接着下面有第 2，3，……圈闭路。因此，至少有 1 圈电路靠近衬板磨损面也至少有 1 圈电路是连通的。实践上通常采用像铜的薄膜作导电的下层，实际形成印刷电路性质。这个物件能通过压膜或胶粘等方法固定在磨机衬板上。这个主意原来用于测量泵的橡胶厚度，但没有在磨机衬板应用的报道和原样。

在日常磨机生产操作，极其重要的是监测是否随着全/半自磨载荷等操作参数有磨矿介质和大块矿石直接冲击磨机衬板。电耳系统（如图 5-94 所示）通常固定在离磨机很近的地方，广泛应用于跟踪磨机载荷或钢球冲击点的回音。磨机载荷改变也可通过矿石流下抛时的冲击砸落点的回声或者磨矿介质相互冲击或砸磨机衬板的回声确定。但磨机传出的声音是多源的混合体。主要声音来源是磨机内磨矿过程产生的大量的小的振动或冲击，是一个连续背景噪声。球磨机内矿石填充率不同时，钢球、矿石与衬板相互碰撞所发出的声强也不一样，充填率越低，声强越高，随着充填率的增加，声强逐渐变低，磨机"胀肚"时，声强则更低，这就是磨机电耳基本原理。磨矿生产过程中，不论是入磨矿石性质的变化，或是入磨矿石粒度组成的变化，还是磨矿介质或磨矿条件的变化，最终都将要反映到磨机内充填率的变化。理论上，也可以通过电耳系统控制（球）磨机给矿。当物料流（特别是钢球）自由落体冲击衬板时，这种高能量冲击声音将超越磨机其他正常的背景噪声。因此，通过安装多个电耳在一些固定位置并对电耳信号进行处理，冲击磨机衬板的声音能辨别出来，然后分级并计算冲击频率。

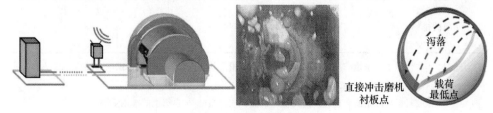

图 5-94　磨机电耳系统[84]

附件A 各种磨机衬板材质及应用参考

	硬度（BHN）	衬板材质									
		钢质材料						橡胶	金属-橡胶复合材质	磁性衬板	
		奥氏体锰钢	硬镍铸铁	低碳铬钼钢	高碳铬钼钢	铬钼白口铸铁	高铬铸铁			橡胶保护	金属保护
			550	300~370	325~380	600~700	>600				
性能	磨机尺寸限制	小						球磨至24ft；全/半自磨至38ft	至38ft（11.6m）	至10ft（3m）	至18ft（5.5m）
	抗冲击性能	低	低	高	中等	低	低			低	中等
	抗摩擦磨损性能	高	高	低		高	极高			极高	极高
	抗腐蚀性能										
筒体衬板	棒磨机	Y	Y		Y		Y	N		N	N
	初磨球磨机	Y	Y	Y	Y	Y	Y	Y	钢球直径大于3.5inch（9cm）	钢球直径小于1.5inch（4cm）	
	再磨球磨机	Y	Y	Y		Y	Y	Y		Y	Y
	全/半自磨机			Y	Y			特殊情况	钢球直径大于3.5inch（9cm）	N	N
端衬板	给矿端衬板			Y		Y	Y				
	格子板		Y	Y				至28ft（8.5m）非棒磨机			
	格子型磨机的排料端衬板					Y	Y	Y，至38ft（11.6m）半自磨	Y，至38ft（11.6m）半自磨		
	溢流型磨机的排料端衬板					Y	Y				

注：1. 本表仅基于已报道的案例。这不意味不能应用于其他情况，这取决于供应商的铸造水平和商业条款，当地的材料、人工成本，甚至人员素质等。

2. 橡胶衬板局限于磨矿过程冲击力低的情况，在大型全/半自磨机的应用受限。

3. 磁性衬板仍限于中小型球磨机。当矿石不含磁性物料时，可能需人为加废钢等。

附件 B 磨机衬板供应商

序号	制造商	衬板材质										网站
		钢质材料						橡胶	金属-橡胶复合材质	磁性衬板		
		奥氏体锰钢	硬镍铸铁	低碳铬钼钢	高碳铬钼钢	铬钼白口铸铁	高铬铸铁			橡胶保护	金属保护	
1	Boliver	☑										www.boliver.com
2	BP Wiggill Engineering						☑					www.engnet.co.za
3	Bradken		☑		☑	☑	☑					www.bradken.com.au
4	Columbia Steel	☑		☑	☑	☑	☑					www.columbiasteel.com
5	Eriez										☑	www.eriez.com
6	IRP							☑				www.irproducts.com
7	Kedar rubber industries							☑				www.kedar-rubber.com
8	Losugen	☑	☑	☑	☑	☑	☑	☑				www.losugen.com
9	Magotteaux				☑	☑	☑					www.magotteaux.com
10	ME Elecmetal	☑	☑	☑	☑	☑	☑					www.me-elecmetal.com
11	Metso	☑	☑	☑	☑	☑	☑	☑	☑	☑		www.metso.com
12	Multotec							☑				www.multotec.com.au
13	Nepean rubber & plastic							☑				www.nepeanrubber.com.au
14	NorCast	☑	☑	☑	☑	☑	☑					www.norcast.com
15	OZZ Foundries	☑		☑	☑	☑	☑					www.ozzfoundries.co.za
16	PolyCorp							☑	☑			www.poly-corp.com
17	PT ABS Indonesia							☑				www.absindo.com
18	PT Growth	☑	☑	☑	☑	☑	☑					www.ptgrowthasia.co.id
19	Shree Hans Alloys	☑	☑	☑	☑	☑	☑					www.hansalloys.com
20	Tega							☑	☑			www.tegaindustries.com
21	Trelleborg							☑				www.trelleborg.com.au
22	Weir Minerals							☑	☑			www.weirminerals.com

注：未包括中国磨机衬板供应商。

6 磨机给矿准备

6.1 导言

对于棒磨机和球磨机这样的滚筒式磨机，通常需要加大量钢质物体作为磨矿介质，也就是说对于这两种磨机而言，新给矿矿石与磨矿介质的作用是对立的。因此，只要破碎作业技术和经济上可行，通常入磨粒度越细越好，这也就是通常提到的"多碎少磨"。但是随着全/半自磨磨矿技术出现应用，矿石起着全部或部分磨矿介质的作用，矿石与磨矿介质已经不再是对立的，矿石是磨矿介质的补充，其程度取决于钢质磨矿介质数量。因此，磨机给矿准备就变得复杂了，这已经不仅仅是经济可行性问题。对于选矿工业领域的滚筒式磨机家族而言，一个合理和适宜的新给矿粒度通常取决于矿石硬度和磨机内钢质磨矿介质的主导程度，如图6-1所示。钢质磨矿介质的主导程度可以表征为钢质磨矿介质占整个磨机载荷比例，如图6-2所示。对于钢球而言，其堆重几乎可以认为是不变的，因此，钢质磨矿介质的主导程度取决于总充填率与钢质磨矿介质充填率的比、磨矿浓度和矿石比重。通常初磨球磨机中，钢质磨矿介质的重量是磨机内矿石重量的3~8倍。对于半自磨机而言，该比值变化范围比较大，从0.5到3~5倍。一个合理和适宜的新给矿粒度通常随着矿石的硬度和钢质磨矿介质的主导程度提高而降低。

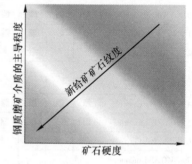

图6-1 给矿粒度、矿石硬度、钢质磨矿介质主导性关系示意图

既然在棒或球磨机中，钢质磨矿介质一般为主导，能占大约80%的整个载荷重量，对磨机功率和磨矿性能起着主导作用。因此，可以预期给矿粒度越小，处理量越高和磨矿效率越高。在这两种磨机中，尽管对于硬矿石而言，降低给矿粒度仍然有助于提高磨矿效果，但钢质磨矿介质的主导程度极其高，这项特征远远超越了矿石硬度的影响。对于球磨机和半自磨机而言，另一个重要的特性是钢质磨矿介质的大小可以随着给矿粒度和硬度的变化而变化，如图6-3所示。对于采用球磨作为初磨，新给料的粒度通常与选厂的规模相关，选厂规模越大给料粒度越细，如图6-4所示。

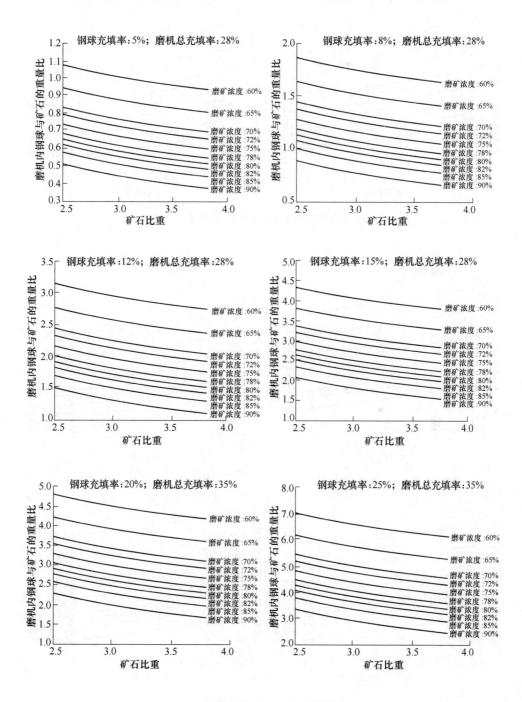

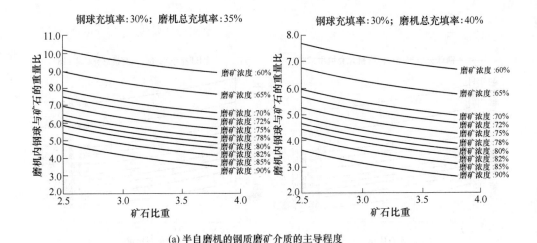

(a) 半自磨机的钢质磨矿介质的主导程度

(b) 球磨机的钢质磨矿介质的主导程度

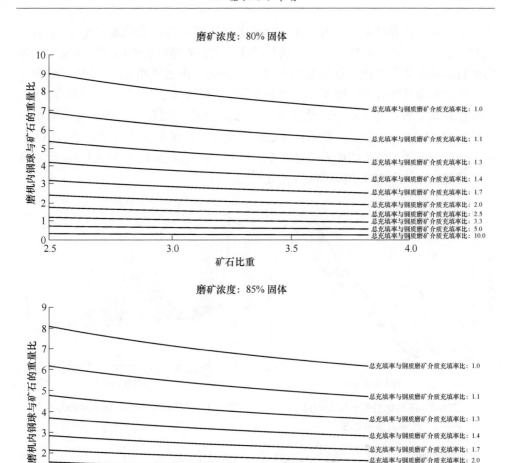

(c) 总充填率与钢质磨矿介质充填率比的影响

图 6-2 球磨机和半自磨机钢质磨矿介质主导程度

但对于全/半自磨磨矿而言，新给矿粒度对其的影响远远超过棒/球磨。为了把新给矿粒度与初磨磨矿作业原理连接在一起，需要了解矿石作为被磨对象以及作为等效于钢质磨矿介质之间模糊界限或其双重作用。大块矿石有时甚至包括中等粒度矿石在半自磨磨矿作业中是一种天然的作为钢质磨矿介质的重要补充和重要磨矿介质。通常半自磨钢质磨矿介质的充填率为 5% ~ 20%，直径为 90 ~ 150mm。在半自磨工业界，趋向于采用更多的钢质磨矿介质，这导致矿石作为磨矿介质的作用越来越弱化，但矿石仍保留很大磨矿介质作用。对于全自磨磨矿，天然矿石完全起着磨矿介质的作用。既然全部或部分磨矿介质来源于全/半自磨机的新给料，因此新给料的粒度组成和硬度变化必能导致磨矿粉碎特征变化，进而磨机载荷也随之变化，载荷变化将进一步影响磨机运转功率。所以，全/半自磨机的功率通常随时大幅度变化，如图 6-5 所示。这是全/半自磨机与棒/球磨机在操作方面的明显差异之一，通常棒/球磨机的功率相当稳定。为了响应新给矿在粒度和硬度方面的变化，新给矿量也随之变化。巴布亚新几内亚的 OK Tedi 矿是一个典型案例，该矿的矿石硬度在 5~19kW·h/t，该矿的 9.8m×4.3m 的半自磨处理量相应从 700t/h 到 3000t/h 变化[85]。

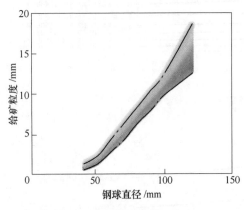

图 6-3　球磨机给矿粒度与钢球　　　图 6-4　选厂规模与给矿粒度选择示意图
　　　　尺寸关系示意图

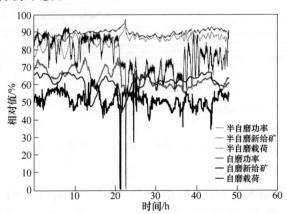

图 6-5　全/半自磨机载荷、功率、给矿量波动实例

6.2　球磨机给矿粒度

当初磨采用球磨时，根据工业实践，其给矿通过采用 2~3 段破碎并采用筛

分作业严格控制新给料的最大粒度。对于大中型选厂，给矿的最大粒度通过控制在 10~12mm；但对于采用 2 段破碎的小型选厂，其最大粒度可能高达 25~30mm；当采用一段破碎时，必须要求采矿很好控制来料粒度，其给矿可能还略粗。球磨介质尺寸的总原则是：（1）矿石越硬、给矿粒度越粗，磨矿介质越大，以产生较大的冲击磨碎作用。（2）当处理软而细的物料时，宜用小尺寸的磨矿介质，以增强研磨作用。（3）物料中有粗细不等的各个粒级时，应配以直径不同的磨矿介质，以适应矿石性质的不均匀性和操作条件的要求。通常球磨机的充填率为 40%~50%，但大型球磨机的钢球充填率低些，可能低至 30%~35%。

如图 6-6 所示，在通常的初磨球磨工作范围内和磨矿产品细度要求相同的情况下：

（1）给矿粒度大，则球磨机能耗大、生产能力低。

（2）给矿粒度小，则球磨机生产能力高。主要是因为给矿粒度小，矿石在磨机内停留的时间短，速度较快。

（3）当磨矿产品较粗时，磨机生产率随给矿粒度变化的幅度较明显，最大量在 15% 左右。

（4）当磨矿产品较细时，磨机生产率随着给矿粒度变化并不太突出，一般不超过 10%。

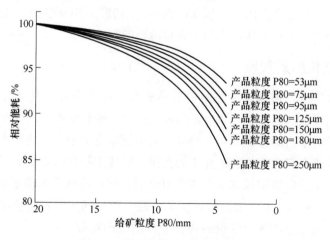

图 6-6　给矿粒度对比能耗的影响
（根据邦德球磨功指数计算）

选矿厂的规模越大，降低磨矿给矿粒度的经济效果也越显著。例如，对于大型规模（例如 1000 万吨/年）选矿厂，当碎矿的最终粒度由 20~0mm 降低至 10~0mm 时，破碎的生产能力下降了 1/3 左右，但球磨机的能力可以提高 15% 左右，能大幅度节省设备投资和单位矿石的破碎磨矿电耗量。

但是在选矿厂，磨矿作业的给矿就是破碎作业的最终产品，减小磨矿机给矿粒度就意味着破碎作业要生产出更细的产品，势必增加破碎作业的总破碎比，流程变得复杂，费用增加。反之，增加入磨粒度，碎矿费用虽低，但磨矿费用就增高，因此，特别在人工和维修成本比较高的地区，在确定磨矿机给矿粒度时应综合考虑，使碎矿与磨矿的总费用最低。通常在确定适宜磨矿机给矿粒度时，主要考虑到选矿厂的规模，同时考虑到破碎作业所采用的设备性能及破碎流程等因素。

因此，即使对于球磨机这样的钢质磨矿介质的主导性极高的作业，仍然存在合理和适宜的给矿粒度问题。

6.3　棒磨机给矿粒度

棒磨机通常用于脆性矿石和水泥行业，在金属矿山使用越来越少。棒磨机给矿粒度一般为 25～30mm，过大会使钢棒歪斜，运转时会造成钢棒弯曲和折断。同时，矿块过大会使棒与棒之间有较大间隙，影响磨矿细度，造成产量下降。矿石是由钢棒下落时的"线接触"被压碎和磨碎的，大块没碎之前，细粒很少受到棒的冲压，因而过粉碎现象少，产品粒度较均匀，一般为 1～3mm。因此，棒磨机适合在第一段开路磨矿中用于矿石的细碎和粗磨，特别适于处理脆性物料。棒磨机的转速较低，一般转速率为 60%～70%，介质充填率也较低，约为 35%～45%。棒的长度一般比筒体长度短 25～50mm。初磨采用棒磨时，工业实践通常采用二段破碎并采用筛分作业严格控制新给料的最大粒度。

6.4　半自磨机给矿粒度

在半自磨机中，钢球载荷趋向于主导矿石的粉碎过程，因此（大块）矿石起的磨矿作用降低。目前半自磨磨矿常规流程为无细粒级返回的 SABC 和 SAB 流程。另外，目前半自磨磨矿的一个趋势是采用钢球充填率，在这些半自磨磨矿工艺中粗或大块矿石起着很小磨矿介质的作用。实践上往往这些矿石成为磨矿的负担。特别是当半自磨机钢球充填率高于 10% 时，通过降低给矿粒度就能减少磨矿负担。如图 6-7 所示，在半自磨磨矿工艺，最大粒径的矿石容易在磨机内累积进而导致磨机载荷超过极限，这也表明在半自磨机内粉碎这些大块矿石存在困难。同时，半自磨机功率也会随磨机的载荷增加而增加。依据常规自磨机控制操作，为了维持磨矿的载荷和功率，不得不降低了处理量。如图 6-8 所示，增加细粒级的量可以大幅度提高磨机处理量。但模拟结果表明以上观察到的现象并不总是对的。当半自磨机的钢球充填率低的时候（如小于 10%），新给料的最大磨机功率的最佳给矿粒度 F80 对磨机处理能力有较大影响，这是因为一部分磨矿介质作用仍由矿石承担。因此在这种情况下，半自磨机的新给矿粒度 F80 与钢球充填率是相互作用和影响的。但是在相对于高钢球充填率（例如 10% 或更高）的情况下，高新给矿 F80 是有害，这如图 6-9 所示各粒级的粉碎率随给矿粒度变粗而降低。

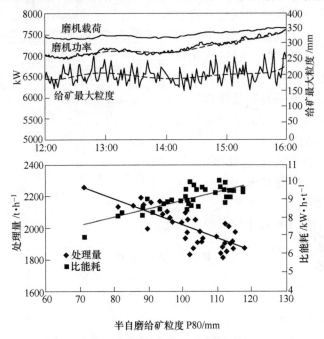

图 6-7 半自磨机的磨矿行为随给矿粒度动态变化[86]

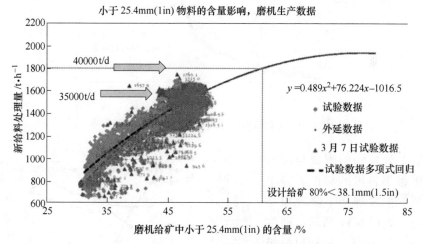

图 6-8 半自磨机对给矿中细粒量的响应[87]

通过在线图像粒度分析系统，现在已经可以研究新给料中不同粒度对半自磨磨矿效果的影响[89]，如 -50mm 的细粒级、+50~125mm 中间粒度和 +125mm 粗粒级。给矿中细粒级越多越有利于提高半自磨的处理量。另有研究发现，像 -100+30mm 这些中间粒度量对半自磨处理能力的影响更明显，而不是简单用给矿的

F80 表示，进而考虑采用二段破碎的方式破碎这些中间粒度的颗粒。特别是当处理硬矿石（例如邦德球磨功指数大于 15kW·h/t）时，通过优化爆破实践的方法提高矿石粒度方面的性能，这将可以实现半自磨处理量最大化。如图 6-10 所示，提高半自磨机处理量的一般原则是：

（1）尽可能降低最大颗粒的尺寸。

（2）尽可能中间粒级（例如 25～75mm 颗粒）的量少。

（3）尽可能-10mm 细粒级的最大化。

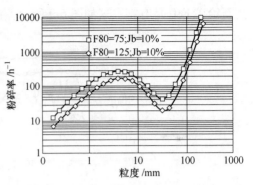

图 6-9　新给矿 P80 对半自磨各粒级粉碎率的影响[88]

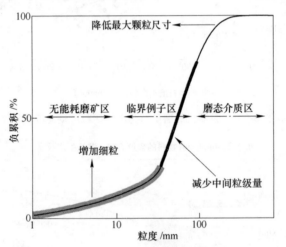

图 6-10　半自磨磨矿新给料硬矿石粒度优选分布

以上观察到的现象与随着天然圆锥形料堆的料位下降半自磨机产能大规模下降现象是一致的，如图 6-11 所示。通常马鞍形（即双峰，细和粗粒级两头多，中间粒级少）粒度分布适于半自磨。

同时生产实践中，当半自磨机高功率和/或高载荷时，操作人员倾向于通过加更多的钢

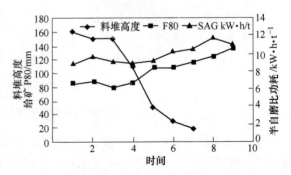

图 6-11　新给料料堆料位下降过程中半自磨机行为的变化[86]

球，这进一步导致钢质磨矿介质主导性提高。简而言之，如果选厂半自磨机采用这样操作，给矿粒度和钢质磨矿介质的主导性都会改变，这可能使得降低给矿粒度提高半自磨处理能力的生产数据失真或其影响被高估。

同时，如果不随给矿粒度降低而调整生产操作和半自磨衬板结构，这将导致半自磨的载荷降低，而顽石循环载荷增加。半自磨载荷偏低增加了磨机衬板损坏的风险。

表 6-1 列举了通过调整给矿粒度提高半自磨机产能能力的工业案例。这些工业实践数据表明半自磨机产能能力提高程度取决于矿石硬度。通过调整给矿粒度对磨矿能力提高一般规律如下：

（1）当矿石邦德球磨功指数小于 8~10kW·h/t 或为软矿石时，产能能力提高极小甚至是负影响。

（2）当矿石邦德球磨功指数 10~15kW·h/t 或为中等硬度矿石时，产能能力提高 10%~15%。

（3）当矿石邦德球磨功指数大于 15kW·h/t 或为硬矿石时，产能能力提高大于 15%。

6.5 全自磨机给矿粒度

给矿粒度对全自磨的响应又与半自磨机完全不一样。在全自磨机，必须有足够数量的大块矿石确保有足够大的冲击作用力和粉碎频率。总体而言，全自磨磨矿性能随着给矿变粗而提高，通常范围应该达到 P80 为 200mm 水平，甚至更高。磨机内大而硬的矿块起着磨矿介质的作用，主要用于冲击粉碎磨机内中间粒级的矿块。全自磨给矿缺乏大块矿石将使磨矿性能超出正常控制范围，进而导致临界粒子在磨机或磨矿回路累计。对全自磨而言，供给大矿块是最基本的要求。在矿石太软情况下，有时不得不通过筛分废石的办法获取大块岩石以便保证磨矿在控制范围之内。

既然不是所有的矿石天然就良好适于全自磨磨矿，因此必须优化磨矿过程的各种参数。特别是那些重要的相关参数，如矿石硬度、可磨度、摩擦性能、晶体大小和解离粒度等。现在尚未有任何有效和持续可靠的方法去克服和优化这些特殊因素。全自磨机生产操作实践上，大部分选厂不仅仅采用深度配矿控制给矿品位还需全面控制给矿的特性。在全自磨机操作时还可以通过调整非矿石性质参数影响矿石性质参数对磨矿行为的影响。例如，当全自磨机的功率达到极限时，可以采用降低处理量和增加补给水等办法临时降低磨机功率。既然全自磨机的给矿物体特征直接影响磨矿机理，因此它们有比其他操作参数对全自磨机影响可能更大。

如图 6-12 所示，在整个给矿的最大粒度的范围内，发现随着最大粒度的增加而磨机载荷降低，即这种给矿情况下磨矿效果更好。同时，全自磨机的功率也

表6-1 降低给矿粒度对半自磨磨矿影响的案例

矿山或选厂	矿石	硬度或可磨性	工艺变化	给矿粒度 原来	给矿粒度 变后	处理量 原来	处理量 变后	差异	能耗降低
AGA Navachab									
Ahafo	金					174t/h	195t/h	8%	
Alumbrera	铜金		细爆，炸药因子从0.22kg/m³到0.5kg/m³	P80=97mm	P80=87mm	85kt/d	70kt/d	-10%	
Alumbrera	铜锌							13%	
Antamina	铜金	11.2kW·h/t BBWi；A×b=55	细爆	P80=120mm	P80=92mm	2200t/h	3000t/h	45%~60%	
Batu Hijau 选厂	铁		细爆，炸药因子增加到0.5kg/t		P80降低6%			10%~15%	
BHP Iron Ore	金铜							块矿率：3%	
Cadia	金铜							14%	
Cerro Corona	金	BBWi=11.7kW·h/t；A×b=76~87	细爆			808t/h	929t/h	14.80%	9.30%
Cerro Corona	铜							硬矿：15%；整体：6%	5.1kW·h/t
Copper Mountain	金		二段破碎			24900t/d	30450t/d		
Edna May 选厂	铜金	12kW·h/t BBWi；A×b=48	二段破碎尝试				315t/h		
Ernest Henry 矿	金	BBWi=10~15kW·h/t；A×b=41~46	细爆	P80=120mm	P80=107mm	1410t/h	1580t/h		
Geita 矿	金		二段破碎					14%	
Goldex 选厂	铜	A×b=32~38	二段破碎			225~260t/h	355~365t/h		
Highland Valley								10%	

续表 6-1

矿山或选厂	矿石	硬度或可磨性	工艺变化	给矿粒度 原来	给矿粒度 变后	处理量 原来	处理量 变后	差异	能耗降低
Iduapriem	金							21%~32%	
KCGM Fimiston	金		细爆			1250t/h	1480t/h	18%	1.6kW·h/t
Los Bronces	铜							15%~20%	
Morila	金							10%	
Mt Rawdon 金矿	金	BBWi=19.5kW·h/t	二段破碎	P80=96 mm	P80=48 mm	270t/h	395t/h		3kW·h/t
Newmont Ahafo 厂	金	硬矿 (15~22kW·h/t BBWi)	细爆+破碎					30%	18%
Newmont Ahafo 厂	金	软氧化矿 (10kW·h/t BBWi)	细爆+破碎					-45%	
NSPC	铁矿		细爆						0.3kW·h/t
Oyo Tolgoi	铜		细爆					25%	
Paddington 选厂	金	DWi=8.2~9.9kW·h/m³	细爆	93	80	307	416		6.5kW·h/t
Phoenix 矿	金铜		二段破碎	P80=150~160 mm				7%	
Phu Kham	铜							8%	
Porgera 金矿	金		细爆			673t/h	840t/h	13%~25%	
Ray 选厂		BBWi=13~17kW·h/t; A×b=22~29		P80=89 mm	P80=43 mm	18~27 kt/d	41 kt/d		11kW·h/st
Red Dog	锌							12%	
Tarkwa 金矿	金	A×b=51~55	二段破碎	P80=184 mm	P80=83 mm	1264t/h	1636t/h		5.1kW·h/t
Tarkwa 金矿	金	A×b=51~55	二段破碎	P80=184 mm	P80=85 mm	1264t/h	1760t/h		5.6kW·h/t
Troilus 矿	金	A×b=24~37	二段破碎				685t/h	34%	4.3kW·h/t

注：在同一矿山可能开展过多次"采选一体化"项目，也可能针对不同的矿石。

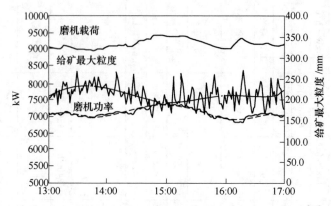

图 6-12　自磨机的磨矿行为随新给矿最大粒度的动态变化[86]

相应下降，提供了机会增加处理量。图 6-13 中的理论模拟也显示出随着给矿粒度变粗中粗颗粒的粉碎率提高。

　　图 6-14 显示了在西澳地区一磁铁矿项目 11 个月期间给矿粒度与全自磨机产能之间的正统计关系。在这个给矿粒度范围内，给矿粒度 F80 每增加 10mm，该全自磨机处理能力可以提高 50~80t/h。对大部分类型矿石，通常最优的给矿 F80 应该位于 200mm 水平。该全自磨机的给矿粒级应该进一

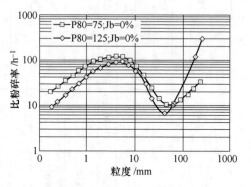

图 6-13　全自磨机新给料 P80 对
各粒级粉碎率的影响[88]

步提高。图 6-15 显示了给矿粒度分布对全自磨机处理量的影响。全自磨生产操作中，给矿粒度分布也是最普遍的导致全自磨机工作性能偏离正常的状态的因素。同时，全自磨机的载荷粒度分布也随着给矿粒度分布变化而变化。随之，各粒级的粉碎率也将变化，这将进一步改变磨机载荷的粒度分布。高磨机载荷（注：在载荷小于 50% 充填率的情况下）但低磨机功率现象通常表明磨机缺少磨矿介质，这将导致一种名为"砂化"的状态。"砂化"状态是指物料含有极少的粗颗粒和极细颗粒（通常指小于 200μm）但特别多 0.5~10mm 细颗粒，这样的矿浆黏度比较低，颗粒沉降速度快。在生产实践中通常采用增加给矿中粗粒的量来改善磨矿产品的粒度分布特性。如果全自磨机高载荷和高功率的现象通常意味磨机内大块磨矿介质太多，相应地应该减少粗矿石的量，同时可以调整磨机速度。

　　全自磨磨矿依赖于给矿中大而硬的矿块作为磨矿介质。研究和生产实践表明需要 150~250mm 的矿块。特别是顽石量高但磨机功率低的情况下更需要这样大

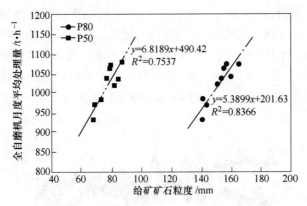

图 6-14 全自磨给矿粒度与处理量的关系

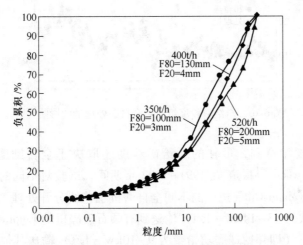

图 6-15 新给料的粒度对全自磨机磨矿率的影响[91]

的矿块。因此，爆破设计典型地采用大间距和小炸药因子（单位重量或体积矿石的炸药耗量）。在 Hibbing 燧铁矿全自磨磨矿研究表明最佳的给矿粒度组成为：40%-75mm，20%75~150mm 和 40%150~250mm。实际上，爆破、破碎后的矿石有不同的粒度分布特性，这取决于矿石性质、爆破设计、初破设定等。图 6-15 显示了粒度组成的例子。Wennen 和 Murr[90] 提出了一个全自磨机给矿准备的方案，如图 6-32 所示。它包括采场来料初破后采用格筛粗分级（例如 150~200mm）。筛上产品（粗粒级）输送到单独的料仓储存作为全自磨的磨矿介质，而筛下产品（即小于筛孔尺寸的物料）进入二段破碎，可采用开路或与筛子形成闭路生产"细粒级"产品，例如小于 37~50mm 的产品。这些细产品也分开堆存。通过监控和在线测量矿石的粒度，对所有的磨矿生产线，都存在给矿细粒级量与磨机产能的明显相关的关系。甚至在短期内，改变细粒级的量将改变磨机处理量受磨机功率限制的状态，见位于图 6-16 中间位置的处理量峰值的实例。从这里明显观察到：以全自磨磨矿效果为判断标准，合适的新给矿粒度特征是有大量的小于格子板孔的粒级，同时减少中间粒级的量。前者可以快速通过磨机，而后者被发现难于在全自磨机内粉碎。无可置疑，全自磨的新给矿的粒度分布可以通过爆破和随后的初破作业得到明显改变和提高。

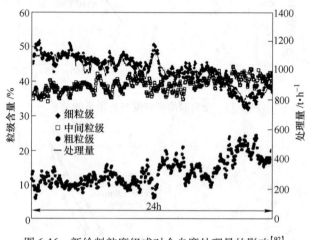

图 6-16　新给料粒度组成对全自磨处理量的影响[92]

　　同时还应该注意到，最佳的新给矿粒度还取决于全自磨磨矿流程结构。Mclvorl 和 Greenwood[93]报道 在 1991~1992 年期间，试验对不同的邦德球磨功指数的矿石在 Cleveland-Cliffs 选厂的不同全自磨机工艺线分开处理。把硬矿石（即邦德球磨功指数为 13~14kW·h/t）输送到有顽石破碎机的 Empire 4 的全自磨处理线，而软矿石（即邦德球磨功指数为 9~10kW·h/t）输送其他生产线（没有顽石破碎机）处理。试验结果表明采用这种依据矿石硬度而分开处理的技术办法使处理量能提高 4%~6%。

　　应该注意到，并不能通过不断增加新给矿粒度的办法无限提高全自磨机的磨矿性能。这需要达成一种粗颗粒与中等颗粒的数量平衡。如果太多的粗颗粒给到全自磨机中将打破这种平衡，它们自己在磨机内累积起来，导致磨机产能受限。

　　在 1992~1993 年间，Valery Jr 深入研究了在全自磨开路磨矿过程中磨机功率与新给矿粒度分布相关关系以及对磨机处理能力的影响。根据 30 余全自磨开路流程新给矿的流程考察结果，获得了如下经验公式：

$$W = 8.7846 F80^{-0.433} F20^{0.494} \alpha^{-0.396} (\text{TPH})^{0.123}$$

式中，W 为磨机功率，MW；TPH 为磨机新给矿量，t/h；F80 为给矿粒度，即物料中 80% 重量小于时的粒度，mm；F20 为给矿粒度，即物料中 20% 重量小于时的粒度，mm；α 为物料分布双对数坐标时的斜率。

根据 MacPherson 和 Turner[94] 的研究，实现最大磨机功率的最佳的给矿粒度为：

$$F80 = 53.5D^{0.67}$$

式中，D 为磨机的内径，m。

注意到这些相关性是从中小型全自磨机获得的，因此这些相关性关系应用可能局限于中小全自磨机。也就是说，在大型全自磨机上的应用应该谨慎。

无可置疑的事，对全自磨机而言，无论如何强度正确地新给矿准备对全自磨磨矿成功都不过分。没有什么比保障稳定矿石配比和配有足够的大块更重要的。没有这保障，很难取得稳定生产操作。

6.6　给矿粒度控制

在全/半自磨磨矿工艺常规设计时，绝大部分矿山采用一段开路初破流程为全/半自磨机准备新给料。由于没有矿石粒度控制的筛分作业的存在，很难有效控制磨机给矿粒度，这不仅造成磨矿生产操作波动还带来整个矿山粉碎作用链优化困难。尽管全/半自磨机新给料准备通常包括爆破和初破两个作业，但都为无反馈的开路。因此，有效的控制新给矿的粒度必须对这两作业的参数进行更精准的控制并应用反馈原理针对矿石可爆性和可碎性的变化及时调整参数。同时，通常设计的爆破、初破和磨矿的作业负荷率是不一样的，因此还存在如何通过均衡负荷的方法进一步提高整个粉碎生产链的处理能力。

6.6.1　采选一体化概念

矿石粉碎通常包括爆破、破碎和磨矿三个能耗高作业，在整个矿山总能耗中占很大的比例。因此，优化粉碎作业的能耗对矿山具有重要的现实意义。

在棒/球磨工艺中，采取"增爆增破"与"多破少磨"相结合的方法。具体技术措施是：适当提高炸药单耗，强化爆破作业，减小爆破块度；由于来料粒度降低调整各破碎作业的排空口，充分利用破碎能量，降低最终破碎产品粒度。由于控制筛分的存在，这是一个指导性的策略，在"采选一体化"（Mine to Mill）概念出现前（这个概念出现在全/半自磨给矿优化过程），工业界缺乏数学模型或精准的数据指导和评估"多破少磨"。

既然新给矿的粒度和硬度对全/半自磨磨矿性能具有很大的影响，因此这促使考虑优化整个矿石粉碎链，包括爆破设计与实践、采矿方式、配矿、初破、部分或全部二段（预先）破碎、全/半自磨机给矿的预先选择性筛分等。随之正式提出了清晰的"采选一体化"概念和方针。最早提出采选一体化的是澳大利亚在昆士兰大学的 Julius Krutschnitt Mineral Research Center（JKMRC）（注：该研究中心隶属昆士兰大学）。该研究中心在矿石粉碎机理和数学模型方面进行了大量的基础和应用研究。采选一体化优化策略是一个十分复杂的体系，已经超出了传统通常的选矿优化的技术手段，已经必须借助复杂而有效数学模型和软件才能有效实施这种策略。

采选一体化是最佳化所有的生产步骤或最大化价值链，这包括生产率、能耗、成本、采选处理能力等。图 6-17 显示了采选一体化优化的一般性工作流程。优化工作有：现有爆破和选矿生产过程取样和建立相应的流程数学模型，然后采用电脑模拟发现问题，并针对性提出方案然后再电脑模型优化方案，然后实施。大部分情况下，需要多次重复以上步骤直至优化的结果被接受。首先，需要采用图像粒度分析系统实时或高频率测量新给矿的粒度分布，然后建立与全/半自磨磨矿性能参数关系，这些参数包括磨矿处理能力、顽石产率、能耗、产品粒度（有时包括粒度分布）、可操作性、设备磨损或完好率、成本等。第二步是采用数学模型设计爆破并通过爆堆矿块的粒度分析重新校对或调整爆破数学模型。最后，应用采选一体化优化策略最大化经济效益。应用最有前途的方案并再次取样量化经济效益或其他收益。

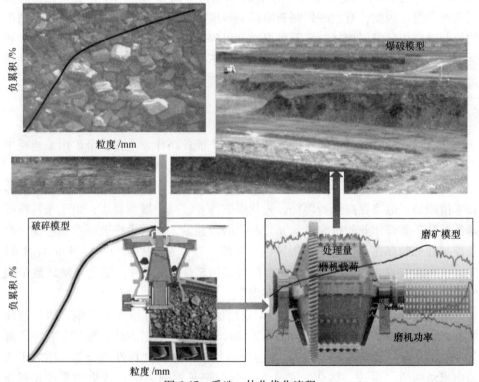

图 6-17　采选一体化优化流程

采选一体化优化项目通过研究磨矿能耗与入磨粒度、破碎能耗与给矿粒度和最终破碎产品粒度、炸药单耗与爆破平均块度和大块率之间的关系，对粉碎过程有更清楚的认识。碎矿总成本包括炸药成本、大块处理成本、铲装成本、运输成本、破碎能耗成本和磨矿能耗成本，碎矿能耗的合理分布要以碎矿总成本最低为原则。对大部分半自磨工艺而言，采取"增爆增破"和"多破少磨"相结合的技术措施对碎矿的能耗进行研究，实现采选一体化。对于矿山节能增效、提产、选厂改造及新建选厂都具有深远的意义。

采选一体化优化应用整体或全方位优化策略优化整个粉碎过程，确认和测量影响因素及它们对下游不同作业的影响，进而优化整体的经济效益而不是每个单独的子系统。成功应用采选一体化概念和方法需要对各子系统或作业拥有深入知识和经验人员的密切合作共同优化采矿到选矿的生产链。

采选一体化优化已经成功地应用实施了近 20 年，提高许许多多的矿业公司的全/半自磨磨矿性能，包括处理能力、能耗、磨矿产品粒度分布等。对于半自磨磨矿，实践表明通过采选一体化优化可以提升处理能力 5%~15%。成功应用实例如 Highland Valley Copper（加拿大），Minera Alumbrera（阿根廷），Cadia（Newcrest 矿业公司、澳大利亚），Escondida（智利），Porgera（巴布亚新几内亚），OK Tedi（BHP 公司、巴布亚新几内亚），Paddinton 金矿（澳大利亚）等。

在采选一体化的理念中，爆破是非常重要的步骤之一，它也是对矿石首次实施粉碎。与破碎和磨矿相比，爆破也是比较经济而有效的粉碎作业。对于磨矿作业，它的磨矿能力和效率大幅度受到开采出来的矿石粒度分布影响，进而也是受到爆破影响。

爆破最有价值的一面是直接生成非常细小颗粒（如小于 12mm），这样它们能直接快速通过像全/半自磨机这样的初磨作业而进入下游作业（如分选或二段磨矿），消除了一般矿山初磨作业为瓶颈的问题。尽管要求的最佳爆破实践与破碎-磨矿工艺相关，但通过爆破优化可以获得更适应破碎-磨矿流程的给料粒度特性，能提高磨机处理能力达 30%。研究和分析现有的爆破实践后，随后的爆破优化应该能同时提高磨矿产能和整个粉碎链的生产指标。能采用数学模型工具模拟上游的爆破改变对下游破碎和磨矿流程产能的影响。

同时，选矿厂也需要做好准备处理性能更优的采矿来料。借助数学模拟软件工具，重新审查现有的破碎和磨矿作业的生产操作参数，能清晰地了解哪些地方或指标能改善提高获取经济效益。计划并实施相应操作调整。因此，一个优秀的采选一体化项目管理必须考虑采选两方面：供应方采矿如何能供给质量稳定的给矿，同时使用方选厂如何实现效益最大化。

对于绝大部分半自磨磨矿项目，尽管为了降低矿石的粒度采矿钻孔和爆破成本增加，但采矿本身也能或多或少地从采选一体化项目中获益。例如，爆破后的料将更加均匀稳定、超大块少，采矿抓斗或铲车更容易装载，二次粉碎量减少。

在澳大利亚，由于更严格的安全标准，通常是采用液压碎岩机进行二次粉碎，这种设备的设备完好率低、维修量大但产率低，这与中国采用的"二次爆破"在成本方面有很大差异。因此，一旦实施了采选一体化的细爆策略，采矿生产者很少愿意回到原来以爆破成本最低化为标准的旧生产模式上。众多的采选一体化工业实践项目表明，选矿从中的获益通常为采矿额外成本的3~10倍。

但是，绝大部分全自磨磨矿项目与半自磨情况完全相反，这是因为通常全自磨磨矿偏向需求更大的矿块。从采矿到选厂的超大块矿石对所有流经的设施都有负面影响，将增加受冲击损坏的风险，降低设施的完好率。因此，所有的机械设备和设施的局限都应该引起关注。例如，在像旋回破碎机这样的初破作业，超大块矿石增加了"架桥"（注：架桥是指大块矿石堵在破碎机的入料口，其他物料不能有效进入破碎机的破碎腔，甚至直接卡在破碎腔）的风险。当大块矿石卡在破碎腔内，这容易造成破碎机高功率高润滑油温，进而发生像轴套烧坏等设备损坏。另一个需要关注的是矿石传送系统，如输送皮带机、转运溜槽、板式给料机等。图6-18显示了被大块矿石损坏的皮带机皮带和溜槽。尽管皮带机不是选厂的核心生产设备，但经常是一个生产工艺或处理线生产率的关键组成之一且没有备用系统。像皮带损坏等带来的皮带机部件失效而引起的生产损失往往是巨大的。因此，需要密切监控全自磨磨矿工艺中运输和给矿皮带机的情况。除了皮带割划开外，皮带寿命主要取决于皮带表面保护抗磨损层的磨损情况及内筋的损坏情况。这些损坏均直接与转运溜槽的设计相关。物料的抛物线轨迹是随矿石的大小而变化的。

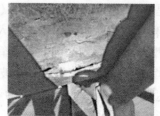

图6-18　损坏的皮带输送机和溜槽

6.6.2　爆破与初破作业

炸药在岩石中爆炸后，产生高温、高压和高速膨胀的气体，使周围矿岩受压缩破碎，并向深处传播，形成爆轰波。爆轰波对周围的矿岩产生破坏，根据破坏的程度不同，将矿岩破坏范围定为破坏圈，破坏圈的半径为爆破作用半径。在经典的矿山爆破实践中，爆破专业人员设计生产爆破的基准是获得爆破堆最佳的形状和膨胀性，同时还主要控制矿石的块度以便提高铲车和卡车的生产率。另外爆破设计需要关注的是爆破如何减少贫化等负面影响及露天坑坡与底板的完整性。

但是随着采选一体化引入，现在意识到爆破不仅要有利于挖掘、装载运输和品位控制还要满足破碎、磨矿的要求。工程实践已经证明"采选一体化"思维和生产方式对整个矿山的经济性有明显正面的影响，因此需要应用这些"采选一体化"理论计划和指导生产。

6.6.2.1 爆破控制

爆破是采用和控制炸药爆炸破裂岩石的过程，以便挖掘。它已经广泛应用于采矿、采石及民用工程，如建坝和修路。爆破设计时，一般遵循如下原则：

（1）当岩石被爆破时，存在自由面使炸药的能量最优化。自由面：被爆破的岩石与空气接触的面叫做自由面，又叫临空面。自由面在工程爆破中起着非常重要的作用，有了自由面，爆破后的岩石才能向这个面破坏和移动。在工程爆破中为了控制爆破作用，常常在爆破附近人为地创造自由面。在长期爆破实践中总结的简单经验表明：自由面多，爆破效果好。

（2）必须有足够的空间或开发区域供爆破后的岩石移动或体积膨胀。

（3）为了合理利用能量，炸药应该在岩石内很好限制在一定的空间。

爆破参数包括：

（1）D 为炸药所在的钻孔直径，即爆孔直径。

（2）B 为爆孔排距（Burden），是指在岩石最可能的移动方向装有炸药到最近自由面的距离。

（3）S 为爆孔间距（Spacing），是指同一排相邻两爆孔之间的距离。

（4）L 为爆破孔的长度或深度（Length）。

（5）J 为超深（Sub-drilling length），是指爆孔超过预期的台阶或地面的深度。

（6）T 为阻塞长度（Stemming height or collar distance），是指爆孔上部装有惰性物料部分长度，该部分是用于防止爆炸气体提前释放进而降低爆破功能。

（7）H 为台阶高度或面高（Bench or face height）。

图 6-19 显示了爆破几何参数示意图，至少还包括如下 3 个爆破参数：

（1）PF 为炸药因子（Powder factor），即单位体积或重量岩石的炸药耗量。

（2）炸药种类。

（3）自由面数量。

目前，爆破使用各种各样成分和性能的炸药。高速炸药通常用于相对较硬岩石以便碎裂粉碎岩石，而低速炸药一般用于软矿石以便产生更高的爆破气压及更好的膨胀作用。

在这些关系中，爆孔排距和间距是指爆破时的排距和间距，与钻的孔的排距和间距可能相同也可能不同。爆破的引发时间将改变或确定他们的差异。值得注意的是，这些爆破参数是互相关联的，改变一个参数对其他参数有影响，了解这一点十分重要。

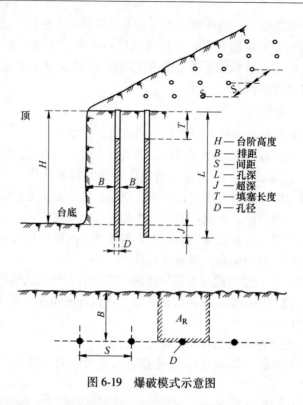

图 6-19　爆破模式示意图

（1）成功爆破的排距很大程度上取决于岩石的强度和装有炸药的能量。

（2）装有炸药的能量取决于爆孔的体积或直径。因此，爆孔直径和岩石强度很大程度上决定了爆破孔排距。

（3）通常，爆孔直径大小取决于矿山已有钻孔设备的情况，即爆孔大小是已定的。若需要改变，需要考虑钻孔设备的情况。

（4）如果无爆孔大小的限制，最佳的爆孔直径选择时需要考虑预期的岩石块度、台阶高度、岩石质量等。

（5）在选择爆孔大小时，爆孔小而密将产生更好的岩石块度，但将增加爆孔钻量、炸药装载量、炸药耗量和成本。

（6）高台阶允许大爆孔、大排距及低钻孔和爆破成本。

（7）同时，如果要爆破的岩石是块状，很有可能出现一些块保持原状未爆破。除非在块状岩石中间布小爆破孔并采用小间距爆破模式。

（8）一旦爆孔确定，爆孔间距也能随之选定。

毫秒延时爆破：是指通常在某个方向或几个方向隔一定的时间差引爆炸药。在露天采矿中采用毫秒级时间差引爆炸药，这样做的几个原因如下：

（1）确保在爆破过程中产生一个或多个自由面，造成一个一致的爆孔排距。

（2）强化相邻孔之间岩石的破裂。

（3）降低地面振动和空气冲击波。

（4）形成爆破后物料的膨胀和移动的方向。

爆破孔布局设计：图 6-20 显示了一些高级爆孔布局，与图 6-21 中常规爆孔布局相对比。最佳的爆孔布局是爆孔分布在等边三角形的顶点上。但是与钻直线分布的爆孔相比，钻等边三角形布局的爆孔需要更有经验和能力的钻孔操作工和指导人员，如班长。负责人事先清晰标出钻孔位置将能极大帮助钻孔工的工作。

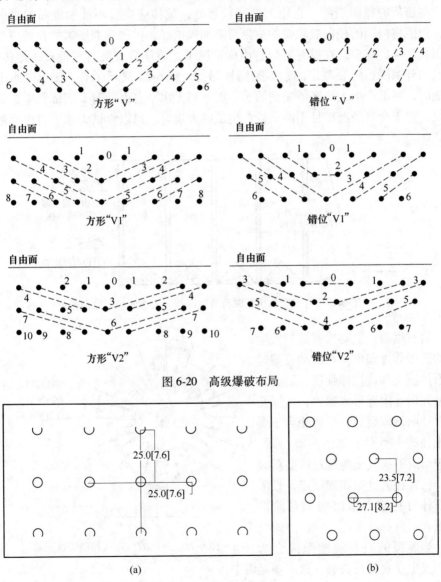

图 6-20　高级爆破布局

图 6-21　常规爆破布局示意图

（a）长方形；（b）错位等边

对于破碎和磨矿而言，爆破后岩石的状况程度不仅仅是炸药因子。能量沿着岩石体扩散的行为也很重要。能量扩散取决于岩石量、炸药、爆破设计等大量因素。其中最重要的是爆孔的空间布局、在爆孔上部滞留爆破气的填塞长度等，但填塞长度应该能使整个爆破区域的上部物料完全爆细。

自由面：圆柱炸药在爆孔内起爆时，爆炸气体建立了一个圆柱形扩张的切向拉伸应变波，在炸药附近，拉伸应变峰值超过岩石的动态拉伸破裂应变，因而形成一些密集的径向裂隙。在距离炸药较远处，拉伸应变波不能引发新的径向裂隙，但能将内圈的径向裂隙带的少量裂隙加以扩展，扩展裂隙所需的拉伸应变低于引发裂隙的应变。在没有有效自由面情况下，拉伸应变波对称地自由地传播，并且内外两圈径向裂隙带的边界是圆柱形的。图 6-22 显示了有、无爆破水平自由面时，底部产生大块区域差别的示意图。当无水平自由面时，底部产生更多的大块，对于全自磨磨矿且不能有效产生足够大块时，可以尝试无水平自由面爆破方式。

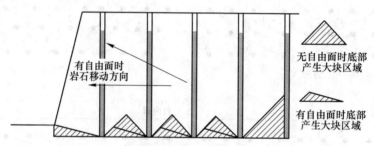

图 6-22　有、无自由面时台阶底部产生大块区域示意图

岩石爆裂：主要岩石爆裂发生在炸药爆炸过程中。当震动波超过岩石的抗压和抗拉伸强度，岩石破碎并在爆孔附近形成粉碎，从爆孔沿着径向形成裂缝，一般相当于爆孔半径的 4~5 倍，如图 6-23 所示。爆破形成的高气压将穿过这些新裂缝、已存在的缝隙和连接点，松散岩石体并把它们抛出抛向台阶的地面。

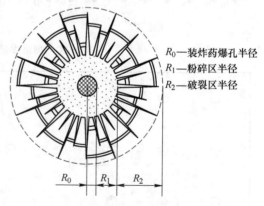

R_0—装炸药爆孔半径
R_1—粉碎区半径
R_2—破裂区半径

图 6-23　爆破的粉碎区和破裂区示意图

当爆裂的岩石加速抛离台阶时，发生二次岩石破裂，这主要是由于：

（1）爆裂的岩石在空中及与台阶地面上的岩石块的互相冲击粉碎。

（2）当爆裂岩石离开台阶松散时，被高压挤压岩石释放储存的弹性变形能量。

在采选一体化技术方案中，影响爆破过程岩石爆裂块的核心参数有：

（1）爆孔直径。小爆孔直径配合短爆孔间距布局，同时相同的炸药因子，将产生更细的岩石块。当采用相同炸药因子，采用大爆孔将导致粗爆破岩石块。

（2）台阶高度。对于相同的爆孔直径，增加台阶高度（例如从 8m 增加到 12m），预计爆破岩石块变细。

（3）炸药因子。增加炸药因子仅将产生更多的细岩石块，如图 6-24 所示。

（4）爆孔布局。短爆孔距离布局将减少超大岩石块的量，但增加细粒量。

（5）压力波的峰值。

（6）台阶中炸药分布。

图 6-25 显示了爆堆的爆裂后岩石的块度变化。爆堆表面的粗

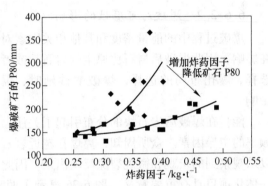

图 6-24　强化爆破设计对矿块大小的影响[95]

块岩石来自于第一排爆孔前面的岩体和爆孔上部未装炸药的部分。进一步爆堆的研究发现：

（1）爆堆的粗粒部分来自于爆破的肩部或边角及爆孔上部未装炸药的部分。

（2）爆堆的粗粒部分像一个衣服罩在爆堆上面。增加未装炸药的长度将大大增加这个粗粒表层的厚度。

（3）台阶肩部产生的爆破岩石块度取决于台阶上部情况。台阶式爆破通常比前面采用了超深钻孔爆破模式的产生更多的块。后者产生于叠加爆破。采用降低填塞长度减少超大块的方法不一定成功。更多可能是爆炸气体逸出，导致超多飞石。

（4）爆堆的其他部分来源于装有炸药部分的爆破，是构成爆堆的主体部分。

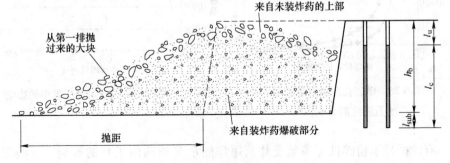

图 6-25　露天爆破爆堆形状

总体上讲，对于半自磨磨矿而言，通常方法是增加炸药因子（即炸药量），同时伴随着改变爆孔的布局（如改变/缩小爆孔间距和排距，见图6-21的几何尺寸；如可能增加台阶高度），还可改变填塞长度、超深和爆孔直径等，以便生产有利于半自磨的给矿特性的物料，即矿块大小被很好控制在合理范围之内、最大矿块比较小、细块多、特别是小于格子板孔的量比较多。同时，初破作业也应根据来料粒度变化而做相应调整，如调整（调小）初破排空口大小，采用挤满给矿模式，有时可能还需要更变初破衬板的类型，通常改用破碎得更细的腔型。

6.6.2.2　爆破对可磨性的影响

爆破过程中的能量密度和其他相关因素对爆破后岩石中的微观裂隙的数量存在影响，因此爆破后岩石比原生的岩石软或者可磨性提高一些。岩石种类、炸药选择、爆孔布局的选择、爆破毫秒延时、爆破顺序等都对能量在岩石分布有影响。

能量在爆破后岩石块的分布引起了关注，这是因为它是导致微观裂隙分布及频率的主导因素。众所周知，离爆孔越近岩石破裂越明显，越远越差，这一点可以从观察到的宏观和微观裂隙反映出来。因此，爆块中的爆破能量分布对于采选一体化项目具有重要意义。图6-26显示了两种不同爆炸速度的炸药时，岩石体承受的压力从爆孔中心向外衰减情况。因此，由于爆破过程中导致这些微观裂隙的存在，这将提高磨矿效率。图6-27显示了爆破时炸药因子（耗量）对磨矿效率影响的案例。首先随着炸药用量的增加磨矿效率提高，然后趋向稳定。

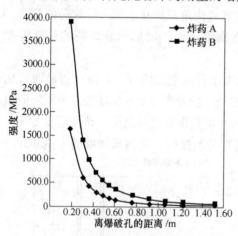

图 6-26　爆破孔距离对爆破后
矿石强度的影响[96]

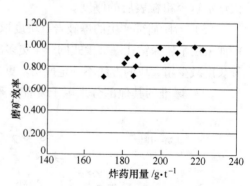

图 6-27　爆破炸药因子对磨矿效率的影响[97]

有证据显示粉碎性能参数受炸药爆炸能量（炸药因子）的影响，一些案例如图6-28所示。在JKMRC落重或SMCC的粉碎性能测试实验中，产品的 $A \times b$

（是 t_{10}-E_{CS} 曲线中 E_{CS} 为零时的斜率，详细见后面有关矿石粉碎性能测试方法的章节）已经广泛用作可磨性的指标。如图 6-28 所示，$A \times b$ 通常随着炸药因子增加而增加，这表明矿石可磨性有所提高。

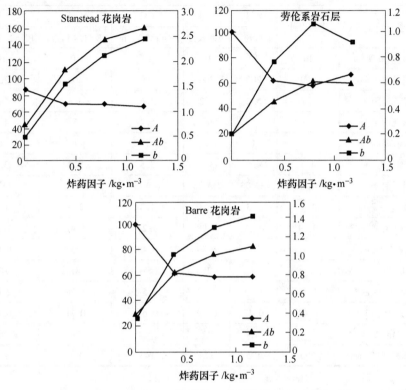

图 6-28 爆破炸药因子对可粉碎性指标的影响[98]

6.6.2.3 细爆的经济性

对于半自磨磨矿而言，通常细爆提高磨矿处理能力、降低磨矿比能耗、提高矿石的可磨性等效益，但这是以消耗更多炸药和增加钻孔工作量为代价的，因此细爆的经济性需要评估。在采选工业界，广泛认为下游的粉碎作业的经济收益远远超过上游爆破成本的增加。在 2015 年的半自磨国际会议（SAG Conference）上，Diaz 等发表了细爆的成本，见表 6-2。数据显示采矿钻孔和爆破成本的增加与原矿粒度（P80）下降成正比关系，即穿爆成本越高，原矿粒度越细。Eloranta 在 2001 年的半自磨国际会议上发表了一个细爆经济性的案例，如图 6-29 所示。图 6-29 显示爆破成本与下游的成本成反比关系，两侧的边界线清楚地反映了整个趋势的斜率。比较宽的成本散点是由季节变化、地质情况改变及月度采购量的变化引起的。值得注意的是，在很高的炸药因子区域，细爆的经济性需要论证和评估。图 6-30 总结了案例中精矿生产成本组成。这个饼图显示了穿爆（钻孔和爆破）成本与磨矿成本在总成本中相对分量。在此案例中，穿爆（钻孔和爆破）成本相对比较低，仅占总精矿生产成本的13%。

表 6-2　细爆成本和原矿 P80[99]

参　　数	爆破设计	1 号	2 号	3 号	4 号	5 号
		炸药	填塞长度	PF=1.2 kg/m³	PF=1.4 kg/m³	PF=1.6 kg/m³
爆破台阶高度/m	10	10	10	10	10	10
爆孔直径/mm	200	200	200	200	200	200
爆破孔排距/m	5.2	5.2	5.2	4.6	4.3	4
爆破孔间距/m	6	6	6	5.4	5	4.7
超深/m	1	1	1	1	1	1
填塞长度/m	4.5	4.5	3.5	3.5	3.5	3.5
炸药种类	HA 46	HA 73	HA 73	HA 73	HA 73	HA 73
炸药密度/g·cm⁻³	1.2	1.3	1.3	1.3	1.3	1.3
炸药因子/kg·m⁻³	0.79	0.85	0.98	1.23	1.42	1.63
炸药因子/kg·t⁻¹	0.31	0.34	0.39	0.49	0.57	0.65
差异/%		8	25	57	81	107
成本/美元·m⁻³	1.05	1.18	1.23	1.54	1.78	2.04
成本/美元·t⁻¹	0.42	0.47	0.49	0.62	0.71	0.82
差异/%		13	17	47	70	95
模拟原矿 P80/mm	200	195	175	145	130	118

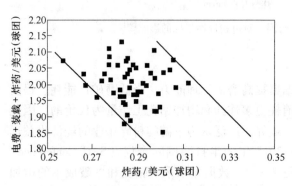
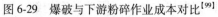

图 6-29　爆破与下游粉碎作业成本对比[99]

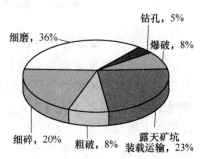

图 6-30　矿石粉碎作业的成本组成[100]

6.6.2.4　初破作业

相应地，初破作业必须进行调整以便适应于已经"优化"的采矿所来矿块。对于半自磨磨矿流程，最普遍的情况是采矿来料被爆得更细些。因此，初破作业在磨机新给矿粒度控制中的位置将重新调整。按半自磨磨矿对新给矿粒度的要求标准，最普遍的情况是初破仅倾向于把最粗的粒度破碎成中间粒级，而很少产生细粒级。因此，初破作业面临一个挑战，即初破作业如何避免生成太多的"临界"难磨粒子，同时避免中间粒度物料未经有效破碎而直接穿过初破作业。对于旋回破碎机，影响产品粒度分布的设备、操作参数主要有 3 个，即开侧/闭侧排矿口、偏心距和衬板几何形状或种类。对于那些有多台初破设备的矿山，可以考虑对不同的设备采用不同的操作参数以便最小化中间粒度的含量。然后，在粗料堆进行混合用于全/半自磨机，或分别堆存再同时给磨机供矿，可以根据磨矿运行情况采用不同的配比。如前所讨论的，爆堆上部矿石比较粗，初破设备应该采用不同的设定参数处理它，但这要求合理而高效的生产管理体制。

Dance[92]观察到在 Highland Valley 铜选厂，中间粒级物料量在初破作业前后在很大程度上是没有影响的，或者说初破作业几乎不改变中间粒级的分布。进一步的研究发现，挤满给矿是最有效的产生更多细粒级的方法。挤满给矿的标准或定义是指破碎机的破碎腔内充满矿石，简单的标准是矿石应该堆到旋回/圆锥破碎机的上横梁。当给矿粒度和给矿量不变时，挤满给矿将使物料在破碎腔滞留时间和颗粒之间的破碎最大化，进而导致产生更多更小的物料。通常，破碎设备的功率反映了破碎情况，功率越高破碎作用越强，同时它还可能产生微观裂隙有助于提高磨矿率。

另一个问题是是否需要采用格筛或其他筛分设备协助初破作业的产品粒度控制。

6.6.3　二段破碎

全自磨磨矿依赖于磨机给矿中大而硬的矿块的存在量，这些矿块用作磨矿介质。如果全自磨机给矿中大而硬的矿块量不足，磨机内中间粒度的物料将不能有效或以要求的速率粉碎，因此磨机载荷将充满中间粒级矿石或"临界"粒子，造成累积，进而造成磨机处理能力降低，增加以磨机新给矿计算的单位能耗，即kW·h/t。对于半自磨机而言，由于大钢球磨矿介质的存在，这些中间粒级物料仍或多或少影响磨机处理能力和单位能耗。为了改变这种情况，其中有效办法之一是从给矿和全/半自磨机磨矿过程中把这些物料排出去。如果临界粒子能减少，典型全自磨磨矿作业能量效率估计能提高 10%~20%[90]。

在那些半自磨磨矿效果欠佳和半自磨限制了整个流程处理能力的有待于优化的选厂，半自磨给矿预先（全部或部分二段破碎）破碎的回归越来越普遍。造成这种情况往往是由于矿石硬度增加或由于处理低品位矿石而需提高处理量的目标。虽然已经认识到全/半自磨磨矿适于处理双峰粒度分布（即粗和细粒级多，中间粒级少）的矿石，但是如果仅采用爆破和一段（开路）初破流程，这几乎是不可能实现既把采矿来的大块破碎又能有效降低中间粒级的数量。因此，二段破碎或预先破碎是实现目标的最佳选择之一。二段破碎甚至可以进一步全部或部分降低初破作业产品中最大矿石的块度和中间粒级数量。通过提高全/半自磨磨矿效率，预先破碎将能释放其磨矿流程的产能，进而提高整个流程的处理能力，当矿石变硬时仍然保持已有的处理能力。

为了产生双峰粒度分布（即粗和细粒级多，中间粒级少）的给矿，理论上讲，初破作业的产品应该采用多层筛或多级筛分以便分出中间粒级物料，然后再采用二段破碎粉碎。对于半自磨，图 6-31 显示了一个典型预先破碎的流程。对于全自磨磨矿，其给矿中的粗粒级必须保留用作磨矿介质，一个简化流程如图 6-32 所示。通常的分级粒度分别为 20~30mm 和 60~120mm。为了简化流程，另一种办法是仅用一段格筛分级，控制粒度为 80~120mm，筛下产品全部进二段破碎作业再粉碎。通常情况下，初破作业的设备（如旋回破碎机）的处理能力远高于二段破碎设备（如圆锥破碎机、颚式破碎机），因此从实践的角度，有时仅对初破产品的一部分进行分级和进一步的破碎。

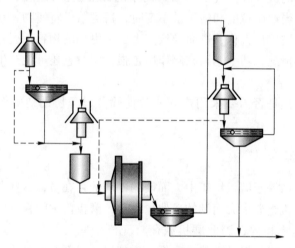

图 6-31　预先破碎的半自磨流程

对于半自磨磨矿工艺，为了简化流程，通常直接破碎部分初破作业产品而不进行预先分级，但有时也采用分级筛或格筛预先排除给矿中的细粒级。半自磨预先破碎流程案例显示于图 6-33。部分预先破碎工艺的优点有：（1）仅需要比较小能力的破碎机；（2）保留一些大块矿石作磨矿介质，减少了钢质磨矿介质的消耗。但是特别是当矿石太硬时，这些大块矿石可能很难在半自磨机中粉碎，另外一个缺点是很难控制给矿的粒度分布。

有时采用全部预先破碎流程把给矿粒度降低到 30~50mm，一个全部预先破碎流程如图 6-31 所示。事实上，这与传统经典的二段破碎开路/闭路流程没有什么不同。通常，全部预先破碎将导致半自磨磨机功率降低，同时需要增加半自磨

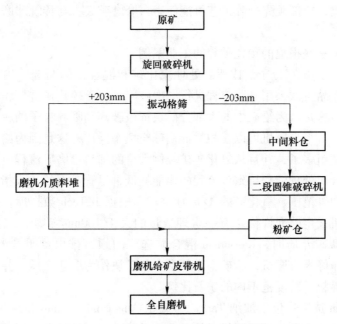

图 6-32 带矿石准备的全自磨流程[90]

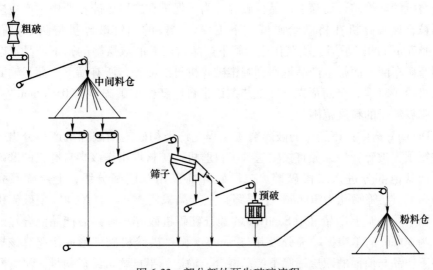

图 6-33 部分额外预先破碎流程

（虚线箭头代表大块矿石也预先破碎的方案）

机钢球充填率以便达到磨机功率的设定值，这样增加了磨矿介质耗量并加快磨机
衬板的磨损。通常这还造成 SABC 流程中的后续球磨机工作负荷增加。如果球磨
机能力不足，会导致最终磨矿粒度变粗。另外一个问题是需要很大的破碎机破碎

能力。实际上，全部预先破碎工艺可能使半自磨磨矿失去与传统球磨磨矿工艺相比的一些优点。

下面介绍一些报道的预先破碎的工业案例。

Kansanshi 铜矿：位于赞比亚。处理硫化矿和混合矿的两选厂均对旋回破碎机初破后的产品再次采用开路流程进行二次破碎。对于硫化矿选厂，磨机要求高钢球充填率，这是因为给矿中的大部分矿块都被破碎到临界粒子的粒级范围。对于混合矿选厂，半自磨机可以在相对低钢球充填率操作，这是因为给矿的最大粒度比临界粒度粗多了，并且从氧化矿矿堆供大量的细料给磨矿流程。这些细粒氧化矿引入混合矿处理流程导致该流程的比能耗低，尽管矿石的 $A \times b$ 指数显示其抗粉碎特性处中等范围。氧化矿的 $A \times b$ 为 64.2，根据 JKTech 数据库，分类为软矿石。在破碎机设定时允许保留有一合理数量的大于 100mm 矿块。当给矿中有足够矿块作为磨矿介质时，Kansanshi 混合矿选厂的顽石排出量明显大幅度降低。这表明要操作好半自磨机，给矿中必须有一些矿块作为磨矿介质，并且努力的目标是降低临界粒子粒度范围内的矿石比例。

Iduapriem 选厂：位于加纳 Tarkwa，属于 Anglogold Ashanti 矿。采用二段/预先破碎流程，该选厂的半自磨机新给矿 P80 为 40mm。采矿来的原矿采用旋回破碎机破碎至小于 150mm，该产品采用双层筛分级，-65mm 的筛下产品作为最终半自磨机的新给矿，而筛上产品再破碎。为了促进在二段破碎作业中生产更多的细颗粒，该破碎机在挤满给矿模式下工作。二段的圆锥破碎机与两个筛孔为 40mm×70mm 的筛子形成闭路作业。筛下产品与前面的双层筛的筛下产品混合输送到磨矿车间，而筛上产品返回到圆锥破碎机再次破碎，所有筛下产品运输到半自磨机给矿料堆。全面预先破碎工艺把该半自磨新给矿破碎至 P80 = 40mm 左右，位于临界粒子的粒度范围。

Damang 选厂：该选厂的破碎磨矿流程允许把初破旋回破碎机产品分出一部分进行预先破碎，一部分直接输送到半自磨机给矿料堆用作该半自磨机的磨矿介质，而其他部分进入二段破碎。二段破碎前采用双层筛分级，上层筛筛孔为 100mm，下层筛筛孔为 30mm。上层筛筛上产品采用 Metso 的 XL400 型破碎机处理，而下层筛筛上产品采用 Sandvik 的圆锥破碎机破碎。破碎后产品混合输送到筛孔为 30mm 的单层振动筛分级并与 Sandvik 圆锥破碎机破碎形成闭路。该振动筛筛下产品与前面的双层筛筛下产品混合，输送到半自磨机给矿料堆。尽管只是部分给矿经过二段破碎，但是不经过二段破碎作业的粗物料通常不含有大块矿石，同时也允许所有的物料进入二段破碎作业。因此，该半自磨机给矿准备作业产生的矿石 P80 为仅 37.5mm，接近临界粒子粒度范围的下限。该半自磨机排料相对粗，接近 20% 物料进入顽石破碎机破碎后返回磨机。由于 Damang 选厂半自磨机功率的限制，该磨机的钢球充填率不能超过 9%。因此必须依赖破碎系统实现处理量的目标。值得注意的是 Damang 选厂设计时，初破产品进行部分预先破碎，但由于筛分作业的应用，该产品的最大粒度位于临界粒子粒度范围，同时一大部分物料也在此粒度范围。

Tarkwa 金矿：该金矿成功地应用了部分预先破碎工艺准备磨机新给矿，提高了选厂产能。在 Tarkwa 金矿应用初破产品部分破碎工艺设置和生产中，面临的最大的挑战或难题是与二段破碎配套的筛子。当来矿相对湿的时候，筛分就更加困难。但当堆浸厂关闭后，整个破碎车间可用于为磨机-碳浸厂准备给矿，即实施磨机新给矿部分预先破碎，该厂的处理能力提高十分明显。据报道，25%的新给矿成功地采用了部分预先破碎处理后，选厂的产能稳定持续比设计的高15%。采用部分预先破碎后，Tarkwa 金选厂的半自磨机不再是整个流程产能的瓶颈，取而代之是球磨机。额外提高的产能导致球磨作业成为流程的瓶颈部分。

Fimiston 选厂：硫化矿处理流程包括一台旋回破碎机作初破，然后是二段破碎机与筛孔为 50mm 筛组成的闭路破碎作业。破碎作业把半自磨机新给矿破碎至 P80 为 39mm。据报道，该选厂半自磨机钢球充填率低于 15%时，处理能力达不到设计能力。安装二段破碎闭路作业减轻了选厂处理能力的限制，但增加了钢球消耗，并且与设计参数相比，流程产品粒度变粗了。破碎磨矿流程设计磨矿细度为 P80＝106μm，但应用全部二段破碎工艺时，整个流程的磨矿细度变粗为 P80＝230μm。并且该半自磨机不能有效操作在低钢球充填率的情况下，这是因为缺乏大块矿石作磨矿介质。磨矿产品变粗是由于缺乏矿石磨矿介质，矿石磨矿介质有助于摩擦（abrasion）和剪切（attrition）粉碎从而在磨机内产生细颗粒。

美国明尼苏达州的磁性铁燧岩矿试验：试验铁矿石样来源于典型的 Mesabi 铁矿区的硬铁燧岩。Metso 对矿样进行了粉碎特性测试，即落重实验和实验室小型磨矿试验，这些粉碎性质参数用于磨矿流程的模拟软件。实验室小型磨矿试验采用直径 1.83m×长 0.61m 的 Cascade 磨机。对以下 3 个流程进行了模拟和评估。

（1）普通破碎-全自磨磨矿。无预先破碎，新给矿为初破作业产品，破碎机宽侧排空口为 305mm。

（2）特殊破碎-全自磨磨矿。新给矿为特殊准备的破碎产品，给矿中 20%粗于 153mm，80%给矿被破碎至小于 19mm。

（3）控制性破碎-半自磨磨矿。所有的给矿被破碎至小于 153mm。

根据落重试验和实验室小型磨矿试验数据对以上 3 个流程进行了模拟，结果列于表 6-3。

模拟结果表明特殊破碎工艺-全自磨磨矿流程的比能耗最低。特殊破碎-全自磨磨矿流程的单位能耗比常规半自磨磨矿低 15%左右，比普通破碎-全自磨磨矿流程低 34%左右。

表 6-3　工艺流程模拟结果[90]

流　程	处理量	比能耗	估计功率	初磨机设计	
	t/h	kW·h/t	kW	直径/m	长度/m
普通粗破-全自磨	893	16.2	14200	11.6	6.7
特殊破碎-全自磨	893	10.8	8500	11.0	5.2
控制性粗破-半自磨	893	12.7	11000	10.4	6.1

随后在明尼苏达州进行磁性铁燧岩铁矿中间规模连续实验。这也是研发生产小于 1.7%硅的铁精矿的研究工作的一部分。依据模拟结果，对以下 2 种初磨流程方案进行了中间规模连续实验。

（1）全自磨磨矿工艺。新给矿为特殊准备的破碎产品，给矿中 20%粗于153mm，80%给矿被破碎至小于 19mm。

（2）半自磨磨矿工艺。给矿为原矿，钢球直径为 127mm。

初磨试验结果总结于表 6-4。试验所用磨机为 Nordberg 磨机，其直径 1.67m，磨机内有效长度为 1.16m。对于半自磨磨矿试验，钢球充填率保持在 6%左右，为以往这种矿石半自磨磨矿工业生产的典型充填率。初装球为不同大小钢球，但新加钢球的直径为 127mm。磨机转速为 25.26r/min，即 76.6%的临界速度。

全自磨试验的平均比生产能耗为 10.73kW·h/t，与之相比半自磨磨矿平均比生产能耗为 12.46kW·h/t。比生产能耗为磨机电机输出端的功率比处理量。

表 6-4　磁性铁燧岩铁矿初磨流程效果[90]

初　磨　流　程	初磨处理量	总功率	比能耗
	t/h	kW	kW·h/t
特殊粗破-全自磨（5 个试验平均）	1.35	18.14	10.73
控制性粗破-半自磨（6 个试验平均）	1.26	19.27	12.46

Meadowbank 矿：尽管由于保险的原因一开始运作半自磨机，在初期由于不能使用顽石破碎机，这一段生产证明它对达到设计产量有致命的影响。由于磁铁矿的强磁性，导致顽石不能除铁否则磁铁矿也被除掉，因此导致顽石破碎机无法生产。

对各种各样的扩建改造方案进行了评估，以便获得潜在额外磨矿产能，达到最低设计产能，同时还考虑到超产时的去瓶颈的可能性。2011 年早期，随着黄金市场的提升，决定在安装初破和初磨作业之间安装二段破碎作业。2011 年 6月，第二台 XL900 型破碎机（装机功率为 671kW）安装调试，目标是把半自磨机给矿粒度从 0~115mm 降到 0~38mm。到 2011 年底，旋回破碎机与初磨之间二段破碎作业的投产使半自磨机的产能从 8500t/d 提高到 9870t/d。

Copper Mountain 矿：该矿位于加拿大 British Columbia 省 Princeton 南大约

20km 处。Copper Mountain 矿初磨流程为传统的 SABC 流程，即半自磨-球磨-顽石破碎机流程。

随着矿石硬度和难磨性的影响越来越清晰，建议的方案之一是在现有的 Copper Mountain 矿流程中加预先破碎。在现场的流程或操作改变时，这个方案仍能允许磨矿产能提高。该半自磨机的日均处理量持续稳定超过设计的 1585t/h，甚至在 2015 年 1 月有数天的日平均处理量超过 1600t/h，高峰处理量达到 1940t/h。这对处理 Copper Mountain 矿的极硬和难磨矿石而言，这样的处理能力是很超出预期的。处理该矿脉其他区域的矿石时，也获得了同样的处理能力。

还观察到预先破碎安装和应用的其他收益，包括单位半自磨机给矿的钢球消耗量明显降低，节省了数百万加元的生产成本。

以上所有讨论的采用预先破碎工艺方案均提高产量能力至设计要求或达到新商业目标。统计调查发现除了 Kansanshi 混合矿处理流程外，其他选厂无一例外能增加处理能力到设计值或更高的值。但是在所有评估的选厂中，只有 Tarkwa 和 Damang 金矿的半自磨机操作在低于 15% 钢球充填率条件下，这是传统半自磨机的最大钢球充填率。钢球充填率变化使半自磨机变为一种在南非命名为 RoM（原矿）磨机，而在一些其他地方叫 Barely autogenous grinding（无自磨磨矿）磨机。无可置疑，这样增加了磨机的处理量，但是以牺牲半自磨机的优点和效益为代价的。一些项目没有在磨矿细度等其他方面表现出任何额外效益，也有些在处理能力提高上不明显。

引入和应用预先破碎进一步加工半自磨机新给矿导致半自磨机的产品粗化。在那些球磨机已经是瓶颈的矿山不能再增加球磨机的负荷时，最终磨矿粒度将比设计细度粗。采用二段破碎的磨矿流程无一例外地降低了半自磨磨矿的比能耗，同时进入球磨机的给矿粒度变粗。既然半自磨磨矿比能耗降低，导致半自磨排矿粒度粗进而把磨矿负荷向下游作业转移。这进一步导致磨矿粒度变粗和需要提高球磨机的产能。由于磨矿能量的需求，明显的改变是提高球磨机的钢球充填率以便获得更高的磨机功率并达到目标磨矿细度。Fimiston 和 Kansanshi 硫化矿处理流程及 Damang 选厂是最终磨矿粒度粗于设计值的极好案例。对于一些采用炭浸法回收金的处理厂，磨矿作业产生的过粗粒可能沉积在炭浸槽槽底严重影响生产。而采用浮选法产生精矿时，选厂可能面临回收率下降的现象，这是因为在如此粗磨的情况下，有价矿物可能没有充分解离。如果磨矿后的物料太粗，还将可能加快泵、泵池等输送设施磨损，进而可能大幅度增加设备的维修工作量。

已有报道显示预先破碎对钢球消耗的影响结果是不一致的。一些矿山报道钢球消耗量增加，如 St Ives 和 Edna May 矿。而另一些矿山报道钢球消耗量降低，如 Copper Mountain 矿报道半自磨机钢球消耗量降低 37%，球磨机磨矿介质耗量降低 66%。

　　如前面提到的，简单的二段破碎工艺生产出来的给矿要求半自磨机必须适当提高钢球载荷。高钢球载荷将增加对磨机衬板的压力进而增加衬板的磨损速率，促使在这种新的磨矿生产操作条件下重新设计磨机筒体衬板。Phoenix 选厂的工业尝试显示安装应用一个临时二段破碎机前后顽石量发生明显变化，如图 6-34 所示。从图中可见，自从这台临时破碎机从 2010 年 6 月到 2011 年 4 月投入使用，平均顽石量增加了 69%。因此磨矿格子板也要重新设计。总而言之，半自磨机衬板应该重新审查并可能要重新设计，以便与新的给矿条件或操作参数变化相适应。

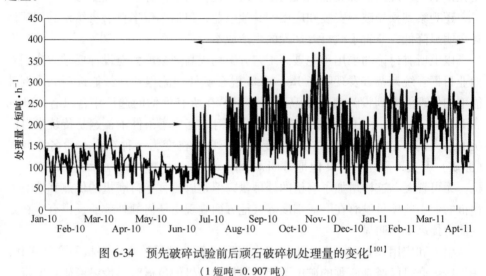

图 6-34　预先破碎试验前后顽石破碎机处理量的变化[101]

(1 短吨 = 0.907 吨)

6.6.4　配矿

　　任何一个矿山的不同矿床及同一矿床不同区域的矿石性质都不尽相同。为了满足选矿产品高且稳定质量的要求，需要对入选矿石进行配矿和混匀处理。处理后的矿石对稳定选矿生产，提高选矿指标，降低成本有明显的效果。如果入选矿石质量波动大且频繁，就迫使选矿生产作出相应频繁的调整，而且这种调整总是滞后于矿石性质的波动，于是引起生产不正常，造成精矿产品质量、回收率和产量下降。传统配矿是选厂必要的作业之一，其目标是获取一个相似化学组分（特别是有价矿物或元素的含量，如铜）和矿物（包括矿物种类、赋存量、结晶粒度等）的给矿。选矿厂采取矿石配矿及混匀措施，对协调矿山与选矿设备的生产起到积极作用，它可以减少因一方生产出现故障而影响另一方生产，提高设备作业率。

　　随着全/半自磨磨矿技术的引入和应用，配矿再度引起了高度兴趣和关注，并提出了除传统的化学组分和可选性稳定外的矿石可碎性、可磨性、粒度等新要求。

对于全自磨磨矿流程，它需要其给矿中有数量稳定的可用作磨矿介质的大块矿石，使其流程能在一个稳态且有效磨矿效率的情况下运转。如果能预期岩石性质和矿石块的比值有大的变化，进而导致可用作磨矿介质的大幅度波动，可能超出了全自磨磨矿流程的适应范围。既然全/半自磨磨矿效果都受矿石的块度和硬度两者的影响，因此通过配矿或混矿，将至少可以在中短期内有助于消除或减轻这些波动带来的影响。关键因素之一是通过有效的地质-选矿数据估计矿石性质变化对全/半自磨磨矿处理量的影响。这需要把矿石硬度加到地质模块模型（Block model）数据库中。建立主要矿石硬度特性与可碎/磨性质的相关性，进而用于爆破设计，并也与处理量模型相连，进而确认磨矿流程的瓶颈所在。通常的矿石硬度或可粉碎性能参数有：

（1）单点抗压指数（Point Load Index，PLi）。从半自磨机处理能力方面讲，它合理代表了矿石硬度性能。

（2）邦德球磨机功指数（Bond Ball Mill Work Index，BBWi）。矿石的邦德球磨机功指数与半自磨机磨矿处理能力强烈成反比。

（3）$A \times b$ 值：冲击硬度。这项测试需要花比较长时间且费用也高。

值得注意的是应该通过钻孔和测试连续不断的改善地质模块模型数据库，进而更全面了解整个矿床的特征。

一个典型案例是 Batu Hi jau 矿。由于采矿顺序的螺旋式（分阶段）特性，引起磨机的矿石硬度波动，进而导致 SABC 磨矿流程的瓶颈在半自磨机、球磨机和顽石破碎机之间来回移动。矿石的球磨功指数 BBWi 越高，球磨机流程成为瓶颈的频率越高。矿石的球磨功指数 BBWi 越低，磨矿流程更多倾向于受制于半自磨机。充分了解了 Batu Hijau 矿床中矿石性质并建立地质-选矿数据库表征矿石特性，进而建立了与磨矿性能的关系，如图 6-35 所示。这将有利于生产计划和应用预防性优化策略。在短期内，采用采选一体化优化策略管理和控制矿石的波动，初始目标是把矿石硬度和粒度波动控制在可接受的范围内，以便采用和安装合适特性的半自磨机格子板。

通过配矿除了降低矿石硬度波动外，还有另一个重要因素，即给矿粒度。2012 年，在 Paddington 选厂进行了一次工业实验[103]。当采用爆堆上部：中部：底部比例为 1：2：2 时，导致其半自磨的处理量从 307t/h 的基准线提高到 416t/h，在相似磨机功率时，处理量提高了 36%。同时，旋流器溢流 P80 从 106μm 提高到 140μm，这进而表明该磨矿流程的瓶颈转到了球磨机。由于 Paddington 选厂处理多种性质和矿点的矿石，一组不同性质矿石（氧化矿、过渡矿和原生矿）的粒度分布如图 6-36 所示，因此按矿石硬度和粒度配矿混矿是日常生产的重要环节。

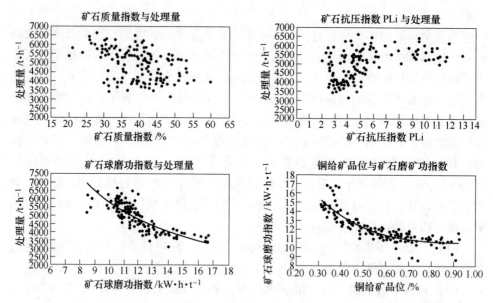

图 6-35　2002~2005 年间 Batu Hijau 矿矿石硬度、铜品位和处理量的关系[102]

对于绝大部分矿山，配矿混矿可以在两处进行，一个地点是进入破碎磨矿流程前，另一个是在破碎磨矿流程中。

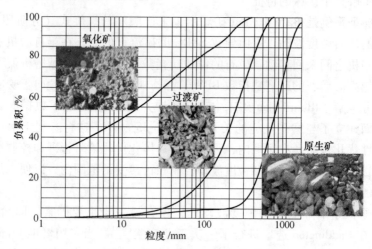

图 6-36　一组 Paddington 选厂不同性质矿石的粒度分布

6.6.4.1　采矿及运输顺序

首先，根据矿山地质资料并结合选矿厂对入选矿石质量指标的要求，制定矿山开采计划以便有利于进行配矿。合理选择矿段开采顺序，确定同时开采面数量、出矿顺序及比例并考虑围岩混入等因素。采出的不同质量矿石，按配矿设计要求分别装车送往选矿厂。一些矿山车采场也有（转运）料堆，供采掘出来的矿石临时堆放，实现按配矿比例向选厂供矿就更容易，但需要对矿石进行至少两次装载，增加了生产成本。

6.6.4.2 破碎前配矿

对中小型选厂，通常有一个规模比较大的原矿料堆，供临时堆放不同性质矿石（可能来自不同的采矿点及不同品位或矿石性质）。因此，可根据配矿要求从原矿料堆的不同的矿堆中按比例给初破作业供矿，实现配矿目标。这与传统的按矿石品位和工艺矿物学性质进行的配矿没有明显的差异，但对于全/半自磨磨矿还需考虑矿石硬度和粒度。当原矿料堆规模小时，极其重要的是及时与采矿沟通确保采矿能提供各种不同性质的矿石供配矿，并调整采矿开采计划。对于全/半自磨磨矿，还要根据原矿料堆矿石的粒度情况，要求采矿调整爆破设计。

对于大型矿山甚至一些中型矿山，它可能没有原矿料堆，但采矿必能可以从不同的地点同时供矿，这是因为通常仅从一个采矿面供矿无法保障处理量的要求。这是前面提到的另一个配矿机会。

既然要同时考虑到品位、矿物组成、硬度和粒度，因此，无可置疑地要求建立一个高效、快速的良好管理体系。特别是如前面提到的随着一个爆堆卡车运输的进展，矿石的粒度会随之变化。例如，同一爆堆的上部矿石会明显粗于底部的。因此，矿石粒度将会随时变化，造成矿石粒度控制极其困难。另外，传统的采矿人员可能缺乏矿石粒度控制的意识、经验、手段等。因此，相应的人员培训、控制系统的建立、矿石粒度控制收益反馈等极其重要。

一些小型选厂可能进行专门的配矿混矿作业，较为普遍采用的配矿方法是积层法。这种方法就是在矿石料场上把运来的矿石用堆料机按要求堆成许多互相平行、上下重叠的料层，每一料层的重量基本相等，每个料堆的层数可达几百层，这分层铺料本身就是配矿。料堆形成后，再用取料机从料堆垂直于料层的整个截面上切取所有料层，这是一种有效的混匀方法。有的料场使用电铲进行配矿及混匀的。

6.6.4.3 破碎磨矿流程内配矿

另一种方案是在破碎磨矿流程内配矿。例如，对于有多个破碎-磨矿生产线大型选厂，来自不同初破作业的料都比较均匀布在各个料堆，即采用交叉布料方式保障物料的均匀性。还有一些选厂，按矿石的硬度、矿石粒度或矿物性质不同分别破碎，并堆存于不同的料堆或料仓。依据全/半自磨磨矿效果，操作人员能调整给矿配比以便实现生产目标。

另外一个众所周知的现象是：特别对于圆锥形料堆，由于大块矿石更趋向于滚向料堆的周边，这样造成矿石在不同的料堆位置粒度分布是不同的，通常周边矿石粗而中心的物料偏细。在没有新补料时，给矿粒度会慢慢变粗。当料堆慢慢下降时，特别是料堆中心物料耗尽并形成一个空的倒锥形时，外侧的大块矿石将会滚入中心的椎体部分并进到给矿机。这种离析带来的反应如图 6-37 所示。对于在同一料堆安装有多个给料机的情况，给料机通常是沿着运输/给矿皮带机的长度方向分布的，通常每个给料机提供矿石的块度是不同的。因此运转不同的给矿机或采用不同给矿速度可能导致不同的处理量。（1）这也提供了另外一次配矿机会，根据料堆水平变化采用不同的给料机速度能实现一个稳定的给矿粒度。（2）另外也当处理量不是被全/半自磨机限制的时候，可以在有限时间内运转细料给矿机给磨机供细料。这将导致剩下的整个料堆的料变粗。这对全自磨磨矿的意义比较明显，当下游的生产问题被解决后，可以转到粗料给矿机进而提高了处理了，弥补了一部分前面限产的损失。（3）可以根据磨矿情况，至少短期内从不同的给料机给料，或采用不同的给料速度供料，从而达到调整磨机的磨矿效果，至少为初破作业的相应调整提供了时间。（4）对于有顽石仓的全/半自磨工艺，如果暂时无顽石返回磨机，可以供细料且处理量可以加大。一旦顽石返回恢复，整个料堆物料也将变粗，这对处理有顽石返回的全自磨磨矿是十分有效的。

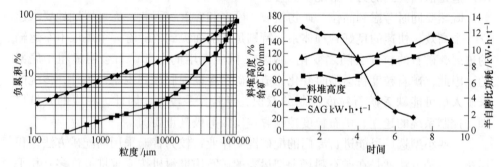

图 6-37　半自磨处理量随料堆下降引起的给矿粒度变化的响应[86]

6.6.5　矿石粒度测量

成功的给矿粒度控制始于高效的粒度测量。

通常球体颗粒的粒度用直径表示，立方体颗粒的粒度用边长表示。对不规则的矿物颗粒，可将与矿物颗粒有相同行为的某一球体直径作为该颗粒的等效直径。选矿工业生产和实验室常用物料粒度组成测定的方法有：筛析法、水析法、激光粒度分析法、图像分析法等。

（1）筛析法。通常用于测定 0.038~250mm 的物料粒度。实验室常规标准套筛范围为 0.038~6mm。适于粒度范围宽，但大于 60~100mm 的颗粒测量误差大、重复性差，且劳动量大。

（2）沉降法/水析法。通常用于测定小于 0.074mm 物料的粒度。这是基于颗粒在液体中的沉降符合斯托克斯定律原理，根据颗粒在液体中的最终沉降速度来计算颗粒的粒径。在实际操作中，由于测试颗粒的最终沉降速度与其他物理参数，如密度、形状、浓度等相关，通常测量的是等沉降速度的粒度，也可以通过矿物的比重校对粒度。常用的方法有淘洗法（如图 6-38 所示）和旋流水析仪法（如图 6-39 所示）。

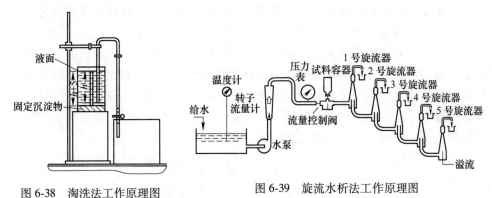

图 6-38　淘洗法工作原理图　　　　图 6-39　旋流水析法工作原理图

（3）显微镜法。逐个测定颗粒的投影面积，以确定颗粒的粒度，光学显微镜的测定范围通常为 $0.4 \sim 150 \mu m$，电子显微镜的测定下限粒度可达 $0.001 \mu m$ 或更小。

（4）超声波法。通过不同粒径颗粒对超声波产生不同的影响的原理来测量粒度分布的一种方法。常用于在线粒度分析。样品利用负压吸入密闭容器后进行除微泡，然后流入有两对不同频率的超声波换能器（探头）为核心部件的超声衰减测量单元进行检测，最后以溢流方式通过测量槽进入矿浆集料槽（如图 6-40 所示）。

（5）激光粒度分析法。激光粒度

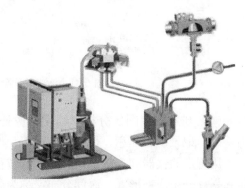

图 6-40　超声波在线粒度分析仪结构示意图

仪是根据颗粒能使激光产生散射这一物理现象测试粒度分布的。由于激光具有很好的单色性和极强的方向性，所以在没有阻碍的无限空间中激光将会照射到无穷远的地方，并且在传播过程中很少有发散的现象。

米氏散射理论表明，当光束遇到颗粒阻挡时，一部分光将发生散射现象，散射光的传播方向将与主光束的传播方向形成一个夹角 θ，θ 角的大小与颗粒的大小有关，颗粒越大，产生的散射光的 θ 角就越小；颗粒越小，产生的散射光的 θ 角就越大。即小角度的散射光是由大颗粒引起的；大角度的散射光是由小颗粒引起的。进一步研究表明，散射光的强度代表该粒径颗粒的数量。这样，测量不同角度上的散射光的强度，就可以得到样品的粒度分布。

为了测量不同角度上的散射光的光强，需要运用光学手段对散射光进行处理。在光束中的适当的位置上放置一个富氏透镜，在该富氏透镜的后焦平面上放置一组多元光电探测器，不同角度的散射光通过富氏透镜照射到多元光电探测器上时，光信号将被转换成电信号并传输到电脑中，通过专用软件对这些信号进行处理，就会准确地得到粒度分布。

按照这一方法可建立表征粒度级丰度与各特定角处获取的光能量的数学物理模型，进而研制仪器，测量光能，由特定角度测得的光能与总光能的比较推出颗粒群相应粒径级的丰度比例量（如图 6-41 所示）。激光粒度分析法的适用性广，粒径测量范围宽，测量准确，精度高，重复性好，测量速度快，需要提供的物理参数少，可在线测量等，故而得到广泛应用。

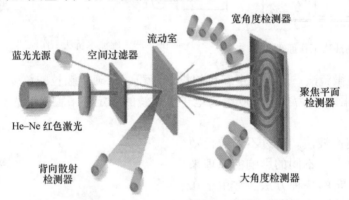

图 6-41　激光粒度分析仪工作原理图

（6）矿石粒度图像分析。利用图像处理技术完成矿石图像的分割，并以此为基础，记录矿石体积，最终完成矿石粒度分布统计。

用特定的仪器和方法反映出的不同粒径颗粒占粉体总量的百分数。有区间分布和累计分布两种形式。区间分布又称为微分分布或频率分布，它表示一系列粒径区间中颗粒的百分含量。累计分布也叫积分分布，它表示小于或大于某粒径颗粒的百分含量。粒度分布的表示方法：

（1）表格法。用表格的方法将粒径区间分布、累计分布一一列出的方法。

（2）图形法。在直角坐标系中，用直方图和曲线等形式表示粒度分布的方法。

（3）函数法。用数学函数表示粒度分布的方法。如著名的 Rosin-Rammler 分布就是函数分布。

由于全/半自磨给矿粒度比较大，通常采用筛析法和粒度图像分析仪测量矿石粒度及分布。

6.6.5.1　筛析法

筛分是一种测量矿石粒度的传统办法，进而计算出粒度分布。既然初破作业的矿石粒度能达到 300~500mm 甚至更大，每次考查是需要取 5~20t 矿样才具有一个合适的代表性。通常采用"割皮带"方法，即停下带载荷的皮带机，隔离后划定一定长度和位置，然后收集这一段皮带机上的全部物料。通常有 2 种办法处理这些样品。一种是手工捡出所有的大块矿石（例如大于 100mm 的）然后在现场测量它们的重量和大小，剩下的小矿石运输到实验室筛分，如图 6-42 所示。另外一种办法是把所有的样都运到实验室做粒度分析。采用哪种办法取决于现场条件和工作量。

图 6-42　手工筛分测量粒度组成

采用传统的筛分法测量像原矿堆矿石、爆堆矿石、初破产品的粗物料的粒度极其困难且成本极高。在一个短时间内，"割皮带"取样并筛分能最准确的测量全/半自磨机当时的新给矿粒度。给矿粒度波动频繁，只有经常进行"割皮带"取样并筛分测量粒度才有价值和意义，但在正常生产环境下这明显是不可行的，不仅需要停车取样还需要时间分析矿样，往往数据存在很大的滞后性不能有效指导生产。尽管通常最初认为在比较短时间内重复"割皮带"取样筛分，样品粒度是不变或变化极小的，但重复考查发现矿样 P80 的标准偏差达 15~17mm，而 95%的置信区间在平均值±30mm 水平，这已经是生产的正常粒度变化范围了。同时，准确的粒度信息对采选一体化优化项目十分重要。

随着全/半自磨机专家控制系统的引入及应用，及时、准确的给矿粒度信息是必要的参数之一。因此离线的人工筛分检测法确定碎后颗粒的粒级分布，难以满足选矿生产和技术分析的需要。

6.6.5.2　粒度图像分析仪

近年来，随着图像处理技术和模式识别技术的发展，基于图像处理技术的单图片摄影或连续摄像法备受关注，成为粒度测量、统计分析的重要研究方法。

对于爆破后比较大的岩石块只要照一张有参考物（通常为球体）照片，然后采用图像分析技术就可以测量出其形状和大小，包括边界和面积。现在市场上已有多种在线矿石粒度图像分析系统，如 Wipfrag、Split、Fragscan、T-Vis、Visi-oRock 等，在中国也有类似产品。

光学矿石粒度测量技术已经使用多年。基本矿石颗粒图像分析步骤包括：

（1）在一个光线比较好的环境下，对于现场（料堆）拍摄数张数字图片。

（2）图像采集和比例化。

粒度图像分析技术分为两大类。一种是用于静态料堆，通常用于分析爆堆或破碎后料堆的矿石粒度。另一种是测量运转输送皮带机上的运动物体的大小。

A　静态物体粒度图像分析

有许多方法拍摄矿石堆图片并设置参照物以便确定图片的比例尺。例如，拍摄爆堆图片时，要考虑相机的中心轴线与物料之间的坡角。如果不能垂直方向拍摄，则需要放置做比例尺用的参照物。参照物在图片中的大小会随着放置从料堆底部到料堆顶部的斜坡位置而变化。这有几种方法调整爆堆图片中不同距离和角度的比例尺。最简单的办法是在靠近料堆底部和顶部的位置各放置一个已经知道尺寸的球形物体，如图 6-43 所示。为了消除图片边角的扭曲，所有照片应该尽可能与物料的斜坡垂直。

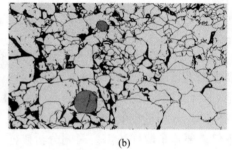

(a)　　　　　　　　　　　　　　　　　　(b)

图 6-43　爆破堆矿石大小标定及测量

由于图片分辨率有限，需要拍摄至少 3 种视野的图片，即 6m×6m 大视野图像、3m×3m 中等视野图像和 0.5m×0.5m 小视野图像。由于露天矿区的条件更加复杂，光照不均匀，矿石形态复杂，粒度分布不均匀，因此导致采集到的矿石图像含有多种噪声，灰度分布不均，图像细节不清晰。通常每种视野的图片的数量应该相同。如果不关注细颗粒的粒级分布，则无须拍摄小视野的图像，这部分的粒级分布可采用 Schuhmann 或 Rosin-Rammler 粒度分布函数估计。尽管取决于整个爆堆的大小，但图像中数量为 8~20 张。图 6-43 有参照物的大视野爆堆图像，而图 6-44 显示了一个中等视野的图像。

图像质量是准确粒度图像分析的核心，而适当的光线或照明则是高图像质量的关键。对于大多数爆堆图像和矿石运输卡车、回收料堆等其他来源图像，它们

是不能自动划定颗粒边界
的范例，这主要因为露天
矿区的条件更加复杂，当
地的光线太差，光照不均
匀，在图像视野中细物料
太多、粒度分布不均匀，
图像质量太差等。导致采
集到的矿石图像含有多种
噪声，灰度分布不均，图

图 6-44　一个中等视野的爆堆图像

像细节不清晰。另外在一些情况下，黑白图像文件，可能需要应用程序中的手工
边界划定工具划定颗粒/矿块的边界。有 3 种情况可能需要采用手工做些编辑。
首先是有一大团细粒在一起的图像，自动系统有时候错误地把这一团细粒当做一
个大矿块。第二种是如果在矿块表面有太多的"噪声"，如明显不同矿物镶嵌同
一块矿石上，或矿石有明显纹理等，程序可能把这个大块错误地划分为多个小
块。第三种是一些被划定边界的物体不是矿块或粉料，这些不应该计入矿石的粒
度分布，如图 6-43 中的球体参照物。

一旦获得了图像并确定了比例，下一步是采用图像分析技术对图像上的每个
单独的颗粒划定边界或分割颗粒。首先对图像进行灰度化处理，是依据光线亮度
限定自动处理的。然后，程序将采用 4 种办法自动划定颗粒边界或分割颗粒，它
们是坡度过滤（Gradient filter）、阴影凸性分析（Shadow convexity analysis）、分
割法（Split algorithm）和分水岭分割法（Watershed algorithm）。划定边界或分割
后变成黑白图像，即 2 个灰度，黑和白色。白色的是颗粒，而黑色是背景或边
界，如图 6-43（b）所示。黑白图像中的黑色区域是含有大量小颗粒，但它们太
小以致不能分割开来，另外也可能是矿块之间的空隙或矿石的阴影。黑色部分面
积对于估计细粒量非常重要。

程序软件将存储每一个颗粒或矿块的数据，然后生成整个图像的颗粒粒度统
计，或根据分类条件，把颗粒逐一过滤和排序，按颗粒的相似性分为不同的组。
在一些系统，有复杂的矿石颗粒类型识别系统，能对一个含有不同性质（如颜
色、形状等）矿石的样品识别出不同的颗粒种类。

依据这些特征，进一步确定颗粒的粒级和体积。细颗粒的数量通常是采用
Schunamm 分布规律曲线或 Rosin-Rammler 分布规律曲线估计的。这两个分布模型
均有两个未知参数，它们必须从已知的大颗粒分布规律中回归算出来。最后这些
数据可以以如下方式展示，双线性坐标图、对数-线性坐标图、双对数坐标图、
Rosin-Rammler 粒度分布曲线，以及 P20、P50、P80、最大粒度。

B　在线粒度图像分析

特别对于全/半自磨机的专家控制系统，需要获取矿石流的实时颗粒分布，

因此需要一个可靠的在线粒度测量和监控系统。实时矿石流粒度数据还可以用于破碎机的监控，一旦发现其产品粒度偏离指定的要求太远，依据这些粒度数据可以及时调整破碎机的排矿口。这对全/半自磨机而言非常重要，这是因为它们的给矿质量直接与物料的粒度特性相关。

在线粒度图像分析仪首先对移动的摄像用于分析颗粒的粒度分布。其硬件是一个有 IP 地址的网络摄像头，该摄像头固定安装在皮带机的上方。通常，该摄像头应该装有防尘系统，如采用压缩空气。当安装固定摄像头时，一定得安装隔光线栅，防止早晚的太阳斜光照射在摄像位置，这对位于室外的皮带运输机特别重要。有时，可能需要专门的照明系统提供稳定的光线或亮度。

然后矿石流的影像传给服务器（计算机）进行分析。在图像分析开始阶段，通过过滤和自动光线强度对比修正办法对光线弱处进行补偿。然后软件开始对每一段进行分析。皮带机上无物料的部分被软件定义为"空"的，不考虑进入下一步的分析步骤。这一点非常重要，有些软件不能或不总能确定皮带机是否是空的，这能导致整个粒度分析数据大幅度偏离实际，有时不得不手工排除一些数据。现在的在线粒度图像分析仪每 5~10 秒就可以计算出一组粒度分布，一天高达数万组数据，人工排除工作量太大。同时，任何小于屏幕分辨率的粒级范围的颗粒都被软件划归细颗粒粒级，不进行粒度大小测量。

在线粒度图像分析仪需要适当的标定。最简单的办法是向运动中的空皮带机扔已知大小的碟（如计算机用光碟）来标定。

对于这种粒度图像分析系统，分析速度极快，甚至几秒就可以分析一张图片。表 6-5 列举了不同矿石 P80 的图像及粒度。

表 6-5　在线图像分析仪测量矿石粒级结果

序号	P80/mm	光学图像	3D
1	92		
2	109		

续表 6-5

序号	P80/mm	光学图像	3D
3	127		
4	139		
5	149		
6	152		
7	167		

序号	P80/mm	光学图像	3D
8	170		
9	184		
10	195		
11	212		
12	283		

　　只有当输入参数（影响工艺的新给矿变量优化）后才能有效操作破碎-磨矿作业，这些变量包括新给矿粒度分布。在以前实际上几乎是不可能对新给矿粒度分布进行监控。尽管新给矿粒度能通过筛分方法测量，但是需要花费大量的人力、物力和时间去筛分大量的大块矿石，在实际生产中极少实施，可以肯定不是一种连续模式。与筛分测量矿石粒度相比，应用了图像分析技术的光学粒度测量拥有如下许多优点：

　　（1）测量的成本或代价与矿石本身的粒度无关。测量大块矿石的粒度与测量小块的代价一样。

　　（2）测量完全自动化，排除了任何人为因素。

　　（3）测量速度快，一张图像分析和出报表仅需要几秒钟。

　　（4）测量不再干扰日常生产，并测量方法对脆性物料没有任何损失。

　　（5）既然额外测量一次没有相应额外成本，因此可以进行大量数据测量，进而可以进行更有效的统计分析。

　　（6）与自动机械式筛分粒度测量系统成本和由于物料性质脱离生产要求带来的生产低效或损失相比，这种系统的成本是很小的一部分。

　　同时，光学粒度测量系统也有些局限。据报道缺乏足够精度、不能测量细粒级的量及其他附有的偏差。特别是当下雨或物料比较湿的时候，测量误差比较大，这是因为软件会把接在一起的一团矿块当作一个大块。

6.7　多组分矿配比影响

　　对于全/半自磨磨矿而言，通常矿石硬度增加将导致矿石的粉碎速率降低，循环载荷增加，当流程有顽石破碎机时，最终磨矿粒度变粗（注：处理量不变）。如图 6-45 所示，随着矿石的硬度增加，临界粒子的比粉碎率下降，这将进一步导致磨机载荷增加。最终，磨机处理量将不得不降低。当全自磨机还配有像旋流器这样的细分级作业时，给矿变硬将导致磨机排料筛的筛下产品（即旋流器

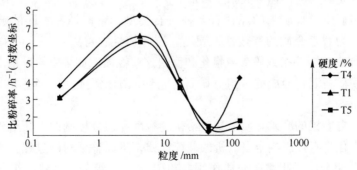

图 6-45　矿石硬度对比粉碎率影响[104]

的给矿）变粗，这将进一步影响旋流器的分级性能，包括循环载荷和溢流粒度变化等。

6.7.1　软矿石

通常软矿石相对容易磨细，但一般也不含或含很少的大块矿石。因此，采用全自磨磨矿工艺应该相对效率低些，并导致：

（1）全自磨机功率偏低。

（2）初磨流程循环载荷高。

（3）当顽石没有用于流程外的作业（例如砾石磨机）时，流程对循环破碎顽石的性质十分敏感。

采用全自磨处理软矿石时，工艺的瓶颈通常是初磨过程的循环载荷，且全自磨机的能力没有充分发挥作用，这将进一步导致下游的二段磨矿作业载荷增加甚至超载。在手工操作模式，通常保持设定的处理量直至循环载荷太大失控。然后，经常相对减少新给矿量，甚至彻底停料先把循环载荷磨低，以避免分级系统出现问题，而导致整个选厂停产。

对于半自磨磨矿流程，软矿石的影响相对低些，这是因为有钢球磨矿介质的存在。通常也会存在半自磨机功率低的问题，但可以通过多加钢球的模式维持磨机功率。顽石量可能增加但幅度会比全自磨机小些。

6.7.2　硬矿石

硬矿石更难破细且新给矿中含有更多的大块矿石（比临界粒子粗）。因此通常可能更适于全自磨磨矿，通常有如下现象伴随发生：

（1）全自磨机功率正常或偏高。

（2）通常全自磨机载荷增加，这是由于磨机内滞留了更多大而硬的矿块。如果原来磨机内的载荷粒度偏细或有大量的临界粒子累积，这时磨机的载荷还可能降低，这是因为磨矿速率大幅度增加。

在许多矿山，采矿来的原料有多种矿石类型，它们拥有不同的破碎磨矿性能，包括作为磨矿介质的有效性、硬度、抗摩擦性、可磨性等，可采用 JKMRC 的 $A \times b$ 或邦德球磨功指数等参数量化和反映这些性质。如果新给矿是由明显软矿石和明显硬矿石混合而成的多组分矿石，它们的配比变化将对全/半自磨机生产有巨大的影响。

既然全自磨机的磨矿介质是受新给矿的粒度和组分控制的，新给矿中各种组分比例的变化将直接影响全自磨机的载荷性质，进而整个粉碎过程。通常，新给矿中"硬"组分将承担磨矿介质作用并粉碎"软"组分。这些硬组分将优先在磨机载荷中累积下来并且在磨机内滞留时间会更长一些。不能采用简单加权方法计算多组分矿石的粉碎特性。对于已有的经典全/半自磨机数学模型，几乎不能依据各组分的粉碎性参数（如 JKMRC 模型的 A 和 b 值）预测各种组分变化时影响的大小。值得注意的是，多组分矿石的磨矿效果也不能通过简单加权方法根据单独处理时的处理量计算出。

图 6-46 显示了一个含有硬和软两组分矿石的全自磨磨矿的案例。在所有的 3 个试验测试情况下，硬组分石英岩粗粒级的粉碎率低于软组分磁铁矿的粉碎率，这一点解释了磨机内硬物料为什么会累积起来。但是，同时也观察到细粒级的相反影响，在相同的磨矿能量水平，比重小的石英岩比比重大的磁铁矿将承受更高能量级别的磨矿作业。因此，新给矿混矿比例不会很明显影响细粒级石英岩的比粉碎率。但细粒级磁铁矿的粉碎率则逐步下降，这是因为比重小的石英岩主导磨矿介质，但相同大小的石英岩矿块提供的磨矿作业能量较低。对于这两种组分，在临界粒子范围的粉碎率都会低。粗粒级石英岩的粉碎率也随硬矿石比例增加而降低，这是因为比重小的石英岩矿块在磨机内累积带来的效果。

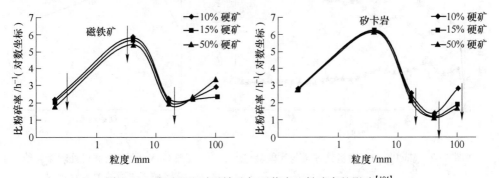

图 6-46　矿石配比对磁铁矿与石英岩比粉碎率的影响[104]

矿石中硬组分能是大比重也能是小比重矿物。全自磨机内的载荷比重对磨矿效果有很大影响。如上面案例中提到的，当硬组分的比重小时，不同软磁铁矿与硬石英岩的配比将导致生产波动。比重小的硬组分在磨机内累积将导致一系列问题，如降低了磨机功率，进而可能导致磨机处理能力不足。在这种情况下，对于全自磨磨矿而言，设计时需要考虑选一个更大直径的磨机筒体以便达到设计的磨矿功耗；对于半自磨磨矿而言，另一个选择是增加钢球量或充填率。对于全自磨磨矿，其磨矿效率大幅度受磨机内的比重小而硬的矿石影响，因为在磨机载荷中累积导致磨机处理能力下降。在相反的情况下，即硬组分的比重也大，磨矿效果将会明显不一样。特别对于全自磨机，比重大的组分在磨机载荷中的增加将导致磨机运行功率增加。因此，比重小而软的组分的粉碎率将大幅度增加。

对于全自磨，尽管有时硬组分仅占新给矿的极小部分，但随着时间在磨机内累积起来，将能显著地降低磨机性能。如图 6-47 所示，当对一金矿项目矿石实验时，MacPherson 的处理量和比能耗随着连续磨矿时间而呈现规律性变化趋势，处理能力趋于下降而比能耗趋于上升。

图 6-48 显示了软硬组分混合比例对全自磨处理能力影响的示意图。通常软矿石比硬矿石更容易在爆破和初破作业中粉碎的更小，这更进一步会扩大对磨矿的影响。在全自磨磨矿，其处理能力将随着作为磨矿介质的硬组分的加入而提高，这些硬组分将能粉碎顽石的累积。首先，随着硬组分的增加，全自磨机的处理能力将急剧增加，这是因为更多的大块矿块起着磨矿介质的作用。当硬组分在配比中占主导时，全自磨机的处理量会下降，这是因为硬矿石的粉碎率低的原因。因此存在一个最佳配比，但需要通过实验室试验或在工业磨机上的测试确定合理的配比。

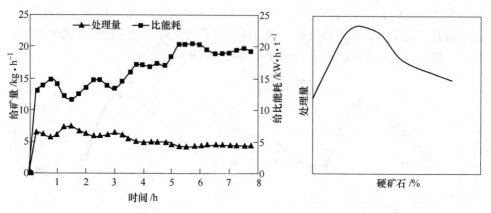

图 6-47　MacPherson 磨机处理量与比能耗[105]　　　图 6-48　全自磨磨机处理量与给矿石组成的关系示意图

　　总而言之，新给矿的粒度和硬度对全/半自磨机的磨矿性能已经很清晰，但尚未有一个统一的规则用于量化这个相互关系。经常采用的第一原则是降低半自磨机的新给矿粒度，而全自磨机的则相反，即提高全自磨机的新给矿粒度。理想的状态是消除新给矿的中间（临界粒子）粒级，这样可以提高磨机的磨矿效率但有时这样做成本太高。配矿或混矿是一种保持新给矿特性在目标范围内的相对比较廉价的方法，这样也同时保持磨机的磨矿效率。特别值得提出的是，把不同硬度矿石混合在一起可能获得意外的效果和收益。

7 磨矿介质

扫码观看彩色图表

7.1 绪论

对于滚筒式磨机磨矿，磨矿介质是另外一个重要参数。磨矿介质特性通常包括：

（1）磨矿介质大小或大小分布。

（2）磨矿介质形状。

（3）磨矿介质材质或比重。

最普遍的磨矿介质材质是各种合金钢，其比重在 7.6~7.8；其次为矿石或砾石，其比重在 2.6~3.8。

形状是磨矿介质重要特性之一。对于矿石/砾石磨矿介质，一般为天然形状，但对于钢质磨矿介质则有许多种，如球、棒、短棒、短圆锥及其他不规则形体。目前采用的钢质磨矿介质绝大部分为球和棒，但其他形状磨矿介质应用越来越多。如磨矿介质形状可以选择的情况下，磨矿介质的形状应该与期望的磨矿作用方式相配。对于给矿粒度极粗（一般 P80 大于 50mm）的半自磨磨矿，既然以冲击粉碎为主，应该采用球形磨矿介质，这是因为倾向于点接触冲击，局部作用力大易于破碎大块矿石。对于初磨球磨作业，既要考虑粗颗粒（大于 2~5mm）粉碎，还要考虑达到磨矿粒度（通常 P80 小于 0.5mm），因此需要同时有冲击粉碎和研磨作用，因此仍多采用球形磨矿介质。对于再磨作业，球形介质的适应性降低，这是因为：（1）细磨过程对矿物颗粒的粉碎主要通过磨机介质对细颗粒的剪切作用来实现。在有足够作用力的情况下，粉碎频率与磨矿介质的表面积成正比，即磨矿介质表面积越大，则研磨作用频率越高，磨矿速率越高。而相同体积时，球形的表面积是所有几何形体中最小的。因此就表面积特性，球形磨矿介质不是最适合于细磨的。（2）磨矿作用力形式。细磨磨机一般采用低临界转速率并以泻落式磨矿方式为主，便于产生磨剥力，减少强烈的冲击力。而球形磨矿介质与磨矿介质或矿粒的接触属点接触。点接触时的冲击力比较大并以冲击粉碎作用为主，易导致过粉碎，因此与细磨作业所期望的粉碎力不一致。（3）选择性解离性磨矿。通常磨矿作业首要目的是使有用矿物与脉石矿物相互解离，其次是使矿石粒度达到下游分选的要求。但在目前的实践生产中，几乎没有因为第二点而进行磨矿的，这是因为高品位或结晶粒度粗的矿石已经几乎开采完毕，并且也有相应的分选技术可以粗粒级分选。因此，目前的磨矿作业仅为提高单体解离度，通常尽量避免或减轻过粉碎，而球形磨矿介质通常降低了解离的选择性。因此为了提高细磨作业的磨矿介质的表面积和粉碎速率，则需要使用更多数量的球形磨矿介质，这将进一步增加过粉碎的程度，使磨矿产品粒度特性不利于后续的选别作业。为了针对性解决粗粒有效粉碎并减少细粒过磨，研发和应用了各种形状的钢质磨矿介质，如多面棱柱体、棱柱体或棱台体、圆柱体钢段、圆弧柱体、柱球、柱、椭球体和棒球等。大多数试验或工业应用表明非球体磨矿介质在细磨作业的效果优于球体。但也有报道效果相差不大，甚至球形效果最好，这可能与磨矿特征（如磨矿给矿和产品粒度以及矿石硬度）有关。

本章节主要讨论磨矿介质的大小。在全/半自磨磨矿中，磨矿介质大小是一个与新给矿准备一样重要的参数。不合理的磨矿介质大小选择往往造成磨矿效率大幅度降低甚至磨矿衬板损坏。特别是对于全自磨磨矿，磨矿介质与新给矿准备是同一作业进行的。

7.2　冲击破碎理论

据疲劳积累理论，产生疲劳破碎的条件为：

$$\sigma^6 N = C \tag{7-1}$$

式中，σ 为某矿块受到的循环应力，MPa；N 为破碎一物料所需受到力作用次数；C 为物料抗疲劳系数，与矿石性质、粒度有关，为某一常数，由实验测得。

磨机冲击破碎能力计算公式为[106,107]：

$$B = F^2 f \tag{7-2}$$

式中，B 为磨机的冲击破碎能力，定义为单位时间的冲击破碎工作量；F 为磨矿介质抛落产生的冲击破碎力，kN；f 为磨矿介质抛落冲击破碎频率，次/s。

根据动量冲量守恒定律，磨矿介质对一矿石的冲击力为：

$$F = \frac{m_{介质} V_{冲击}}{T} \tag{7-3}$$

式中，T 为冲击作用时间，s；$V_{冲击}$ 为钢球/矿石下落平均冲击速度，m/s；$m_{介质}$ 为磨矿介质质量，$M_{介质} = \frac{\pi D^3_{介质}}{6} \rho_{介质}$。

代入公式（7-2）得

$$F = \frac{\pi}{6} \times \frac{1}{T} \times V_{冲击} \times D^3_{介质} \rho_{介质} \tag{7-4}$$

式中，$D_{介质}$ 为磨矿介质直径，mm；$\rho_{介质}$ 为磨矿介质密度，kg/m³。

对于一个给定的磨矿条件，磨矿介质的冲击速度和冲击时间可以粗略认为不变。图 7-1 和图 7-2 分别图示了磨矿介质密度和直径对磨矿相对冲击力和其对磨机冲击破碎能力的相对影响。根据公式（7-2），冲击力对磨机冲击破碎能力影响与冲击力的平方成正比。从图可见：

（1）当磨矿介质直径相同时，钢球的冲击力的影响为矿石的 5~10 倍，因此全部或部分采用矿石作磨矿介质时，矿石磨矿介质需要更大粒度和/或数量才能达到钢球磨矿介质的相似效果。

（2）当磨矿介质密度相同时，磨矿介质的冲击粉碎能力随着其直径增加而指数上升。直径 120mm 磨矿介质的冲击粉碎能力为直径 80mm 的 10 倍左右；而直径 180mm 的也为直径 120mm 的 10 倍左右。

（3）对于一般矿山而言，无论钢质还是矿石磨矿介质，其密度是不可能调整的。因此，有效的调整手段为磨矿介质的数量和大小。

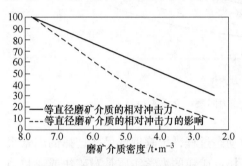

图 7-1　磨矿介质密度对磨矿相对
冲击力和其相对影响

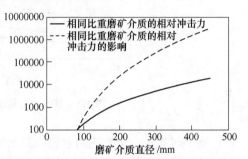

图 7-2　磨矿介质直径对磨矿相对
冲击力和其相对影响

磨矿介质的数量与磨机磨矿介质充填率成正比、与磨矿介质的大小成反比。

$$N_{介质} = \frac{V_{磨机}\gamma_{介质}}{\frac{\pi}{6}D_{介质}^3\dfrac{\rho_{介质}}{\rho_{介质堆}}} = \frac{6}{\pi}V_{磨机} \times \gamma_{介质} \times \frac{\rho_{介质堆}}{\rho_{介质}} \times D_{介质}^{-3} \qquad (7\text{-}5)$$

式中，$V_{磨机}$ 为磨机体积，mm^3；$\gamma_{介质}$ 为磨矿介质充填率；$\rho_{介质堆}$ 为磨矿介质堆密度；$\dfrac{\rho_{介质堆}}{\rho_{介质}}$ 为对于钢球磨矿介质而言，该比值几乎不变。

磨矿介质冲击频率与磨矿介质的数量和磨机转速（r/min）成正比。

$$f = f_1 N_{介质} v_{cr} = f_1 v_{cr}\frac{6}{\pi}V_{磨机} \times N_{磨矿} \times \frac{\rho_{介质堆}}{\rho_{介质}} \times D_{介质}^{-3} \qquad (7\text{-}6)$$

式中，f_1 为影响系数；$N_{磨矿}$ 为磨矿转速，r/min。

因此，磨机冲击粉碎能力公式为：

$$B = F^2 f = \left(\frac{\pi}{6} \times \frac{1}{T}v_{冲击}D_{介质}^3\rho_{介质}\right)^2 \times \left(f_1\frac{6}{\pi}V_{磨机}\gamma_{介质}\frac{\rho_{介质堆}}{\rho_{介质}}D_{介质}^{-3}N_{磨矿}\right) \qquad (7\text{-}7)$$

上式简化为：

$$B = f_2 V_{磨机}N_{磨机}v_{冲击}^2\gamma_{介质}D_{介质}^3\rho_{介质}^2 \qquad (7\text{-}8)$$

　　假定其他磨矿条件不变仅磨矿介质的直径和比重发生变化，依据上式可以估计出相同冲击能力（B）时的等效磨矿介质直径，如图 7-3 所示。对于半自磨磨矿而言，现在"标准"钢球直径为 120~125mm。若采用全自磨磨矿达到相同的冲击能力，矿石的块度需要达到 200~260mm，这个估计的矿石磨矿介质的块度与工业实践基本相吻合。

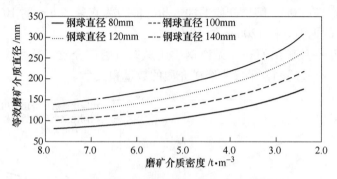

图 7-3　等效冲击粉碎能力时磨矿介质直径

　　磨矿过程是一个影响因素错综复杂的动态过程，影响钢球尺寸选择的因素很多。从粉碎过程的原理分析，钢球粉碎矿块或矿粒的力学实质是对矿块或矿粒施加破碎力，以克服矿块或矿粒的内聚力而使其破坏，故可将影响粉碎过程的因素分为：破碎对象（即矿石）的特性；磨矿介质的破碎力大小和频率；影响破碎力实施的因素。

　　（1）破碎对象（矿石）的特性。包括岩石的机械强度和矿块或矿粒的几何尺寸。矿块或矿粒的内聚力是由它们内部质点键合方式和强度来决定的，宏观上常以岩石硬度来表征它的机械强度，即表征岩石抗破坏的能力。如采用普氏硬度系数或邦德磨矿功指数作为岩石相对耐磨性/可磨性的表征指数，也可用来表征岩石的机械强度。矿块或矿粒的机械强度越大，破碎时需要的破碎力也越大。当岩石的机械强度一定时，较大的矿块需较大的破碎力。但这里应注意，矿块或矿粒的机械强度是随其几何尺寸的减小而增大。故确定矿块或矿粒的抗破碎性能时，应同时考虑机械强度与矿块或矿粒的几何尺寸的因素。对于多组分矿石，由于磨机内的偏析现象，矿石的密度对磨矿也是有影响的。在磨矿过程，大密度矿物倾向于在磨机外侧，容易受到强的破碎作用，而密度小的矿物受的磨碎作用较弱。矿石中含有煤、滑石等矿物成分时，钢球往往难以咬住矿粒，使钢球破碎这些矿粒的破碎概率降低，从而增加磨矿产品的电耗。云母片一类矿物也难于磨碎，同样使磨矿产品电耗升高。

　　（2）破碎力的大小。破碎力的大小取决于磨矿介质质量和冲击速度。磨矿介质的质量取决于其大小和密度，对于钢质磨矿介质，其比重通常变化极小，因此钢球大小是关键可调整参数。

影响磨矿介质的冲击速度的因素则很多，磨机直径、磨机转速率、磨机的衬板形状和结构（决定了钢质磨矿介质的提升高度）等。1）磨机内径主要影响磨矿介质上升的高度，进而影响磨矿介质的位能和冲击速度。大规格磨机中磨矿介质上升的高度大，则磨矿介质的位能大，落下或滚下时的冲击/作用力也较大，甚至大磨机中大的磨矿介质位能可以弥补球的尺寸不足，这可能是通常全/半自磨机采用大直径原因之一。而小规格磨机中球上升的高度不大，球的位能小，要满足破碎力要求时只有采用较大尺寸的磨矿介质。2）衬板表面凹凸不平的程度对磨矿介质产生不同的摩擦影响。凹凸不平程度大的衬板，即不平滑衬板，对磨矿介质的摩擦系数大，磨矿介质也提升较高，从而有大的冲击力，故粗磨时几乎都用不平滑衬板。凹凸不平程度小的平滑衬板，对磨矿介质的摩擦系数小，磨矿介质提升较低，从而冲击力也较小，故细磨时多用平滑衬板。全/半自磨机给矿矿块较大，为了提升较大的矿块或钢球而磨机筒体衬板专门设置提升条，能将矿块提到较高的位置。3）磨机转速或临界速率。磨机转速越高磨矿介质提升高度也越高，位能越高，下落时冲击速度越高。初磨时矿石颗粒大需要的破碎力也大，这是初磨采用高临界速率的主要原因之一。

（3）破碎力作业频率。破碎作业频率主要取决于磨矿介质数量和磨机转速率。磨矿介质数量受磨矿介质充填率、磨矿介质大小及堆密度/真密度的影响。对于一种指定磨矿介质并在一定充填率情况下，磨矿介质越大数量越少。因此，在能够保证破碎力的条件下，磨矿介质越小越好，这样可以提高磨矿作用频率，这也是细磨采用小磨矿介质的主要原因之一。

（4）影响破碎力实施的因素。磨矿浓度是最典型的因素。矿浆浓度对磨矿的影响是复杂的，一般地说，矿浆浓度大时对钢球的缓冲作用大，削弱钢球的打击力，对磨矿不利；但是，浓度大时矿粒易黏附在钢球和衬板表面，对矿粒的破碎又是有利的。同样，矿浆浓度小时对钢球的缓冲作用小，但又不利于矿粒对钢球和衬板表面的黏附。而且，矿浆浓度对粗磨和细磨的影响也不尽相同，甚至与磨碎的矿石性质都有关系，不同矿石性质下的影响也不相同。由于矿浆浓度对磨矿作用的影响较为复杂，适宜的矿浆浓度通常只有通过试验或生产实践中观察和确定在一个范围。

7.3 球磨磨矿介质

在球磨机磨矿作业，钢球是能量传递介体及破碎力实施体，因此钢球尺寸决定着破碎能量的大小和频率，进而决定是否适于一个给定条件下某一粒度粉碎矿石的磨矿。而且，钢球破碎力大小影响以解离矿物为目的的解离性磨矿效果。钢球尺寸的大小还严重影响着球耗及电耗。因此，钢球尺寸是除给矿准备外的另一个影响整个磨矿过程的各项技术经济指标的参数，对磨矿作业是否成功起着至关重要作用。

图 7-4 显示了矿石颗粒比粉碎速率随钢球大小的变化。（1）首先对于给定钢球大小，矿石颗粒的比粉碎速率随着颗粒粒度增加而提高，在双对数坐标中，近乎线性。在此区域内，钢球直径相对偏大，即破碎力偏大。（2）然后达到最大值。在最大值附近，在双对数坐标中，近乎抛物线。这是该直径钢球产生最佳粉碎作业的区域，即在这个给矿磨矿条件和矿石时，该大

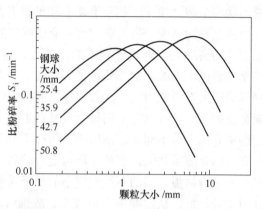

图 7-4　钢球直径对比粉碎率的影响[108]

小钢球最适合该粒度矿石的磨矿。（3）最后段，矿石颗粒的比粉碎速率随着颗粒粒度增加而降低。这说明矿石颗粒大而钢球直径小，破碎力不足。（4）对于不同直径的钢球，其产生的粉碎速率曲线形状十分相似，但随着钢球直径增加，整个曲线向粒度增加的方向移动。因此，对于任何给矿粒度的颗粒磨矿均有最合适的大小的钢球，这时磨矿效率最高。

最初观察到一个简单的规律，即"粗粒用大钢球，细粒用小钢球"。这表明钢球直径与磨机给矿粒度之间单一的比例关系，可以由如下通式表达。

$$D_{介质} = i d_{矿石}^{n} \tag{7-9}$$

式中，$d_{矿石}$ 为矿石颗粒大小，mm；i 和 n 为主要由矿石性质决定的常数。

早期对 50 多台工作的球磨机进行调查研究，发现钢球尺寸与矿石大小呈现线性关系，即 $n=1$，i 的值在 2.5~130 之间。随后，提出了钢球直径与矿石颗粒大小的某次方根成正比，如典型 K. A. 拉苏莫夫公式：

$$D_{介质} = 28 \sqrt[3]{d_{矿石}} \tag{7-10}$$

奥列夫斯基公式也考虑了磨矿产品的粒度对钢球大小影响：

$$D_{介质} = 6(\lg d_{产品}) \sqrt{d_{矿石}} \tag{7-11}$$

式中，$d_{产品}$ 磨矿产品粒度，μm。

戴维斯公式：

$$D_{介质} = k \sqrt{P80_{矿石}} \tag{7-12}$$

式中，P80 为 80% 过筛时粒度，μm；k 为经验修正系数，硬矿石 $k=35$，软矿石 $k=30$。

类似只考虑给矿粒度的公式还有许多，如邦德（Bond）经验简化公式。它们的缺陷是用一个经验系数就把其余重要因素均含在其中。值得注意的是很多变

量应该相当于连续参量，如矿石硬度和磨机直径。如果简单把矿石硬度分为软、中等、硬，并用分类赋值方法给出一个值，这样会导致比较大的误差。最佳磨矿钢球尺寸最少还受制于矿石硬度/可磨性、磨机直径、磨机转速/临界速率。尽管磨机衬板对钢球的选择也有很大影响，但没有量化，因此尚未在钢球大小估计函数中。

常见最大钢球尺寸估计经验公式如下：

Fred C. Bond（邦德）公式：

$$D_b = 21.85542 \times \sqrt{\frac{F80 \times W_i}{C \times v_{cr}} \times \sqrt{\frac{\rho_s}{\sqrt{D}}}} \tag{7-13}$$

Rowland（Allis-Chalmers）公式：

$$D_b = 25.4 \times \sqrt{\frac{F80}{330}} \times \left(\frac{\rho_s \times \dfrac{W_i}{1.10229}}{v_{cr} \times \sqrt{3.28084 \times D}} \right)^{0.33333} \tag{7-14}$$

Azzaroni 公式

$$D_b = \frac{4.5 \times F80^{0.263} \times (\rho_s \times W_i)^{0.4}}{(D \times v)^{0.25}} \tag{7-15}$$

式中，D_b 为最大钢球尺寸，mm；F80 为给矿中 80% 通过时粒度，μm；ρ_s 为给矿密度，t/m^3；W_i 为邦德磨矿功指数，$kW \cdot h/t$；D 为球磨机有效内径，m；v 磨机转速，r/min；C 为参数，球磨机为 200，棒磨机为 300；v_{cr} 为临界速率。

在通常钢球磨矿范围内，Bond 公式和 Rowland 公式计算的最大钢球直径偏差不大，但与 Azzaroni 的偏差可能很大。

图 7-5 显示了一些磨机条件下计算的最大钢球尺寸大小。采用 Bond 和 Rowland 计算得到的最大钢球尺寸相近，一般差异不超过 5mm，但与 Azzaroni 计算的偏差较大。在给矿 F80 小时，其计算出来的钢球直径偏差相对较大，而给矿 P80 大时，其计算出来的钢球直径偏差相对较小些。

但对于不采用邦德法测量矿石的功指数体系的地区或国家，在使用以上 3 个公式时则十分困难。因此，不得不另外推导一些经验或半经验公式，如段希祥公式：

$$D_b = 10K_d \frac{0.5224}{v_{cr}^2 - v_{cr}^6} \sqrt{\frac{\sigma_{矿石}}{10\rho_{介质}D}} d_{矿石} \tag{7-16}$$

式中，$\rho_{介质}$ 为磨矿介质（钢球）密度，t/m^3；$\sigma_{矿石}$ 为矿石抗压强度。

表 7-1 列举了一些矿山采用的最大钢球尺寸的工业实例供参考。

在工业实践中，如果观察到有更多或很大的石头子从初磨球磨作业的圆筒筛中排出（即圆筒筛的筛上），这通常表明，使用的钢球偏小。反之，若排出的石头子太少或减少，通常表明矿石的可磨性提高，钢球直径可能偏大。

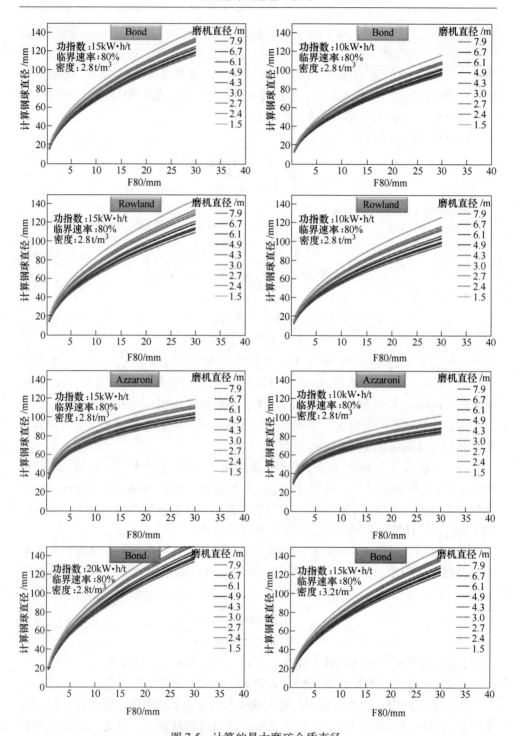

图 7-5　计算的最大磨矿介质直径

表 7-1 球磨机钢球大小实例[109]

选矿厂名称	球磨机规格: 直径×长度/m	矿石种类	矿石硬度,f	给矿粒度/mm	最大球径/mm
东鞍山选矿厂	3.2×3.1	铁	12~18	12~0	127
大孤山选矿厂	2.7×2.1	铁	12~16	12~0	127
弓长岭选矿厂	2.7×3.6	铁	12~18	12~0	127
齐大山选矿厂	2.7×3.6	铁	12~16	20~0	125
南芬选矿厂	2.7×3.6	铁	10~12	15~0	120
水厂铁矿选矿厂	2.7×3.6	铁	12~14	15~0	125
大石河选矿厂	2.7×3.6	铁	12~14	12~0	127
大冶铁矿选矿厂	3.2×3.1	铁	12~16	25~0	125
程潮铁矿选矿厂	2.7×3.6	铁	8~10	13~0	100
攀矿密地选矿厂	3.6×4.0	铁	14~16	25~0	125
德兴四洲选矿厂	3.2×3.1	铜	5~7	20~0	100
铜陵狮子山选矿厂	3.2×3.1	铜	12~14	13~0	125
铜陵铜官山选矿厂	2.7×2.1	铜	10~12	13~0	100
易门小木奔选矿厂	3.2×3.1	铜	8~10	18~0	120
易门狮子山选矿厂	3.2×3.1	铜	8~10	18~0	120
牟定选矿厂	2.7×3.6	铜	16~23	12~0	120
东川222选矿厂	3.2×3.1	铜	10~14	12~0	120
东川因民选矿厂	3.2×3.1	铜	10~14	20~0	120
蒙特鲁也尔选厂	3.05×3.05			28~0	100~105
三塞因选厂	2.845×2.135			27~0	100
乌尼维尔阿特拉选厂	2.745×2.44			32~0	100
辉钼矿	2.745×2.44			9.5~0	90
安迪斯选厂	2.655×2.745			32~0	115
莱特哈尔格列兹选厂	2.655×2.135			9.5~0	90
铜矿石	2.655×2.135			25.4~0	100
英格利斯选厂	2.35×1.83			31.75~0	125
含金石英矿石	2.35×1.83			38~0	100
艾达露马蒂兰德选厂	2.35×1.83			6.6~0	125
满天塞提选厂	2.35×1.83			12.7~0	100
图艾尔氧化矿	2.35×1.83			12.7~0	75
图艾尔硫化矿	2.35×1.83			12.7~0	75

选矿厂名称	球磨机规格: 直径×长度/m	矿石种类	矿石硬度, f	给矿粒度/mm	最大球径/mm
洛利脱选厂	2.35×1.83			38~0	125
含金石英矿石	2.35×1.88			38~0	125
锡利维奈特选厂	2.135×3.05			9.5~0	100
赫林格尔选厂	2.135×2.285			9.5~0	75
瓦尔克矿选厂	2.135×2.135			38~0	100
鹰桥选矿厂	3.2×3.65	铜镍		11~0	100
斯特拉斯康纳选厂	4.1×5.49	铜镍		11~0	100
朗摩尔选矿厂	3.05×3.96	镍矿石		8~0	89
威尔罗依选矿厂	3.23×3.66	铜铅锌		25~0	75
布坎斯选矿厂	2.44×1.52	铅锌		16~0	75
艾萨选矿厂	2.7×2.1	铅锌		10~0	75
南方采选公司~选厂	3.6×4.0	磁铁石英岩		25~0	125
哲兹卡兹干选矿厂	3.2×3.1	铜矿石		20~0	100
诺里利斯克选矿厂	3.2×3.1	铜镍		25~0	100
列宁诺戈尔斯克选矿厂	2.7×3.6	多金属		20~0	100
凯洛格铅锌选矿厂	3.2	铅锌		25~0	100
腊梅斯贝克选矿厂	1.8×3.0	铅锌铜		15~0	80
南越选矿厂	1.8×0.75	铅锌铜		10~0	100
千岁选矿厂	2.44×1.22	金银		10~0	75
锌有限公司选矿厂	2.44×1.83	铅锌		5~0	50
兰波选矿厂	2.7×2.1	铜铅锌		18~0	75
布干维尔选矿厂	5.5×7.3	铜		13~0	75
诺里利斯克选矿厂	3.2×3.8	铜钼		16~0	100

7.4　半自磨磨矿介质

　　明显与球磨磨矿不同, 经典半自磨机给矿粒度 P80 在 80mm 以上甚至高达 150mm, 因此为了产生足够的破碎力, 与球磨机相比半自磨磨矿 (如图 7-6 所示) 有两个明显特征:

　　(1) 磨矿介质钢球直径大。

（2）磨机直径大或磨机径长比大。

尽管如此，一般认为大块矿石仍然以自身冲击粉碎为主（如图 7-7 所示），钢球磨矿介质主要作用是消除或减弱临界粒子的累积。

目前尚未有明确的理论或公式计算最佳的半自磨磨矿钢球尺寸。半自磨磨矿工艺发展的前期，最常用的钢球直径为 80～100mm，然后提高到 125mm 左右（这仍是目前"标准"钢球直径），但越来越多的矿山采用更大的钢球，如 135～150mm。传统上可以采用以上 Azzaroni 公式（见公式（7-15））估计，Sepulveda 开发了 SPEC 方法，这个包含在 Moly-Cop 模型中。

图 7-6 半自磨机磨矿模拟图

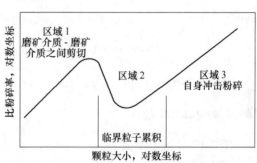

图 7-7 半自磨各粒级粉碎率示意图

通常随着钢球直径增加，中粗粒级的粉碎率增加，如图 7-8（a）所示。也可通过增加钢球充填率（即提高冲击频率）方式提高中粗粒级的粉碎，如图 7-8（b）所示。Jordan[110] 等 2014 年的国际选矿会议上发表了"Ball Size Effect Analysis in SAG Grinding"（半自磨磨矿的钢球大小影响分析）一文。对几个工业案例的研究发现，当钢球直径从 133mm（5.25inch）提高到 152mm（6inch），半自磨机的能耗下降了 6.5% 左右，比粉碎率变化如图 7-9 所示。

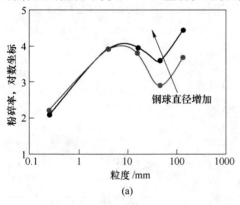

(a)

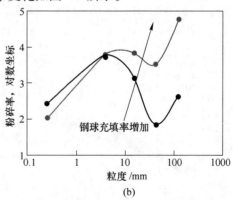

(b)

图 7-8 钢球直径和充填率对粉碎率的影响[111]

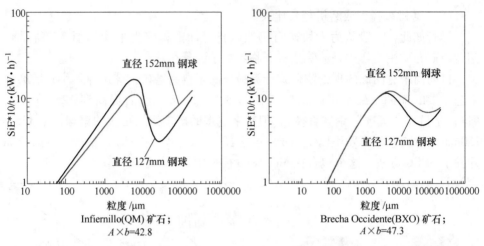

图 7-9　钢球大小对 GMU 矿的两种矿石粉碎率的影响（半自磨磨矿中试数据[110]）

7.4.1　Azzaroni 公式

图 7-10 显示了根据 Azzaroni 公式计算的半自磨磨矿钢球直径。当给矿 P80＝80~120mm（通常采用一段破碎产品粒度范围），采用大中型半自磨机处理中等硬度（BWi＝12~15kW·h/t）矿石，钢球直径为 115~145mm 直径。当新给矿 P80

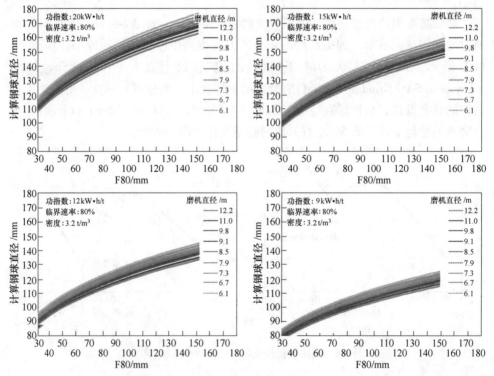

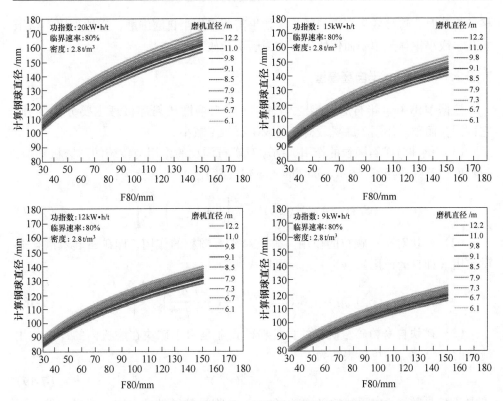

图 7-10　根据 Azzaroni 公式计算的半自磨磨矿钢球直径

提高到 150mm 以上，相应钢球直径达到 160mm 以上。对于新给矿常规粒度范围，钢球直径粗略估计值在新给矿 P80 与最大矿块（P98）之间。

图 7-11 显示了根据 Azzaroni 公式计算的细粒级磨矿的钢球直径。由于半自磨机是格子型磨机，当钢球直径小于格子板孔时，将会强制排出，这意味着小钢球很难在半自磨机内保留下来作为细粒级的有效磨矿介质。特别是采用大于 70mm

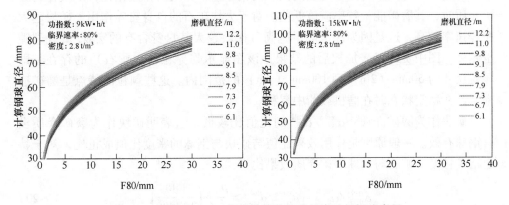

图 7-11　根据 Azzaroni 公式计算的细粒级磨矿的钢球直径

格子板孔时，这种效果将更加明显。如果需要采用半自磨细磨，必须采用小格子板孔，或小钢球充填率而保留矿石作为磨矿介质。

7.4.2　Moly-Cop 半自磨模型

依据 Moly-Cop 半自磨模型[112,113]，全/半自磨磨矿粉碎机理主要分为 3 种，它们同时而独立作用于磨机载荷，造成矿石粒度减小。

（1）钢球对矿石颗粒的作用。钢球对矿石颗粒的作用与传统的球磨机相似，与粒度相关的选择函（Selection Function），$(S_i^{\mathrm{E}})_{\mathrm{balls}}$，可表达为：

$$(S_i^{\mathrm{E}})_{\mathrm{balls}} = \alpha_0^{\mathrm{balls}}(d_i^*)^{\alpha_1^{\mathrm{balls}}} \Big/ \left[1 + \left(\frac{d_i^*}{d_{\mathrm{crit}}^{\mathrm{balls}}} \right)^{\alpha_2^{\mathrm{balls}}} \right] \tag{7-17}$$

（2）矿块对矿石颗粒的作用。矿块对矿石颗粒的作用，即矿石起着磨矿介质作用（即自磨作用），$(S_i^{\mathrm{E}})_{\mathrm{rocks}}$，可以表达为：

$$(S_i^{\mathrm{E}})_{\mathrm{rocks}} = \alpha_0^{\mathrm{rocks}}(d_i^*)^{\alpha_1^{\mathrm{rocks}}} \Big/ \left[1 + \left(\frac{d_i^*}{d_{\mathrm{crit}}^{\mathrm{rocks}}} \right)^{\alpha_2^{\mathrm{rocks}}} \right] \tag{7-18}$$

（3）矿块自身粉碎。矿块的自身粉碎作业是由于矿块在磨机内的冲击作用造成的，$(S_i^{\mathrm{E}})_{\mathrm{self}}$，可以表达为：

$$(S_i^{\mathrm{E}})_{\mathrm{self}} = \alpha_0^{\mathrm{self}}(d_i^*)^{\alpha_1^{\mathrm{self}}} \tag{7-19}$$

式中，d_i^* 是粒级 i 中颗粒的平均粒度；d_{crit} 是临界粒子粒度上限，即当颗粒大于此粒度时磨矿率越来越低；α_0 是超细颗粒（接近 $1\mu\mathrm{m}$）的磨矿率；α_1 是低于临界粒度上限 d_{crit} 时的粒度与能量双对数坐标时曲线斜率；α_2 是大于临界粒度上限 d_{crit} 时的粒度与能量双对数坐标时曲线斜率；上下标 rocks、balls、self 分别代表矿块、钢球、自身。

图 7-12 显示了这 3 种磨矿作业机理的粉碎作用大小及在整个比粉碎选择函数中的比例。从图中可见，与相同大小的钢球磨矿介质的作用相比，矿块作为磨矿介质时，其磨矿能量效率应该低些。对于大块矿石的自身粉碎作用，矿块越大粉碎速率越高，这是因为冲击能量越高且矿块越大其自身含有的宏观/微观裂隙也越多。图中实线代表加权后的结果，该图显示临界粒子（顽石）的存在，即颗粒尺寸为 50mm（2in）到 100mm（4in）的范围内。这些颗粒的特点是磨矿速率低，在稳定状态时在磨机载荷中累积。

矿块作为磨矿介质：$\alpha_0^{\mathrm{rocks}}/\alpha_0^{\mathrm{balls}}$ 的比值比较低，这表明矿块作为磨矿介质没有钢球有效。一般原则是作用效果比值与矿块与钢球的密度比值成正比，对于特定给矿粒度，矿石与钢球磨矿介质效果比为：

$$\alpha_0^{\mathrm{rocks}}/\alpha_0^{\mathrm{balls}} = d_{\mathrm{crit}}^{\mathrm{rocks}}/d_{\mathrm{crit}}^{\mathrm{balls}} = \frac{\rho_{\mathrm{rocks}}}{\rho_{\mathrm{balls}}} \left(\frac{\mathbf{F80}}{127000} \right) \tag{7-20}$$

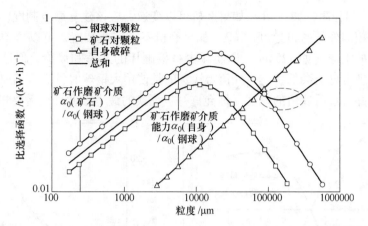

图 7-12　半自磨机中粉碎率示意图（总粉碎率及 3 个独立粉碎作用的影响[113]）

式中，ρ_{rocks} 是矿石密度；ρ_{balls} 是钢球密度。

上式表明，越是轻而小的矿块起的磨矿介质作用越小、越不明显。

矿块作为磨矿介质的有效性：$\alpha_0^{self}/\alpha_0^{balls}$ 比值越小则表明矿块越有能力从磨机内的冲击作用下生存下来作为磨矿介质，即矿块的自身粉碎低。据观察，不同矿石的此比值为 0.05（高有效性）到 0.15（有效性低）。

7.4.3　半自磨机钢球优化案例

据报道[114]，某矿山采用半自磨机处理铜矿，给矿粒度为 100% 小于 250mm，产品粒度 100% 小于 12.7mm，进行了一系列如下半自磨机钢球调整：

（1）初期装直径 125mm、100mm、75mm 钢球 100t，处理量只有 220t/h 左右。

（2）后来等量装直径 130mm、110mm、90mm、75mm 钢球共 120t，处理量 280t/h 左右。

（3）磨机格子板筛孔加大且钢球加大到直径 150mm，处理量增加到 400t/h 左右。

除前面提到的矿山外，有许多矿山采用增加钢球大小的方案提高了处理。2012 年 JKMRC 对 Paddington 选厂的硬矿石进行了模拟（如图 7-13 所示），钢球直径从当时采用的 125mm 增加到 135mm 可以提高 3.3% 处理能力。

尽管增加钢球直径倾向提高处理能力，但必须注意的是直径 125mm 钢球的重量为 7.8kg 左右，而 150mm 钢球的重量达到 13.6kg 左右，几乎提高了一倍（钢球直径与重量的关系如图 7-14 所示）。当采用直径 150mm 或以上的钢球时，必须能有效控制磨机载荷，否则磨机衬板极易被钢球砸碎。如按生产计划停车并要求磨机必须磨空（是指基本磨空磨机内的矿石）以便进行检查时，需要采取

"标准"控制程序，如：（1）如果磨机可以变速，应该建立磨空制度，根据磨机载荷重量相应降低磨机速度；（2）如果磨机不带变速装置，可以提前一段时间加小直径的钢球（如125mm）以便减少衬板砸坏的几率和风险，但这一段时间内磨机处理量可能会低些。另外值得注意的是使用大钢球时，应该相应加厚磨机筒体衬板并且最后遗留的厚度（即允许衬板更换的最小厚度）也需要相应增加。

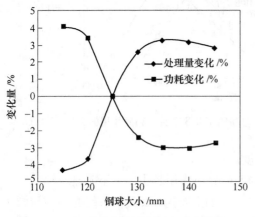

图 7-13　钢球大小对处理量和功率影响
（Paddington 选厂 2012 年矿石
JKMRC 模拟结果）

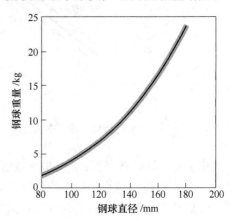

图 7-14　钢球直径与重量关系

7.5　全自磨磨矿介质

全自磨的英文为"Autogenous"，在英文字典中，它的定义为 Self-generating or self-produced（自我产生或自我生成），它来源于希腊单词，意义也相同。当进行磨矿流程选择、设计和成本预算时，总是强调全自磨没（钢质）磨矿介质，但当生产操作时，选矿工程师和磨机操作人员总是强调要在磨机载荷中保持合适的磨矿介质，这是全自磨机磨矿成功的首要因素。新给矿中必须有足够的有效的矿块以便建立起磨机载荷。如果没有足够能作为磨矿介质的物料或缺乏大块，磨机载荷的磨矿介质将成为关键因素，并将进一步导致磨矿产品细化，降低了整个流程的效率。不幸的是，至今什么样的磨机载荷粒度分布是"超级"有效的问题仍是个谜，或者说尚未有人或模型能给出量化的合理的磨机载荷粒度组成或新给矿的粒度组成。对于全自磨磨矿，调整顽石破碎作业也可以调整或控制矿块在磨机载荷中的累计或分布。

在全自磨磨矿，所有的磨矿介质都是天然不是人为挑选或制造的。尽管人工制造的磨矿介质的材质多种多样，如砾石、陶瓷、钢质等，也可能是不同形状（尽管通常多为球形），也能是不同大小等，但这些人造磨矿介质至少有一个方面的物理性质超越要被磨矿的物料，这个物理性质可能是硬度、强度、密度、大小等。人造磨矿介质的另外一个重要特征是可以依据磨机功率和/或产品粒度变化人为地补偿它们的消耗。这是近些年来半自磨机被普遍采用的原因之一。钢球和大块矿石综合作为半自磨的磨矿介质,通常半自磨机的钢球充填率为 5%~15%,但也能高达 25%,并且矿山倾向于采用高充填率,因此半自磨机可以有效控制磨矿介质。实践生产中,操作工通常通过加钢球来控制(降低或提高)半自磨的功率。在半自磨磨矿中,钢球充填率基本决定了有多少磨矿作用是通过钢球实现的,有多少是矿石实现的。

以之相对,全自磨机的磨矿介质来要磨的矿石。尽管有可能在某种程度上在初破作业中加以调整,但这意味着操作工很难在全自磨磨矿作业阶段有效控制磨矿介质的数量。需要一个小分量的能作为磨矿介质的组分用于维持全自磨机内的磨矿介质载荷量。尽管知道维持磨矿介质载荷量是磨机成功操作的核心,但知道需要多少能作为磨矿介质的矿石及如何维持这个数量仍是挑战。大部分全自磨机的给矿是来自开采的矿石(可能经过了井下或露天坑内破碎)或经过一段破碎,但也有偶然在磨矿前对矿石专门筛分生产出磨矿介质或采用单独的破碎系统专门生产超量大块矿石作磨矿介质。

既然全自磨机的磨矿介质主要是由新给矿粒度和组成所控制的,磨机新给矿中不同组分含量的变化也将影响磨机载荷的组分,进而影响整个粉碎过程。新给矿中硬矿石组分将在磨机载荷中累计起来,这是由于它们的低粉碎率并且倾向于保留在磨机载荷中的粗粒级中。

既然粗矿石作为磨矿介质,全自磨机新给矿中的粗粒级部分是保持一个良好的全自磨磨矿所必要的。缺乏粗矿块将导致全自磨机的产品"砂化",进而导致处理量和能量效率降低。

对于多组分新给矿,有一个最佳混合比例,这时需要考虑硬矿石与软矿石的比例,粗与细粒级的比例的平衡。对于任何一个磨机,都有一个最佳硬、软矿石的比例。最佳的矿石种类配比取决于矿石性质和磨机特性。尽管理论上可行,但大部分情况下极难预先确定配比,通常仅仅是个配矿/混矿的定性或半定量的指导。

如果矿石中硬组分太低,磨机处理能力下降。如果矿石作为磨矿介质是巨大挑战,这促使许多矿山把全自磨改为半自磨磨矿。另一个选择是故意使用硬废石作为磨矿介质粉碎软矿石组分并且这些硬废石能在磨机内滞留时间长,例如,瑞典的 LKAB 铁矿选厂,它采用硬石英岩废石磨软的磁铁矿,并控制其给矿比例。

在一些情况下或选厂,特别是新给矿粒度偏细时,不得不采用顽石破碎机开/停模式来保持磨矿介质的水平。

是否全自磨机新给矿缺乏大块可以通过大块矿石含量与临界粒子的粉碎率之间的关系判断。低大块矿量将导致高临界粒子数量或观察到的顽石返回量增加或很高。通过调整顽石破碎机的操作能有助于改善这种情况，但是全自磨机新给矿缺乏大块将倾向于把磨矿导向偏离最佳处理能力的状态，例如 Ridgeway 选厂曾经出现过这样的情况。

综上所述，全自磨机缺乏磨矿介质的表征有：

（1）全自磨机功率低。

（2）顽石返回量或比例高。

（3）磨矿产品粒度细。

（4）如果全自磨磨矿有旋流器细分级作业，还有如下现象：

1）需要更高旋流器给矿泵泵速才能保持相近的流量。

2）在相同的流量和旋流器数量时，旋流器的工作压力低。

3）细颗粒循环量增加，旋流器给矿呈砂化趋势。

7.5.1　与粒度相关的磨矿行为和粉碎率

典型的全自磨粉碎率曲线示意图如图 7-15 所示。与半自磨磨矿相比，全自磨磨矿细粒级的粉碎率高些，但中粗粒级的低。特别值得一提的是通常全自磨磨矿的临界粒子范围宽些。与半自磨磨矿一样，全自磨磨矿的行为受制于矿石颗粒大小，即不同大小的颗粒在全自磨磨矿的作用不同、粉碎机理不同、粉碎速率也不同。不同粒级矿石作用描述如下。

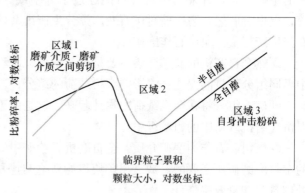

图 7-15　全/半自磨磨矿粉碎率示意图

7.5.1.1　大块矿石

（1）粉碎机理：

1）由于冲击作用自身破碎。

2）由于摩擦、去棱角等粉碎作用，矿石表面物料剥离产生细粒并使矿块逐渐变小。

（2）在磨矿中的作用：

1）冲击中小颗粒使之粉碎。

2）通过大块矿石之间的剪切作用，粉碎位于其中间的小颗粒（即颗间剪切粉碎）。

7.5.1.2　中等块度矿石

（1）粉碎机理：

1）大部分情况下，该粒级颗粒显得太大不能有效冲击粉碎。

2）但该粒级颗粒又显得太小不能有效自身冲击粉碎。

3）通常可以通过摩擦、去棱角等作用使之逐渐变细后进到细粒级，但在磨机内的粉碎速率低。

4）在全自磨机内累积或通过外部的顽石破碎机破碎并生成新的棱角强化上面的剪切和摩擦粉碎机理。

这些临界粒子通常通过两种方法消除，即一是采用添加 100~140mm 钢球变成半自磨磨矿；另一种是首先把这些临界粒子排出磨机，然后破碎成非临界粒子再返回初磨磨机。

（2）在磨矿中的作用：通过这些矿石之间的剪切作用粉碎位于其中间的更小颗粒（即颗间剪切粉碎），即作为细磨的高效磨矿介质，但这种情况仅适于有细粒级返回的流程或细磨流程，如单段磨矿流程（即通过一段磨矿作业就分选所需的磨矿粒度）。大量中间粒级颗粒存在于全自磨机载荷中时，将生成大量的细粒，能导致过磨或达到所期望的细磨。

7.5.1.3 细粒级颗粒

粉碎机理：由于磨矿介质的剪切、摩擦、颗间剪切等作用使之粉碎至合格产品。

7.5.2 全自磨磨机载荷

磨矿作用取决于磨机载荷的运动。对磨机载荷的固体浓度、粒度分布、矿石硬度或作为磨矿介质的有效性等关键参数的检测将有助于了解磨机的磨矿行为，但是对工业生产磨机而言，几乎不可能经常进行这种超大工作量的磨机载荷粒度分布检测用于诊断和揭示磨机速度、新给矿粒度、返回顽石特性等输入参数的影响。如果采用矿石粒度图像分析技术则能进行全自磨机流程中给矿（包括新给矿和返回未破碎或破碎后顽石）和新生成顽石粒度的分析，但这些物料的粒度不能直接反映和估计出磨机载荷的粒度组成和矿物组成。目前工业磨机载荷测量进行的不多，报道也极少。图 7-16 显示某一矿山的中试和工业生产时的全自磨机的载荷的照片，可以看出磨机载荷的粒度分布极其明显不同，但是遗憾的是当时没有粒度组成和 P80 数据。在中试连续实验，全自磨机载荷主要由大块矿石组成并能作为有效磨矿介质，而被磨对象细颗粒比较少。而在工业生产全自磨机中，临界粒子或顽石大小的物料占据磨机载荷的主体。尽管连续中间规模试验表明这种矿石适于全自磨磨矿，但工业磨机载荷的这种状态清楚显示磨矿效果不佳。

对多组分矿石的全自磨磨矿行为的研究揭示了其对磨矿载荷的影响。Bueno 等进行和报道了一系列多组分 UG2 矿石的全自磨连续中间实验。如图 7-17 所示，新给矿粒度 P80 随着软矿石组分增加而降低。特别是试验 3（T3），新给矿含有

图 7-16　全自磨机载荷状态

（a）中间规模试验；（b）工业磨机

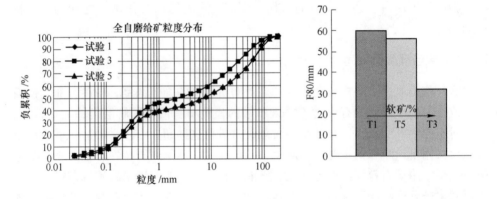

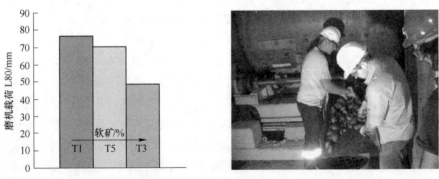

图 7-17　全自磨载荷粒度（试验 1、3 和 5[115]）

更少的大块，即新给矿 P80 从试验 1（T1）的 60mm 降低到试验 3 的 32mm。与新给矿粒度和组成相一致，在流程考查中发现全自磨机载荷的粒度和组分也随之发生明显变化。在试验 1、3 和 5，全自磨机载荷被全部倒空并进行了分析。从图 7-18 中可见，随着新给矿中软矿石组分的增加，磨机载荷粒度变小，磨机载荷的 P80 从试验 1 的 77mm 降低到试验 5 的 70mm，并进一步降低到试验 3 的 49mm。这显示在试验 3 时磨机载荷已经砂化并累积，这是由于缺乏大块矿石作为磨矿介质去粉碎它们。因此，这些试验显示：对于多组分新给矿，不仅是硬与软矿石的比例影响全自磨机的处理能力，而且粗矿石的数量也有影响。如果全自磨新给矿没有含足够的粗矿块作为磨矿介质，即使新给矿中软矿石的含量很高，全自磨机也不能保持一个高处理量。这些连续中间试验数据表明，磨机介质的有效性（即为磨矿介质的能力）和数量两者均控制着 UG2 矿石的全自磨磨矿处理能力。如表 7-2 和表 7-3 所示，相应地试验 3 的全自磨机生产功指数是最高的，达 13.9kW·h/t，与之相比，试验 1 的为 12.3kW·h/t，试验 5 的为 8.7kW·h/t。这表明新给矿缺乏粗而有效的矿块作为磨机介质将导致磨机载荷含有大量细而重的铬铁矿颗粒，这样的磨机载荷降低了全自磨机的能量效率。

表 7-2 多组分试验 1 和 5 结果[115]

试验序号	产品	处理量	铬铁矿	石英岩	铬铁矿	石英岩
		kg/h	%	%	kg/h	kg/h
1	给矿	1639	33	67	541	1098
	磨机圆筒筛筛上产品	29	3.4	96.6	1	28
	磨机圆筒筛筛下产品	1610	33.5	66.5	540	1070
	磨机载荷	1400	4.7	95.3	65	1335
5	给矿	2550	37.5	62.5	956	1594
	磨机圆筒筛筛上产品	63	8.6	91.4	5.4	57.6
	磨机圆筒筛筛下产品	2487	38.2	61.8	951.1	1536
	磨机载荷	1333	11.1	88.9	148	1185

表 7-3 磨矿条件和磨机磨矿性能[115]

试验序号	1	3	5
磨机处理量/kg·h⁻¹	1639	1750	2550
F80/mm	59.82	32.13	55.64
废石 +60 mm/%	22	8.6	0
UG2 矿石+60 mm/%	0	0	21.6
UG2 矿石 −60 mm/%	78	91.4	78.4
磨机载荷矿石重量/kg	1400	1648	1333

续表 7-3

试验序号	1	3	5
磨机充填率/%	26.8	29	23.3
排矿粒度 L80/mm	76.92	48.73	69.58
%磨机圆筒筛筛上量	1.8	2.9	2.5
磨机圆筒筛筛上粒度 T80/mm	9.77	10.28	10.02
磨机圆筒筛筛下 P80/mm	0.25	0.23	0.29
磨机临界速率/%	75.7	75.7	75.7
磨机中扭矩/Nm	776.5	941.1	785.8
磨机净功率/kW	12	14.8	12.1
比能耗/kW·h·t^{-1}	7.3	8.4	4.8
按粒级产量计算的比能耗/kW·h·t^{-1}-106μm	20.7	22.5	17.1
操作生产比能耗/kW·h·t^{-1}	12.3	13.9	8.7

图 7-18 显示铬铁矿主要分布在磨机载荷的细粒级中，而石英岩主要分布在粗粒级中。新给矿组分与在磨机载荷中分布对比进一步证实了硬组分在磨机载荷的粗粒级累积的假设。与实验 5 相比，试验 1 的磨机载荷中有更多的硬组分（石英岩）的磨矿介质。

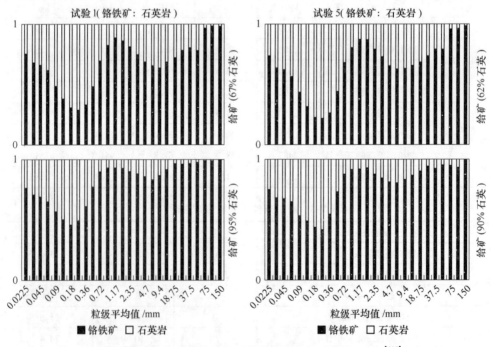

图 7-18　磨机载荷中铬铁矿和石英岩粒度分布（试验 1 和 5[116]）

在 LKAB 铁矿也进行了类似的研究工作，流程考查数据见表 7-4、图 7-19 和图 7-20。石英岩组分主要出现在磨机排矿的粗粒级和细粒级，而在中间粒级的量不多。这是一个典型的硬矿石全自磨磨矿行为，即它们很难被冲击粉碎，进而一旦变成圆形，它们将通过摩擦粉碎机理产生大量的细粒。

表 7-4　LKAB KA2 流程考查试验 2 数据[116]

产　　品	固体		%（小于 45μm）	P80
	t/h	%		mm
新给矿	370	99.5	3.4	48.9
全自磨机产品	453	74.5	25.2	0.424
全自磨机载荷	160	95	3.2	95.4
磨机圆筒筛筛上	40	99.5	4.6	25.3
磨机圆筒筛筛下	412	44.2	27.5	0.243
分级机的粗粒级	83	79	9.7	2.57
分级机的细粒级	330	39.8	31.7	0.148

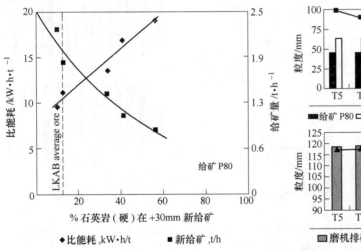
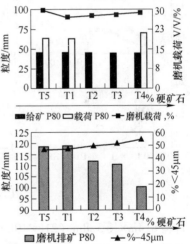

图 7-19　LKAB 中间试验的试验条件及结果[116]

这些连续中间规模试验清楚地揭示了磨机载荷取决于新给矿中硬组分的数量、粒度和作为磨矿介质的有效性（抗冲击粉碎性能），如图 7-21 所示。当新给矿中硬组分是极度有效的磨矿介质时，只需要一个很小的含量就能满足达到最佳处理能力的磨矿介质的需要，否则，这个硬组分将累计起来限制磨机处理量。

JKMRC 发展了多组分矿石的数学模型用于模拟硬组分对磨机载荷的影响，如图 7-22 所示，进而矿石的粉碎率和处理量，如图 7-23 所示。该图显示了一台

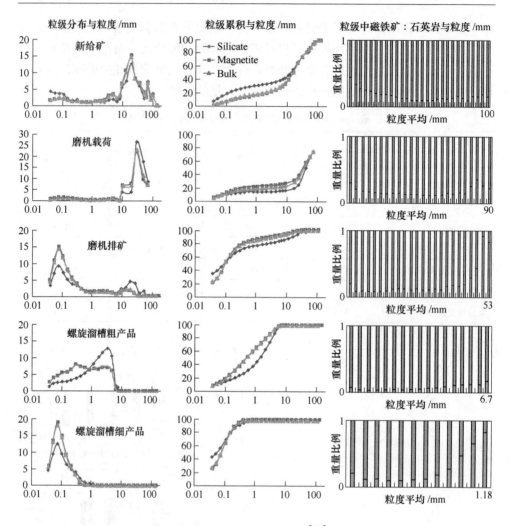

图 7-20　多组分粒度分布[116]

直径 6.4m×长 5.8m（21ft×19ft）全自磨机处理 85% 软矿石和 15% 硬矿石混合矿的生产数据。很明显混合组分之间有很强的相互作用，矿石中的硬组分对总体粉碎特性和磨机处理能力有极大影响。

7.5.3　全自磨磨矿介质大小的估算

尽管全自磨磨矿已经引起了研究人员的兴趣超过半个世纪之久且进行

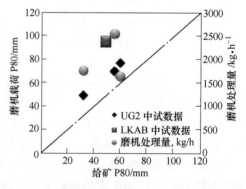

图 7-21　磨机载荷粒度 P80 与新给矿粒度 P80

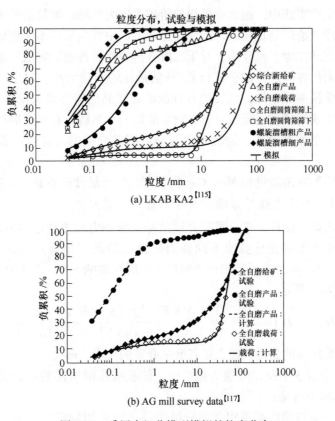

(a) LKAB KA2[115]

(b) AG mill survey data[117]

图 7-22　采用多组分模型模拟的粒度分布

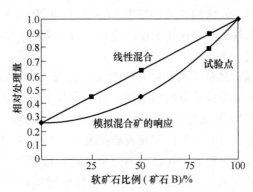

图 7-23　全自磨机处理两种矿石混合矿的模拟响应[117]

了深入的研究,但是至今尚未有全自磨粉碎一个给定矿石颗粒(包括粒度和可碎/磨性)的最佳矿块大小的原理或清晰指导方针。与之相对应的球磨磨矿,一旦知道矿石粒度和可磨性,至少理论上可以确定所需要的最佳/最有效磨矿的钢球直径，同时在生产实践中，通常遵循粗粒给矿采用大钢球、细粒给矿采用小钢球的原则。通常球磨给矿是宽粒级，因此在工业生产中普遍采用不同钢球大小配而不是单一大小钢球作为磨矿介质，对于二段或再磨就更普遍。如前所述，根据新给矿的粒度可采用各种各样的公式计算/预估最佳的钢球大小。对于球磨磨矿，已经发展了数学模型和软件，只要把各种给矿和产品的特性输入模型就可以估计/研究钢球配比或钢球大小分布对磨矿效果的影响。然后，在全自磨机中，矿石既是磨矿介质又是被磨对象，情况十分复杂且磨矿介质的寿命短而很快变为被磨对象。

以下采用等冲击能量和 Moly-Cop 模型方法估计最佳矿石磨矿介质的大小。

7.5.3.1　等冲击能量方法估计矿石磨矿介质尺寸

根据冲击破碎原理，矿石磨矿介质的冲击粉碎力与等质量的钢球是相同的。根据 Azzaroni 公式首先计算出不同新给矿粒度的最大钢球尺寸（如图 7-25 所示），然后再等质量公式折算出作为磨矿介质时矿块的大小，见公式（7-21），计算结果如图 7-24 所示。

$$D_{\text{rocks}} = D_{\text{b}} \left(\frac{\rho_{\text{balls}}}{\rho_{\text{rocks}}} \right)^{1/3} = \frac{4.5 \times F_{80}^{0.263} \times (\rho_s \times W_i)^{0.4}}{(D \times v)^{0.25}} \left(\frac{\rho_{\text{balls}}}{\rho_{\text{rocks}}} \right)^{1/3} \tag{7-21}$$

式中，D_{rocks} 为计算的需要的最大矿石磨矿介质的大小，mm。

图 7-24 中有 3 个图，分别为粗、中、细粒级范围所需的矿石磨矿介质的大小。从图 7-24 中可见：

（1）当一全自磨磨矿流程含细分级闭路（如采用旋流器分级）时，该流程的最终磨矿粒度通常为 P80 小于 250μm，因此这需要"细磨"至 0.1~1mm。要实现这种粒度的细磨，最佳的矿石磨矿介质的大小为 20~70mm，位于临界粒子的粒度范围。这意味着，对于这样的单段全自磨磨矿流程，需要适当保留一些顽石级矿石作磨矿介质。

（2）1~10mm 颗粒最佳矿石磨矿介质的大小为 25~100mm，仍主要在临界粒子的粒度范围，或在临界粒子范围的上限。这一点与全自磨磨矿流程同时有细分级（通常旋流器）闭路和顽石破碎回路时容易造成旋流器闭路操作困难实践相符，即有细分级闭路全自磨流程再加顽石破碎通常不会带来明显效益，甚至有时对全自磨机处理能力是有害的。这是因为完全把临界粒子从流程（包括新给矿和返回）中消除会导致不利于细粒磨矿，这一点对单段磨矿流程极其重要，否则 1~10mm 颗粒磨矿速率太低，造成累积而形成砂化现象。解决问题的办法之一是对返回顽石分级，全部或部分粗粒级顽石直接返回磨机作为细粒级的磨矿介质。

（3）当全自磨磨矿流程没有细分级作业，磨机排料筛分（通常为圆筒筛或振动筛）作业的控制粒度为 4~15mm，典型的底层筛孔为 6~10mm 左右。1）当筛分粒度为 10mm 时，通常无须考虑小于 10mm 物料在全/半自磨磨矿作业阶段

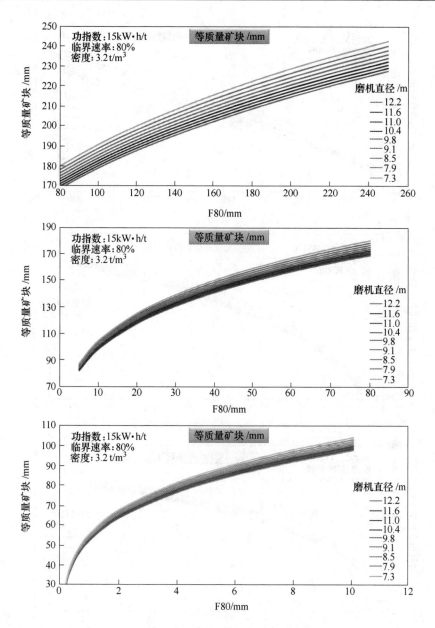

图 7-24 根据 Azzaroni 钢球公式计算的等质量矿石大小
（Azzaroni 公式计算钢球见图 7-25）

的磨矿行为。实际上 -10mm 物料磨矿将主要在下一段球磨作业进行。因此，这允许把流程中所有的 -70mm 的物料粉碎掉，无须考虑其作为磨矿介质的作用，也不会影响本段作业的磨矿效率。这意味着可以充分应用顽石破碎机的能力，顽石破得越细越好。2）当分级粒度为 4~5mm 时，一定数量的临界粒子的粗粒级

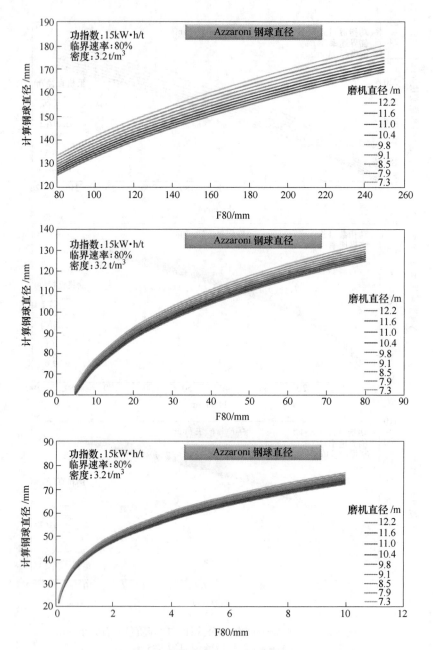

图 7-25　根据 Azzaroni 公式计算钢球直径

的存在可能有益于提高磨矿效率。因此，分级筛孔、顽石破碎机的排矿口
（CSS）、磨矿产品粒度和格子板孔之间存在一定相互作用。一个粗分级粒度应该
与小顽石破碎机排矿口相配以便获得高产量。

（4）类似地，对于临界粒子（通常在 20~70mm），它们的有效矿石磨矿介质的粒度要超过 100mm。这与生产实践是一致的，即往全自磨机里加大于 120mm 的矿块能粉碎顽石进而降低顽石在流程中的累计。依据这些估计，要有效粉碎大块顽石，需要最大矿块粒度可能达到 250mm。

（5）需要 200mm 左右甚至更大的矿块作为磨矿介质才能有效粉碎大于 120mm 的矿石。通常情况下，如此大的矿块在新给矿中比例是极小的，这暗示着大于 120mm 矿块主要是自身冲击粉碎而不是被其他大块矿石的磨矿介质粉碎的，这也与全自磨磨矿的大块矿石粉碎机理是一致的。如果流程中（全/半自磨机载荷）有大于 90mm 矿块累积，磨机格子板孔通常小于 90mm，限制了它们从磨机中排出来的，因此这些物料会在磨机内累积进而影响产量。对于这种情况，选择之一是对新给矿进行分级，进磨机前消除 90~150mm 粒级，即需要考虑二段破碎作业。

（6）由于全自磨机内的矿石磨矿介质寿命远远短于钢球寿命，通常矿石磨矿介质的粒度将会快速变小，这表明矿石磨矿介质与被磨矿石的行为没有太大区别。从另一个角度讲，全自磨磨矿远比球磨磨矿难维持磨矿介质（包括数量和粒度）。

2010 年，Loveday[118] 报道顽石/矿石可能没有与钢球一样的冲量且等重量的顽石/矿石颗粒没有像钢球一样在被粉碎对象上产生足够的压力。这可能意味着实际最佳矿石磨矿介质的粒度要大于以上的估计值。

7.5.3.2 Moly-Cop 模型估计矿石磨矿介质尺寸

尽管 Moly-Cop 模型是用于模拟半自磨机的磨矿行为，但全自磨磨矿是钢球充填率为零的半自磨磨矿的特例，因此，可能采用 Moly-Cop 模型估计全自磨机的最佳矿石磨矿介质的大小。

值得注意的是，式（7-20）中矿石磨矿介质与钢球磨矿介质的性能比较是假定钢球直径为 127mm（5in），对于任何大小的钢球磨矿介质，式（7-20）变为：

$$d_{\text{crit}}^{\text{rocks}} / d_{\text{crit}}^{\text{balls}} = \frac{\rho_{\text{rocks}}}{\rho_{\text{balls}}} \left(\frac{F_{80}}{D_{\text{b}}} \right) \tag{7-22}$$

上式变形为：

$$d_{\text{crit}}^{\text{rocks}} = \frac{\rho_{\text{rocks}}}{\rho_{\text{balls}}} \left(\frac{F_{80}}{D_{\text{b}}} \right) d_{\text{crit}}^{\text{balls}} \tag{7-23}$$

当 $d_{\text{crit}}^{\text{balls}}$ 为给矿粒度（F80）时，D_{b} 是 Azzaroni 公式计算的钢球尺寸，上式可变为：

$$d_{\text{crit}}^{\text{rocks}} = \frac{\rho_{\text{rocks}}}{\rho_{\text{balls}}} \left(\frac{F_{80}^2}{\dfrac{4.5 \times F_{80}^{0.263} \times (\rho_s \times W_i)^{0.4}}{(D \times v)^{0.25}}} \right) \tag{7-24}$$

　　依据上式可计算出给定新给矿粒度 P80 时，最佳粉碎率的矿石粒度，这相当于能被有效粉碎的最大矿石粒度。图 7-26 显示了计算结果，同样分为粗、中、细粒级范围。值得注意的是横坐标为给矿粒度 P80，而纵坐标为最大可以有效粉碎颗粒大小。从图 7-26 中可见：

　　（1）若用更大矿块作为磨矿介质粉碎大于 80mm 的矿石，新给矿 P80 要在 180mm 以上；要粉碎 120mm 矿石，新给矿 P80 要达到 220mm 水平，略高于等冲击能量方法估算的 200mm 左右。

　　（2）对于临界粒子粒级范围（20~70mm）的矿石，要实现有效粉碎，新给矿 P80 为 80~170mm。而等冲击能量方法估算的范围为 115~175mm，该方法估计的物料下限时的矿石磨矿介质尺寸大些。

　　（3）对于细粒级（1~15mm）粉碎，最佳的新给矿粒度为 15~70mm，也略低于等冲击能量方法估算的数值。

　　（4）总体而言，2 种方法估计的最佳矿石磨矿介质尺寸相近，且与生产实际中观察到的基本相符。

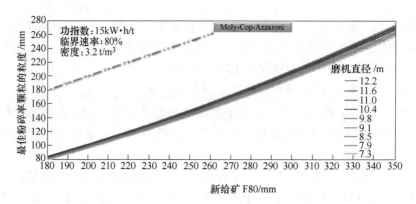

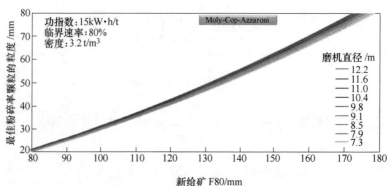

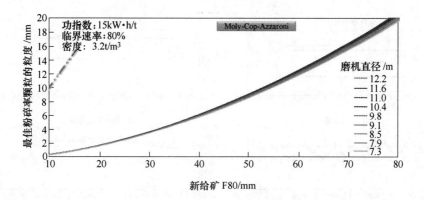

图 7-26   根据 Moly-Cop 模型计算的给矿 P80 所对应最佳粉碎率颗粒大小

7.5.4   额外大块矿石给矿的工业试验

2016 年 4 月 2~3 日在一有细、粗粒级返回的全自磨磨矿流程进行了加额外大矿块（专门筛分出的 150~350mm 矿石）的工业测试。2 日上午 7：00 前，正常生产，从 2 日上午 7：00 到 3 日上午 6：00 加了额外的 150~350mm 矿块。整个全自磨磨矿流程反应和结果如图 7-27 所示，测试前后指标列于表 7-5 进行比较。

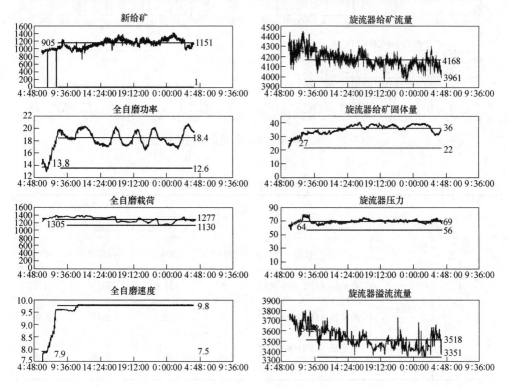

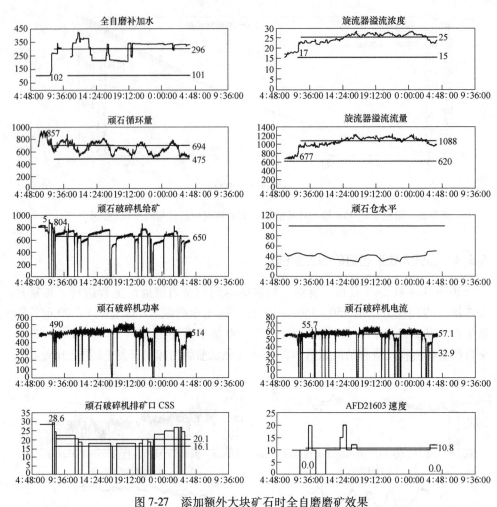

图 7-27　添加额外大块矿石时全自磨磨矿效果

表 7-5　150~350mm 大块添加及生产结果

序号	作业	项目	单位	大块 150~350mm		
				未添加	添加	差异
1	给矿	处理量	湿吨/小时	904.9	1150.8	245.9
		给矿机 AFD21601 速度	%	51.0	64.1	13.1
		给矿机 AFD21602 速度	%	18.1	26.1	8.0
		给矿机 AFD21603 速度（大块 150~350mm 仓）	%	0.0	10.8	10.8

续表7-5

序号	作业	项目	单位	大块 150~350mm		
				未添加	添加	差异
2	全自磨	全自磨机功率	MW	13.8	18.4	4.6
		全自磨机载荷	t	1,305.4	1,276.5	-28.9
		全自磨机速度	r/min	7.9	9.8	1.9
		全自磨机补加水	m³/h	101.7	295.8	194.1
3	顽石破碎	顽石返回量	t	856.6	693.7	-163.0
		顽石仓1水平	%	100.0	100.0	0.0
		顽石仓2水平	%	42.2	38.5	-3.7
		顽石破碎机2处理量	t/h	804.4	652.8	-151.6
		顽石破碎机2功率	kW	490.4	493.6	3.1
		顽石破碎机2电流	A	55.7	55.5	-0.1
		顽石破碎机2排矿口CSS	mm	28.6	20.1	-8.5
4	旋流器	旋流器给矿流量	m³/h	4,263.7	4,167.9	-95.8
		旋流器给矿浓度	%	27.0	36.0	9.0
		旋流器给矿固体量	t/h	1,427.5	2,023.1	595.6
		旋流器压力	kPa	64.0	69.0	5.0
		旋流器溢流流量	m³/h	3,627.9	3,517.8	-110.1
		旋流器溢流固体浓度	%	17.1	25.3	8.2
		计算旋流器溢流固体量	t/h	677.0	1,088.0	411.1
		一段旋流器给矿补加水量	m³/h	3,042.2	2,518.5	-523.7
		旋流器给矿泵泵速	%	79.7	78.8	-0.9
		旋流器给矿泵电流	A	99.1	102.9	3.7

该工业试验观察到如下现象：

（1）全自磨机新给矿：

1）150~350mm矿块添加后处理量增加了大约246湿吨/小时。

2）150~350mm矿块添加处理量估计为110湿吨/小时（平均值）。

（2）全自磨机操作：

1）磨机功率增加4.6MW。

2）磨机速度增加1.9r/min。

3）磨机前补加水增加190m³/h。

4）全自磨机载荷没有明显变化。

（3）顽石生产和处理：

1）顽石返回量变化高达 500~600t/h。

2）顽石处理量相应下降了 152t/h（平均值）。

3）顽石破碎机排矿口 CSS 从试验前的 28.6mm 降低到 20mm，降低了 8.5mm。

4）顽石破碎机功率没有明显变化。

（4）一段旋流器操作：

1）旋流器给矿流量略微降低了大约 100m³/h。

2）旋流器给矿浓度从 27% 增加到 36%，增加了 9%。

3）旋流器给矿中的固体量相应提高了 600t/h。

4）旋流器给矿压力略微增加了 5kPa。

5）旋流器溢流流量略微降低了 110m³/h。

6）旋流器溢流浓度从 17% 提高到 25%，提高了 8%。

7）旋流器溢流固体量增加了大约 410t/h（计算值）。

总而言之，150~350mm 大块矿石的添加对全自磨磨矿产生极大的正面影响。它允许全自磨机操作在更高速度，增加了磨机功率，促进了磨矿作用。同时，顽石量降低，这允许顽石破碎机工作在更小的排矿口 CSS 进而增加了破碎比。这进一步有助于提高全自磨磨矿性能，如处理量、磨矿效果、能量效率等。这导致更多的磨细物料流向旋流器作业，进一步进入下一段的分选作业。

从这次生产实践中可见，添加大块矿石增加了全自磨机处理量 200~400t/h，同时也使流程操作更稳定，操作工需要更少操作和对流程的关注。

7.6　磨机衬板几何形状的影响

7.6.1　筒体衬板影响

磨机筒体衬板能改变磨矿介质在磨机内的运动状态，即以抛落还是泻落为主。抛落将有助于大块矿石的冲击粉碎，如在磨机衬板章节中提到的，筒体衬板提升条的大面角将减弱抛落进而降低大块矿石的自身粉碎作用。对于全自磨机磨矿，这将导致大块矿石的寿命增加和磨机载荷中大块矿石数量或比例增加。在全自磨机衬板寿命的末期广泛观察到这种现象。值得注意的是，如果采用这种增加筒体衬板面角的策略来保持磨机内的大块矿石数量将可能带来一系列的负面作用，如磨机功率下降，冲击粉碎减少，进而处理能力和磨矿效率下降。如果磨机有变速驱动系统，这些负面影响能通过增加转速的方法加以补偿性调整，但如前所讨论的，增加磨机速度将增加大块矿石的粉碎率。对于新的磨机筒体衬板，如果需要可以把磨机转速稍微调低一点降低大块矿石的粉碎速率。

7.6.2 格子板开孔大小及面积

磨机格子板像一个格筛滞留任何比格子板孔大的大块矿石或钢球磨矿介质。目前，全/半自磨流程安装有顽石破碎机是一种普遍现象，通常排出磨机的所有的大块矿石将被顽石破碎机粉碎到 30mm 以下，将失去作为磨矿介质的功能，除非采用旁路方式直接全部或部分返回磨机。当矿石只含有少量的硬物料时，磨机格子板孔应该小些并尽可能把大块矿石保留在磨机内作为磨矿介质。这种情况下，典型的格子板孔大小为 45mm 左右，这样可能使磨机载荷粒度变粗。特别对于长筒磨机，沿着磨机轴向磨机载荷粒度是不一致的，给矿端载荷趋向于细些而靠近格子板附近粗些，总体而言，载荷从给矿端到排矿端越来越粗。这些中/大块矿石积在格子板前面将增加了矿浆或磨好中细粒级流向格子板孔的阻力，限制了物料通过格子板并最后排出磨机。为了保障物料的流动能力，可以通过增加格子板开孔面积的方法补偿物料阻力对矿浆排出磨机的影响。

格子板孔的大小同时也影响所采用的磨矿机理，如果格子板孔大，应该通过调整新给矿、磨机衬板等强化冲击粉碎机理，这样全自磨机需要的新给矿 P80 比较大。反之，需要适当考虑中细粒级的粉碎机理。

尽管格子板孔磨损后变大允许更大矿块排出磨机降低了磨机载荷，但是由于顽石破碎机通常不能有效粉碎这些太大矿块（圆锥破碎机的最大给矿粒度越大排空口也就越大，详见顽石处理章节），仅这个改变将导致磨矿效果变差。进而这个影响将可能导致整个回路循环载荷增加，磨机载荷细化，磨矿介质消耗太快等，磨机的磨矿作用向不利方向发展。如果这个现象对某些全自磨磨矿作业至关重要，建议更频繁更换格子板。另外一个补偿办法是在顽石破碎机前安装一个分级设施或设备（如振动筛或格筛）把一些大块顽石从旁路直径返回全自磨机，这一措施特别是在新给矿粒度达不到块度要求时，将会起很大作用。这些返回的粗矿块磨矿介质将提高细粒级的磨矿效率，同时也使中间粒级的颗粒被更好破碎进而排出流程。

7.7 顽石破碎机操作

如前面提到的，特别是在单段磨矿工艺等情况，有时需要保留一些顽石级物料作为细粒级的磨矿介质，磨机载荷中细粒级多的表现包括磨机功率下降和磨机排矿产品粒度粗化/砂化。通常实践是：（1）停顽石破碎机，通过旁路把未破碎的顽石直接返回磨机。（2）在顽石破碎机顶部设计特殊装置允许顽石溢流破碎腔直接进到破碎机产品皮带运输机或新给矿皮带运输机返回。（3）另一方法是调低顽石破碎机的排矿口 CSS 值，这种办法对那些允许在线调整排矿口的液压顶启动锥（Hydroset）的破碎机（Sandvik CH 系列圆锥破碎机）特别适用。这样流经破碎机的顽石变少而更多物料从旁路直接返回了磨机。（4）对于那些没有转/停（On/Off）模式或旁路顽石破碎系统，可以增加破碎机的排矿口 CSS 允许返回的顽石粒度粗些。这样返回的顽石会变粗有可能起细粒级的磨矿介质作用。特别是全/半自磨机的旋流器闭路的给矿出现砂化倾向和操作困难时，应该及时调整顽石回路，改变磨机载荷的粒度分布。如果磨机可变速，同时应降低磨机速度促进更多的摩擦、颗间剪切等粉碎作用产生更多的细粒级。如果能及时供给大块矿石将是最好的选择。

既然破碎比磨矿更能有效的粉碎顽石级的物料，应该及早把顽石破碎机启动发挥作用。两个指示性参数是磨机功率从下降趋势转变为上升趋势和磨机载荷接近高设定值。

8 全/半自磨机排矿筛分

8.1 引言

就目前的工业生产实践，无论是全自磨还是半自磨磨矿，通常都有顽石破碎系统，其目的是把临界粒子排出全/半自磨后，破碎这些趋向圆形的矿块消除或减弱其作为临界粒子的特性，即主要为形状和粒度。甚至，一些选厂特意增加排出的物料量以便更多使用顽石破碎机的能耗（注：通常破碎能量效率比磨矿高），这一方法对于硬矿石尤其有效。因此，这要求安装一分级作业把临界粒子分出来，通常的分级设备有：香蕉振动筛、直线振动筛、圆筒筛甚至弧线 DSM 筛。如果全/半自磨磨矿流程还包含应用旋流器的细分级作业，这个全/半自磨机排矿筛分设备对稳定整个流程的操作起着至关重要的作用。

8.2 筛分

市场上有各种各样不同的工业筛分设备，但在选厂主要筛分设备为振动筛，它可以细分为适于粗和细粒级筛分的两种，即粗筛（一般无特别说明的情况下的筛分即为粗筛）和细筛。还要其他各种各样的筛也用于粗、细筛分作业。

8.2.1 筛分基础理论

筛分是一种最常使用的颗粒按粒度分离技术。它的基本原理是在一个振动筛面的颗粒能否通过筛面的孔。颗粒的物理尺寸大于筛孔则滞留在筛面上，而小于筛孔者则有机会穿过筛面进入筛下（细）粒级。在筛分过程中有两个基本步骤，即：

（1）分层。分层是指大颗粒向振动物料床层的上部移动，而同时细颗粒则向下填补大颗粒上移留下的空间。如果没有分层，即使是小颗粒一次透筛的概率也极小，除非筛上物料层厚度极薄。

（2）透筛概率。透筛概率是指一个颗粒出现在一个固定大小筛孔上时穿过筛孔的随机概率。

一个大小为 χ 的颗粒通过筛孔为 α 的难易程度取决于有多大的筛孔面积允许颗粒通过。如果筛孔与颗粒大小相差 $(\alpha - \chi)$ 越大越容易被筛分。一个颗粒碰到筛板时，有可能碰到筛孔或筛孔的筋/编丝（尺寸为 b）。因此，一次接触时，一个出现在筛面的颗粒透过筛孔的概率 P 取决于有效筛孔面积与整个表面积，即：

$$P = \left(\frac{\alpha - \chi}{\alpha + b} \right)^2$$

从上式可见，颗粒透筛概率随筛孔增加而增加，随颗粒、筛孔筋/编丝的增大而降低。对于细颗粒的筛分，筛孔筋/编丝大小 b 将变得比筛孔大小 a 大许多，这将导致小于筛孔的颗粒滞留在筛上流的概率增加。

对于一个开孔率为 f_0 的筛面，一次透筛的概率为：

$$P = f_0 \left(1 - \frac{\chi}{\alpha} \right)^2$$

n 次筛面接触的透筛概率 P_n 为：

$$P_n = 1 - [1 - (1 - S) P]^n$$

式中，S 为粗颗粒对透筛颗粒的阻挡因子，大致等于大于筛孔颗粒比例。

接触次数 n 与筛的长度、振动频率、振幅和分层效果有关。增加筛的长度将增加接触次数 n，进而提高颗粒透筛率 P_n。因此，采用无限长的筛可获得完美粒度筛分。提高筛子振动频率加强了颗粒向筛面的运动，降低了堵筛孔。筛子的振幅也影响筛分。如果振幅大但物料少将导致物料在筛面弹起得太高，降低了接触次数 n。筛子的整个筛孔面积与整个筛子的面积的比值为开孔率。开孔率越高，透筛率 P_n 越高，这是因为供筛分的表面积越大。

以上是单个颗粒的透筛概率，而实际工业中，旋振筛设备的筛分并不是单颗粒的运动。通常的研究分为如下两方面。

（1）粒群下的颗粒透筛概率。1972 年，R. Singh 在单颗粒运动的基础上建立了粒群运动中颗粒间互相碰撞的速度传递公式。物料的透筛视为一种复杂的随机过程，进而基于统计学和概率理论建立了物料的运动学模型。M. Soldinger 研究颗粒筛分后得到的旋振筛设备的筛分概率模型，D. Rosato 和 L. Blackmore 在研究颗粒筛分中运用了 MonteCarlo 方法来模拟颗粒间的相互作用，并且建立了物料在旋振筛筛面上运动速度的计算公式。

（2）颗粒分层理论。Rosato 对于粒群振动透筛分层的理论进行了较详细地概述。Williams 最先探索了旋振筛设备垂直振动条件中频率对单个大粒度球体在砂粒中上升行为的影响。Ahmad 和 Smallwy 则进一步利用试验从实际的情况中研究粗颗粒在振动砂粒中的上升行为。分层的最终结果会导致物料不同粒度分层的平衡，中间粒度的颗粒会降低分层速率。除了粒度，颗粒的密度对分层速率的影响也很大。密度越大，颗粒的分层速度越慢，甚至出现反分层现象。像这样高密度颗粒在低密度细粒中下沉的现象又称为反"巴西果"现象（Brazilnut effect）。

利用概率统计学的方法进一步研究了旋振筛设备的物料的分层透筛现象，通过分析粒群的透筛概率，建立了颗粒群沿筛面长度的透筛概率分布模型-Weibull 模型。由于颗粒群沿筛面长度透筛概率 Weibull 模型研究的出发点是颗粒群运动，因而更贴近旋振筛设备的筛分作业的实际情况。

8.2.2 振动筛

振动筛工作基本原理：利用振子激振所产生往复运动使筛面上的物料上下和向前方向运动，同时筛面可以呈一定倾角强化运动，由于不同粒度物料运动差而产生分层，进而强化细颗粒的透筛。

振动筛是矿石分选技术中最重要的设备之一，且品种繁多，可应用于各种条件下的分级。振动筛成功应用已经淘汰了许多旧式筛分机品种，如摇动式和往复式筛分机。振动筛有一个长方形筛分，一端给矿，在另一端排出筛上产品。通常筛分的粒度范围是从 300mm 到 38μm，它们应用于各种筛分、分级、除杂、除大块、脱水、洗涤等作业。按在选矿作业中的用途主要分为如下几种：

（1）格筛。用于粗粒的分级。

（2）大处理能力的多层筛。通常用于与二段破碎流程形成闭路，综合有除粗和分级功能。

（3）直线/香蕉振动筛。可用于全/半自磨机排料的脱水、脱泥、分级等。

（4）细筛孔筛。可用于与高压辊磨形成闭路。

（5）高频细筛。可用于从旋流器溢流中分离出粗颗粒。

（6）高频脱水筛等。

另外，一些矿山在整个选厂从前到后安装了许多小的筛子用于一些特殊目的，如除铁、除混入的垃圾、除木屑等。

选矿工业中最有名也最采用的筛子有两种，一是适于中粗粒级的多层振动筛，另一个是细粒分级的叠层细筛，如图 8-1 所示。中粗粒级分级最有名振动筛

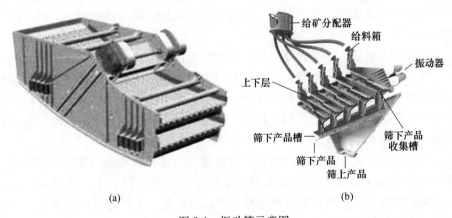

图 8-1 振动筛示意图

（a）多层筛；（b）叠层细筛

之一是香蕉筛，它从两方面改变了筛分行为。如图 8-2 所示，香蕉筛的第一段有一个很陡的倾角（通常与水平面的夹角为 30°~35°），由于矿石快速剪切，这样会立即导致分层。一旦分层发生，60%~70%筛分量已经在这段高倾角段完成，但这段只是整个筛面长度的前三分之一左右。而中间的三分之一段与水平面的夹角一般为 10°~20°，它将除去另外的 20%~30% 物料。最后的三分之一长度与水平面的夹角一般为 10°或更小，它将完成最后的筛分。它是由于直线运动和机械振动带来的效果。当应用于处理粗而重的矿石/物料时，最初段高速筛分的倾角一般降低到 25°左右，这是因为处理这样的物料时，在香蕉筛的给矿端快速分层不能带来额外好处。

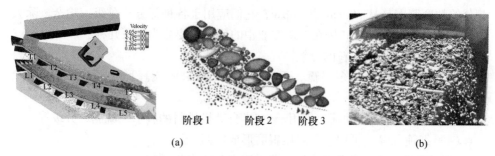

(a)　　　　　　　　　　　　　　　　　　　　　　(b)

图 8-2　多层香蕉筛的机械结构及筛分过程

（a）筛面物料分层筛分示意图；（b）排矿端物料的状态（大块明显位于上层）

针对不同作业的特征，采用筛子的种类和特性也不一样。

初破作业用大块粗分级筛：一般用于初破作业。在物料进入初破破碎机前除去细物料，以便保护破碎机的磨损部件，避免遭受磨损性物料或已经砂化的物料带来的磨损。如果没有一段粗分级作业，初破设备的衬板磨损将加快，进而需要更频繁的更换和造成更长停车时间。但也能用作隔粗，除去给矿中超大矿块以免堵卡破碎设备。

中细碎用多层筛。初破作业之后，振动筛通常有 2 层或 3 层，每层的开孔大小不一样，把物料分成不的粒级，然后采用运输皮带机把分级的产品输送到破碎作业或料堆作为最终产品。在破碎作业，通常采用干式筛分，但湿式筛分将有利于在入堆前除去矿石表面吸附的细颗粒，这一点对于生产用于水泥混凝土和沥青铺路的"干净"砂石特别重要。

取决于生产工艺，要分级的物料可以通过间歇式给矿设施（如轮式装载机）或连续给矿设施（如从给矿机或皮带运输机）给到筛分设备上。筛子箱体的轴上装有偏心配重或激振器使整个料层振动。通过振动，大颗粒移向料层的上层而使小颗粒更多接触筛面。

圆形/椭圆运动水平筛：它具有直线振动筛的一些优点，还有倾斜筛面的圆形运动产生的翻转作用。同时，这种筛的运动模式使物料在给矿端加速而在排料端减速。但这种筛没有直线运动筛产生的加速度高。因为筛分面是倾斜且做圆形往复运动，物料在筛面上的运动速度比较快，因此一般采用连续给矿。圆形往复运动的筛子适于筛分大块物料，而对于细物料，这种运动方式会增加堵孔的概率。除非在筛面喷水，否则湿而黏的物料也不适于采用这种筛分设备。

直线运动水平筛：这种筛通常使筛面上的物料不易堵、卡孔，这是因为其直线运动模式和高加速度作用能把物料从孔中排出来，且使物料在整个筛面上能向前运动。这种运动比圆形或椭圆运动模式的筛更有效，因此这种筛更高效且处理量高。直线振动筛还有基建成本低的优势，这是因为它比圆形或椭圆振动筛所需要的净空小。

有几个重要的指标用于评价筛分技术，包括筛分效率、设备的耐久性和整个维修成本。一个错误的筛子选型将能彻底干扰整个选厂的生产效率。当一个筛子没有合理选型，操作工将被迫调整/牺牲选厂其他设备的生产和成本目标以便维持生产。在全/半自磨机情况下，一个不恰当的全/半自磨机排料筛的选择将对圆锥破碎机处理临界粒子和下游磨机的给矿粒级均有负面影响。

8.2.3 操作参数

振动筛本身有 4 个关键操作参数，即速度/振动频率、振幅、旋转方向及筛面倾角。通过调整以上 4 个操作参数使筛分效率最大化。这些参数中的每一个参数都会影响筛分的合适的物料层厚度，这个是筛分的重要方面之一。

当含有各种粒度混合物料给入筛子，大于筛孔的颗粒将限制小于筛孔物料的透筛，这将导致物料在筛面上累积而形成一定床层厚度。随着小于筛孔物料穿过筛面开孔，物料层厚度越来越小。为了保证筛分效率，物料床层不能超过一定的厚度。一旦达到一定厚度，它将阻碍小于筛孔颗粒在排出前实现分层。工业界的指导方针是：对于干式筛分排料端床层的高度不应该超过筛孔的 4 倍。即当筛孔为 1/2in（1.27cm）时，排料端的物料床层厚度不超过 2in（5cm）。

振动筛过载是一个工业界普遍的情况，它会带来携带问题和降低筛分效率。操作工应该考虑调整如下 4 个参数优化和提高筛分工作效果：

（1）增加速度。这是一个明显折中和平衡方案。筛分设备速度越高，物料床层越薄，但加速度也越大，降低了轴承的寿命。应该采用合适的筛孔大小（能满足产品粒度分离的需要），配合增加速度可以使仍在筛上产品中的小于筛孔大小的物料降到最低。另外一种办法是，增加速度同时并把筛孔略微放大，但这要求筛下产品允许一部分超过设计的大小的颗粒进入。

（2）增加振动强度。振动强度越高，设备的处理能力越大，物料在筛面运动速度也越快，同时还降低了筛孔的卡堵现象，强化了物料分层作用。但是当筛面上物料比较少时，物料一在筛面形成大幅度的蹦跳现象，降低了筛分效率。总的原则是：大矿石筛分采用强振动配合小速度，而细颗粒则是相反，即弱振动和高速度。

（3）旋转方向。旋转方向将大幅度影响有坡度的筛子筛分性能。朝反方向或上转将增加物料在筛面的滞留时间和筛分作用，进而提高了颗粒的透筛机会，最终提高了筛分效率。但旋转方向对直线水平筛的作用很小。

（4）增加筛面倾角。筛面倾角越大，筛面物料运动速度越高，通常这对干式筛分是有益的。但是，存在一个临界点，倾角太大时，细颗粒直接从筛面往下滚而不是透筛，大幅度降低了筛分效率。通过给水平筛安装一定的倾角，可提高产量、物料运行速度和生产率。

水平筛的应用环境有限，适应性明显低于有倾角的筛。带倾角的筛更不容易堵孔，它充分利用重力降低了能耗和所需要的安装功率。倾斜式筛和水平筛在物料运动速度方面有很大差异。对于设计给矿量，水平筛的物料运动速度通常为45~50ft/min（0.2~0.25m/s），筛面物料床层太厚将导致水平筛的能力下降。而对应的倾斜式筛，若倾角为20°，筛面物料运动速度增加到70~75ft/min（0.34~0.37m/s），这个倾斜式筛的处理能力比水平筛能高出25%左右。与水平筛不同，倾斜式筛的圆形运动对振动框架的压力作用力小。

除了以上设备参数外，还有一些工艺操作参数：

（1）物料层厚度。使用平面筛时，如通过振动筛筛面的物料层过厚，料层上部小颗粒通过筛孔困难。料层过薄则筛分产量太低。合适的料层厚度应通过试验确定，筛面倾角小、筛体振幅较大时，料层可稍厚。理论上，料层厚度由产量决定，但实际使用中，由于筛面进料不均，物料可能集中在筛面的一侧，造成局部料层过厚从而影响筛分效果。

（2）粒度分布。当颗粒粒度接近筛孔尺寸时，筛分效率明显降低。总筛分效率随着近筛孔颗粒的比例增加而明显减少。这些近筛孔颗粒趋于限制或堵塞筛孔，使筛子的有效筛分面积降低。特别是在闭路流程中近筛孔物料逐渐增多，筛分效率逐渐降低。

（3）颗粒形状。筛子通常处理的物料一般都是非球形的，通常不规则形状的颗粒筛分效率低。

（4）水分。给矿的表面水分含量对筛分效率明显影响，其与黏土和其他黏性物料一样。潮湿的给料较难筛分，易于堵塞筛孔。

（5）筛孔形状。筛孔形状的选择主要取决于对筛分产物粒度和对筛下产品用途的要求。圆形筛孔与其他形状的筛孔相比，在名义尺寸相同的情况下，透过圆形筛孔的筛下物粗度较小，例如，透过圆形筛孔颗粒的平均最大粒度只有透过同样尺寸的正方形筛孔颗粒的80%~85%。而长方形筛孔的筛面有效面积大，筛面质量轻，生产能力大，同时透过筛孔的物料粒度大于透过名义尺寸相同的圆形和正方形筛孔的物料粒度。因此，为了获得更高的筛分效率。必须针对不同的筛分物料选择不同的筛孔形状。如处理块状物料选择正方形筛孔，处理板状物料应选择长方形筛孔。

（6）有效筛分面积。通过筛分的概率与筛子有效筛分面积的百分率成正比。筛网材料占据的筛面越小，颗粒进入筛孔的概率越大。有效筛分面积随着筛孔尺寸的减小而减小。为了增加小孔筛径的有效面积，必须使用细筛丝，但其易于磨损且处理量较低。

8.2.4　生产应用

卡孔：卡孔是指与筛孔相近的颗粒停留在筛孔中堵塞筛孔。解决问题的办法包括增加振动强度、调整筛孔筋或编织丝的大小、改变筛孔形状、采用聚氨酯/橡胶筛板，对于破碎作业还可以调整破碎机的排矿口等。

堵孔：堵孔是指由于物料湿而导致细颗粒粘在筛板表面进而慢慢覆盖筛孔。通常情况下，堵孔发生在干式细粒筛分作业。这种情况下，调整振动强度和增加速度可能会有所改善。在选厂通常采用增加喷淋水方法减少堵孔。对于一些特殊行业，如果改变筛板材质不能改善，也可以考虑采用"球槽（ball tray）"和加热式筛板/筛网。球槽（ball tray）筛网是筛网下面有槽，槽中装有橡胶球，当振动时，橡胶球将敲击筛面使物料不黏附与筛面。加热筛网的筛丝是导电的，通过通电加热物料而减少堵孔，当黏附在筛面上的物料被加热干燥后很容易由于筛面振动而脱落。

携带：携带是指超过正常数量的小于筛孔的物料没有穿过筛孔进入筛下产品。解决问题的办法有调整振动强度、速度、筛面反方向运转、改变筛面编织筛丝的直径或筛孔筋的宽度、更改筛孔形状、直径开孔率、调整筛面倾角、调节给矿量、控制给矿物料分布避免跑偏离析、从筛子中心位置给矿等。

一般情况下，筛分设备制造商需要了解给矿方式、筛分粒度、水分和给矿量等以便推荐合适筛分设备或专门设计。对于改造，还需已有的设备和安装的结构，整个选厂生产要求及期望的筛分效率都是整体选择的一部分。供应商不仅能帮助针对作业的特征选择最优设备选型，还能帮助筛板的选择。

8.2.5　筛网筛板

选择合适的筛分筛网或筛板是一个给定筛分作业的关键之一，它影响粒度分离精确性和最大处理量，进而可能影响上游和下游设备和作业的效果。筛网或筛板是一层振动筛的工作面，它允许小于筛孔的物料穿过而大于筛孔的物料在筛面上继续往前移动。在英文中有一个专门词"Screen Media"，为了使用方便，本书翻译为"筛媒"。任何一个工业用振动筛一般有 1~4 层，每一层有不同的筛孔大小甚至形状把物料分为不同的粒级。对于比较小的筛孔，经常采用"目（mesh）"做单位描述筛孔大小，特别是实验室用的粒度分析筛。"目"是指 1in（25.4mm）长度上的筛孔数量，如 200 目是指 1in（25.4mm）长度上有 200 个孔，但实际上的孔大小与编织的筛丝大小有关，即使作为分析用的套筛，200 目的筛子的筛孔大小也略微有所变化，一般在 $73~76\mu m$ 范围内。对于工业用大筛孔，一般直接用孔的大小描述。对于圆形孔，孔的大小为直径；而长方形孔为宽度，也用宽×长描述。对于任何一个筛分作业，筛媒的选择上都有其独特的一面，并且合理筛媒的选择往往是筛分成功与否的关键。

工业用的筛媒通常是可更换的磨损筛面，通常一层筛媒由一个或多个可更换的板或网组成。筛媒种类和结构众多，它们包括不同的材质、筛孔大小、筛孔样式、固定方式、筛面特征等。生产商不断开发出不同于现有产品的新产品，它们经常有一些特殊功能或专门满足客户某一筛分作业的需要。

为了找到可能最好的筛媒，首先使用者必须给制造商提供完整而准确资料。振动筛筛箱尺寸（长宽高）、粒度分布、物料水分和设计产品粒度等是合理选择筛媒的最基本数据。进一步的信息/问题清单通常包括：

（1）干式还是湿式筛分？

（2）是否有堵孔、卡孔问题？

（3）物料的磨损性能，是否磨损性高？

（4）筛面存在多大的冲击？

（5）筛层给矿最大或最小粒度？

（6）筛分面积多大？

（7）是否有喷淋水？

（8）是否要考虑噪声问题？

筛媒选择两个最重要的因素是筛板寿命和开孔率。使用者经常检查最大开孔率与最大寿命的配置，在设计筛板结构是有一个合理的平衡点。一般而言，编织筛网的开孔率最高但是以牺牲筛媒的寿命为代价，反之，是采用聚合物材质筛媒，则开孔率小但寿命长。但是，一些新型材料的发展和复合材料的使用使之可以兼有两种材质的优点和好处，如聚氨酯包裹的编织丝。

在最终决定筛媒选择时，用户需要考虑已有的益处和整个筛板寿命周期的整个成本。一个筛板前期的高投入可能带来寿命优点和处理能力的好处，与之整个成本或收益而言，前期投入通常只是整个收益的一小部分。因此，每吨物料处理成本是一个更精确的衡量筛媒性能指标。

8.2.5.1　筛媒材质

筛媒原来使用钢丝或钢板，但现在筛媒材质选择包括编丝、钻孔或割孔板、聚合物（聚氨酯或橡胶）、复合材质等，如图8-3所示。

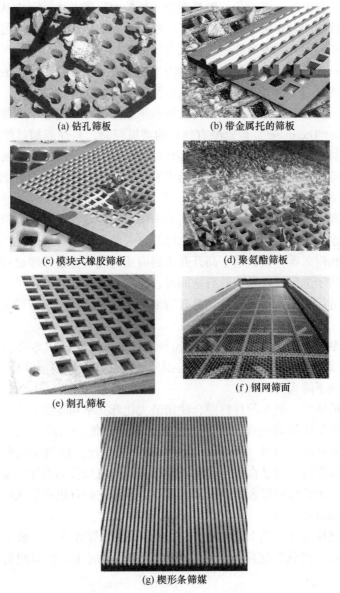

(a) 钻孔筛板

(b) 带金属托的筛板

(c) 模块式橡胶筛板

(d) 聚氨酯筛板

(e) 割孔筛板

(f) 钢网筛面

(g) 楔形条筛媒

图8-3 各种材质和制造方式生产的筛媒

金属丝网：经常或最适宜用于筛分产品粒度经常变化的情况，这种情况下需要经常更换筛媒。最常见的金属网丝材质包括高碳、油淬和不锈钢钢丝。每一种都有自己的应用优点。例如，不锈钢材质有益于抗腐蚀，且具有良好的抗堵孔作用。

钻孔或割孔筛板：钻孔或割孔筛板是一种比较好的二段筛分筛媒，其材质包括各种钢材质和硬度。板式筛一般是理想的顶、中层筛方式，因为其有良好的抗冲击和磨损性能。近年来钢板筛媒有了一些质量上的提高，其硬度可达 400～500 贝氏硬度范围，因此其寿命和耐用性大大提高。

聚氨酯：聚氨酯有不同硬度，经常用于湿式筛分、加有喷淋水的筛分和给矿是矿浆模式的分级。聚氨酯通常还是脱水筛的最好选择。

随着材质复合和新化学分子结构发展，聚氨酯也可以用于干式筛分。开式热铸（Open Cast Thermoset）聚氨酯有超长的磨损寿命，其性能超过喷射模塑法生产的聚氨酯材料，这主要由于慢干制造过程，在材质中形成了更强的分子键作用。聚氨酯筛板通常采用模式结构有助于安装和更换。同时，内有钢丝筋聚氨酯筛板可能更适应高冲击的应用条件。

橡胶筛媒：橡胶筛媒适于干式、高冲击的应用环境，同时还可以用于取代板式筛媒，这也取决于给矿特性。模块化橡胶筛媒兼有模式筛板的优点和橡胶材质抗冲击性强和耐久等特点，适于高开孔率的应用情况。橡胶筛媒也应用于湿式筛分条件，如用于选厂处理自然砂石。同时，有自我清理的橡胶也可以用于细、黏或含大量的近筛孔的物料，它可以具有防细粒堆积堵孔能力和获得更好的粒度分级精度。

通常在最困难和最易磨损的大块筛分的作业，橡胶材质寿命也比较长。同时，橡胶筛板能有效降低作业噪声，与钢质筛媒相比，噪声能降低 9 分贝左右，人耳感觉噪声下降大约 50%。

复合材质筛媒：把几种材料混合使用最大化开孔率和筛媒寿命。聚氨酯包裹的编丝既有聚氨酯筛媒的优点（磨损寿命长和噪声低）同时无须改变为模块式筛媒及牺牲开孔率。另外一种常见复合筛媒是把钢丝加在橡胶或聚氨酯作为筋条，提高了筛媒的寿命且在防卡、堵孔的筛分作业有最佳的柔性运动。

典型地，天然橡胶聚合物用于复合筛媒，因为它们有供应量大的优势，它们还适于热、潮湿的环境。

对于聚氨酯或（人造）橡胶，有各种不同硬度等性能。一般上层筛板所用的聚合物材质比较软以便降低卡、堵孔，而最下层的比较硬以便有效控制筛分粒度。

8.2.5.2 筛媒安装

有数种方法把筛媒固定在每一层筛子的框架上，如图 8-4 所示。主要分为卡槽式（如图 8-4（a）所示）、螺栓固定（如图 8-4（b）所示）、销式固定（如图 8-4（c）所示）等几种。合适筛媒安装（包括把筛媒压紧、张紧在支持框架上）是延长筛板筛网寿命整体的一个方面。模块式聚合物筛板安装既适于直接用锤子打到固定梁的模块式筛板（即卡槽式），也适于把筛板压入框架然后用销把支护梁的下面橡胶/聚合物块膨胀而产生张紧力。不合适的筛媒安装是整个一层筛面提前损坏的最大因素，因此，非常重要的是每个班应该观察或检测筛媒安装情况以便确保筛媒仍然合适地固定在指定地方。启车和停车的时候都应该进行检查避免不必要的昂贵的非计划停产维修。

(a) 卡槽式固定

(b) 螺栓固定

(c) 销式固定

(d) 压条式

图 8-4　筛板筛网固定模式

　　与网式筛媒相比，模块式聚合筛板（包括固定横梁和单个筛板）总的来说一开始单位面积的筛面的成本高，但是它有使用寿命长的优点，以及单块筛板重量轻和操作人员安全搬运安装的优点。它们还可以对选择性地更换单个磨损的筛板。而通常的网式筛媒，一旦有局部磨损则整个筛面必须全部更换的缺点。模式化给安装带来许多方便（如可能没有固定销和垫），并且在工程上更换更新改进筛板比较容易。

8.2.5.3　磨损

任何一种筛媒的磨损寿命很大程度取决于筛媒的重量，即编丝的直径或橡胶/聚氨酯的厚度。筛媒必须有足够的重量以便能有能力处理给矿中最大的物料和高峰期的处理量。合成橡胶或聚氨酯等筛媒的磨损寿命最长，一般可以达到钢编丝或钢平板冲/钻孔筛媒的长 10 倍左右，甚至更长。

对于金属网筛媒，除了正常磨损外，还需要特别注意安装时张紧的力度。它一般是由筛分层和受力层组成，如果预张紧不适当，底部在受力层绷紧时，而筛分层没有拉紧，物料抛掷力会降低，排不出物料会加快筛网的破损。

当采用编织网筛媒时，一旦有一个地方出现一个洞，操作人员通常发现在孔的附近磨损超快，进而导致大颗粒物料污染筛下产品。因此，通常假定所有的筛媒有相同的磨损模式，进而认为合成筛媒也发生同样的情况，但实际上与这是假想完全不同。操作人员一般主要查找磨损的洞，然后焊接或维护，而不是检查筛媒的实际磨损程度、磨薄程度。经常性得进行磨损程度检查以便发现忽然或逐步性能改变，这是最有效的方法监测合成筛板的磨损和状态。

对于模块式橡胶或聚氨酯筛板，其磨损速率除了与物料的磨损性能相关外，主要还取决于物料在筛面的运动模式。通常表现为给矿端附近的冲蚀磨损，需要调整给矿的角度和方向。另一种是切削磨损，这种磨损表现为筛面出现明显的磨损沟痕，通常出现这种磨损是因为物料不是"蹦跳"模式在筛面运动，而高速冲刷筛面（运动轨迹几乎与筛面平行）。

对于用于细粒级分级的模块式合成筛板，通过对产品进行实验室套筛粒度分析，维修人员能尽早发现任何磨损。这需要检查产品代表性样的粒度分布，可以采用正或负累积描述。例如，如果产品的粒度略微超出一个筛析等级，工作人员应该开始测量筛孔检查是否有磨损。日常检查后，只要更换磨损的筛板就可以继续运转。

聚氨酯和橡胶都有不同硬度的产品，聚合物的硬度与常规物料的硬度是不一样的。聚合物的硬度是指表面的抵抗力或出现压痕时的塑料的抵抗力。筛媒制造商可能采用肖氏 A 规格选择筛板的塑料或橡胶的结构，数值越大硬度越高。

对于大型全/半自磨机排矿筛，其寿命可能与磨机衬板不同，因此须对其筛板磨损进行监控。目前仍只有人工测量筛孔方法，对于筛板磨损率高的选厂，人工测量筛孔将导致停产时间大幅度增加。但采用聚合物筛板时，在铸造过程中可加工不同深度的孔以便快速确定筛板磨损程度。例如当筛板厚度为 50mm 时，在铸造过程中可从背面方向铸有 20mm、25mm、30mm 和 40mm 深的小孔（如直径

2mm），筛板磨损后能观察到 2 个孔则筛板磨损已经超过
20mm，一般需考虑更换；但近期还有计划停车则可能等到下
次更换，这是因为仍有至少 50% 厚度。这样可以大幅度降低筛
板磨损监测的工作量提高了设备的完好率。

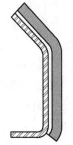

　　除了筛媒磨损外，对于模块式筛板，其支撑框架也存在磨
损问题，对于粗物料的筛分，需要有耐磨损衬。对于干式筛
分，可采用耐磨合金（如锰钢），而对于湿式筛分经常采用不
锈钢或橡胶/聚氨酯衬板（如图 8-5 所示）。

图 8-5　筛板固定
框架耐磨防护

8.2.5.4　筛孔和形状

　　合成材质的筛板能加工成各种各样的筛孔形状和大小。聚
氨酯和橡胶筛板均能加工成方形（最普遍之一）、长条形（另外一个最常见的选
择）、Z 字形、长条 Z 字形、圆形等。其各具特色，例如，Z 字形筛孔可以降低
或消除筛孔卡孔现象，而卡孔在长条或圆形筛孔比较常见，它是近筛孔的颗粒锲
入或堵在筛孔处阻止了小于筛孔物料穿过。圆形孔在初破作业能有效地降低塞、
卡孔。

　　取决于产品性能的要求，同一层筛面可以由不同筛孔和形状的筛媒组成，如
图 8-6 所示。对于全/半自磨排矿筛，通常给矿端的筛孔最大，而排料端最小，
这样有利于矿浆在前段快速透筛；而在接近筛子排料端时，矿浆已经透筛，透筛
的物料以比较大的颗粒为主，大量这类颗粒进到下一段的旋流器分级作业，可能
给操作带来困难。如在 Paddington 金选厂，其半自磨机排矿振动筛的前段孔为
8mm，其他为 6.6mm。通常筛子的给矿端磨损严重，为了强化抗冲蚀能力，通常
在筛子的给矿端安装无孔的橡胶或聚氨酯实板，甚至一些特殊材质的抗冲蚀板，
如陶瓷镶嵌板等。有时，排料端的最后一排也采用实板。

图 8-6　不同筛板筛孔组合

　　筛面的一些特殊结构也能提高筛子筛分效果，如把筛子分成几块的横挡板
（Dams），筛板中间的小长条挡板（Skid Bars），物料的导流块（Deflector）等，

如图 8-7 所示。在细粒级筛分时，还有一些特殊构件，这些结构能改变物流的分布、方向、速度等。当采用喷射模塑法工艺生产时，以上这些特殊结构能做成和筛板一体。与分体式多层/块组合的相比，这样无缝的表面整体特性将增加其强度，延长使用寿命。

例如，横挡条（如图 8-7 所示）应用于湿式筛分时，可以减缓物料的运动速度提高喷淋洗矿效率。沿物料运动方向的小挡条（如图 8-7 所示）在粗块矿石筛分时，可以避免特大矿块接触到筛面，降低了筛板表面的磨损。给矿端的导流块（如图 8-7 所示）可以改变物流的方向使之更均匀分布或流向中间位置。

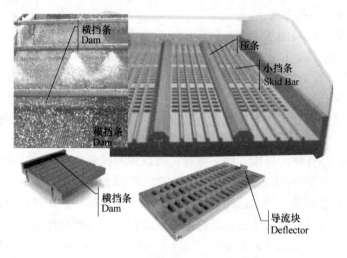

图 8-7　振动筛筛面上的一些特殊结构

当选择筛面时，它分为 4 大类，即干式筛分、湿式筛分、清洗/洗矿和脱水。

物料分类/拣选成不同特性产品堆通常需要更严格的筛孔大小和高开孔率以便实现最佳产能。合成聚氨酯或橡胶材质筛板能满足这些要求或特征，且比传统的编丝/网的筛媒使用寿命更长。值得注意的是潮湿的物料更趋向于堵孔，天然橡胶材质的筛板经常被推荐用于处理非常黏的物料，它仍然可以保持不堵。

湿式筛分通常还有喷淋水，这样提高了筛分效率。聚氨酯材质筛板在这种环境下拥有更长的使用寿命。喷淋筛面同时也可以清洗颗粒表面黏附的细颗粒，这对于生产建筑用砂石也是销售前最后清洗。对于有顽石破碎的全/半自磨磨矿工艺，喷淋减少了顽石携带细泥，进而影响顽石破碎机的作业指标。聚氨酯材质筛板很好地适于有喷淋水的作业，在这种情况下使用寿命长，并且有广泛种类的开孔的特征和大小供选择。

脱水筛分通常是尽可能脱除砂性产品或细产品中的水分且尽可能保留固体不损失。制造商提供给脱水筛分筛板的筛孔一般从 0.1mm（或 140 目）到 2mm 不等，品种样式繁多。典型配置为筛板安装在一个比较重的金属支持框架上，这是因为少有固体透筛，筛面上物料比较厚且重，需要足够支撑强度否则筛面容易变形，一般脱水作业采用比较大的加速度，这进一步要求良好支撑。

筛分作业效率通常采用产品产量，产品回收率/筛分效率衡量。筛分效率定义为通过筛孔进到筛下产品的百分数与给矿中能通过筛孔物料的百分数。

有人认为，编织筛媒与合成筛媒相比有更大的开孔率。但是，当考虑计算最大开孔率时，要注意的是在传统的钢丝编织的筛媒的开孔面积是基于整个筛面的开孔面积计算的。实际上，有很大一部分的开孔面积被支撑梁、边上的橡胶压条、夹梁、中间固定条/块等遮挡，导致实际上开孔面积可能损失达40%之多。

对于合成材质筛媒，有时计算开孔面积时是不计算边框的。在许多情况下，传统合成材质的筛板有一块很大的边框或筛板的周边有很大的死区，这些都没有计入种筛分面积，因此整个开孔率被高估了。为了避免振动筛子被高估设计或选择，开孔率需要计算整个筛板的实际开孔数，进而确定实际开孔占整个筛板面积的百分比。最终用户比较2种不同筛板品牌时，应该计算相同筛孔筛板中有多少个开孔。

尽管合成材质筛板肯定降低了维修工作量，但并不能消除维修工作。由于模块式筛板有良好通用性。生产者只要采购并存储一定数量某一特定规格模块式合成材质筛板，这些筛板能用在其多个生产线。特别对砂石行业，当一处生产没有充分使用筛板寿命，它可以拆除然后用到另外一个生产，仍可以使用一定时间以便节省材料和成本。对于全/半自磨排矿振动筛，各处的磨损率是不一样的，每次更换时，可以把新筛板安装在磨损最严重的地方，而把一些尚未完全磨损的更换到磨损率低的地方，这样可以降低筛板材料成本，但增加了更换工作量，并且需要良好的筛板磨损记录、检查和管理。

如果筛媒供应商已经提供了整个筛面筛板布置图，应该提供给维修人员或筛板更换人员作为参考工具。对于筛面是由多种不同的筛板或筛孔组成的情况，这一点非常重要。曾经在生产实践中甚至发现有筛板更换人员把底层筛板安装在上层。对于合成材质筛板，不同层筛板或不同孔筛板还能加工成不同颜色以便识别。在实践生产中，需要确保筛板更换时的整个筛面层的布局是正确的，以便确保在这个生产作业的筛面层设计没有更改从而可能实现设计目标。

8.2.6　筛分设备在选矿中的应用

粒状物料给到处理设备进行基于矿物成分的分离之前，通常必须控制这些粒状物料的粒度特性。在生产环境中，几乎不可能对整个粒度范围的所有颗粒进行精确的粒度控制，在绝大部分情况下，粒度分级设备仅仅设计用于把粒状给矿分成粗、细两个产品。有时，也生产一个或两个中间粒级产品流，例如可以采用双层或三层筛实现。粒度分级作业最普遍用于控制或避免粗颗粒离开粉碎（在常规选厂即为破碎磨矿）作业。粗颗粒物料将循环回到粉碎作业进一步粉碎直至其能通过分级作业进入下一段的加工处理。但评价一个分级设备时，最重要的方面是能否按照粒状颗粒大小精商分离。即使最高效工业粒度分级机也可能让一部分粗颗粒通过，而仍把一部分细颗粒留在分级或粉碎作业。根据筛子在选矿工业中的应用目的，可分为如下种类：

（1）分级。应用于为其他作业准备不同粒度的产品。

（2）除杂筛。应用于除去垃圾物。

（3）除粗或细筛。应用于去除物流中少量过粗或过细物料。

（4）脱水筛。应用于除去固液混合物中水。

（5）脱泥筛。应用于除去粗物料中的极细物料或矿泥。

（6）重介质回收筛。用于从粗物料中分离重介质颗粒。

（7）分选筛。应用于把矿物富集到某一个粒级。

在破碎机前的分级作业通常采用格筛或振动筛，但在分级效率和维修方面，水平筛更受欢迎。与振动筛相比，磨机排矿端的圆筒筛投资成本低、占地面积小和无需额外的驱动系统。另外，圆筒筛的振动小和噪声也低，但圆筒筛通常分级效率低且与振动筛相比维修困难程度高。

8.3　全/半自磨机排矿筛

与球磨机排料的粒级分布极大不同，无论是全自磨机还是半自磨机都需要排出粒度很大的临界粒子以便提高磨矿效率。尽管全/半自磨机排料的最大粒度受限于磨机格子板大小和磨损程度，但是通常其排料粒度范围很宽，并且最大颗粒甚至可达 100~120mm。全/半自磨机排料筛的作用是分离出细粒级以便满足下一步细分级或二段磨矿作业的要求，同时也为圆锥破碎机提供干净的给矿。既然需要满足顽石破碎机工作条件需要，磨机排矿的筛分设备必须设计的足够大以满足全/半自磨机高峰处理量。

实践中，全/半自磨机排料物流被分级成不同粒级或物流（例如，最少矿块/顽石和矿浆两个物流），其产品将依据颗粒的粒度特性进一步处理。早期设计的全/半自磨机流程都装配有分级筛，一种是采用圆筒筛分级然后采用水射流方法从磨机排矿端返回顽石；另一种是采用圆筒筛或振动筛分级，并配有多条皮带运输机把筛上产品返回磨机给矿端。有些矿山（如 Lornex 和 Copperton）使用圆筒筛、泵和振动筛组合。既然顽石破碎流程越来越普遍，圆筒筛和水射流顽石返回流程组合越来越少，现在几乎绝迹。当流程有顽石返回皮带机和顽石破碎机时，可能还需要安装的圆筒筛用于除去顽石破碎机给矿中水。最近，一些大选厂采用圆筒筛首先除去大部分矿浆，然后采用振动筛喷淋清洗顽石，再把干净顽石排到返回皮带机。

8.3.1 无细粒分级闭路的全/半自磨流程

当全/半自磨磨矿流程没有配置含细粒分级（目前细粒分级典型设备为旋流器，但有时特别是小规模选厂也采用螺旋分级机），磨机排料圆筒筛或振动筛通常用于粒度分级以便平衡或分担初磨和二段（球/砾）磨机的负荷，同时也兼有脱泥脱水功能，以便减少细颗粒携带和夹水对顽石破碎的有害影响。在这种情况下，磨机排料筛筛孔大小由一、二段磨矿负荷平衡而主导，因此筛孔大小变化幅度比较大，从 1mm 到 30mm。

对于圆锥破碎机，最佳的给矿应该含小于其排矿口 CSS 粒度的量不超过 15%~25%。例如，当顽石破碎机的排矿口 CSS 为 18mm，则顽石中小于 18mm 的量最好应该不超过 15%~25%，否则对破碎效果会有负面影响，这就要求选择适当的磨机排矿筛筛孔。因此，圆筒筛或振动筛的另一个作用是给顽石破碎机准备给矿物料。在这样的作业，通常期望一个高分级效率，如 85%~95% 的分级效率。并且筛上产品携带矿浆是很难接受的。既然该筛分作业对磨矿生产率有很大的负面影响，并且选择一个大型号的筛分设备的相对成本也是极低的，因此磨机排矿筛尺寸太少是不合适的也是不能接受的。顽石破碎机给矿中高细粒和/或高水分会导致细粒会在设备的破碎腔内"积料（Packing）"，即细粒会积在破碎机动锥表面从而影响实际排矿口大小。积料形成一个压紧层，将给破碎机部件带来超高的机械压力。这个压紧层的形成将限制顽石破碎机处理临界粒子的能力，即尽可能实现高破碎比，但同时保障设备力学性能安全。

因此，对于无细粒分级闭路的全/半自磨流程，其排矿筛的选择原则是：首先取决于全/半自磨机与二段球/砾磨机工作负荷的分配；其次是顽石的干净程度（类似于洗矿作用的效果）；最后是顽石中小于顽石破碎机窄侧排矿口（CSS）量对破碎机性能的影响。

8.3.2 有细粒分级闭路的全/半自磨流程

与之相对应，当全/半自磨流程同时有细粒粉碎和顽石破碎闭路时，磨机排矿圆筒筛或振动筛必须同时为这两者准备给矿物料。如果仍认为圆筒筛或振动筛起着在上面提到的无细粒分级闭路的全/半自磨流程的作用，在一些情况下将给生产操作带来矛盾，冲突甚至影响流程的稳定性，进而不得不牺牲处理量而保障生产平稳。因此，圆筒筛或振动筛在有双闭路（细、粗粒级闭路）的全/半自磨流程取得作用必须重新定义和评估。典型地，绝大部分选厂采用旋流器作为细分级设备，但它有自己合适的给矿粒度范围和粒度组成。特别粗的颗粒（如大于 5mm）或多或少给标准的旋流器组造成困难，这是因为这些太粗的颗粒在给矿矿浆中的存在会导致高压头损失，严重的管道和旋流器磨损等。

从选矿技术的角度，这是一个由振动筛/圆筒筛-旋流器组成的二段分级作业产生最终合格粒度。这允许第一段筛分作业（即圆筒筛或振动筛）在一个很广的粒度操作范围内运转，且不会牺牲整个分级作业的效率，甚至第一段作业的分级效率比较低也影响不大，这样因为第一段的分级粒度比最终产品粗 10 倍左右甚至更粗。旋流器溢流典型 P80 通常不超过 $500\mu m$，而典型全/半自磨机排矿圆筒筛或振动筛的筛孔大于 $2 \sim 5mm$（普遍在 $4 \sim 15mm$）。尽管圆筒筛或振动筛的标示筛分效率（以筛孔粒级计算的）低，筛上产品几乎不可能因为筛分率低而造成大量的旋流器溢流粒级（通常小于 $0.5mm$）物料滞留在筛上产品。例如一个 $0.2mm$ 颗粒（旋流器溢流产品粒级）穿透 $5 \sim 8mm$ 筛孔（典型全/半自磨机排矿筛筛孔）的效率是非常高的，且所需的筛分面积也比较小；如果顽石中不含有大量的小于 $0.2mm$ 颗粒，则不会影响整个作业的筛分效率，筛孔大小只影响固体物料在顽石系统和细分级系统的分配。实际上如果有如此细的颗粒在筛上产品中，通常也是携带现象造成的，这是由于局部物料量大、运动速度太高、喷淋水效果差等引起的。第一段的筛分作业的筛分粒度对整个二段作业的总分级效率（以旋流器的溢流粒度或 P80 计算的）的影响极小。因此，应该允许第一段筛的筛孔范围广，并且它不是第二段的细粒分级效果的关键影响因素。在这种情况下，磨机排矿的圆筒筛或振动筛作用为：（1）为细分级（例如旋流器）作业准备物料，即除去给矿中粗粒级，类似于除粗筛作用；（2）对于顽石处理系统而言，首要的作用是脱水脱泥，类似于洗矿筛作用。因此以筛孔尺寸计算的标示分级效率不是很重要，即允许一些小于筛孔的颗粒仍留在筛上。但是，圆筒筛或振动筛的粗分级作业的分级粒度将影响固体在顽石系统和细分级作业的分配率。这对于顽石破碎机的选型和操作有很大影响，有时筛孔太小将导致大量细颗粒进入顽石破碎作业降低了顽石破碎机的效果，甚至导致过载。同时特别对于旋流器这样的细分级作业的影响也很大。

当全/半自磨初磨作业还有细分级闭路时，第一段圆筒筛或振动筛分级作业能被认为是除粗-洗矿性质，主要消除那些不适于细分级作业的矿块或颗粒并避免矿泥进入顽石处理系统，它不需要像"标准"的筛分作业那样考虑粒度分离的精度或足够高标示分级效率。允许近筛孔颗粒滞留在筛上或进入筛下。

8.3.3 多层筛与圆筒筛

Navachab 的实践[119]表明：与圆筒筛相比，全/半自磨机排矿采用振动筛分级，可以大幅度增加开孔面积和筛分面积，这允许采用更细的分级筛孔。这种改变将对如下三个方面带来巨大影响。（1）首先选择的筛孔尺寸可以减小，如 $4mm \times 18mm$ 的开孔条，这样将导致旋流器给矿粒度变细，为提高分级效率奠定了基础。（2）由于给矿粒度变细，旋流器给矿工作泵的磨损将大幅度降低，提高了泵的设备完好率和可靠性，降低了维修工作量，对于那些磨损性高的矿石作业意义重大。在澳大利亚的一大型铁矿山，其全自磨机排矿筛的筛孔为12mm，其旋流器给矿泵的寿命仅为1200~1500h。若采用大筛分面积和相对小筛孔的振动筛分级，自然而然就优化了旋流器给矿泵使用和设备完好率。（3）最后，大筛分面积允许改大磨机格子板的孔排出更多的磨矿速率低的颗粒，然后采用顽石破碎机有效粉碎这些物料，因此提高了流程的产能。

但是，改小全/自磨机排矿筛筛孔可能给筛分作业带来一些问题。例如New Afton选厂观察到减小筛孔将导致了筛板堵孔增加。

无可置疑全/半自磨机排矿分级设备（通常为各种筛分设备）的作用主要取决于其流程结构。这个筛分作业实际起的作用是除粗块和/或分级。当采用振动筛时，通常为2层或3层，允许有更大的筛分面积，这将允许采用更小的筛孔并保持合理的筛分效率或者简单地提高筛分效率。

8.4 全/半自磨机排矿筛筛孔选择

在全/半自磨机排矿筛分设备的筛孔选择方面目前研究得不多，尚未见任何这方面的专门研究报道或专著。这方面的研究也明显少有全/半自磨流程中其他方面。这可能与现在模块式筛板设计有关。采用模块化设计允许和方便修改筛板筛孔的大小和形状。另外相对其他磨矿流程中设备而言，可能与无论是圆筒筛还是振动筛的筛板成本明显低也有关。

8.4.1 分级粒度的选择

8.4.1.1 选矿技术方面

目前尚未有全/半自磨机圆筒筛或排矿振动筛筛孔选择清晰的指导方针，在设备选型时，考虑和研究的也极少。其中可能的原因之一是目前使用筛板多采用模块式设计，在设计和调试时通常备有不同筛孔的筛板，可根据生产调试情况随时更换；同样在流程优化或因为矿石性质变化进行流程调整时，可以采用相同策略。目前，一种最普遍初步确定全/半自磨机排矿筛筛孔大小的方法是：依据顽石破碎机产品粒度估计筛孔大小，即如果顽石破碎机不能有效破碎这样的颗粒就无必要进入顽石破碎作业，这允许大量物料通过全/半自磨机的排矿筛进入下一段作业，减少了顽石循环量使顽石破碎效果最大化[120]。众所周知，圆锥破碎机的产品粒度主要取决于其窄侧排矿口CSS的设定，根据上面这种设计理念，在设计阶段全/半自磨机排矿筛筛孔通常应该略小于顽石破碎机的排矿口CSS，例如当顽石破碎机CSS为15~18mm时，磨机排矿筛筛孔应该为8~12mm。但是该磨机排矿筛筛孔设计理念仅考虑了顽石返回量及对顽石有效破碎的影响。该理念的另一个没有说明的前提/假设是筛下产品进入到下一段（磨矿）作业，这与有细粒分级闭路的流程的全/半自磨磨矿流程是不相符的。像筛下产品进入到下一段磨矿作业情况下（通常为 ABC 或 SABC 流程），在实践生产或调试中，往往是依据一段、二段磨矿的负荷大小来调整全/半自磨机排矿筛筛孔的。但是，依据作者对 50 余矿山全/半自磨机排矿筛筛孔尺寸的研究和统计分析（见表 8-1），实际上，筛孔选择远比以上的理念复杂。这种初级理念被没有广泛采用或应用。筛孔大小的选择是由其他因素决定或影响的。

表 8-1　全/半自磨机排矿筛筛孔工业实例

矿　　山	磨机种类	筛分设备	上层筛筛孔/mm	分级粒度/mm	细粒分级设备	顽石破碎机种类
Anglogold Ashanti Navachab	半自磨	振动筛		4	旋流器	圆锥破碎机
Palabora 铜矿	全自磨	振动筛		2.5	旋流器	圆锥破碎机
Palabora 矿业	全自磨	振动筛	18	5	旋流器	圆锥破碎机
Palabora 矿业	全自磨	振动筛	20	6	旋流器	圆锥破碎机
Palabora 矿业 铜矿	全自磨	振动筛	18	5	旋流器	圆锥破碎机
Sino 铁矿	全自磨	香蕉振动筛		12	旋流器	圆锥破碎机
Sino 铁矿	全自磨	直线振动筛	22 或 30	8	旋流器	圆锥破碎机
Empire 矿	全自磨	圆筒筛 振动筛	63.5 12.7	1	细筛	无（顽石用作二段磨矿介质；磨机排出残石返回全自磨）
Williams 金矿	半自磨			2	螺旋分级机	无
Centinela 选厂	半自磨	圆筒筛+振动筛		17	螺旋分级机	无（顽石用作二段磨矿介质）
LKAB 铁矿	全自磨	圆筒筛		6	螺旋分级机	无（顽石用作二段磨矿介质）
Mount Isa Mines 铜选厂	全自磨	圆筒筛		7	旋流器	无
Tarkwa 金矿	半自磨	振动筛		12 或 15	旋流器	无
Yanacocha 金矿	半自磨	圆筒筛		12.7	旋流器	无
Boliden AITIK 铜矿	全自磨	圆筒筛	30	15	砾磨后螺旋分级机粗粒级返回	无
Kinross' Rio Paracatu Mineracao（RPM）金矿	半自磨	圆筒筛+振动筛		8 或 12	部分旋流器底流返回	圆锥破碎机
Kevitsa Cu-Ni-PGE 矿	全自磨	振动筛		10		圆锥破碎机（部分无（顽石用作二段磨矿介质））

矿　山	磨机种类	筛分设备	上层筛 筛孔/mm	分级粒度 /mm	细粒分级 设备	顽石破碎机种类
Hibbing 铁燧岩矿	全自磨	圆筒筛		4	无（粗精矿 旋流器分级， 底流返回）	无
Savage River 矿	全自磨	振动筛		4	无（粗精矿 振动筛 0.5mm 分级，粗粒 返回）	无
Tilden 矿	全自磨	圆筒筛 振动筛	76.2 12.7	1.6	无	圆锥破碎机（大块 顽石用作二段磨矿 介质；小块直接返 回全自磨）
AngloChile Los Bronces 矿	半自磨	振动筛		12	无	圆锥破碎机
Batu Hijau 铜矿	半自磨	圆筒筛		13	无	圆锥破碎机
Damang 矿	半自磨	圆筒筛		15	无	圆锥破碎机
Forrestania 镍矿	OG	圆筒筛 振动筛	85 50	12	无	圆锥破碎机
Fort Knox 矿	半自磨	振动筛		12.7	无	圆锥破碎机
Granny Smith	半自磨	振动筛		10	无	圆锥破碎机
Los Pelambres 矿	半自磨	圆筒筛		15	无	圆锥破碎机
New Afton 选厂	半自磨	振动筛		8(曾经 19 和 12.5)	无	圆锥破碎机
Nkomati 镍矿	全自磨	振动筛	16（30mm 圆筒筛）	10 （曾经 4 后来 7）	无	圆锥破碎机
Northparkes 矿	半自磨	振动筛		7 或 12	无	圆锥破碎机
Paddington 金矿	半自磨			8 和 6	无	圆锥破碎机
Phoenix 矿	半自磨	振动筛		9.5	无	圆锥破碎机
Porgera 金矿	半自磨	振动筛		15	无	圆锥破碎机
Porgera in Barrick Gold Coporation	半自磨	振动筛		12 或 17	无	圆锥破碎机
PT Freeport	半自磨	振动筛		12	无	圆锥破碎机
Rawdon 金矿	半自磨			17	无	圆锥破碎机
Sossego	半自磨	振动筛		12	无	圆锥破碎机

矿　山	磨机种类	筛分设备	上层筛筛孔/mm	分级粒度/mm	细粒分级设备	顽石破碎机种类
Arnandelbult UG2 选厂	半自磨	振动筛		0.75	无	无
Carol 选厂	全自磨	振动筛		1.19	无	无
Dahongshan	半自磨	振动筛		5	无	无
Ernest Henry 矿	半自磨	振动筛		7	无	无
Gibraltar 矿	半自磨	振动筛		12	无	无
GoldFields Cerro Corona 选厂	半自磨	圆筒筛		14	无	无
Impala 铂（UG2）矿	原矿磨机	圆筒筛		12	无	无
KCGM Fimiston	半自磨	圆筒筛		7	无	无
Mortirner 选厂	全自磨	振动筛		0.75	无	无
Prominent Hill 铜金选厂	半自磨	振动筛		7（曾经15）	无	无
St Ives 金矿	半自磨	振动筛		5	无	无
Vaal Reefs	半自磨	直线振动筛		2	无	无
Wirralie 金矿	半自磨	圆筒筛		12	无	无

表 8-2 汇总了各种流程结构下的磨机排矿筛实际生产采用的筛孔大小情况。这些生产实践强烈显示全/半自磨机排矿筛筛孔在极大程度上取决于其流程结构。

表 8-2　不同全/半自磨磨矿流程的排矿筛筛孔选择范围

项　目		筛孔/mm		
		顽石破碎机		无或部分顽石返回
		有	无	
细粒分级作业	有	2~6	1~15	1~15
	无	1~20	1~15	8~15

当全/半自磨流程有两循环闭路（即旋流器闭路和顽石破碎机闭路）时，磨机排矿筛筛孔应该偏小，一般为 2~6mm。首先这可能与旋流器给矿粒度要求有关，过粗颗粒对旋流器给矿系统带来特殊要求，例如最低流速要求和抗磨蚀能力。另外有细分级和顽石破碎作业（这里指的是顽石破碎机保持运转状态情况）的双闭路流程，易导致磨机排矿中有大量的砂化颗粒（即主要为 2~15mm）。这是因为顽石破碎机将粉碎磨机排矿中的粗中粒级（一般为 40~100mm），而这是物料是细磨的有效磨矿介质，这势必将导致细粒级生产效率下降和大量砂级颗粒循环。如果采用大筛孔（如大于 10~12mm），这些砂级颗粒将在旋流器闭路循

环，恶化旋流器的操作。因此不得不采用偏小筛孔限制砂化颗粒在旋流器给矿中的量，以便稳定旋流器的生产操作或能按旋流器自身的要求的生产条件工作。实际上，顽石破碎通常用于有效处理高硬度或比较难磨的物料，控制磨机载荷和以生产粗粒产品为目标的初磨作业。尽管更多的细粒级也不利于顽石破碎机发挥作用，但是细粒级不会给顽石破碎机生产操作带来致命的作用。在这种情况下，磨机排矿筛筛孔的选择主要是如何有利于旋流器的生产操作。如前提到的，旋流器给矿中太多的砂化颗粒将导致其操作困难，如需要高流速产生足够的紊流以便悬浮这些大颗粒。

对于其他情况，磨机排矿筛筛孔尺寸变化范围很大，例如从 1mm 到 20mm。当没有细粒分级闭路（即筛下产品进到二段磨矿）时，这很明显筛孔的选择应该取决于其他因素，如一段与二段磨矿负荷的平衡等。

在有细粒分级但无顽石破碎作业的流程情况下，通常意味着矿石硬度低，矿石不能有效作为全自磨机的磨矿介质，未经破碎的顽石需要返回作为磨矿介质。同时，全/半自磨机排矿比较细，顽石返回率（与原矿的比例）比较低，细粒级量大。这意味着细分级设备的给矿中细颗粒含量高，在矿浆输送方面不存在问题或问题比较小。因此磨机排矿筛筛孔的选择范围也比较宽。

8.4.1.2　操作方面

矿浆是否存在沉降甚至沉淀现象主要取决于矿浆中颗粒粒度/分布和固体的比重等。图 8-8 显示了矿浆沉降区域图，它可以用来粗略判断矿浆是否会沉淀或有没有沉淀可能。注意到这是一个非常粗糙的方法，不十分可靠。这是因为它只考虑了颗粒的平均粒度和固体平均比重，但实际上，矿浆浓度对固体的沉降也有很大的影响。例如，高含量的细颗粒将增加矿浆流的黏度，进而高黏度将有助于提高大颗粒的悬浮能力。如果只用图 8-8 中的平均颗粒粒度表征，它可能得出某一颗粒或矿浆会出现沉淀，但实际上它很好地表现为非沉淀特征。反之，如果一矿浆的 d_{50}（小于此粒度的物料的重量为 50%）比较小但含有不少量的比较大的颗粒，在低管道输送速度时，可能带来问题。

在出现离析或沉降的矿浆，一些颗粒不能有效悬浮在流性载体中，这导致这些颗粒不随着流体一起输送，甚至只有或主要是流体本身向前运动。但是，在高流速时，这些颗粒能被紊流所悬浮。因此，对于可能出现沉降或离析的矿浆流，必须确保管道的流速高于临界流速，以避免沉降而堵塞管道。典型的离析型矿浆含有大量大于 100μm 固体颗粒。当矿浆只含少量极细颗粒（如小于 40μm），它的输送性能几乎与水本身一样。

2008 年，澳大利亚工程师院（Institution of Engineers Australia）机械部的 Bremer[121] 对不同粒度的颗粒在沉降性矿浆中行为进行了简化和分类（如图 8-9 所示）。详细如下：

（1）极细颗粒（<40μm）。可悬浮并改变黏度，有助于大颗粒的悬浮。

（2）小颗粒（40~200μm）。可悬浮。

（3）中等颗粒（200μm~2mm）。可悬浮与沉降的过渡区域。

（4）大颗粒（2~5mm）。离析或分层。

（5）极大颗粒（>5mm）。严重离析或分层。

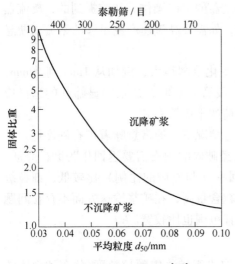

图 8-8　矿浆沉降区域图[122]

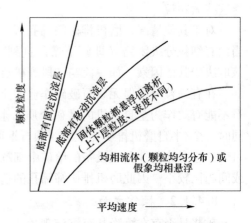

图 8-9　矿浆流速与颗粒离析区域图[123]

以上矿浆管道输送的特征影响了全/半自磨机排矿筛筛孔的选择，这也与表 8-1 中工业应用中筛孔大小选择相吻合。当采用单段磨矿流程（通常包含细粒级分级闭路）且采用旋流器作为细粒分级设备时，全/半自磨机排矿筛筛孔尺寸通常比较小（多为 2~6mm），否则旋流器给矿中粗颗粒（大于 2mm）的量太大而细颗粒量太少，可能造成矿浆输送问题。

在任何实际矿浆输送系统，要输送固体粒度都是多粒级的，其大小变化能超过 3 个数量级。由于极其大量颗粒存在和相互影响，要预测管道截面的固体浓度和粒级分布是极其复杂的，但在试验或生产中很容易观察到，管道截面不仅有固体浓度变化而且颗粒粒度的分布变化。

流速产生紊流进而悬浮固体颗粒。矿浆输送速度必须随着颗粒尺寸增加而增加到足够克服管道下半部分颗粒的沉降，但还须尽可能低以便使磨蚀最小化。

西澳某磁铁矿矿山采用单段磨矿的全自磨流程，在调试期间经历了严重的旋流器给矿管堵塞（如图 8-10 所示）。该选厂全自磨机排矿筛筛孔为 12mm（新），磨损后能达 15mm。图 8-11 显示了旋流器给矿正常给矿粒度分布与堵塞时，管道内物料的粒度分布。数据显示，管道堵料中大于 2mm 的量达到 55% 左右，与之相比，旋流器正常给矿中大于 2mm 量为小于 10%~25%。图 8-12 显示了一个典型 SABC 流程中旋流器给矿粒度，由于有球磨机存在，与半自磨机排矿筛筛下产品（大约 20% 大于 2mm）相比，旋流器给矿中大于 2mm 量下降到小于 10%，这大大提高了流程的可操作性。

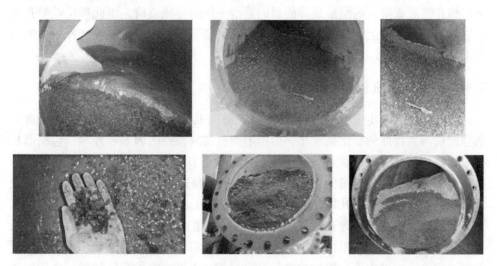

图 8-10 西澳某磁铁矿矿山全自磨流程中旋流器给矿管堵塞时物料状况

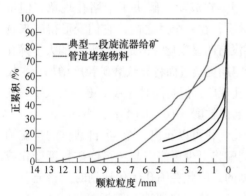

图 8-11 旋流器给矿正常给矿粒度分布与堵塞时管道内物料的粒度分布

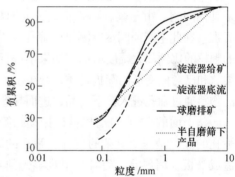

图 8-12 一典型 SABC 流程中旋流器给矿粒度
（半自磨排矿筛前端筛孔为 8mm，其他为 6mm）

在该磁铁矿矿山，由于全自磨生产波动，生产中观察到大于 2mm 量也随之波动很大。但实际生产操作中，无论是操作人员还是工程技术人员都很难有效确认或测量旋流器给矿粒度变化。为了避免管道堵塞，旋流器管道直径从最初的 650mm 缩小到 550mm，并提高了最低流量设定，以便保证矿浆流速在 5~7.5m/s。后来还把全自磨机排矿筛筛孔从 12mm 降低到 8mm，至此，已有近 1 年的生产未出现旋流器给矿管堵塞。

8.4.2 全/半自磨机排矿筛顶层筛筛孔

既然通常筛孔越小，开孔面积越小，采用多层筛时，顶层或上层筛可以降低下层细孔筛的载荷。既然顶层筛的目的是给下面的筛减负荷，因此顶层筛筛孔选择应该主要是平衡上下层的负荷以便避免某一层限制处理量或需要选择更大的设备型号。

8.4.3 振动筛筛孔优化

至今，预先确定全/半自磨机排矿振动筛筛孔或形状仍然十分困难。通常是依据磨机排料特性的变化而变化，而影响磨机排料特性的因素有许多，包括磨机格子板结构和孔大小，顽石破碎机的破碎效果，新给矿的硬度/可磨性和粒度分布特性等。一个很好的案例是 New Afton 选厂半自磨机排矿振动筛的优化。在设计阶段，该振动筛的筛孔最初选定为 19.5mm。在建设过程，为了避免球磨机在开始调试阶段超载，该筛孔被降低到 12.5mm。随着半自磨机排料格子板孔加大，半自磨机的排矿粒度变粗，更多的粉碎负荷向顽石破碎机转移。如果仍采用相同的振动筛筛孔，进入下一段的物料粒度将变粗。当振动筛筛孔降低后，立即发现卡堵孔成为一个普遍现象，有超过 25% 的筛孔面积被堵或卡造成其功能损失。为了应对这种现象，筛板改为"自清洗"型，它成功地解决了卡堵孔现象，但带来其他问题。由于聚合物筛板是可变形材质，在一个月之内，它们变形得越来越厉害。在此生产期间尽管测量的筛孔大小没有明显变化，但是通过筛孔的大于筛孔的颗粒的比例却大幅度增加，如果不进行定期更换进而将导致磨矿粒度增加。采用柔软和已弯曲变形的筛板材质，减少了卡孔现象，但是同时导致了更多的大于筛孔的物料通过筛孔进入筛下产品，进而导致磨矿粒度（Transfer Size）变粗。

从上面的全/半自磨机排矿振动筛筛孔优化可以看出，全/半自磨机的排矿筛孔的优化是一个复杂的事件，筛孔的调整将至少可能引起磨机磨矿粒度变化或造成筛板卡堵现象。后者是很难事先预测的，因此在筛孔优化计划时应该充分考虑可能出现的问题，做好各种预案，如准备一些"自清洗"筛板等。

8.5 堵孔与卡孔

堵孔的原则定义为细颗粒黏附在筛板的编丝或孔筋上，然后更多的细颗粒粘在一起最后覆盖筛孔，使之失去功能。通常堵孔发生在含大量细粒的潮湿物料的干式筛分，而卡孔则是由于与筛孔大小十分相近的不规则颗粒像一个楔形块滞留在筛孔中不能通过。堵、卡孔均受物料水分、给矿中近筛孔尺寸的物料数量、振动筛运动模式、振动筛筛板材质、筛孔形状等影响。全/半自磨机排矿筛均采用湿式筛分（有喷淋水），原则上不存在堵孔现象，但生产实践中，一些颗粒易于堵在已经卡孔处，进而导致整个这个筛孔完全失去功能。要避免卡孔，需要足够的振动力使卡在筛孔处的颗粒被振出，而对堵孔，则需要足够的力打破细颗粒与筛面的黏附力。图 8-13 显示了西澳某磁铁矿全自磨机排矿振动筛堵、卡孔现象。

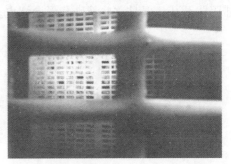

图 8-13　西澳某磁铁矿全自磨机排矿振动筛堵、卡孔

类似地，在 St Barbara 的 Southern Cross 选厂[124]，旋流器的底流自流到振动筛进行分级，该筛板采用硬质聚氨酯材质，发现极易卡孔，导致振动筛的绝大部分物料直接从筛面流过而未有效分级。由于连续的卡孔和结垢，该振动筛筛板每 3 个月就必须更换掉。由于该重力筛人力更换和筛分效率问题，研究了不同特性筛板以便提高筛分效率和降低振动筛筛板维修工作量。一种比较软的聚氨酯筛板被测试，其开孔为 2.5mm×18mm 的长方形孔。由于其高弹性变形，它不会让岩块物料卡在振动筛筛孔中。当不再卡孔筛板结垢的问题也就自动消失，因此振动筛的筛分效率大幅度提高。

另外一案例是在 Forrestania 镍矿[125]。曾经对该矿振动筛进行了多次改造。其上层筛孔从方形改为圆形后，不再卡孔，获得了成功。但这与通常认为的圆形孔最容易卡孔不一致。

Cadia Hill 选厂的高压辊磨给矿振动筛是另一个例子[126]。生产中发现振动筛卡孔受振动筛筛孔选择影响。椭圆形筛孔更频繁卡孔，而方形则趋向于不易卡孔。同时发现，除去用于增加抗磨损的条，提高了筛分效率。

振动筛的卡孔现象应该取决于矿石物料的特性。为了减弱卡孔现象，应该选择合适的筛媒和振动，应该考虑如下因素：

（1）筛媒种类（包括同一种筛媒时的不同硬度的材质。通常软材质更不易卡孔）。

（2）筛孔形状。

（3）振动筛激振。

为了减少振动筛卡孔，通常筛孔做成倒喇叭形，即上端窄下端宽，不易卡孔（如图 8-14（a）所示）。其他截面形状（如上下相同宽度的筛孔，和中间窄的筛孔（如图 8-14（b）所示）更易卡孔。在目前筛板制造实践中，倒喇叭孔形是一种标准设计。除此之外，据报道，一些特殊形状的筛孔可以大幅度削弱甚至消除卡孔现象，如图 8-15 所示。筛孔形状包括弹簧形状筛板筋条和"Z 字"形筛孔。弹簧形筛板筋条的振动容易把卡住的大块排出，而"Z 字"形筛孔将减弱物料的滞阻或开孔，但是这些特殊孔形允许更多大于设定筛分粒度的物料进入筛下。

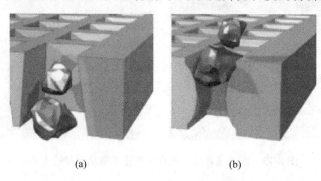

(a)　　　　　　　　　　(b)

图 8-14　筛孔截面形状对卡孔的影响

（a）防卡孔的倒喇叭形（上端窄下端宽，不易卡孔）；（b）沙漏形（中间窄两头宽，易卡孔）

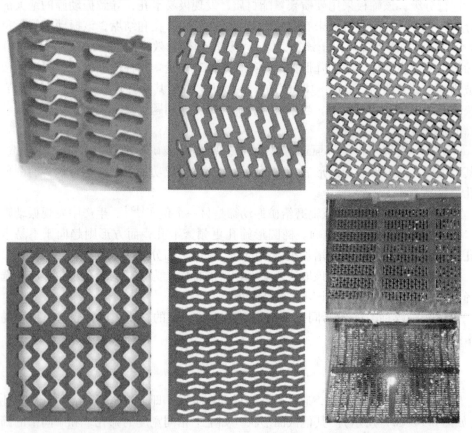

图 8-15　防堵、卡孔筛板（右下角两个为特殊防卡孔筛板与普通筛板）

工作也给生产带来额外的安全风险，如高空作业和人工搬运/操作等。

基于以上情况，现场进行了一系列的优化和改造：

（1）均匀两振动筛的主工作时间。对上面提到的全自磨机，其有两台振动筛。观察到由于磨机旋转作用导致物料流向方向不与振动筛方向垂直，而是主要物料被分配到一台振动筛上（磨机旋转方向的那台，即从磨机排矿端看，如向右旋转，右边的振动筛上的物料明显多，反之亦然）。为了降低其工作时只造成其中一台振动筛筛板磨损高的问题，解决方案之一是该全自磨机采用定期更换磨机旋转方向，即一段时间顺时针旋转后改为逆时针旋转，然后再顺时针，周而复始，这样可以均衡两振动筛筛板的磨损。另一个解决问题的方案是重新设计给矿溜槽和振动筛给矿端，在给矿溜槽处增加限流块，在振动筛给矿端增加分流导流块。例如，在磨机排矿分流槽中设置多段矿石箱以便慢慢降低矿浆流速，同时在溜槽出口采用锯齿形装置，使之既限流又导流（限制或改变物流的方向）。

（2）筛板更换策略。另外一个降低筛板检测频率办法是每次更换高磨损区域的全部筛板。如上例，根据统计，在5802h的运转时间内，最大磨损处的筛板更换次数为15次，其次为12次。根据计算，磨损最严重处筛板的寿命大约为20（5802小时/15次，24小时/天）天。因此，如果把高流量造成的高磨损路线上筛板全部更换，它可能允许连续生产3个星期而不被筛板问题所中断，而那些未完全磨损的筛板可以用于低磨损区域。与之相对比，如果采用通常的检测更换策略（即按标准，一旦检测到筛板磨损到最低标准，则更换；否则继续使用），高磨损区域的筛板必须每个星期检测，并依据更换标准更换数块筛板。

（3）降低流速和导流。从根本上需要解决给料流速过高和物料分布不均匀的问题，使之不仅提高振动筛有效筛分面积并且物料和磨损均衡，最终实现"干"而清洁的筛上产品。如图8-19所示，在振动筛筛面加了导流条且给矿端加了斜向导流块。这些斜向导流块把物流重新导向筛子中间位置。同时，这些斜向

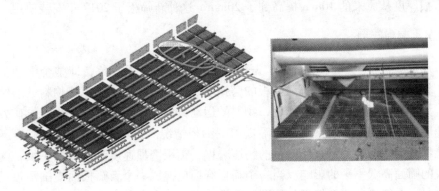

图8-19　带导流块的筛板层

导流块也降低了物料在筛面的运动速度。与改造前的情况（如图 8-18 所示）相比，改造后的情况如图 8-20 所示。运行 7700h 的数据显示，每 100h 的筛板磨损量从改造前的 27 块降低到 20 块，减少了大约四分之一。

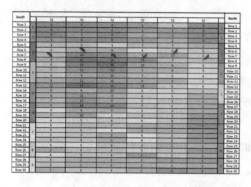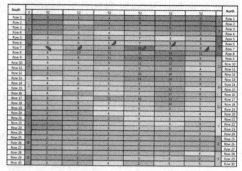

图 8-20　带导流块后全自磨机排矿振动筛的磨损性能（运行时间：7700h）

8.6.3　筛板厚度

增加筛板厚度至少也是有效提高筛板寿命方法之一。一个很好的案例是 Boddington 金选厂的振动筛筛板厚度从原来的 40mm 增加到 50mm。原来振动筛筛板孔为 10mm×23mm，有效开孔面积为 24%。2011 年和 2012 年，Boddington 金选厂的用于球磨机分级的 8 台振动细筛存在严重筛板寿命和筛分效率问题。Boddington 金选厂最初的振动细筛每 2 个星期就必须停车检查更换，即相当于每星期更换 4 台。这样才能避免出现穿孔的筛板进而影响分级效率。当仅采用一个单层振动筛时，球磨机的处理量限于 900t/h，相对于全部处理能力的 70% 左右。该振动细筛筛板从 40mm 增加到了 50mm 后，该筛板的磨损寿命提高一倍，这是因为在支撑筛板的钢架构上的聚氨酯厚度增加了 10mm（如图 8-21 所示），即有效磨损厚度从原来的 10mm 提高到了 20mm。这种新筛板于 2012 年安装使用。

8.6.4　局部磨损

局部磨损是全/半自磨机排矿振动筛磨损的一种常见现象，即整个筛面的磨损不均匀。振动筛每一块单独筛板的磨损取决于其工作环境，包括物料的磨蚀特性、大小，通过筛板表面的速度，物料的运动方向。后两者主要取决于给矿方向和速度，振动筛倾角，甚至一个筛板周围筛板情况。例如，Boddington 矿石磨蚀性能特别高，即很容易造成接触的物体磨损，筛板磨损速度受到筛板更换不同步造成的筛面高低不平的影响。当一个筛板磨损更换成一个新筛板而周围筛板没有更换时，会造成这块新筛板与周围的旧筛板存在一个台阶，生产实践中发现周围的筛板出现超额的磨蚀现象。该振动筛筛面物料流速极高，恶化了筛板的磨蚀和

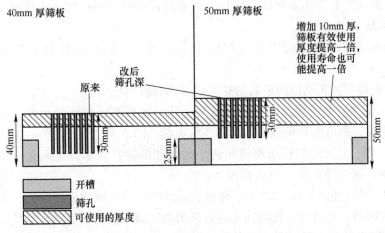

图 8-21 增加振动筛筛板厚度延长筛板寿命[127]

摩擦等方式的磨损。在西澳一铁矿项目中观察到，当全自磨机排矿振动筛的一块筛板更换而在物料流向方向的前后两筛板没有更换时，该新筛板的前端很快会磨损到与上面那块未更换的筛板一样高度，而后面的筛板则磨损减慢。因此，控制局部磨损必须控制筛面的平整程度和物料分布均匀程度。如下几种方法可以限制物料流速和降低局部磨损：

（1）重新审查振动筛给矿转运溜槽和矿石箱的布置，提高物料在整个振动筛筛面的分布均匀程度。

（2）模拟或建立模型量化振动筛给矿箱高度，最小化矿浆从磨机排矿到筛面的高度，但应该有一个给矿箱/溜槽高差的最小极限。

（3）在进入振动筛前的给矿溜槽排矿处和振动筛前端盲板处安装垂直的锯齿形堰条（Weir Bars），减缓流速，破坏股流。这样有效利用了筛分面积并减少了堰条后面筛板的磨蚀。

（4）减少和重新分配给矿和筛上喷淋水。

（5）通过把振动筛的性能分为数个主要区域，并针对各区域磨损的特征，进行筛板性能提高设计。

1）振动筛的头端筛板经常冲击损坏。①增加抗冲击盲板的行数能有效减少该区域的磨损。②采用不同材质，如镶嵌陶瓷耐磨片的聚氨酯或橡胶底板的盲板。振动筛给矿端的抗冲击盲板的材质还有聚氨酯和橡胶等。③增加厚度，通常该区域的盲板比其他筛板厚些。④抗冲击橡胶垫。特别是采用旧的皮带运输机的皮带割制造的抗冲击垫，可以铺在振动筛前端的冲击盲板上面，如果冲击太强损坏太快，可以铺多层。这样大幅度减少该区域的局部磨损。同时，更换这些橡胶垫比更换抗冲击盲板更容易更快，这一点对提高设备完好率也很重要。

2）振动筛的主体是有孔的筛板，通常越在前面磨损越快，应该可以考虑在高磨损区域采用厚筛板。

3）振动筛的末端可以才更加防卡孔的筛板，如更柔软易变形的"VR"筛板。

4）若需要，振动筛的最后两排可以采用盲板。

（6）如果更换一块新筛板会导致与相邻的筛板有比较大的台阶，需要考虑也提前更换，尽可能避免表面筛面存在太大的凸凹不平。

（7）筛孔。加长的长条形筛孔将增加振动筛的开孔率，进而允许更多的高磨损区域（振动筛头部）改为盲板。

给矿不均匀造成的局部磨损：导致振动筛的一些区域物流速度高，加速了这些筛板的磨损，还可能导致筛面的阻流条磨损失效。振动筛喷淋水系统失效也能加剧局部磨损。这些均可能导致筛板未达到寿命就磨坏而需要提前更换。

8.7　顽石破碎前筛分

如前面提到的西澳磁铁矿矿山，该矿山采用单段磨矿工艺，全自磨机排矿振动筛分级粒度为12mm，这造成旋流器操作极其困难，如在3年的调试试生产及生产前期，造成数次旋流器给矿管堵塞，粗颗粒在旋流器底流槽沉积，旋流器给矿管和底流返回全自磨机管磨损率极高等。更重要的是，旋流器给矿必须保持高流量，这造成给矿浓度低和旋流器溢流粒度细，最终导致初磨流程过磨和处理量下降。

图8-22显示了该矿山顽石破碎机给矿与产品粒度分布实例。很明显顽石破碎机有效地消除了大块顽石（注：在一些情况下，特别是采用单段磨矿工艺时，这些大块顽石需要保留作为细粒级的磨矿介质），而中等（临界粒子）粒级（通常为10~35mm）的量只稍微降低。如前面所讨论，理想的顽石破碎机给矿应该需要把特大和特细的物料分出去。尽管可以采用多层振动筛处理磨机排矿，分级成多个产品，这种工艺在北美地区的铁燧矿生产实践中常采用，但是它需要比较复杂的皮带机输送系统把各个不同粒级产品输送到下一段作业。例如，如果有3个筛上产品则需要3条皮带输送系统（注：通常每条输送系统至少需要2~3条皮带输送机），这意味着振动筛排矿端将必须安装3条皮带输送机。这样不仅导致设备布局困难并且降低了流程的完好率和可靠性，这是因为一旦任何一条皮带输送机出现问题都可能导致整个流程停车。

最近，顽石仓已经成为"标准"配置，这是因为顽石仓有助于实现圆锥破碎机的挤满给矿进而提高工作性能。结合这一点，特别是对于单段磨矿工艺，一种推荐的全自磨磨矿流程原型如图8-23所示。顽石仓排料采用双层振动筛或圆筒筛分级成3种产品。例如粗粒级的分级粒度为大于50~80mm，但也可根据磨

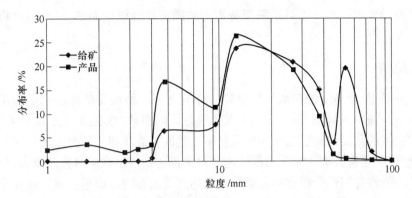

图 8-22　顽石破碎机给矿与产品粒度分布

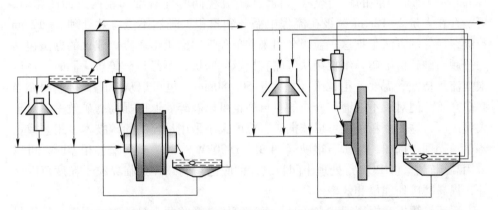

图 8-23　典型带顽石预分级的全/半自磨单段磨矿流程

矿介质大小和最大顽石破碎机给矿粒度的要求进行调整筛孔大小和分级粒度。细粒级分级粒度为小于 5~8mm，用于除去细颗粒和携带的水和极细颗粒。同时，该振动筛的应用将起着混合均匀顽石破碎机给矿作用，降低了给矿的粒度范围。众所周知，给矿物料的按粒度大小离析对顽石破碎机的稳定生产是有害并降低了它的破碎性能，这一点对动锥液压顶起式（Hydroset）圆锥破碎机尤为重要。同时，窄粒级给矿和给矿中最大粒度变小将允许选择一些特殊衬板腔型（如 Sandvik CH 系列圆锥破碎机的 EEF 和甚至 HR/HC 衬板腔型，参见供应商的产品说明书），这些圆锥破碎机衬板腔型将能生产出更细的产品。另外，除去给矿中的细颗粒还可以降低细粒在动锥表面的积矿（Parking）带来的不良一些，这一点对于 Metso MP 系列圆锥破碎机特别重要。特别是在大排矿口时给矿中的细粒不能有效破碎，因此除去这些细粒将能提高设备的处理能力，或只需要选用比较小的设备型号。一旦在顽石破碎机前安装了振动筛，就可以重新设计磨机排矿筛的性能。分级粒度（振动筛的底层筛孔）选择就比较容易，它允许更好适于细粒级作业的要求，这一点对于采用旋流器的细粒级分级闭路的全/半自磨机流程至关重要。

8.8 总结

筛分是全/半自磨磨矿流程最重要的环节之一。磨机排矿振动筛的作用不能一概而论，需要具体分析，但它应该起筛分、除粗块/脱泥或界于这两者之间。从选矿技术的角度，特别当采用单段磨矿工艺的有旋流器细粒分级闭路作业的全/半自磨磨矿流程，磨机排矿筛筛孔选择对是否达到预定磨矿目标起着关键作用。筛孔的选择将对细粒分级和顽石破碎作业均有重大影响。简单而言，该振动筛必须给这两个作业同时准备物料。但是无论是顽石圆锥破碎机还是旋流器，2~12mm 粒级都是有害的。当全/半自磨磨矿流程同时拥有细和粗两返回闭路时，可能存在大量 2~12mm 粒级在流程中循环和累积。既然不能有效处理 2~12mm 粒级，最佳的方法是把这一粒级分出来并单独返回磨机给矿点。建议的办法包括筛分顽石破碎机给矿，细粒级从旁路直接返回磨机，不经过破碎机。同时，可以根据流程特征和需要，粗粒级（如大于 50~80mm）也可以从旁路直接返回充当磨矿介质，但对于不缺磨矿介质的全自磨也可以破碎后返回提高磨矿效率。对于大型选厂，这 3 个粒级也可以依据矿石粒度大小采用最佳的粉碎技术、工艺或设备单独处理。例如，当矿石很硬（如 BBWi>20kW·h/t）或可磨性很差时，可以采用高压辊磨（HPGR）处理中间粒级，彻底把它们破碎到临界粒子粒度范围之外，提高磨矿处理量和效率。

振动筛筛板磨损周期和卡孔是振动筛筛媒选择的两个最关键的因素。尽管目前应用最普遍的筛板材质是橡胶和聚氨酯，但是每一种都有多种不同的硬度/拉伸指标。通过改变筛孔形状、筛板材质和振动筛的激振可以减弱甚至消除卡孔现象。

⑨　顽石处理与破碎设备

由于全/半自磨机本身的工作特点,在磨机生产过程中会产生一些难磨粒子或临界粒子,排出磨机后并通过筛分产生所谓的顽石。临界粒子或顽石粒度能低至 2~5mm,也可高达 70~100mm,对于半自磨机甚至更高。这些物料经常限制磨机处理能力并降低了磨矿效率。通常情况下,特别是半自磨磨矿,这粒径范围的矿石也不具备作为磨矿介质的作用,同时又需要更大的矿石或钢球冲击才能使其破碎。由于粒度和形状双重原因,这些临界粒子在全/半自磨作业下粉碎效果比较差,会不断积累而占用磨机的有效体积,造成磨机生产率降低能耗上升。这在全自磨磨矿中更明显。临界粒子粉碎关键特征有:(1)对于自身粉碎机理,它们粒度太细;(2)对于大块矿石磨矿介质甚至钢球磨矿介质而言,它们太大而不易冲击粉碎;(3)对剪切粉碎(如剥磨、研磨、颗间剪切等)机理,它们太大而这些粉碎机理磨矿速度也低;(4)对于去棱角粉碎机理,它们近圆形,棱角少,粉碎率也低;(5)既然这些顽石物料能在全/半自磨磨矿这样高冲击作用下保留下来,这证明这些物料通常是矿石中最硬或最不容易粉碎的部分,它们通常具有抗压强度高和抗磨损高的特性,因此它们在磨机内累积也属于正常。由于以上诸多原因,这些临界粒子经常在磨机内累积[128]。从另一方面讲,这也说明顽石物料能在磨矿作用下保留下来的根本原因应该是磨矿过程中的冲击能量不足。这也是加钢球的半自磨工艺出现的主要原因之一,这些大钢球(目前通常为直径 120~140mm)产生的冲击力相当于块度为 150~200mm 矿石。这也是近年来半自磨机钢球直径趋大和充填率趋高的驱动力之一。尽管如此,顽石依然存在,在半自磨磨矿工艺,顽石率(与新给矿量的比例)一般为 30%新给矿左右。与半自磨磨矿相比,全自磨磨矿通常更难保障足够冲击力粉碎顽石级物料,所有其顽石率更高,一般为 40%~80%,甚至能达到近 100%。

为了克服这些物料缺点,通常在磨机格子板处增设顽石窗(大孔格子板)把这些临界粒子排出磨机。在全/半自磨机流程中,排出顽石有两大类处理办法,一类是处理后返回磨机;另一类是不返回磨机,包括单独处理或用于其他目的。(1)顽石返回流程:尽管也有顽石不经过破碎返回的工艺,但通常适于软矿石或单段细磨流程且实践生产中应用案例比较少。工业实践通常采用一段开路破碎顽石后返回。(2)顽石不返回流程:通常可再分为两类,一类是用于其他目的,如砾磨机磨矿介质;另一类进行深度破碎后直接进到下一段球磨作业。

顽石用作砾磨介质：采用顽石作为砾磨在北美地区的铁燧岩选矿中普遍采用，但是通常它消耗顽石有限，据报道一般耗量仅相对于新给矿的10%左右（见表9-1中工业实例），而顽石量通常远超过此比例，因此，仍有一部分须经处理或直接返回磨机。另外由于砾磨磨矿有效性和能量效率低，砾磨磨矿工艺越来越少，新建选厂已经很少采用砾磨。

表 9-1　砾磨机循环顽石量[129]

选　厂	Forrestania	Enonkoski	Hammaslahti	Kotalahti
顽石消耗/%（新给矿）	13	11	5	6
选　厂	Keretti	Vihanti	Virtasalmi	Viscaria
顽石消耗/%（新给矿）	10	4	5	10

直接返回磨机：如前面所述，未经破碎的顽石直接返回并没有解决顽石存在的问题，即这些物料仍处于临界粒子范围，不可避免导致磨矿效率降低，并往往成为整个流程提高产量的瓶颈。这些循环载荷消耗了大量磨矿能量，导致磨矿比能耗提高。同时，由于大量的顽石存在于磨机载荷中，磨矿作用机理会从冲击粉碎为主逐渐转变为研磨、剥磨、剪切为主的细磨磨矿机理。这会导致产生大量细或超细颗粒，甚至过磨现象。对于 SABC 或 ABC 流程，这些顽石通常粒度太小也不适合作为磨矿介质。但对于单段磨矿流程，顽石中大颗粒有可能用作磨矿介质，其更详细描述见磨矿介质章节，但是其中细粒级仍需要处理后返回才能有利于提高磨矿效率。

因此，选矿工业生产实践中，最普遍的方法是安装（圆锥）破碎机，有效地减小粒度并改变其近圆形形状，然后返回磨机再处理。一些铁矿的工业生产实践表明：顽石破碎作业的应用可提高全/半自磨机处理能力高达25%[130]。但是磨机产能提高程度取决于流程中临界粒子数量，即与顽石量成正比。例如，1996年 O'Bryan[131] 报道某一全自磨机临界粒子的量小于原矿量的5%，应用顽石破碎技术带来的处理提高几乎可以忽略不计。因此，Mosher[132] 等建议一般顽石量超过了新给矿的25%~35%时，设计采用顽石破碎机才有明显的经济价值。同时，为了更充分利用顽石破碎机能量效率高、单位处理量投资低等优点，采用大孔顽石窗和大开孔面积排出更多顽石，这造成现在磨机格子板开孔面积和大小双重增大趋势。

是否需要顽石破碎作业主要取决于矿石的耐冲击粉碎性能。当 JK 落重试验指数 $A \times b$ 小于 45 时（注：该值越小，矿石采用全/半自磨磨矿越难磨），通常需要顽石破碎作业。对于高抗冲击矿石（如 $A \times b$ 小于 35），顽石破碎机几乎是必须也是必要的。同时顽石破碎机可以提高流程的适应性，即处理不同硬度不同品种的各类矿石时能保持流程的磨矿效果（包括处理能力和磨矿粒度等）。甚至，高压辊磨也被采用彻底把顽石粉碎到临界粒子粒度范围之外。但是其应用的经济价值需考虑顽石占全/半自磨机新给矿的比例和处理能力提高程度，一般而言，顽石量越高经济价值越大[133]。相反，对于极软矿石（如 $A \times b$ 大于 $60 \sim 70$），不耐磨的软矿石会很快破裂成砂粒大小的物料。耐磨的成分（顽石）应该保留下来作为磨矿介质。同时，顽石率也比较低，应用顽石破碎机的经济价值也有限。通常在全自磨磨矿中，只有矿石大于 $70 \sim 90mm$ 颗粒才能作为有效的磨矿介质[134]。

全/半自磨磨矿回路中的临界尺寸控制：目前，工业界通常采用的顽石破碎流程主要集中在两个方面：（1）开路与闭路破碎；（2）高压辊磨应用。开路顽石破碎的应用最普遍，流程结构也最简单。开路顽石破碎产品粒度通常 P80 为 $14 \sim 25mm$。无论是闭路破碎还是高压辊磨，一般仅应用于中等硬度以上矿石。例如，采用闭路破碎，则粒度能降到 $-10mm$ 以下，如果采用 SABC 或 ABC 流程，这将大幅度提高磨矿流程的性能。高压辊磨机则通常适应于顽石问题特别严重或需要大幅度提产情况。

对于一些特殊矿石，还可以采用拣选方式减少临界粒子的返回量。

9.1 顽石处理工艺

对于半自磨磨矿工艺而言，因为有可控制的钢球磨矿介质操作，顽石或临界粒子所取得磨矿介质作用很小，因此，总体而言顽石应该被破碎得越碎越有利于半自磨磨矿。

然而，对于全自磨磨矿工艺而言，情况则比较复杂，需要考虑粗顽石作为磨矿介质。在全自磨机中，格子板开孔大小选择通常是基于矿石解离特性或不同粒度矿石可磨性，而很少考虑到滞留大块矿石磨矿介质的需要（注：在半自磨机格子板大小选择时，需要考虑不能允许钢球排出太快）。这意味着存在顽石和矿石磨矿介质的过渡区域。因此，通常需要对全自磨磨矿流程进行工艺考查以便确定临界粒子物料的尺寸。在全自磨磨矿工艺中，顽石处理流程有：

（1）直接返回全自磨。

（2）顽石分级然后各粒级单独处理，包括：

1）粗粒级。

①不经破碎直接从旁路返回。

②（部分）作为二段磨矿作业的磨矿介质；其他部分进顽石破碎机或不经破碎直接从旁路返回。

2）细粒级旁路返回（选项）。

3）中间粒级破碎或其他方式处理，包括转/停模式（即依据流程磨矿情况，决定是进破碎作业还是从旁路直接返回）。

（3）未分级顽石部分破碎，包括：

1）有旁路的顽石破碎机转/停模式。

2）超额顽石从破碎机给矿腔上面溢流部分直接返回。

3）未分级顽石全部破碎，通常需要有顽石仓或顽石料堆。

（4）拣选。

以上技术路线也适于半自磨磨矿流程，但有效破碎顽石通常是半自磨流程的首选。

9.1.1　顽石破碎比的影响

破碎比是一个破碎作业最重要的指标之一。

当应用顽石破碎后，影响临界粒子（循环）数量的关键是顽石的破碎比，这不仅与选择的设备和流程相关还与操作设定相关。破碎比定义为未破碎顽石的 F80（80%重量通过时的粒度）除以顽石破碎产品的粒度（P80），也就是返回磨机前的粒度。对于大部分常规设计圆锥破碎机而言，开路破碎流程的破碎比能达 5：1。图 9-1 显示了破碎比（RR）对磨机实现最大产能中所取得的作用。临界粒子物料的破碎比越高，磨机生产率增加越多。

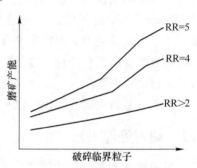

图 9-1　顽石破碎比与磨机产量
的关系示意图[137]
RR—破碎比

9.1.2　顽石返回率影响

生产实践中经常发现，当处理高耐冲击矿石时，通常增加磨机格子板的开孔面积和使用大长条形开孔往往可以把临界粒子的累积现象控制在合理的程度范围之内，在一些情况下甚至可以消除临界粒子过度累积现象。例如，在 Cyprus Bagdad 矿，格子板孔尺寸和排矿筛筛孔分别增加到 89mm 和 19mm。格子板孔的增大增加了顽石的数量和大小，进而导致磨机生产能力的大幅度提高。

特别是在金属矿山选厂实际生产中经常观察到格子板大开孔面积给磨机处理量带来的好处。随着格子板磨损，其开孔大小和面积都随之增加，导致临界粒子（顽石）排出量增加，进而顽石破碎机对整个磨矿流程生产率的贡献也随着增加。顽石数量和破碎后产品粒度是反应顽石破碎给整个磨矿流程的贡献的直接指示器。例如，在南非的一个矿山，顽石产能高峰期采用顽石破碎明显提高了磨矿生产率，但是当顽石返回率小于该全自磨的 15%时，带来的磨矿效果提高几乎可以忽略不计。当顽石返回率超过 18%时，在全自磨机流程安装顽石破碎机才可能是比较合理的[135]。因此，该矿山每条生产线都安装了顽石圆锥破碎机。但是顽石破碎机的应用也给磨矿流程的操作带来一些新的挑战，包括在磨矿过程中产生大量砂化物料。

9.1.3 顽石不返回流程

既然顽石被认为是矿石中最硬最难磨的部分并对全/半自磨磨矿效率有极大的负面影响，其中最有效的选项之一应该是彻底把这些顽石从全/半自磨流程中排出去。Mainza 等[136]测试了顽石破碎对全自磨磨矿效率的影响，其流程结构如图 9-2 所示。Palabora（PMC）矿是位于南非北部 Phalaborwa 地区的一铜矿山。PMC 采用 2 平行全自磨机系列处理多组分矿石。每台全自磨机流程都配置有排矿振动筛-筛上顽石破碎和筛下旋流器细分级的双回路。磨机排矿进到双层振动筛，上和下层筛孔分别为 20mm 和 6mm。筛下产品采用有 4 台旋流器的旋流器组处理，旋流器底流返回全自磨机，而溢流则进入二段磨矿流程再磨。上层和下层筛筛上可采用如下 4 种不同方法处理：

（1）上层筛和下层筛的筛上产品均可从流程中排出，堆存在料堆，即顽石不返回流程。

（2）上层筛筛上进顽石破碎然后和下层筛筛上合并返回全自磨机。

（3）上、下层筛筛上都不经顽石破碎作业，从旁路直接返回全自磨机。

（4）上、下层筛筛上都经顽石破碎作业返回全自磨机。

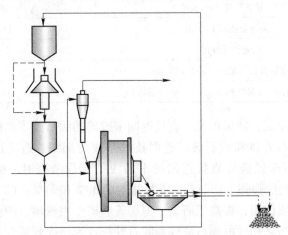

图 9-2 Palabora 铜选厂流程结构
点线部分—顽石全部外排流程；
实线部分—顽石破碎流程；断线部分—顽石不破碎的旁路

表 9-2 列举了 PMC 流程操作在前 3 种流程模式时流程考查的磨矿性能指标。从试验数据中可见，采用顽石不返回模式时，新给矿量明显高于顽石返回的技术

路线，但是有 16% 的物料存储在料堆，只有 84% 的物料进到了下游球磨和浮选作业。尽管顽石不返回流程的原矿给矿率高，但是进到下游作业的量只略微提高。然而，与顽石返回方案相比，料堆的堆存顽石处理存在极大挑战。同时注意到，未破碎顽石直接返回技术路线也获得了不错的生产指标，如进入下游二段球磨作业及浮选的矿量，旋流器溢流产品粒度 P80 等。如果以顽石破碎技术路线为基准，顽石不破碎和顽石直接排出技术路线的最终产品生产率分别高出 7% 和 14%。但是应该注意到，该案例的顽石率特别低（小于 18%），因此该案例中观察到的现象不一定适用于高顽石率的项目。

表 9-2　3 种顽石处理流程效果指标[136]

项目	流 程 结 构	试验 1	试验 2	试验 3
		顽石不返回	顽石破碎	顽石不破碎
全自磨机运行参数	新给矿（干料)/t·h⁻¹	743	544	581
	产品量（干料)/t·h⁻¹	623	544	581
	磨机充填率/%体积	31.1	29.9	35.2
	全自磨机净功率/kW	5.76	5.93	6.51
	全自磨磨矿能耗/kW·h·t⁻¹	7.8	10.9	11.2
	指定粒级产量能耗/kW·h·t⁻¹（-75μm)	20.1	25.4	21.1
流程运行指标	顽石返回率/%	16	17	13
	筛下粒度 P80/μm	622	442	283
	旋流器底流 P80/μm	1583	1875	952
	旋流器返砂比/%	70	100	90
	旋流器溢流（最终产品）P80/μm	249	321	208
	旋流器溢流（最终产品）浓度/%（固体)	33.6	34.4	35.3

从上面的工业试验结果可见，直接返回未破碎的顽石技术路线获得了粒度最细的产品，比顽石外排和顽石破碎返回技术路线的都细。造成这种现象的原因有：（1）当顽石未经破碎直接返回技术路线的流程考查时，磨机的充填率为 35%，高于破碎上层筛筛上产品和顽石外排时的 30% 和 31%；（2）未破碎顽石返回起着小磨矿介质作用，提高了研磨、剪切等磨矿作用频率，倾向于生产更多的细粒级产品。而与之相比的顽石破碎和顽石外排技术路线则减弱或消除了耐磨顽石的磨矿作用。尽管在流程考查是顽石直接返回技术路线的新给矿粒度比其他两种也相对小些，但这不应该是造成产品细的主要原因。

2016 年，在 Paddington 选厂的 SABC 流程进行了一短期的顽石外排工业试验，观察到类似的现象，该技术路线也没有获得很高的最终产品量（即旋流器溢流固体量）。但是，应该注意到，在顽石外排后，并没有对整个磨矿流程优化，例如，二段球磨机的能力利用率低等。从磨矿作用机理而言，顽石作为矿石中最难磨物料，通过流程结构和参数优化应该能大幅度提高顽石外排技术路线的处理能力。对于半自磨而言，顽石的粒度，特别是破碎后的顽石粒度明显小于新给矿，因此顽石直接外排带来的优势被粒度大小方面的缺点抵消了一些。因此，顽石外排出流程不一定总能明显增加磨机处理能力。

9.1.4　顽石破碎

无论全自磨还是半自磨磨矿流程，顽石破碎是最普遍最常见的工业实践。从 2002 年开始 Cannington 选厂全自磨机生产操作进行了大幅度的改变，引入了顽石破碎作业。与 2002 年的 280t/h 处理量相比，2004 年的处理能力超过 410t/h。与之同时，磨矿产品粒度也从 2002 年的 90μm 放粗到 2004 年的 160μm。这些生产的变化也反应在全自磨机磨矿的粉碎率上。图 9-3 显示了 2002 年引入顽石破碎机前流程考查结果而计算出来的粉碎率，并与 2004 年的粉碎率对比。从图 9-3

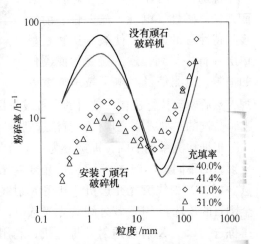

图 9-3　Cannington 选厂全自磨机粉碎速率[138]

中可见，小于 15mm 粒级的粉碎率大幅度下降，而与之相比，+20mm 粒级的粉碎率则大幅度增加。这反映了全自磨机载荷矿石粒度的变化以及顽石排出—破碎造成的结果，但整个全自磨机的处理量和磨矿粒度均增加。

有选厂还通过改造磨矿-顽石破碎机的设备参数尽早从磨机中排出尽可能多和尽可能大临界粒子物料（甚至不是临界粒子）。在这种情况下，该初磨磨机的格子板孔远大于常规磨机的格子板孔。另外，顽石破碎机也尽可能破碎顽石至尽可能细。实际上，这种磨机操作像开路全自磨磨矿流程。与标准的全/半自磨机流程相比，这种流程的另外一个特点是其初磨磨机的能力比较小而二段磨机的能力比较大。它的优点是大幅度降低了矿石可磨性和粒度波动对整个流程处理能力的影响，保障了生产稳定性和效率。

9.1.5　顽石拣选

拣选选矿是最原始的选矿方法之一。最初是由人工手选（如图 9-4 所示）开始，目的是在原矿进入选厂之前将挑选出的高品位矿石单独处理，或废石提高给矿品位降低（磨矿）能耗提高回收率或经济效益。另外一种是从从废石或废料中由人工挑选出期望的物料或产品。
现代工业的拣选原理与手工拣选基本
相同，但通过各种传感技术识别目的
物料，然后通过机械方法和分离系统
把它从其他物料分开。拣选技术在过
去的 20~30 年已取得了长足的发展。

　　拣选是利用各种物料（矿石）表
面光性、磁性、电性、放射性、射线
吸收特性等的差异，使被分选物料呈
单层（行）排列，逐一接受检测器件
的检测，检测信号经电子技术放大处

图 9-4　手工拣选

理，然后驱动执行机构，使目的颗粒或非目的颗粒从主流中偏离出来，从而实现
物料分选的一种方法。现代矿石拣选则是以传感器为基础。

　　根据检测系统不同，拣选分为：（1）漫反射差光选机，利用矿物表面的漫
反射差的不同进行拣选。（2）透光度差光选机，利用矿物的透明度不同进行拣
选。（3）X 射线荧光光选机，利用 X 射线对矿物激发的可见荧光进行拣选，如
金刚石的拣选。（4）紫外线荧光光选机，白钨矿在紫外线照射下会发出荧光而
得拣选。（5）X 射线透射差拣选机，利用矿物对 X 射线吸收率不同进行拣选，
如煤与页岩。采用该拣选方法时必须排除厚度的影响。（6）红外线反射差拣选
机，用于拣选石棉。（7）γ 射线拣选机，利用铀矿、钍矿放射的 γ 射线进行拣
选。（8）电导率或磁性差拣选机，利用矿物电导率或磁性的差异进行拣选，例
如金刚石嵌布于金伯利岩中，后者具有弱磁性，可用该机选别。拣选机广泛应用
于拣选黑钨、金、金刚石、铀、菱铁、重晶石、滑石、石膏、石灰石、石棉、白
云石、白钨、锡、斑铜、黄铁、锰、钼、银和煤等矿物。

　　如图 9-5 所示，通常采用给矿机或皮带运输机给入拣选机，矿石在输送设备
上必须是单层，这样拣选头才能有效反应每一块矿块的特征，然后把每一块矿石
的信息传给电子设备，甄别每一块矿石特性最后区分是矿石还是废石。既然拣选
头必须收集每一块矿块的信息，因此拣选只适应块度不太大也不太小块状和粒状
物料的分选，分选粒度上限可达 250~300mm，有效下限可低至 10~20mm。通常
拣选前需要分级和清洗（洗矿）作业。目前拣选在金属矿山应用主要集中于剔
除混入围岩，很少用于对矿石进行分选，大块矿石的解离度往往太低而不足以拣
选出尾矿。金刚石常采用拣选分选工艺。

　　Palabora 矿业公司铜矿矿石性质比较特殊与一般铜矿石不同，它主要有 3 种
性质不同矿物组成，即含铜矿物、磁铁矿和玄武岩。该矿山的顽石主要由玄武
岩、碳酸盐矿物和磁铁矿组成，粒度在 5~70mm。顽石中玄武岩的比例比较高，

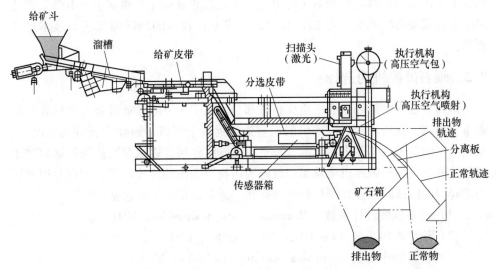

图 9-5   Palabora 矿业公司铜矿采用的矿石拣选机结构示意图[136]

硬并且是几乎不含铜的贫矿石。这些玄武岩顽石返回磨机通常导致顽石循环载荷增加。

　　Palabora 铜选厂进行了顽石在线拣选机工业试验。试验中采用了两种拣选设备，依次为光线拣选和磁力拣选（干式磁选机）。入选物料粒度为大于 19mm。顽石被连续拣选出来并分别储存在不同的仓，各种不同产品图片如图 9-6 所示。拣选投入试验后，磨机处理量立即从原来的 550t/h 提高到 750t/h。数个星期工业试验期间处理量增加程度均不低于 10%。在试验期间全自磨机的磨矿比能耗从原来的 11.5kW·h/t 降低到 8.4kW·h/t，数星期的试生产期间稳定于 9.6kW·h/t。

(a) 顽石（白色为碳酸盐矿物；　　(b) 光学拣选产品　　　　　(c) 磁力拣选产品
　　深色为磁铁矿和玄武岩）

图 9-6   Palabora 选厂顽石拣选效果[136]

　　拣选技术并不适于所有的矿石，目前顽石拣选工业应用案例极少。但磁力拣选（干式磁选）广泛应用于磁铁矿（铁燧岩）矿石，如澳大利亚的 Savage River

磁铁矿矿山采用磁滑轮对顽石进行分选，非磁选顽石剔除率通常小于10%。拣选出的顽石需要运输到废石堆场，对于人工成本比较高的地区需要进行技术经济评估。

9.2　顽石破碎机的选择

破碎机是整个粉碎作业的重要组成部分，对于为下游作业准备合适的物料起着重要作用。众所周知，破碎机的能量效率远高于磨机，因此在允许的情况下，在选矿界倾向于在实践中尽可能发挥更多破碎机作用，以便尽可能降低破碎磨矿的整体能耗。圆锥破碎机依赖于对破碎腔内物料实施的破碎能量。有许多因素影响破碎腔内的破碎作业和颗粒粒度破碎比。通常的影响因素包括：

（1）设备机械设计参数（Mechanical Design Variables，MDV）。

（2）给矿物料变量（Feed Material Variables，FMV）。

（3）设备操作参数（Machine Operating Variables，MOV）。

（4）设备极限。

（5）容积极限（包括最大给矿粒度和处理量）。

（6）功率极限。

（7）破碎力极限。

（8）流程设计及与其他设备的相互作用或影响。

在市场上有3类通常采用的顽石破碎机，即（1）动锥上下运动的单缸液压圆锥破碎机（也称为单缸圆锥破碎机），其排矿口可以根据受力受压情况自动调整，典型机型为Sandvik CH系列；（2）传统的排矿口锁定型圆锥破碎机，典型机型为Metso MP系列、Flsmidth minerals的XL1100、Kawasaki的KC6223 Z EHD等。现代大型机型常采用多个液压缸锁定定锥的上下部分和排矿口，通常也称为多缸圆锥破碎机；（3）高压辊磨。通常需要前两种之一先破碎，也有一些矿山采用颚式破碎机破碎顽石。

9.2.1　顽石破碎机机型

圆锥破碎机机型不同，排矿口调整和控制方式也不一样。

其中一种圆锥破碎机设计是：破碎机主轴-动锥系统座在下面的液压缸上，同时定锥是固定的。液压缸顶起和回落调整排矿口。这个液压系统同时还起着保护设备过载作用，例如当设备运行功率或液压超过设定值时，动锥部分会随液压而下移，导致排矿口增大，释放工作载荷。对于过大非可破碎物料（如磨矿钢球，螺母螺栓，甚至溜槽衬板等的磨损件），它还起着保护设备避免损坏的作用，液压缸将快速排空，降低动锥，增加排矿口使这类物料通过。在正常操作中，液压系统通过调整和控制动锥主轴的位置来保持作业排矿口。英文称之为

Hydrocone 破碎机，强调液压顶起破碎锥；而中文被称为单缸圆锥破碎机，强调只有一个液压缸，与中文称呼的多缸圆锥破碎机相对应。但实际上，两种类型圆锥破碎机的液压缸的作用几乎完全不同。典型设备有 Sandvik 的 CH 系列圆锥破碎机，Metso 的 G 系列圆锥破碎机和 Thyssen Krupp 的 Kubria 系列圆锥破碎机。

　　另一种圆锥破碎机的设计是：破碎机的破碎头和动锥在垂直方向的位置固定并偏心旋转。而定锥固定在上机壳上，它与破碎机主体通过一个大直径螺旋纹相连。随着动锥和定锥的磨损，破碎机上壳旋转向下运动而保持排矿口在设定值。上壳与主机采用液压缸链接，当设备过非可破碎大块物料时，液压缸释放，排矿口急剧增大，允许这类物料通过。这些液压缸沿机体的外壳分布，为了锁定机体上壳，需要多个液压缸，因此中文称为多缸圆锥破碎机。这种机型在英文通常命名为 HP 型。典型设备有 Metso 的 HP 和 MP 系列和 FL Smidth 的 Raptor 的系列。这两种设备示意图如图 9-7 所示。

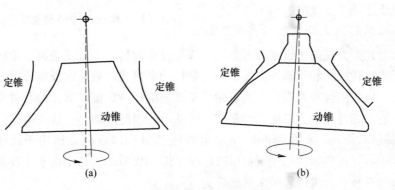

图 9-7　圆锥破碎机种类与结构差异
（a）动锥液压顶起型圆锥破碎机
（Hydrocone，单缸液压型，顶部有轴承，动锥破碎面陡，与水平面夹角为 55°左右）；
（b）定锥多液压缸型圆锥破碎机
（HP，多缸液压型，动锥破碎面坡度比较缓，通常在 45°~50°）

9.2.2　单缸（Hydrocone）圆锥破碎机

　　在一些应用情况，特别是单段全自磨磨矿流程，它们并不总期待高顽石破碎性能。实际上，在这些应用中，顽石破碎机被设计用于控制磨机载荷和功率，而不是像半自磨流程一样要求高破碎比。除了顽石破碎机运转在转/停模式或部分旁路直接返回路线外，另外一个良好的选择是采用单缸（Hydrocone）型破碎机，这是因为这种机型结构允许操作在最佳顽石破碎机排矿口到最佳功率的广泛范围内。这种圆锥破碎机的排矿口可以在线调节，无须停料调整，不影响正常生产操作。对于单段磨矿流程作业，比较适于这种单缸（Hydrocone）型破碎机，它甚至允许在线自动调节。典型设备结构如图 9-8（Sandvik CH 系列）所示。

单缸（Hydrocone）型破碎机的主轴支撑系统不仅提供了过载保护，允许铁质物体或其他不能破碎的物体通过，而且这些物料通过后能自动恢复到原来的排矿口设定值。因此不会因为过铁等频繁导致整个生产中断。该设备还能在设备仍然处于生产运转的情况下自动补偿动锥、定锥磨损，因此破碎机产品粒度特性比较一致稳定。另外 Sandvik 的 Hydrocone 单缸液压机型还提供了其独特的 PLC 控制单元。其 PLC 控制的电动排矿阀提供了有效的过铁保护，它能快速高效降低运转压力峰值和设备所受的机

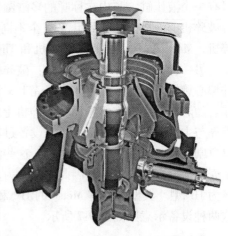

图 9-8　CH860/CH865 圆锥破碎机结构

械挤压力，大大提高了设备的可靠性。该类设备的另一个特征是可以带载荷调整破碎机的运转模式和状态，如排矿口、最佳功率模式。通常该设备可以运作在设定矿排矿口或最佳功率模式。前者是设备试图维持设定排矿口，而后者允许排矿口变化范围相对比较大以便获得最佳运转功率，因此过载是会自动调整排矿口。

据报道，Sandvik 的 Hydrocone 单缸液压机型 CH865 可以运用于处理很硬的铁燧岩矿石。这些很硬的顽石可以破碎至 P80 = 10.8mm，这是由于该设备更大电机装机功率和更大破碎腔带来的破碎力。

9.2.3　传统 Symons 型圆锥破碎机

这种圆锥破碎机机型最早由 Symons 兄弟于 20 世纪 20 年代发明，现在已经全球闻名。旧型 Symons 圆锥破碎机是通过弹簧保险系统的过载保护装置使铁块通过破碎腔而不危害设备。在这种情况下，碗形定锥在正常生产情况时，是与一系列弹簧固定在指定位置上。当不能破碎的物体进入破碎腔后，由于动、定锥之间的工作压力大幅度增加，碗形定锥将对抗弹簧的作用力而弹起来，排矿口增大，大部分情况下允许这些铁块等不能破碎物料通过。现代设计已经采用一系列的液压缸取代弹簧，液压装置的反应速度更快且更多机会允许不能破碎物体通过。与上面介绍的 Hydrocone 单缸液压圆锥破碎机有很大不同，Symons 型圆锥破碎机必须停止给矿，并等破碎腔内排空后才能通过旋转上部定锥来进行排矿口的调整，通常排矿口调整耗时比较长，能高达 5 ~ 10min。一旦设备带料运转时跳停，需要检查破碎腔是否仍有物料。如有物料则需要清空才能重启。典型 Symons 圆锥破碎机结构如图 9-9（Metso 的 HP 和 MP 系列）所示。

这种顽石破碎机要求比较干净且干燥的给矿才能实现最佳工艺性能，设备完好率相对比较低。因此对于所有全/半自磨机，特别是小型全/半自磨机，通常需要采用振动筛取代圆筒筛进行更好的筛分和洗矿作业。含大量泥和水的顽石容易在破碎机的动锥表面积料，进而导致设备"环跳（Ring bounce）"，使设备过载跳停甚至设备毁坏，同时积料现象导致设定排矿口与实际排矿口不一致，即改变了排矿口大小。对破碎机破碎腔中细颗粒的积料清理还增加了设备的停车时间，降低了设备完好率。

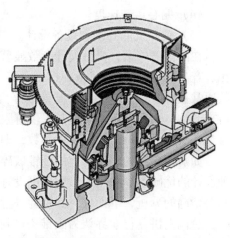

图 9-9　传统圆锥破碎机结构示意图

解决问题的办法之一是在进破碎机前增设一筛分作业，用于除去顽石中的细颗粒和携带的水。这样降低了破碎机容积性过载和细颗粒积料等的概率以及造成的环跳现象。通常造成环跳的原因如下：

（1）不易破碎的混杂物，如铁块、木头、塑料、橡胶等。

（2）不均衡的给矿分布，如给矿仅给到一侧。

（3）给矿物料的离析，即一个方向物料大，而另一个方向主要为细料。

（4）给矿中细料太多，一般要求小于破碎机窄侧排矿口 CSS 的量平均不超过 15%。

（5）进破碎机前没有足够筛分或筛孔太小。

（6）进破碎机前筛分作业效率太差，如物料运行状态不好，筛板材质不对，给矿方式有问题等。

（7）给矿物料水分太高，如超过 5%。

（8）对于给定物料特性，破碎机排矿口设的太小。

（9）破碎机安装的衬板类型不对，如对于给矿粒度而言给矿口太小。

9.3　破碎机的结构和操作

9.3.1　机械设计参数

圆锥破碎机的机械设计参数是指在圆锥破碎机设计时，已经给定或固化了的参数。主要的机械设计参数包括：

（1）圆锥头的枢轴点。

（2）圆锥头倾角。

（3）偏心距。

（4）偏心运转速度。

（5）破碎机的腔型和设备设计。

在圆锥破碎中，机械设计参数显著地影响设备的能力应用、破碎效率、破碎比、产品粒度/形状和衬板磨损寿命等。在圆锥破碎机设计中，这些机械设计参数通常被综合到一个给定的圆锥破碎机中，但是破碎腔/衬板设计除外，它仍可后来调整。通常设备制造商只提供有限的这些基本设计参数变化。这些机械设计参数一起将导致一个最重要的参数，即各种不同的破碎力，包括大小和方向。

如前所介绍的，市场上的圆锥破碎机主要分为两种相互竞争的设计。对这两种设计的优缺点和采用的参数范围没有好坏定论。由于信息的敏感性，它很难做一个精确的分析，下面仅对其特性进行一些描述。

总体上讲，行业界认为圆锥头部衬板的角度越陡，衬板磨损越均匀，相反，锥角越缓，衬板磨损会更不均衡。如通常在细碎破碎机中采用的很缓锥角的圆锥头，在工业实践中发现高锰衬板磨损后出现一凹圈。这是由于破碎作业集中于此处而造成的。通常这种不是很严重的局部高磨损率是可以接受的，造成这种现象的原因有许多，最通常的原因是给矿中某一粒级占主体使破碎作业集中于此；另外一个原因是流经破碎腔的物料对一个固定位置不断的冲击/冲刷而引起的。

圆锥破碎机的枢轴点与偏心角和偏心距相关并一起对破碎力和运转功率有显著影响。在数种形式圆锥破碎机设计中，提高了枢轴点的位置以便提高其生产性能，原因是增加破碎腔上部的相对偏心距和作用力。

9.3.2 顽石破碎机排矿口影响

众所周知，圆锥破碎机的排矿口是一个最经常调节的机械参数。它是指圆锥破碎机动锥和定锥之间距离，最窄处为窄侧排矿口，而它的反侧为宽侧排矿口。最窄的地方通常位于破碎腔的出口处。圆锥破碎机窄侧排矿口决定了破碎机的破碎比并对产品粒度、设备处理能力和运转功率等有显著影响。

圆锥破碎机的排矿口可以通过液压缸或机械螺纹调整，这取决于设备类型。排矿口调节方法对物料处理没有影响，除非需要高频率调整排矿口，这可能导致高磨损。对于 Symons 圆锥破碎机，图 9-10 显示了调整排矿口而需要停设备造成的生产损失。通常调整排矿口以便控制产品粒度，能量消耗和处理量。图 9-11 显示了常规给矿粒度时窄侧排矿口与破碎硬度、产品粒度和能量消耗的关系。图 9-12 显示了 Bruno 模型预测的不同排矿口时顽石破碎机产品粒度分布示意图。

既然顽石是日常中最硬的物料，因此通常优选重型顽石破碎机。设备越重功率越高的设备具有更大的力量和能力操作在小排矿口条件下，并大幅度降低了临界粒子（如 10~70mm 颗粒）在全/半自磨机流程中的累积的风险，以及对磨机处理能力的负面影响。有观点认为，顽石破碎机应该能操作在其排矿口与全自磨

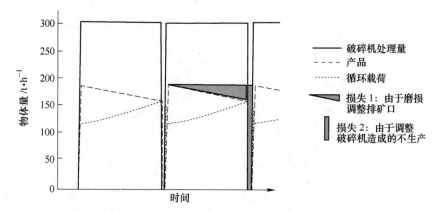

图 9-10　衬板磨损和排矿口 CSS 漂移对破碎机性能的影响（损失）[139]

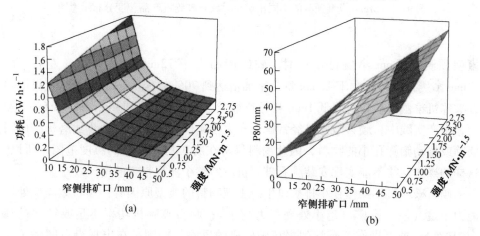

(a)　　　　　　　　　　　　　　　　(b)

图 9-11　窄侧排矿口、矿石破碎强度（Kcb）与能耗和产品粒度（P80）的关系[139]
(a) 能耗；(b) 产品粒度（P80）

机排矿筛的筛孔相同甚至更小的情况下，这也被认为是处理高硬度和高抗冲击粉碎矿石的顽石破碎机设计要求或标准。如果顽石破碎机产生大量粒度稍微大于磨机排矿筛筛孔的颗粒，这不仅会限制全自磨机的处理能力，同时还增加了磨机排矿筛的给矿中近筛孔颗粒的比例，降低了分级效率。它引起的连锁反应是进一步增加了循环载荷的负面影响。为了减弱和消除这些连锁反应可以对磨机排矿筛筛孔重新设计。特别对于没有像旋流器的细分级的全/半自磨磨矿流程，磨机排矿筛孔起着调整顽石循环载荷的作用。如果由于顽石量太多顽石破碎机不能保持设定的排矿口，将导致不能有效降低全/半自磨磨矿的功率，进而对磨矿流程操作引起一系列的连锁反应，最终不得不降低流程的给矿量。

　　把排矿口从 12mm 释放到 22mm（这明显大于常规磨机排矿筛筛孔）预计将对全/半自磨机的顽石返回量或与新给矿的比例有显著影响。例如，依据 Bruno

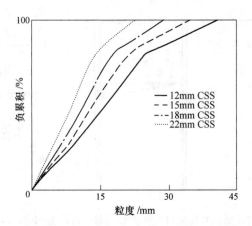

图 9-12　Bruno 模型预测的不同排矿口时顽石破碎机产品粒度分布示意图

CSS—窄侧排矿口

模型预测，12mm 窄侧排矿口时，破碎产品大于 12mm 的量为 36% 左右，而 22mm 窄侧排矿口是大于 12mm 量几乎加倍达到 70% 左右。Crawford 等[140] 报道顽石破碎机窄侧排矿口每降低 1mm 将导致整个流程处理能力提高 2.2%~2.6%。然而，生产实践中，顽石破碎机经常操作在大排矿口，这仅产生少量比磨机排矿圆筒筛或振动筛筛孔小的物料，因此物料保持在磨矿粉碎率低的粒度范围。所以，这样的操作往往不能实现安装顽石破碎机应给整个流程带来的增产效益。

　　顽石破碎机不操作在小排矿口生产更细物料的典型原因有：顽石破碎机处理能力不足（注：排矿口越小处理能力越小）；顽石破碎机功率不足或经常过载（如环跳）；或者操作工感觉到损坏破碎机的风险，特别是在出现半自磨磨矿介质和其他铁块进到破碎腔的时候。许多顽石破碎机供应商宣称他们的设备能操作在 11mm 的窄侧排矿口或甚至更小，这与观察到的工业实践中顽石破碎机普遍采用的 15~25mm 窄侧排矿口形成明显对比，特别是大型顽石破碎机。

9.3.3　偏心距影响

　　从工艺生产的角度讲，偏心距反映了破碎机宽侧排矿口与窄侧排矿口的差异。从机械角度，它是一个偏心轴套。通常偏心轴套位于近破碎机的排矿位置。通常其大小可以由宽侧、窄侧排矿口差来估计，这对设备特性一般性描述是足够的，但是对轴套的偏心距的详细分析显得更重要。既然偏心距控制着破碎腔中最大和最小排矿口，因此也就控制着破碎腔中的破碎比。偏心距同时还影响了破碎机与被破碎矿石物料之间相互作用的动力学。总体而言，偏心距值表现为对处理量的正比的影响，增加偏心距同时调整偏心轴的转速将能实现细破碎产品。尽管在绝大部分情况下，改变偏心距需要大维修停车才能更换偏心轴套，但是在大部分现代圆锥破碎机的设计中，通过两个偏心轴套的组合，可以实现 4 个或更多的不同偏心距，它的调整需要的停车时间短而无需长的轴套磨合期。这种设计的设备很多，如 Metso 的 MP 系列和 Sandvik 的 CH 系列。

对于一个固定的圆锥破碎机，增加偏心距则导致：（1）破碎力增加；（2）破碎机的最大可能功率提高；（3）处理能力增加；（4）由于宽侧与窄侧排矿口差增加导致产品粒度不均匀性增加。对于比较硬的顽石，增加偏心距可能导致设备过载，这需要与设备供应商联系或参考设备手册，估计偏心距增加后可能的破碎机功率范围。众所周知，挤满给矿是通过破碎机效率最有效手段之一，但是偏心距增加将可能降低挤满给矿的机会，这一点对于没有顽石仓或料堆的流程需要谨慎评估增加偏心距带来的益处。同时，一些矿山为了更多机会实现挤满给矿，通过降低偏心距的办法来降低处理能力增加挤满给矿的概率，但是特别应该注意到此时破碎机能实现的最大功率会下降。

9.3.4 偏心轴转速

偏心轴转速对破碎机性能影响也随着破碎机种类和作业特性而变化。增加偏心轴的转速将导致动锥更频繁冲击矿石，因此矿石有更多机会被破碎和粒度降低。偏心轴转速还影响所谓的有效偏心作用，它反过来被用于影响动锥对破碎腔内物料的挤压和粉碎作业。对于现代破碎机，增加主轴转速将降低有效偏心作业进而影响设备的处理能力。图 9-13 显示了改变一细碎作业的 hydrocone 单缸圆锥破碎机的偏心轴转速对产品粒度分布的影响。通常随着转速增加，产品粒度变细。

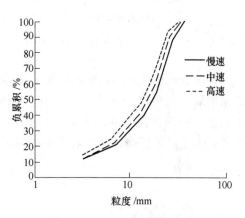

图 9-13　动锥液压缸型破碎机的偏心轴转速与产品粒度分布[141]

从现有的大部分情况而言，破碎机处理能力首先随着主轴转速增加而增加至一极限值，然后处理量随着转速增加而降低。因此，偏心轴的转速是与排矿口配合使用的。调整破碎机主轴速度的一部分原因是用其来补偿衬板磨损给破碎机破碎比带来的影响。图 9-10 显示了常规破碎机性能随着高锰衬板磨损而衰减，这是没有应用先进控制系统进行补偿的情况。

偏心轴速度控制在补偿衬板磨损方面具有一定价值。图 9-14 显示了一个"眼"形主轴转速控制逻辑图。在破碎机标定以后，需要轻微提高主轴转速以便达到期望的处理能力。这个控制逻辑是基于 HP 型破碎机实测性能参数。据报道，与破碎机操作手册的控制相比，应用这个控制逻辑可以延长破碎机衬板寿命且能保持高破碎性能。同时，随着主轴转速而改变的破碎机性能函数清楚表明，固定主轴速度下的破碎机衬板磨损寿命周期的优化不能实现最佳状态。

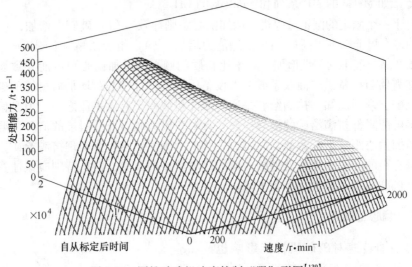

图 9-14　圆锥破碎机速度控制"眼"形图[139]

传统破碎机性能随衬板磨损而衰弱的现象可以通过调整主轴转速和控制排矿口来削弱。图 9-15 显示了一个量化控制实例，通过应用上面的控制逻辑成功地延长了 27% 的衬板寿命，且维持了破碎机的处理能力性能。破碎机衬板寿命增加主要是由于破碎腔高猛衬板表面更均匀磨损造成的。

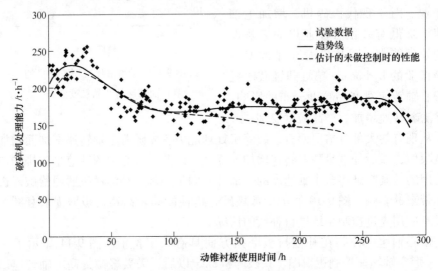

图 9-15　动锥衬板寿命周期处理量的变化[139]

（主轴速度和排矿口控制逻辑影响，与采用调整偏心转速的对比）

9.3.5 破碎机衬板几何形状和磨损影响

破碎机破碎腔（即衬板几何形状）设计对圆锥破碎机性能起着至关重要的作用，它的影响包括：

（1）支配矿石流在破碎腔内运动动力学。

（2）支配能量在破碎腔的分布，进而影响破碎作用性能以及破碎腔内颗粒所受的能量输入效率。

（3）影响设计的工作截面积，即处理量控制点的截面积。

（4）矿石粉碎模式。

在设计破碎机破碎腔时，破碎力的分布不仅产生破碎作用也导致衬板磨损。因此，设计破碎机破碎腔时不仅要考虑新衬板时的性能还需要能在整个衬板寿命周期内保持破碎性能，包括处理能力和破碎比。一个差衬板几何结构不仅是破碎机性能衰减的主要原因，而且是破碎机机械性损坏的主要因素。一个典型不良衬板几何形状将产生过大破碎力，进而导致设备环跳和积料。如果环跳没有反应，它能导致碗形定锥的座磨损甚至毁坏。它也是设备主结构框架主要损坏的前奏。它还可能导致发生一系列部件的提前疲劳损坏。

从工艺性能要求方面，破碎机衬板几何形状（见图 9-16 中不同型号破碎机的不同型号衬板）必须能引导料流顺利通过破碎腔，还必须保持在动锥与定锥之间有合适的啮合角。正确啮合角设计是对整个破碎过程至关重要。一般而言，19°啮合角或更低倾向于产生高破碎力和破碎压力。如果啮合角偏小，将导致破碎腔过小，容纳的矿石量相对减小，对产量造成影响，同时增加设备的制造费用和机器的高度。如果啮合角过小，大块矿石会往上挤，导致平行碎矿区出现临时局部"空载"和"偏载"现象，表现为破碎机功率波动偏大，同时还导致处理大幅度下降。当啮合角大于 25°时（注：还取决于矿石块与衬板（通常为高锰钢）之间的摩擦系数），矿石在破碎腔内容易打滑而不是使矿块破裂，使生产能力降低，同时增加了衬板的磨损和电能消耗。圆锥破碎机衬板规格通常是按能生产的产品粒度命名的，其主要差异是平行碎矿区的长度不同。平行碎矿区是圆锥破碎机粒度均匀的保证区域。平行区长度增加，有利于粒度的控制，但排矿能力相对减小；平行区长度减小，有利于排矿，但碎矿粒度不易保证。另外一个主要差别为允许的最小排矿口不一样。在对于任何一型号圆锥破碎机，它们均可安装不同型号衬板，通常最少有 5 种，即超细、细、中等、粗和超粗。值得注意的是获得细产品粒度是以牺牲破碎机处理能力和允许的最大矿块为代价的。

破碎机衬板几何形状沿着整个衬板长度方向变化，形状变化取决于设计的各点所受的破碎力大小。对于一个给定破碎机衬板几何形状，破碎机给矿中物料的粒度分布和硬度对其磨损位置和程度有巨大影响。换句话说，可以依据破碎机磨

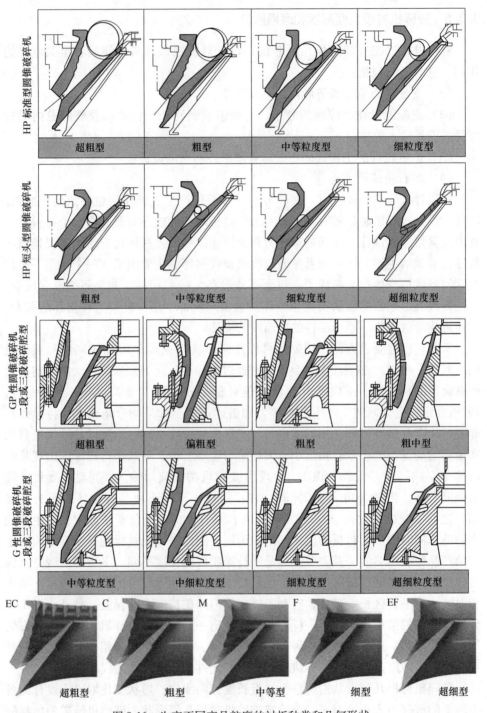

图 9-16　生产不同产品粒度的衬板种类和几何形状

损衬板后的几何形状或几何形状的变化来推测破碎机衬板主要受力位置，为进一步的优化提供数据。

对于顽石破碎而言，给矿粒度比较宽，最大粒度能达 60~100mm，且要求产品粒度细，通常要求产品 P80 为 10~20mm 之间。它不像磨矿前的中或细碎作业，它的给矿粒度被预先筛分作业很好控制着。有时为了应对格子板磨损后排出的超大矿块，在顽石破碎机动锥衬板上增加了破碎超大块破碎结构。

图 9-17 显示了一顽石破碎机衬板磨损前后几何形状的变化。从照片中可见，在中间位置出现一明显磨损凹圈，这反映了破碎力分布明显不均匀，同时磨损后衬板会大幅度影响破碎力的大小。在工业实践中发现，磨损衬板表面出现许多不连续的磨损台阶是衬板连续磨损的结果，这也是破碎机衬板正常磨损现象。

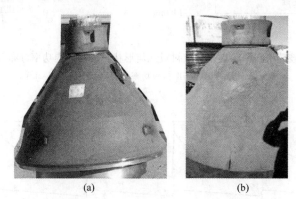

图 9-17 顽石破碎机动锥非均匀磨损
（a）新动锥；（b）磨损后动锥

破碎机衬板磨损会改变破碎腔内破碎力的分布同时改变破碎作用的能量消耗分布。图 9-18 显示了破碎机衬板磨损引发的破碎能量重新分布导致的产品变粗，但总能耗相近。由于破碎机衬板磨损导致的破碎比损失给下游的破碎或磨矿作业带来了额外负荷。因此破碎机衬板磨损会导致整个粉碎作业（可能包括破碎和磨矿）总能耗增加。图 9-19 显示了破碎机衬板磨损对下游粉碎作业负荷变化的影响。这意味着可以通过重新调整破碎机衬板策略实现提高能量效率。图 9-20 显示了通过频繁更换破碎机衬板策略来优化整个流程的总能耗的模拟结果和可能性。

9.3.6 给矿物料准备和给矿方式

破碎机给矿物料准备经常被忽视，或者一般只关注的挤满给矿。挤满给矿如图 9-21 的照片所示，是指破碎机的破碎腔内保持足够的物料，其程度没有统一标准，但通常认为破碎腔内的物料高度要达到破碎机机头轴承的下沿，最好能覆

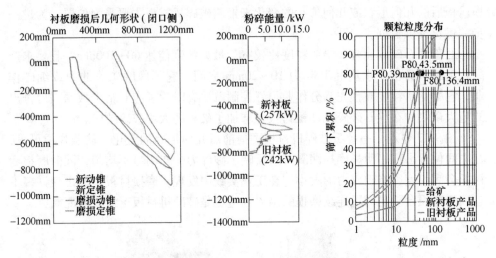

图 9-18　模拟破碎机新旧动锥、定锥衬板几何形状，破碎腔内功率分布及产品粒度[139]

（运行总功率相似，新旧衬板功率分别为 257kW 和 242kW）

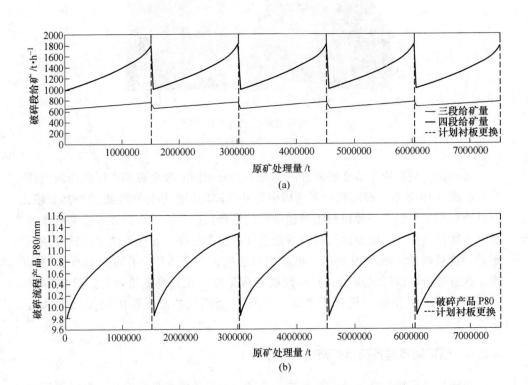

图 9-19　破碎机衬板磨损的影响

（a）对三、四段破碎给矿量影响；（b）对破碎产品 P80 影响[139]

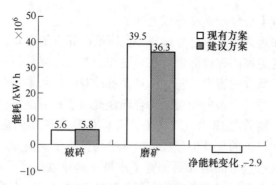

图 9-20　提高衬板更换频率与破碎能耗降低[139]

图 9-21　挤满给矿状态

盖机头的固定横梁。挤满给矿是现代破碎机设计理念中非常重要的一部分，也是最希望的操作特征，它有助于稳定破碎机的生产操作。但是还有许多给矿物料特性一样同等重要。在旧的圆锥破碎机理念中，破碎机被设计成非常强悍，能几乎对抗实践中出现的任何问题且保持合适的产品特性，因此在这种理念指导下，缺乏关注和了解给矿物料特性对破碎效果的影响。随着破碎机设备大型化，破碎机设计理念已改变，并且生产操作条件也有所变化，例如以前的破碎机经常运转在如下情况下：

（1）破碎机直接从分级筛给矿。

（2）没有给矿量控制。

（3）破碎机前没有给矿仓。

（4）给矿中颗粒偏析（即大块与小块没有混合均匀）。

（5）物料沿破碎腔周边分布不均匀。

　　20 世纪中叶以前，破碎机设计主要应对各种非最佳条件下的生产，这导致破碎机被制造成重型机械设备且机械强度极高，同时还由于缺乏破碎过程粒度粉碎性能的预期。在 20 世纪 50~60 年代的破碎机安装说明手册清楚明确表达和强调了给矿物料必须十分仔细地准备或处理。

新破碎技术和理念的发展已导致新一代圆锥破碎机的出现，它们的特点是高处理能力、能输送更高的破碎能量、甚至更细的产品。但是新一代圆锥破碎机的缺点是它们对给矿条件的容忍性差，一旦设备没有操作在最佳条件下，会降低破碎机的工艺性能，并且设备的相对结构合理性提高了，但是整体的相对机械强度不如以前机型高。随着处理"贫"矿石，破碎厂和选矿厂的规模近年来急剧增加，这就要求增加设备的尺寸但颗粒粒度几乎保持不变。例如，与以前相比，输送皮带机为了应对通过量的增加而加宽了皮带，这导致更严重的物料偏析现象，提出了合理转运物料问题以避免或削弱偏析现象对大型破碎机的负面影响。

为了获得最佳破碎性能，给矿量必须有效控制。理想状态为流程设有给矿仓/料堆，并采用给矿机持续稳定供矿，以及通过变速装置控制给矿量。这种布局能确保破碎机不会出现空腔运转和动锥自由旋转（free-spin）。现代圆锥破碎机被设计成有一个稳定的作用力通过设备上的某一个点传递到轴套上，并且保持在规定的负荷内。不良的给矿控制使设备运转脱离了这些条件，并且降低了设备机械完好率，甚至给设备造成巨大危害。

给矿分布是众所周知的影响圆锥破碎机性能的因素之一。给矿分布至少有两个方面的特性，即：（1）破碎腔内周边物料的比流量或物流的速度，即物料在破碎腔周边的分布均匀程度。（2）给矿颗粒离析，即在破碎腔内的一个区域的物料颗粒明显粗或细于其他区域。尽管绝大部分情况下，正常破碎作业面临的其他生产参数也不是理想状态，但通常不会对破碎机性能造成巨大恶劣影响。但是物料离析和不均匀给矿则不是一个可以忽略不计的小问题，它们是导致破碎力太高和破碎低效的主要原因。

图 9-22 显示了一台圆锥破碎机给矿照片。在最初检查时，给矿表现为很好地集中在中心位置并很好在四周分布。同时破碎腔料位比较高实现完全挤满给矿。因此，该破碎机破碎性能也很好。

传统破碎机的仪器仪表数据率比较低，不利于对设备运行状态的监控和性能分析。现代的圆锥破碎机的设备运转状态参数监控数据率极高，通常是通过设备本身自带控制系统（PLC）进行调控的。设备

图 9-22　常规皮带机给矿造成的给矿离析照片[139]
（前面为大颗粒；细颗粒集中后）

运转参数高频率数据将有利于发现和研究设备的几乎瞬时状态和性能，如功率瞬

时过载等。这些数据与肉眼观察到没有明显差异，但它们是实时的连续的数据。

图 9-23 显示了图 9-22 中圆锥破碎机运转的高频生产数据，左、右两图分别为同一破碎机在相似工作压力情况下，给矿粒度分布均匀和离析条件下的运行情况。当离析现象消除以后，设备的工作压力波动或整个振幅明显降低。这样带来的效果是破碎机的液压过载频率大幅度下降，排矿口能长时间保持在稳定范围。从工艺生产结果的角度讲，破碎机产品粒度分布更稳定，循环负荷降低。同时破碎机能操作在更小的排矿口条件下，产生更细的产品。从机械安全的角度讲，由于破碎机长期在比较低的压力下运转，其机械损坏事故的机会就大幅度降低。

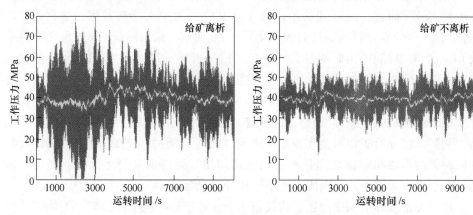

图 9-23 离析和混合良好给矿对顽石破碎机工作压力的影响[139]

9.3.7 给矿物料变量

所有岩石物料、矿石和矿物在性质都存在天然波动。重要的给矿物料变量有：

（1）给矿物料的强度。

（2）堆密度。

（3）给矿粒度分布和最大给矿粒度。

（4）给矿水分含量。

与破碎最相关的岩石强度指数和测量方法已经讨论和研究了几十年。许许多多方法测量的参数都在不同程度上取得了成功。主要测量的强度参数有：

（1）邦德破碎功指数，Bond Crushing Work Index。

（2）破裂韧性。

（3）单轴抗压强度。

（4）抗拉强度。

（5）落重试验测试的强度。

无论采用以哪一项强度测试，它都提供了与破碎强度相关的指示或估计，应用合适的数学相关方程，可以预测破碎机的功耗和产品粒度分布。这取决于测试过程中获得信息的程度和精度，都可以在一定精度水平上作出预测。

从理论上讲，圆锥破碎机具有处理在一定矿石块度局限下各种粒度给矿的能力，其程度取决于破碎机的动锥与定锥的组合。大部分设备供应商提供一整套动锥定锥衬板组合，从超细到超粗。圆锥破碎机衬板组合种类还取决于设备大小、品种（如标准和短头）和应用情况（如中碎、细碎）等。一般而言，给矿粒度不应该超过破碎腔的给矿端最大入料口（图 9-16 中上两组图中破碎腔的上部标识尺寸）的 80%。但是在不同文献中，给矿粒度的定义不同。对于破碎机作业允许的最大粒度而言，最合理的给矿粒度定义应该为最大给矿粒度，通常为 P98（即物料中 98% 重量颗粒通过时的粒度），一般而言，最大给矿 P98（给矿物料参数）应该与破碎腔的给矿端最大入料口（破碎腔的设备参数）相近，甚至允许略大于破碎腔的给矿端最大入料口。圆锥破碎机也能处理片状或窄长物料，但处理能力会有所降低。

如果给矿粒度与破碎机衬板几何结构不相配，它有可能会降低破碎机破碎性能。例如，部分给矿物料会在破碎腔的入口之上"架桥"。架桥是指大块矿石留在破碎机的动锥和定锥之间且不受到破碎作用。架桥现象会降低破碎机处理能力，对于中、细碎作业，肉眼一般不能从外面观察到。

通常圆锥破碎机制造商还会建议把小于或等于破碎机窄侧排矿口的物料从给矿中剔除（通常为筛分除去细粒级）。多年来这种理念有所改变，特别是产品形状对产品很重要的时候，如砂石行业。细颗粒的存在增加了给矿的堆密度，因此增加了颗粒间的破碎几率和还可以对在动锥与定锥之间物料产生高挤压强度，促使物料破碎或产生裂隙。同时，这也倾向导致破碎机高功率，特别是在三段或四段破碎时，给矿中的细颗粒经常导致"积料"和"环跳"。一旦发生环跳，这表明破碎机已经达到了其作用力的局限，进而可能导致破碎性能大幅度下降，增加设备机械毁坏的机会。生产实践中，允许给矿中小于破碎机窄侧排矿口的量达到 15%~20% 水平，特别是顽石，这是因为顽石中极细颗粒特别少。

圆锥破碎机制造商的另一个给矿特性要求是水分不超过 4%~5%。一般而言，这条水分含量规定还取决于给矿粒度分布、细粒级含量和矿物种类和数量。在一些情况下，破碎机破碎性能随着水分增加而急剧恶化，这表明从某一角度讲，无水分将有利于破碎作用。给矿水分带来的另一个问题是它会加快衬板磨损和导致过大破碎力，这是由于水分加强破碎腔内的积料现象。

9.3.8　案例分析：给矿和衬板的影响

2016 年，在西澳洲的一黄金矿山的典型 SABC 流程进行了顽石破碎机的优化工作。该矿山半自磨机格子板孔为 75mm×120mm 长条孔（新），但磨损后可达

90mm×140mm。磨机排矿筛筛孔为 8mm（前端）和 6.7mm。如图 9-24 中的照片所示，顽石中有大量偏大和偏细的颗粒，粒度范围也比较宽。原来曾经采用中等（Medium）、中粗（Coarse medium）或中细（Medium fine）型号破碎机衬板。更重要的是该破碎机运转在给矿离析和不均匀给矿情况下，如图 9-25 中的照片所示。同时，更换下来的定锥衬板表明存在严重不均衡磨损，针对顽石破碎机衬板磨偏情况，设备供应商建议定期旋转定锥 90°来均衡磨损程度。采用金属-金属（Metal-Metal）标定方法时，排矿口标定零点为低磨损处的动锥位置，而高磨损处并不在零点。当动锥下降一定高度满足计算排矿口值时，只有低磨损区域在设定排矿口，而高磨损区域的排矿口可能远大于设定排矿口，即实际排矿口大小大于设定值且不能通过标定模式来消除排矿口的偏差。如下设备运转指标充分反映了该顽石破碎机工作状态远低于设计或最佳状态。

图 9-24 顽石粒度情况

（最大颗粒大于 80mm×120mm；大量颗粒小于 10mm 颗粒；排矿筛孔为 8.0mm 和 6.7mm）

图 9-25 顽石破碎给矿改造前给矿严重离析和偏析

（1）破碎机运转功率仅在 60~80kW，当时窄侧排矿口为 8mm（设备允许的最小值），而设备装机功率为 315kW。

（2）操作液压缸顶起压力小于 1.5MPa，而设备设定最大允许压力为 5.2MPa。

（3）设备运转功率和液压波动幅度太大等。

顽石破碎给矿改造前破碎性能如图 9-26 所示。

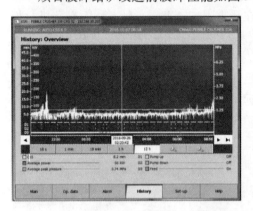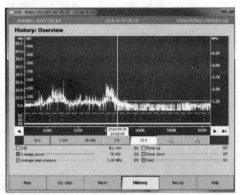

图 9-26　顽石破碎给矿改造前破碎性能

针对以上顽石破碎机运转情况，进行了如下改造：

（1）衬板几何形状或破碎腔型选择：从原来的中细定锥衬板和 B 型动锥衬板改为细产品粒度（Fine）型动锥衬板和"重挤满给矿"（Heavy Choke）动锥衬板。这种衬板有助于生产更多细粒级，同时还考虑到顽石破碎机给矿粒度矿的特征。

（2）顽石破碎机给矿溜槽初安装限流装置和导向板，如图 9-27 所示。这样允许给矿均匀在破碎腔四周分布，并对给矿进行了混合降低了离析现象。给矿集中于破碎机的动锥头部，强化了均匀给矿，如图 9-28 中的给矿流照片所示。

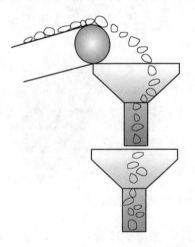

图 9-27　顽石破碎机给矿限流及混矿装置示意图和照片

图 9-28　顽石破碎机给矿溜槽：给矿限流装置和中心给矿

　　通过以上两改造后，顽石破碎机破碎性能大幅度提高，如图 9-29 中设备运转指标图所示。顽石破碎改造后产品图片如图 9-30 所示。与改造之前相比，在相同的排矿口设定条件下（设定值为 8mm，但实际排矿口依据破碎机负荷情况会时不时自动轻微调整），改造后运转指标如下：

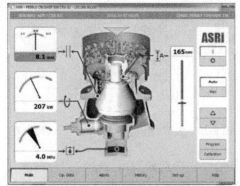
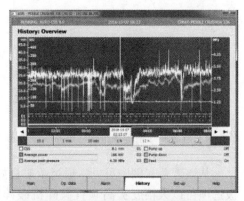
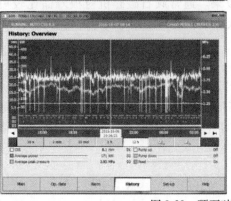
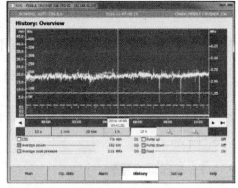

图 9-29　顽石破碎系统改造后性能

（1）顽石破碎机 12h 平均运转功率超过 150kW，最大功率高达 250kW。

（2）破碎机 12h 平均工作液压压力超过 3.0MPa，最大液压（实为短时间内的平均值）达 4.5MPa。

（3）顽石破碎机运转功率和工作液压波动幅度大大降低。

（4）由于顽石破碎机过大，没有实现挤满给矿。

图 9-30　顽石破碎改造后产品图片

（5）破碎产品粒度 P80 从原来的 23mm（见图 9-31 中粒度分布）降低到 11mm 左右（如图 9-32 产品的照片所示）。

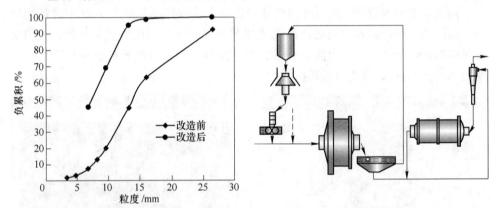

图 9-31　顽石破碎系统改造前后产品粒度分布　　图 9-32　大型采用高压辊磨的顽石破碎流程

从该工业实例中可见，通过给矿良好混合、破碎腔四周均匀给矿和合理的衬板选项可以大幅度提高顽石破碎机破碎效果。通常顽石破碎机衬板寿命比较短（通常为 3～6 周），这给以上改造提供了大量的机会而无须专门停产进行。

9.4　高压辊磨在顽石破碎中的应用

在顽石破碎系统，高压辊磨典型用于圆锥破碎机破碎之后返回全/半自磨机之前，典型工艺图如图 9-32 所示。由于高压辊磨能把顽石粉碎至 3～6mm 甚至更细，因此高压辊磨的应用可以彻底消除临界粒子的累积现象，为进一步提产创造了条件。

9.4.1　高压辊磨基础

高压辊磨是利用两个相向旋转的辊（固定辊和浮辊）并借料柱重力给入两

辊子间的粉碎腔，并被连续带入辊间。由于辊对物料挤压作业形成挤压区域，然后反传达给浮辊，物料通过挤压区域的反作用力导致一定的操作排矿口，即两辊之间的最小距离。这个排矿口对高压辊磨处理能力有巨大影响，也决定了高压辊磨能获得的最大处理量。当颗粒粒度小于这个排矿口时，颗粒粉碎是有颗粒之间的相互挤压成料饼而实现粉碎的。这与传统辊式破碎机不同，它往往单靠辊面的接触进行粉碎。在浮辊上实施的力影响颗粒粉碎，因此，实施的功率越高颗粒粉碎的越细。比挤压力被定义为整个力的大小除以辊的截面积，这是一个主要参数用于建立各种大小高压辊磨之间的关系。类似地，比处理量是一个参数用于表征一台高压辊磨能获得的相对设备的处理能力。比处理量定义为实际处理量除以辊的截面积和辊的旋转速度。比处理量取决于被处理物料的性质和操作压力。高压辊磨的中运行功率由辊的扭矩和辊的角速度决定，与所实施的磨矿力成正比。

颗粒在粒群中的相互挤压下所受压力是不同的，这产生不同程度的粉碎，因此产品粒度分布较宽。最终产品成片状料饼排出，料饼内含有一定比例的微细颗粒，有的颗粒内部充满许多微裂纹，这使颗粒强度大大降低，对后续粉磨作业极其有利。

无论采用高压辊磨处理圆锥破碎机破碎后的物料，还是直接从全/半自磨机排矿筛筛上对全/半自磨磨矿流程均具有很大优势，也是非常有吸引力的选择，这是因为它将削弱磨矿瓶颈。与现有传统顽石破碎机相比，高压辊磨能生产出很细的产品。但是，一般情况下，顽石颗粒粒度对于直接进高压辊磨太粗。另外近圆形的顽石形状也对高压辊磨的粉碎作用有一定的负面影响。

一般不推荐采用高压辊磨直接处理磨机排料。一般高压辊磨给矿物料最好小于其操作排矿口以便把辊面磨损最小化并促进完全的颗粒之间的破碎作用。对于粗粒给矿，给矿中允许最大颗粒取决于啮合角，这一点与传统辊式破碎机生产操作相似。由于啮合角的局限，同时还考虑到辊面磨损最小化，一般而言可以接受的最大给矿粒度为操作排矿口的 1.5 倍左右（注：这是对于全粒度物料而言，即包含细粒级），或者给矿 P80 与高压辊磨操作排矿口相近。对于顽石破碎作业，给矿中细粒级被筛分除去了，粒度范围窄，超粗颗粒因子为 1.2 或更小。

从物理的局限上讲，现代大型（直径 3m）高压辊磨能处理直径高达 90mm 的颗粒。依据高压辊磨的重要原则和试验数据，操作排矿口一般为辊直径的 2.5%左右。因此，对于直径 3m 的辊和一个中等粗颗粒因子，最大颗粒尺寸为 100mm 是允许的，即为 80%~90%通过高压辊磨操作排矿口 75mm 左右。取决于高压辊磨直径，通过调整磨机格子板孔尺寸可能实现磨机排矿直接采用高压辊磨粉碎。考虑到顽石是被筛分除去了细粒级，通常仍建议混一部分细粒级新给矿作为高压辊磨的给矿。

另外考虑到磨损率，给矿中有大量超过高压辊磨操作排矿口是不经济的，应该尽量避免。

　　未破碎的顽石给矿的粒度分布是不完全的，即细粒级被去除了，这对于高压辊磨粉碎而言，它还有另外一个缺点。取决于给矿中最初细粒级含量，在许多案例中，去除细粒级给矿的产品粒度与全部破碎后给矿的产品粒度相似，通常只是略粗。虽然净细粒级产品产生量高，但是这并不意味着残粒级给矿至少与全粒级给矿有相同的粉碎效率。残粒级给矿通常导致比处理能力显著下降。既然顽石中细颗粒比较少，大块顽石之间的空隙没有足够的细颗粒充填导致物料的堆密度降低，进而导致比处理能力下降。取决于给矿粒度粒级窄的程度，与全粒级给矿相比，高压辊磨比处理能力可能下降 35% ~ 40%。在许多矿山，顽石表面是相对光滑圆形。或多或少光滑近圆形顽石状物料向下运动通过操作排矿口上方的压紧区域时，其压实效果比较低。消耗在位置比压力的净比能耗会增加，与全粒级给矿相比，能耗能增加高达 50%，这是因为它或多或少地与重量轻密度小的物料重量成反比。

　　另外一个与残粒级或顽石性窄粒级给矿的现象是可能面对相对高的辊面磨损率。残粒级给矿通常有更多的"可移动"颗粒数量，一般这会导致辊表面形成的"自身"物料保护层不结实，当与进入顽石中相对粗颗粒接触时，趋向于破坏辊面的保护涂层，物料与辊面的相对滑动也起了作用。因此，残粒级给矿将增加磨损辊面的更换频率进而导致生产操作成本增加。另外一方面，剔除全/半自磨机中高硅高硬的顽石成分或除去磨机载荷中磨矿速率低但高摩擦磨损性能的物料可能降低磨矿介质的消耗。

　　综上所述，采用高压辊磨直接处理未破碎顽石可能是没有好处的，但可以通过人为添加细物料来改善性质。例如，在高压辊磨顽石给矿中混入一部分选厂新给矿，或在通过改造磨机排矿系统以便生产更多中等粒级颗粒并进入到顽石流程。另外一个办法是采用高压辊磨闭路流程，例如，一部分粉碎产品返回或高压辊磨产品分级提供一个宽粒级分布以便提高磨损寿命并有利与颗粒粉碎。

　　为了避免高压辊磨单元过铁，需要设计一个很好的铁质检测和提产系统，包括铁质磁力分离机（如磁性皮带机）、金属探测器和随后的铁质排除装置。这种系统应该尽可能安装在靠近高压辊磨的位置，最好直接在高压辊磨给矿溜槽的前面。

　　大于高压辊磨操作排矿口的超大岩石相当于直接在高压辊磨辊的表面直接增加一个相等的载荷，它将导致高磨损率和高生产操作成本，其程度与矿石重量成比例。如可能，安装一个安全筛，或者在前面的破碎机的破碎作业严格控制设备的排矿口。另外，设计高压辊磨时，选择一个合适的长径比允许更大的岩石通过。

　　矿石的矿物组成或地质物理组成极少是一致的。一部分比较硬，而另一部分比较软，因此，顽石部分的性质也可能是明显变化的，例如过渡带金矿石或条带状铁矿石。因此，顽石破碎流程要求有一个可变的处理能力。对于高压辊磨而言，比较容易实现，只要安装一个变速驱动系统就允许调节辊速实现所需处理能力。传统顽石破碎设备存在处理能力与产品细度的矛盾，需要运转在一个平衡点。随着顽石物料给矿量增加，顽石破碎机被迫操作在一个更大排矿口条件下。因为破碎机粗粒产品更多，这将增加全/半自磨机的载荷。对于高压辊磨，它利用变速驱动系统的优点可以提高设备处理能力，进而增加全/半自磨机的处理量15%~30%。需要选择或应用一个合适的控制系统用于监控和保持高压辊磨给矿溜槽或料仓中物料料位。同时，通过料位信息控制辊速或实施一个更合适的操作压力水平，并平衡顽石给矿率与产品颗粒特性。

另外，高压辊磨前的给矿系统设计需要特别注意物料的混合，在辊的宽度和长度方向上均实现物料的均匀分布。无论是在辊的宽度还是长度方向的物料离析将造成辊面不均匀磨损和产品粒度特性达不到要求，并进一步导致辊提前磨损和更换。

一般而言，给矿水分对高压辊磨的生产有巨大影响。尽管顽石破碎上游是湿式作业，但是顽石通常水分还是比较低的。由于顽石物料的体积和表面积比值比较高，顽石表面的自由水平会很好地重新分布到破碎产品中。

高压辊磨最大优点是单机处理能力高但能耗低。在顽石破碎应用方面，它最突出的优点是可以粉碎顽石到至足够细，足以达到球磨机给矿粒度要求。甚至其中一部分产品在预先分级作业中可以直接旁路球磨机作为最终磨矿产品进入下游作业。另外，还观察到高压辊磨粉碎产品将降低下游球磨机磨矿功指数并倾向于提高解离度，改变程度与有效高压辊磨粉碎物料占整个给矿的比例相关，甚至有时不很明显。

对于全/半自磨机粉碎率的分布的分析表明，主要是在20~90mm粒级范围的物料粉碎率低。这也表明传统顽石破碎机产生的大量物料的粒度仍在临界粒子粒度范围内。但是，高压辊磨产品粒度范围比较宽，分布率峰值出现在最大破碎率的峰值之下，许多细颗粒出现在"细粒级低破碎率"区域。通过筛分除去细粒级后，物料将集中于最大粉碎率区域。对一半自磨机的处理能力模拟结果表明，采用这种办法后，磨机处理能力增加达30%。

高压辊磨引入全/半自磨磨矿流程将允许大幅度增加全/半自磨机的处理能力。从破碎顽石开始，高压辊磨将给全/半自磨机产生大量细粒循环物料，但也可以不循环回全/半自磨机而直接输送到下一段作业或球磨磨矿。高压辊磨粉碎会给下游作业带来其他益处，如降低了球磨磨矿功指数，增加了矿物解离度和产生大量细粒级（无需球磨再磨）。磨矿功指数下降的案例：通过邦德球磨磨矿功指数测量发现一铜矿石的顽石来源于矿石中比较硬的部分，该矿石的平均功指数

（125μm）为 11.9kW·h/t。高压辊磨前的顽石物料平均功指数为 13.5kW·h/t。高压辊磨粉碎后，破碎的顽石功指数降低了大约 16%，降低至 11.3kW·h/t。

高压辊磨的另外一个潜力方面是它能粉碎未经处理的顽石。这是因为现在高压辊磨直径已经足够大，以致可以接受高达 90mm 物料。全/半自磨机通常顽石产率比较低，还远低于标准高压辊磨单机的处理能力。例如，大部分直径为 2.4~3.0m 高压辊磨的辊长为 1.7~2.2m，假定顽石处理的比处理量为 225t·s/（h·m³），在设计辊速时这些单机处理能力在 2000~4500t/h。目前，单台磨机顽石最大产量在 900t/h 左右。因此，高压辊磨必须在很低速度下运转，或者通过缩短辊的长度来满足顽石给矿率。这样将导致高压辊磨的辊直径为 3.0m，但其长度仅为 0.6m 左右。这种几何形状大大限制了设备的设计和材质的选择。通过考虑到高压辊磨不可避免的边界效应，辊的磨损分布和产品粒度将受到严重影响。

基于以上原因，对于顽石率相对比较低的选厂，目前仍需高压辊磨作业前采用传统顽石破碎机破碎来降低顽石粒度并改变顽石形状，以便满足高压辊磨给矿要求。

9.4.2 应用实例

9.4.2.1 Empire 选厂

如图 9-33 所示，Empire 选厂的全自磨生产线 22~24 装备有高压辊磨，顽石首先采用 7Symons 短头圆锥破碎机破碎，然后进入高压辊磨再破碎，高压辊磨应用提高了效率。高压辊磨破碎后产品返回初磨机，生产实践证明这些细粒级物料更容易磨至要求粒度，因此磨机功率下降，处理量增加。高压辊磨把预先破碎至 40mm，顽石进一步破碎至 50% 通过 2.5mm，所需能耗为 1.7kW·h/t。高压辊磨处理能力达 400t/h（80% 的 Empire 4 的顽石量），结果显示初磨磨矿率平均增加

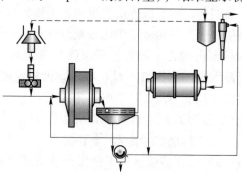

图 9-33 Empire 选厂高压辊磨顽石破碎流程

（生产线 22~24；磨机排矿筛筛孔：上层 12.7mm，底层 1.2mm；格子板孔：65mm；圆锥破碎机产品粒度：-40mm；高压辊磨产品粒度：P50=2.5mm）

了至少20%，对于一些种类矿石，对处理能力的影响甚至加倍。相应地，初磨磨矿比能耗下降，在显著提高磨机能力同时有效降低了初磨能量消耗。

因此，Empire 选厂成功地应用和组合了高压辊磨技术到全自磨磨矿流程处理磁铁矿矿石并提高了产量。Empire 选厂研究了在整个 Empire 流程中引入高压辊磨的可能性。对 Empire 4 选厂顽石高压辊磨处理前后的可磨性进行了测试。结果显示这些顽石物料的可磨性显著提高，矿石越难磨，提高幅度越大。

9.4.2.2　Penasquito 选厂

对于安装有大型高压辊磨的选厂，还可以给高压辊磨配入一些（去除粗粒级后）新给矿。在 Penasquito 选厂，在上游的半自磨机作业，由于原矿硬度不高，实际生产顽石量比流程设计时预期的低。因此，顽石圆锥破碎机开路作业之后的高压辊磨利用率低。流程如图 9-34 所示。为了增加选厂处理量，该高压辊磨流程改造成与某些全/半自磨机平行作业处理新给矿，并同时破碎全/半自磨机产生的过多的顽石，如图 9-34 虚线部分所示。

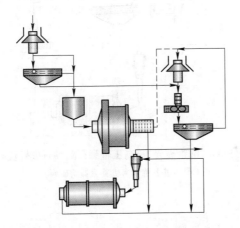

图 9-34　高压辊磨在 Penasquito 选厂应用流程
（粗破碎排矿筛筛孔：50mm；全/半自磨机排矿筛孔：12mm；
高压辊磨排矿筛筛孔：6mm；旋流器溢流粒度：P80 = 125μm）

9.4.2.3　南美某铜矿石

该矿山的基本顽石处理工艺为，半自磨机顽石粒度为 50~15mm，采用传统圆锥破碎机破碎，窄侧排矿口为 12mm 左右，破碎后顽石返回半自磨机。选厂给矿量为 5200t/h，顽石量为 600~900t/h。改造目标为半自磨机扩产至平均处理量6000t/h，磨机功耗为 14MW。半自磨机排矿筛筛下产品进入下一段球磨作业，采用旋流器预先分级的闭路磨矿流程。已磨细颗粒可以直接进入下游的浮选粗选作业。当研究把产量从 5200t/h 提高到 6000t/h 时，首先考虑是通过把一部分破碎的顽石料直接返回到球磨机，这样半自磨机的工作负荷降低了就可能实现提产目标。进而，考虑引入高压辊磨处理顽石物料，这是因为高压辊磨有能力产生球磨机所需的细粒给矿，且含很少量的中等粒级颗粒。这样将使半自磨机处理能力提高但总能耗相近，同时由于高压辊磨产品的大量微观裂隙将提高矿石的可选性能。

改造提出了两种可能流程结构：（1）开路顽石破碎流程，即顽石先采用圆锥破碎机破碎，然后进入高压辊磨粉碎，产品旁路半自磨机直接进球磨流程的旋流器给矿泵池，如图 9-35 所示。（2）顽石采用圆锥破碎机破碎后进入高压辊磨闭路流程，排矿筛筛孔为 0.6mm，如图 9-36 所示，筛上返回高压辊磨而筛下进球磨机磨矿系统。

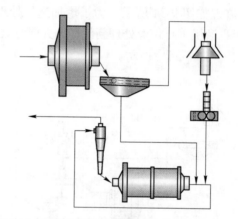

图 9-35　圆锥破碎机-高压辊磨开路顽石破碎流程
（产品进下游球磨机旋流器给矿泵）

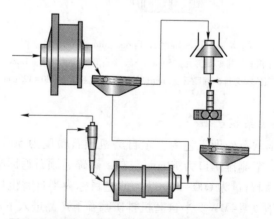

图 9-36　圆锥破碎机-高压辊磨闭路顽石破碎流程
（分级筛孔为 0.6mm，产品进下游球磨机旋流器给矿泵）

当时生产处理能力为 5200t/h，顽石返回率为半自磨机处理量的 15% 左右。表 9-3 列出了实现 6000t/h 提产目标的各种流程模拟结果。从半自磨机载荷中提前排除比较硬的顽石可以降低半自磨机总能耗，比能耗从 2.35kW·h/t 下降到 2.25kW·h/t。估计的圆锥破碎机功耗为 1.0kW·h/t，高压辊磨比能耗为 1.2kW·h/t。采用闭路高压辊磨流程结构，总选厂粉碎能耗从 11.4kW·h/t（圆锥破碎机破碎顽石直接返回球磨机）下降到 10.1kW·h/t，这允许整个选厂处理能力从 5200t/h 提高到 6000t/h。如果不进行流程改造，提产将导致半自磨机功率超载，达到 14.1MW。

表 9-3 圆锥破碎机和高压辊磨顽石破碎性能比较[142]

圆锥破碎机产品流向	流程1：现有流程-返回半自磨机	流程2：返回球磨机	流程3：开路高压辊磨	流程4：闭路高压辊磨
选厂给矿/t·h^{-1}	5200	6000	6000	6000
半自磨给矿/t·h^{-1}	6000	6000	6000	6000
半自磨机功率/kW	14100	13500	13500	13500
顽石破碎机给矿/t·h^{-1}	900	900	900	900
顽石破碎机功率/kW	900	900	900	900
HPGR 给矿/t·h^{-1}	0	0	900	1260
高压辊磨功率/kW	0	0	1080	1512
球磨实际给矿/t·h^{-1}	4077	4758	4650	4542
球磨机功率/kW	44773	53773	48298	44553
总运转功率/kW	59773	68173	63778	60465
总单位能耗/kW·h·t^{-1}	12	11.4	10.6	10.1

对于一些已有旧厂，现有流程布局可能限制了现有顽石圆锥破碎机产品再返到新设置的高压辊磨系统，如现有顽石圆锥破碎机直接位于新给矿皮带运输机上方，可考虑其他可供选择的流程，例如圆锥破碎机给矿分级生产适合高压辊磨给矿并考虑适当混入一部分新给矿的方案。一些可能采用高压辊磨粉碎顽石的流程如图 9-37 所示，在这些工艺流程中还应该考虑在高压辊磨的给矿中混入磨机新给矿可能性。

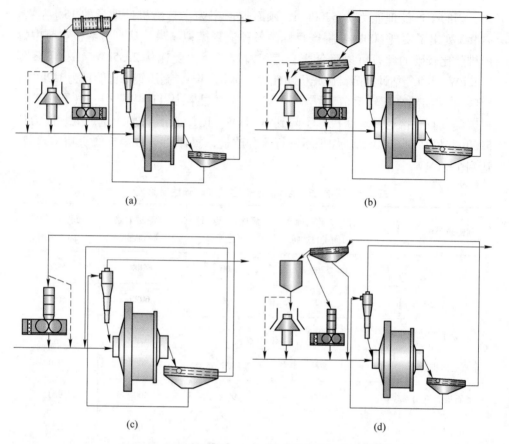

图 9-37　采用高压辊磨（HPGR）顽石破碎前景流程

9.5　顽石破碎机操作与效率

对于有顽石储存能力的流程，顽石破碎机经常需要能操作在转-停模式以便与磨机排出的顽石量相配。这样会造成周期性波动的磨机磨矿行为，包括磨机载荷和运转功率。在生产操作中应该考虑避免这种周期性变化。有效而简单的办法是：（1）当顽石破碎机工作时稍微降低一点新给矿量；（2）当填充顽石仓或料堆的时候（没有顽石返回），相应地增加新给矿量。在现代控制系统（如级联控制逻辑），已经可以实现采用增减新给矿的方式来补偿未破碎或破碎后顽石波动（通常包括顽石量和粒度分布）对磨机磨矿的影响。这样，几乎可以实现稳定磨机操作，特别是磨机载荷稳定。

在没有顽石仓和顽石料堆的情况下，顽石破碎机趋向于过大设计，这是因为需要应对顽石高峰期功率和处理量的要求，因此与流程需要能力在很大程度上不相配。在这种情况下，通常采用如下方案使设备产能尽量与顽石率相配。(1) 应用所谓的"紧"破碎机控制操作模式，即把破碎机排矿口降低得尽可能小，顽石破碎得尽可能细，尽可能使设备能力与顽石量相配（注：圆锥破碎机排矿口越小处理能力越低）。(2) 可以通过调整圆锥破碎机设备参数（如衬板型号和转速）的方式调整圆锥破碎机的最大产能，详见破碎机的机械设计参数章节。(3) 圆锥破碎机给矿溜槽设计成溢流模式，即当顽石量超过破碎机的处理能力时，直接溢流到产品皮带输送机上；当然也可以通过增加排矿口方式提高处理能力。(4) 其他部分旁路模式。(5) 通过调整磨机设备参数调整顽石生产量，如格子板开孔面积和开孔尺寸，矿浆提升格结构等。(6) 通过调整磨机操作参数调整顽石产量，如磨机转速，磨矿浓度，给矿粒度分布等。

在以上情况下，一般都不能充分发挥顽石破碎机的能力。例如西澳的一磁铁矿项目，设计有两顽石仓和对应的各一台顽石破碎机（注：一工一备）。图 9-39 显示了常规顽石破碎机操作模式下的 30 次顽石破碎作业的流程考查结果。数据显示顽石破碎机只有效地降低了大于 25mm 粒级的顽石量，但是 10~20mm 粒级的量变化很小。因此该流程的处理能力也被限定在一低水平。

该矿山研究充分利用全自磨磨矿流程中所有破磨设备的能力的可能性。进行了一次工业尝试，即满负荷同时运转两台顽石破碎机。在这种新的操作策略下，通过增减新给矿控制磨机载荷，但磨机运行功率没有列为控制参数，除非功率太低时进行调整。生产数据如图 9-38 所示。

从数据中可见，顽石破碎机排矿口的调节对新给矿率有一个滞后影响，但该顽石破碎机的窄侧排矿口降到 15mm 水平，流程的新给矿处理量显著增加。当只运转一台顽石破碎机时，破碎机的窄侧排矿口必须增加到 24~28mm 才能与顽石产量相配；而运转两台破碎机时，窄侧排矿口允许降到 15~16mm，甚至更小排矿口。当采用小排矿口时，顽石破碎机的设备安全和流程稳定是巨大的挑战。这种传统型顽石破碎机机在如此小排矿口时，出现高频率的"环跳"，甚至设备机械故障。由于该矿石的高摩擦磨损性能，如果窄侧排矿口在 15mm 左右，顽石破碎机衬板寿命仅为 14 天左右。由于在此运转条件下的机械故障、环跳、标定以及衬板更换等影响，该操作策略实施时间仅为整个流程运转时间的一半左右，同时还给生产操作造成巨大挑战和风险。例如，一台破碎机在更换衬板时，另一台破碎机衬板已经磨损过半，这导致两台破碎机都不能使用的风险大幅度增加。如果两台破碎机均不能使用，整个生产线必须停产，而这种大型圆锥破碎机的衬板更换时间达 36h 以上，但是这给全自磨技术处理高难磨矿石开创了一种新思路，即充分利用顽石破碎提高全自磨磨矿技术的适应性。

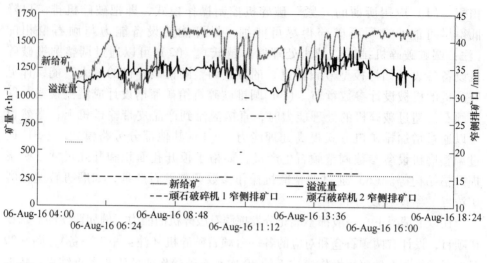

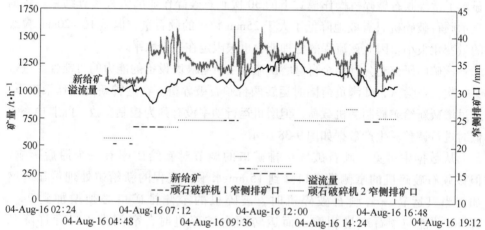

图 9-38　顽石破碎机小排矿口时全自磨流程磨矿响应
（溢流量为计算值，与新给矿存在仪器仪表测量误差）

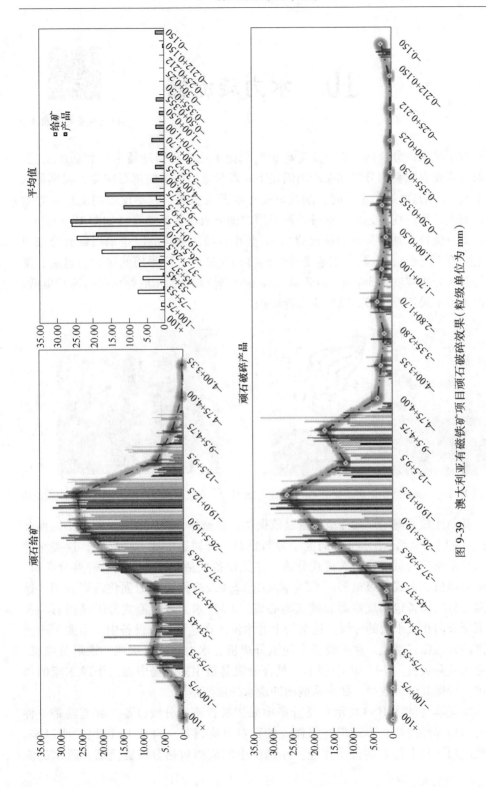

图 9-39　澳大利亚有磁铁矿项目顽石破碎效果（粒级单位为 mm）

⑩ 水力旋流器

扫码观看彩色图表

对于绝大部分金属、贵金属等矿山，无论采用全自磨还是半自磨磨矿工艺，一般都需要有配套细分级作业产出满足下一段分选所需求的矿石粒度。特别是采用单段全/半自磨磨矿工艺时，细粒分级作业尤为重要，它不仅影响流程处理量还影响生产稳定性。选矿工业最普遍采用的细分级设备是细筛（如图 10-1 所示）和水力旋流器（通常简称为旋流器）。一些小直径的磨机有时也采用螺旋分级机（如图 10-2 所示），但其应用越来越少，特别是新建选厂采用的更少。目前，细筛的有效分级粒度为 $38\mu m$，但是单位设备或单位筛分面积的处理能力通常极低，通常不得不采用叠筛模式以减少占地面积。

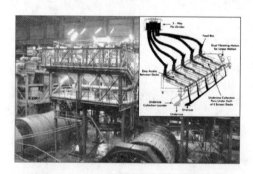
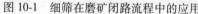

图 10-1　细筛在磨矿闭路流程中的应用　　图 10-2　螺旋分级机在磨矿闭路流程中的应用

　　其他比较普遍的湿式分级设备是依据颗粒在流体介质中的沉降速度不同而分离的。（1）当流体沿水平方向流动并与颗粒沉降轨迹形成一个夹角，这类水力分级技术被称为沉降或交叉流式分级。这类设备包括耙式分级机、螺旋分级机、锥形分级机、箱式分级机等。（2）离心沉降涉及应用离心力强化沉降分离。这种离心分级设备包括旋流器和鼓式离心机。（3）水力或逆流式分级是指有与颗粒沉降方向相反水流的分级，通常为上升水流。在这种分级设备中，需要干净的水流注入以保持逆流。这类设备有逆流分级机、水力箱式分级机、锥形分级机、流化床式分级机。（4）离心和水力复合分级是指中离心场中加入干净水流的作用进一步提高分级效率，如有从侧面冲洗水的旋流器。

　　旋流器（如图 10-3 所示）是选矿中采用最普遍的分级设备。旋流器是一种没有运转部件的静止不动但连续作业的颗粒分离设备。自从 19 世纪发明以来，已经应用于各个行业的许多作业。在选矿中的应用包括分级旋流器、脱水旋流器、脱泥旋流器、除渣旋流器、浓缩旋流器、尾矿干排专用旋流器等。旋流器的优点包括：无运动部件，占地面积小，处理能力高，设备造价低，操作运营成本低和操作容易等。另外，旋流器的操作具有相当的灵活和可调整性。旋流器越来越普遍，还因为制造成本低，制造容易，维修方便等。旋流器还可以用于不同相之间的分离，如固-液、液-液和液-气等分离。

图 10-3　旋流器及旋流器组图

10.1　细粒分级

水力分级是指依据由于颗粒在流体介质中的沉降速度不同而产生分离的方法。如果流体介质有一个上升速度时，当颗粒的沉降速度大于流体速度时颗粒将下沉；而当颗粒沉降速度小于流体速度时流体将携带着颗粒将一起向上运动。这样就可以获得粗、细两产品。既然颗粒的分离是基于相对的沉降速度，因此水力分级不是直接按颗粒的粒度分离的，而是与粒度间接相关。相对运动速度是不同力作用于颗粒的综合结果。因此，水力分级被视为一种间接按颗粒粒度分离的方法。

颗粒在流体中的自由沉降是 3 个基本力综合作用结果，即重力 F_g，它的作用是使颗粒朝下运动，与朝上的阻力 F_d 和浮力 F_b 相反。颗粒最初是加速的，但当重力与相反的力平衡时，颗粒不再加速，速度达到最大，自此，沉降速度不变，即为众所周知的沉降末速。这时颗粒上的力平衡为：

$$F_g = F_d + F_b$$

对于一个球形颗粒，当其直径为 d_p，密度为 ρ_s 时，其质量为 m：

则：
$$m = \frac{\pi d_p^3 \rho_s}{6}$$

因此，颗粒由于重力场作用所受的重力 F_g 为：

$$F_g = \frac{\pi d_p^3 \rho_s g}{6}$$

F_b 为颗粒排开流体而受的力（即浮力）为：

$$F_b = \frac{\pi d_p^3 \rho_f g}{6}$$

式中，ρ_f 为流体密度。

对于细颗粒在层流情况下的沉降，颗粒所受阻力仅由流体的黏滞力引起。黏滞力取决于颗粒直径 d_p，颗粒的沉降末速 v_t 和流体黏度 μ，公式如下：

$$F_d = 3\pi d_p v_t \mu$$

因此，求解以上方程可得沉降末速 v_t 为：

$$v_t = \frac{d_p^2 (\rho_s - \rho_f)}{18\mu}$$

根据上式，当两个不同密度颗粒有相同的沉降末速时（即采用自由沉降方式不能分开），颗粒大小比 d_a / d_b 为：

$$\frac{d_a}{d_b} = \left(\frac{\rho_b - \rho_f}{\rho_a - \rho_f} \right)^{1/2}$$

式中，d_a 和 d_b 分别为两个不同密度颗粒的直径；ρ_a 和 ρ_b 分别为不同的密度。

上式清楚地表达了颗粒密度对细颗粒分级的影响。有时水力分级也发生在干涉沉降条件下，这时通常颗粒的体积浓度高，干涉沉降将放大颗粒密度对水力分级的影响。

水力分级机（包括静态和离心分级设备）仍是小于 250μm 颗粒分离、分级的设施或设备的基本选项。这主要是因为最常用的筛分技术在细粒级筛分时筛分效率变得很差，这是由于细筛的开孔率大幅度下降和易堵筛孔造成的。此外，工业界采用的水力分级技术比大部分粒度分离（筛分）设施都处理能力高但占地面积小。另外细筛筛面易磨损消耗量大，增加了生产运营成本，且明显高于现有的水力分级设备。

流化床式粒度分离设备是采用上升水流把沉降末速小于上升水流速的颗粒携带到溢流中，而粗颗粒沉降进入底流。然而，当颗粒尺寸下降到 150μm 以下，颗粒的沉降末速太少达不到可接受的处理能力要求。离心力场的应用将加速颗粒的运动，进而为在超细颗粒分离应用提供了可能，并且可以实现相对高的固体流量或处理能力。Knelson 分选机本质上是一种机械式离心机。如图 10-4 所示，该机组包括一个高速旋转的碗形分选腔。分选腔的侧壁上有许多孔，水流通过这些孔进入分选腔壁上的圈与圈之间凹陷环中。在凹陷环中的矿浆将受到这些向内水流的作用，形成流化床。自动夹管阀的开启将把这些留在凹陷环之间的粗粒或大比重的颗粒排放到专门的槽中，通过阀门开度控制流量，而超细颗粒从分选腔的顶部流入溢流槽。

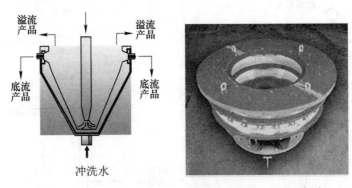

图 10-4　连续式 Knelson 分选机结构示意图和分选腔[143]

　　机械式水力分级机应用了一些机械作用来影响颗粒分离，它包括螺旋和耙式水力分级机。给矿从螺旋或耙式分级机的中间位置给入槽体，然后流向排矿溢流堰。粗颗粒在到达排矿溢流堰之前沉到槽体，然后由于耙子或旋转螺旋的作用朝上移动，最终从出口排出作为粗粒级产品。细颗粒溢流过排矿堰作为细粒级产品。螺旋分级机这种机械式水力分级机包括一个倾斜式圆底槽体和螺旋状旋转部件。在槽体的低端和溢流堰围成一个矿浆池，细颗粒从溢流堰排出。矿浆池的深度与螺旋直径的比为淹没比。根据淹没比分为低堰式、高堰式、沉没式。低堰式是指整个螺旋轴都暴露在矿浆面之上，淹没比小于 90%；高堰式的淹没比为达120%；沉没式的淹没比可达 150%；后两种螺旋低部完全淹没在矿浆中。淹没比大小也决定了分级粒度。低堰式的分级粒度为 840~210μm 范围，而高堰式和沉没式的分级粒度分别为 300~74μm 和 200~50μm。对螺旋分级机，超细颗粒短路和分级不完美值分别为大约 15% 和 0.25~0.5。螺旋分级机倾向于在槽底积砂（粗颗粒），这将导致螺旋耙升物料能力下降和矿浆浓度增加，进而降低了分级效率且分级粒度变粗。

　　离心水力分级机应用离心力强化粗颗粒从细颗粒中分离。它包括分级旋流器和各种其他离心分级机，如筛式碗形离心机（screen bowl centrifuger）和逆流离心分级机（the Counter-flow centrifugal classifier）等。

　　分级旋流器是在煤炭和选矿行业中使用最广的分级设备之一。图 10-5（a）显示了传统经典分级旋流器的结构示意图。它包括上部的圆柱体和下部的锥形部分。为了克服细颗粒夹带进入底流，一种改进性旋流器（如图 10-5（b）所示）在低椎体部分引入了冲洗水清洗往下旋转运动矿浆流以便减少细粒夹带。

　　对水力分级效果有负面影响的因素有黏度和流变压力。随着颗粒变细和颗粒数量（浓度）增加，这两者急剧增加。在非牛顿流场中，流变压力能阻碍颗粒之间的自由运动，在分级旋流器中经常观察到流变压力现象造成超细颗粒短路。

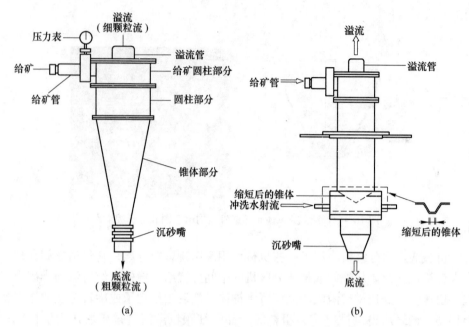

图 10-5　传统旋流器和有冲洗水的 Cyclowash[144] 结构示意图

（a）传统旋流器；（b）有冲洗水的 Cyclowash

当超细颗粒固体体积浓度超过 10% 时，流变压力将产生影响，克服该影响的办法包括加振动和采用化学药剂分散。短路是细颗粒在流体介质中不能自由运动的结果。因此，细颗粒被水携带在粗颗粒中间，进而进入旋流器的底流粗粒产品中。由于没有有效分级，因此降低了分级效率，也影响了粗粒级产品的特性。颗粒比重影响能使低比重的煤炭进到溢流，而这些煤炭颗粒明显粗于整体的分级粒级（d_{50}），这是因为其他颗粒有足够大的比重可以沉降运动到沉砂嘴而进入粗粒级产品。旋流器中的紊流和波动也会降低分级效率。既然一个平稳的流态将能更好地分离颗粒，紊流和波动甚至能导致更多的颗粒分级错误。没有足够的分级或停留时间也将限制工业生产应用的水力分级机获得最佳分离效果的能力。

10.2　旋流器基础

　　旋流器一直保持着其在采矿业中最重要分级设备位置。尽管旋流器在工业生产中应用已经超过一个世纪，但是至今尚未完全了解旋流器分离原理和机理，以及旋流器内流态分布和特征。作为一种固-液两相分级设备，旋流器是依据物料的粒度、形状和比重进行分级的。高压、含有固体颗粒的矿浆流从切线方向给入旋流器，进而物流受到高离心力的作用。离心力（F_c）是颗粒分离的驱动力。离心力将产生一个涡流或旋转流，这促使重或大颗粒向旋流器内壁移动，同时，向下运动到旋流器的沉砂嘴。同时，由于旋流器沉砂嘴尺寸的限制，它将导致一个向上的涡流，最终通过溢流管。轻颗粒将被向上的旋转流裹带并通过溢流管，大部分流体也向上排出。

通常旋流器的出口直接与大气相通，这会导致旋流器内部的区域低（负）压，由于溢流管的存在使之在旋流器中心形成一个稳定的空气柱。从沉砂嘴排出物料为底流（U/F），它主要由高固体浓度（通常为 60% ~ 85% 固体）的粗颗粒组成。从上部的溢流管排出的为溢流（O/F），它主要由细颗粒组成，且固体浓度也比较低（通常为 20% ~ 40% 固体）。通常溢流中的物料为所需的产品，将输送到下游进一步处理。

所有水力分级的分离都不是理想或完美的，旋流器分级总存在一定数量的短路降低了分级效率。短路将导致粗颗粒被裹带到溢流产品中。同时，更普遍的是细颗粒由于机械夹带作用滞留在粗颗粒组成的床层中流向沉砂嘴排出。事实上，绝大部分细粒是因为跟随着水流而滞留在粗粒中，这是造成细粒进入底流的关键原因。因此，尽管一些选厂需要低浓度的底流，但是为了提高细粒的分级效率应该均可能减少底流中水的流量或分配比例。

10.2.1 旋流器内部流场

旋流器内部流场经常描述为外圈为向下的螺旋流和中间向上的螺旋流共同组成，如图 10-6（a）所示。在一个稳态下，流体在径向的移动是流体能从向下方向转为向上流动的必要条件。如图 10-6（b）所示，在旋流器的垂直截面上流态分为 4 种。首先是旋流器中心的空气柱，它贯穿整个旋流器，从沉砂嘴出产生到溢流管排出。第二部分是旋流器顶部的短路。第三部分是在旋流器上部的涡旋流。第四部分是整个流态中重要的部分，即截面上的零垂直速度包络面。

流体与旋流器顶部板的摩擦将导致涡旋流并减缓了该区域的流速。低切向流速和比较高的压力就把这里的物料推出旋流器，形成短路。这些流体将直接从给矿入口沿着旋流器的顶壁然后沿着溢流管的外壁往下运动到溢流管的入口处，如图 10-6 中的右上图所示。由于这部分矿浆短路进入溢流管，旋流器的分级效率将明显降低。这样溢流管插入延伸到旋流器圆筒中的原因之一。

旋流器在切向，轴线和径向的流速分布如图 10-7 所示。

切向流速：切向速度沿着轴向增加，在接近空气柱时达到最大值，然后快速下降。最大切向速度位置也就相当于旋流器壁厚的半径处。切向速度分布线可以分为内、外旋流两部分。内旋流部分形成一个紧密旋转体，称为"强制旋流"，而外部区域更表现为自由旋流，通常描述为：

$$v_\theta \, r^n = 常数$$

式中，v_θ 为切向速度；r 为半径；n 为常数。

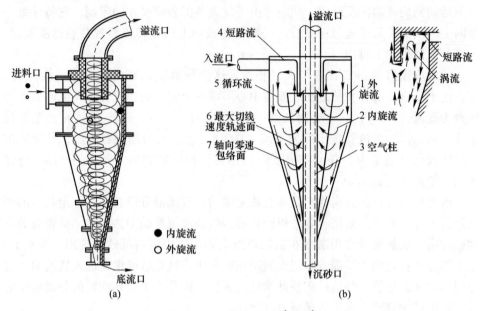

图 10-6 旋流器内流态[145,146]

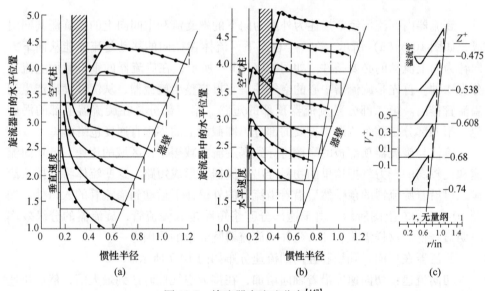

图 10-7 旋流器内流速分布[147]

（a）轴向；（b）切向；（c）径向

当溢流与底流的比值在 ∞ 到 0 变化时，n 值变化范围为 0.84 ~ 0.75。切向流部分产生离心力，导致粗粒与细粒的分离。

轴向流速：旋流器筒体和锥体部分的内壁外都有一个很强的向下方向的流。

这个向下方向的流是旋流器实现颗粒分离所必需的，因为要除去的粗颗粒能向下运动从底流出口排出。因为有这个向下流的存在，这也是不一定需要把旋流器沉沙嘴建成朝下的原因，由于重力场相对较小，旋流器的安装位置对旋流器的分级效果影响极小。向下的流部分地被在旋流器中心区域的上升流所平衡，但这取决于底流与处理量的比例。这形成与旋流器形状相似的零速包络面（Locus of Zero Vetical Velocities，LZVV）。

在旋流器溢流管下边缘之上，靠近旋流器壁附近有一个下向的极大速度的流。在旋流器壁和溢流管之间的径向区域有向下的流。这是由于旋流器壁导致在旋流器的顶部位置的向内流。

径向流速：旋流器内的径向流速比轴向和切向流速低两个数量级。它指向旋流器的中心方向并且朝沉砂嘴方向增加。径向流速朝内并随着半径减少而降低。零径向流速所在的半径位置并不确定。在旋流器溢流管下边缘之上，可能存在朝外的循环流，在靠近旋流器上平板处，有一个向内的高速流，指向溢流管的下端，这导致以上提到的短路流，它将沿着溢流管的外壁向下流。

10.2.2　分级效率

通常假定旋流器操作在一种"稳态"下，因此适于经典的流体动力学。例如为了发展数学模型预测分级粒度，假定在旋流器中 Stokes 规则是有效的。

旋流器的分离质量一般采用效率曲线描述，它也叫量效率或分离曲线。既然效率曲线仅通过一条曲线却描述了 3 个非常重要的信息，因此效率曲线是一个十分有效观察和分析旋流器的分级性能的工具。图 10-8 是用效率曲线展示的旋流器分级效率，它是一个进入底流（U/F）和溢流量与粒度（对数坐标）的关系，即对于一个给定的粒度颗粒，有多少量（比例）进入底流，有多少

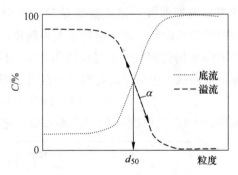

图 10-8　旋流器分离曲线

量进入溢流。对于大部分溢流效率曲线，在近零粒度时的效率也不会达到 100%。这是由于一部分细物料没有通过旋流器进入溢流，而是随着水和粗颗粒进入了底流。分级效率通常由 3 个分离指标描述，即分级精度（α）、分级粒度（d_{50}）和夹杂或短路量。

分级精度：α 通常用于代表分级精度，它是分离效率曲线的陡度，用于衡量溢流和底流产品中粗细混杂程度。曲线越陡，α 值越大，分离效率越高。

夹杂或短路：短路现象是实际水力分级设备的必然特征。所有的水力分级设

备都是以粒度为基础应用物理过程实现颗粒分离。在螺旋分级机、耙式分级机、分级旋流器中的有黏度的流体中或筛分作业的筛分等物理作用下，颗粒会出现沉降速度差而导致分离。一些颗粒会没有受到这些物理分离作用就直接通过了设备。实践中，只有细颗粒短路到粗颗粒产品中是很明显的。这表现为在分离粒度轴的零粒度点的截距不为零。在旋流器分级中，这是由于水携带细颗粒进到锥体的壁外的边界层，进而排到底流。因此，夹杂或短路量一般认为等于水的分配量，它通常用 R_f 或 C 表示。C 是溢流中水的分配比例，而短路部分则为 $100-C$。在其他螺旋分级机、耙式分级机或各种筛分作业中，细颗粒是被粗颗粒的物理夹带而进入粗粒产品中。通过图 10-9 很容易获得短路的影响。

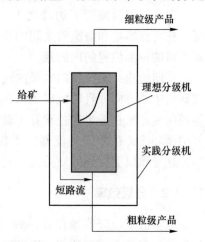

图 10-9　旋流器底流短路示意图

　　分级粒度：在旋流器分级作业中，d_{50} 被定义为分级粒度，它是 50% 物料进入溢流或底流时的粒度，即效率为 50% 所对应的粒度。修正分级粒度（d_{50c}）是仅由于分级作用而导致颗粒平均分布到溢流和底流时的粒度，即效率曲线的中间位置的值。

　　图 10-10 中的分离曲线是一从试验数据中获得的典型曲线。修正曲线是只由于分级作用时的效率曲线，或一个特定大小颗粒进入溢流和底流的概率。如果采用分级函数 $C(d_i)$ 描述理想的分级作用和 $B(d_i)$ 代表短路直接进入粗粒产品中的量，则实际分级曲线可由简单的物料平衡获得，即：

$$S(d_i) = C(d_i) + B(d_i)(1 - C(d_i))$$

式中，$S(d_i)$ 是粒度 d_i 时的实际效率，它也叫选择函数。

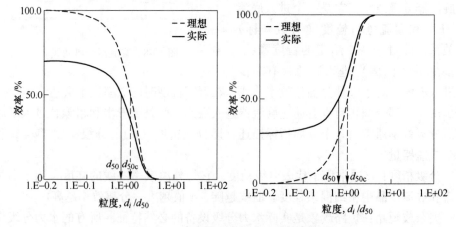

图 10-10　旋流器溢流和底流的效率曲线

常见的效率曲线形式是 Rosin-Rammler 和 Lynch 曲线。既然这些方程都是单调函数，它们的缺点是不能描述"鱼钩（Fishhook）"现象。每一个函数都有一个简单的"分级精度"参数。随着分级精度增加，在分级粒度 d_{50} 附近的分离效率增加。

Whiten 的"鱼钩"效率曲线还有 3 个额外参数，允许模拟"鱼钩"现象。但是这种方法模拟实际回收率或分配率，而不是修正回收率或分布率。

10.2.2.1　Rosin-Rammler 模型

为了计算分级函数 $C(d_i)$，Reid[148]（1971 年）假定一个颗粒分离的概率与其直径成正比，采用简单的指数函数描述两者的相关关系。同年，Plitt[149] 在他的分级机-混合器模型中采用了一个类似的概念，用于计算由于分级作业中进入底流的颗粒比例。他还假定在混合器中每一个粒级颗粒的停留时间与颗粒的沉降速度成正比，被认为依据支配颗粒沉降的原则所预测的颗粒沉降速度只与颗粒的粒度相关。这种方法是基于 Rosin-Rammler 型函数来描述效率曲线，Reid 和 Plitt 导出的分级函数为：

$$C(d_i) = 1 - \exp\left[-0.693147 \times \left(\frac{d_i}{d_{50c}} \right)^m \right]$$

式中，d_i 是实际筛分数据中一个粒级的几何中间值；m 是分离精度的度量值。

图 10-11 显示了在不同分离精度 m 值时的理想分级曲线。很明显曲线的陡度随着分离精度 m 值增加而增加。

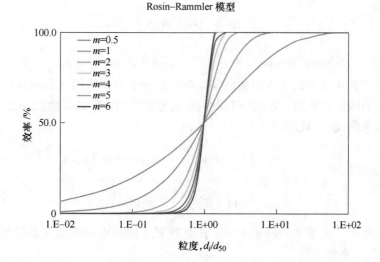

图 10-11　Rosin-Rammler 模型

10. 2. 2. 2　Lynch 模型

Lynch 模型为：

$$C(d_i) = \frac{\exp\left(\alpha \dfrac{d_i}{d_{50c}}\right) - 1}{\exp\left(\alpha \dfrac{d_i}{d_{50c}}\right) + \exp(\alpha) - 2}$$

式中，分级精度 $\alpha = 1.54 \times m - 0.47$。

图 10-12 显示了根据 Lynch 模型计算出来的理想分级曲线。

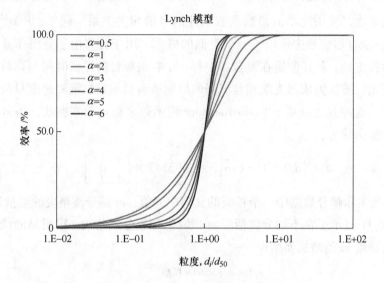

图 10-12　Lynch 模型

10. 2. 2. 3　Whiten Fishhook

Whiten 引进了更多的参数以便能模拟效率曲线中的"鱼钩（Fishhook）"现象。与上面的两方程不同，Whiten Fishhook 模型描述的实际效率曲线，而不是修正或理想效率曲线，函数如下：

$$C(d_i) = 1 - \frac{\left(1 + \beta \beta^* \dfrac{d_i}{d_{50}}\right)(\exp(\alpha) - 1)}{\exp\left(\alpha \beta^* \dfrac{d_i}{d_{50}}\right) + \exp(\alpha) - 2}$$

式中，α 是决定了 d_i 最大值时的斜率；β 是控制了曲线中细粒级初始的增加量；β^* 是 d_{50} 时的一个修正量。

图 10-13 显示了一个依据以上方程计算的存有"鱼钩"现象时的选择曲线。

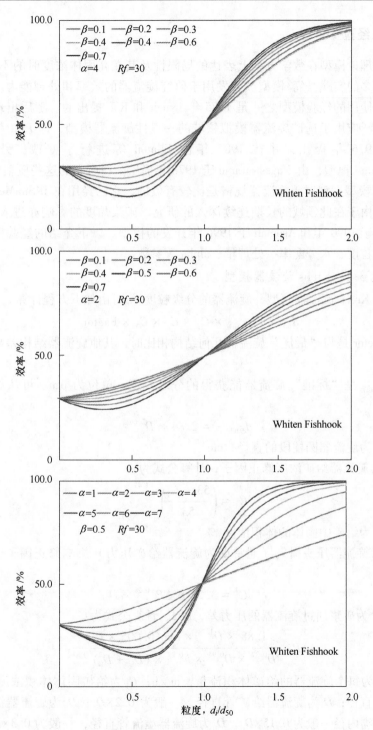

图 10-13　Whiten "鱼钩"（Fishhook）模型

10.2.3　经验模型

由于理论模型在数学方程上表达的局限性及其在高固体浓度时的不适应性/限制，更多的实践/经验模型被开发用于研究旋流器的效率和处理能力。最初发展的仍在使用的经验模型之一是 1975 年 Lynch 和 Rao 提出的。随后出现了 2 个至今仍广泛应用于选矿旋流器模拟领域的一般性旋流器模型，即 Plitt 模型，由 Plitt 于 1976 年提出，并在 1987 年由 Flintoff 等进行了修改；另一个是 Nageswararao 模型，由 Nageswararao 于 1978 年提出。在所有的这些模型中，Nageswararao 模型发现对于旋流器规格是比较有效的，它已经用在 JKSimMet 选矿模拟软件。由于在此领域的长期连续深入的研究，矿浆黏度的影响亦进入了模型，如 Castro 于 1990 年和 Asomah 于 1996 年开发的模型。以下介绍的经验模型用于预测分级粒度、水分配率、处理量、alpha 等参数。

10.2.3.1　Krebs 旋流器模型

依据 Krebs 旋流器模型，旋流器的分级粒度 d_{50} 可由如下方程计算。

$$d_{50} = d_{50(\text{base})} \times C_1 \times C_2 \times C_3 \times \text{Factor}$$

式中，Factor 是与"最优"旋流器几何结构相比时，其他旋流器结构差异带来的修正因子。

$d_{50(\text{base})}$ 是"标准"旋流器能获得的分级粒度，单位为 μm。可从如下方程获得：

$$d_{50(\text{base})} = 2.84 \times D_c^{0.66}$$

式中，D_c 为旋流器圆柱段的直径，cm。

C_1 为旋流器给矿浓度修正因子，计算公式为：

$$C_1 = \left(\frac{53 - C_V}{53} \right)^{-1.43}$$

式中，C_V 为给矿中固体的体积浓度，%。

C_2 为旋流器压头损失（通常即为旋流器给矿压力）影响修正因子，计算公式为：

$$C_2 = 3.27 \times \Delta P^{-0.28}$$

式中，ΔP 为矿浆通过旋流器的压力差，kPa，计算公式为：

$$\Delta P = \frac{1.88 \times Q^{1.78} \times \exp(0.005 \times C_V)}{D_c^{0.37} \times D_i^{0.94} \times h^{0.28} \times (D_u^2 + D_o^2)^{0.87}}$$

式中，Q 为每个旋流器的给矿体积流量，m^3/h；C_V 为给矿固体体积浓度，%；D_c 为旋流器直径；D_i 为旋流器给矿管直径，一般为 $0.2 \times D_c$；D_u 为旋流器沉砂嘴内径，沉砂嘴内径一般为 $0.15 \times D_c$；D_o 为旋流器溢流管直径，一般为 $0.3 \times D_c$；h 为旋流器溢流管高度，一般为 $0.5 \times D_c$。

以上所有旋流器几何尺寸单位为 cm。以上值为"最优"旋流器的相对几何尺寸。

C_3 是矿石密度影响修正因子，计算公式如下：

$$C_3 = \left(\frac{1.65}{\rho_s - \rho_l}\right)^{0.5}$$

式中，ρ_s 为固体密度；ρ_l 为液体密度。

在 Krebs 旋流器模型中，采用 Lynch 选择函数，分级精度假定 $\alpha = 4$。理想效率函数为：

$$C(d_i) = \frac{\exp\left(4\dfrac{d_i}{d_{50c}}\right) - 1}{\exp\left(4\dfrac{d_i}{d_{50c}}\right) + \exp(4) - 2}$$

旋流器底流短路量 $B(d_i)$ 等于底流中水的回收率，即：$B(d_i) = Rf$。

10.2.3.2 Lynch-Rao 模型

1975 年，Lynch 和 Rao 开发的仍在行业中使用的最早的经验旋流器模型。这些模型很大程度上体现了旋流器几何尺寸、给矿量及给矿固体浓度对旋流器分级的影响。他们开发的模型特别用于石灰石分级及设备放大。同时，对于其他矿石种类，建议对该模型的常数进行修正，但他们的模型中不包括分级精度参数 α。该模型的分级粒度与处理量和水分配比例的关系如下：

$$\lg(d_{50c}) = K_1 \times D_o - K_2 \times D_u + K_3 \times D_i + K_4 \times C_V - K_5 \times Q_f + K_6$$

式中，$K_1 \sim K_6$ 为经验常数。

单个旋流器处理量 Q_f 为：

$$Q_f = K \times D_o^{0.73} \times D_i^{0.86} \times \Delta P^{0.42}$$

式中，当处理石灰石时，$K = 6$。

旋流器底流水的分配比例为：

$$R_f = K_1 \times \frac{D_u}{WF} - \frac{K_2}{WF} + K_3$$

式中，WF 是给矿中水的流量；对于石灰石，$K_1 = 193$，$K_2 = 271.6$，$K_3 = 1.61$。

10.2.3.3 Plitt 模型

1976 年，Plitt 综合了如下 3 组数据，即 Lynch 的 1966 年的试验数据、Rao 的 150~500mm 旋流器的数据以及他自己的不同旋流器大小（32~150mm）试验数据，提出了分级粒度表达函数。注意到这样试验都是在非常低的固体浓度（13%固体）下获得的。假定短路（即水进入旋流器底流的重量比例）量是固定的，其数学模型为：

$$d_{50c} = \frac{50.5 \times D_c^{0.46} \times D_i^{0.6} \times D_o^{1.21} \times \exp(0.063\,C_V)}{D_u^{0.71} \times h^{0.38} \times Q_f^{0.45} \times (\rho_s - \rho_l)^{0.5}}$$

该模型考虑到了给矿固体体积浓度（C_V）和给矿中固体和流体密度的影响。后来，Flintoff 1987 年对该模型进行了改进，进一步考虑到矿浆黏度、流体动力学指数 K 以及给矿粒度大小影响常数 F_1。Plitt 模型变为：

$$d_{50c} = \frac{F_1 \times 39.7 \times D_c^{0.46} \times D_i^{0.6} \times D_o^{1.21} \times \mu^{0.5} \times \exp(0.063\,C_V)}{D_u^{0.71} \times h^{0.38} \times Q_f^{0.45} \times [(\rho_s - 1)/1.6]^K}$$

基于相同的试验数据，处理量表达式为：

$$Q_f = \frac{0.70 \times \Delta P^{0.56} \times D_c^{0.21} \times D_i^{0.53} \times h^{0.16} \times (D_u^2 + D_o^2)^{0.49}}{\exp(0.063\,C_V)}$$

1987 年，Flintoff 等的改进模型中，处理量方程也包括给矿浓度（C_V）和给矿粒度的校正参数（F_3），改进后的处理量表达式为：

$$Q_f^{1.78} = \frac{\Delta P \times D_c^{0.37} \times D_i^{0.94} \times h^{0.28} \times (D_u^2 + D_o^2)^{0.87}}{1.88 \times F_3 \times \exp(0.0055 C_V)}$$

旋流器底流中水的回收率 R_v 为：

$$R_v = \frac{S}{S + 1}$$

改进后的 Plitt 模型中流体分配比例的表达式如下，它还包括了给矿浓度和粒度影响常数（F_4）：

$$S = \frac{F_4 \times 18.62 \times \rho_p^{0.24} \times \left(\dfrac{D_u}{D_o}\right)^{3.31} \times h^{0.54} \times (D_u^2 + D_o^2)^{0.36} \times \exp(0.0054 C_V)}{\Delta P^{0.24} \times D_c^{1.11}}$$

该模型的分级精度 m 为：

$$m = 分级精度修正因子 \times 1.94 \times \exp\left[(-1.58 \times R_v) \times \left(\frac{D_c^2 \times h}{Q_f}\right)^{0.15}\right]$$

10.2.3.4　Nageswararao 模型

基于大量旋流器试验数据，包括不同旋流器大小和矿石种类，开发出众所周知基于处理量与给矿压力关系的处理能力表达式 Q_f。除了旋流器的几何尺寸参数外，还包括给矿浓度这个重要变量及反映给矿物料特性的常数 K_{Q_o}。处理量表达式为：

$$\frac{Q_f}{D_c^2 \times \sqrt{\dfrac{\Delta P}{\rho_p}}} = K_{Q_o} \times (D_c^{-0.10}) \times \left(\frac{D_o}{D_c}\right)^{0.68} \times \left(\frac{D_i}{D_c}\right)^{0.45} \times \left(\frac{L_c}{D_c}\right)^{0.20} \times \theta^{-0.10}$$

式中，L_c 是旋流器圆柱体的长度，cm；θ 是锥体的锥角，单位为（°）。

分级粒度（d_{50c}）方程是基于 Euler 和 Froude 数。后来，加进了干涉沉降因子（λ），这是考虑到给矿浓度的影响，同时也包括给矿物料常数 K_{D_o}。分级粒度方程为：

$$\frac{d_{50c}}{D_c} = K_{D_o}(D_c^{-0.65}) \left(\frac{D_o}{D_c}\right)^{0.52} \left(\frac{D_u}{D_c}\right)^{-0.47} \left(\frac{D_i}{D_c}\right)^{-0.50} \left(\frac{L_c}{D_c}\right)^{0.20} \theta^{0.15} \left(\frac{\Delta P}{\rho_p g D_c}\right)^{-0.22} \lambda^{0.93}$$

式中，$\lambda = \dfrac{C_V^3}{(1 - C_V)^2}$。

Nageswararao 旋流器底流水分配比例 R_f 模型的参数与分级粒度模型的一样，但其指数值大小不同，也包括新给矿物料常数 k_{W1}。表达式如下：

$$R_f = K_{W1} \left(\frac{D_o}{D_c}\right)^{-1.19} \left(\frac{D_u}{D_c}\right)^{2.4} \left(\frac{D_i}{D_c}\right)^{-0.50} \left(\frac{L_c}{D_c}\right)^{0.22} \theta^{-0.24} \left(\frac{\Delta P}{\rho_p g D_c}\right)^{-0.53} \lambda^{0.27}$$

以上预测的水分配比数值比较准确。

Nageswararao 模型是采用矿浆密度 ρ_p 和给矿中固体的体积浓度 λ 来代表给矿浓度对矿浆流动学影响。它没有考虑到其他各种影响流动学的因子，如流体载体的黏度、颗粒的粒度分布、颗粒粒度大小等。另外，Nageswararao 模型没有反映分级精度 α。

10.2.3.5　Castro 模型

Castro 分析了 Nageswararao 模型的一些缺点，并发现 Nageswararao 模型不适应于给矿矿浆固体浓度低于 30% 的情况。当采用旋流器处理高黏度矿浆时，该模型只反映了分级粒度和压力预测值的变化，却忽略了黏度项。分级粒度与给矿固体浓度和表观黏度曲线同样显示，当采用表观黏度取代给矿浓度时，其趋势更明显，相关性更好。因此，Castro 继续改进了已有的数学模型，并加进了黏度项。无单位 Euler 数 Eu 表达式为：

$$Eu = 10^{-2.903} \left(\frac{D_o}{D_c}\right)^{0.5831} \left(\frac{\mu_p}{\mu_w}\right)^{-0.6900} \left(\frac{D_i}{D_c}\right)^{0.3298} Re^{0.7525}$$

式中，μ_p 和 μ_w 分别是矿浆和水的黏度。

Castro 的分级粒度方程包含了相对黏度项用于表达固体、矿浆和流体密度的影响。Castro 分级表达式为：

$$\frac{d_{50c}}{D_c} = \frac{10^{-9.586} \left(\dfrac{\mu_p}{\mu_w}\right)^{-0.6465}}{\left(\dfrac{\Delta P}{\rho_p g D_c}\right)^{0.8313} \left(\dfrac{D_u}{D_c}\right)^{1.792} \left(\dfrac{\rho_s - \rho_l}{\rho_l}\right)^{1.596}}$$

该模型的水分配率（R_f）也包含 Reynold 数和给矿中固体体积浓度项。公式如下：

$$1 - \frac{R_f}{100} = \frac{\left(\dfrac{d_{50c}}{D_c}\right)^{0.06305} \left(\dfrac{\Delta P}{\rho_p g D_c}\right)^{0.1589} Re^{0.08345}}{C_V^{0.1063} \left(\dfrac{D_u}{D_c}\right)^{0.5792}}$$

Castro 模型采用了一个简单的指数模型反映干涉沉降速度与旋流器切向速度的关系。表达式如下：

$$\left(\frac{V_H}{V_t}\right) = \exp(-KC_V)$$

式中，V_H 是 Castro 模型中干涉沉降速度，m/s；V_t 是旋流器中颗粒的切向速度，m/s。

10.2.3.6　Asomah 模型

Asomah 模型不仅包含了旋流器锥角还包含了矿浆黏度项。改进了 Nageswararao 模型，采用修改的 Reynold 数反映矿浆黏度的影响。矿浆 Reynold 数同时还反映了给矿浓度的变化。在 Asomah 模型中相对黏度项还用在分级精度 α 公式中。Asomah 模型给出了分级粒度（d_{50c}）、水的分配率、分离精度和压头损失，方程如下：

（1）分级粒度。

$$d_{50c} = D_c^{0.229} \left(\frac{P_{40}}{D_o}\right)^{-0.457} \left(\frac{D_o}{D_u}\right)^{0.948} \left(1 - C_V^{1-\frac{\varphi}{180}}\right)^{-2.941} \times$$

$$Re_p^{-0.155} \theta^{0.719} \exp\left(-1.392 \frac{\varphi}{180}\right) B_1$$

式中，B_1 是默认值为 0.2278；Re_p 是颗粒 Reynold 数；θ 是旋流器锥角，（°）；φ 是旋流器安装倾角，（°）；P_{40} 是 Asomah 模型参数，40% 物料通过时的粒度，cm。

（2）水分配率。

$$1 - R_f = D_c^{0.471} \left(\frac{P_{40}}{D_o}\right)^{0.214} \left(1 - C_V\right)^{-0.825} \left(\frac{D_o}{D_u}\right)^{-1.806} \left(\frac{L_c}{D_c}\right)^{0.287} Re_p^{-0.175} \theta^{-0.478} \times$$

$$\exp\left(-1.357 \frac{\varphi}{180}\right) B_2$$

式中，B_2 的默认值为 10.16。

（3）分离精度（alpha）。

$$\alpha = D_c^{-0.148} \left(\frac{D_o}{D_c}\right)^{1.046} \left(\frac{D_u}{D_c}\right)^{-0.161} \left(\frac{\mu_p}{\mu_w}\right)^{-0.854} \left(\frac{\rho_s - \rho_p}{\rho_s}\right)^{-2.182} Re_p^{-0.107} \theta^{0.429} \times$$

$$\exp\left(-0.094 \frac{\varphi}{180}\right) B_3$$

式中，B_3 的默认值为 25.59。

（4）压头损失。

$$\Delta P = Q_{\rm F}^{2.0} \, D_{\rm c}^{-0.1478} \, \rho_{\rm p} \, (1 - C_V)^{0.435} \, (D_{\rm i} \times D_{\rm o})^{-1.538} \left(\frac{L_{\rm c}}{D_{\rm c}}\right)^{-0.455} \theta^{0.246} \times$$

$$\exp\left(-0.133 \, \frac{\varphi}{180}\right) B_4$$

式中，B_4 的默认值为 714.5。

这些参数 B 为系统常数，用于反映那些没有量化参数的变化，如给矿性质。但是，对于一个新旋流器工作环境，这些参数必须重新校对。该模型也需要许多输入才能获取效率参数。

10.2.3.7　Kawatra 模型

Kawatra 也把黏度项加到了 Plitt 分级粒度模型。通过绘制分级粒度与矿浆黏度的双对数坐标图（如图 10-14 所示）获得了两者的相关关系，即分级粒度与矿浆黏度的 0.35 次幂成正比。但是图 10-14 显示数据的相关性并不很好，偏差比较大，最佳回归并没有获得准确的相关关系。修改后的 Lynch-Rao 模型变为：

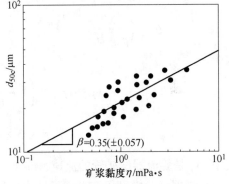

图 10-14　黏度与分级粒度的指数关系[150]

$$\lg(d_{50c}) = 0.41 \lg^{C_V} - 0.0695 \times D_{\rm u} + 0.0130 \times D_{\rm O} +$$
$$0.0048 \times Q_{\rm f} + 0.35 \lg\eta + K_3$$

修改后 Plitt 分级粒度为：

$$d_{50c} = \frac{50.5 \times D_{\rm c}^{0.46} \times D_{\rm i}^{0.6} \times D_{\rm o}^{1.21} \times C_V^{0.41} \times \eta^{0.35}}{D_{\rm u}^{0.71} \times h^{0.38} \times Q_{\rm f}^{0.45} \times (\rho_{\rm s} - \rho_{\rm l})^{0.5}}$$

10.2.3.8　Narasimha-Mainza 模型

2011 年，Narasimha 和 Mainza 发展了一个新的旋流器模型并用于 JKSimMet 模拟软件中。该模型也考虑了相对黏度变化的影响。修改后的旋流器处理能力方程反映了给矿固体浓度（λ）和沉砂嘴直径（$D_{\rm u}$）的影响，表达式如下：

$$\frac{Q_{\rm f}}{D_{\rm c}^2 \sqrt{\dfrac{\Delta P}{\rho_{\rm p}}}} = K_{Q_1} \left(\frac{D_{\rm i}}{D_{\rm c}}\right)^{0.45} \left(\frac{D_{\rm o}}{D_{\rm c}}\right)^{0.826} \left(\frac{D_{\rm u}}{D_{\rm c}}\right)^{0.11} \left(\frac{1}{\tan\left(\dfrac{\theta}{2}\right)}\right)^{0.33} \left(\frac{L_{\rm c}}{D_{\rm c}}\right)^{0.20} \lambda^{-0.0535}$$

下面的分级粒度方程纳入一个颗粒干涉沉降影响的因子。它包含了给矿 Reynolds 数，其分母中有矿浆黏度变量。该 Reynold 数还与旋流器筒体直径一起作为输入量，与颗粒粒度相对应，因此该 Reynold 数变量并没有直接与颗粒粒度相连。分级粒度表达式如下：

$$\frac{d_{50c}}{D_c} = K_{D1}\left(\frac{D_o}{D_c}\right)^{0.88}\left(\frac{D_u}{D_c}\right)^{-0.687}\left[\frac{(1-C_V)^2}{10^{1.82C_V}}\right]^{-0.911}Re^{0.042}\left(\frac{D_i}{D_c}\right)^{-1.058}\left(\frac{L_c}{D_c}\right)^{0.20}\left(\frac{1}{\tan\theta}\right)^{-0.163}$$

修改后的旋流器水分配比例方程包含了旋流器内量化的加速度项，该项与颗粒受到的切线速度和重力相关。同时，它还包含了黏度比值（μ_m/μ_w）及一个反映给矿中小于 38μm 的百分数的因素项（$F_{-38\mu m}$）。旋流器底流水的分配率方程如下：

$$R_f = K_{W1}\left(\frac{D_o}{D_c}\right)^{-0.37}\left(\frac{D_u}{D_c}\right)^{1.86}\left(\frac{V_t^2}{R_{max}g}\right)^{-0.50}\left(\frac{1}{\tan\theta}\right)^{-0.150}\left(\frac{\mu_p}{\mu_w}\right)^{0.434}\left(\frac{L_c}{D_c}\right)^{1.28} \times$$

$$\theta^{-0.24}\left(\frac{\Delta P}{\rho_p g D_c}\right)^{-0.53}\lambda^{0.27}$$

式中，

$$\mu_p = \mu_w \times \left(1 - \frac{C_V}{0.62}\right)^{-1.55}F_{-38\mu m}^{0.39}$$

$$V_t = 4.5 \times \left(\frac{D_i}{D_c}\right)^{1.13}V_i$$

式中，V_i 是旋流器给矿管的流速，m/s。

旋流器经验模型仍在继续发展中。最终只有了解旋流器分级的机理才能发展更精确的模型预测旋流器的行为，这很大程度上取决于旋流器内流态的基本物理特性的研究。在该领域，也再次引起了很大研究兴趣。

10.2.4 "鱼钩"现象的影响

在一些情形下，在旋流器效率曲线的细粒级端出现一种十分异常现象，1977 年 Finch 和 Matjiwenko 把它命名为 "Fishhook"（鱼钩）现象，如图 10-15 所示。与常规理想或实际/选择效率曲线（如图 10-15 所示）相比，"鱼钩"现象的影响是在旋流器底流效率曲线的细粒级（通常小于 20~30μm）出现一个凹形区域。其末端有时甚至超过底流水分配率 R_f 的名义值。这种现象经常出现在机械式空气分级机中，但有证据表明，这种现象

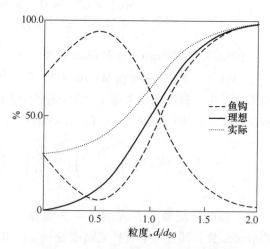

图 10-15　存在鱼钩现象的效率曲线

也出现在旋流式分离设备的选择方程中。既然"鱼钩"现象将改变超细粒级的旋流器分级行为，因此"鱼钩"现象的研究对大量工业实践有显著的意义，也是旋流器分级的一个重要因素。真正导致"鱼钩"现象产生的原因与给矿颗粒分布特性和连续流体相的性质相关。在这个课题上进行了大量的各种研究，但是提出的理论与事实总存在一些矛盾。最常见的假设有：

（1）1983年，Finch[151]提出的细颗粒在水中的夹带。当颗粒小于某一粒度时，颗粒更不容易与水发生相对运动，并随着粒度变细而减小。因此，随着颗粒粒度减小，逐渐有一部分颗粒与水一样分配到旋流器底流。实践中所有粒度都有相同比例的颗粒分配到旋流器底流中现象，通常这种假设被支持。这也是修正/理想效率函数 $C(d)$ 作为最初效率方程的原因，通过修正细粒级夹杂的影响就能获得选择方程。进而 Finch 提出了一种选择方程的新方案，简单地假定夹杂量是颗粒粒度的函数。

（2）1987年，Flintoff 等[152]认为是"鱼钩"现象是试验方法/步骤或细颗粒团聚到粗颗粒上造成的。

（3）1960年，Kelsall 和 Holmes[153]认为是细粒夹杂或沉降速度慢的颗粒充填沉降速度快的粗颗粒之间的缝隙，并随之排到旋流器底流造成的。

（4）还有一种假设认为"鱼钩"现象起源于旋流器内的内循环，即有一部分粗颗粒流返回再分级。1975年，Luckie 和 Austin[154]模拟了"鱼钩"现象影响，认为应该采用旋流器串联组处理，即第二台旋流器再处理第一台的底流。

（5）1987年，Rouse 等[155]证伪了"鱼钩"现象是由于给矿中固体颗粒比重变化而引起的假设。他们采用纯氧化铝颗粒试验。众所周知，纯氧化铝的比重是恒定的。但是，他们提到一个可能的解释是可能与剪切导致絮凝有关，它造成细颗粒聚合而进入旋流器底流且表观效率高。

另外一个概念性解释是由于涡流。在常规条件下，分析颗粒和流体流的时候仅考虑各组分的流速，用在某个方向的总流速表示，而不是其真实值，但是它是在组分平均值附近随机变动，很难确定。特别是涡流的影响位置是随机性的，可以发生在流体流的任何方向，包括反方向。因此，可以假设某个粒度以下颗粒主要受紊流态的涡流影响。这些受涡流影响颗粒的粒度可能通过如下方法估计：（1）涡流变向时间与颗粒从涡流中释放时间；（2）颗粒所受离心力与紊流流速变动造成的流体阻力相比大小。估计的颗粒粒度应该在 $5\sim20\mu m$ 或更小。但是量化颗粒与紊流的相互作用是极其困难的，这是由于紊流的随机特性，即通常采用概率方法模拟紊流。同时，缺乏实践观察的相关性去估计涡流的特性，这一点对于旋流器给矿流本来就是紊流更难。因此这个分析方法也仅仅被看作是帮助性的定性分析或指导性质的。

还有一些理念已经体现在其数学模型和试验数据的解释中，例如，前面介绍的 Whiten "鱼钩"模型。"鱼钩"现象造成原因和带来影响的研究均有利于对旋流器分级过程的理解，并提高经验模型的预测能力。

10.3　旋流器几何结构

影响旋流器分级性能的旋流器结构（如图 10-16 所示）有：

（1）旋流器（筒体）直径，也为旋流器的型号表征。

（2）旋流器筒体直径长度。

（3）给矿管大小。

（4）溢流管直径。

（5）溢流管长度。

（6）锥角。

（7）沉砂嘴直径。

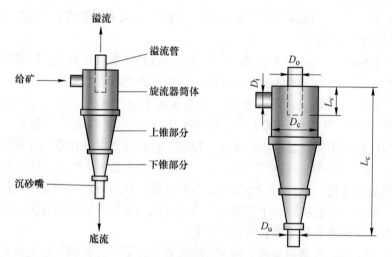

图 10-16　旋流器结构示意图

对于不同的应用条件和作业，旋流器的几何结构应该稍微调整或优化。表 10-1 列举了一些"标准"旋流器的几何尺寸的参考值。"标准"旋流器是指有合理的旋流器直径、给矿管截面积、溢流管直径、沉砂嘴直径、整个长度（有足够的停留时间以保证合适的颗粒分级）比例的旋流器。随着各种各样结构旋流器结构设计出现，图表和数学模型广泛地应用于描述旋流器几何结构的相应关系，并应用于合理选择旋流器大小和几何尺寸，特别是应用于"标准"旋流器，以便评估某一旋流器分级作业性能。1951 年，Stairmand[156] 提出了最普遍采用的旋流器设计指南之一，他建议旋流器筒体高度和溢流管长度应该分别为旋流器筒体直径的 1.5 倍和 0.5 倍，这种几何尺寸有利于获得高分级效率。值得一提的是"标准"旋流器不一定是最优的，但通常可以作为最初的选择。同时，对于不同旋流器的用途其相关参数也是不同的。

表 10-1 旋流器的几何参数值

旋流器	给矿管高度	给矿管宽度	溢流管直径	总高	筒体高度	溢流管长度	沉砂嘴直径	给矿管长度	溢流管插入深度	给矿管截面积	锥角
	D_i/D_c	D_o/D_c	L_c/D_c	$/D_c$	L_v/D_c	D_u/D_c	L_i/D	$/D_c$	D_i^2/D_c^2		
脱水旋流器		0.25	0.33		5	0.4					
分级旋流器		0.143	0.25		3	0.4	1/15				
Mular-Jull旋流器			0.35～0.40				>0.25 D_o			6%～8%	12@ $D<$ 250mm
Arterbun旋流器			0.35				>0.10 D_o			4.7%～6.3%	20@ $D>$ 250mm
Stairmand旋流器	0.5	0.2	0.5	4	1.5	0.5	0.36	1	0.618		

旋流器直径：它是旋流器圆柱形给矿室的内径。它是旋流器的主要和基本参数，数值作业取决于所需要的分级粒级。要求分级粒级越粗，选择的旋流器直径越大。

旋流器给矿管直径或截面积：它是给矿室入口处的给矿管的截面积。它通常是一个长方形开口。入口与旋流器筒体呈切线方向。其面积通常为旋流器直径平方的 0.05 倍左右。

溢流管直径：它是进入溢流前的溢流管的内径。旋流器溢流管在旋流器内部，不能从外面可见（注：从外面能可见的是溢流排出管）。溢流管的基本功能是控制分级和流体排出旋流器的量。同时，溢流管还必须向下延伸到足够低于给矿管入口以便防止矿浆短路直接进入溢流。旋流器溢流管大小一般等于旋流器筒体直径的 0.35 倍左右。

旋流器筒体：它位于给矿室与锥体之间（注：有时提到的旋流器筒体部分也包括给矿室）。它的直径与给矿室的相同，它的作用是加长旋流器的长度和矿浆在旋流器内滞留时间。对于基本旋流器，它的长度与旋流器直径几乎相等，即 100%旋流器直径左右。

锥体：旋流器锥体部分是指旋流器筒体之下和沉砂嘴之上的锥形部分。除了与筒体部分一样增加滞留时间外，锥体对向下矿浆流有阻流作用，使矿浆向上流速增加。旋流器锥体部分的倾角与给矿粒度和旋流器作用相关，分级用旋流器锥角一般在 10°～20°之间，脱水旋流器的锥角更小。

沉砂嘴：它位于旋流器锥体部分的末端。它的关键尺寸是排矿点的内部直径。沉砂嘴的大小与旋流器用途和作业特点有关，但是它必须有足够尺寸以便允许要分级到底流的固体排出旋流器而不造成堵塞。通常沉砂嘴孔最小为旋流器直径的10%左右，最大可以达到旋流器直径的35%。沉砂嘴之下通常还有防溅裙罩，有助于防止底流矿浆喷溅，其外径通常与沉砂嘴所在部分的外径相同，但内径明显大于沉砂嘴（内部）直径。

10.3.1　旋流器筒体

10.3.1.1　旋流器筒体直径

旋流器直径是旋流器设计关键参数，它不仅影响旋流器的单台处理能力和分级粒度。任何旋流器都有一系列操作参数，但一旦旋流器的入口和出口固定了，则操作参数范围就变窄了，在旋流器设计时，几乎不可能独立选择和确定这些参数。但是这些旋流器的参数设计范围都与旋流器直径 D_c 相关。图 10-17 显示了旋流器直径大小与分级粒度和处理能力范围的大体关系。

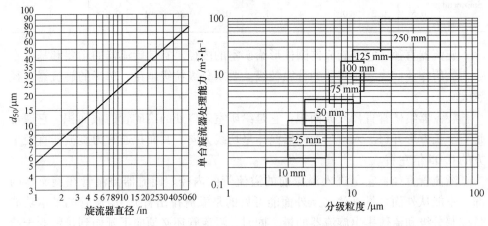

图 10-17　"标准"旋流器的旋流器直径与分级粒度 d_{50c} 的关系[157]

分级粒度 $d_{50(base)}$ 是"标准"旋流器在"正常"操作条件下的分级粒度（如图 10-17 所示）。通过如下方程，可以根据需要获得的分级粒度初步估算出旋流器直径。例如，一台 254mm（10in）直径旋流器的"基本"分级粒度 $d_{50(base)}$ 为 24μm，即如果分级粒度为 24μm 左右，初步选择的旋流器直径应该为 254mm。通常设计中采用 P80 来表征各段之间的粒度，d_{50} 可以简单估计，即大约为 P80 除以 1.25。有关更多旋流器直径设计细节参见以上 Krebs 旋流器模型部分。

$$D_c = 0.2057 \, (d_{50(base)})^{1.5152}$$

10.3.1.2　旋流器筒体长度

典型旋流器的筒体的长度与旋流器筒体的直径相等。旋流器筒体可以与给矿部分一体或分开。图 10-18 显示了 3 种不同筒体长度的旋流器，一个是几乎没有旋流器筒体（如图 10-18（a）所示）；另一个是单倍旋流器直径（如图 10-18（b）所示），最后一个是旋流器直径双倍的长度（如图 10-18（c）所示）。尽管加长旋流器筒体长度能提供更多的滞留时间和能力（如图 10-19 所示），但是它还同时降低了切向速度。通常加长旋流器筒体长度对旋流器分离仅仅有很小的提高，在相同的压力时，旋流器处理能力大概能提高 8% ~ 10%。如直径 660 ~ 840mm 的大旋流器，通常筒体长度比较短些（注：比例值）。

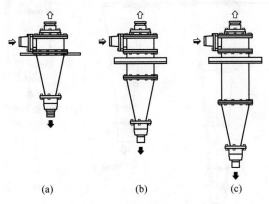

(a)   (b)   (c)

图 10-18　旋流器筒体长度[157]

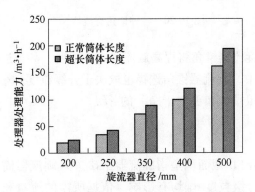

图 10-19　旋流器筒体长度对处理量的影响[157]

10.3.2　锥体

图 10-20 显示了不同应用场合的不同锥角旋流器。20°左右锥角是选矿中最普遍采用的，有时也称为"标准"锥角旋流器。平底旋流器通常用于非常粗的颗粒的分级，其典型的 d_{50} 为"标准"锥角旋流器的 2~3 倍。与 20°锥角的"标准"旋流器相比，长锥的 10°锥角的旋流器通常分级粒度更细，分级精度高（混

杂低），同时单机处理能力还高些。采用这种长锥小锥角旋流器，其分级粒度 d_{50}
变化量在 15%~20%。

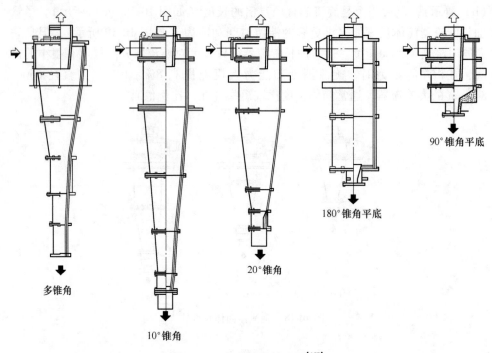

图 10-20　各种锥角旋流器[157]

　　还观察到降低旋流器锥角将提高旋流器底流浓度，甚至进一步开始出现"拉
绳"现象。在实践中，旋流器锥角选择也取决于分级粒度。小锥角适于细粒级分
离，而大锥角适于粗颗粒和更"干净"的分级。

10.3.3　给矿管

　　旋流器给矿管开口/截面积是指旋流器给矿进入旋流器筒体的面积，它对旋
流器的处理能力和分级粒度 d_{50} 均有影响。依据所需的流量和分级粒度，大部分
型号旋流器都有数种选择改变给矿管的截面。在相同的流量时，增加给矿管面积
将降低给矿流速，导致矿浆在旋流器内的离心力下降进而分级粒度变粗。在相同
或固定给矿压力条件下，旋流器给矿流量随着给矿管大小的指数倍增长，其幂一
般在 0.77~2.0 范围内。总而言之，给矿管越大，处理能力越大，分级粒度越
粗。给矿管的截面积一般为旋流器给矿室面积的 70% 左右，图 10-21 显示了给矿
管与旋流器直径的相关关系。

　　除了传统的切线给入方式外，旋流器还有几种形式，包括渐开线式、渐伸线

式（ramped involute）、涡旋渐屈线式（scrolled evolute）等。与传统的切线给入
方式相比，这些渐开线式给矿都对旋流器分级性能有比较大的提高。图 10-22 显
示了这几种旋流器新给矿给入方式。

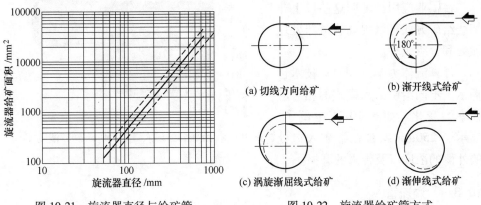

图 10-21 旋流器直径与给矿管
截面积的关系[157]

图 10-22 旋流器给矿管方式

(a) 切线方向给矿   (b) 渐开线式给矿
(c) 涡旋渐屈线式给矿   (d) 渐伸线式给矿

在相同旋流器几何结构和操作条件下，渐屈线给入设计的处理能力比较高。

一种新式旋流器给矿管形式是
长条式设计，如图 10-23 所示。这种
设计也是采用切线给入方式，但是
与传统的切线给入设计相比，长条
式给入设计的外形尺寸高与宽的比
更大，像一个窄长条。已经进行了
长条式设计与传统切线设计的实验
室规模试验，以便测试其处理能力
和分级效率。试验证明长条式比涡
旋渐屈线式给矿的处理量略高。对
比图 10-23 中的分级效果，长条式给
矿的不完美率（为混杂性衡量指标）
为 0.21，而涡旋渐屈线式给矿的不

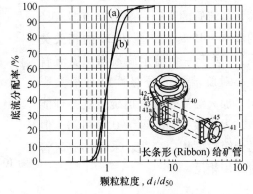

长条形 (Ribbon) 给矿管

图 10-23 分级曲线对比
（a）长条形（Ribbon）给矿管；
（b）涡旋形（Scroll）给矿管[158]

完美率为 0.26。这表明长条式给矿的分级效率更高、分级曲线更陡、分级精度越
高且处理能力也高。

当给矿管设计时，第一步是考虑旋流器给矿给入方式，目前工业界通常采用
的设计有：

（1）切线给入（传统模式）。

（2）渐开线给入（旋流器给矿点与给入位置有 90°角错位）。

（3）渐屈线给入（旋流器给矿点与给入位置有 180°～270°角错位）。

在工业应用已证明这些以上非切线给矿方式可以提高旋流器处理能力和分级效率。

计算流体力学（CFD）技术也揭示了不同给矿给入模式的相对磨损率的变化。如图 10-24 中例子，显示了 250μm 颗粒在给矿入口处的外侧的浓度以及带来的磨损。

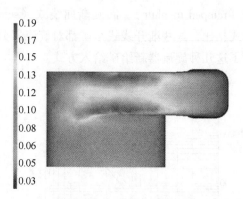

图 10-24　旋流器给矿入口处 250μm 颗粒浓度[159]

10.3.4　溢流管

通常，旋流器溢流管是一个可更换件，对于任何一个型号旋流器都有一系列的不同直径（内径）的溢流管。溢流管的直径一般为旋流器直径的 20%～45%（如图 10-25 的相关关系）。对于一个给定旋流器，溢流管大小对旋流器的分级性能有很大影响。加大溢流管将增加旋流器处理能力，为指数关系，幂为 0.7～1.0，但是分级粒度相应变粗。采用小溢流管时作用相反。

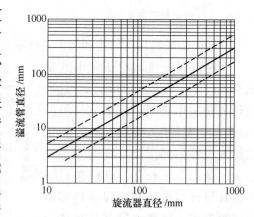

图 10-25　旋流器直径与溢流管直径相关性[157]

10.3.5　沉砂嘴

沉砂嘴尺寸的合理选择对旋流器分级性能至关重要。与旋流器锥角一起决定了旋流器底流的最高固体浓度并维持旋流器的设计所要求的分级效果。合理的沉砂嘴尺寸能实现最大底流浓度和最少细颗粒夹杂，后者很大程度上取决于水的携带并流至底流的量。图 10-26 显示了不同沉砂嘴尺寸的处理能力，其产量也可由如下公式估计：

$$Q_{um} = K \times D_u^C$$

式中，Q_{um} 是固体流量，m^3/h；K 是常数，在 1.5×10^{-3} ～ 2.3×10^{-3} 之间；C 是常数，在 2.1～2.4 之间，（D_u 单位为 mm）。

通常，旋流器沉砂嘴的优化是在
"正常"配置旋流器应用之后开始，
生产物料已经达到了平衡状态。依据
已知流向旋流器底流的固体量然后选
择旋流器沉砂嘴的大小，可从产品设
计的沉砂嘴直径与固体流量能力的图
表选择，也可采用数学模型计算所需
出沉砂嘴直径。通常沉砂嘴直径为旋
流器直径的0.1~0.2倍，但是与溢流
管直径的比例也很重要。一般而言，
适当降低沉砂嘴直径将增加底流浓度
并提高了分级效率，但是，沉砂嘴直
径不能降低到会出现"拉绳"现象存
在的程度。

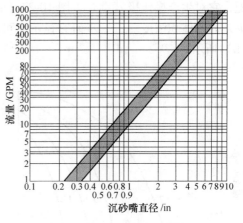

图 10-26　沉砂嘴能力[160]

（1GPM＝4.546L/min）

对于已存在的旋流器安装，沉砂嘴底流排矿流体模式能提供所需沉砂嘴开口
大小的信息。旋流器生产操作的一个重要方面就是测量旋流器底流浓度和观察底
流的流态。在旋流器底流直接排入大气压力环境下（绝大部分旋流器操作在这种
环境下），旋流器底流应该呈现一个锥形或伞性，锥角一般为20°~30°，且中间
是空心的。如果底流有一个比较散开的锥形，这表明底流被稀释了，对于这个应
用情况沉砂嘴太大，应该降低沉砂嘴尺寸以便最大化底流排矿浓度。如果沉砂嘴
太小，底流排矿伞形太窄，即"拉绳"，这时粗颗粒会进入旋流器溢流。这需要
对不同旋流器沉砂嘴大小取样测量旋流器底流浓度。通常旋流器底流的固体体积
浓度应该在50%左右比较合适。生产实践表明，允许的或合理的旋流器底流固体
体积浓度还与底流中颗粒大小相关，如通常一段磨矿流程的旋流器底流固体体积
浓度为50%~53%，而对于再磨作业，其值可能降低到40%~45%固体体积浓度。
因此，旋流器底流浓度应该为确保所有需要进底流的物料的通过时的允许浓度。
对于每个实际应用情况，磨矿循环载荷应该是已知的，因此可以知道或估计出有
多少固体必须通过旋流器沉砂嘴进入底流。

旋流器底流排放的环境的压力也影响底流的流量。以上讨论是基于通常排出
到大气压力环境或接近大气压力环境。但是如果旋流器底流排到一个负压环境，
它的影响与旋流器溢流有一个正压的作用（回压，Back Pressure）相似。如果旋
流器底流排矿需要对抗一个正压则底流流量会降低，需要选择一个大沉砂嘴来保
障分级后的粗粒固体能自由排出。

10.3.6　沉砂嘴与溢流管比和"拉绳"现象

"拉绳"现象仍未很好了解。既然"拉绳"现象会改变分级粒度和固体分

配，它对生产操作极其重要。图 10-27（a）显示了"拉绳"现象始发点最初取决于固体体积浓度。进一步研究显示它可能还受给矿粒度分布相关，如图 10-27（b）所示。

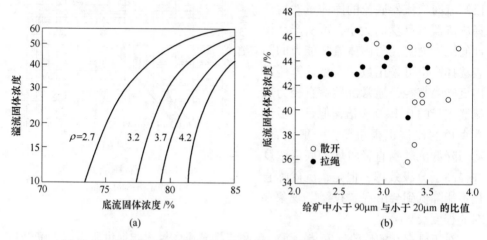

图 10-27　旋流器"拉绳"现象开始与底流固体浓度和颗粒粒度分布[161]

旋流器沉砂嘴与溢流管直径比例也是防止"拉绳"情况的关键标准之一。旋流器底流浓度必须保持低于一个极限值。"拉绳"现象发生条件已经量化，基本指南见图 10-28 和表 10-2。图 10-29 显示了不同底流固体体积浓度和沉砂嘴与溢流管直径比例时旋流器底流流态（即拉绳、半拉绳和散开）的示意图。

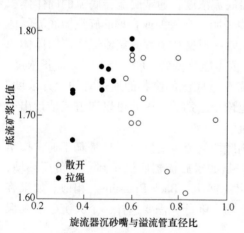

图 10-28　旋流器底流浓度与溢流管/
沉砂嘴尺寸比值的关系[161]

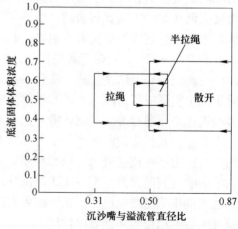

图 10-29　底流固体体积部分与沉砂嘴/
溢流管直径比关系[162]

表 10-2 旋流器沉砂嘴与溢流管大小比值对底流流态种类的影响[161]

沉砂嘴与溢流管大小比值	底流流态种类
>0.5~0.56	只有散开式排矿（旋流器工作正常）
0.34~0.56	散开式、板拉绳、拉绳（旋流器工作在过渡状态，往往效率比较高）
<0.34~0.45	只有拉绳（旋流器沉砂嘴过载，溢流跑粗）

10.3.7 旋流器安装倾角

旋流器安装角度能从垂直到几乎水平，如图 10-30 所示。降低旋流器安装角度将增加 20%~40%分级粒度 d_{50}，这取决于安装角度大小。这也是实际生产中一个普遍常规方法以便提高分级粒度并增加处理能力增产。但是低于 45°的安装角度（与水平位置）将导致一些维修问题，最重要的是给矿管磨损寿命。

对于大型磨机流程，旋流器直径能达到 660~840mm。这些大型直径旋流器通常高达

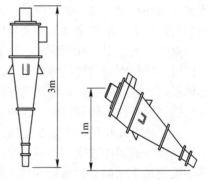

图 10-30 旋流器安装倾角

2500~3000mm。如此高的旋流器大大增加了旋流器底流排放的压头。为了保持高底流浓度，旋流器的沉砂嘴必须密切监控和维护。

如果旋流器安装成与水平 45°角将大大降低了底流排矿压头。既然沉砂嘴大小不再像垂直安装一样重要，45°安装角度将有利于保持一个稳定的高底流排矿浓度。另外，旋流器底流低排矿压头将降低矿浆排出旋流器的速度。与垂直安装相比，45°安装角度能提高这些部件的寿命达 100%左右。

过去的数 10 年中，大型全/半自磨流程中有大约 50%旋流器安装成与水平面呈 45°角。造成这些趋势的原因是比垂直安装更好保持旋流器底流的高浓度。同时，这还允许操作人员更容易调整处理量和排矿浓度，这是因为超大的沉砂嘴更不容易堵塞并导致粗颗粒错误进入旋流器溢流产品。但它的缺点包括长溢流管、短给矿管管线寿命，难以接触到旋流器的底部部件进行检查和更换等。对于安装成 45°角的旋流器，大部分选厂必须完全拆除整个旋流器才能对旋流器的沉砂嘴和低锥体部分检查或维修。

10.4 给矿特性的影响

在某种程度上，旋流器的分级性能也取决于给矿固体的物理特性，包括：

（1）固体颗粒粒度与分布。

（2）颗粒形状。

（3）矿石矿物种类。

（4）固体和液体密度等。

10.4.1　颗粒粒度与分布的影响

旋流器给矿颗粒粒度随着应用情况变化而变化，但在选厂中通常是磨矿的自然产物。旋流器给矿粒度分布也将影响旋流器的分级粒度和固体在底流和溢流中的分配。细给矿粒度分布将导致溢流产品变细且大部分给矿进入旋流器溢流产品。相反，如果给矿粒度分布比较粗，则溢流产品也比较粗同时大部分固体进入底流，循环载荷增加。为了应对给矿粒度及其分布的变化，生产操作必须调整处理器给矿压力，给矿量和给矿浓度以实现所需要的溢流粒度。

众所周知，对于球形颗粒，最大沉积浓度取决于物料的粒度分布。当粒度范围广时，颗粒之间的缝隙将变小，进而导致更少的水充填其间。因此，当相同流体体积时，颗粒间的距离增加黏度降低。同时，这还取决于颗粒粒度范围，当粒度范围宽到有许多细颗粒时，颗粒之间的作用力增加反而导致黏度增加。

这意味着在相同的矿浆黏度情况下，可以通过给矿物料放宽粒度范围的办法来提高允许的固体浓度。相对黏度降低将导致从单一悬浮向双峰悬浮转变。当固体浓度超过 50% 时，这种影响将更明显。通常在宽粒级范围给矿条件下旋流器操作将更高效，某一个粒级的缺失将会导致旋流器分级效率曲线异常。

10.4.2　颗粒形状

颗粒形状对旋流器分级的影响仍未完全明白。曾经研究过非标准形状或非圆形颗粒在重力场中的沉降速度和流体阻力大小。但是，极少有颗粒形状对其在旋流器中的沉降和分离影响的报道。但是众所周知，像云母这样的片状颗粒更经常容易进到溢流产品中且相对粒度比较粗。

颗粒形状是另外一个影响悬浮体流动学性质的因素。与球形颗粒相比，其他形状颗粒会导致更高的黏度，这是由于颗粒与颗粒的相互作用增加及低效的沉积。特别是那些在一个方向超长的非球形颗粒，由于在低剪切力情况下颗粒方向分布是随机的，这会倾向于增加矿浆的黏度。但是当高剪切强度时，颗粒会朝同一方向则黏度降低。甚至事实上，这些颗粒的悬浮体的黏度可能低于同粒度的球形颗粒。通常经过破碎磨矿过程产生的矿石颗粒几乎不可能是球形的，因此其黏度也会因为破碎磨矿作业特性而不同。

图 10-31 显示了 3 种不同粒度和黏度物料的形状修正因子。从左边开始，第一条线代表很细的尾矿旋流器作业，且该尾矿含大量的黏土矿物。最右边的代表磨矿闭路产生的粗颗粒产品。基于固体浓度影响，但旋流器给矿含有大量粗颗粒且很好的脱泥后，该矿浆的黏度相对较低。中间曲线与大部分宽粒级的给矿的旋流器作业相近。

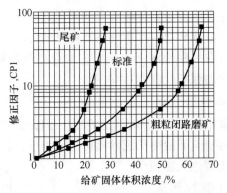

图 10-31 矿浆特性对给矿固体修正因子的影响[163]

10.4.3 矿石矿物

10.4.3.1 比重

既然旋流器的分级是依据颗粒的重量为基础的，因此颗粒和流体的比重无可置疑地会影响其在底流和溢流中的分配。在工业实践中，采用旋流器对大比重金属矿物分级时，经常观察到在磨矿闭路流程中这些大比重金属矿物更倾向于进入旋流器底流并被磨得更细，而小比重矿物（通过为硅酸盐类矿物）更易进到溢流且颗粒比较粗。图 10-32 显示了旋流器底流中轻脉石矿物与重的金颗粒的粒度分布。与 d_{50} 为 160μm 的连生体颗粒相比，金颗粒的 d_{50} 仅为 57μm。图 10-33 显示固体比重的修正因子。

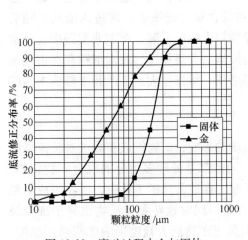

图 10-32 磨矿过程中金与固体
在旋流器底流中的分配[160]

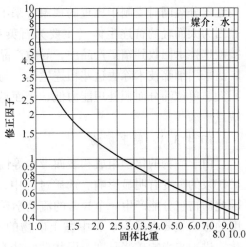

图 10-33 固体比值对分离的影响[160]

流体媒介比重也是影响旋流器分级效果的因素之一。特别是处理那些可溶性盐类矿物时，例如，当分选矿盐时水中溶有高浓度的可溶性钾盐，这使流体的比重远远高于普通的水。在一些地区，选厂工艺水存在慢慢累积可溶性盐类现象，最终会导致流体比重增加和黏度改变。

10.4.3.2　连生体颗粒影响

旋流器中的大比重粗粒受到的离心力比较大，因此更趋向于向旋流器壁移动并进一步沿着旋流器内壁向下最终从沉砂嘴排出。相反，轻而小颗粒则更趋向于随着水流向上通过溢流管进入溢流产品。图 10-34 显示了颗粒比重、大小及连生体状态对旋流器分级的影响。旋流器分级以受制于颗粒比重的现象，有时对分级是有益的，有时是有害的。例如，在铁矿工业中，经常利用这种现象除去铁矿石（多为赤铁矿）中的非常细的"矿泥"，通常称为脱泥作业。这是因为这些矿泥中富含氧化铝、氧化硅和其他有害元素，如磷。这些矿物

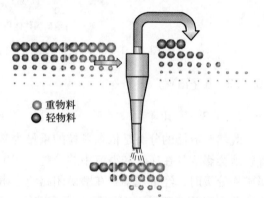

重物料
轻物料

图 10-34　不同比重物料在旋流器中的分离

（如高岭土、赭土状的针铁矿）不仅易于泥化且比重相对较小。在这些生产作业，通过简单的旋流器分级不仅减少了细粒级的量，还大幅度提高了旋流器底流的产品质量（铁品位提高，有害杂质降低）。然而对于铁燧岩矿石的分选，这种旋流器分级同时受制于比重的现象带来了一系列粒度控制和连生体分选问题。这是因为大而轻的贫连生体（主要为石英和低含量的磁铁矿）将进入溢流，随后被磁选技术回收到精矿产品中，导致产品质量大幅度下降。在工业实践中，经常广泛采用细筛技术除去这些粗连生体。与旋流器分级相比，通常细筛存在占地面积大、单位筛分面积处理能力低、筛面易磨损、操作量大、生产和维修成本高的缺点。

10.4.3.3　黏土矿物

由于矿物的化学组成和表面带电等性质的影响，矿物组成和数量对旋流器给矿矿浆的黏度有明显影响。选矿过程中，通常都是处理多组分的混合矿物物料，因此矿物组分能产生一个异常的流动学矿浆。在通常选矿工艺中，矿物组成对黏度的影响主要表现为矿石中黏土矿物的含量，同时这些黏土矿物也易于细粒级化，进一步影响矿浆黏度。层状硅酸盐类黏土矿物能大幅度影响矿浆悬浮黏度，这与他们的薄片形状和表面强电性相关。对这些层状硅酸盐类黏土纯矿物的研究发现，当他们含量增加时，他们将明显改变矿浆的屈服应力。同时，也观察到这

类矿物组分对旋流器分级性能的明显影响。

10.5　旋流器操作参数的影响

通常旋流器分级性能的操作参数有：

（1）给矿压力。

（2）给矿浓度。

（3）给矿黏度。

（4）给矿流量。

（5）沉砂嘴和溢流管大小。

（6）矿浆温度。

（7）作业的外部大气压力等。

10.5.1　旋流器给矿压力

操作压力是最重要的旋流器操作参数之一，也生产实践中最频繁调整的参数，这是因为它调整方便且能有效调整分级粒度和效率。旋流器操作/给矿压力是由于旋流器出口（沉砂嘴和溢流管）对矿浆的限流作业造成的。这类似于一个没有完全打开的阀门，因此通过调整旋流器出口就像开关阀门一样将影响处理器给矿/操作压力。当旋流器数量相同时，通过增加补加水或提高泵速等方法增加旋流器给矿流量也将改变操作压力。

在一定的局限内，增加操作压力降低分级粒度，溢流产品将更细。这是因为颗粒所受的离心力增加，强迫更细的颗粒移向旋流器内壁进而进到底流。但是，如果操作压力太高以致超出旋流器操作的能力，将会导致粗颗粒也进入溢流产品。

很重要的是必须保持旋流器给矿泵池有足够的液位才能保障旋流器操作压力。如果泵池液位降得太低，旋流器给矿泵会出现气蚀进而操作压力会降低。在此期间，会出现粗颗粒进入溢流现象。如果操作压力降得太低，旋流器内的大部分矿浆将会流向旋流器底流。

对于旋流器操作，如果仍能保持所需要的分级效果，应该尽可能操作压力低。尽可能低的操作压力将减少旋流器给矿泵的能耗和降低泵及旋流器的磨损。但也有选厂采用高操作压力模式以便提高分级精度减少混杂程度，特别是降低溢流产品夹粗。图10-35显示了旋流器压头损失对旋流器分级效果的影响。操作压力与分级粒度成反比而与处理量正比。

在许多旋流器作业，操作压力是为数不多的容易改变可操作参数之一。对于非变频给矿泵或给矿流量不变情况下，可以通过开关旋流器给矿阀门方式调整运转旋流器台数，进而影响给矿操作压力。通常改变旋流器给矿压力不会大幅度改

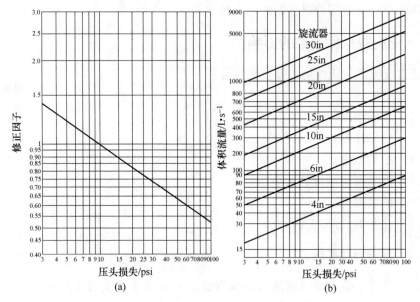

图 10-35　旋流器压头损失对分离的影响[160]

（1psi＝6.895kPa）

变旋流器分级行为，实践生产中，旋流器经常操作在比较宽的给矿压力范围内。依据数学模型计算和实践观察，通常降低 50% 的给矿压力，分级粒度 d_{50} 仅变化 10% 左右。但是，给矿压力对旋流器内磨损件的磨损有巨大影响。

旋流器压头损失的修正因子如图 10-35（a）所示，计算公式如下：

$$Correctfactor_{\Delta P} = 3.27 \times \Delta P^{-0.28}$$

对于一个给定型号及溢流管尺寸的旋流器，旋流器压头损失可以通过旋流器供应商提供旋流器给矿流量与给矿压力图读出。通常这个图是水的工作曲线，对于矿浆需要修正。

旋流器的给矿流量或处理能力与给矿压力的指数成正比，其幂为 0.38～0.56。

当其他参数不变时，仅增加给矿压力将导致旋流器的底流浓度更高，从旋流器溢流口排出的物料比例将减少。操作压力对选择函数的影响如下：

$$S = \Delta P^{-0.25}$$

旋流器所需的合理压力不仅取决于旋流器尺寸还取决于作业的要求及特征。因此，十分重要的事是在旋流器给矿分配箱处安装精确的压力表，对于无分配箱的作业应该安装在给矿管入口前端附近，此压力表将提供持续稳定的旋流器操作压力的读数。

旋流器操作压力读数应该：

（1）稳定，表征了稳定的给矿。

（2）在设计操作范围之内，通常范围为 50~300kPa，但取决于各种应用作业情况。

旋流器给矿压力变化将影响旋流器的分级性能和水在旋流器底流与溢流中的分配。总体上，给矿压力越高，分级粒度越细，水在旋流器底流的分配越少，分级精度越高。

10.5.2 溢流管和沉砂嘴直径

如已经在旋流器几何结构部分讨论过的，旋流器出口（即沉砂嘴和溢流管）的大小和相对大小将很大程度上影响分级粒度。其原因极其复杂，但可以简单认为某一个出口越大允许更多的物料从此处排出。假定给矿压力不变，增加溢流管直径将导致更多的物料进入溢流，其粒度必然变粗，相应分级粒度也就变粗。因此，也非常重要的是定期监控溢流管的磨损情况，如果磨损太严重需要及时更换。

类似地，旋流器沉砂嘴直径太大将允许更多的细颗粒和超额的水进入旋流器底流。这会造成溢流更细而底流更稀。因此，类似于旋流器溢流管，旋流器的沉砂嘴更需要定期测量和更换已磨损的。值得注意的是，但采用相同材质时，旋流器沉砂嘴的磨损速度远高于溢流管，因此，旋流器沉砂嘴检查频率要高于溢流管。同时，通常沉砂嘴会采用更抗磨损材质，如陶瓷等材质。

旋流器小沉砂嘴直径将增加溢流管的压头，进而使更多种粗颗粒进入溢流。如果沉砂嘴过小会导致"拉绳"状态，如图 10-36 所示的不同旋流器底流排放状态。当出现"拉绳"现象时，旋流器底流矿浆特别黏稠而其形状接近圆柱，大小与沉砂嘴直径相近。这时，正常旋流器空气柱可能会消失，同时有大量超大颗粒通过溢流管进入溢流产品。

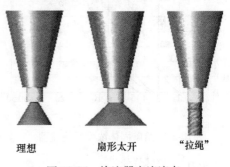

理想　　　　扇形太开　　　"拉绳"

图 10-36　旋流器底流流态

10.5.3 给矿固体浓度

影响旋流器分级性能的主导性工艺变量是给矿的固体浓度。它也是生产操作中最重要的变量，正常情况下操作工很容易通过改变补给水和其他办法加以调节。而除了旋流器给矿压力外，其他关键操作因素（如沉砂嘴）不容易调节，或不能在线调整，或不易一个班进行数次调整。在磨矿闭路，通常需要连续监控旋流器溢流产品的浓度和粒度，并通过调节给矿量来调整旋流器溢流的粒度或粒度分布，同时也需要考虑补给水补加能力和给矿泵的极限。

在一个旋流器分级作业，当给矿浓度太高时，由于干涉沉降作用颗粒将更难在旋流器内部移向，以致只有大而重的颗粒才有更多机会移向旋流器壁。相反，当给矿浓度太低时，它将允许细而轻的颗粒也移向旋流器壁，最后进入底流，降低了分级粒度。图 10-38 显示了旋流器给矿浓度对分级粒度修正因子的影响。因此，如果旋流器操作在高给矿固体浓度时，它会降低分级效率和分级精度，并导致粗颗粒进入溢流，见图 10-37 中给矿浓度对分级的影响。这是因为高给矿浓度时，颗粒受到的流体阻力增加，颗粒随水性增加，物料更易滞留在旋流器的中心，最后更多机会进入溢流。按理想操作条件，旋流器应该尽可能操作在合理的低给矿浓度，但是这可能与需要的分级粒度矛盾，因此，还必须保持所需要达到的分级粒度或溢流浓度。

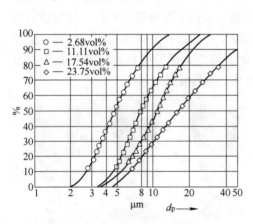

图 10-37　给矿固体浓度对旋流器
分离的影响[164]

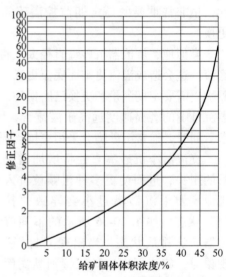

图 10-38　给矿浓度对分离的影响[160]

在生产实践中，调整旋流器溢流粒度（如 P80）最有效的办法是调节旋流器给矿浓度。如图 10-37 中的例子，给矿固体体积浓度从 11%增加到 24%，将使旋流器的分级粒度增加几乎一倍。固体浓度的波动还会影响整个系统的流体输送/通过能力，以及底流和溢流的浓度。

尽管对于大多数矿山的旋流器应用，可以参考类似矿山选择旋流器，一般也可以通过旋流器选择函数或数学模型估算出旋流器参数所需要的合理调整，但是对于一些特殊的矿石可能仍需要样品试验。有时，这对合理选择旋流器非常重要。如果其他工艺参数和旋流器变量一致，通过一系列试验可以确定一个比较正确的给矿固体浓度的修正因子。

一旦固体含量达到一个临界值或浓度，它还将成为矿浆黏度的一个影响因子，这个临界点数值取决于物料的种类。如图 10-39 所示，悬浮物的黏度随着固体浓度增加而增加，这是因为颗粒之间的相互作用导致的。在低或中等固体浓度时，颗粒与流体媒介相互作用的流体力学起主导作用。当浓度达到中等至高时，颗粒之间的摩擦接触以及颗粒之间的吸引/排斥将起主导。在高固体浓度时，颗粒的影响将取代颗粒与流体媒介作用的流体力学决定或增加矿浆黏度。随着固体浓度提高，流体行为将从牛顿流体转变为非牛顿流体，但这还取决于剪切强度。工业生产中，旋流器给矿浓度变化通常范围为 30%～70% 重量浓度，具体数值不仅取决于作业的矿石性质，还取决于旋流器所应用流程中的位置。图 10-39 显示了各种铜矿石浓度时的黏度。矿浆黏度初始随着固体浓度线性增加，最后达到浓度最大值。

旋流器中心空气柱随着给矿固体浓度增加而缩小，这是矿浆黏度带来的效果。一旦旋流器底流达到某一临界值或矿浆黏度达到临界值，旋流器内矿浆的旋转运动将不再能维持，这将导致旋流器中心的空气柱崩塌和"拉绳"现象开始，如图 10-40 所示。图 10-41 显示了给矿浓度对"拉绳"现象的影响。据报道"拉绳"现象对旋流器分级精度的影响还取决于给矿固体浓度。

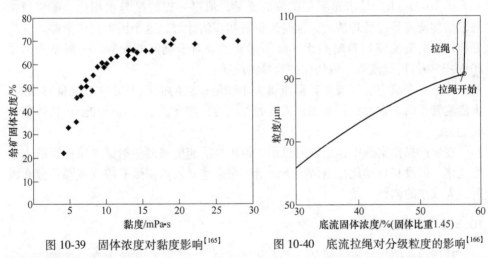

图 10-39　固体浓度对黏度影响[165]　　图 10-40　底流拉绳对分级粒度的影响[166]

10.5.4　给矿量

在常规生产操作中，给矿流量的任何变化将导致其他变量的改变。如果不改变旋流器的几何尺寸，增加给矿流量将典型地导致给矿压力增加。这将导致细分离，即更细的颗粒才能有更多机会进入溢流。在各种不同给矿浓度时，观察到随着给矿流量提高，旋流器中心的空气柱增大至某一极限值。

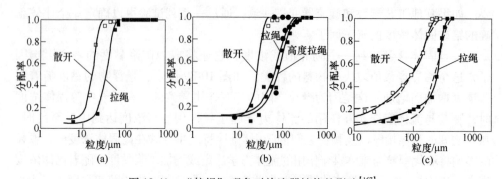

图 10-41　"拉绳"现象对旋流器性能的影响[167]

(a) 7%体积浓度（低浓度）；(b) 18%体积浓度（中等浓度）；(c) 34%体积浓度（高浓度）

对于一个给定旋流器，其处理给矿矿浆的体积量与操作压力相关。图 10-35（b）显示了不同尺寸"标准"旋流器给矿压力（即旋流器操作时的压头损失）与流量的相关关系。如图 10-35（b）所示，给矿流量随着给矿压力增加而增加。该图使用方法如下，首先根据给矿压力确定一个给定直径旋流器的流量，而旋流器直径则决定了分级粒度。然后，总流量除以单台设备的处理量计算出所需要的总设备台数。

图 10-35（b）是水而不是矿浆的流量，值得一提的是与水相比，矿浆通常可以增加旋流器的处理能力，但是当进行初步估计时，这个因素可以忽略。这将导致计算的旋流器数量略高于实际所需要的。对于旋流器配置，一般至少需要20%~25%备用旋流器，以便保持维修的灵活性。

对于一个给定旋流器，其溢流管大小和给矿管的面积也对体积流量有影响。大溢流管或给矿管面积将增加旋流器处理能力；相反，小溢流管和给矿管将降低其能力。

在生产操作实践中，应该通过调整给矿泵的速度来避免给矿矿浆体积的大幅度变化。但没有自动化控制情况下，给矿泵泵速必须依据给矿浓度或颗粒分布进行或大或小的调整。

10.5.5　矿浆黏度

悬浮物或矿浆的流动学是一个十分复杂的问题，甚至文献中有关矿浆流动学的某些影响因子的报道是不一致的。这些不一致性是由于悬浮物的流动学被这些影响因子的相互作用影响而不是仅仅单一因子。当分析矿浆悬浮体时，对其流动学有影响的因素包括：固体浓度、颗粒粒度、颗粒粒度分布、化学环境、温度、颗粒形状、矿物组成等。矿浆黏度是所有影响分级粒度最大因素之一，但是通常并不能容易控制，往往取决于矿石的矿物组成及其数量。在实践生产中，尽管通过添加一些专门化学药剂的方法来调整矿浆黏度是可行的且有效的，但在选矿行业中极少应用。

10.6　旋流器操作故障诊断及处理

不像筛子，应用一个固定尺寸的空间限制或允许颗粒通过的大小，旋流器是依据颗粒的相对沉降速率进行分离的。但是旋流器不是在一个沉降容器中利用重力作为加速度或沉淀作用力的，而是在旋流器中引进了离心力作为主要分离作用源。矿浆固有的沉降速率取决于颗粒大小、形状、流体黏度以及更重要的矿浆中固体颗粒的相对比重和浓度。

许多因素对旋流器成功的生产应用都起着重要作用。表 10-3 总结了旋流器几何尺寸对旋流器作业效果影响，表 10-4 列举了一般旋流器操作调整时旋流器分级效果响应。值得注意的是旋流器分级是一个复杂的现象，对某个旋流器作业均需进行专门分析，以上这些讨论仅做参考。

表 10-3　旋流器几何尺寸对旋流器作业效果影响

变量	改变方向	处理量	细粒级效率	d_{50c}	R_f
D_c	↑	↑	↓	↑	
	↓	↓	↑	↓	
D_u	↑	↑	↓	↓	↑
	↓	↓	↑	↑	↓
D_o	↑	↑	↑	↑	↓
	↓	↓	↓	↓	↑
L_c	↑	↑	↑	↑	
	↓	↓	↓	↑	
D_i	↑	↑	↑	↑	
	↓	↓	↓	↓	
锥角 （L_c 长度不变）	↑	↑	↑	↑	
	↓	↓	↓	↓	
锥角 （L_c 长度改变）	↑	↓	↑	↑	
	↓	↑	↑	↓	
F80	↑	↓	↓	↑	
	↓	↑	↑	↓	
溢流管 VF 长度	↑	↓	↑	↑	↓
	↓	↑	↓	↓	↑
安装倾角	↑		↓	↑	
	↓		↑	↓	

表 10-4　一般旋流器操作调整的响应

操作参数	改变方向	溢流浓度	底流浓度	循环载荷	分级粒度
给矿粒度	↑	↑	↑	↓	↑
	↓	↓	↓（小）	↑	↓
旋流器数量	↑	↑（小）	↓	↑	↑
	↓	↓（小）	↑	↓	↓
给矿压力	↑	↓（小）	↓	↑	↓
	↓	↑（小）	↑	↓	↑
给矿体积	↑	↓（小）	↓	↓	↓
	↓	↑（小）	↑	↑	↑
沉砂嘴直径	↑	↓	↓	↓	↓
	↓	↑	↑	↑	↑
溢流管直径	↑	↑	—	↑	↑
	↓	↓	—	↓	↓
矿浆浓度	↑	↑	↑	↑	↑
	↓	↓	↓	↓	↓

旋流器操作的总原则是保持稳定旋流器给矿浓度和操作压力，同时应该关注和确保选择了一个合理旋流器溢流管和沉砂嘴直径，这是获得所需溢流 P80 和相应浓度的基础。通常溢流管和沉砂嘴直径选择需要专业人员参与。如果发现不正常现象，报告专业人员进行分析和研究。表 10-5 是旋流器操作常见故障诊断及处理措施。但是非常重要的是通过调整解决某一个旋流器操作问题的同时，还可能改变流程中其他参数甚至整个旋流器分级的生产过程。

表 10-5　旋流器操作故障诊断及处理措施

症状或情况	可能原因	建议措施
沉砂嘴排矿不正常	沉砂嘴堵塞，如进入异物	拆除沉砂嘴清理
	给矿管堵塞	拆开给矿端口清理
	旋流器衬松了或打卷	清除衬或更换
	给矿太少	关掉了旋流器
底流浓度太高或"拉绳"	给矿浓度太高	在给矿泵池加水稀释
	沉砂嘴太小	更换成大沉砂嘴
底流浓度太低	给矿浓度太低	减少给矿泵池补给水
	沉砂嘴太大	更换成小沉砂嘴
溢流排矿断断续续	溢流管变形大卷（失去刚度）	更换溢流管
	没有足够给矿	关掉一些旋流器或增加给矿体积
	旋流器给矿管堵塞	拆开给矿端口清理
	旋流器衬松了或打卷	清除衬或更换
	溢流管堵塞	拆开清理

症状或情况	可能原因	建议措施
给矿压力表波动太严重	旋流器给矿泵没有足够给矿	关掉些旋流器
	给矿泵池液位太低	增加补给水
	旋流器给矿中超粗太多	检查给矿或底流粒度（对于全/半自磨，检查筛板磨损磨漏）
溢流太粗	旋流器衬脱位	停止有问题旋流器给矿
	给矿粒度分布太粗	对于球磨，检查磨矿效果（加球、配矿、磨机"胀肚"）对于全/半自磨检查排矿筛筛板，降低给矿
	操作压力太高	降低操作压力
	操作压力太低	增加操作压力
	给矿浓度太高	泵池加水稀释
	给矿泵气蚀	保持给矿泵池液位
	沉砂嘴太小	与专业人员联系
溢流太细	给矿浓度太低	减少流程补给水
	沉砂嘴直径太大	更换磨损沉砂嘴
	操作压力太高	降低操作压力
	溢流管直径太细	与专业人员联系
溢流浓度太高	给矿浓度太高	给流程增加补给水
溢流浓度太低	给矿浓度太低	减少流程补给水

10.7　旋流器给矿分配系统

　　另外一个旋流器作业的关注点是如何合理地给单个旋流器或旋流器组供矿。生产实践中观察到，对于球磨机磨矿流程，通常 2~3m/s 旋流器给矿管道流速已经足够避免沉降现象，甚至在水平段也是足够的，低速度将有利于降低整个过程的磨损。然而，对于全/半自磨作业，旋流器给矿粒度可能很粗。尽管全/半自磨排矿筛筛一般小于 12~15mm，但有时高达 20~25mm，这些最大颗粒甚至超过一般球磨机的给矿最大粒度。与球磨机给矿相比，全/半自磨机排矿含有大量粗颗粒，如前面所讨论细颗粒的存在将增加矿浆黏度，降低了颗粒的干涉沉降速度。如果全/半自磨机的细磨效果差，且旋流器给矿粒度特性呈"砂化"状态时，有时需要的矿浆流速达 5~7m/s 甚至更高。通常，对于单台旋流器，一般设备供应商会建议给矿管尺寸以保障这个最低的流速要求。

　　如果矿浆需要分配给一个并联旋流器组，需要仔细设计分配系统，通常典型分配系统为辐射状分配箱，如图 10-42 (c) 所示。在这种系统，旋流器给矿来自于一个大直径圆柱形分配箱，通常给矿从底部进入该分配箱，顶部为弧面。通常顶部上安装有机械式压力表、(远程) 压力传感器、放气阀等。这个合理设计的中央分配器也是一个混合空间，通常此时的矿浆流速降低到 0.6~0.9m/s。这将有助于每个旋流器的给矿相同，包括矿浆浓度、矿浆流量 (如果旋流器的几何尺寸相同)、粒度组成等，同时也降低了磨损率。采用辐射状分配器也使安装备用旋流器更容易。

如果采用管道分配系统 (如图 10-42 (d) 所示)，旋流器给矿是不均匀的。在这种系统中，固体颗粒或粗颗粒趋向于错过第一台旋流器而进入最后一台旋流器。这导致最后一台旋流器的磨损加快，且由于给矿浓度高带来的粗分级粒度。还有，一旦最后一台旋流器关停，固体颗粒会趋向于沉降在其给矿管中，这造成再开启时困难。

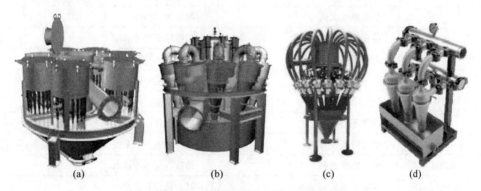

(a)　　　　　　(b)　　　　　　(c)　　　　　　(d)

图 10-42　旋流器组给矿分配系统

(a) 子母旋流器分配系统；(b) 选厂常规辐射状分配器；
(c) 细分级粒度或脱水旋流器的辐射状分配器；(d) 管道型旋流器分配系统

对于那些分级效果不关键或给矿浓度极低的应用情况，管道型给矿分配系统是可行的，且其造价低于辐射状给矿系统。

10.8　旋流器衬

采矿工业采用的旋流器一般为金属钢或玻璃钢外壳，内有可更换的衬板。通常在同一旋流器不同部位的衬可能采用不同材质以便优化其磨损性能。大部分情况下，选厂设计时并不知道实际旋流器给矿条件和磨损严重情况，通常旋流器供应商配置橡胶衬以及一系列大小不一的橡胶沉砂嘴和溢流管。在选厂调试期间，将依据生产实践确定最佳的沉砂嘴和溢流管尺寸，进而再提供不同材质的沉砂嘴和溢流管进行磨损-经济效益试验及评估。最常见的旋流器衬材质有橡胶、工程陶瓷和聚氨酯，如图 10-43 所示。

图 10-43　旋流器截面图（各种衬板和各种材质）

天然橡胶是最普遍采用的材料，这是因为相对造价低、磨损性能好、轻且易安装、不脆等。但是天然橡胶一般不适于温度大于 60°C 的环境或矿浆中含有大量碳氢化合物，如各种油，或其他对天然橡胶有害物质。

聚氨酯处理器衬具有良好的抗化学腐蚀和磨损性能，其成本效益也很高。聚氨酯有一系列性能（包括硬度）的产品，可以针对不同的情况采用不同的品种聚氨酯，聚氨酯特别适用颗粒比较细的情况。目前，聚氨酯旋流器衬在工业界应用越来越广泛。

陶瓷材料一般仅用于旋流器的沉砂嘴，但也有个别用于磨损严重区域，这些区域包括旋流器低锥衬或溢流管。在磨损严重情况下，陶瓷材料衬往往比传统的橡胶衬更经济。陶瓷材料的典型抗磨损性能是橡胶的 8 ~ 12 倍。它们的优点包括维修量低，沉砂嘴和溢流管尺寸稳定。但是陶瓷沉砂嘴一般不适于应用于全/半自磨磨矿流程，这是因为有大颗粒存在，脆性陶瓷沉砂嘴很容易打碎。在一全/半自磨流程进行了两台旋流器陶瓷沉砂嘴的工业试验，仅一个月后其中一台旋流器的陶瓷沉砂嘴就被打碎（注：磨机排矿筛新筛板筛孔为 12mm）。

市场上还有一些其他材质旋流器衬，但应用极少，或仅应用于一些特殊情况。硬镍材质也被证明是良好的抗磨损材料，特别是用于溢流管或其他需要增强抗摩擦磨损性能的部分。

当矿浆中存在大量碳氢化合物或环境温度超过 60°C 时，可以采用合成橡胶材料，如氯丁二烯橡胶或硝化橡胶等。

尽管橡胶、聚氨酯和碳化硅是闭路磨矿中旋流器衬首选抗磨损材料，但是依据矿石种类或化学环境变化，采用材质也不同。例如，许多磷和铁矿采用聚氨酯旋流器衬，而在煤炭行业，旋流器一般采用氧化铝、碳化硅或聚氨酯衬。

在选矿中采用的旋流器，除了溢流管和沉砂嘴，其他衬最普遍的材质是天然橡胶。这些衬的厚度一般为 12mm（1/2inch）或 25mm（1inch）。既然在一些矿山，旋流器给矿中有大量粗颗粒，为了增加磨损性能，通常旋流器的上部采用加厚衬。但是通常更耐磨的聚氨酯或陶瓷衬仅用于低锥和沉砂嘴部分，对于 660mm 或 840mm 大型旋流器更是如此。图 10-44 显示了陶瓷、橡胶和聚氨酯材质的沉砂嘴。

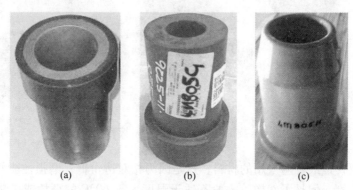

图 10-44　沉砂嘴材质
（a）陶瓷；（b）橡胶；（c）聚氨酯

　　旋流器维修方案也会影响旋流器分级性能。除了磨损的沉砂嘴导致低底流浓度外，磨损的锥体衬会存在沟痕或凸出边角，这会导致粗颗粒错误进入溢流。如果低锥部分磨损的衬更换了，但上锥部分衬没有更换，在交界处会出现凸边，这会大大影响旋流器的分级性能，特别是分级精度。

10.9　其他几何结构旋流器

10.9.1　磁力旋流器

　　在选矿工业和技术界曾经表现了很大兴趣研发磁力旋流器用于提高从矿浆中分离易磁化颗粒的效率。磁力旋流器是一种复合了离心力和磁力的分离设备，它通常包括一台普通旋流器和电磁系统。通过电磁系统在旋流器分析腔内产生一个不变的磁场。磁力旋流器分为两种模式。第一种是电磁场吸引易磁化颗粒朝内即旋流器中心运动，最终从旋流器溢流管排出，即为 Fricker 型，如图 10-45 所示。第二种则相反，电磁场的磁极设在旋流器外面，电磁场吸引易磁化颗粒朝外运动，即吸向旋流器内壁，然后从旋流器底流排出，这种模式为 Watson 型，如图 10-46 所示。这两种设计是独立进行完成的，但主要创新方面相同，即都试图同时获得高品位和回收率。在重介质（磁铁矿或硅铁）回收领域对此设计特别感兴趣，例如洗煤厂等。

　　一种新的磁力旋流器设计（如图 10-46（d）所示）采用了稀土永磁（钕铁硼，Nd-Fe-B）材料。据报道，与传统旋流器相比，在处理海滩钛铁矿时，这种磁力旋流器的回收效率提高了 5%，并达到了商业精矿质量标准。还有报道，当

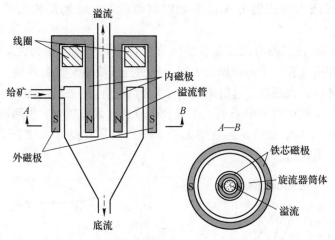

图 10-45 磁力旋流器示意图 (Fricker 型)[168,170]

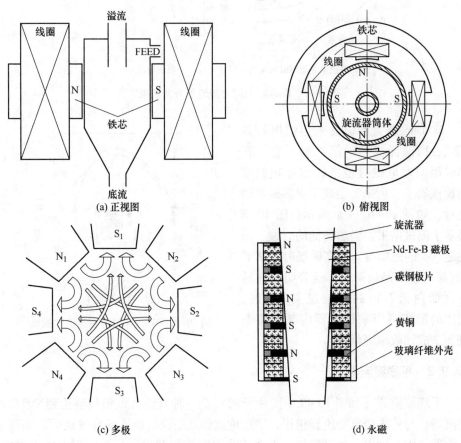

图 10-46 磁力旋流器示意图 (Watson 型)[169,171]

采用这种新式磁力旋流器分选技术处理细颗粒时，钛的品位大幅度提高，达56%TiO$_2$。

对于 Fricker 模式磁力旋流器，旋流器分选腔位于两个磁极之间。内磁极围绕溢流管，即溢流管位于内磁极的中间。外磁极围绕旋流器的外壁。既然外磁极的面积比内磁极的大很多，这将形成一个辐射状朝内的磁场。图 10-47 显示了磁场强度对 80%磁铁矿对 20%石英人工混合矿分选效果的影响。当两磁极中间位置磁场强度为 0.5T 时，磁铁矿回收率大于 98%。但是有报道，对于天然的铁矿砂样品的试验并不成功。

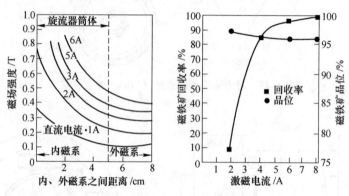

图 10-47　Fricker 型磁力旋流器分离效果[170]

Watson 磁力旋流器采用磁极外置模式，即前面提到的第二种。它一开始采用两对电磁磁极把易磁化颗粒吸向旋流器壁。后来，出现了更多磁系的设计，如图 10-46（c）所示。图 10-48 显示了测试结果。当磁场低的时候，出现磁铁矿的磁絮凝。在高磁场时，精矿（底流产品）品位降低，这表明存在脉石（如白云石）的夹杂现象。同时，絮团的形成将影响旋流器内部的流态进而造成回收率降低。

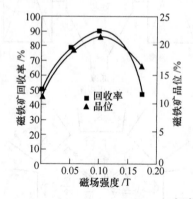

图 10-48　Watson 磁力旋流器性能[171]

10.9.2　平底旋流器

平底旋流器（如图 10-49 中图片所示）是一种有很大锥角甚至达到 90°角的旋流器。与传统经典旋流器相比，平底旋流器几乎没有锥体部分或极短，底流从旋流器的中心排出。尽管近年来平底旋流器在矿业和化工行业应用大幅度增加，但与经典旋流器相比，平底旋流器的应用还是极少。

图 10-49 平底旋流器

平底旋流器内有一个 3 个方位的涡流，即众所周知的 Rankine 涡流、强制涡流和自由涡流。在轴向，流体沿相反的两个方向运动。一个是靠近旋流器壁向沉砂嘴运动，最终进入底流；另外一个沿中心位置空气柱周围向溢流管运动，最后排出，即溢流产品。平底旋流器的分级粒度 d_{50} 比相同大小的传统旋流器的粗，整个效率曲线更平些。与传统经典旋流器不同的是，平底旋流器底部形成了一个循环流化床，见图 10-51 中的流线。这流化床将还依据颗粒的比重和形状分离颗粒。因此，如果矿石中某矿物比重明显小于其他矿物，在采用平底旋流器时，有可能存在跑粗现象。同时由于流化床的存在，细颗粒很难穿过流化床进入底流，因此细粒级在溢流中的分配率（回收率）比较高。

当需要实现粗分级粒度时，平底旋流器是选择之一。宽底或平底旋流器的分级粒度可高达 $400\mu m$ 甚至更粗（溢流产品 P80 可达 $500\mu m$ 以上）。完全无锥体的平底旋流器的分级粒度因子为 2，即其分级粒度为传统典型旋流器的 2 倍。平底旋流器能产生一个"干净"的底流产品，它能把大量的粗颗粒以及细颗粒排到了溢流中。

图 10-50 显示了 UG2 铂矿石采用传统、平底和 3-产品旋流器工业试验的固体分配率。平底旋流器底流的固体分布率最小，为 30%；随后是 3-产品旋流器，溢流产品固体分布率为 30% 或 50%（两溢流总和）；而传统旋流器底流的固体分布率为 60%。可见，平底旋流器能更有效地把物料排进溢流，进而分级粒度粗。

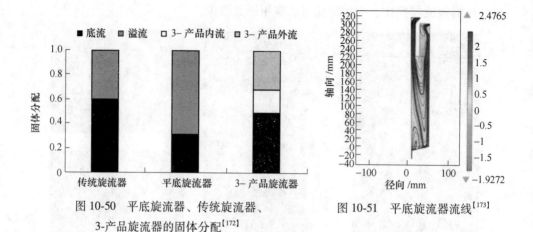

图 10-50　平底旋流器、传统旋流器、
3-产品旋流器的固体分配[172]

图 10-51　平底旋流器流线[173]

10.9.3　JK 3-产品旋流器

如图 10-52 所示，JK3-产品旋流器是另外一个创新性旋流器设计，它是由
Julius Kruttschnitt 矿物研究中心研发的。它设计的目标是降低颗粒比重对旋流器
分级的影响。传统处理器在球磨磨矿闭路应用时，很容易造成细而重的矿物组分
进入旋流器底流，进而造成这些矿物过磨。同时，最新的技术方案是在磨矿闭路
流程中采用闪速浮选技术回收解离的重矿物减少过磨对回收率的影响。在这种方
案中，部分或全部旋流器底流进入闪速浮选机尽量回收可浮选粒级范围内重矿
物，进而避免返回磨机再磨。但是，旋流器底流必须大幅度稀释才能保证合适的
浮选浓度。另外旋流器底流含有大量超出可浮选粒级范围（对于金属矿物一般为
小于 $250\sim500\mu m$）的颗粒，这些颗粒并不适于闪速浮选，同时颗粒中有矿物的
含量可能也比较低（解离度低），即使浮选进入粗精矿产品，也降低了分选效
率，并为下一步的处理带来困难。3-产品旋流器是为应对这种情况而研发的，它

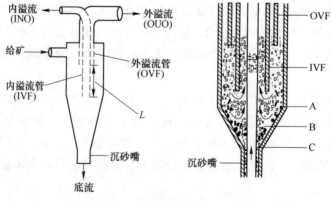

图 10-52　产品旋流器的主要特征[174]

在传统旋流器的基础上加入了第二个溢流管，这样可产生两个溢流和一个底流。

3-产品旋流器利用中等颗粒集中于传统旋流器锥体部分中间位置的特点，在传统溢流管的中心再加入一个更长的溢流管，通常这个内溢流管需延伸至旋流器的锥体部分，这样降低了这些颗粒进入溢流管之前向上的运行距离和所需对抗的离心力，因此这些中等粒级的颗粒更容易上流而作为第二溢流产品。为了获得更多的溢流产品，JK3-产品旋流器的沉砂嘴比常规旋流器的小，这限制了颗粒进入底流。3-产品旋流器的给矿固体浓度相对高些。例如，150mm 3-产品旋流器采用52%的给矿浓度（重量浓度）。这在旋流器沉砂嘴附近产生了一个高浓度区域，导致干涉沉降条件。特别粗且重的颗粒能移向沉砂嘴作为粗粒级产品，在其上形成一个相对细而重的颗粒层。这些细而重的颗粒被向上的旋流从内溢流管导出作为内溢流产品（适于前面提到的闪速浮选），而细而轻颗粒被从外溢流管导出。

图 10-53 显示了人工混合矿（18%磁铁矿和82%的石英）采用 3-产品旋流器处理的结果。细而重的矿物颗粒进入 3-产品旋流器底流的数量减少。另外，3-产品旋流器能产生一个中矿产品，它比传统旋流器的底流更适于闪速浮选。这个中矿产品还可以采用细筛分级把粗而轻的脉石或连生体与其他有价矿物颗粒或富连生体分开。同时，3-产品旋流器的细粒产品性质与传统旋流器的溢流相似。

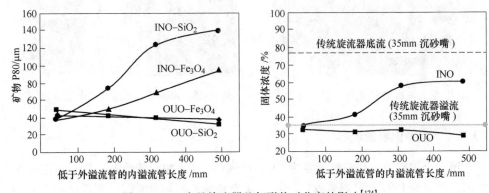

图 10-53　3-产品旋流器几何形状对分离的影响[174]

10.9.4　脱水浓缩旋流器

脱水浓缩旋流器（Densifier）图片如图 10-54 所示，从外形上看，它与平底旋流器一样也没有锥体部分，但它的底流不是从底部的中心排出而是从柱体的侧面切线方向排出。它可以应用各种作业，脱水浓缩旋流器广泛应用于硅铁或磁铁矿等重介质回收、浓缩、脱水等。它能产生高浓度底流和极稀的溢流（通常 5%左右）。脱水浓缩旋流器也应用于维持和控制循环重介质的比重。脱水浓缩旋流器还可以用于磁选前的浓缩被稀释的重介质，它同时起着脱泥和脱水的作用。

脱水浓缩旋流器与传统旋流器有 3 个明显不同的方面：（1）它工作压力范围广，从 300kPa 到 700kPa，甚至更高。（2）脱水浓缩旋流器体积处理能力高。（3）脱水浓缩旋流器主要起着液–固分离作用。

10.9.5　Ahmed 3-产品旋流器

Ahmed3-产品旋流器如图 10-55 所示，与传统旋流器不同，它有 3 个出口。在传统旋流器的两出口的基础上，第三个出口位于锥体周边的切线方向。此出口产生一个中矿产品流。这种 3-产品旋流器最初是为了有效进行液-固分离而开发的，它可以用于浓缩和澄清。一个中试试验表明，当给矿石英 P80 为 315μm 时，3 个产品的 P50 分别为 21～31μm，139～181μm 和 182～226μm，相应的固体浓度为 2%～10%，9%～40%和 50%～89%。

图 10-54　脱水浓缩旋流器–浓缩器[175]　　　　图 10-55　Ahmed 式脱水 3-产品旋流器[176]

10.9.6　水净化器旋流器

第一个被授予专利的旋流器为"water purifier（水净化旋流器）"，如图 10-56 所示，时间为 1891 年，通常这一年也被认为是旋流器问世时间。它设计用于除去饮用水中的杂质。随后，更多旋流器应用于煤炭和采矿业。

10.9.7　Kemper 旋流器

纤维长度对纸的质量影响很大，不同长度的纤维适合不同类型的纸张，为了获得所需要的纤维长度，提高经济价值，需要对纸浆纤维进行分级。采用传统旋流器时存在一系列问题。如给料纤维浓度不能太高（如大于 7.5g/L），否则各种特性纤维会缠绕在一起，形成一个固态化的整体旋转，失去了分级效果。另外，旋流器底流浓度也不能超某临界值，否则将影响或失去分级效果。

Bergström[178] 于 2006 年提出了一种修改型旋流器设计，Kemper 等在 2006 年的专利申请中详细描述了该旋流器结构。与传统旋流器相比，给入方式进行了修改，锥体部分被圆柱体取代，结构图如图 10-57 所示。该设计基本上是一种通流型旋流器，两个出口都位于入口的另外一端。简单的切线给入模式，矿浆流在给入腔内形成悬浮体的旋转。悬浮体然后通过一个窄开口，这是有一个固体在顶部的双锥体形成的。冲洗水从这个窄环处沿切线给入旋流器，冲洗水的流量可以独立控制，不受给入流量影响。这个窄环开口和稀释水设计的原因是能提供一个良好的周边对称冲洗水位置，以便搅动悬浮物并产生额外的沿径向朝内的流，这将有利于物流的分离。

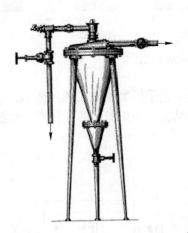

图 10-56 1891 年 Bretney 发明的旋流器[177]

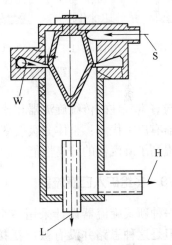

图 10-57 根据专利设计的旋流器[179]
S—给矿；L—细粒级；H—粗粒级；W—稀释水

这种新式旋流器工作在低排时仍可获得性质相差很大的粗、细两产品，而不像传统旋流器只主要起着脱水作用。对于一些高浓度 TMP 纤维浆分级，这种旋流器分级效率提高很多。

10.9.8 固化芯旋流器

在传统旋流器中，存在内、外两个螺旋流，一个循环流，一个短路流和位于旋流器中心位置一个空气柱。通常认为空气柱对旋流器的流态和分级效果有巨大影响。紊流不良反应及空气柱位置变化影响位于溢流管之下空气柱之外的主分级区域对称流场的稳定性。为了使流场不受强制涡流的影响，一个可能的方法采用合适固体芯取代传统旋流器的空气柱或水柱芯。通过采用固体条从溢流管插入方式（如图 10-58 所示）用于消除旋流器内的强制涡流（包括空气柱和流体强制涡流），旋流器效率应该会有所提高。

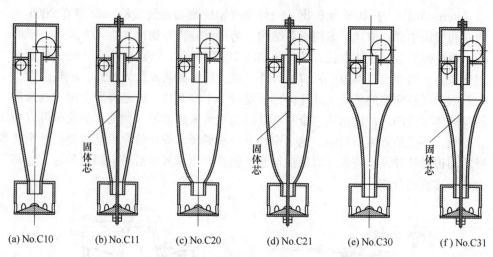

固体芯

固体芯

固体芯

(a) No.C10　　(b) No.C11　　(c) No.C20　　(d) No.C21　　(e) No.C30　　(f) No.C31

图 10-58　　有、无固体芯旋流器示意图[180]

　　与有空气柱的传统旋流器相比，试验证明无论采用哪种形式的固体芯，这种旋流器有以下优点：整体分级效率高、高分级精度。采用固体芯取代空气柱的旋流器提高了旋流器的分离性能。

10.9.9　多给矿入口旋流器

　　一种新式旋流器设计采用多个给矿入口，但是这种思路并没有被广泛接受，仍然质疑多个给矿入口的必要性。Tue Nenu 和 Yoshida[181]开展了一些试验研究，发现双给矿入口旋流器与单入口旋流器在相同压力或流量的情况下，双入口旋流器具有颗粒回收率高和分级粒度细的特点。一个双入口旋流器实验室装置如图 10-59 所示。

10.9.10　串联旋流器组

　　在一些情况下，为了提高旋流器分级效率，采用 2 台甚至更多串联实施多级分级作业。同时，还有在旋流器锥体部分清

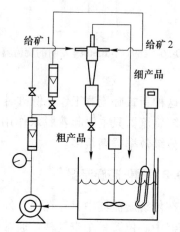

给矿 1　　　　给矿 2

细产品

粗产品

图 10-59　双给矿旋流器试验设备图[181]

洗夹杂的细颗粒尝试，它可能包括在单段或多段旋流器应用。在大多数应用中，降低了细粒级短路。但是由于补加水对旋流器内流态的紊乱作用，旋流器分级粒度会变粗。

　　为了仅使用一台旋流器给矿泵或使旋流器组布局更紧密，可采用旋流器串联

机组。但有两种方式，一种是第一台旋流器的溢流进入第二台旋流器再分级；另外一种是第一台旋流器的底流进入第二台旋流器分出夹杂或中等粒度的颗粒。

如图 10-60 所示，Cavex DE 旋流器组是第二种的典型设备。成功的关键是其内部控制策略，如何控制第一台旋流器底部黏性层的冲洗和合理的第一段与第二段之间的固体分配。注水区域被称为冲洗水室。在冲洗室，最重要的相互作用发生在矿浆、冲洗水和由于反锥体调整而产生的膨胀区。该区域的目的是打破旋流器底流的黏性层，把夹杂的颗粒释放出来，为下一次新的分级提供机会。因此，这种旋流器机组在两方面提高了分级作用：减少了细颗粒短路进入旋流器

图 10-60 Cavex DE 旋流器组[182]

底流和粗颗粒错误进入旋流器溢流。一种类似的旋流器机组已经广泛应用于重介质洗煤选矿厂，其结构如图 10-61 所示。

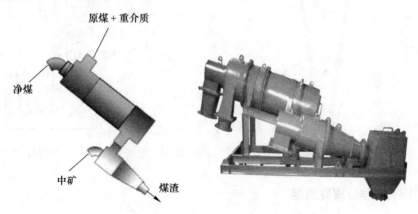

图 10-61 煤炭处理中采用的旋流器组[183]

10.9.11 JKCC 旋流器

Julius Kruttschnitt 矿物研究中心研发的另外一种旋流器为 JKCC 旋流器。与统旋流器柱形溢流管和上部分筒体不同，JKCC 旋流器的溢流管外形是逐渐朝下朝外变化的，同样上部也变成朝内的锥体，如图 10-62 所示。当给矿进入上部时就被加速，增加了离心力。这一方面与传统旋流器不同，JKCC 旋流器的分级作用从旋流器的上部分就开始了。JKCC 旋流器的溢流管壁比传统旋流器的厚，同时

配合其独特外形，增加了 JKCC 旋流器内的切向速度梯度，降低了粗颗粒短路错误进入溢流。沉砂嘴上方设计有一台阶，这种结构降低了超细颗粒的短路，这是它又一个特点和优点。JKCC 旋流器与传统旋流器对比试验显示，JKCC 旋流器的分级精度指标 α 在 4~6，而传统旋流器的小于 4。但修正分级粒度为 40~50μm 时，JKCC 旋流器底流水分配率为 18%~24%，而与之相比的传统旋流器在修正分级粒度为 53μm 时，水的分配率为 26%。

10.9.12　静电旋流器

为了提高固-气分离旋流器（如除尘用旋流器）的颗粒回收率效率，在普遍旋流器的壁上加静电电场，见图 10-63 中试验测试机组图。当没有增加压头损失（增加给料压力）的情况下，通过添加静电电场提高了这种固-气分离旋流器分离效率。无可置疑，分离效率提高程度取决于颗粒的大小和表面电性。

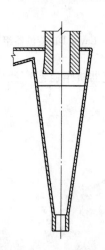

图 10-62　JKCC 旋流器示意图

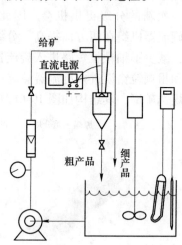

图 10-63　电场旋流器测试试验组示意图[184]

10.9.13　短锥分离旋流器

短锥分离旋流器（如图 10-64 所示）利用离心力、重力、旋转剪切力等力的联合作用来分选具有比重差的物料群。短锥分离旋流器的给矿和圆柱体部分与常规旋流器几乎相同（包括分级作用），但圆柱体部分一般比平底旋流器短。当矿浆流动至锥体部分时，由于锥体的锥角很大导致阻力增大，颗粒群向下运动的趋势减缓，并在此形成旋转流化床，随着离心力场的减弱，重力作用越来越明显，由按粒度和比重分成的内外两层逐渐转化为按比重分选的上下两层，比重大的颗粒通过底流口排出，比重小的颗粒则通过溢流管排出，从而实现轻重颗粒间的分离。短锥旋流器可以应用于煤炭、铁矿、铬矿的分选。

图 10-64　短锥分离旋流器

11　全自磨磨矿流程

11.1　引言

全/半自磨磨矿流程出现以前，大规模选厂通常建有二段/三段破碎-棒磨/球磨多条生产线工艺流程，还包括配套的输送皮带、筛分和给料仓等。简化典型流程如图 11-1 所示。与之相比，全/半自磨机在大型磨矿选厂流行主要原因如下：

（1）高处理能力，目前单系统处理能力高达 5000t/h。

（2）能处理初破作业的粗矿石产品。

（3）能粉碎矿石至满足二段磨矿要求，甚至可以满足直接进分选的要求。

（4）设备完好率高达 93%。

自从 20 世纪 80 年代以来，大部分新建或扩建矿山项目采用全/半自磨工艺技术。无可置疑的是全自磨磨矿远不如半自磨磨矿应用普遍，这是因为矿石

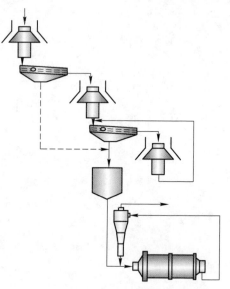

图 11-1　经典三段破碎-棒磨-球磨流程

的抗冲击磨矿性和操作的困难性等。但是，生产实践中有许多成功工业项目案例，特别是北美地区的（铁燧岩）铁矿石工业。特别注意到，全自磨磨矿成功的关键之一是正确的给矿准备。对于全自磨磨矿工艺，最重要的是保持一个稳定的配矿，并含有足够大块矿石磨矿介质。没有这样的条件，就很难达到"稳定"生产操作。

与半自磨磨矿相比，全自磨磨矿流程更可能有细粒分级作业（如旋流器和细筛），并能产生足够细的磨矿粒度，可以满足浮选、浸出、磁选等分选对磨矿粒度或解离度要求，即所谓单段磨矿流程。全自磨磨矿流程可以进一步分为数种子类，每一子流程都有所适的矿石特性或一些项目的特殊要求。因此，准确的矿石种类/特性和明确的设计标准对于全自磨技术应用成功至关重要。

不同的国家或地区有不同优选的磨矿设备结构和流程，这也导致许多不同的

流程结构。例如，南非黄金矿山行业多采用单段全/半自磨机磨矿流程，与旋流器形成细粒分级闭路产生最终磨矿产品，这是该区域的常规工业实践。与之相比，澳大利亚黄金矿山更流行采用SABC流程（即有顽石破碎闭路的半自磨-球磨闭路流程）。本章节不可能描述目前全球范围内应用的所有不同的磨矿流程，但是将综述比较普遍常规的全自磨机磨矿流程结构。

粉碎作业中的分级设备（如各种筛分设备和旋流器）对粉碎流程的性能具有很大的影响，它们决定了流程的循环负荷、流程的处理能力和最终产品粒度等。特别是对于磨矿作业，在常规优化研究中，调整筛分或分级作业通常是提整个流程效果的最简单最有效最快捷方法，这是因为它们相对简单且能对粉碎性能有明显改观，同时这种改变通常也是相对更容易和低成本的，例如改变筛分设备的筛孔，给旋流器给矿补加更多的水稀释，改变旋流器的沉砂嘴或溢流管尺寸或改变旋流器运转数量等。

11.2 全自磨流程演化

11.2.1 全自磨机流程出现

如前面章节中介绍的，第一个全自磨机流程是全开路流程，如图11-2（a）所示。后来，流程引进了（圆筒）筛分作业对全自磨机排矿进行分级，这导致能安装大孔格子板，进而允许磨机高通过量，避免了磨机载荷累积和"胀肚"，如图11-2（b）所示。因此，这种流程允许把临界粒子排出并返回到磨机给矿点，有助于已经磨好的细颗粒及时排出磨机，避免过磨和磨矿能量浪费。但是，如钻石矿等一些特殊情况下，仍然采用全开路流程，另外，当把一台传统磨机转变为全自磨机的时候也常采用开路流程。

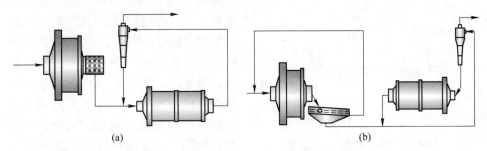

(a)　　　　　　　　　　　　　　(b)

图 11-2　全开路全自磨-球磨闭路流程与全自磨-顽石返回-球磨闭路流程
(a) 全开路全自磨-球磨闭路流程；(b) 全自磨-顽石返回-球磨闭路流程

11.2.2 顽石破碎

在全自磨磨矿的早期，特别是处理高抗冲击的矿石时，已经观察到临界粒子

（通常为 15～70mm 粒级）的累积现象，降低了全自磨机的粉碎速率。最初，通过添加少量的钢球来加速临界粒子物料的粉碎，降低其在磨机内累积的趋势，即形成半自磨工艺技术。但是同时也导致高钢球磨矿介质成本，磨机衬板磨损增加和高频率更换造成的高成本等。另外一个避免临界粒子累积的方法是在全自磨磨矿流程中引入破碎设备（通常为圆锥破碎机）。全自磨磨矿流程中采用顽石破碎作业已经几乎成为一个磨矿回路设计的标准之一，如图 11-3 所示。无论是全自磨还是半自磨机流程，现在的设计几乎不可避免设计有顽石闭路系统，通常包括圆筒筛（应用于中小型磨机）/振动筛和顽石破碎机，筛上大块被破碎并返回磨机给矿。只有处理风化矿石时，可能无须顽石破碎机，这部分大块顽石返回可起磨矿介质作用。因此，临界粒子物料被破碎甚至超出临界粒子的粒度范围。顽石破碎作用的另外一个至关重要方面是破碎后的顽石不再呈现近圆形而是有大量

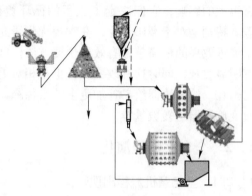

图 11-3　典型 ABC 流程

的边角，容易通过去棱角磨矿机理而粉碎。甚至在处理初期矿石时，没有考虑或无须安装顽石破碎机，但谨慎的设计通常需要预留顽石破碎机的位置，一旦后来矿石性质变化或生产操作情况变化，就可以及时安装顽石破碎机并明显提高流程的磨矿效率。

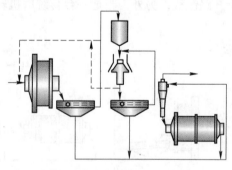

图 11-4　顽石破碎后直接进球
磨机的全自磨磨矿流程

　　但是最近也出现考虑设计和操作开路 ABC 流程（全自磨-球磨-破碎机流程），这种流程通常应用于极高抗冲击粉碎性能/极硬矿石，破碎后的顽石采用振动筛分级，细粒级产品直接进到球磨流程，如图 11-4 所示。旁路初磨机的顽石流程带来的效果是更多的粗颗粒进到球磨机流程。因此，在大部分情况下，该流程应用于现存流程的提产，但要求有额外的球磨磨矿能

量或允许放粗磨矿粒度。该流程也适用于一些特别的新建选厂，这些选厂即使采用最大全自磨和顽石破碎机形成闭路也不能达到处理能力的要求。类似的策略也适于半自磨磨矿。例如，El Teniente Colon 选厂采用直径 11.6m 的半自磨机，并在此半自磨开路流程结构中安装了 4 台平行的顽石破碎机。为了进一步降低球

磨机给矿粒度，也引进了高压辊磨处理顽石。

　　设计的顽石破碎流程通常能允许顽石破碎机至少有两种状态，即破碎工作或旁路。这样的流程给操作工提供了一定程度上生产操作灵活性和选择性，进而提高全自磨流程的生产控制能力。对于给矿可磨性（包括抗冲击粉碎能力和硬度）变化幅度极大的矿山，例如有时矿石极其容易破裂，有时又极其难破裂，但这两种情况下邦德球磨功指数可能都很高。当处理容易破裂矿石情况下，顽石旁路流程将允许返回没有破碎的顽石作为磨矿介质。另外，当采用全自磨细磨时（特别是单段磨矿流程），操作工有时不得不返回没有破碎的顽石到全自磨机以便保持磨机功率和磨矿粒度。因此，操作全自磨机细磨闭路流程时，选厂设计的磨矿流程允许操作工短路顽石破碎机将可能会带来很大的优点。从实践的角度上，如果没有顽石仓或备用顽石破碎机，顽石旁路系统是必需的，这是因为顽石（圆锥）破碎机的衬板寿命明显不同于全自磨机，通常顽石破碎机的衬板周期仅为数个星期，而全自磨机衬板寿命一般为4~6个月，甚至更长。

　　有些矿山的流程甚至能允许破碎的顽石（可能有控制筛分作业）旁路初磨把粉碎工作量分配给球磨机。

　　另外一个顽石破碎的最新发展是引进了高压辊磨进一步处理顽石破碎机产品。一些有高压辊磨顽石处理的流程如图11-5所示。顽石能被破碎到粒度极小（通常P80达0.5~3mm），这样大幅度降低了对磨矿能量需求。增加高压辊磨作业并改变为ABC流程开路能大幅度提高磨机的处理能力，并且不会明显增加球磨机的工作负荷，但增加程度取决于原来流程生产运行情况。这种改造理念也适用于已经调试完成后要求流程提产的全/半自磨机磨矿流程。

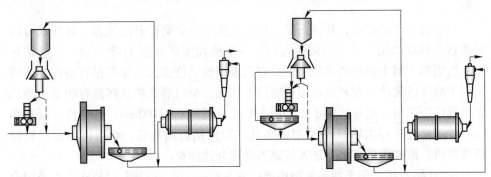

图11-5　高压辊磨顽石破碎的ABC流程

11.2.3　顽石仓

　　早期的顽石破碎系统是在原有的全自磨机顽石返回皮带输送系统添加了顽石破碎机形成的，通常没有顽石缓冲和给矿存储能力。现代（圆锥）破碎机供应商高度推荐和要求建有顽石缓冲仓，这样能通过控制给矿速度实现挤满给矿。因此，在绝大部分情况下，现在工艺流程设计时均会考虑和安装顽石仓。对于高流量的顽石返回选厂，采用顽石料堆比顽石仓可能更经济适用（通常存储能力更大）。

11.3　全自磨开路流程

　　没有任何物料返回（即没有顽石也没有细粒级返回）的全自磨机磨矿全开路流程是极其罕见的。据报道，Buchanan 矿曾经应用全开路全自磨磨矿日常处理铁燧岩（磁铁矿）矿石，然后采用磁选分离。通常有 2 种全自磨磨矿开路流程，如图 11-6 所示。全自磨机排矿通常直接进后续的球磨机，这是因为通常全自磨排矿粒度偏粗而预先分级的意义不明显。为了降低临界粒子物料的累积，全自磨机格子板采用比较大开孔。这时全自磨机排矿应该筛分，然后筛上粗粒级破碎后进入球磨机，一流程如图 11-4 所示。

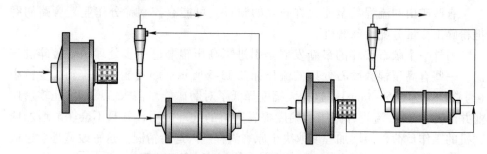

图 11-6　两种全自磨开路流程+闭路球磨机流程

　　对于特殊产品矿山，如钻石矿，特别优选全自磨磨矿开路流程，这样既可以解离这些稀贵产品，又不会破碎它们，一个流程实例如图 11-7 所示。尽管钻石是众所周知天然中最硬的矿物，但是它们也很脆，许多大块钻石很容易在其粉碎流程中撞璋或破碎。与其他可用粉碎技术相比，全自磨磨矿流程具有明显优势且越来越广泛采用。通常，格子板采用大开孔，例如 60~100mm，这允许大顽石和钻石排出流程进行大钻石的 X-射线拣选。当大钻石回收后，顽石再次返回破碎机或磨机，而磨机排矿筛下进入传统重介质分选作业。

　　Boteti 钻石矿：位于博茨瓦纳中部，它是另一个矿山实例。AK06 矿也采用全自磨磨矿技术。如图 11-8 所示，一台全自磨机就可以达到通常多段破碎-筛分-磨矿的相同的粒度，这增加了全自磨的普及程度。该选厂还有重介质选矿和回收车间以及破碎、筛分和浓密系统。设计处理能力为 250 万吨/年含钻石的火成岩（kimberlite），单台重介质选矿设备的处理能力为 250t/h。重介质作业精矿再在单机能力为 2.5t/h 的 X 射线回收车间精选和钻石再精选。

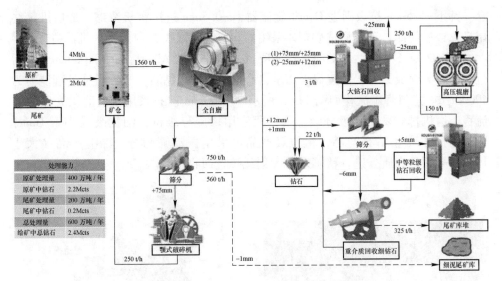

图 11-7　新 Cullinan 选厂简化流程图[185]

Ghaghoo 钻石矿：以前为 Gope 矿，该矿是一个地下采矿矿山，主要从 G025 含钻石火成岩一些采集钻石。设计年处理能力为 72 万吨，生产 20 万~22 万克拉（carats）钻石。该矿钻石小通常为Ⅱ类。因此，粉碎没有像 GEMD 的 Letšeng 一样影响矿山产值。该矿也采用全自磨磨矿提高解离，但并没有采取特别措施减少钻石在粉碎过程中碎裂。

图 11-8　Boteti 矿 AK06 全自磨磨机[186]

　　来自采矿的矿石首先进入 100t/h 的初破作业。采用 Pilot Crushtec 型颚式破碎机（型号为 MJ2436），由轮式给矿装载机给矿到一个 500mm 的静止格筛，然后进到振动格筛，最后被颚式破碎机破碎到-150mm。而大于 500mm 返回原矿堆场采用冲击破碎然后再返回。

　　破碎后矿石进入 100t/h 的 Harcliff 全自磨机（如图 11-9 中照片所示），其格子板最大开孔为 90mm，其他设计为 50mm 孔。该磨机型号为直径 5.5m×长 2.5m（EGL），驱动系统为 550kW 的可变速系统。给矿为小于 150mm，而产品为 80% 通过 25mm。磨机排矿进到双层振动筛，型号为 1.83m×3.66m 的 Vibramech 筛，上层筛板筛孔为 32mm。筛上粗粒级物料（-90+30mm）堆存。下层筛孔为 1.5mm。下层筛的筛上产品（即-30+1.5mm 粒级）进容积为 65t 的重介质选矿仓。筛下-1.5mm 粒级则进 Degrit 旋流器，-0.5mm 进浓密机浓缩，最后进最终尾矿库或矿泥库。重介质选矿精矿采用油脂皮带和湿式 X 射线拣选机器精选。

　　Star-Orion South 钻石矿项目：该项目位于加拿大 Albert 省的 Saskatchewan 附近。矿石为火成钻石岩。建议采用全自磨机磨矿解离钻石。预计设计处理能力为 40000t/d。建议磨矿流程如图 11-10 所示。-400mm 矿石采用全自磨机开路磨矿流程，磨机排矿采用二级分级，第一段采用螺旋分级机，细粒级（小于 1mm）分选生产非商业钻石产品，粗粒级产品再采用振动筛筛分，筛上产品（大于 1mm）采用重介质分选，精矿采用 X 射线拣选回收钻石。

 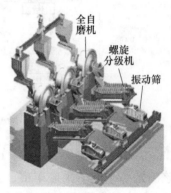

图 11-9　Ghaghoo 钻石矿全自磨磨机[187]　　　图 11-10　Star-Orion South 钻石项目磨矿流程[188]

11.4　全自磨磨矿闭路流程

　　在通常设计和生产操作实践中，球磨机运行于由细分级设备（如旋流器）构成的闭路流程。但是，这种理念不一定适于全自磨机，除了在南非的一些矿山。在大部分国家或地区，"标准"全自磨机工艺只包括粗分级筛-顽石（顽石可能被破碎也可能没有破碎）返回闭路流程（注：一些文献也把这种流程称为开路流程）。但是，越来越多的选厂和设计人员意识到有细粒级分级返回流程的价值，在澳大利亚，这种流程的实践应用变得越来越普遍。但是，一些选厂在应用这种流程时经历了严重的困难，进而对这种流程的生产实践性提出了严重质疑。特别是当全自磨机直径大且径长比小的情况下，情况可能更严重。对于闭路全自磨磨矿，依据返回物料的性质可分为 3 种子流程，即（1）粗粒级返回，即顽石破碎后或直接返回闭路；（2）细粒级返回，即磨矿排矿细分级作业的粗产品返回，如细筛筛上、旋流器底流或螺旋分级机返砂等返回磨机；（3）以上两种物料均返回。

11.4.1　循环负荷影响

　　对于全自磨磨矿流程，循环负荷是指以下的一种或两种物料流：

（1）粗粒级循环负荷，来源于磨机排矿的圆筒筛或振动筛筛上。当这些筛上产品直接返回时，该物料流 P80 主要取决于磨机格子板孔大小和磨机排矿筛筛孔大小这两者，但是一般 P80 在 30~60mm 之间。当经过顽石破碎机后，通常其 P80 能降低至 8~25mm 水平。

（2）细粒级返回负荷，通常来源于螺旋分级机返砂，旋流器底流或 DSM 细筛筛上。该物流主要由小于 10mm 颗粒组成，P80 一般在 1~8mm 水平。注意到这些细粒级物流（例如小于 4~10mm）的返回与磨机磨矿的粉碎率没有相关关系。这可能与这些物料的粉碎模式相关，粉碎机理主要以颗粒剪切粉碎为主导。而磨机内的大块矿石或钢球的作用频率并不明显受这些细粒级返回量影响。

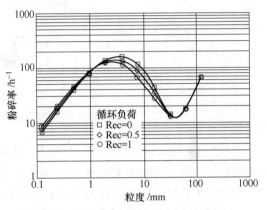

图 11-11 显示了循环载荷对粉碎率的影响。−20+4mm 粒级的循环物料粉碎率与其数量呈反比。当磨机载荷或磨机介质不变

图 11-11　循环载荷对粉碎率的影响[189]

时，这些物料的粉碎率取决于全/半自磨磨机中大块矿石或钢球的接触频率。−20+4mm 物料在磨机内的比例越高，则大块矿石的相对量越少，粉碎率越低。

11.4.2　细分级闭路的全自磨流程

图 11-12 显示了典型细粒级分级返回闭路的全自磨磨矿工艺结构，通常的细粒级分级设备有旋流器、细筛或螺旋分级机，后者应用不普遍。对于小型选厂，它可能应用二段分级作业，这样一般能实现比较细的磨矿粒度，同时该选择可以大幅度降低泵送粗旋流器给矿所带来的问题，如图 11-12（b）所示。通常，这种流程的二段磨矿通常采用砾磨（顽石作磨机介质）或无二段磨矿。

一般原则，当全自磨机带细粒级分级设备和作业时，它的处理能力会低于其他流程。如果处理相同的矿石并实现相同或相近的磨矿粒度时，与开路流程相比，处理能力的缺点十分明显。这个问题与细粒级分级作业对全自磨机的运转功率和处理能力的影响有关。在生产实践中，有时观察到的全自磨机-旋流器闭路流程的磨机运转功率明显下降，进而导致其处理能力下降。但是，注意到这种现象并不是所有的这种流程都存在这样的问题。实际上，也有许多选厂成功地改造为有细粒级分级闭路的全自磨磨矿流程，它们没有观察到任何明显的处理能力和磨机功率的变化。从这些实际选厂的生产结果导致提出了一个新概念"无耗磨

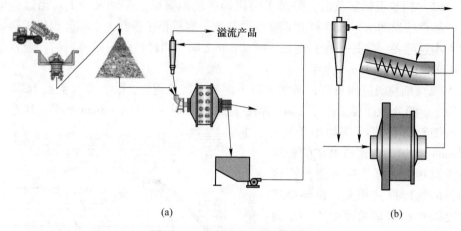

(a)　　　　　　　　　　　　　　　　　(b)

图 11-12　　细粒级闭路返回流程

矿"，它是指采用这种有细粒级分级返回闭路流程时，磨矿的比能耗并没有随着磨矿细度的增加（即磨矿粒度变细）而相应改变或增加。

　　当全自磨磨矿流程没有细粒级返回时（注：这种流程在一些文献中称为开路流程，不管是否有顽石返回或是否顽石破碎），大部分磨机运转在一种"干"的情况下，如图 11-13 中照片所示。当正常载荷的全自磨机紧急停车，检查磨机载荷没有发现超量矿浆痕迹，整个载荷呈现一堆粗块岩石状态。仔细观察会发现这些大块岩石表面覆盖或黏附一层矿浆。实际上，矿浆是存在的，但矿浆的液位相对比较低，矿浆面位于磨机岩石载荷表面之下。因此，至少一些磨矿介质之间的空间没有被矿浆充填。当磨机转动时，磨矿介质在上升过程中将能直接相互接触，导致摩擦粉碎和剪切机理。当磨矿介质下落时，它们将直接冲击下面的矿石，导致冲击粉碎机理。

　　通常，经典的全/半自磨机是高径长比或短筒的，这样物流通过磨机所需要的压头比较低，容易形成"干"磨矿状态。

　　但是当全自磨机与细分级设备形成闭路时，就有可能使整个粗载荷之间的缝隙充满矿浆进而在磨机内部形成矿浆池。当磨矿介质之间充满矿浆，这将倾向于在磨矿介质之间形成一个矿浆层。这样在磨矿介质提升过程中将促进细颗粒的颗间剪切粉碎机理。磨矿介质相互滑动情况下，这种现象将更加显著。当全自磨机与细分级设备形成闭路时，给入磨机的矿浆性质的物流量将增加。当采用旋流器分级时，通常返砂比在 150%~200% 以上，这就导致更多的物料从旋流器底流以矿浆形式循环返回磨机。因此，磨机将逐步累积更多的矿浆直至产生足够的矿浆压头以平衡通过格子板的压头损失，或有足够压头允许这些矿浆能通过格子板排出。如果循环的矿浆流不是很大，它们将倾向于在磨矿介质之间累积。在磨机载荷提升过程中，颗间剪切粉碎磨矿作用将增加而磨机介质之间的摩擦粉碎机理将

图 11-13 全自磨机的"干"载荷
（a）钻石矿全自磨机；（b）Los Bronces 选厂的半自磨机；（c）全自磨机

减弱。磨机载荷的堆密度将增加，进而磨机功率略微增加。

　　既然颗间剪切粉碎机理将有助于细颗粒的粉碎，这种磨矿机理与有细分级设备形成的闭路的磨矿流程是相辅相成的，即细粒级的返回会改变磨机机理朝有利于细磨的方向发展，同时细分级作业能实现细粒产品形成和排出。如果细粒级循环物流进一步增加并恰好到达充填磨机介质之间的空隙的量，这时颗间剪切粉碎作用达到最大。任何进一步增加循环细物料流将导致矿浆在磨机内累积并在磨机载荷的脚趾部分形成矿浆池，但是并没有进一步的颗间剪切粉碎作用的增加。如图 11-14 所示，矿浆池的存在将导致磨机功率下降，它最大的影响是降低了在磨机载荷脚趾部分的冲击粉碎作用。磨矿介质不再能够直接冲击磨机载荷脚趾处的矿石，而是必须首先穿透矿浆池，这样降低了粉碎作用的动能。这种影响导致大块/粗岩石的粉碎率降低，进而磨机内磨矿介质的体积将自然而然会增加。在一定程度上，它会抵消一些矿浆池造成的磨机功率下降。但是，最终，磨机将充满矿浆至磨机直接溢流状态。这时候，能做的是降低给矿量，通过细分级设备的分级粒度或把一部分循环物料导到其他地方。

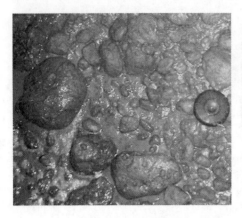

图 11-14　初磨全自磨机内的"矿浆池"现象（UG2 磨机）[190]

从上面讨论可见，当全自磨机流程有细粒级返回闭路时，细粒级分级设备的分级粒度必须选择在一个有效分离点，确保极少或没有超量矿浆在磨机载荷的脚趾处累积。在此点之前，将产生"无耗"磨矿现象。从细粒分级设备的方面讲，返回物料（如旋流器底流）的浓度必须有效地控制在设定范围，任何超量矿浆返回将增加在磨机内形成矿浆池的风险。

另外可以认为，当全自磨机流程有细粒级返回时，在物料提升过程中的磨矿机理将从摩擦粉碎向颗间剪切粉碎机理转变，这将降低磨机介质块度减小的速率。因此，甚至在细粒级循环载荷低的情况下，都有可能导致磨矿介质的累积并导致磨机高功率。这种现象有时能观察到，特别是处理硬矿石的时候，有时它的影响也可能比较小。这种现象可能总发生但不易发现。同时，也应该注意到在磨机载荷内部的摩擦粉碎作用对磨矿介质块度降低起了微小的作用。磨机介质粉碎的主要机理更可能是对磨机载荷脚趾处的冲击作用。除非超量矿浆流进磨机并形成矿浆池，否则磨矿介质冲击粉碎机理将不受影响，与是否全自磨机流程有细物料闭路无明显关系。

这些影响有时也可以直接由磨矿效果明显受矿浆黏度影响反映出来。

除非顽石从全自磨机流程中排出用于如二段（顽石）砾石磨矿等，否则在大部分情况下都存在一定程度上的磨机载荷控制问题。当检查磨机载荷时，总能观察到磨机载荷中的粗颗粒或大于磨机格子板孔的物料积在靠近磨机格子板。它存在很明显的沿着磨机轴向的矿石大小梯度，给矿端物料倾向于有更多的细颗粒，而粗颗粒倾向于堆积在排矿端。在磨机排矿端的粗物料可能会给流向格子板的矿浆流造成额外的阻力或限制，这个影响对于中等粒度颗粒可能比较明显，将降低其通过格子板并排出磨机的速度。

11.4.3　顽石破碎闭路的全自磨流程

如图 11-15 所示，全自磨磨矿的最基本流程是闭路破碎或未破碎的顽石返回。通常，全自磨机排矿采用附在磨机排矿端的圆筒筛或振动筛等粗筛分设备分级。前者在中小型全自磨机中比较普遍。筛上产品通常循环回磨机给矿点，它可以通过外在的皮带输送机系统连续作业或先堆存然后通过前装机或给矿机定期返回磨机的分批作业模式。在全自磨机的早期，还有另外一种设计，磨机排矿采用圆筒筛筛分，然后通过反螺旋和高压射流水从内部的中心把顽石返回磨机。由于细分级的要求，该初磨流程的产品通常比较粗达不到矿物解离的要求，其之后需要二段磨矿作业以便解离有价矿物晶体颗粒。但有时也可能先初选之后再磨，这种流程特别适用某些铁矿石（如铁燧岩/磁铁矿矿石）处理，这是因为磁铁矿粗选设备（cobbing）有能力处理粒度高达 8mm 物料。这种流程在全自磨磨矿工艺的早期广泛应用，特别是在北美地区的一些铁矿（铁燧岩）项目，如 Empire 矿、IOC（加拿大铁矿公司）和 Wabush 矿。

如图 11-15 所示，有数种处理顽石或临界粒子物料的技术流程路线。

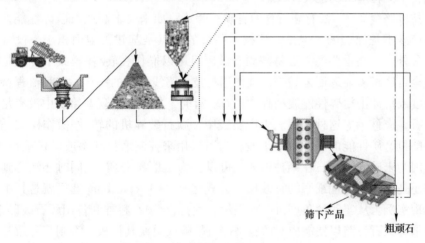

筛下产品　　粗顽石

图 11-15　全自磨-顽石破碎流程结构

技术路线 1——无顽石破碎：在这种技术路线，未破碎的顽石直接返回全自磨机。通过循环未破碎的（大块）顽石返回到磨机给矿端，它将起如下作用：（1）消除了大块物料在磨机格子板前的排料端累积的限流作用，这允许细物料更快速排出磨机。（2）提供了未破碎顽石沿着磨机轴向方向作为磨矿介质的作用，增加了其沿着磨机轴向与细物料的相互（磨矿）作用。这种流程特别适用于多组分且硬度不同的矿石，并且其中只有一小部分矿石是比较硬且抗冲击粉碎性能高能作为磨矿介质。（3）另外一种情况是设计的磨矿粒度很细，必须通过应用这些中间粒级的顽石作为小磨矿介质促进细磨作用。（4）有时由于顽石量太低，设置顽石破碎系统不经济。

有顽石破碎流程：临界粒子物料的粒度通常小于 70mm，但对于高抗冲击粉碎矿石，其粒度可能高达 100mm。在这种情况下，需要安装大开孔的格子板（大开孔格子板也称为顽石窗），其孔径能达 100mm，这样顽石很容易从磨机内排除出去，然后破碎至磨机更容易粉碎的粒度范围和改变矿块的形状。因此，磨机内载荷的体积或重量降低，磨矿功率也降低，这样将允许增加给矿量，提高了磨机的处理能力。

顽石破碎变得越来越流行的另一个原因是成本效益。对于已有选厂，顽石破碎机是增加处理量最有效最经济的方法，对于新选厂设计，它是提高整个磨矿流程能量效率的最佳选择。顽石破碎优势还在于其选择性，即给到顽石破碎机的物料通常只是典型的在磨机内累积且磨机很难粉碎的物料。对于这些物料的粉碎，破碎机的能量利用效率远比磨机高，因此当顽石破碎机在生产时，整个流程的比能耗会降低。同时，顽石破碎机应用倾向于导致磨矿产品粒度增加，这将进一步导致整个流程磨矿比能耗降低。

技术路线 2——没有顽石仓但有顽石旁路：如果要求高顽石破碎性能，这种流程应该不是优选的。但是，该技术路线的优点是基建占地面积小，投资成本低。另外一个很重要的方面是该顽石破碎机可以操作在转/停模式下，这是为了满足全自磨机需要返回未破碎，其作用与技术路线 1 中的一样。这种流程特别适于硬度或抗冲击粉碎性能波动高的矿石。有时，如果会出现新给矿中没有足够大块岩石，应该考虑这种流程。生产实践中，顽石破碎机的转/停操作模式是保持全自磨机磨矿性能的一种有效手段，它可以用来控制磨机功率或磨机载荷重量，这是因为未破碎的顽石在某种程度上可以作为"磨矿介质"。同时还注意到顽石旁路还是保持或实现细磨的有效操作方式之一。Olympic Dam 选厂就是其中的一个典型实例。从实践的角度讲，如果没有顽石仓/顽石料堆和备用顽石破碎系统，就必须有顽石旁路以便能应对顽石破碎机故障或更换其衬板，否则将导致整个生产线停车。

技术路线 3——安装有顽石仓或料堆：许多顽石破碎流程面临的最大问题之一是磨机产生的顽石与顽石破碎机的处理能力不相配。现代的大部分圆锥破碎机倾向于控制给矿量并在大部分时间内能挤满给矿。既然全自磨机的顽石生产率几乎不可能恰好与圆锥破碎机的能力相符，因此自然而然地设计顽石给矿/缓冲仓或顽石料堆，这样可以根据仓或料堆的料位而决定顽石破碎机转还是停。随着越来越意识到破碎机挤满给矿的重要性，越来越多的选厂采用了顽石仓的方案以便获得高性能顽石破碎，甚至通过临时停止给顽石来调整全自磨机的磨矿效果。

依据顽石仓料位高低而决定的顽石破碎机的转/停生产模式会给全自磨机的

生产操作带来极大的波动。特别是当全自磨机还有细粒级返回闭路时，会导致磨机载荷水平和磨矿最终产品粒度起伏波动。如果把破碎的顽石返回到全自磨机给矿料堆，这些震荡将能大幅度降低，进而全自磨机的生产运转能更好控制。把顽石破碎与磨机新给料系统合一的技术路线导致了一种新的生产操作模式，它的优点是简化了流程，可以减少输送皮带机或分级筛的数量。

对不同顽石粒级单独处理：既然最常见工业实践是采用多层香蕉筛或振动筛筛分全自磨机排矿，这就引起了考虑对不同粒度的顽石采用不同的处理模式或方法。在早期的全自磨磨矿实践中，一些选厂筛分全自磨机排矿成 3 个甚至 4 个筛上粗粒级产品。最粗的粒级用于二段砾石（顽石）磨矿的磨矿介质，至少有一部分最粗的顽石被消耗。最细粒级直接返回全自磨机。只有中间粒度被破碎后返回（注：多余的粗粒级也可能被破碎或直接返回）。但是，这种选择造成选厂布局更复杂，增加了投资。

技术路线 4——大块顽石旁路直接返回：如果最粗顽石粒级一旦被破碎几乎失去了作为磨矿介质的作用，而且最粗的顽石粒级也是最容易被顽石破碎机破碎的。如在顽石处理与破碎设备章节中所介绍的工业实例，与破碎前相比，破碎后表现为粗粒级含量大幅度减少或几乎消失，中间粒度的量变化不大。依据磨矿的基本原则，即磨矿介质越小细粒级磨矿效率越高，粗磨采用大磨矿介质（钢球），细磨采用小磨矿介质（钢球），因此这些粗粒级顽石应该对生产细粒产品起着极其重要的作用。因此消除这些粗粒级顽石就能导致磨矿产品变粗或磨机内载荷中的磨矿介质数量不足。所以，在一些矿山，顽石并不是破碎得越碎越好，在生产操作中故意不把顽石破碎得太碎。这一点对于设计为细磨矿粒度（例如 P80<106μm）的单段磨矿流程极其重要。在以上讨论的技术路线 1 和 2 中，适当保留磨矿介质可以分别通过顽石破碎机的转/停模式或设定大顽石破碎机排矿口实现。但是这些技术路线也降低了中等粒级顽石的破碎作用，或不能有效保留最粗粒级。既然采用多层筛是一种常规工业实践，另外一种技术路线是旁路大块顽石直接返回全自磨机作为磨矿介质以便促进细粒磨矿或细磨作用。该技术路线的另外一优点是允许把中间粒级顽石破碎很碎，这是因为除去了粗粒级顽石后，顽石破碎机给矿的最大粒度减小，因此有利于选择顽石破碎机的设备参数（包括衬板腔型、偏心距等）强化细破并允许设定小排矿口，如窄侧排矿口下降到10mm左右。例如，对于 Sandvik 的 CH 系列圆锥破碎机，给矿最大粒度比较小时，可以采用细破腔型，如 EEF（超细型）甚至 HR/HC（高破碎比高挤满给矿）型顽石破碎机衬板。更多顽石破碎机衬板的信息见顽石处理与破碎设备章节的内容，但是这会增加流程的复杂程度。既然有一部分顽石物料分出去了并旁路直接返回，有时很难调控整个顽石破碎的效果。在这种粗粒级旁路返回的技术路线中，其余的顽石可采用技术路线 1 或 2 的流程处理，但设备和操作参数可能会明显不同。

技术路线 5——细粒级旁路返回：对于常规圆锥破碎机，给矿中小于圆锥破碎机窄侧排矿口（CSS）的量越少越好，例如一般要求为小于 10%~15%（对于不同设备可能略有不同，设备供应商能提供更准确的数值），这是因为细颗粒会充填粗颗粒之间的空隙，破碎设备的偏心将会挤压这些物料，消除物料之间空隙会导致物料形成一个固体状物料，进而导致设备过载和破碎腔内积料（Packing）。这一点对于小排矿口将极其敏感。大量细颗粒物料进入破碎机也降低了设备的处理能力和有效破碎作用。

技术路线 6——大块顽石作为二段磨矿作业的磨矿介质：这种技术路线在 20 世纪 50~60 年代的北美地区的铁燧岩铁矿石选厂非常普遍，一典型磨矿流程如图 11-16 所示。但是由于砾石（顽石）磨矿能量效率低的原因，该类流程应用越来越少。

采用高压辊磨强化/彻底破碎顽石：既然顽石被认为是矿石中最难磨最硬的部分，高压辊磨在矿业的成功实践和应用为强化或彻底破碎顽石提供了可能。但是通常全自磨机排出的顽石对于高压辊磨而言太粗不适宜直接给到高压辊磨，特别是中小磨机，其顽石总量比较低只能采用中小直径高压辊磨，其允许的最大给矿粒度往往达不到 60mm 以上（多为 30mm 左右）。在高压辊磨之前通常仍需要顽石破碎机作业，见图 11-5 中的流程。但是对于大型选厂，分级除去粗粒级的顽石可能允许采用大直径的高压辊磨直接破碎，见图 11-17 中的流程图。在硬铁矿石的工业应用（北美的 Empire 矿）表明，全自磨磨矿流程安装使用高压辊磨后全自磨机处理能力提高了 30% 左右。

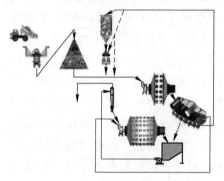

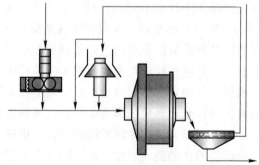

图 11-16　全自磨-顽石磨矿流程　　　　图 11-17　大直径高压辊磨顽石破碎磨矿流程

经典全自磨磨矿流程是 ABC（A：全自磨机，AG；B：球磨机，Ball Mill；C：破碎机，Crusher），流程结构如图 11-3 所示。该流程有顽石破碎机闭路，而全自磨机排矿筛筛下进二段球磨机磨矿闭路。对于顽石破碎作业，常规有两种选择，一种是采用顽石旁路结构，另外一种是顽石仓流程结构。

11.4.4 粗-细两粒级返回闭路全自磨流程

尽管粗、细两返回闭路的全自磨流程工艺（该流程中细分级设备和顽石破碎机均与全自磨机形成闭路，即双闭路）已经成功地尝试和应用，如 Olympic Dam 选矿厂，但是对设计和操作仍均是巨大的挑战。一个典型流程结构如图 11-18 所示。有时，为了强化顽石破碎机的效果和旁路直接返回大块顽石做磨矿介质，顽石可能预先分级，并采用前面讨论的不同粒级不同处理模式，见图 11-19 中的流程结构。

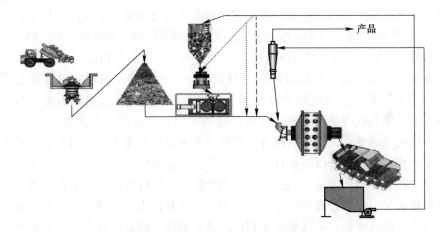

图 11-18 粗、细双回路闭路流程

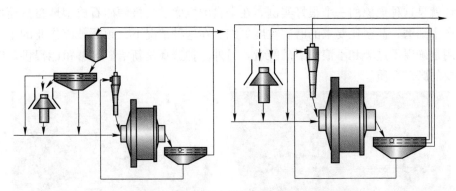

图 11-19 粗、细双回路-强化顽石破碎流程

采用高压辊磨强化/彻底破碎顽石至今仍不是一种普遍应用的工业实践，但特别是对于难磨硬矿石其应用前景十分可观，对于老厂提产改造是有效方案之一。既然顽石破碎机最有效的作用是除去可能作为细粒级磨矿的磨矿介质的粗顽石，如果同时还细分级设备的闭路，生产操作过程中很容易导致"砂化"性质

的物料在细分级闭路流程中累积，见图 11-20 中的"砂化"物料图片。这可能导致处理能力下降，并因此抵消顽石破碎机带来的优点。

　　Kambald 矿的中试试验的工作表明，磨矿流程效率与磨矿载荷，矿石块度分布有很强的相关关系。过度破碎顽石导致了极高的旋流器循环载荷（中试中高达2000%），这与磨矿载荷中缺乏合适的磨矿介质相关。从上面的讨论可见，既然顽石破碎作业消除了细粒级磨矿介质（适于磨矿介质也应该比较小），因此具有粗、细双返回闭路的全自磨机磨矿流程的适应性是有限的，或者说顽石破碎机和细粒分级返回磨矿作业是有冲突矛盾的地方。但这并不代表顽石破碎机和细分级设备不能同时安装在同一系统，而是需要考虑两者之间的合适生产操作点，有顽石破碎机时的细分级设备的分级粒度需要比没有顽石破碎机的情况下粗一些。如果没有合理调整细分级设备的分级粒度，将可能导致流程中"砂化"物料的累积。

　　在这种有粗、细物料双返回的闭路流程中，顽石破碎的影响或作用是帮助"优化/调整"旋流器溢流的 P80 到所需要的粒度。因此，如果顽石破碎机正常工作且没有做其他改变，磨机载荷将会趋向于降低而旋流器溢流将趋向于变粗。然后，磨机处理量可以增加以便维持磨机载荷恢复到原来水平，但是磨矿粒度将进一步变粗。如果细分级设备被调整并强制其产品粒度回到原来的值（即顽石破碎机不工作时的磨矿细度），进而细分级闭路的循环负荷会不断累积增加，甚至达到极高水平。最终处理量不得不减少到与原来相近水平。因此在有细分级设备的闭路全自磨机流程，若需要产生相近的磨矿细度，顽石破碎作业并不能在提高磨机处理能力方面有很大的作用或优势。Olympic Dam 选矿厂的双闭路全自磨机流程就是这种现象的一个很好实例。在全自磨机磨矿，极硬矿石典型地自然而然地产生细磨，甚至比要求的磨矿粒度更细。在这种情况下，顽石破碎作业的主要作用是确保不过磨和不浪费磨矿能量。另外一种选择是新给矿足够粗能提供足够需要的磨矿介质。

 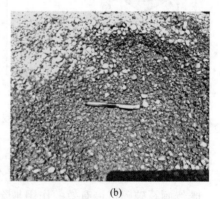

(a)　　　　　　　　　　　　　　(b)

图 11-20　全自磨闭路中"砂化"物料

(a) 磨机载荷；(b) 旋流器给矿管道中沉积物料

在澳大利亚，有这种流程的两个（成功）应用实例，即 Olympic Dam 和 Savage River 选矿厂。他们成功地通过调节顽石破碎来控制磨机内大块矿石载荷的累积，进而保持了磨机的磨矿性能。近年来，Savage River 选矿厂由于新矿点的矿石比较软而存在一些缺乏磨矿介质引起的问题。在这两选矿厂，当磨机载荷累积或超过设定值时，顽石破碎机才工作，破碎顽石；单磨机载荷小于设定值时，顽石破碎机则停，顽石从旁路返回。对于这种全自磨机，在给矿的硬度和粒度都变化很小时，他们可以获得很好的生产效果，并对新给矿的性质变化有一定的补偿作用。

11.4.5　单段磨矿流程

通常当全自磨机有粗、细双返回闭路时，它应该有能力实现和达到分选需要的最终的磨矿粒度要求。这种流程通常称为单段全/半自磨磨矿流程（注：通常与上面讨论的粗、细双返回闭路流程的差异在于磨矿粒度的设定范围不同）。各种矿石单段全自磨流程的成功的关键取决于保持磨机载荷中有足够有效的岩石磨矿介质。因此至少部分矿石必须有足够高的抗冲击粉碎性能，以便能建立起足够的磨矿介质。如果矿石没有足够高的抗冲击粉碎性能或缺乏大块，磨矿介质将成为核心问题，它会导致磨矿产品变细，同时降低了整个流程的效率。

单段磨矿流程生产操作逻辑通常不同于其他流程。南非金矿行业普遍采用这种流程，几乎是常规工业实践。单段磨矿流程的这些全/半自磨机外形尺寸（径长比）比较小，但是能把原矿直接粉碎到所需的最终产品。在这些流程中，全/半自磨机通常与旋流器形成细磨-分级闭路。其优点有：简单、投资低、生产操作成本低且表面上是一个简单作业。因此，这导致单段全/半自磨磨矿流程成为传统的 ABC 或 SABC 流程的一个更好替代流程。除了南非之外，其他地区的这种流程更常采用高径长比的全/半自磨机，总体而言，对于单段磨矿流程通常是可以接受的。

据报道，1995 年，Olympic Dam 选矿厂的磨矿流程从原来的 ABC 流程改造成单段全自磨磨矿流程，实现了操作成本节省 0.95 美元/t，这包括磨机比能耗从 ABC 流程的 20.8kW·h/t 下降到单段磨矿流程的 19.1kW·h/t。

Olympic Dam 选矿厂曾经还进行了单段全自磨磨矿流程中顽石破碎作用的比较。该选矿厂有两台全自磨机，一台直径为 10.36m（34ft），另一台直径为 11.6m（38ft）。直径 10.36m 全自磨机流程有顽石破碎机和旋流器双返回流程，而 11.6m 的全自磨机只有旋流器闭路没有顽石破碎机。在相似的给矿条件下，通常直径 34ft 的全自磨机的比能耗比 38ft 全自磨机的低 1~2kW·h/t，这个差异应该归结于顽石破碎机对磨机载荷粒度的控制作用。

如果给矿粒度分布没有优化（例如太多中间粒级），顽石破碎能有一定的作用空间，通过破碎作业提高流程效率。在一般的选矿厂，通常观察到顽石破碎机常常对单段磨矿流程的磨矿效果是有害的。这是因为顽石破碎消除了磨机内作为细磨磨矿介质的中等粒级物料。只有当处理非常高抗冲击粉碎性能矿石而磨矿产品粒度要求比较粗的时候，顽石破碎才能有效发挥作用。其他情况下，顽石破碎机经常是用于磨机载荷控制。当磨机载荷累积时，顽石破碎机在线工作；当磨机载荷低于预设值时，顽石从旁路返回，不进行顽石破碎。另外的选择是，依据磨机运行状态，通过控制系统调整经破碎机破碎的顽石量和顽石旁路通过量。这种流程结构允许顽石破碎机可以操作在最佳的排矿口情况并获得最大的运行功率。为了满足这种作业的要求（随着调整顽石破碎机的排矿口等），最好采用单缸液压（hydroset）圆锥破碎机，这种设备允许在线自动调节。

表 11-1 列举了采用单段磨矿工艺流程的选矿厂以及所在国家或地区和采用的细分级设备。从中可见，黄金矿山占据了单段全/半自磨机磨矿的主导。

表 11-1 单段全/半自磨磨矿工艺实例[191]

选矿厂	国家	矿石种类	细分级设备
Cannington	澳大利亚	铅-锌	旋流器
Leinster 镍矿	澳大利亚	镍	旋流器
Mt Isa	澳大利亚	铜/金	旋流器
Olympic Dam	澳大利亚	铜/金/铀	旋流器
Kambalda 镍矿	澳大利亚	镍	旋流器
McArthur River	加拿大	铀	细筛
Williams Mine	加拿大	金	螺旋分级机
Tarkwa	加纳	金	旋流器
Navachab	纳米比亚	金	旋流器
Cooke 矿	南非	金	旋流器
Driefontein	南非	金	旋流器
Impala Merensky	南非	铂	旋流器
Kopanang	南非	金	旋流器
Leeudoorn	南非	金	旋流器
Mponang	南非	金	旋流器
Palabora	南非	铜	旋流器
Vaal Reefs	南非	金	旋流器
Ammeberg 矿业	瑞典	铅-锌	旋流器
Henderson 矿	美国	钼	旋流器

依据 Macintosh[192] 的研究，选择单段半自磨机流程需要注意基本情况如下：

（1）单段磨矿流程在磨矿产品比较粗的时候，磨机具有比较高的能力效率，但当磨矿粒度小于 75μm 时，可能变得非常低效。

（2）磨矿粒度比较细时，与常规 SAB 或 SABC 流程相比，单段半自磨磨矿流程的磨矿粒度更难控制。

Powell[193] 研究结果表明选择单段原矿半自磨机流程磨矿至 75%-75μm 时比 (S)ABC 流程更经济。主要经济指标的差别在于采用两段磨矿流程时的第二段球磨机比钢球消耗成本高。他的结果表明无论采用 SABC 还是单段半自磨磨矿流程在选矿厂能应用于相同的磨矿作用任务。

对于有细粒分级作业闭路的单段全/半自磨磨矿流程的应用，旋流器闭路的设计和操作是整个磨矿流程性能的关键，并且对下游的处理工序也是关键部分。对于单段全/半自磨生产工艺，旋流器的设计有 4 个关键方面，即旋流器型号/规格、安装角度、操作和维修。单段全/半自磨磨矿流程中旋流器的选择并不容易。由于中试试验数据与实际生产数据的相关关系比较差，这些中试数据不能为旋流器的选择提供很大帮助。尽管现在已经发展了许多旋流器数学模型用于旋流器选型或设计目的，但必须注意到大部分旋流器模型是基于与要设计的流程的类似流程数据而产生的。但是单段全/半自磨磨矿流程给矿粒度分布性质可能明显不同于球磨机磨矿流程的，例如全/半自磨机流程中的旋流器给矿中最大粒度粗且粗粒级闭路高等。由于缺乏类似流程的历史数据，往往会造成流程调试困难或容易导致误操作。

但是有时对旋流器分级更基本的制约条件往往被忽略。任何磨机的循环负荷很明显取决于分级设备给矿中需要返回物料的比例，即给矿粒度。如果一台旋流器的给矿 F80 为毫米级，而溢流产品粒度 P80 要求仅在几百微米级（通常应该小于 250~500μm），这会导致水分配率差（即进入底流的水占的比例比较大）和高循环负荷。既然细分级设备的粗产品返回磨机，低分级效果和粗产品高水分配率将会导致更多的矿浆流进磨机，需要磨机的矿浆提升格排出，因此细分级设备的低效果将会很容易超过磨机的排出能力并限制处理量。因此，通常建议采用高效的湿式筛分除去 0.5~2.0mm 以上颗粒（即筛孔尺寸或分级粒度为 0.5~2.0mm），这样的给矿粒度分布将允许旋流器操作在一个旋流器溢流的水分配率非常高的水平，进而导致更高的作业效率和旋流器操作的稳定性。但是这种策略实践工业中很少采用，这是因为需要大量的筛分面积以及细筛孔会增加筛上产品的细粒、矿浆甚至喷淋水的夹带，进而给顽石破碎回路造成严重问题，因此细分级设备的生产效率往往被严重牺牲。对于南非的低径长比磨机而言，它们在这方面有一定的优势，这是因为磨机的半塞流（Semi-Plug Flow）倾向于降低分级设备给矿中的最大颗粒粒度。

如图 11-21 所示，无细粒级返回流程的粗粒级和细粒级的粉碎率明显高于有细粒级返回闭路的流程，但中间粒级区域的粉碎率倾向于低些。

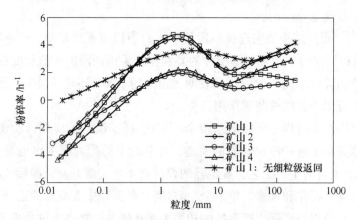

图 11-21　单段半自磨磨矿流程的粉碎率[194]

特别是高径长比的磨机，有顽石破碎的单段磨矿流程可以采用小格子板孔以便能滞留大块岩石（顽石）作为磨矿介质。这种流程中的全/半自磨机格子板孔小于 50~75mm，与（S）ABC 流程结构中的全/半自磨机相比，格子板孔明显偏小。这样能保留合理数量的粗块岩石作为磨矿介质。如果采用更小的磨机格子板孔，同时顽石破碎机的排矿口也应该小，磨机排矿圆筒筛或振动筛的筛孔也应该相应减小。但是对于大或长筒型磨机，这会导致大量矿石在磨机格子板前面堆积，增加了矿浆穿透磨机载荷的阻力，进而降低了矿浆流量（在磨机格子板部分进行了更详细的讨论），甚至进一步可能导致磨机内形成矿浆池，因此小格子板孔的选择对于这样的磨机是有害的。所以，更好的设计应该通过外循环路线返回大块岩石/顽石作为磨矿介质。

11.4.6　全自磨-砾石（顽石）磨流程

全自磨磨矿的另外一个优点是能生产大块顽石用于第二段磨矿的磨矿介质，这样可以进一步节省成本。尽管砾石/顽石磨矿由于能量效率问题而应用越来越少，但是特别是在北美的铁燧岩铁矿山，已经有许多成功工业应用案例。图 11-22 显示了一些经典的全自磨-顽石磨机流程。通常，大于 30mm 的顽石被用于第二段磨矿作磨矿介质。但是顽石磨机消耗顽石的量通常远小于全自磨机生产量。因此，剩余的粗顽石仍需返回全自磨机或顽石破碎机。

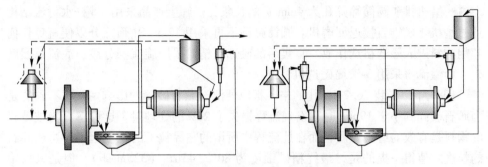

图 11-22　全自磨-顽石（砾石）磨机流程

11.5　全自磨机流程工业案例

值得注意的是以下讨论的全自磨磨矿流程是指以前采用过，但后来可能已经改变，甚至其选矿厂已经停产关闭，但是这并不影响技术方面的讨论和分析。

11.5.1　只有细粒级物料返回闭路的流程

11.5.1.1　Hibbing 铁燧岩铁矿

Hibbing 铁矿位于美国明尼苏达州东北部的 Mesabi 矿区，为露天采矿-选矿-球团一体化公司，公司分两期建设，一期于 1976 年投入生产，二期于 1979 年建成投产。满负荷运转时，年采矿石 3000 万吨，年产全铁品位 66%、SiO$_2$ 含量 4.5% 的球团矿 810 万吨。

Hibbing 铁矿处理的矿石为低品位磁性铁燧岩（即一种颗粒很细，极其坚硬的条带状硅酸盐岩石，磁性铁含量约为 20%，全铁品位 25%~30%），目前共有 9 条生产线，采用的工艺流程为全自磨-分级-磁选-分级（粗粒级返回全自磨）-磁选。

原矿采用两台 60/110 型初破碎机破碎到 250mm，一台初破碎机为 3 条生产线供矿，而另一台为原来的 6 条生产线供矿。该破碎机衬板寿命为大约 1600 万吨。

最初 Hibbing 铁燧岩铁矿磨矿流程如图 11-23 所示。全自磨机流程的处理量为 430t/h。9 条生产线的每一条的全自磨机型号为直径 11m×长 4.6m 湿式全自磨机，装机功率为 8950kW（12000HP）。磨机排矿端新格子板孔为 25mm，磨损后达 35mm

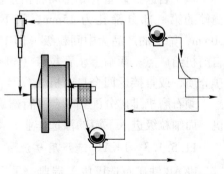

图 11-23　Hibbing 铁燧岩铁矿磨矿流程

左右。磨机排矿圆筒筛筛孔为 4mm 宽的长条孔。筛上产品采用斗轮-水射流结构通过磨机排矿锥直接返回磨机。圆筒筛筛下再采用 12mm 孔筛筛分以便避免任何超粗物料进入磁选粗选作业。富集后的磁选粗精矿采用旋流器分级，底流返回磨矿，而溢流再采用 3-滚筒磁选机精选。

1989 年，安装 76.2mm 孔的格子板以便测试顽石破碎的影响。意想不到的是当顽石破碎到小于 19mm 时，发现流程损失了 20%的处理量。这可解释为被破碎的物料是有效的磨矿介质，而在此流程中所谓的临界粒子的粒度远小于这些顽石的粒度。值得一提的是，最终精矿细度为 80%−45μm（325mesh），但是只采用了一段磨矿，这暗示着矿石比较软且易磨。因此，顽石窗被取消。1995 年 6~9线自磨增加顽石窗以便排除自磨内累计的顽石，同时对顽石进行了预选，然后再返回自磨。

该工业案例表明，对于软矿石的全自磨磨矿能无须顽石破碎机，甚至顽石破碎机的存在会降低磨矿效率，但是随着矿石的可磨性降低或硬度增加，应该考虑增加顽石破碎作业。

11.5.1.2　Aitik 扩建选厂

Aitik 扩建选厂的流程结构如图 11-24 所示。磨矿流程包括 2 条生产线。每条线有一台全自磨机和一台顽石磨机。全自磨机型号为直径 11.6m×长 13.1m EGL，驱动电机为 22.5MW 的无齿轮变速环形电机（variable speed gearless drive/gearless mill drive，GMD）。顽石磨机型号为直径 9.1m×长 10.7m EGL，驱动系统为 2 台 5.0MW 变速电机的双驱系统。

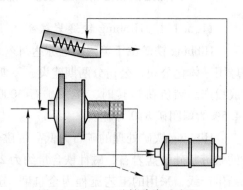

图 11-24　Aitik 矿扩建磨矿流程

该全自磨机装备有 8 排顽石格子板，外层为 32 片格子板。全自磨机排矿圆筒筛的第一部分筛孔为 15mm，筛下直接进入顽石磨机；第二部分的筛孔为 30mm，筛下的产品为中间粒级（即 15~30mm），这一部分未经破碎直接返回全自磨机给矿点；而筛上顽石粒级（30~80mm 粒级）进入顽石磨机作为再磨的磨矿介质，或直接返回全自磨机。

顽石磨机排矿分配到 4 台平行螺旋分级机，螺旋分级机的粗产品返回全自磨机，而细粒级进入下游的浮选作业。

11.5.1.3　LKAB 选厂磨矿流程

LKAB 铁矿石选厂位于瑞典，采用全自磨磨矿技术处理磁铁矿矿石[195]。该矿石是高品位磁铁矿，其他组分为硅酸盐。整体上矿石相对比较软，矿石抗冲击

粉碎参数 $A \times b$ 为 100 左右，但是硅酸盐是典型的硬矿石，其 $A \times b$ 为 37。初破碎矿石分级成大于和小于 30mm 两个粒级。在矿石预选作业，采用磁选技术抛废。这两预选产品输送到全自磨机给矿仓。按操作工选定的粗、细矿石的比例独立给磨机供矿。粗/细粒级比例控制是稳定磨机操作的关键因素，以便确保全自磨模式生产操作成功。

该选矿厂的磨矿流程如图 11-25 所示。全自磨机磨矿由顽石排矿圆筒筛与螺旋分级机组成细分级闭路，产品 P80 为 130μm 左右。圆筒筛筛孔为 6mm×15mm。初磨产品采用 6 台滚筒式磁选粗选。粗精矿进入顽石磨机-旋流器组成的第二段磨矿闭路，旋流器溢流粒度 P80 为 45μm。磨矿产品进最后一段磁选精选，然后输送到球团厂。顽石采用 10mm 孔筛筛分，小于 10mm 作为废石抛弃，而 10 ~ 40mm 的筛上产品进顽石磨机作为磨矿介质。为了保持一致稳定的磨矿浓度，磨机给矿端的补加水与新给矿保持固定比例。流程考察时设定磨矿浓度为 76%，磨机内载荷物料/矿浆黏度从来没有太高，因此这个浓度被认为是最低的固体百分浓度。

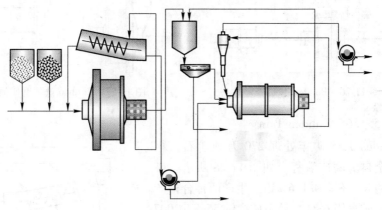

图 11-25 LKAB 磨矿流程

11.5.1.4 Boliden 选矿厂

Boliden 选矿厂磨矿技术为两段无钢质磨矿介质磨矿，第一段为全自磨机，第二段为砾石/顽石磨机。第一段全自磨排出的粗块顽石（25 ~ 70mm）作为第二段磨矿作业的磨矿介质。该选矿厂有 2 个平行磨矿系列，初磨全自磨机型号为直径 5.7m×长 5.5m，装机功率为 1950kW；第二段砾石/顽石磨机型号为直径 4.5m×长 4.5m，装机功率为 800kW。全自磨机排矿直接进顽石磨机；顽石磨机排矿进入分级筛，筛上返回全自磨机；筛下首先采用重选（尼尔森离心机）回收粗粒金，然后进一段旋流器分级，底流返回全自磨机；溢流进二段旋流器再次分级，底流返回砾石/顽石磨机，溢流作为最终磨矿产品。该磨矿流程比较复杂，两段磨矿均由筛分设备和旋流器形成闭路。简化磨矿流程如图 11-26 所示。

11.5.1.5　Caribou 选矿厂

该选矿厂的磨机流程简图如图 11-27 所示。矿石运输卡车和前装机运输原矿到 300 吨能力的粗矿石矿仓。矿仓上装有 508mm×660mm 开放式格筛。采用 1219mm×12000mm 的板式给料机直接从矿仓把矿石给入初磨磨机的给矿溜槽。粗磨磨矿采用橡胶底板，橡胶格子板和铬钼合金提升条。粗磨磨机排矿泵送到一台直径 660mm 旋流器分级（有一台备用旋流器）。最初的设计允许所有或部分旋流器底流直接返回粗磨磨机给矿或分配到第二段旋流器的给矿泵箱。因此，粗磨磨机可以操作在有细粒返回，也可以是开路流程。第二段磨机为直径 4.267m×长6.706m，装机功率为 1865kW 的球磨机，采用橡胶衬板。第二段磨机与 16 台直径 127mm 的 Mozley 旋流器组成闭路。

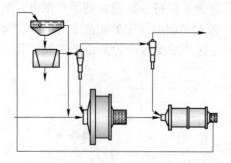

图 11-26　Boliden 磨矿流程

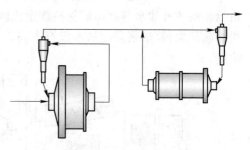

图 11-27　Caribou 选厂磨矿流程

11.5.1.6　Boliden Tara 矿

Boliden Tara 矿年处理 270 万吨矿石，粗磨采用全自磨磨矿流程，如图 11-28 所示。矿石含大约 8.0%锌和 1.6%铅。生产两种合格产品，铅精矿含铅 63%，锌精矿含锌 55%。2007年的中试结果显示该矿石适于全自磨磨矿。全自磨机型号为直径 8.5m×长 9.5m EGL，驱动系统为双驱，单台电机功率为 4MW，总装机功率为 8MW。

爆破后的矿石采用井下矿石破碎机粗破，排矿口为 150mm。破碎后矿石输送到生产竖

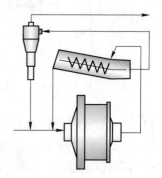

图 11-28　Boliden Tara 矿磨矿流程

井，然后采用 2 台 17t 的底卸式箕斗提升到地面。粗矿仓下面有 4 台 Hydrastroke 变速摆式给矿机，由新给矿皮带输送机给矿。通常只有 2 台给矿机工作，这些给矿机可以操作在自动或手动控制模式。矿石被两次转运后给入全自磨机。自清洗式磁体皮带机安装在转运溜槽上方除去混杂的铁质物体。同时，按控制流量补加工艺水和一些化学药剂也加在全自磨机给矿溜槽处。全自磨机排矿端格子板开孔

为30mm×15mm。全自磨机排出矿浆浓度典型值为62%（重量浓度）。全自磨机排矿自流分配箱，再分配到两泵池其中的一个。

变频泵通过改变泵速和流程维持泵池液位设定值，同时矿浆被泵送到螺旋分级机。该螺旋分级机的作用是除去粗粒级。进入分级机之前，矿浆给矿箱处稀释至50%固体重量浓度，这有利于提高分级分离效率。分级机的粗粒级产品首先被旋转螺旋片作用提升并排出设备，矿浆浓度高度80%，然后返回全自磨机再磨。螺旋分级机溢流产品（细颗粒矿浆流）固体浓度通常为56%。该溢流进入二级分级旋流器给矿泵池。旋流器型号为直径381mm（15in）Krebs的gMax型旋流器。旋流器底流粗颗粒自流到全自磨机给矿溜槽。旋流器溢流产品（细粒级）自流到下游的浮选溜槽。浮选的矿浆浓度通常为24%。

11.5.1.7 Mount Morgans 矿

Mount Morgans 矿的矿石由软的风化超镁铁岩和比较硬的条带状铁矿物组成。原矿初破后经粗料堆再给到全自磨机（型号为直径4.2m×长 5.63m，装机功率为1000kW），该磨机与旋流器形成细分级闭路，简化流程图如图11-29所示。该全自磨机转速为83%临界速率左右。处理能力为55t/h。曾经进行了改造为半自磨机的尝试，试验发现天然矿石磨矿介质很快被粉碎，不能到达磨矿产品 P80

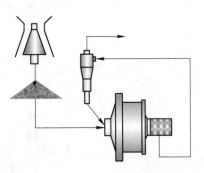

图 11-29   Mount Morgans 矿磨矿流程

为75μm 的要求，取代的是形成一个大循环量的"砂化"载荷。

11.5.1.8 Zinkgruvan 选矿厂

Zinkgruvan 选矿厂工艺流程包括破碎，全自磨磨矿，混合浮选，精矿再磨，铅与锌分离浮选，铅、锌精矿分别浓缩和过滤等。选矿厂尾矿浓缩、过滤后滤饼用于井下回填等。

选矿厂位于 P2 竖井旁边。井下粗破矿石至小于250mm。矿石经 P2 竖井提升至地面后采用皮带机输送到双层振动筛，上层和底层筛筛孔分别为90mm 和15mm。大于90mm 的上层筛筛上产品依据矿石性质采取两种不同的处理存储方式。破碎流程如图 11-30 所示。

铅-锌工艺流程包括全自磨磨矿并与旋流器形成闭路，浮选，浓缩和过滤。其流程图如图 11-31 所示。全自磨机给矿包括大约30%块矿（大约90mm）和70%细矿（小于15mm）。矿石采用单段全自磨机磨至80%通过 130μm。磨机型号为 Morgardshammar CHRK 6580 全自磨机，尺寸为直径6.5m×长8.0m，采用双驱系统，1600kW 变频电机。磨机排矿采用直径500mm 的 Krebs 旋流器分级，底流返回磨机，而溢流进入下游的铅-锌混合浮选流程。

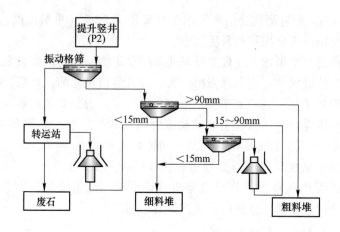

图 11-30　Zinkgruvan 选厂破碎简化流程

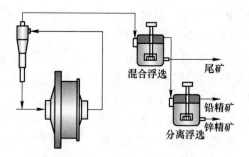

图 11-31　简化铅-锌处理流程

11. 5. 2　只有顽石返回闭路流程

11. 5. 2. 1　Empire 矿

Empire 铁矿位于美国密歇根州北部的 Marquette 矿区，1963 年建成投产，后又进行了 3 次扩建，拥有 24 条生产线。Empire 铁矿处理的矿石为铁燧岩，铁矿物以磁铁矿为主，并含有少量的氧化铁，原矿全铁品位 34% 左右，磁性铁含量 28%~29%。原矿磨到 $-25\mu m$ 占 90%~95% 后经脱泥磁选，得到含铁 63%、SiO_2 含量 8% 的磁选精矿。为进一步降低 SiO_2 含量，将磁选精矿进行反浮选，采用胺盐作为捕收剂，一次粗选后得到含铁 66% 的最终精矿。

矿石由卡车运至 60in×89in（1.52m×2.26m）的旋回破碎机首先初破至 220mm。图 11-32 显示了安装有顽石破碎和无顽石破碎的流程图。表 11-2 列举了粗磨磨机和第二段顽石磨机尺寸和装机功率。

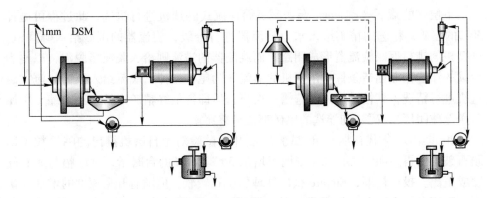

图 11-32　Empire 选厂流程（右：生产线 22~44）

表 11-2　Empire 矿磨机规格

磨机	数量	直径		长度		装机功率	
		m	ft	m	ft	kW	HP
粗磨磨机	16	7.32	24	2.44	8	1680	2250
	5	7.32	24	3.66	12	2575	3450
	3	9.75	32	5.03	16.5	6340	8500
顽石磨机	16	3.81	12.5	7.77	25.5	1080	1450
	5	4.72	15.5	7.77	25.5	1680	2250
	3	4.72	15.5	9.91	32.5	1880	2520

所有粗磨磨矿外侧格子板开孔为 63.5mm 的方形孔，用于排出矿浆。

2~10 生产线：磨机排矿采用双层筛筛分。上层筛筛上产品（-63.5+12.7mm）用作第二段顽石磨机的磨矿介质。多余的顽石（砾磨机通过顽石加入的多少控制功率，当其功率达到设定值时砾磨不能再容纳的顽石称为多余的顽石）和下层筛的筛上（-12.7+1mm）一起返回全自磨机。

11~21 线：上层筛的筛上顽石（-63.5+12.7mm）给入下游砾磨机作为磨矿介质，多余的顽石经过破碎机破碎后返回全自磨机，下层筛的筛上（-12.7+1mm）直接返回自磨机。

22~24 线：上层筛的筛上顽石（-63.5+12.7mm）给入下游砾磨机（型号为直径 4.72m×长 9.75m（15.5ft×32ft），装机功率 1975kW）作为磨矿介质，下层筛的筛上（-12.7+1mm）返回各自的全自磨机，而 3 条线多余的上层筛筛上顽石则进行集中处理，首先经顽石破碎机进行破碎，破碎产品可旁通直接自磨，也可给入高压辊磨机进行细磨后再给入全自磨机，或者两者同时进行，这将由来料性质决定。

　　下层筛的筛下（<1mm）泵送至三筒逆流式磁选机进行粗选，此过程可抛掉50%的尾矿；粗选的精矿给入水力旋流器进行分级，旋流器的沉砂给入砾磨机，砾磨机的排料返回旋流器形成闭路，而旋流器的溢流则给入脱泥槽脱泥，以便为后续的浮选作业创造条件。浓密机的溢流作为尾矿抛掉，底流给入双筒顺流式磁选机进行精选，其精矿给入浮选槽一次粗选后即得最终精矿产品（经浓缩、干燥后送至球团厂），磁选和浮选的尾矿都是最终尾矿。

　　20世纪70年代初期Cliffs试验厂已开始试验对全自磨机排出的临界粒子即顽石破碎后再返回磨机，结果证明可增加30%~60%的台时量，且增幅与矿石硬度成正比。投产初期，Empire铁矿处理的矿石较软，但随着开采深度的增加，矿石硬度逐渐增大，台时处理量也随之降低。1988年，Empire铁矿在Ⅳ期的三条线上安装了一台7ft（2.13m）的短头型破碎机，用于处理三条线多余的顽石。1995年和1996年又增加了四台Nordberg的HP200型圆锥破碎机来处理11~21线的多余顽石。经此改造后，22~24线处理量平均增加了20%左右，而其余的11条线平均增加了25%左右（增幅有所差别是由于HP200排料产品更细所致）。但在实际生产中受限于二段砾磨的处理能力，没有完全使用顽石破碎机的处理能力。

　　20世纪90年代中期，Empire铁矿矿石硬度增加，顽石破碎机的增加抵偿了部分处理能力的损失，但因原矿品位也有所降低，回收率下降，精矿产量很难达到要求。为进一步增加处理量，Empire铁矿基于前期的试验于1997年在Ⅳ期的三条线上安装了一台德国洪堡威达克（KHD）的RPSR7-140/80型高压辊磨机用来处理顽石破碎的排料产品。采用高压辊磨粉碎再返回磨机。高压辊磨给矿物料水分为3%~4%。顽石破排料产品粒度P80=9.5mm，经高压辊开路细磨后粒度可降为P50=2.5mm，全自磨台时量因此提高了至少20%。辊面寿命超过16000h，但是原来高压辊磨的分块衬板寿命非常短。

11.5.2.2　Tilden铁矿

　　Tilden铁矿有12条独立生产线。最初6条始于1974年，其余6条1979年建成。磨机规格见表11-3。Tilden铁矿最初只处理赤铁矿，但在1989年增加了设备后允许其中9条生产线处理磁铁矿矿山。依据市场要求，磁铁矿一年通常只处理3~4个月，而其余月份处理赤铁矿。处理赤铁矿和磁铁矿的工艺流程如图11-33所示。设备见表11-3。

表 11-3　Tilden矿磨机规格

磨机	数量	直径		长度		功率	
		m	ft	m	ft	kW	HP
粗磨磨机	12	8.23	27	4.42	14.5	4265	5720
顽石磨机	12	4.72	15.5	9.14	30	2015	2700
	12	4.72	15.5	9.75	32	2315	3100

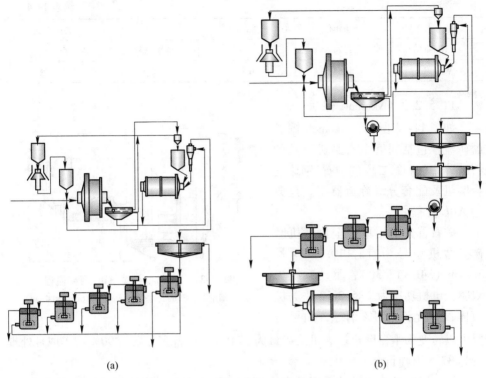

图 11-33　Tilden 矿选厂流程和磁铁矿流程
（a）Tilden 矿选厂流程；（b）磁铁矿流程

　　矿石破碎至 230mm 后给入 12 台直径 8.5m（28ft）×长 4.5m 全自磨机。所有的粗磨磨矿排矿格子板开孔为 90mm 正方形（只在格子板的靠外侧）。磨机排矿采用多层振动筛分级。上层筛筛上产品（例如 -76.2+12.7mm 或者大于 50mm，不同的流程可能采用不同的孔）用于顽石磨机作为磨机介质。多余的顽石进入顽石破碎机给矿仓，采用 3 台 7ft 端头破碎机破碎（通常是 2 工 1 备），或者采用 MT800 破碎。破碎产品与底层筛筛上产品（-12.7+1.6mm）一起返回粗磨磨机。但处理磁铁矿时，振动筛筛下泵送到第一段磁选，尾矿产率为大约 30%。粗精矿进第二段磨机流程。当处理赤铁矿矿石时，所有振动筛筛下产品直接进入第二段磨矿流程。

　　北美 Cleveland Cliffs 公司的一些铁矿全自磨机选矿厂的处理能力见表 11-4。

表 11-4　北美 Cleveland Cliffs 公司全自磨磨矿应用

选矿厂	始建年份	Mtpa	矿石	磨矿方式
Empire	1963	5.3	磁铁矿	全自磨
HibTac	1976	8.0	磁铁矿	全自磨

选矿厂	始建年份	Mtpa	矿石	磨矿方式
Tilden	1974	8.0	赤铁矿/磁铁矿	全自磨
Wabush	1965	6.0	赤铁矿	全自磨

11.5.2.3　Nkomati 镍矿

如图 11-34 所示，Nkomati 镍矿磨矿流程包括粗磨全自磨机以及顽石破碎流程和第二段的顽石/钢球混合磨机及配套分级旋流器组。是典型 ABC 流程之一。

矿石首先采用单台全自磨机磨矿。磨机型号为直径 10.36m×长 5.27m（34ft×17.3ft），驱动系统为双驱，电机功率为 2×5.2MW。磨机筒体设计允许加 4% 钢球，如果需

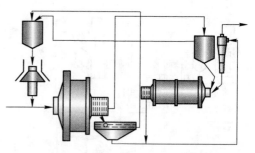

图 11-34　Nkomati 镍矿 ABC 磨矿流程
（圆筒筛筛孔：30mm；排矿筛筛孔：16mm 和 4mm）

要可以转变为半自磨机。磨机给矿量为 574t/h，设备完好率为 90%，实现月处理量为 37.5 万吨目标。

第二段磨矿流程设计采用单台磨机处理粗磨产品。磨机型号为直径 7.01m×长 9.60m（23ft×31.5ft）格子型球磨机，驱动系统为双驱，电机功率为 2×5.2MW。如果需要，磨机设计的钢球充填率最高为 32%。磨机把粗磨机产品磨至浮选需要的给矿粒度 67%-75μm。

粗磨磨机排矿采用圆筒筛-振动筛分级，圆筒筛筛上产品作为第二段磨矿的磨矿介质存储在顽石介质仓。圆筒筛筛下进振动筛分级，振动筛筛上产品（+4-16mm）进有顽石仓的顽石破碎系统；作为磨机介质多余的粗顽石也返回到顽石破碎机前的顽石仓。顽石仓物料通过振动给矿机控制给料量，可以给入 2 台 450kW 的顽石破碎机。破碎机产品粒度为 80% 通过 12mm（即 P80＝12mm），再返回全自磨机。在正常情况下，仅需要运转 1 台顽石破碎机。

顽石介质仓有皮带给矿机，按控制的顽石磨矿介质数量给料，通过转运皮带机给入第二段磨机。顽石磨矿介质给入量采用皮带秤计量由第二段磨机的专家系统控制。考虑到磨机处理能力和成本效益，第二段顽石磨机可能需要改造为球磨机。

11.5.2.4　Palabora 的 Cast 露天矿（1964～2002）

初破破碎机设计处理能力为 5000t/h，产品粒度小于 280mm。破碎产品从初破破碎站输送到 5 个料堆，其中 2 个专门为全自磨流程。

Palabora 的 Cast 露天矿采用选择性采矿技术从矿床中排出玄武岩，获得了小于4%玄武岩的原矿，磨机给矿为大于150mm物料含量大于40%。这种矿石非常适于全自磨磨矿且不需要二段磨矿。最初磨机处理能力达到500~800t/h，其产量取决于细粒级物料数量。该矿山磨矿流程如图11-35所示，有两个平行全自磨机流程。全自磨机规格为直径9.75m×长4.72m（32ft×

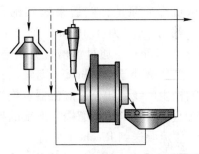

图 11-35 Palabora 铜矿全自磨磨矿流程

15.5ft），驱动系统为双驱，电机功率为 2×350kW。磨机排矿筛为单层筛，旋流器组有 4 台 685mm 旋流器。

随着露天矿往下开采，选择性把最好的矿石输送给全自磨机越来越困难，且矿石性质波动增加。这导致了临界粒子的顽石在流程中累积，进而影响流程的处理能力。为了抵消玄武岩对处理能力不断增加的影响，通过调配 3 个料堆给矿机的给矿速度来强化物料的混矿。后来，新增加了一台破碎机。如图 11-36 所示，全自磨机处理能力受到给矿中硬组分玄武岩的影响。Palabora 研究了采用拣选技术从流程中除去玄武岩的可能性。

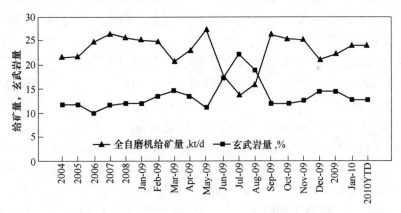

图 11-36 全自磨机载荷中玄武岩矿石含量（月度和年度平均值）[196]

11.5.2.5 Carol 选矿厂

Carol 选矿厂湿式磨矿流程如图 11-37 所示。每个流程包括 3 台摆式给矿机和3 条给矿皮带机，一台（格子板/矿浆提升格式）湿式全自磨机，2 台排矿泵（型号为 457mm×405mm GIW，700HP），5 台 3 层 Derrick 筛，2 台筛下产品输送泵（型号为 ASH G-9-5，700HP），粗磨旋流器组为 10 台 610mm Linatex 旋流器。磨矿矿浆浓度保持在 55%~65% 之间。磨机矿浆提升格采用橡胶衬。磨机排矿进入磨机排矿泵池，然后泵送到筛分设备，筛分粒度为 1.19mm。筛上产品（大于 1.19mm）通过溜槽自流回磨机；筛下产品（小于 1.19mm）则泵送到螺旋溜槽生产线的初分级旋流器。旋流器底流直接自流到螺旋溜槽生产线的粗选泵。溢流泵送到 Riechert 车间。

11.5.2.6 Highland Valley Copper（HVC）铜矿

Highland Valley Copper（简称"HVC"）位于加拿大英属哥伦比亚的洛根湖区域，HVC 是加拿大目前最大铜矿矿山，也是全球的最大铜矿选厂之一，目的金属为铜和钼，伴生金和银。矿体的平均含铜 0.294%、含钼

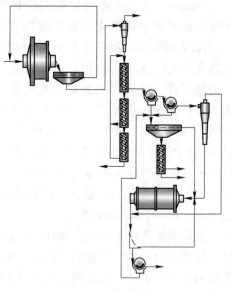

图 11-37　Carol 选厂湿式磨矿流程

0.009%，矿山寿命可至 2027 年。1972 年最初建成 Lornex 选矿厂投产。目前拥有 5 条生产线，年采矿石 4480 万吨。

采矿：HVC 为露天矿，目前拥有三大矿坑：Lornex、Highmont 和 Valley。2013 年日采剥量为 30 万吨左右，其中矿石 12 万吨左右。

破碎及运输：Lornex 和 Highmont 矿坑内矿石由矿车运送到一台 Allis Chalmers 1.52m×2.26m（60in×89in）的旋回破碎机（一号破碎机）进行一次破碎，产品粒度小于 153mm（6in），然后排放到破碎机下方的 270t 缓冲仓。物料从缓冲仓下的 2.44m 宽板式给料机给至下游皮带然后输送到：三号料堆（给 C 线供料），二号料堆（给 A 线和 B 线供料），一号料堆（给 D 线和 E 线供料）。Valley 矿坑内矿石运送到两台 Allis Chalmers 1.52m×2.26m（60in×89in）的半移动式旋回破碎机进行坑内破碎。矿车首先将矿石倒入一个容积 600t 的给矿仓，然后由 2.44m 宽的变速板式给料机输送到破碎机内，每一台破碎机的排料给到 2.44m 的皮带上，随后给到下游皮带输送系统中。1987 年，HVC 矿山完成了这 2 台矿坑内半移动式初破碎机以及配套皮带输送系统的安装，至今，根据矿山的开采情况破碎站完成了多次移动。

该选矿厂最初采用 2 台直径 9.75m（32ft）半自磨机作为粗磨。1981 年扩建增加了一台直径 10.36m（34ft）半自磨机。1988 年，Highmont 选矿厂的磨矿和浮选设备移入 Lornex 选矿厂，这增加了 2 台直径 10.36m（34ft）全自磨机到 Highland 选矿厂。该矿山磨矿流程图如图 11-38 所示。HVC 目前共有 5 条生产线，编号由 A 至 E，其中 A、B、C 三条线采用 SAB 流程，而 D、E 采用 ABC 流

程。矿石经磨矿分级后，细粒产品给入浮选车间，首先混合浮选铜和钼，然后再优先浮选钼。

A/B 半自磨线：矿石从 2 号料堆通过变频板式给料机给入半自磨机（配有 2 台变频同步电机，最大转速为临界速度的 84%，正常操作时为临界速度的 78%），半自磨配有尺寸为 30mm 的格子板，半自磨排料进入分配箱经分流后给入 2 台固定筛，筛孔尺寸为 16mm 和 19mm 相结合。筛上产品返回半自磨，筛下分流后各给入 1 组旋流器进行分级，旋流器沉砂给入球磨机，球磨机排矿返回旋流器形成闭路，旋流器溢流（P80=330μm）给入下游的浮选作业。

C 半自磨线：矿石从 3 号料堆通过

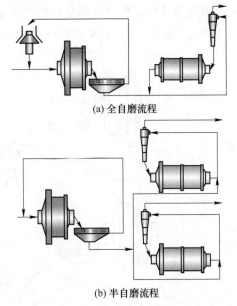

(a) 全自磨流程

(b) 半自磨流程

图 11-38 Highland Valley 铜矿选厂流程

板式给料机给入半自磨机（配有 2 台变频直流电机，最大转速为临界速度的 81%，正常操作时为临界速度的 79%），半自磨配有尺寸为 40mm 的格子板，半自磨排料给入 1 台固定筛，筛孔尺寸为 16mm 和 19mm 相结合。筛上产品返回半自磨，筛下分流后各给入 1 组旋流器进行分级，旋流器沉砂给入球磨机，球磨机排矿返回旋流器形成闭路，旋流器溢流（P80=330μm）给入下游的浮选作业。

D/E 全自磨线：矿石从 1 号料堆通过振动给料机和板式给料机给入全自磨机（配有 2 台定速同步电机，最大转速为临界速度的 81%，正常操作时为临界速度的 79%）。全自磨机规格为 10.36m×5.64m（34ft×18.5ft），驱动系统为双驱，电机功率为 2×3300kW。磨机处理能力为 1000t/h。全自磨机格子板开孔为 70mm 用于去除磨机内的临界粒子即顽石，其排料给入 1 台振动筛，筛孔尺寸为 12mm。筛上产品给入两台 XL900 Raptor 圆锥破碎机（单台处理能力 400t/h），破碎产品返回自磨，筛下给入旋流器组进行分级，旋流器沉砂给入球磨机，球磨机规格为 5.03m×8.84m（16.5ft×29ft），装机功率为 4100kW。球磨机排矿返回旋流器形成闭路，旋流器溢流（P80=330μm）给入下游的浮选作业。

11.5.2.7 Kaunisvaara 铁矿

Kaunisvaara 矿位于北瑞典的 Norrbotten 县的 Kaunisvaara 村。估计储量到 8.72 亿吨矿石，矿石生产从 2012 年底开始，设计年铁矿石产量为 1200 万吨。

主要的粉碎设备包括 2 台 metso 的 Superior 54/75 旋回破碎机作为初破破碎机（初磨磨机直径为 10.36m，装机功率 12MW）和 7 台塔磨（型号为 VTM3000）。

初磨流程设计和磨机设计均允许生产操作为全自磨机或半自磨。最终磨矿细度为80%通过32μm。磁选精矿进行反浮选除去硫化矿。选矿流程如图11-39所示。

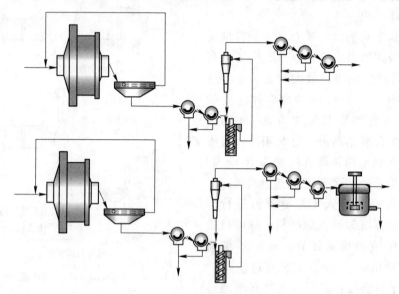

图 11-39　Kaunisvaara 矿选矿流程

11.5.2.8　Fire Lake North 矿

据报道，该矿山已经进行了可行性研究。依据前20年的开采和生产计划，原矿平均含30%TFe。精矿产品的品位提高到65% TFe 和5%SiO$_2$（最大值），其西坑和东坑的回收率分别为82.0%和76.5%。选矿流程图如图11-40所示。

（1）采矿来料采用一台 1525mm×2260mm（60in × 89in） 旋回破碎机破碎至 −250mm（10in）。然后堆存在粗料堆，其有效储存能力

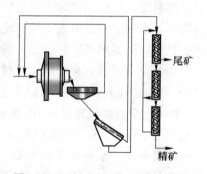

图 11-40　Fire Lake North 选厂流程

为12h，相当于大约34250t。料堆下有板式给料机向全自磨机给矿皮带机给矿。

（2）磨矿作业采用一台直径 11.6m×长 6.6m（38ft×21.5ft）全自磨机，其驱动系统为双驱，总装机功率为16000kW（21450HP）。设计处理能力的标准是对于第65百分位数硬度的矿石，磨机运转功率为装机功率的85%。

（3）全自磨机设计处理能力为2854t/h。磨机设计时10%的矿石硬度波动和15%处理能力的变化。

（4）磨机排矿采用两级筛分。除粗筛和多坡度的香蕉筛的筛上产品返回全自磨机。全自磨机排矿首先采用2台 4267mm×8534mm（14ft×28ft）除粗筛筛分，

筛孔为 6mm；筛上返回；筛下产品泵送到相邻车间的 6 台 4267mm×8534mm（14ft×28ft）多坡度的香蕉筛，筛孔为 850μm（20 目）。第二段筛安装在邻近建筑物内以便减少其振动对选厂内设备的影响。当筛孔小于 1.5mm 时，振动将会放大。第一段筛泵池给 3 台第二段筛供矿。

（5）生产线分选流程为 3 级螺旋溜槽重选。

（6）最终精矿采用盘式过滤机脱水。过滤机装有热蒸汽，可以实现最终精矿水平 3%的目标。

（7）精矿皮带机输送到火车装载区域。

（8）浓缩后的尾矿通过泵输送系统外排。

（9）选矿厂设计能力总运转率为 92%（年度可生产时间为 365 天）。

（10）整个选厂的各种输送系统均没有备用系统。

11.5.2.9 Kami 铁矿

Kami 铁矿项目进行了可行性研究。设计年精矿产量为 1600 万吨。为了达到设计精矿产品，破碎和磨矿量为 4240 万吨/年。选厂生产工艺流程如图 11-41 所示。

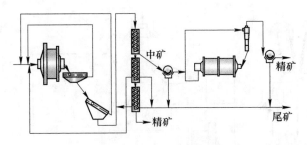

图 11-41　Kami 铁矿流程

矿石首先采用 2 台旋回破碎机破碎，然后堆存在传统的开放式料堆。全自磨机磨矿设计有 2 条生产线。破碎矿石采用板式给矿机向全自磨机给矿皮带机供矿。

开放式粗料堆的有效储存能力为 26000t，足以维持 9h 的生产。每条生产线料堆储存能力为 11 万吨水平，足以维持不中断磨机给矿 46h，这允许对破碎机进行维修而不影响下游的磨选作业。

（1）初磨采用双驱全自磨机（一条线一台，共两台）。磨机为变速、前端驱动。

（2）磨机排矿采用两级筛分流程。一段的除粗筛和二段的香蕉筛筛上均返回全自磨机。

（3）分选流程为 3-螺旋溜槽重选，然后采用弱场强磁选（LIMS）分选螺旋溜槽尾矿。磁选精矿采用球磨机再磨，然后再次采用磁选回收磁铁矿。

（4）螺旋流程精矿采用盘式过滤机脱水；而磁选流程精矿采用圆盘过滤机脱水，然后混合装火车。

（5）浓缩尾矿泵送到尾矿库。

11.5.2.10　Mont-Wright 矿业

采矿来料首先采用 2 台旋回破碎机中的一台破碎至 200mm 左右。初破产品皮带机输送到 6 个存储粗矿仓。初磨有 6 条生产线，破碎矿石采用 6 台全自磨机磨矿，磨机排矿采用振动筛筛分，筛上产品返回。筛下产品输送到选厂的螺旋流程分选，分为 3 个独立的流程，提高产品铁的品位。

11.5.2.11　Karowe 钻石选厂

2015 年，Karowe 钻石选厂处理极高抗冲击粉碎性能的火成钻石岩矿石（Unit 13 区域矿石）。该选厂采用全自磨磨矿工艺流程，其流程图如图 11-42 所示。采用部分预先破碎，采用磨机格子板设计和旁路筛分作业等方法控制磨机载荷，减轻磨机"胀肚"情况。磨机格子板开孔面积为 10%~12%，顽石窗最大排矿开孔为 90mm。

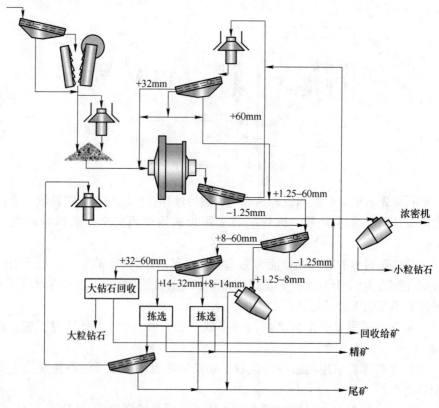

图 11-42　Karowe 钻石选厂流程

11.5.3 粗-细双返回闭路流程

11.5.3.1 Savage River 铁矿

Savage River 铁矿位于澳大利亚 Tasmania 的西北部。该矿包括采矿、选矿、球团厂及码头。矿石比较软,球磨邦德功指数为 8kW·h/t 左右。年处理矿石 540 万吨,产铁精矿 240 万吨。精矿 TFe 品位比较高,SiO_2 含量小于 2%。选矿厂精矿管道输送到位于 Port Latta 的球团厂,距选矿厂 83km。最终精矿在球团厂经浓缩、过滤后供球团厂造球。球团厂安装有 5 座竖炉,设计能力 200 万吨,2009 年生产实际能力达到了 240 万吨。

矿石首先采用 Allis Cholmer 54in/74in(1.37m×1.88m)旋回破碎机破碎至 200mm(P80),然后输送到料堆。该选矿厂有 2 条生产线。破碎后矿石从料堆输送到 2 台平行全自磨机(AG-1 和 AG-2)的一台。该磨机型号为 Hardinge 的直径 9.75m×长 3.70m(32ft×12ft)EGL,装机功率为 4500kW。全自磨机格子板排矿开孔为 75mm。全自磨机排矿采用倾斜振动筛筛分,有 2 种筛孔尺寸报道,一是 2.5mm(磨损后为 4mm),二是 5mm。筛上产品(-75+2mm 或-75+5mm)采用磁滑轮抛尾,非磁选物料量相当于原矿的 5%~8%。筛下产品采用磁选机粗选,粗精矿采用 0.5mm 孔细筛分级,筛上粗粒级返回全自磨机。

全自磨机通过手动调整顽石破碎机转-停模式控制全自磨机功率。当全自磨机功率超过 2200kW 时,顽石破碎机在线工作;而当全自磨机功率低于 1900kW 时,顽石破碎机停,顽石从旁路返回全自磨机。顽石破碎机工作时能把循环载荷的颗粒粒度从 20~50mm 降低至 2~10mm,但是此粒度仍粗于排出全自磨机流程粒度。顽石破碎机为 Svedal(Sandvik)Hydrocone 单缸液压圆锥破碎机。该破碎机操作在稳定载荷条件下,流程考察发现,破碎比比较小且波动,因此应该考虑依据生产操作情况调整顽石破碎机的设定参数。历史数据表明顽石破碎机工作时间为设备完好时间的 50% 左右,既然利用率为 50% 左右,有近一半生产时顽石旁路直接返回。

由于给矿中缺乏块矿,有时全自磨磨矿流程磨矿效率低。还有些矿石在生产处理过程中发现大块矿石特别容易破裂,矿石块度下降很快,留下很少矿块能作为磨矿介质产生冲击粉碎。全自磨磨矿依赖于给矿中的粗物料提供有效的磨矿介质,如果磨机内缺乏大块磨矿介质,出现消耗大量磨机功率的现象。流程考察分析和全自磨机计算机模拟表明给矿中的大块矿石很快破裂成-30+4mm 的临界粒子,而由于缺乏有效磨矿介质,这些临界粒子很难有效处理。这些临界粒子物料需要数次循环经过磨机的磨矿作用才能通过初磨排矿振动筛进到第二段作用。在这种流程结构下,全自磨机的顽石循环量有时能超过新给矿的 200%,这导致一系列的物料输送或转运问题,如磨机排矿筛和顽石输送皮带机过载等。顽石输送系统能力也能成为限制新给矿处理能力的因素。

一咨询公司建议解决问题的办法是对顽石进行再次分级，分级粒度为30mm。筛上产品（-75+30mm）的大块顽石旁路顽石破碎机直接返回全自磨机给矿点；筛下产品（-30mm）分开处理，如进顽石破碎机破碎，甚至采用单独球磨机处理。另外方法是充分利用磁滑轮处不同物料不同抛物线的特点把顽石物流分成两产品。其中的一产品（注：应该选择远抛的那个产品，其粒度倾向于更粗）旁路顽石破碎机返回，提供更多矿块作为磨矿介质，同时也减轻了顽石破碎机的负荷并也将提高其破碎比。

磁选粗精矿筛分作业的筛下产品进入二段球磨机-旋流器组成的磨矿回路。球磨机型号为 Nordberg 直径 3.96m×长 8.84m（13ft×29ft），装机功率为2250kW。旋流器溢流细度为 P80 = 45μm。溢流采用直径15.2m 的 Hydroseparator（类似于磁力脱泥槽）除去细粒非磁性颗粒，然后采用磁选精选，精矿再采用细筛（筛孔为 0.15mm）分级，筛上返回球磨机磨矿流程，筛下作为最终精矿。其铁矿流程如图 11-43 所示。

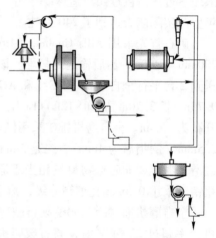

图 11-43　Savage River 铁矿流程

11.5.3.2　Cannington 选厂

Cannington 银-铅-锌矿位于澳大利亚 Queensland 的西北部，发现于 1990 年 6 月。Cannington 高品位资源量为 4200 万吨，含 5.51×10^{-4} 银，12.1%铅和 4.7%锌。Cannington 矿是底下采矿，通过斜道进出，生产提升竖井已经延伸到 650m 深以下。

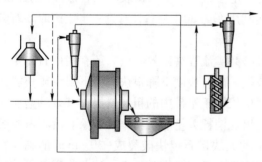

图 11-44　Cannington AVC 流程

该矿山采用全自磨-立磨-破碎机流程（AG mill-Vertimill-Crusher，AVC），磨矿流程如图 11-44 所示，它的初磨作业包括全自磨机和磨机排矿筛分设备，以及粗、细双粒级返回闭路，即由顽石破碎机构成的粗粒级（顽石）闭路和由一段旋流器构成的细粒级返回闭路。一段旋流器溢流进入二段磨矿作业。二段磨矿采用一台 Vertimill VTM 1500 WB（1.1MW）立磨与二段旋流器形成闭路。

11.5.3.3 Olympic Dam 选厂

Olympic Dam 选厂有 3 个初磨磨矿流程，即 Svedala 全自磨机、Fuller 全自磨机和 ANI 半自磨机。前两个全自磨机构成的初磨流程用于处理矿石，而 ANI 半自磨机主要处理铜冶炼厂生产的炉渣，但其中一台全自磨机停车维修时，有时也用于处理矿石。

在 Svedala 和 Fuller 全自磨机流程，磨机排矿采用双层筛筛分，筛下产品泵送至旋流器分级，其底流自流返回全自磨机再磨；旋流器溢流粒度 P80 为 75μm。溢流然后通过给矿搅拌槽给入浮选作业。筛上产品进顽石破碎机，但也可以依据全自磨机功率和载荷情况从旁路直接返回，即顽石破碎机操作在转-停模式。磨矿分选部分的简化流程图如图 11-45 所示。

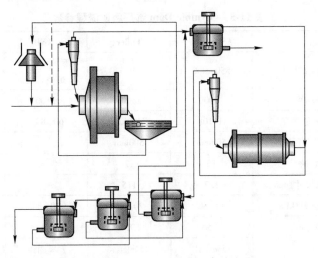

图 11-45　Olympic Dam 选厂磨矿流程

ANI 半自磨机构成的初磨作业通常用于处理极脆的铜冶炼厂生产的炉渣。磨机排矿筛筛上直接返回磨机，而筛下产品给入旋流器分级。旋流器底流返回磨机，而溢流进入浮选作业。该半自磨机的操作类似于全自磨模式，但有钢质磨矿介质帮助磨矿，钢球尺寸为 105mm，钢球充填率为 3%。

矿物嵌布共生关系与矿物硬度：通常，高铁/硅比意味着矿石比较软并导致高磨矿速度；反之，铁/硅比低则矿石硬，磨矿速度低。在 Olympic Dam 矿，铁/硅比直接反映了矿石中赤铁矿、石英和绢云母的含量。当铁/硅比增加，赤铁矿含量相对于石英和绢云母的量增加，这时矿石比重增加但更软，导致磨矿速度快。软矿物（如绢云母、绿泥石、辉铜矿和蓝辉铜矿）趋向于分布在矿泥粒级，而相比之下，硬矿物（如石英、黄铜矿和黄铁矿）则主要分布在粗粒级。这对于磨矿和矿物解离而言是非常重要的。初磨磨矿 P80 的选择是使硫化矿的解离度最大化，而同时泥化程度最小和减少能源浪费。另外，泥化粒度的颗粒在浮选过程更难回收，会导致有价硫化矿的损失。

全自磨机排矿采用双层振动筛筛分。据有关资料显示，其筛板筛孔大小可能在不同磨机、不同筛层并随着时间而变化，报道的底层筛板尺寸一般为 4~8mm 不等，甚至一些报道的筛孔达 10mm。矿浆和顽石经过筛面时，采用工艺水喷淋清洗。

筛上产品有 3 种处理模式：顽石破碎机破碎（日常生产模式，包括旁路系统），返回磨机给矿料堆，或顽石堆将来再破碎。每台全自磨机的顽石破碎机能有效破碎筛上粗粒级顽石然后返回磨机。顽石破碎机的窄侧排矿口 CSS 通常为 18mm 左右。

该选矿厂的关键设备性能参数见表 11-5。

表 11-5 Olympic Dam 选厂磨矿流程参数

指 标	Svedala	Fuller	ANI	再磨
处理量/t·h⁻¹	550~900	350~520	矿石：100 炉渣：70	—
磨机功率/kW	15000	10000	2100	1050~1150
磨机载荷	1110t	7200kPa	6000kPa	
旋流器型号/直径	500mm	500mm		
旋流器数量	16	12		
旋流器沉砂嘴尺寸/mm	127	115		
旋流器操作压力/kPa	70~80	70~80	70~80	70~80
溢流 P80/μm	75	75	63	75
磨机排矿浓度	75%固体	75%固体	75%固体	2.2t/m³
旋流器溢流浓度	38%固体	38%固体	38%固体	1.35t/m³
旋流器底流浓度	82%固体	82%固体	82%固体	2.4t/m³
Fe∶SiO₂	0.65~0.7	—	—	—

11.5.3.4 CPM Sino Iron 磁铁矿项目

Sino Iron 磁铁矿项目[197]位于澳大利亚西澳洲北部的 Hamerseley 盆地。矿化带为高倾斜、条带状（Banded Iron Formation，BIF）矿脉，主要含高品位的磁铁矿和赤铁矿以及脉石矿物（主要为石英及少量碳酸盐）。采用传统的露天采矿，矿坑内安装了 4 台可移动式旋回破碎机破碎站进行初破作业。原矿在矿坑被破碎至全自磨机给矿粒度要求后皮带机输送到料堆存储。Sino Iron 磁铁矿项目选矿工艺简化流程如图 11-46 所示[197]。其磨矿流程结构与上面讨论的 Olympic Dam 选矿厂极其相似。但是 Olympic Dam 选矿厂采用顽石旁路系统，而 Sino Iron 磁铁矿项目采用了顽石仓设计。因此，Sino Iron 磁铁矿项目的顽石仓设计将有利于发挥顽石破碎机的作用，可以实现圆锥破碎机挤满给矿；但是不能直接返回未破碎的顽石，当全自磨机运行功率过低时，不能有效返回粗顽石作为额外磨矿介质（注：即使圆锥破碎机的窄侧排矿口 CSS 调节至设备允许最大值（通常小于 35mm），粗顽石也很容易也很高几率被破碎至小于 30~35mm，这些物料基本失去了作为磨矿介质的作用，详细讨论见磨矿介质章节）。Sino Iron 磁铁矿项目选矿工艺包括如下作业[197]：

（1）单段全自磨磨矿，有旋流器和顽石破碎机形成的粗、细双粒级返回闭路（SS AGC 流程）。

（2）弱场强磁选（LIMS）的初选作业。

（3）粗精矿球磨再磨作业，采用旋流器预先分级。

（4）二段和三段弱场强磁选（LIMS）的精选作业，生产最终铁精矿。

（5）铁精矿脱水和过滤。

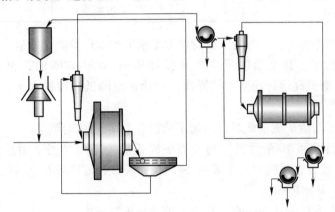

图 11-46　Sino Iron 铁矿项目流程[197]

Sino Iron 磁铁矿项目的早期钻孔岩芯样的矿石粉碎性能测试表明矿石为非常硬矿石。矿石粉碎性能测试有 SMC 和邦德功指数（测试方法和测试指标的意义详见矿石粉碎性能测试章节）。并且随着开采深度增加，矿石硬度总体上趋向于更硬更难磨。表 11-6 列举了 Sino Iron 磁铁矿项目设计采用的矿石硬度和抗冲击粉碎性能参数[197]。但是在前期日常生产过程中取样测试发现生产处理的采场地表或上层矿石比设计时预期的软。

Sino Iron 磁铁矿项目全自磨机流程的主要设备性能见表 11-7[197]。

在该项目调试和生产早期，全自磨机运转在设计值的 80% 左右，但是磨机粒度很细。一段旋流器溢流 P80 低到 60μm，远远细于设计值的 180μm。因此，全自磨机磨矿能力局限于比较低的水平。这被认为与一段旋流器和顽石破碎效果不佳有关[197]。

表 11-6　Sino Iron 铁矿项目矿石性质[197]

指标	单位	设计值	生产矿石（2015）
SG	t/m³	3.45	3.3~3.5
DWi	kW·h/m³	11.24	6.6~9.5
BWi	kW·h/t	17.2	14~19

表 11-7　Sino Iron 铁矿项目生产线 1 号和 2 号全自磨关键设备规格[197]

设备	规格/型号	电机	每条线数量
全自磨机	40ft×33ft	28 MW GMD	1
全自磨机排矿振动筛	SL3673 SD	75kW	2
一段旋流器给矿泵	UM650 26×22	2000kW	1
旋流器	GMAX33-20	14（7工作）	
顽石破碎机	CH880	600kW	2

　　在调试的初期，全自磨机的载荷经常不断增加出现类似"胀肚"现象并导致磨机高运转功率，甚至给矿量降低到设计值的 50%~60% 时，也发生这种现象[197]。全自磨机高运行功率迫使操作工把给矿量降低到很低水平，这带来如下一系列问题[197]：

　　（1）旋流器给矿流量低时，增加了给矿管道堵塞的风险。

　　（2）顽石返回率/量太低，与顽石破碎机能力不配（当采用挤满给矿模式时）。因此，顽石破碎机不得不采用停-转生产模式，等待顽石仓料位达到一定程度后继续重新开始破碎。

　　（3）全自磨机的功率一直不稳定，波动幅度比较大。

　　这被认为是与不合理的格子板配置有关[197]，见图 11-47 中全自磨机格子板配置。最初的顽石窗面积小于 2%，因此顽石排出量受顽石窗面积限制。模拟结

　　　　　　（a）　　　　　　　　　　　　　　　　　（b）

图 11-47　顽石窗组合
（a）最初 6/36 块；（b）改变为 18/36 块

果表明至少需要 5%~7%的顽石窗面积才能满足顽石排出量的要求。所以，顽石窗的数量从原来的 6 块增加到 18 块（注：最外圈一共 36 块），这立即提高了全自磨机的处理能力，能量消耗率，旋流器的操作更稳定和顽石破碎作业能连续作业等[197]。随后，顽石窗的数量进一步增加到 24 块，甚至 32 块，同时顽石窗开孔从 65mm 增加到 75mm[197]。

既然 Sino Iron 铁矿项目的矿石被列为高抗冲击粉碎矿石，通常需要在全自磨机流程中设置顽石破碎机。设计的顽石破碎机的作用如下：

（1）有效应对矿石硬度和给矿粒度波动变化。特别是矿石变得极硬时，全自磨机处理能力受制于临界粒子累积，顽石破碎机能有效消除或减弱临界粒子的负面影响。

（2）克服全自磨机磨矿流程粗、细双粒级返回闭路的缺点，有助于放粗全自磨机的磨矿粒度。在这种情况下，顽石破碎能确保不过磨和浪费磨机能量在细磨作用上。

（3）粉碎顽石尽可能使其粒度不在临界粒子粒级范围内。对于磁铁矿选厂通常顽石返回率比较高，因此返回顽石的粒度分布可能对全自磨磨矿效果有更大的影响，当处理极硬矿石时，可能更明显。

Sino Iron 铁矿项目的 1 号和 2 号生产线采用 Sandvik CH880 圆锥破碎机处理顽石。1 号生产线开始时顽石破碎效果并不满意，这是由于如下问题和挑战[197]：

（1）顽石破碎作业不能稳定破碎至 P80 = 16mm（设计参数）。这导致高于设计的顽石循环负荷或顽石生产量，进而限制了顽石破碎作业对全自磨磨矿效果（包括处理能力和磨矿粒度）的正面影响。

（2）顽石生产量与挤满给矿时的顽石破碎机处理能力不相配，顽石破碎机不得不采用转转停停生产模式。但通过增加顽石窗面积增加顽石排出量后，这些现象有明显改观。

（3）顽石破碎机给矿水分很高，有时观察到有明显水或泥流。这是因为全自磨机排矿筛筛分作业效率太差造成的，顽石中携带有大量的水和泥。这明显恶化了破碎机的破碎效果。

（4）在设计时，没有考虑必要时的顽石旁路系统，降低了单段全自磨流程的灵活性和适应性。

一段旋流器流程调试也存在巨大挑战，各种影响原因如下[197]：

（1）一段旋流器给矿浓度极低，这是由于全自磨机处理量低造成的，生产操作中不得不稀释旋流器给矿以便保证足够的流量避免粗颗粒在管道中的沉积，降低堵管风险。

（2）旋流器给矿泵选型偏小。

（3）一段旋流器未设计备用泵，可操作性不高。

（4）由于以上及其他各种原因，旋流器给矿浓度偏低，达不到设计值。

前 6 个月，一段旋流器系统的生产操作出现一系列问题[197]，由于经常出现管道堵塞风险和旋流器给矿不得不稀释到很低（为 30%左右），一段旋流器流程几乎很难正常连续运转。同时这也暴露旋流器给矿泵选型偏小的问题，它成为旋流器作业的严重局限。2013 年 5 月，该旋流器给矿泵重新选型，采用了更大一级泵，同时改造了旋流器给矿管道[197]。自此，一段旋流器流程的生产操作和性能越来越稳定。

一段旋流器流程优化的核心是放粗旋流器溢流粒度。最初全自磨磨矿粒度 P80 仅为 60μm 水平，以上改造后提高到 70~80μm 水平，但仍远细于设计标准的 P80=180μm。工作策略是优化旋流器给矿泵的运行状态和旋流器的参数设定以便能把旋流器给矿浓度提高到 55%~60%。通过逐步采用各种技术尝试和措施实现一段旋流器稳定生产操作。

Sino Iron 铁矿项目设计每条生产线采用 2 台单层 3.6m×7.3m 香蕉筛分级全自磨机排矿，设计筛孔为 12mm（注：据报道，1 号和 2 号线前期生产应用此设计[197]）。该振动筛除了应该具有常规筛分作用和高设备完好率/可靠性外，该设备还为一段旋流器给矿泵提供保护作用，避免超大颗粒进入泵系统，降低给矿泵磨损部件的磨损。但是对于磁铁矿选厂而言这是巨大挑战，这是因为磁铁矿矿石的高磨蚀性。在该矿山调试期间，全自磨机排矿振动筛不得不高频检查以便及时发现筛板是否磨穿。避免或降低由于振动筛筛板磨损或毁坏导致过大颗粒进入泵输送系统，进入导致泵壳和叶轮极度磨损甚至损坏。另外一个问题是振动筛的一部分喷淋水进入筛上顽石产品。这导致顽石输送转运系统运转困难并牺牲了顽石破碎作业的效果[197]。据报道[197]，其他 4 条生产线已采用双层筛取代 1 号和 2 号生产线的单层筛。

11.5.3.5　Leinster 镍选厂

Leinster 镍选矿厂最初选矿流程简图如图 11-48 所示。它采用单段全自磨机磨矿流程。磨机型号为直径 9.6m×长 5.64m（31.5ft×18.5ft）EGL，装机功率为 8MW。全自磨机排矿筛分后，筛上产品直接返回；筛下产品采用旋流器分级，旋流器底流进闪速浮选后返回全自磨机，旋流器溢流作为最终磨矿产品，粒度为 P80

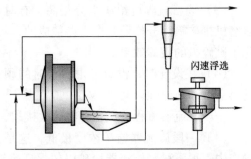

闪速浮选

图 11-48　1993 年 5 月 Leinster 选厂磨矿流程

=60μm。设计处理能力为 250t/h 镍矿石。当全自磨机运行功率小于 6MW 时，全自磨机紧急停车后观察到全自磨机内有过量的矿浆，达 0.5m 深左右。当停给矿后，全自磨机功率出现暴涨；与给矿停之前时刻相比，磨矿功率能增加几乎1MW。这些现象也暗示磨机内有大量矿浆或形成了矿浆池，如图 11-49 所示。

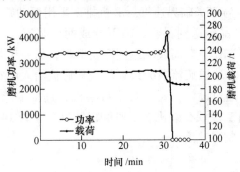

图 11-49 Leinster 全自磨磨矿功率和载荷趋势-Dataset D[198]

（流程考查日期：1993 年 8 月 15 日）

11.5.3.6 Kevitsa 铜-镍-铂族金属矿

Kevitsa 矿破碎磨矿流程图如图 11-50 所示。采用了 3 段破碎流程，Sandvik 的 CG820 旋回破碎机作粗破，2 台 Metso 的 MP800 分别用于二段和三段破碎作业。二段和三段破碎机的差别是定锥衬板类型差别，以便满足破碎机允许最大给矿粒度要求。初破作业产品采用双层振动筛，上层筛筛孔为 130mm，底层筛筛孔为 25mm。上层筛筛上产品（粗粒级）直接输送到粗料堆；而中间粒级（即底层筛筛上产品）采用除粗筛分级，筛孔为 60mm，筛上和筛下产品分别给到二段和三段破碎机破碎。全自磨机返回顽石也分成+60mm 和-60mm 两粒级，分别进二段和三段破碎机前的料仓。二段（顽石）磨机排出的粗颗粒也进破碎机前料仓。二段和三段破碎机产品直接输送到料堆。

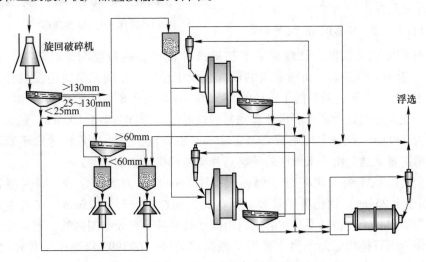

图 11-50 Kevitsa 选厂磨矿流程

采用 4 台板式给料机从粗矿石料堆向 2 台 Outotec 全自磨机给矿（每个磨机 2 台板式给料机）。全自磨机型号为直径 8.5m×长 8.5m（28ft×28ft），装机功率为 7MW。磨机运转速度为 75%临界速度。磨机排矿采用振动筛筛分，筛孔为 8mm× 40mm。筛上粗粒级产品输送到料仓。筛下分成两矿浆流，一个给入旋流器组分级，溢流进下游的浮选作业，而底流返回全自磨机；另一矿浆则输送到二段顽石磨机的排矿泵池，再给二段旋流器分级，旋流器底流给入顽石磨机，溢流也进入下一段的浮选作业。通过设计，每一台全自磨机各直接生产出 20%的浮选给矿，而剩余的 60%则来自二段顽石磨机。二段磨机装机功率为 14MW，大小与初磨相似，运转速度为 75%临界速度。

11.5.4　其他流程

一些矿山报道采用过全自磨机磨矿但没有查找到相关细节。还有一些矿山尝试全自磨工艺或在调试期间首先采用全自磨机工艺，但后来转为半自磨工艺。对于这些案例，介绍如下。

11.5.4.1　Kambalda 镍选厂

Kambalda 镍选厂（见图 11-51 选厂图片）位于澳大利亚西澳的 Kalgoorlie 南边，该流程有颚式破碎机、料堆、单段全自磨机（有顽石破碎机）和浮选作业。全自磨机规格为直径 7.93m×长 4.93m（26ft×16.25ft）EGL，装机功率为 3.5 MW，年处理能力为 160 万吨左右。

图 11-51　Kambalda 镍选厂[199]

11.5.4.2　Sandsloot 露天铂矿

在 PPL 调试期间，已经确定了初破破碎机产品的粒度与设计不同，大于 100mm 量为 70%左右，而细粒级的百分数低于预期。在调试期间还发现处理量局限于 90t/h 水平，明显低于设计的 145t/h，这是由于矿石工艺矿物学和给矿块度的变化。最初设计全自磨机处理物料的粒度范围为 70%小于 100mm，最大矿石块度为 200mm。调试发现顽石（25～125mm 临界粒子）明显累积导致不断降低磨机给矿量。这是由于未预期的硬矿石和粗破碎机给矿造成的。

全自磨机需要大块矿石（例如大于 125mm）作为磨矿介质，同时细物料（例如小于 25mm）优化磨矿效果。而在此之间粒度（25～125mm）矿石更趋向于成为临界粒子，物料不易在磨机内粉碎至临界粒子粒级范围之外，磨矿之后更可能作为顽石排出，而不得不采用机械模式破碎。在 1998 年选矿厂扩建之前，选矿厂仅从一个矿堆给矿，它包含初破破碎机的所有物料（-250mm），因此选矿厂的给矿块度分布完全依赖于从露天采来的矿石块度。为了提高全自磨机磨矿效果，获取了大量的地质技术信息并依此进行了爆破设计，最重要的爆破参数之一的炸药因子（相当于单位体积或重量矿石的炸药耗量）大幅度增加，实施细爆。

11.5.4.3　DeGrussa 铜选矿厂

该选矿厂磨矿流程包括一台 Outotec 的直径 7.30m×长 3.35m（24ft×11ft）变速全/半自磨机，装机功率为 3.4MW。磨机安装了 Outotec 的 Turbo Pulp Lifter（TPL）矿浆提升格。该磨机与直径 500mm 旋流器形成闭路，旋流器溢流 P80 为180μm，然后进入下一段磨矿作用。二段磨矿采用 Outotec 的直径 4.7m×长 7.5m（15.5ft×24.5ft）格子型球磨机，装机功率为 2.6MW，也采用 Turbo Pulp Lifter（TPL）矿浆提升格。球磨机与直径 250mm 旋流器形成闭路，为下游的浮选作业生产 P80 为 45μm 产品。当时采用的流程如图 11-52 所示。

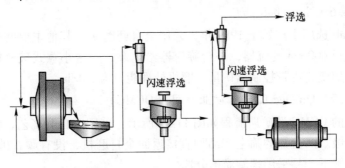

图 11-52　DeGrussa 磨矿流程结构

该初磨磨机最初调试时为全自磨机以便确定不添加磨矿介质是否能达到设计处理量。在此期间，磨矿流程的处理能力为 150t/h，小于设计处理量目标 187t/h。同时，全自磨机的顽石返回率非常高（超过 70t/h）并且磨矿粒度偏细，达到60~80μm，再经球磨机流程后，产生了非常细的磨矿粒度，对浮选作业有很大负面影响。因此，生产不可避免的需要加 8% 的钢球（最大尺寸为 100mm），并实现了设计处理量 187t/h。

11.5.4.4　Amandelbult UG2 选矿厂

原矿采用筛孔为 250mm 设备筛分，筛上产品破碎并和筛下产品一起输送到一个料仓储存，然后给到直径 4.27m×长 4.271m（14ft×14ft）的非变速半自磨机，磨机转速为 76% 的临界速度，磨机排矿采用振动筛筛分，筛板筛孔为0.75mm×10mm。

1993 年初调试时磨机未加钢球，运转为全自磨机。初期调试中的其他问题导致全自磨机处理能力低，然后转变为半自磨机运转了很短时间。一旦其他调试问题解决后，磨机再次运转为全自磨机并达到了设计处理能力。但是 1995 年 5 月，该磨机再次转变为半自磨机以便实现超产 20% 的目标，每月磨矿量为大约 12 万吨。

11.5.4.5 Mortimer 选矿厂

Mortimer UG2 选矿厂初磨磨机采用全自磨机磨矿模式。UG2 原矿采用一段初破破碎，然后筛分并分开储存在两个料仓，一个为 +100mm 料仓，另一个为 −100mm 料仓。全自磨机规格为直径 4.27m×长 4.88m（14ft×16ft），驱动系统为绕线式转子感应电机且有变速驱动系统，装机功率为 1670kW，配有液阻启动器。该液阻启动器能像常规电机系统一样用于磨机减速启动，还能解决只允许电机以最高速度运转问题。通过增加或减少转子的电阻来实现电机变速，具体的操作是升起或落下电解质池内电极改变电阻。磨机排矿采用振动筛筛分，筛板筛孔为 0.75mm×10mm。采用全自磨磨矿模式，磨机处理能力达 12 万吨/月。

11.5.4.6 Navachab 选厂

Navachab 选厂生产始于 1989 年，采用全自磨磨矿，其他主要磨矿流程设备包括 2 台直径 600mm 旋流器，一台旋流器给矿泵，一台小颚式破碎机作为顽石破碎机。采用变速皮带控制给矿量。磨机处理能力为 90t/h。

11.5.4.7 Québec Cartier 矿业公司（QCMC）

该公司的 QCMC 选矿厂流程如图 11-53 所示。采用全自磨工艺，磨机排矿采用二段筛分级。两台筛的筛上产品均直接返回全自磨机，没有顽石破碎机作业。第二段筛的筛下产品采用螺旋溜槽分选。

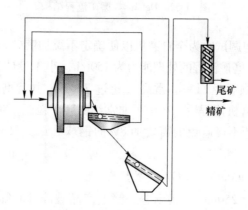

图 11-53 QCMC 铁矿选厂流程

11.5.4.8 Gol-E-Gohar 铁矿石选厂

Gol-E-Gohar 铁矿石选厂安装有 3 台直径 9m×长 2.05m 全自磨机，采用干式磨矿，磁铁矿给矿粒度为 100% 通过 320mm（为旋回破碎机产品），产品 P80 为

120μm。干式全自磨机装机功率为3000kW，恒定转速（12r/min，即85%的临界速度），单向运转。后来2号全自磨机改为半自磨机，钢球充填率为5%（体积分数），导致整个选厂处理能力增加31%（从419t/h增加到548t/h），且产品P80从516μm降低到496μm。

11.5.4.9 IOC公司

矿石破碎后给入全自磨机，磨机排矿采用14mm孔筛筛分。筛上产品直接返回全自磨机，而筛下产品采用旋流器分级，底流进而采用螺旋溜槽处理。

11.5.4.10 Murgul 铜选厂

Murgul铜选厂有3个平行磨矿流程，其工艺流程图如图11-54所示。矿石的可磨性参数$A \times b$和t_{10}分别为76.7和0.73。全自磨机规格为直径7.47m×长2.39m（24.5ft×8ft），装机功率为1654kW。顽石磨机规格为直径4.9m×长4.04m（16ft×13.2ft），装机功率为959kW。设计处理能力为173t/h。

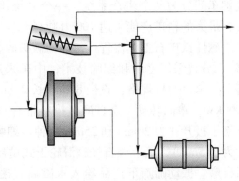

图11-54 Murgul 铜选厂磨矿流程

来自Eti和Bakir Murgul铜矿山的矿石缺少大块作为磨矿介质。由于矿石性质各异，该矿石性质应该更适于半自磨流程磨矿。对全自磨机-顽石磨机流程改造为半自磨-球磨流程的方案进行了模拟。其目标为防止流程生产操作波动并增加处理能力。模拟结果表明建议的改造方案能使处理能力从195t/h增加到240t/h，相应地比能耗下降。

11.5.5 全自磨机在中国的应用

同期，在中国有20个矿山采用或曾经采用过全自磨磨矿流程，例如位于辽宁的歪头山，位于河北的石人沟铁矿，位于南京的吉山，位于江西的凉山铁矿，位于安徽的黄梅山铁矿，位于山东的张家洼铁矿，位于江西的德兴铜矿，鲁中，西石门，保国（二期）铁矿，云浮硫铁矿等。

歪头山选矿厂：1978年，歪头山选矿厂为了提高磨机处理能力和磨矿效率，将原来的一段全自磨开路流程改为半开路流程，并在磨机中添加容积为3%~5%的直径120~150mm的钢球，将其改造成了半自磨流程。

密云铁矿：设计干式全自磨流程的密云铁矿投产后，由于生产技术指标、环境污染严重和设备磨损问题，1983年将干式全自磨改为湿式全自磨，1984年又将流程改为半自磨-球磨流程。

良山铁矿选矿厂：于1982年将全自磨流程改为半自磨流程，添加的钢球量为 6%。

石人沟铁矿：由单段全自磨流程改造为全自磨-球磨流程。

吉山铁矿选矿厂：原设计为单段全自磨流程，为提高全自磨机产量，于 20 世纪 80 年代将流程改造为一段全自磨+破碎+干选流程，即全自磨机引出砾石（临界粒度物料）经破碎和干选，剔出部分废石后返回全自磨机。

保国铁矿：保国铁矿位于辽宁省北票市宝国老镇，始建于 1967 年，2016 年有铁旦山、黑山和边家沟 3 个矿区，开采方式为地下（铁旦山之前为露天开采，现已转地下）。保国铁矿是中国当前为数不多的仍使用全自磨流程的铁矿选厂，选别车间分为两个生产系统，一个系统用于处理磁性矿，另一个用于处理混合矿，最大的精矿产能可达 100 万吨/年。

磁性铁矿石工艺流程：一段初破破碎，全自磨机磨矿（只有顽石破碎返回闭路），分选采用磁性和细筛技术，中矿采用球磨机再磨机，详细流程如图 11-55 所示。全自磨机规格：直径 8.0m×长 2.8m（26ft×9ft）湿式全自磨机，装机功率 3000kW，单向转动，全自磨机排料带有自返装置，粗粒返回全自磨机。全自磨机格子板开孔为 20mm 和 25mm 两种。细粒经圆筒筛后给入单层振动筛（筛孔尺寸为 3.5mm），筛上顽石经磁滑轮干式抛尾后给入顽石破碎机，顽石破碎产品返回自磨。振动筛筛下产品给入永磁筒式磁选机一次磁选后，精矿给入高频细筛（筛孔尺寸为 0.2mm）。细筛筛下给入一段精选机，精矿再进行二次精选。以上磁选机尾矿均为最终尾矿。三磁精矿给入高频细筛（筛孔尺寸为 0.125mm）。筛下给入二次精选机，精矿为最终精矿。一段细筛筛上、二段细筛筛上加上二次精选尾矿经浓缩磁选机给入直径 4.0m×长 6.7m（13.2ft×22ft）溢流型球磨机，球磨机排矿然后返回一段磁选。磁性铁矿原矿品位在 20%~25% 之间，精矿目标品位 69%（粒度磨至 75%~76%-74μm），处理量为 300~330t/h，年处理量目标为 211 万吨。

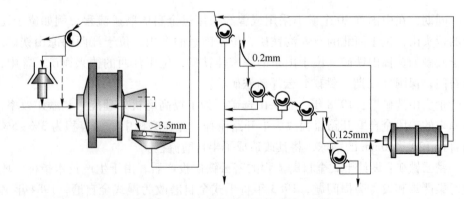

图 11-55　保国选矿厂磁铁矿生产工艺流程

　　保国选矿厂全自磨最佳的入选物料粒度比较大，最大粒度为 300~400mm。为保证入磨块度要求，保国铁矿根据矿石爆破后粒度的不同采用了不同的处理方法：（1）对于爆破后较细的物料，将不进行破碎，仅经由格筛（如图 11-56（a）所示）筛分后便直接给入储矿仓，格筛筛孔尺寸为 400mm×400mm，筛上超大块清理并运至大块料堆；（2）对于爆破较粗的物料，为防止卡破碎机则先经格筛（如图 11-56（b）所示）筛分后再给入颚破，格筛间隙为 400mm，筛上超大块吊出处理。图 11-57 为混合矿经颚破破碎后的产品，大块粒度估计在 300mm 左右。

(a)　　　　　　　　　　　　　　(b)

图 11-56　给矿粒度控制格筛
（a）细物料检查筛分装置；（b）粗物料检查筛分装置

图 11-57　全自磨给矿粒度

　　混合矿系统：两台直径 5.5m×长 1.8m（18ft×6ft）的湿式全自磨机，均为单电机驱动，装机功率 800kW，单向转动。

　　由于提产等各种原因，中国矿山采用严格意义上的全自磨机工艺（在长期生产过程中不添加任何钢球）的矿山极少。有些矿山为了应对来料矿太硬或太细问题，临时添加一些钢球维持磨机生产能力。一般添加钢球直径为 120~150mm。

　　总而言之，在设计破碎-磨矿流程时，除了本作业的特点和要求外，考虑矿石中（有价）矿物的富集和下游作业方式也很重要。有些分选方法对给矿粒度不敏感，可以承受比较大的颗粒。如弱磁选，最大可分选粒度达 8mm。但是，对于常规浮选，给矿中超粗粒级（例如大于 0.5~1mm）几乎不能回收。既然全/半自磨磨矿的波动性远大于球磨机，因此流程结构设计时需要考虑过磨、跑粗或夹粗的现象。同样重要的还有矿物的解离粒度，它将决定最终磨矿粒度进而磨矿流程结构。

11.6 "无耗"磨矿和高粉碎率区

典型全/半自磨磨矿粉碎率曲线如图 11-58 所示。很明显，矿石粉碎率和矿石最有效的粉碎技术/方法均与矿石颗粒的粒度有关。因此，颗粒粒度是选择粉碎（对于常规矿石而言即为破碎-磨矿）流程的最基本因素。从图 11-58 右侧（即粗颗粒）开始，矿石颗粒的全自磨磨矿行为描述如下：

（1）第一个区域为磨矿介质区，即粗粒级区。既然这些物料要用作磨矿介质，通常希望该区域的粗颗粒的粉碎率低。但实际上，它们的粉碎率往往要高，这对于偏软矿石或低抗冲击粉碎矿石尤为明显。它通常会导致采矿/破碎作业供应大块矿石或大块矿石输送/转运过程极其严重的问题。在一些情况下，采矿或初破作业提供的大块矿石会危及矿石输送系统的安全，如大块矿石毁坏或堵塞运输系统。

（2）第二区域为临界粒子区，即中间粒级区。该粒级区域的颗粒的全/半自磨可磨性比较差。（圆锥）破碎机或高压辊磨是处理这些物料最有效和最节能的粉碎技术或设备。如果初磨需要实现细磨，可能需要保留部分或全部右侧比较粗的部分，它们可能作为有效细磨的磨矿介质。所需数量取决于磨机运行功率、矿石可磨性等。

（3）第三区为中细粒级区。通常这些物料粒度为 2~15mm 范围，小于常规顽石破碎机的窄侧排矿口 CSS，因此不能采用圆锥破碎机有效粉碎。通常也不在二段球磨机磨矿的最佳粒度范围值内。对于 ABC 或 SABC 流程，二段球磨机钢球尺寸通常为 60~70mm 以下，不是 10~15mm 矿石颗粒的最佳钢球大小。对于大型选厂，则可能采用单独球磨机处理，其排矿再返回全/半自磨机流程。

（4）第四区域为细粒级区域，该粒级比较适于采用球磨磨矿。

（5）除了粗粒级区域，还要一个高粉碎率区域，通常位于 1~15mm 粒级水平。该高粉碎率区域可能随着矿石性质和磨矿条件而变化。注意到临界粒子粒级范围中的一些比较粗的物料需要直接返回（旁路顽石破碎机）全自磨机作为该高粉碎率区域物料的磨矿介质。否则，该区域物料的粉碎率会降低并有可能产生"砂化"性矿浆。

（6）全/半自磨磨矿中另外一个有兴趣的事是被称为"无耗（Free Grinding）"磨矿现象[200,201]。当颗粒粒度为 1~10mm 水平时，它们若占据全/半自磨载荷的空隙，当磨机内载荷运动时，位于大物料之间的这些颗粒将被有效剪切粉碎。如果循环回到磨机的矿浆体积不超过大物料之间的空隙，它几乎不影响大块物料的磨矿效果也不明显消耗额外能量。

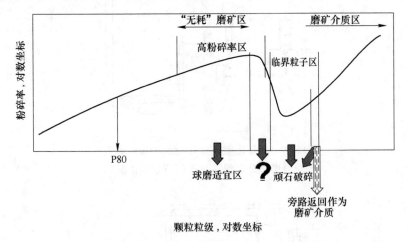

图 11-58　全自磨磨矿的颗粒粒度行为和处理方式

如果要实现全/半自磨磨矿流程的高能量效率，它们应该有效利用"无耗"磨矿和"高粉碎率区"这两个现象。从这一点讲，既然 ABC 和 SABC 流程的初磨磨矿产品粒度通常为小于 4~20mm，因此没有适量的处于"无耗"磨矿或高粉碎率区域的物料返回，所以无论是 ABC 还是 SABC 流程都没有充分利用这两个现象，其能量效率并没有达到最大化。换句话说，这需要返回适量的细粒级物料才能促进和利用这些现象。

图 11-59 显示了一个概念流程，该流程中大于 40~60mm 的大块顽石直接返回全自磨机作为磨矿介质，其余部分采用高压辊磨彻底粉碎后再返回磨机。这样可以充分利用以上提到的两个现象。但是，这种流程可能仅适于大型选矿厂或顽石量高的流程，这是因为高压辊磨允许的最大给矿粒度与处理量或辊的直径成正比。否则，需要预先顽石破碎机，这可能导致选厂设备布局困难，这是因为高压辊磨需要一个很高的给矿溜槽。同时需要考虑高压辊磨给矿中配入一些细粒新给矿以便降低辊面的磨损，提高高压辊磨粉碎作业的经济性。

图 11-60 显示了另外一个概念流程，全/半自磨机排矿中的 2~15mm 粒级（通常不适于顽石破碎机粉碎）采用球磨机磨矿避免由于磨矿介质不足而产生"砂化"性矿浆，同时这一粒级除去有利于提高顽石破碎机工作效率，可以最大发挥功效。同时一部分旋流器底流应该返回初磨磨机以便有效利用"无耗"磨矿现象，并且该旋流器底流中的物料也处于高粉碎率区。

一般而言，"无耗"磨矿现象是比较好利用的，只要把一部分细分级设备的粗粒级产品返回初磨机即可，但可能给其磨矿浓度控制带来一些困难。

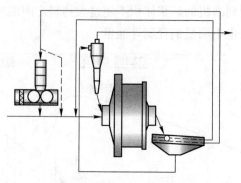

图 11-59　高压辊磨直接处理 5~60mm 顽石的
全自磨概念流程（适于顽石量高情况）

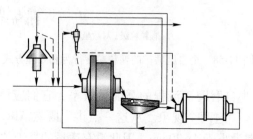

图 11-60　球磨处理 2~15mm 顽石全自磨概念流程

12 全自磨机磨矿操作

12.1 引言

尽管全自磨机磨矿技术的出现已经带来了许多经济优势，但是从生产操作的角度上讲，至少有一个缺点，即对工艺输入参数变化高敏感性。敏感性是因为全自磨机依赖于磨机给矿提供磨矿介质，这至少包括两方面的特性：（1）给矿粒度或粒度分布；（2）至少部分矿石是否能在磨机内强冲击环境下生存比较长的时间，即矿石抗冲击粉碎能力。因为不像包括半自磨机在内的其他滚筒式磨机有或多或少的钢质磨矿介质（即钢球、钢棒等），因此全自磨机生产操作是滚筒式磨机中对外部输入因素最敏感的磨机。与之相比，在球磨机中，磨矿介质几乎是稳定不变的，这包括两方面：一是磨矿介质与矿石强度性能，二是磨矿介质的粒度分布。同时，球磨机的给矿性质相对比较稳定，这是因为采用多段破碎和控制分级作业带来的优势，因此，相对而言球磨机磨矿粉碎性能与给矿粒度的相关关系比较低且位于线性关系区域。

在全自磨机磨矿流程中，特别是有细分级设备（如旋流器）闭路时，有大量生产操作和设备参数，包括各种物料流的性质到设备操作局限等。并且，这些参数通常不是独立的而是相互影响和作用的。因此，最关键的是流程设计时应该确保所采用安装的设备从机械上必须能处理物料波动高峰情况，如顽石输送皮带机的输送能力，高峰顽石量可能是设计（平均）值的 2~3 倍甚至更多。从生产角度讲，操作工和设备本身都是整个生产和控制系统的一部分，是生产成功的关键。

操作全自磨机是选矿厂最富有挑战性工作之一，特别是选矿厂要尽可能实现最高处理量的目标时。尽管已经发展了现代先进选矿工艺模型和控制方法，但是至今在选矿作业的许多领域，人工操作仍然是必不可少的。通常情况下，操作工一般更善于负责处理和维持控制生产在高水平位置，以及有效处理工艺流程高波动震荡以及监控整个生产流程而不是某一个局部作业。而低水平时的生产操作和控制可能可以由自动控制系统完成。例如，但某料堆物料接近耗尽，全自磨机给矿量下降，现代控制完全能通过自动调节板式给矿机速度或加快其他给矿机速度而维持设定的给矿量。但如果浓密机底流泵输送能力下降或不能输送磨矿分选作业的产品，自动控制系统现在尚难自动调节流程给矿量。特别是在复杂的生产工厂，有能力和经验的人类操作工仍然是确保生产操作平稳并实现良好的整个工厂综合效果的最核心要素之一。尽管已经进行了应用先进的控制高效操作磨矿流程的许多尝试，但仍然离成功很远。至今，绝大部分（专家）控制系统以实现最大程度使磨机载荷接近允许最大值或设定值为目标函数，同时保证磨机运行功率不过载（通常是控制的边界条件）。因此，人类操作工仍然必须授予更多更大的自由度调整参数，并在必要时候取代自动控制系统调节各种生产操作变量。

12.2　操作工的关键作用和职责

生产实践中，人为因素，即选厂的中控工和现场操作工等，对选矿厂的生产指标有巨大影响。不同的操作工可能在经验、培训甚至如何生产操作选厂的知识逻辑等方面的水平有很大差异。对于目前的大型矿石分选厂，大部分生产操作工作可以在中央控制室进行。现在已经可以通过现代传感技术把以前现场操作工需要现场巡检的设备运转的绝大部分情况（参数）实时展示于控制系统，并通过相关的不同等级报警及时关注设备运转状态变化或参数趋势变化。因此，现场操作工在大部分情况下是按中控工的指示检查操作等。对于一些仍未能测量的参数，中控工能通过闭路电视系统及时观察和监控。尽管现场操作工的数量越来越少和重要性降低，但是选厂现场操作工仍必不可少。

中央控制室通常是干净、整洁和安静的，在中央控制室工作不需要强大体能，也不需要应对热/冷、危险物品、噪声、粉尘、矿浆、按时完成工作任务的压力等。但是中央控制室是处理选矿厂各种事件和生产情况变化等的集中地。基于各种各样的系统的信息，包括中央控制软件系统（DCS）、生产历史数据库的分析系统（如 PI Process Book 对生产趋势和关键设备性能的评估）、在线品位和粒度分析仪（OSA 和 PSI/PSA）、化验室的样品分析和数据库系统（Laboratory Information Management System，LIMS）和已有现场操作工的信息反馈等，中控工经常需要同时处理多项事件，作出判断并及时采取行动，或还同时处理中央控制室内的一些事务。中控工不得不对不同的任务分主次轻重紧缓依次解决问题甚至及时建议停车进行矫正维修（corrective maintenance），这需要丰富经验，高能力/技巧和广泛知识并十分了解选厂设备和工艺情况。这同时也给中控工带来很高的精神压力，其程度取决于选厂工艺生产参数的波动范围/程度和生产设定目标。例如，曾经观察到某选厂中控工面临巨大的工作压力。该选厂单段全自磨机磨矿流程（既有顽石破碎机又有旋流器分级闭路）且生产波动幅度大但一直努力提高处理量。该选厂的一些中控工在现场工作 2 星期（飞进飞出工作，每天额定工作时间为 12h，但实际略长）后回家休息 1 星期，前 2~3 天每天需要睡超长时间（为 10~12h 甚至更长）以便释放压力恢复体能。甚至有一位中控工抱怨他的精神或心理健康受到伤害。像这种情况，操作工的技能培训和工作经验以及工艺优化改进和自动化控制将对生产稳定和提高有很大价值。

操作工在选矿厂系统的位置能综述成如下两基本原则：

（1）企业原则：操作工+生产工艺＝生产绩效。这个原则表明企业要想获得好绩效，必须有好操作工（员工）和好生产工艺。

（2）员工原则：知识+能力＝竞争力。这个原则表明一个好的操作工必须拥有好的知识和好的能力/技巧以便能完成公司的任务并能在公司的竞争中生存下来。知识和能力/技巧代表了理论和实际能力同等重要。为了全面发展，操作工需要在生产程序和原理方面有一定的深入了解并有运用其知识和能力的技巧。

现在选矿和自动控制界正努力发展控制系统并至少部分分担中控工的一些工作负荷。无论采用现场或远程控制模式，一个好的智能控制系统受益于高质量的数据、选矿厂生产操作状态清晰可视显示、良好的控制逻辑、设计优秀的信息趋势线、分层次的报警清单、摄像头、与现场操作工的有效交流，以及与选矿工程师和采矿品位和开采控制等其他生产相关人员的交流。但是至今尚未有生产信息整合系统，目前的中央控制室环境下的人与机器交流以及技术信息一体化仍存在一些严重缺点，例如，现在中央控制室的信息展示或描述不总能满足人类监控管理的需求。

尽管操作人员（中控工）知道这些控制技术远没有达到"完美"，他们通常仍偏向于被动工作模式，倾向于过度依赖控制技术。还有一些矿山，操作工的培训不足，交班记录质量差，工作任务分配不合理等，这些均会使情况越来越恶劣。总而言之，操作工的水平和能力仍是选矿加工工业或具体生产厂有待于提高的地方。

总之，无论多复杂的控制系统目前尚不足以应对大范围的生产参数的震荡波动，而这些波动确是粉碎流程（特别是磨矿流程）中时常真实发生。因此，仍主要依赖于人类操作工应对选矿厂生产工艺流程中高复杂和大波动震荡情况。但是这种依赖程度与目前控制系统先进与否没有太大的相关程度，换句话说，即使现在最先进的控制系统仍不能完全代替人类操作工。（专家）控制系统在选矿厂所起的作用往往取决于生产流程的稳定性。在许多选矿厂，经常关闭复杂的专家控制系统以便能通过手动控制调整生产状态。

12.3　新给矿波动

对于全自磨磨矿，没有什么比给矿粒度和矿石的抗冲击粉碎性能更重要的。这是因为全自磨机依赖矿石本身提供和作为磨矿介质并实施矿石粒度降低的粉碎作用。为了提供足够的磨矿介质，全自磨机的新给矿通常应该比半自磨机给矿粗很多。全自磨机给矿甚至可能是未破碎的采矿直接来料，但可能需要采用300~400mm的除粗筛去除超大块。通常对于绝大部分矿石种类，全自磨机最佳给矿粒度 F80 一般在 150~250mm 水平。如图 12-1 中的实例，粗新给矿增加了粉碎率进而影响全自磨机的处理能力。如图 12-1（b）所示，在该生产实例中，新给矿粒度 F80 每增加 10mm，就可能增加全自磨机处理量 5%~8%。类似的现象也在西澳的一磁铁矿项目观察到，一个长期的生产数据显示该矿山的全自磨机新给矿粒度 F80 每增加 10mm，磨机处理量增加 50~80t/h。

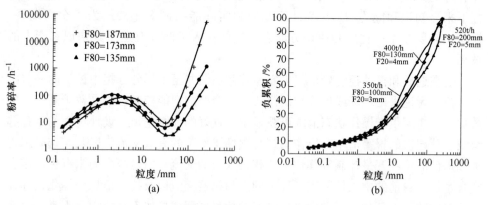

图 12-1　全自磨机给矿粒度对磨机粉碎率（a）和处理量（b）的影响[202,203]

　　对于全自磨磨矿选厂，磨矿行为通常不得不随着采矿来料、给矿粒度和矿石抗冲击粉碎性能而变化。既然爆破是岩石破裂或粉碎的第一步，为了应对以上两矿石性质对全自磨磨矿的影响，应该通过采选一体化（Mine to Mill）的技术方法从一开始就控制岩石/矿石的粒度。值得注意的是，有时同一个矿床的岩石性质可能是不同的，这包括矿石的矿物组成及含量和矿石的物理性质。为了减低矿石性质波动和避免全自磨机给矿中高抗冲击粉碎性能的矿石太少，因此可能需要采取地质-选矿一体化（Geometallurgical）技术方法绘制整个矿床矿石的全自磨可磨性地图以便能制定合理的采矿计划确保矿石性质波动最小化。对大型露天采矿，同一爆堆中，不同位置的岩石/矿石的粒度/块度也不一样。通常，爆堆的最后物料极其细，通常不得不需要与其他爆堆的粗物料混矿以便减轻给矿太细对下游全自磨磨矿的负面影响。如果可行，应该实施采矿和原矿堆的双重配矿方案。对于大型选矿厂，可以从不同的爆堆采用矿石输送卡车同时供矿，甚至这些爆堆是采用了不同爆破设计产生的不同岩石/矿石块度。但是，采矿人员（包括采矿设计和挖掘运输人员）通常并不熟悉如何控制供矿的矿石块度或者没有相应的经验和方法实施按矿石的全自磨磨矿性质供矿。传统上，采矿的工作目标是如何降低钻孔、爆破、挖掘、运输等成本并降低超大块产生和再次粉碎的工作量（注：在澳大利亚，工业实践中普遍采用碎岩机实施超大块二次粉碎，而不是一些国家通常采用的二次爆破）。有时，采矿人员一开始不接受这种工作模式，因为给他们带来了额外工作负担。

尽管通常工业实践中，只有一段开路破碎作业为全自磨磨矿准备给矿物料，但是在选矿厂的矿石破碎设计和生产实践上仍有许多带来波动的因素或地方，如初破破碎机排矿口的漂移（如随着衬板磨损而相应排矿口增大），由于矿石堆存过程造成的矿石离析现象（通常大块倾向于在圆锥形料堆的外侧）而导致粗料堆下面不同供矿点的矿石粒度不同和不同料堆高度时矿石粒度也有所变化。为了满足全自磨机新给矿的粒度要求和控制，初破破碎机排矿口是控制关键因素之一。尽管破碎机排矿口的设定值取决于产品粒度要求，对于全自磨机供矿而言，通常宽侧排矿口应该在 200mm 水平，据报道，Tilden 选厂（采用全自磨机磨矿）的初破破碎机的窄侧排矿口为 225mm[204]。初破破碎机排矿口需要经常标定和调整以便减少太多超大块对矿石皮带机输送系统的危害，包括堵塞转运溜槽和砸坏皮带机的皮带。初破破碎机的如下因素也起着重要作用：

（1）挤满给矿。

（2）初破破碎机腔型/衬板几何形状。

（3）对于大型旋回破碎机，破碎机承受过载时间（或反应时间）设定也很关键。例如，在旋回破碎机的动锥下移增加排矿口之前，旋回破碎机允许在过载（超过破碎机设定功率）情况下运转的时间（通常是以 s 为单位）。

尽管通过控制料堆给矿点和给矿数量现在仍不是"标准"工业实践，但是它是一个非常有效控制和调节磨机效果的手段，至少能在短期十分有效。它能及时依据全自磨机的磨矿状态调整所需的矿石粒度。但是，从粗料堆选择性给矿在某种程度上被认为增加了给矿粒度波动并进一步影响磨矿行为，包括磨机载荷和功率，产品粒度以及对下游（分选）作业的影响。同时粗或细物料被选择性使用了，也会对后面的磨矿控制造成影响（可能是正面也可能是负面的）。但实际上，这也提供了一次混矿的机会。当需要时，操作工能选择性从料堆不同的点供矿或供给不同粒度的矿石保持给矿的抗冲击粉碎性能。一矿山曾经采用了类似的生产策略维持高产量。具体做法是：（1）尽可能维持该选矿厂全自磨机的 3 料堆在不同的料位以便能选择性供矿保障给矿粒度。控制办法是一般只同时从其中的 2 个料堆供矿。（2）当某一料堆满仓且全自磨机功率比较高时，停掉料仓位中间的那一台给矿机，停掉顽石返回（该流程有顽石仓，在此调整之前尽可能降低顽石仓的料位），从满仓料堆高速给矿，同时新给矿的设定值大幅度提高，快速消耗料堆中心部分的细物料。这时顽石返回率通常比较低，顽石仓足以维持较长无顽石返回状态下的生产。（3）一旦顽石仓达到设定上限或全自磨机功率下降到下限（注：在大量连续供细物料时，全自磨机运行功率通常会倾向于下降）时，启动顽石破碎机返回顽石，新给矿降低回正常水平，并依据磨机功率情况决定是否需要调整供矿点和供矿量，通常需要增加最低料堆的供矿量，增加新给矿块度强化顽石在全自磨机内的冲击粉碎作用，同时这样也为该料堆补料做好准备。

（4）一旦最低料位的料堆矿石耗尽或接近耗尽，转而从中间料位的料堆供矿，该料堆已经具备供粗矿石条件。至此完成了一个调整循环。这样可以实施选择性供矿维持磨机磨矿状态并充分有效使用大块矿石对顽石的粉碎作用，减少给矿太细时大块消耗（注：细粒度最有效的磨矿介质是中等偏粗的矿石，而不是大块矿石，详细描述见磨矿介质章节），这对总体供矿粒度偏低于最佳给矿粒度是有效措施，同时还需要比较大的顽石仓容积（注：通常初破作业率比较低，是不连续供矿的，通常可以实现控制排矿到特定的料堆）。尽管在第二阶段给矿量比较高，但是磨矿产品数量和粒度不会明显变化，这是因为顽石被临时堆存了（进入下一段作业的量等于新给矿-顽石生产量），并且只磨新给矿（没有顽石返回）时只有好磨物料才能成为磨矿产品，实际上，高新给矿是补偿没有顽石返回的损失量和其难磨的影响。生产实践表明，这比通常维持料堆相同料位的实践的总体处理量高。相对地，若采用同时从 3 个料堆均匀给矿或维持料仓在相近水平的常规生产实践，将导致料堆满时都不能供大块矿石作为磨矿介质，磨机通常不得不降低速度维持合理的顽石量；但都接近料堆底部时（生产实践中观察到，通常料位下降到料位三分之一左右时，供给的物料可能明显不同），3 个料堆都供大块矿石，这会导致全自磨机功率偏高而不得不降低给矿量。从整体上看，常规实践造成的全自磨机磨矿情况是一段时间处理细料而另一段时间处理大块矿石，在此两段时间内可能受到不同生产操作参数的限制而降低处理量。但是采用选择性供矿策略需要操作工更多地介入磨矿过程的调整，并且顽石破碎机的利用率会偏低。在一些选矿厂采用连续粗破作业或供矿模式（需要多个独立初破作业，并且通常料堆存储能力有限），料堆外侧的大块矿石应该只用于应急情况下的生产，如上游超计划延时维修、原矿供料中断等。或者当全自磨机运转功率极低情况下才能使用这些大块矿石。

　　既然新给矿在全自磨机磨矿中起着双重作用，即磨矿介质也是被磨物料，全自磨机可能对新给矿量变化比其他有钢质磨矿介质的磨机反应慢。但是，甚至新给矿中少量的高抗冲击粉碎性能的组分能慢慢地增加并最终占据磨机载荷的主导，导致该组分在磨机载荷中的比例不合理。据报道，某矿山的矿石中某一高抗冲击粉碎性能组分（硅酸盐）从 8% 增加到 14% 时，全自磨机的处理量降低了一半[205]。当磨机急停时，打开磨机检查发现磨机载荷中大约 90% 物料都是这种白色的高抗冲击粉碎性能的硅酸盐矿物组分，而其他主要组分为黑色软矿石（磁铁矿），其在磨机载荷中所占的比重极小。但这仅仅是 10% 左右新给矿带来的效果。因此全自磨机给矿粒度的调整应该采用小步骤调整[205]并不断观察全自磨机磨矿情况，特别是处理量与全自磨机功率反应。另一方面，大而高冲击粉碎性能的矿石或岩石应该被专门控制或混入以便解决全自磨机缺乏磨矿介质和功率低的现象。

　　矿山有两个关键点控制全自磨机的新给矿粒度，即采矿爆破设计（控制爆破后矿石块度）和初破破碎作业（主要是通过破碎机排矿口控制）。特别需要注意大块矿石对流程带来的负面冲击，包括采矿供料中太多大块造成的初破作业架桥现象，破碎产品中超大块对矿石输送系统的损坏等。

12.4　全自磨机操作

12.4.1　综述

在整个采矿业，选矿工艺流程中的磨矿是一个多因素和高能耗的作业。全自磨机生产操作成功的标准应该是生产率（处理量）、产品质量（磨矿细度）和能耗。高性能的磨矿取决于磨矿过程中相关的每个参数的最佳输入。特别是对于初磨作业的全自磨机，影响大或显著的工艺指标需要有效的控制和优化以便不断提高磨矿效果。

全自磨机生产操作在传统的磨矿中是最复杂的，这样由于如下两个因素：（1）一是磨矿介质，它是新给矿中的一个比较小的部分，但给入磨机的矿石磨矿介质在粒度、硬度和可磨性在短时间内就能发生大幅度变化，与之相比钢质磨矿介质的性质稳定且大小一致。（2）二是绝大部分全自磨机采用格子型排矿发生使磨机更容易过载或低载。与溢流型磨机相比，如果没有及时调整，磨机过载或低载现象将更难恢复到正常状态。这意味着如果要高效操作使用全自磨机，操作工必须拥有比操作以前的滚筒式磨机更丰富的知识。这样的知识只能来源于对磨矿行为更深的理解或了解。

12.4.2　全自磨机磨矿功率

按磨机运转扭矩理论，广泛认为当磨机载荷的比重相同时，磨机功率取决于磨矿的充填率或整个载荷重量。如图 12-2 所示，磨机运转扭矩等于所受力乘以力臂（重心到旋转点的距离）。对于重力场系统，力臂为从圆心平行于重力方向的线与重力方向线之间的垂直距离。当在低载荷部分，扭矩随着磨机载荷增加而增加，然后在 50%充填率时到达最大值，然后再随着磨机载荷增加而降低，如图 12-2（b）所示。

但是，在全自磨机中观察到的这种关系极其不清晰。如图 12-3 中某全自磨机载荷与实际测量的磨机扭矩和功率的关系。该全自磨机扭矩读数与磨机载荷或充填率总体上趋向于与理论模型相似，但在相同的磨机载荷情况下，磨机扭矩和功率的变化幅度很大，甚至超过在实践生产范围内磨机载荷所带来的影响。这意味着以上扭矩模型并没有完全反应全自磨机扭矩和功率的情况。在生产实践中发现，全自磨机功率还显著的取决于磨机内载荷形状和物料的粒度组成。例如大而近圆形矿石（顽石）更趋向于导致高磨机功率。粗颗粒更容易趋向于形成更少相对运动的整体，因此更容易被磨机筒体的提升条提升得更高。而另一方面，细

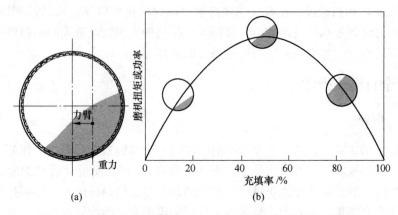

图 12-2　磨机扭矩计算模型（a）和与充填率关系（b）示意图

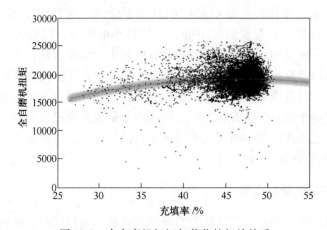

图 12-3　全自磨机扭矩与载荷的相关关系

颗粒在磨机内类似于矿浆，容易从提升条往下流动，导致提升高度降低。对于磨机载荷比较细的情况，磨矿中的抛落作用降低了。在相同重量时，磨矿中的抛落作用比泻落消耗更多能量，这样因为磨机载荷的重心更远离磨机中心的垂直线，即力臂增加。

　　全自磨机功率是最重要的变量之一，如果其数值低则可以通过如下方法调整：

　　（1）增加新给矿粒度。增加新给矿粒度最快的方法是从圆锥形料堆的外侧给矿，或提高低料堆的给矿速度，或者从储有大块矿石的料堆供矿。更多细节见新给矿波动章节。

　　（2）增加返回全自磨机顽石的粒度。一个常规实践是通过顽石破碎机转/停模式维持全自磨机的功率。如果没有直接返回旁路，可以把顽石破碎机的排矿口调大。依据生产实践经验，这样的动作或调整随后会导致处理量下降，换句话说，这是以牺牲处理量为代价的。

（3）如果磨机是变速驱动系统，降低全自磨机速度。如在全自磨磨矿基础章节中讨论到的，降低磨机速度可导致细物料的磨矿速率增加而大块矿石的粉碎速率降低。导致的结果是大块矿石在全自磨机内生存时间延长，并逐步在全自磨机内累积增加了磨机内磨矿介质数量。同时，产生更多的细物料并排出磨矿。因此，全自磨机载荷会越来越粗。通常，这还伴随着全自磨机载荷增加，可能进一步增加全自磨机功率。在生产实践中，操作工应该以比较小的步长缓慢调节全自磨机速度，调整后需等待一段时间（通常 2~5min）观察全自磨机功率变化趋势。一旦观察到全自磨机功率不再趋向于降低，则可以维持此磨机转速（从理论上讲，在临界速度的 82%~85% 以前，全自磨机速度越高磨矿作用越高）。但是，这会导致磨机载荷增加，最终仍需要降低新给矿量，至少一部分原因是磨机转速降低意味着磨矿作用频率（一般定义为单位时间内的冲击粉碎作业次数）降低了。因此，一旦磨机功率趋向于增加，同样也应该小步长增加磨机速度，观察磨机功率反映。例如，依据操作一台 40ft（约 12.19m）全自磨机经验。一旦该磨机功率快速下降或低于 17~18MW 时，磨机则以每次 0.1r/min 或 0.2r/min 的步长调低速度，然后等待 2~3min 并观察磨机反应和功率变化趋势。注：如果磨机功率下降速度很快，相应磨机速度调低速度也高。对于有经验的操作人员，可预先估计最后磨机速度的调低点，从而实现快速调整。

（4）如果初磨流程有顽石仓或顽石料堆，可以临时取消顽石返回全自磨机。相应地大幅度增加新给矿量以便补偿顽石返回量。最好的办法是同时从有更多大块矿石的料堆供矿。依据作者的生产经验，这种方法的成败取决于新给矿的粒度，通常可以与上面的降低磨机速度的办法同时应用。

（5）另外一种有兴趣和争议的办法是尽可能把返回顽石破碎得更细。通常需要把顽石破碎机的排矿口调小，因此相应地顽石给矿量也会降低。这允许给更多新给矿，与上面提到的暂时停顽石返回有类似作用和效果。既然顽石或临界粒子物料是限制磨机处理量的最负面因素之一，破碎得很细的顽石或彻底粉碎出临界粒子粒级范围将增加磨矿效果，这也可能导致进一步提高新给矿量，增加了大块矿石补给机会。对于大型顽石破碎机的窄侧排矿口可降到 15mm 水平，但对于小型顽石破碎机，窄侧排矿口甚至能降低到 8~10mm。但是依据生产实践的观察，这种办法成功的关键仍是新给矿中必须有一定量的大块矿石能作为磨矿介质。

（6）另外一种办法是把全自磨机内载荷中的细物体冲洗出去，进而磨机载荷会变粗。但是这个调整会降低磨矿浓度，因此会对磨机功率起反作用。它也可能同时降低磨机载荷并产生大量的顽石（注：采用此策略时，应该先检查顽石仓或顽石料堆的可用空间）。需要同时大幅度增加新给矿量。

（7）既然全自磨机通常运转在比半自磨机高的充填率状态下，因此极少会发生因全自磨机载荷低而引起的磨机功率低的情况。对于现代全/半自磨机，其载荷水平能直接从磨机载荷重量测量器（Load Cell）直接读出，也可以从磨机中空轴的轴承液压读数反映出来。

对于全自磨机功率高的情况，最有效的方法之一是减少返回顽石量，加强顽石破碎机破碎效果，如降低破碎机的排矿口等。另外一个办法是降低新给矿粒度，措施是与磨机功率低的情况反向操作，包括从细颗粒料堆和给矿点供矿，降低初破破碎机的排矿口（有时可能只需要标定排矿口和增加动锥主轴的高度）。

12.4.3　全自磨机速度

从理论上来看，在达到临界速度之前，磨机功率随着磨机速度而增加。对于相同的磨矿载荷（包括重量、颗粒粒度和载荷的堆密度都相同），磨机运转在80%临界速度时的功率高于70%临界速度。磨机高速度将导致更多磨机载荷在磨机内抛落同时泻落作用降低，这会导致磨机载荷更远离中心的重力线，进而导致磨机的扭矩进一步增加并消耗更多能量。但是当磨机速度超过80%临界速度，因为更接近临界速度（物料更接近离心运动）磨机功率下降。在这一阶段，磨机载荷落点位置朝磨机筒体方向移动并随着磨机速度向上移动。这增加了这些物料的扭矩，并将能量传回磨机筒体，故磨机实际需要的功率下降。磨机速度还通过磨机的角速度影响功率，所以磨机功率与扭矩关系也随着磨机速度而改变。在不同磨机充填率情况下，磨机速度对磨机功率的影响见图12-4。

在全自磨机速度增加至80%甚至更高临界速度比例之前，增加全自磨机速度将增加其磨矿作用。更多的冲击磨矿作业和更高磨机泵送能力（磨机矿浆提升格的作用）将导致磨机循环负荷降低和磨矿粒度放粗。磨机载荷降低将允许增加新给矿量，而新给矿中的大块矿石将导致磨机载荷变粗进而磨机功率提高。在达到最高点之后，磨矿作用降低。

在处理小而软矿石情况下，全自磨机需要生产操作在低速情况。如图12-5所示，降低磨机速度将降低磨机内粗矿石的粉碎速率并保留更多的大块矿石作为磨矿介质，这将稳定磨机载荷和保存磨矿效果。同时低磨机速度也有利于小而软矿石的摩擦、剪切等粉碎作用。在处理小而软矿石时，经常出现的问题是磨机循环负荷高而磨机载荷低，降低磨机速度能在很大程度上改观这种状态。

在处理大而硬矿石情况下，全自磨机需要操作在高速度和低载荷条件下以便使磨机功率最大化和强化冲击粉碎作业。操作全自磨机在高速度会提高向矿石输送动能的效率，并增加矿石冲击频率或提高高能量磨矿的频率。但是，这需要磨机有变频驱动系统以便应对矿石硬度和粒度的广泛变化。特别是大直径磨机，已经广泛认为安装变速驱动系统是有经济价值的。

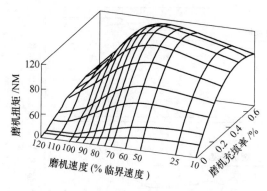

图 12-4 磨机速度对磨机功率的影响[206]

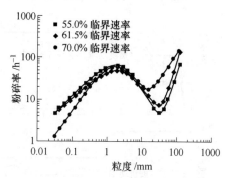

图 12-5 磨机速度对粉碎率的影响[207]

在生产实践中发现，全自磨机转速从接近80%临界速度下降并不总是会伴随磨机功率下降，如图 12-6 所示工业全自磨机运行实例。这种现象至今并没有一个合理的解释甚至极少报道。依据作者在一全自磨机磨矿选矿厂的工作经验，当磨机新给矿粒度比较细的情况下，全自磨机速度需要特意降低。这样通常会伴随全自磨机功率回升和磨机载荷损失恢复。这些变化可能与磨机载荷增加对磨机功率的补偿作用、磨机载荷形状、磨机载荷的运动方式和磨机载荷的运动黏度等相关。同时磨机速度变化可能影响矿浆提升格的能力进而磨机内矿浆数充填率。磨机内矿浆充填率将进一步影响磨机功率。

除了新给矿粒度外，全自磨机转速的选择也取决于磨机筒体衬板的几何形状结构，值得注意的是磨机钢质筒体衬板几何形状在其周期内是变化的，新衬板的几何形状可能明显不同于磨损后的形状，特别是要更换前与新衬板相差甚大。以前的常规生产实践是全自磨机转速随着磨机筒体衬板磨损而增加以便补偿提升条提升能力的损失。对于现代磨机衬板的通常设计，为了使整个磨机筒体衬板周期内的平均处理量最高，新衬板通常被"过度"设计（即新磨机衬板时，处理能力不是最高，而是随着磨损处理能力增加并在比较短时间内到达最佳状态），因此全自磨机速度补偿须从磨机处理能力达到最大值之后才能实施。在实践生产操作中，几乎不可能预设确定磨机筒体衬板最优的时间点，一个尝试是当磨机筒体衬板寿命超过四分之一后，如果磨机效率趋向于下降，可以尝试增加磨机速度并观察磨机反应，特别是观察是否存在磨机载荷直接冲击衬板情况。特别值得一提的是，以上讨论是指目前全自磨机筒体衬板设计的常规理念，对于一些特殊情况，参考本书中有关磨机筒体衬板的介绍。例如，曾经有一磨机新衬板时磨机功率就明显偏低的平行旧的不同型号衬板磨机。它是一台 40ft（约 12.19m）全自磨机，安装了一套新设计的新衬板，但磨机运行功率仅为磨机电机安装功率的60%左右。甚至新给矿中特别加入了一些大块矿石（采用筛分技术控制的粒度为

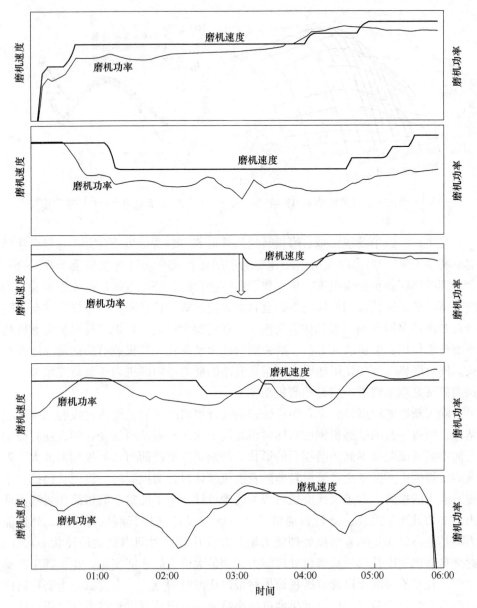

图 12-6　磨机功率随磨机速度的变化

150~350mm 矿块），磨机功率仍然很低。与之相比，另一台平行全自磨机的功率能达到电机安装功率的 90% 左右，并且没有加前面提到的 150~350mm 大块，但该平行磨机采用了以前设计的筒体衬板且其寿命已经超过 50%。在新设计筒体衬板的全自磨机调试期间，该选厂的技术人员把该全自磨机从通常的 79% 临界速度提高到 81% 临界速度，立即观察到该全自磨机功率大幅度上升，达到电机安装功率的 80%左右。新给矿量增加了 30%，顽石生产量降低了 20%左右。这些生产操作参数变化表明新设计的筒体衬板的提升能力不足，需要提高磨机速度补偿筒体衬板提升能力的不足。当磨机速度进一步提高到 83%临界速度左右时，磨矿效果进一步提高但程度太小。在此点之后，磨机效果提升不明显。这个工业实例表明 80%的临界速度不一定是所有磨机运转速度的上限。

依据工业生产实践经验，全自磨机应该尽可能采用高转速（一般不超过 85%的临界速度）以便提高磨矿效率降低磨矿比能耗，但是其前提是磨机运行功率在控制之下或在合理的范围之内，同时很低或没有磨机载荷直接冲击衬板的风险和造成磨机衬板毁坏。提高全自磨机充填率（可能高达 45%）通常可以使磨机衬板直接冲击损坏的风险大幅度降低。

一旦选择并允许全自磨机在高速区域（甚至略微超过 80%临界速度）运行，它能显著增加或保持磨矿处理量，但磨矿流程的反应是不同的。当给矿量不变时，会发生如下情况：

（1）一开始磨机功率会上升，除非磨机速度太高。

（2）磨机速度增加，矿石粉碎率和磨机矿浆提升格的泵输送作业均会提高，这会立即降低磨机载荷并导致磨矿产品变粗。后者是由于增加冲击粉碎作用带来的效果。

（3）强化的冲击粉碎作用将导致临界粒子的数量变少，这将进一步导致磨机顽石循环负荷降低。

（4）低磨机循环载荷将导致矿石在磨机内的磨矿时间增加，倾向于生产更多或更小的颗粒。如果磨机载荷因此而变细，磨机功率会相应下降。

（5）磨机载荷将会进一步降低，相应地磨机矿浆提升格的外排量也会降低。后者是因为低磨机载荷。

（6）最终，磨矿流程会达到一个新的平衡状态，或直到磨机过低载荷情况发生。

而采用增加磨机新给矿量维持磨机载荷方案时，磨矿粒度应该会轻微变粗。

12.4.4 全自磨机载荷

磨机运转时磨机载荷也不能准确确定，甚至在磨机装有载荷重量传感器的情况下也是如此，这是因为磨机内有或多或少的物料在空中。因此，广泛观察到磨机运转时的载荷重量传感器读数与完全停下时是不相同的。对于没有载荷重量传感器的磨机，通常还可以磨机轴承压力（Bearing Back Pressure，BBP）读数来推测或估计磨机载荷。值得注意的是，磨机的 BBP 读数还受润滑油的温度影响。通常还观察到磨机排矿端 BBP 波动幅度小于给矿端读数波动。磨机轴承或磨机载荷传感器所受的磨机总载荷包括磨机自重（磨机外壳、衬板、提升条、磨机上安装的驱动齿轮圈等）和磨机内的物料（钢质磨矿介质、矿石和水）。既然磨机衬板重量是随着衬板磨损而降低的，磨机载荷重量传感器的读数应该在整个衬板寿命周期内随着磨机衬板磨损加以补偿或调整以便更精确反映磨机内物料真实充填率。

由图 12-7 可见，高磨机载荷降低了粗粒级的粉碎率而增加了细粒级的粉碎率。全自磨机运转在高载荷情况下不仅导致磨机内的磨矿介质数量增加还会生成更多的细颗粒。Lane[208] 报道根据中试试验数据表明磨机内矿石重量直接与磨机生成小于150μm 细粒级的量成正比。特别是对于小直径磨机或新给矿中有足够大

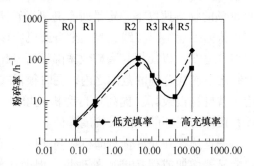

图 12-7　磨机载荷对粉碎率的影响[209]

块矿石时，通过增加磨机载荷方法提高细粒级产量是有限的甚至是负面的。当磨机载荷到达很高（磨机的机械强度限制或超 45%~50% 充填率），有时必须停止给矿以便把磨机"磨空"（载荷降低到比较低的水平）。这样的磨矿产品固体流量和磨矿粒度的急剧变化并给入下游作业将导致一系列的生产波动和问题。

一般而言，全自磨机最佳载荷为 35%~40% 的充填率，但在一些情况下可能高达 45%。与之相比，半自磨机的充填率一般为 25%~32%。当新给矿粒度比较细或细磨（要求磨矿产品粒度比较细）时，需要采用高充填率以便促使有利于细颗粒的摩擦、剪切磨矿。但是一个高磨机充填率可能导致"软磨机载荷脚趾（Soft Toe）"现象（即大量细颗粒积聚在磨机载荷脚趾处，甚至有大量类似矿浆形状的物料），这降低了临界粒子物料的冲击粉碎率。另外，磨机载荷对磨机功率有巨大影响，因此必须综合考虑磨机载荷和磨机功耗，需要维持在一个平衡位置。

改变磨机载荷重量和粒度分布将会影响磨机重量和磨机载荷的重心位置，因此进一步影响磨机功率。磨机功率/扭矩与磨机载荷的理论关系见图 12-2。

如前面讨论，粗颗粒在磨机内运行轨迹可能不同于细颗粒。如图 12-8 所示，粗颗粒比细颗粒被磨机筒体衬板提升得更高，而细颗粒更像矿浆容易从磨机筒体衬板提升条上滑落。如果磨机功率受磨机有细颗粒组成的载荷限制，磨机功率甚至不能达到设定值。试图通过增加磨机载荷方式提高磨机功率至设定值可能只能导致磨机载荷过载。

如果磨机载荷的颗粒粒度变化，磨机运行状态可能从一条磨机载荷—磨机功率相关曲线转到另外一条工作曲线上。如图 12-8 所示，磨机新给矿在 B 点降低以便维持一个合理的磨机充填率，甚至这时磨机功率低。取决于磨机状态，特别是磨机矿浆提升格的泵送能力，由于更多的细物料被排出磨机，进而可能导致磨

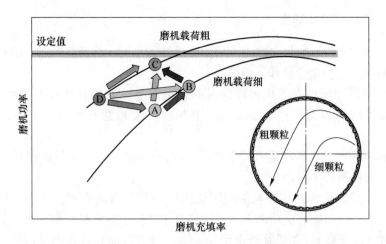

图 12-8 粗、细物料的全自磨机磨矿行为以及磨矿功率变化

机载荷变粗。这时候，磨机工作曲线可能移到上面曲线，即增加磨机功率。有时候，甚至可能超过磨机功率的限制。如果在 D 点增加磨机新给矿量，磨机功率—磨机载荷工作曲线可能再次返回到下面的工作曲线上，这是因为磨机载荷中细物料增加造成的。值得注意的是如果从 D 点移到 A 点，磨机载荷增加但磨机功率下降，通常这是磨机过载的信号。如果知道最佳磨机载荷的区间将有助于确定磨机运转在哪一条工作曲线上和是否磨机真正逐步过载。同时，磨机循环载荷（顽石产生量）也会随之变化。

　　对于操作工最重要的是能感觉磨机载荷粒度变化并相应地采取措施矫正。当磨机载荷保持不变但磨机功率下降，通常表明磨机载荷正在变细和磨矿介质正在损失掉。相反，如果磨机功率上升，则表明磨机载荷在变粗。

　　图 12-9 显示了矿石硬度对磨机充填率与磨机处理能力的影响。从图中清晰可见，最佳磨机充填率取决于矿石的抗冲击粉碎性能或矿石硬度。但是，在生产实践中，几乎不可能在数小时内完成这些矿石物理性质的测量。换句话说，操作工是不可能及时获得这些矿石的性质并参考这些数据优化磨机充填率，除非矿石

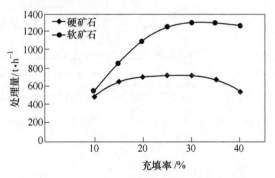

图 12-9 充填率和矿石硬度对处理量的影响[210]

性质极其稳定。因此，另外选择通过混矿控制矿石硬度或抗冲击粉碎性能。

12.4.5　全自磨机补加水

磨机补加水的影响是立即的。增加磨机补加水至少将磨机内部分细颗粒"冲洗"出磨机。它将会导致如下响应：

（1）降低细颗粒在磨机内停留时间，进而导致磨机载荷内的细粒级变少。因此，磨机载荷和磨机排矿都变粗。磨机排矿变粗意味着全自磨机的粉碎率增加。

（2）在短时间内磨机载荷降低但顽石生产率提高。一个低磨机载荷将允许增加全自磨机新给矿量。

（3）如果磨机内的细颗粒影响磨机内粗颗粒的运动模式，增加补给水后磨机功率会增加。否则磨机功率下降，这是由于降低了磨机载荷和磨矿浓度（磨机载荷的堆密度下降）。如果补给水增加太多，也有可能导致在磨机内形成矿浆池现象，这将进一步降低磨机功率。

如果磨机矿浆提升格有足够的泵送能力，也可能不会在磨机内形成矿浆池。

特别是当磨机载荷低时，快速增加磨机补加水是操作工经常采用快速降低磨机功率的一种手段。如前面讨论的，当磨机高载荷时，磨机功率的反应可能完全不同。在高磨机载荷情况下，通常磨机功率首先下降，然后上升甚至超过最初的磨机功率读数。Valery Jnr 和 Morrell[211] 报道了 MIM 铜选矿厂全自磨机磨矿行为受补给水的影响。如图 12-10 所示，磨机补加水从 223m³/h 增加到 316m³/h 后，磨机功率首先非常陡下降，而原来磨机功率只是缓慢下降，但大约 10min 后，磨机功率开始往回爬升。在一台 40ft（约 12.19m）的全自磨机也观察到类似的现象，如图 12-11 所示。为了补偿磨机载荷的损失，新给矿量增加了近 15%。

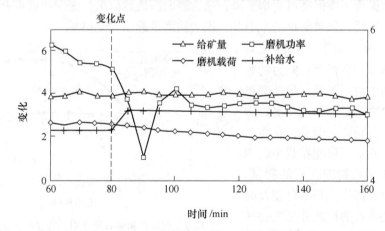

图 12-10　补加水对磨机给矿率、功率和载荷的影响

一旦磨机内的细物料被冲洗出磨机，由于磨矿浓度降低而导致磨矿效率降

低，进而从磨机内排出固体物料的数量减少。相应地，磨机新给矿量必须随后降低，否则磨机将过载，如图12-12中实线所示。这是由于矿浆中悬浮的细颗粒降低了磨矿能量向粉碎作用的转化效率。因此，一个合理的磨矿浓度必须设定和保存，这需要平衡细颗粒排出速度与磨矿效率，这一点对长筒磨机尤为重要。

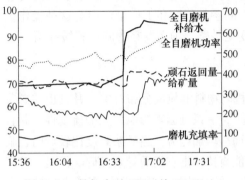

图 12-11　补加水对 40ft（约 12.19m）全自磨机磨矿的影响

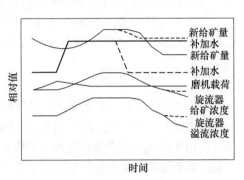

图 12-12　增加磨机补加水加/停模式（虚线）与一直补加水（实线）对比示意图

在一台 40ft（约 12.19m）低径长比全自磨机生产操作时，曾经尝试了一种新办法来平衡细颗粒排出速度与磨矿浓度/效率的矛盾。采用的办法是磨机不操作在固定磨矿浓度（通常范围为 70%~85%）或固定比例的补加水状态下，而是补给水流量矩形波变化。当磨矿浓度极高时，磨机不能合适或正常排出物料，甚至观察到排出的物料非常粘，像一个雪球一样从磨机排矿筛的头部滚到排矿端，然后进入顽石皮带机输送系统，导致皮带机跑偏跳停。还观察到仅仅 3min 时间，该全自磨机的载荷从正常急剧增高直至报警。甚至矿石性质极其相近时，在生产实践中也没有观察到一个统一不变的最佳全自磨机磨矿浓度，特别是长筒型磨机。可能原因是磨机载荷的黏度变化（将在下一部分讨论）。但是该全自磨机的最佳磨矿浓度通常位于 72%~78%，有时也能高达 82%。由于该低径长比 40ft（约 12.19m）全自磨机还有旋流器闭路，甚至采用平底旋流器时仍然经常磨矿产品偏细。通常平底旋流器的分级粒度是传统旋流器的 2~3 倍（更多细节见旋流器章节）。这表明有大量细颗粒在磨机内累积。针对该全自磨机生产状态，尝试了增加磨机补加水加/停模式，如图 12-12 中虚线所示。如果操作工认为磨机内积有大量细颗粒，增加磨机补加水尝试冲洗细颗粒出磨机。但是操作工必须严密监视磨矿系统的反应。如果旋流器给矿和溢流浓度都快速提高则表明磨机内确实有大量细颗粒累积，否则磨机应该没有大量细颗粒。这种方法能用于诊断全自磨机内是否有大量细颗粒累积。既然更多的物料排出了磨矿流程，磨机载荷将下降，允许增加新给矿量。一旦观察到旋流器给矿或溢流浓度开始趋向于下降，这表明磨机内累积的细颗粒已经被冲洗出来，全自磨机补给水应该下降到原来的水平以便提高磨矿浓度和磨矿效率。当细颗粒冲洗完成后，磨机将回到最初状态。然后再进入下一个循环。该操作模式类似于脉冲补加水模式，即定期或不定期加大全自磨机补给水，然后恢复到正常状态，用于冲洗磨机内累积的细颗粒。

　　但是这要求操作工严密监控磨机状态。这样需要基于此操作和控制逻辑开发专家系统自动操作流程或手动激活流程进行操作，这对于低径长比磨机可能有意义。基于此操作的专家系统将降低中控工的参与程度和工作量。但是这种操作仍会导致生产波动。如果下游作业对流量变化敏感，则需要在中间设置缓冲槽。

12.4.6　磨机载荷黏度

　　如图 12-13 所示，矿浆黏度明显与磨机内物料的粒度分布有关，并且也与矿浆的固体浓度有一个复杂的相关关系。实际上，一系列因素影响矿浆的流变性，并且还可能相互影响。通常随着临界粒子数量而呈增加趋势。当矿浆黏度比较低时，临界粒子表明没有覆盖大量矿浆，磨矿介质能直接冲击它们而导致破碎。但是，矿浆黏度很高时，磨矿介质和被冲击粉碎对象均被高浓度矿浆黏附，当冲击或被冲击时，表面的高浓度矿浆将滞缓相互的冲击作用，降低了临界粒子在磨机内粉碎的概率。对于全自磨机磨矿，这是通常建议尽早把细颗粒从磨机内排出的原因。

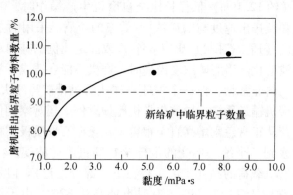

图 12-13　磨矿黏度对磨机生产临界粒子数量影响[212]

　　全自磨机内矿石黏度也影响磨机功率，但是其相关关系比较复杂。这是因为矿浆黏度会影响磨机载荷的形状和运动模式。由于高黏度矿浆对粉碎作用力的缓冲作用，磨机比能耗通常随着矿浆黏度而增加。这也解释了北美地区冬季气温低时磨矿比能耗增加的原因（矿浆温度越低黏度越高）。

12.4.7　全自磨机操作因素的相互影响

　　在生产操作全自磨机数年内，经常听到中控工问"新给矿量、磨机功率、磨机载荷、磨机浓度、旋流器给矿浓度/给矿压力和溢流粒度 P80 的设定值是多少?"对于操作传统初磨球磨机流程，这些参数几乎都是相互独立的也可以预先设定。例如，增加钢球量会增加磨机功率，稀释旋流器给矿浓度和增加其操作压力会降低溢流粒度，增加更多新给矿不会导致磨机载荷明显变化。即通常改变一个操作因素，其影响或结果是可以预期的。但是这种逻辑对于全自磨机操作不总是如此，特别是期望实现高处理量时。这也是全/半自磨机磨矿流程固有的缺点，否则需要通过牺牲磨矿效果来维持流程在设定的操作点。全自磨机磨矿流程中经常采用的顽石破碎机转/停是一个典型例子。尽管顽石破碎机比全自磨机在处理临界粒子物料上效率更高，但是仍不得不停掉顽石破碎机以便维持全自磨机功率。

在全自磨机磨矿，一个参数的变化可能导致其他操作参数最佳值变化。例如，全自磨机新给矿粒度降低会导致最佳全自磨机转速下降，从而最佳顽石破碎机的排矿口上升。增大顽石破碎机的排矿口会进一步影响磨机载荷和磨机功率。在生产实践中广泛观察到全自磨机获得了相似的处理量和磨矿粒度，但磨矿流程操作在完全不同的状态下。

图 12-14 显示了一半自磨机的磨机功率、磨机速度、磨机载荷、处理量和磨矿粒度之间的相互作用。再综合图 12-9 中的新给矿硬度的影响，很清晰的是最佳操作点不是固定的或可以提前确定的，除非在理论上已经知道了新给矿性质和磨机操作。但是，从生产实际的角度上，操作工不可能及时获得所有信息，甚至专业工程师也不知道。实际上现在仍不能快速或在线测量矿石所有与磨矿行为相关的性质。

稳定的全自磨机生产操作（至少包括处理量和磨矿粒度）具有许多优势，但实际生产中很少实现。大量的变量和其广泛的波动范围、参数测量精度和流程比较长的反应时间等都决定了全自磨机流程在一稳定状态特别难操作。例如，新给矿性质的一步台阶式变化后，大型全自磨机的载荷和功率增加的变化需要延时 15~20min 甚至更长时间才能表现出来[213]。因此，磨矿工艺控制回路必须优化以避免过急反应进而导致生产工艺大幅度波动，同时也需要给流程足够时间响应控制系统的调整。对工艺参数采取小步长且稳定方向调整是维持一个流程稳定响应（即观察到流程响应趋势）的关键。有丰富知识和经验的（中央控制室）操作工仍在全自磨机磨矿操作优化和降低流程的波动起着关键作用。

12. 4. 8　总结

全自磨机磨矿流程生产操作的核心要点为：

（1）控制全自磨机内载荷粒度分布。就目前技术，在磨机旋转时仍无法直接观察或测量磨机载荷的粒度分布。但是可以通过磨机功率、载荷、顽石率和粒度等来推测磨机载荷粒度变化趋势。在载荷变化不大时，通常情况下磨机功率上升表示磨机载荷变粗，而功率下降则可能磨机载荷粒度变细（假定磨机载荷重量

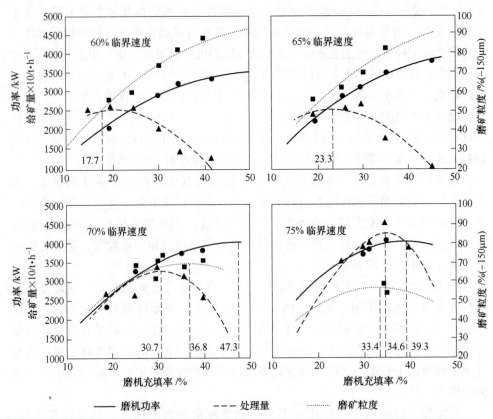

图 12-14　磨机功率、磨机速度、磨机载荷、磨机处理量和磨矿粒度的相关关系[213]

没有太大变化)。其他暗示磨机载荷粒度变化的参数有顽石生产量，顽石粒度大小，新给矿粒度变化等。通常可调节手段有：新给矿粒度（选择从粗或细料堆供矿，要求采矿或初破作业进行调整），顽石破碎机排矿口，全自磨机转速等。

(2) 控制磨机内矿浆池的形成。这对有细粒级分级（通常为旋流器）返回闭路流程是一个影响磨矿效果的重要现象。同样就目前技术也无法直接观察或测量。形成的主要原因有：细分级作业返回量太大或/和浓度偏低，补给水太多，物料通过磨机需要的压头偏大（或磨机筒体设计太长），磨机格子板开孔面积太小或通过能力太低，磨机矿浆提升格能力不足等。重要的日常控制参数为磨矿浓度，但对于有细粒级返回流程则需要经过复杂计算，并且由于测量精度原因计算出来磨矿浓度可能与实际偏差比较大。这需要优化细分级作业效率和选择合适的分级粒度。主要设备设计参数为增加磨机格子板开孔面积和选择合适矿浆提升格种类提高能力（如弧线或双室（TPL）矿浆提升格等）。表现出的现象有磨机在相近载荷情况下功率明显偏低，顽石生产率高、磨矿产品偏细等。这些现象与磨机载荷粒度细几乎是一致的，但是其程度不同。这需要长期观察和经验判断。如果磨机急停，则可以打开磨机检查磨机内矿浆数量。诊断办法之一是：增大磨机补加水，如果发现大量物料排出磨矿流程进入下游，并且磨机功率首先下降然后上升到远超过原来值，这种反应通常说明磨机内形成了矿浆池。而对于磨机载荷粒度细的情况，通常磨机功率只回升到原来相近水平。

12.5 磨机衬板磨损

磨机衬板磨损影响磨机自身整体重量，尽管有采用磨机载荷传感器能直接测量的磨机总重量或通过轴承压力估计，但设备重量标定零点发生了漂移，这进而导致磨机载荷的读数与磨机内载荷实际重量不符。另外磨损衬板的几何形状发生了变化，进而影响磨机筒体衬板提升条的提升能力和给定磨机充填率时的磨机安全操作速度。磨机格子板的磨损将增加顽石返回量并进一步改变磨机载荷物料的粒度组成（如果矿浆提升格能力足够，通常磨机载荷变粗），进而影响磨机功率。因此磨矿率也随之变化。磨机磨矿性能在整个衬板寿命周期内一直随之变化。通常新衬板提升条的面角比较陡，提升条的高度也比较大，这可能需要在磨机筒体衬板的寿命周期的开始一段时间内采取略低磨机转速避免直接冲击磨机筒体衬板。随之磨机衬板磨损，综合新给矿粒度和磨机速度一起优化磨机生产率。可以通过生产实践经验或数学模型确定磨机筒体衬板磨损的每一个阶段的最佳操作条件，进而优化磨矿效果，相应的补偿和调整可以减轻或克服磨机衬板磨损给磨机磨矿效果带来的明显影响。

12.5.1 磨机载荷补偿

磨机载荷在影响磨机磨矿行为中起着重要作用。大型全/半自磨机通常安装了重量传感器直接计量磨机重量。但是随着磨机衬板磨损，这些读数并不总是代表磨机内的实际物料的重量。图 12-15 显示了一台 40ft（约 12.19m）全自磨机充填率的修正值（假定衬板磨损率是常数或固定不变）。该全自磨机衬板磨损前后总重量变化高达 300t。如果衬板重量损失没有实施补偿，磨机充填率可能在磨机衬板寿命周期开始时候被高估，而在衬板周期的末期可能被低估。此全自磨机充填率漂移可能很容易达到 8%~10%。不准确磨机充填率读数和估计能导致操作工运转磨机在非最佳状态下，如比最佳处理能力低的处理量。因此控制磨机载荷时必须考虑衬板磨损的影响，并需要相应调整允许的磨机最大载荷设定值。

12.5.2 磨机衬板磨损的影响

磨机筒体提升条的磨损将影响磨机筒体衬板向磨机载荷传送能量的能力。在某种程度上，增加磨机速度可以补偿磨机筒体衬板提升条磨损带来的影响，特别是磨机筒体衬板磨损周期的四分之一以后。排矿格子板的磨损对磨矿效果有明显

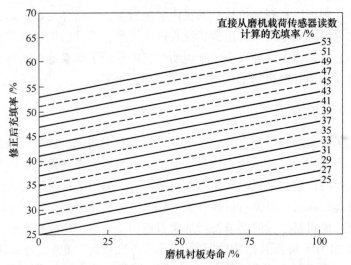

图 12-15　磨机载荷重量传感器（Load Cell）读数随着磨机衬板磨损补偿图

的影响。随着格子板孔磨损，其开孔面积和尺寸均增加，因此磨机格子板允许的最大通过量和最大顽石尺寸也增加。如果矿石性质和操作没有明显变化，在磨机格子板寿命周期内，顽石量和最大顽石块度也总体趋向于增加。如图 12-16 中的工业实例，顽石生产量可能增加达 2~3 倍之多。如果格子板磨损前后顽石量和粒度相差很大，在这两情况下可以采用在筒体衬板寿命周期的中间位置进行一半格子板更换的措施，这样降低了格子板孔大小改变的影响。磨机矿浆提升格设计用于把通过格子板孔的矿浆或物料提升并排出磨机。据广泛观察和报道，矿浆提升格能力不足将导致低处理能力和在磨机内形成矿浆池，降低了磨矿能量效率。

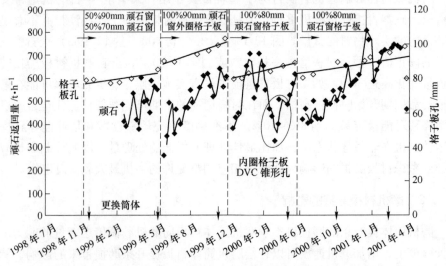

图 12-16　磨机格子板孔大小和衬板磨损对顽石循环量的影响[214]

12.6　返回顽石携带水和细粒

由于筛分作业的效率低，返回顽石可能携带大量的水和细颗粒（泥），图12-17显示粘有细颗粒的顽石图片。这些携带的水和泥对顽石破碎机破碎性能有很大的负面影响（如在破碎腔内积料）甚至危及设备的机械安全。顽石携带大量水和泥时，顽石通过破碎机破碎腔的速度会变快，更难实现挤满给矿。有时，顽石携带的水和泥能进入破碎机的润滑系统进而造成机械故障甚至损坏。图12-18显示了泥在顽石破碎机动锥头部积聚的图片。顽石的携带现象还导致顽石输送系统的工作环境卫生问题和皮带输送机的刮板器工作难度增加。

图 12-17　表面粘有细颗粒的顽石　　　　　图 12-18　顽石破碎机动锥头部积泥

顽石携带水和泥的现象一般都不是因为设计的筛分设备能力不足或开孔面积太小的原因。这是因为通常用于生产顽石的全自磨机排矿筛的筛孔通常都大于4mm，而顽石所携带的细颗粒或泥的粒度不足1mm甚至更细。按筛分理论，如此小的颗粒应该是极其容易透筛的，甚至在筛分面积比较小的情况下。因此可以认为磨机排矿筛筛分面积不足不是导致携带现象的主要原因，而通常是由于如下原因引起的：

（1）物料通过筛面速度太快。

（2）没有足够的喷淋水或喷淋水冲洗物料的效率太低。

（3）物料在筛面分布不均匀。

（4）细物料太黏，黏附在粗颗粒表面等。

物料在筛面运动速度太高通常是由于给矿方向和速度不正确或者筛子的倾角太大。后者通常是筛面运动速度太快的关键。筛面越平，物料速度越慢，越容易透筛。水平筛从筛子给矿端到排矿端物料的运动速度是几乎不变的。而在带倾角的筛面，物料在重力作用下加速通过筛面。

如果筛面物料分布不均匀，则需要重新设计筛子的给矿箱或磨机排矿溜槽结构以便控制给矿方向和分布。为了增加物料的分布均匀度，可以在物料进入无孔筛面加锯齿形矿浆堰，或在筛面安装挡块重新调整筛面物料分布和运动方向，也可能加橡胶帘限制物料的运动速度。

低效的筛面喷淋水系统通常是造成顽石携带水和泥的另外一个关键因素。如喷淋水位置太靠近筛子排矿端，水没有足够时间穿过筛孔。如图 12-19 所示，市场上有各种各样的喷淋水喷嘴，选择合适的喷嘴并配合足够的水压和流量，通常顽石携带现象可以大幅度降低。

图 12-19　各种振动筛喷淋水喷嘴

如果物料太黏或者磨矿浓度太高，矿浆给入筛子之前需要很好稀释和分散，确保物料不像雪球一样在筛面滚动。

如果上面提到措施采用后仍然存在严重携带现象，可以在顽石转运溜槽处安装格筛或静止筛除去所携带的水和泥。

12.7　初磨作业中的旋流器细分级

全自磨机磨矿流程中的细分级设备通常是细筛、螺旋分级机或旋流器。前二者操作上更容易但处理能力和几何尺寸极难与大中型全自磨机配套，因此应用比较少。而旋流器是最普遍的细分级设备但从操作上也是相对比较复杂。

除了旋流器的设备参数（包括旋流器直径、给矿管尺寸、溢流管尺寸、沉砂嘴尺寸、锥角、安装倾角等）外，旋流器的分级粒度主要受给矿流（压力影响）和矿浆浓度（干涉沉降影响）两日常操作因素影响。这导致了日常操作的两种控制逻辑：一是稳定的给矿浓度但给矿流量变化；二是稳定的给矿流量和给矿压力但是给矿浓度变化。但是流程对这两种操作模式的响应则不同。

第一种旋流器操作控制逻辑是稳定给矿浓度但可变的给矿流量。在这种控制逻辑结构中，通过向给矿泵池补加水调整来保持稳定的旋流器给矿浓度。通过调整泵速来维持磨机排矿泵池的液位在设定范围。磨机被控制在稳定的磨机载荷和循环负荷情况下运转。另外该操作控制逻辑保持最稳定的产品粒度。当循环负荷增加时，会导致旋流器给矿流量增加进而影响旋流器给矿压力（还可使用更多旋流器把给矿压力操作在设定的范围）。如果旋流器给矿压力增加，这将降低旋流器的分级粒度，并将进一步导致循环负荷增加甚至变得极高。因此，操作工或自动控制系统必须把磨机的操作控制在一个比较窄的范围以避免整个系统的控制丧失。开或关旋流器能短时间释放循环负荷波动的征兆，但是它没有解决旋流器分级粒度与磨机能取得的磨矿粒度平衡问题。所以，这种旋流器操作模式在相对比较稳定的球磨机流程中应用。

第二种旋流器操作控制逻辑是稳定的给矿流量或操作压力但可变的给矿浓度。通常情况下，调整旋流器给矿泵速维持设定的旋流器给矿压力，而同时调整泵池补给水维持给矿泵池液位在设定范围。如果给矿浓度大幅度超出给定值，则通过增减旋流器数量来改变给矿流量并相应或调整给矿泵池的补加水，但维持旋流器操作压力。当磨机循环负荷变化时，给矿浓度随着变化，进而改变了旋流器的分级粒度。在这种操作逻辑控制下，磨矿产品粒度可能大幅度变化，但是总是充分应用了磨机功率。旋流器分级粒度与磨机磨矿能力相配。当磨矿流程的循环负荷增加，旋流器给矿浓度增加，进而旋流器溢流粒度增加。当旋流器循环负荷降低，旋流器给矿浓度降低，进而分级粒度降低。在这种情况下，虽然磨矿产品粒度变化，但是该操作控制逻辑有自我补偿机制，避免了磨矿流程循环负荷的急剧变化。其最核心的优点是在固定给矿性质和给矿量时，磨矿流程能自动调整磨矿产品粒度达到磨矿能力与分级排出物料（包括流量和粒度）的平衡。在这种情况下，流程会自动控制平衡的全/半自磨机载荷和旋流器给矿浓度。

特别是单段磨矿流程，旋流器操作采用恒流量或给矿压力变给矿浓度的模式可能更适宜，这是因为流程能自动调整或补偿旋流器的分级粒度来维持流程的稳定性。同时旋流器稳定的给矿浓度仍然是控制目标，但是调整磨矿流程变量用于维持矿浆浓度而不是磨机排矿泵池补给水。这种恒流量变浓度的旋流器操作控制模式有如下优点：

（1）自动调整达到磨机和分级流程能实现的平衡点。

（2）与控制浓度的操作相比，由于操作在平衡状态所以流程更稳定。

（3）通过操作工设定的旋流器给矿压力，旋流器的底流浓度将更合理。

开旋流器的数量应该是用于调整旋流器溢流的浓度在设定范围之内，而不是依据磨矿流程循环负荷决定开或关旋流器。在设计自动控制系统时，一旦旋流器溢流低于设定下限时，控制系统将触发关闭一台旋流器；一旦旋流器溢流到设定上限时，触发打开一台旋流器。

对水在旋流器底流和溢流分配的主要设备因素顺序是，旋流器沉砂嘴和溢流管。这两者对旋流器的分级效率有极其显著的影响。这两个磨损部件应该定期检测、更换以便保持旋流器的分级效率。另外还需要根据给矿和要求的产品粒级选择旋流器大小。

在全/半自磨机磨矿流程中，磨机排矿筛孔通常为 4~8mm，但有时也选择比较大的筛孔，例如新筛孔为 10~15mm 而磨损后为 12~18mm。这种大筛孔甚至在一些单段磨矿工艺流程中使用。有时候由于磨矿效果比较差，会出现大量 2~8mm 颗粒在全/半自磨与旋流器形成的闭路中循环累积。这通常是由于磨机载荷中缺少大块矿石作为磨矿介质粉碎这些物料，也可能是顽石被破碎到该粒级范围但磨矿介质不足。这种矿浆就是著名的"砂化"矿浆。如在全/半自磨机排矿筛分一章中讨论的，这种砂化矿浆极其容易导致旋流器给矿管堵塞。经过长期观察和试验，砂化矿浆的旋流器给矿操作一般原则如下：

（1）不允许初磨作业旋流器的给矿流量自动往下降低，甚至高于设定值也不允许。一旦旋流器给矿流量下降或趋向下降，（中央控制室）操作工相应增加给矿泵泵速保持给矿流量甚至略高一些。

（2）当（中央控制室）操作工主动手动降低旋流器给矿流量时，应该小步长（例如 0.1%~0.3%，取决于泵的工作曲线）降低泵速，观察给矿流量和旋流器压力响应 2~4min，然后分析和决定下一步调整。

（3）通常全自磨机的功率反映磨矿效果。（中央控制室）操作工发现磨机功率低于某临界功率（这需要经验和长期观察确定可能导致砂化矿浆的全自磨机功率下限。例如在一台 40ft（约 12.19m）单段全自磨机磨矿流程中观察到，当其功率低于 16~17MW 时，产生砂化旋流器给矿矿浆的概率比较高），应该增加旋流器给矿流量的设定值。

（4）当相同/相似旋流器给矿流量和浓度时，但旋流器的操作压力明显低于常规值，这可能是给矿矿浆砂化的征兆。（中央控制室）操作工应该增加旋流器给矿流量设定值，或简单地增加流量维持旋流器给矿压力。

（5）当观察到在相同泵速时，旋流器给矿流量（或压力）读数波动幅度很大且激烈，但泵池液位正常，这可能是给矿管沉积粗颗粒的征兆，（中央控制室）操作工应该增加旋流器给矿流量至把流量读数的波动降低正常情况。

（6）既然全自磨机停车前通常进行比较长时间的无新给矿磨矿以便排出磨机中的细物料降低板结（磨机载荷全部或部分黏结一起形成一大块一起运动的物体）风险，再启动时容易造成砂化矿浆。因此启动和提速过程中尽可能少加补加水避免快速把磨机内中等粒度颗粒为主导而大颗粒和细颗粒比较少物料排出恶化旋流器给矿粒度特性。如果允许，全自磨机启动初期不返回破碎后的顽石。

（7）特别是全自磨机，（中央控制室）操作工再启动磨机前需要检查上次停车情况。如果磨机是跳停且运行功率低（见第（3）项），再启动时亦需要提高旋流器给矿流量设定值。

（8）在全自磨机工艺流程操作中发现提高旋流器给矿泵速度方法仍极其困难维持旋流器给矿流量和压力，应该直接快速把全自磨机速度降低到安全区域（注：对于不同磨机和物料情况其安全磨机速度可能不一样。这里所讲的安全磨机速度是指在此速度下磨机中的砂化排出速度大大降低。建议参考值为45%~50%临界速度左右）。

（9）操作中发现甚至急剧提高初磨作业旋流器泵速情况下仍然给矿流量失控和急剧下降，一旦低于设定的低（LL）值时，应该直接停全自磨机并高流量冲洗给矿管道。必要时同时停旋流器给矿泵，然后排矿给矿泵池，注工艺水后再冲洗管道。

（10）注意观察排出顽石粒度变化，如果顽石中细粒级明显增加可能暗示旋流器给矿砂化风险增加。

（11）一旦发现初磨旋流器给矿砂化迹象，通知现场操作工检查旋流器底流的"砂化"颗粒比例变化。

备注：

（1）以上（3）、（4）和（6）项中现象通常是更多过粗颗粒在初磨旋流器管道的征兆，因此泵必须高速运转以便能泵动这些物料和提高给矿的流速使粗颗粒悬浮而泵送出管道，避免过多沉积最终导致管道堵塞。

（2）具体安全流量设定值与物料性质有关，如果给矿中最大颗粒为12~15mm时，参考管道流速为5~7m/s。

12.8　顽石处理

临界粒子物料（顽石）是全/半自磨磨矿工艺流程中众所周知现象。临界粒子通常被广泛认为是矿石硬组分且它们不容易在全自磨机环境下破碎成更小的颗粒。这些物料在一个矿床中的出现频率和性质变化很大。通常，临界粒子物料与新给矿的比例随着采矿深入而增加。从物料尺寸上，顽石取决于磨机格子板开孔尺寸和全自磨机排矿筛筛孔大小。顽石最大尺寸通常局限于：（1）全自磨机必须保持磨机载荷而不允许大量大块矿石快速排出；（2）如果初磨流程有顽石破碎机，允许排出的最大顽石必须考虑顽石破碎机能（合理）处理的最大给矿粒度。因此流程所产生顽石粒度（或把什么尺寸物料归为顽石）对全自磨磨矿性能有巨大影响。一旦临界粒子趋向于在磨机中累积，它们将不得不从磨机内排除并移出流程或单独破碎。

12.8.1　顽石生产

如果顽石量或比例一直随着磨机格子板磨损趋向于增加，这表明顽石排出受到磨机结构参数限制。这种现象在磨机格子板寿命周期开始的时候应该会特别显著，这是由于格子板上的提升条高度（通常提升条越高顽石排出量越低，详见磨机格子板章节）及几何形状和格子板孔的边角没有磨光滑造成的。格子板上的提升条磨损越严重，格子板提升条面角越平，磨机载荷暴露于磨机格子板的机会越大，更多物料将穿过磨机格子板进入矿浆提升格。

顽石生产率还取决于磨机格子板的结构组成，特别是顽石窗的比例和开孔大小。通常，增加磨机格子板开孔面积将有助于顽石排出磨机。在相同的开孔面积的情况下，顽石窗的开孔越大，顽石生产量越高。这时因为大顽石窗开孔允许更多大块矿石排出磨机，其表现的分级效率越高（注：磨机格子板功能就像一台筛分设备），同时对矿浆和矿石的阻力越小。图 12-20 显示了 Cannington 全自磨机的实例。当把所有 17mm 格子板（顽石窄长条孔）改为 65mm 顽石窗时，整个格子板的开孔面积率仅从 6.5% 增加到 7.6%，但是顽石生产量却增加了超过 100% 的新给矿量，而修改之前仅为新给矿的 20% 左右。这表明格子板大开孔应该是顽石生产量显著增加的主要原因。随着磨机格子板孔增加，顽石的粒度和数量也增加，生产实践中通常可以观察到这将有助于提高磨机生产率。

据报道，类似的现象也在位于西澳的 CPM Sino Iron 铁矿项目观察到[215]。如报道，在 2015 年 4 月的全自磨机衬板更换期间，1 号和 2 号生产线的顽石窗数量分别为 24 块和 18 块。但给矿物料粒度比较小的时候，生产实践观察到 1 号生产线比 2 号生产线更难维持全自磨机载荷。格子板的影响是极其复杂的。全自磨机载荷不仅取决于矿石特性还取决于磨机排矿端（矿浆提升格）的排矿能力。磨机矿浆提升格功能像一台泵，它也对顽石生产量起着重要作用。但是如图 12-21 所示，但新给矿粒度 P80 达到 190mm 水平（常规全自磨机磨矿新给矿粒度范围）时，这两条生产线的处理量差异趋向于几乎可以忽略不计的程度；但是当新给矿

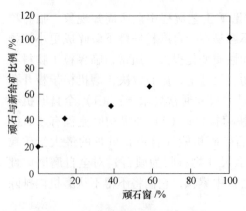

图 12-20 磨机格子板开孔面积率与
顽石产率[216]

（包含 65mm 顽石窗和 17mm 格子板）

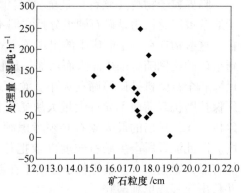

图 12-21 全自磨机给矿粒度对处理
能力影响[215]

（两平行生产线对比）

粒度 P80 在 140~160mm 范围时，处理量的差异高达 200t/h。顽石窗数量和开孔尺寸增加将允许从磨机内排出更多更大的顽石，进而可能排空了磨机内这个粒级范围的比较粗的磨矿介质。同时这还导致最大顽石块度增加，在相同顽石破碎机设备和腔型情况下，必须增加顽石破碎机的排矿口以便适应最大顽石尺寸的要求。进而顽石破碎机不能有效粉碎中粗顽石。应对这种情况的办法之一是在顽石进顽石破碎机前安装筛分设备（如格筛、圆筒筛或振动筛），筛分顽石破碎机给矿，粗粒级（筛上产品）从旁路返回全自磨机作为磨矿介质，同时也降低了顽石破碎机给矿的最大粒度。

12.8.2 顽石破碎

顽石破碎机流程通常有旁路或顽石仓结构以便实施破碎机的维修和衬板更换。对于高抗冲击粉碎性能矿石可能还安装有备用顽石破碎机以便能一直破碎顽石，使其粉碎至临界粒子粒度范围之外。与之相比，采用顽石旁路机制的矿山，顽石破碎机的功能比较特殊，一般用于控制磨机功率在一个比较窄的范围之内。它有可能实施自动控制模式，即当磨机功率或载荷达到设定上限时，控制系统自动启动顽石破碎机系统；而当磨机功率或载荷低于设定下限时，控制系统自动停顽石破碎机系统，顽石从旁路返回磨机。

顽石破碎机对磨机总给矿粒度分布有巨大影响。特别是全自磨机流程，这是因为其顽石返回量通常为新给矿的 60%~90%，甚至更高。因此顽石破碎作业对全自磨机载荷和功率有极大影响（高达 35% 以上），进而影响新给矿量（高达 25% 以上）。当全自磨机磨矿流程也还要细分级设备（如旋流器）闭路，并且新给矿的抗冲击粉碎性能不高，这时顽石流的过破碎会导致旋流器闭路的循环负荷极高，这时由于磨机载荷中缺乏细颗粒磨矿的介质的原因。例如，Savage River 矿（ABC 流程，但有磁选粗精矿的粗粒级返回全自磨机），该矿的顽石破碎机只在磨机内积矿时才启动顽石破碎机工作，而磨机载荷下降到一定值时则停顽石破碎机。

对于顽石破碎机本身，关键操作参数有：

（1）顽石给矿粒度分布。通常它有两个重要衡量指标，即最大矿石尺寸和小于顽石破碎机窄侧排矿口 CSS 的数量（百分比）。如图 12-22 所示，如果顽石最大尺寸太大，顽石不能通过，需要通过增加破碎机排矿口而允许这些大块物料通过设备。另一方面，如果给矿中细物料太大，破碎效果差并且增加了衬板底部的磨损（由于局部磨损可能导致破碎机磨损件的利用率低），同时增加了破碎腔内积料的风险并降低了破碎机的有效工作负荷（降低了能有效破碎物料的处理能力）。同时还应该注意到，接近允许最大粒度的物料太多将会降低破碎机处理能力并能造成衬板非正常磨损行为。另外顽石最大尺寸会随磨机格子板磨损而增加。例如，如果新格子板开孔为75mm，更换之前（磨损之后）格子板孔尺寸能增加到95~100mm甚至更大。顽石破碎机给矿最大尺寸对其设备结构参数（如衬板形状/腔型、偏心距）选择起着关键作用。

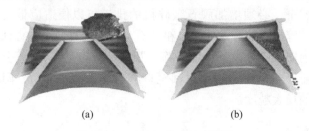

(a)　　　　　　　　　　　　　　(b)

图 12-22　破碎机给矿粒度影响

（a）颗粒太大不通过；（b）颗粒太小，破碎作业效果差

（2）给矿状态。给矿状态（Feed Arrangement）包括3个关键指标，即挤满给矿、圆锥破碎机周边给矿均匀性和给矿颗粒偏析（某一给矿位置的给矿粒度明显大，而另外位置明显小，给入破碎机前没有混合均匀）。挤满给矿采用破碎腔内物料料位评价。通常，如何料位超估60%~70%就可以认为已经挤满给矿（注：这也取决于料位标定和设定距离，但通常以设备供应商的标准为准）。挤满给矿使破碎腔内破碎层最大化，随着衬板磨损改善了破碎腔型的形状并提高了破碎效率。通过控制顽石物料流向破碎机头的运动路线，通常可以同时实现均匀给矿并消除给矿偏析两个缺点。更多细节参见顽石处理和破碎设备章节。

（3）排矿口标定。顽石破碎机产品粒度主要取决于设备排矿口的设定，图12-23中一破碎设备排矿口与产品粒度之间的关系（注：给矿和设备不同破碎产品粒度也会不同，需要参见设备说明书中的破碎产品粒度曲线，但这仅为参考曲线）。图12-24显示Cannington矿顽石破碎机不同排矿口时最大处理能力和对磨机顽石生产量的影响。该矿山曾经测试了3种不同窄侧排矿口以便确定其对流程处理量的影响。在每次试验时候，通过改变直接旁路到新给矿皮带机的比例，顽石破碎机给矿率一直增加直至达到破碎机振动局限。试验表明顽石破碎机排矿口的设定会影响磨机的顽石生产量。同时，还显示了排矿口对设备处理能力的影响。排矿口降低，破碎机处理能力也降低，这与图12-25中的另外一个例子是一致的。尽管通常处理能力与顽石破碎机的排矿口呈反比关系，但反比程度取决于矿石性质。顽石破碎机排矿口标定频率取决于衬板磨损速度和允许的产品粒度变化。一般的实践生产原则是估计从上次标定后衬板又磨损了3%~5%则需要再次标定，或排矿口标定间距应该在衬板寿命除以20~30。例如，如果衬板寿命为28天则标定周期应该为1~1.5天。

（4）顽石破碎机衬板几何形状或腔型。破碎机衬板几何形状或腔型（见图12-26）的选择取决于给矿粒度、需要产品粒度和处理能力。还应该考虑设备的

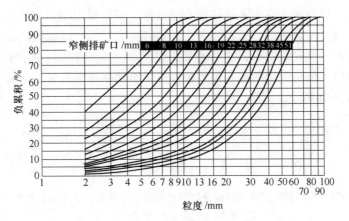

图 12-23　Metso HP 系列圆锥破碎机破碎曲线[217]

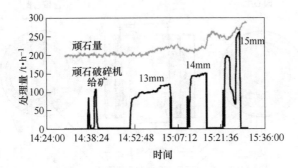

图 12-24　顽石破碎机排矿口（13mm、14mm 和 15mm）
对全自磨机新给矿、顽石破碎机给矿和顽石量影响[216]

破碎比。破碎机衬板几何形状或腔型的一个重要参数是给矿开口尺寸。它是指破碎腔能通过最大物料尺寸，几何尺寸上是指动锥和定锥头部之间的距离。生产实践中，最大允许的矿石粒度可能略为大于设备的开口尺寸，但需要与设备供应商确定影响的幅度。一般规则是产品粒度细伴随着要求给矿粒度也细且处理能力低。

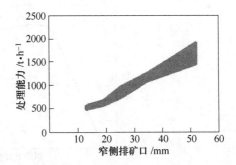

图 12-25　顽石破碎机排矿口与处理能力关系
（以 Metso MP800 为例，数据来源于 Metso 产品手册）

（5）偏心距。如图 12-27 和图 12-28 所示，偏心距控制着动锥围绕 X 轴和 Y 轴正弦旋转的幅度，是采用偏心轴套实现其几何形状的运动。在一定的范围内，通过旋转偏心轴套的相对位置就可以调整偏心距。设备通常能通过 4 个偏心轴套组合位置或可以调整为 4 个不同的偏心距设置。调整偏心距工作可以在更换衬板时进行。大偏心距会带来高处理能力、高运转功率、大产品粒度。如果偏心距增大后功率接近电机安装功率，这时通常还会带来设备高波动，对于单缸圆锥破碎机可能更明显。但是采用的偏心距太少，破碎机功率可能从来不会到达电机安装功率或某指定功率。

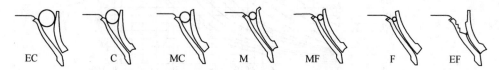

图 12-26　不同圆锥破碎机衬板几何形状或腔型以及允许最大给矿粒度示意图

E—极端；C—粗；M—中等；F—细

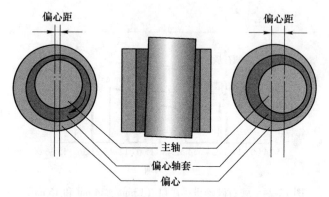

图 12-27　破碎机偏心结构和操作参数示意图

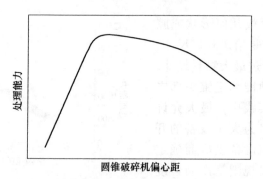

图 12-28　破碎机偏心结构对处理能力影响示意图[218]

　　（6）偏心轴转速。有时一些圆锥破碎机供应商可能提供变速系统。但增加破碎机动锥的偏心轴运转速度，破碎腔内物料承受的挤压作业次数增加，但物料通过破碎腔/带的速度降低（如图 12-29 所示破碎冲击/挤压次数）。因此，高偏

心轴转速将使物料破碎得更碎，但是处理能力
降低。

12.8.3　顽石给矿仓能力

　　早期全自磨机磨矿流程安装有顽石破碎机
但经常没有顽石破碎机给矿仓。现在顽石仓越
来越被认为是高度理想的流程配置，并越来越
成为一种工业生产实践和设计的"标准"模
式，它能使破碎机最大可能地按设备本身的最
优条件组织生产，例如控制给矿量实现挤满给
矿，同时也可以用于临时增加或减少甚至没有

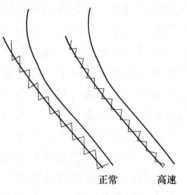

正常　　　高速

图 12-29　高速破碎机主轴速度影响

顽石返回协助矫正全自磨机的磨矿行为。特别对波动性大的全自磨机磨矿流程，
现在设计通常有顽石仓甚至顽石料堆，以便增加流程的灵活性。

12.9　板结现象

　　当磨机带载荷停车，磨机内载荷趋向于沉下来并逐步结成一个固体和半固体
状态，这就是著名的磨机板结现象。从生产实践的角度，如果处于自然状态下的
磨机旋转了 $40° \sim 50°$，磨机内的物料还不泻落或还不与磨机筒体发生明显和大量
的相对运动，则通常认为磨机板结。在这种情况下任何试图直接启动磨机将可能
导致极大风险，一旦磨机筒体携带的磨机载荷面到达垂直位置甚至超过垂直位
置，这个磨机载荷可能离开磨机筒体直接落下冲击无或极少物料保护的磨机下半
筒体。由于缺乏缓冲作用，冲击作用会进一步传给磨机轴承和外壳。对磨机而
言，这样的冲击可能是毁灭性的，例如磨机轴承变形、磨机筒体变形、磨机筒体
和两端外壳裂纹或裂缝等。

　　导致磨机板结的关键原因是在磨机停车前磨机内有大量的细颗粒而没有像
大钢球一样容易在磨机载荷松散的物料。因此对于有细粒级返回的全自磨机更
倾向于容易板结。停车前的合适的冲洗程序能把磨机板结的风险降低到最低。
当出现非计划或紧急停车时，对于易出现板结磨机尽可能在磨机慢驱或爬行模
式下强制实施磨机载荷冲洗程序。对于板结高风险磨机，如果磨机停车时间超
过 15min，启动前需要慢驱。这一措施对于驱动系统没有板结保护功能的磨机
尤为重要。

　　磨机板结保护系统是指建立磨机驱动软件系统中能识别或诊断磨机载荷是否
黏附在磨机筒体上的系统。磨机启动后，该软件将计算磨机旋转角度。在某一设
定磨机载荷面与水平面的临界角度（通常在 $85°$ 左右，但不能超过 $88°$）之前，
磨机内载荷应该泻落。泻落的判断条件是当磨机载荷泻落时，磨机运转实际电流

或扭矩会降低。如果在达到临界角度之前，未出现磨机电流或扭矩降低（达到一定程度），则软件系统认为存在磨机板结风险，进而跳停磨机。通常可以操作磨机在慢驱或爬行模式，通过磨机往复摆动使磨机内物料松散，但有时磨机载荷仍可能黏附在磨机筒体上。通过磨机板结保护系统重复磨机启动-跳停可能有助于松散黏在一起的磨机载荷，但必要时仍可能需要采用机械方法松散磨机载荷。在最差情况下，必须采用铲或锹从磨机内挖出板结物料。任何机械模式清除板结的磨机载荷需要大量人力物料并导致长时间停产和生产损失。

对于采用无齿轮驱动系统的磨机，设备供应商可能提供专门软件系统用于强化或控制磨机的运转加速磨机板结物料的松散。例如，无齿轮驱动电机系统首先一个方向（如顺时针）提升板结物料到80°，然后让磨机借助重力作用自由（逆时针）下摆。这个过程磨机驱动系统既没有实施加速，也没有采用刹车阻止磨机旋转。但磨机达到45°时，无齿轮驱动系统立即降低磨机速度。由于磨机内板结物料的惯性，物料将与磨机筒体衬板滑动使板结物料不再黏附在磨机筒体衬板上。磨机继续向前旋转（逆时针），并另一侧达到80°。重复同样的步骤直至物料松散，一般这个过程耗时30~60min。

12.10　全自磨机流程控制和监控

以下全自磨机磨矿流程变量应该测量并进行监控：

（1）新给矿量和粒度（采用图像粒度分析技术）。

（2）补加水的流量或比例（控制全自磨机磨矿浓度）。

（3）磨机转速、功率和载荷重量或磨机轴承油压。

（4）旋流器给矿压力、固体浓度、给矿流量和给矿泵池液位。

（5）循环负荷量或率。

（6）顽石生产量/返回量或比例以及粒度分布。

（7）顽石破碎机排矿口、功率、水力坐封的工作液压和产品粒度等。

现代生产工艺控制系统包括如下几个明显不同部分：

（1）现场仪器仪表及与控制系统的接口界面。

（2）以计算机为基础的数据处理和信息显示系统。

（3）控制逻辑系统，通过这些逻辑调整所控制的变量。

应该定期重新审查生产工艺的控制系统，及时跟踪选厂的更改，特别是大的工业流程结构的改变，并记录任何控制系统的修改。动态模型与工艺控制系统相连后可以在控制逻辑投入使用前对其进行评估和优化，即利用工艺控制系统的数据进行模拟控制效果。

对于全自磨，其磨矿作用只是磨机载荷运动带来的结果。磨机载荷的性能指标有浓度、容积和粒度分布。给矿性质的变化将改变磨机内物料，进而改变磨矿速率，其反过来又改变磨机内物料性质。通常磨机的响应不是线性的，而是一直变化直至达到新的平衡点。因为这种高度反馈回路式迭代交差互相影响，全/半自磨机很难达到稳定状态。通过一个优秀控制系统可能把流程控制在一个预设的操作空间内并实现稳定生产控制。

12.10.1 延时响应

延时响应是全自磨磨矿流程生产操作中普遍现象，但是不是所控制系统意识到了延时响应现象并在控制响应中体现其影响。问题是全自磨机流程响应太迟，通常不能从瞬时点数据观察到变化，而必须从趋势线才能发现。这造成响应模式控制而不是预测性控制。如图 12-30 中实例所示，当新给矿量增加 20～30min 以后磨机载荷才响应。这是造成采用专家控制系统自动操作全/半自磨磨矿流程时波动很大的原因之一。特别是专家系统接管生产操作的刚开始的一段时间。因此，需要优化流程岩石响应的设定。

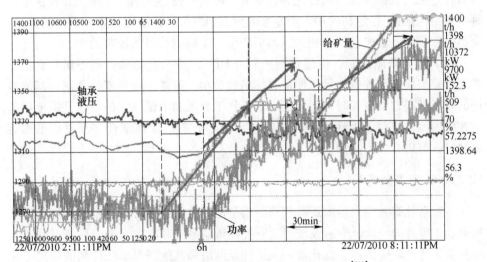

图 12-30　磨机载荷随新给矿增加的延时响应[219]

通常认为传统经典控制策略至少有两个缺点：（1）传统控制器不能有效考虑多项显著影响，而生产实践中，一个可调整或目标参数可能受 2 个或更多的可控变量的影响。（2）最佳 PID（比例-积分-微分）控制器的增益通常取决于矿石性质和操作条件。例如，采用 PID 控制调整磨矿流程，但处理软矿石时，PID 必须调整的反应速度很快；但当改处理硬矿石时，原有磨矿流程 PID 控制参数仍将保持快控制反应，这将导致过载风险大大增加，因此需要把控制器的参数降低而反应时间延长。例如当采用软矿石处理时的 PID 参数自动控制硬矿石时，如果现在磨机载荷偏低，PID 会快速增加处理量，但等磨机反应过来时，可能已经过载。在选矿厂采用传统控制器控制的变量通常有：浓度控制、料位/液位控制、流量控制、温度控制等。

既然传统的 PID 控制不适于全/半自磨机的流程的智能化控制，目前已发展了许多人工智能控制系统，简介如下：

（1）经验工艺模型控制技术。最常用描述一个生产流程的动态行为的方法是脉冲响应模型，即褶积模型，把输入参数和输出相连。

（2）调节控制。一个典型工业生产厂是被控制在组织结构框架下，再分为监控/先进控制层。监控层有优化的控制逻辑，一旦提供一个设定点（SP）给调节控制，它将调整工艺变量（PV）达到控制的输出。在工业界，PID 控制是最常用的调节控制。

（3）模糊逻辑/专家系统控制。20 世纪 60 年代，Lofti Zadeh 引入了模糊逻辑概念，是把一种解释非统计性语言性描述成为精确数学语言的一种办法。该技术的目标是把人工操作的经验提纯和转变为一种决策控制规则。模糊逻辑提供了一种框架结构描述/界定和收集人类专家的知识和决策。控制器包含一系列的陈述/资料，它们与一套工艺知识相关，然后产生一个确定数值的控制动作。

（4）模型预测控制。模型预测控制（MPC）是一类特殊控制逻辑。它把工艺流程模型应用于控制信号以便使目标函数最小。通常工业界模型预测控制的应用的效率极高，可以长时间运转而无需操作工介入和干预。它的缺点是需要精确的在线模型，但对于天性复杂的粉碎（特别是磨矿）流程则存在开发模型困难的缺口，但仍有应用实例。

12.10.2　专家系统

专家系统有时包含模糊逻辑和预测模型用于收集或学习从基本知识到操作工和专业工程师的经验。专家系统通常有控制策略系统和决策系统。后者是基于实时测量和各种软传感器、优化器、人工神经网络和其他逻辑单元传来的信息等综合作出决定。尽管自动系统能确认趋势并采用预测性反应，但是它仍然并不普遍用于提高磨机磨矿稳定性和获得最佳效果。

在常规磨矿专家系统，它调整其他变量以便维持或实现关键目标，通常首先是磨机载荷然后是磨机功率。如果这两目标中的任何一个超过设定值，新给矿量将会降低。有时，磨矿浓度也包含在磨矿载荷控制之中。通常磨矿浓度自动控制在设定值。磨机速度通常维持在最大值并不随着磨机载荷而变化（这可能与磨机速度与载荷复杂的关系有关）。在极少的情况下，磨机速度可以依据在线图形粒度分析器的给矿粒度数据调整磨机速度。磨矿专家系统尚无总保持在线的报道。实际生产中，如果出现严重问题或生产波动激烈，操作工不得不把专家系统离线，人工接管磨矿流程。一旦通过手工调整稳定了流程，实践中操作工会倾向于采用专家系统自动操作磨矿流程。因此，专家系统对生产率提高通常被高估。实际上，操作工接管流程控制往往是因为专家系统不能适当地调节流程。

在矿物加工工业界越来越认识到工艺流程自动控制系统的重要价值。过去的40年，工业界一直致力于开发这些流程控制系统的能力。尽管持续努力，但还没有完全达到选矿厂生产指标的要求。开发磨矿流程的控制策略仍是一个极其复杂的任务。这是由于磨矿流程涉及大量参数，这些参数之间的相关性极高，极度非线性和随时间动态变化，长延时响应，不能测量的强干扰（如矿石硬度）等。

13 半自磨磨矿流程和操作

扫码观看彩色图表

从表面上或字面上，半自磨磨矿应该十分类似于全自磨磨矿，但是实际流程或操作可能差别极大，这主要由于如下原因造成：

（1）钢质磨矿介质的存在会导致其磨矿机理的不同，至少各种磨矿机理的影响程度不同，需要设计相应流程结构实现效果最优化，同时主要操作参数也相应调整。

（2）半自磨机的结构需要考虑滞留钢质磨矿介质在磨机内，这将可能造成磨矿过程的中间产品和最终产品物理性质不同于全自磨磨矿。需要相应地调整处理工艺流程或操作。

（3）半自磨磨矿工艺的适应范围广，需要针对矿石性质调整参数和操作参数，甚至流程结构。

13.1 半自磨磨矿流程

在全自磨磨矿中出现的流程结构在半自磨磨矿中均出现过，但是各种流程应用频率则完全不同。目前最普遍半自磨磨矿流程为SABC，即新给矿给入半自磨机磨矿，磨机排料采用圆筒筛或振动筛分级，筛上经顽石破碎机破碎后返回半自磨，筛下进入预先分级的球磨机磨矿闭路。对于软矿石或易粉碎矿石（如风化矿），可能无需顽石破碎而直接返回半自磨机，形成SAB流程。对于高硬矿石或提产的矿山，目前最主要的技术措施有：（1）采用二段（预先）破碎降低半自磨机给矿物料粒度。（2）强化顽石破碎及旁路（可能包含破碎产品分级作业）直接进到下游的球磨。（3）增大钢球尺寸和充填率等。对于硬矿石，采用细粒级返回半自磨机的流程极少，这主要是由于半自磨磨矿介质比较大（目前的"标准"钢球直径为125mm），不适于细磨。但对于软矿石则相反，通常无顽石破碎作业，采用小钢球和低充填率，相应地磨机格子板孔和开孔面积也比较小，甚至有细粒级返回闭路。因此，半自磨磨矿流程首先取决于矿石的可磨性。

13.1.1 半自磨磨矿流程参数的演变

图13-1显示了半自磨磨矿流程参数的演变，其主要演变参数有：

（1）顽石破碎应用。对于中等硬度以上矿石，顽石破碎现在几乎是标准配置。由于有钢球磨矿介质的存在，通常顽石粒级的矿石所起的磨矿介质作用有限，因此半自磨磨矿工艺中顽石破碎是提产和降低比磨矿能耗的基本策略。这一点与全自磨磨矿完全不同。同时，破碎作业的能量效率远高于磨矿作业，从经济角度上也促进了顽石破碎作业在半自磨磨矿中应用。

（2）磨矿介质钢球的尺寸越来越大。半自磨磨矿钢球尺寸已经从最初最常用的 60~90mm，在 20 世纪 90 年代增加到 90~120mm，而现在最常用的为 120~130mm，130~150mm 钢球的应用也常有报道。在磨矿介质章节中介绍了磨矿介质大小的选择基本原理，矿石越硬越大所需的磨矿介质越大。对于软矿石，半自磨磨矿钢球尺寸仍比较小。

（3）磨矿介质钢球的充填率也越来越高。最常用半自磨磨矿钢球充填率已经从最初的 3%~5%，在 20 世纪 90 年代前后提高到了 7%~10%，而现在最常用的为 10%~15%，甚至有报道高达 25%。钢球充填率增加提高了半自磨机的运行功率，同时增强了冲击粉碎作业并可能提高了磨矿能量效率（增加了磨机载荷中磨矿介质钢球与矿石的比例。在采用高钢球充填率时，磨机总充填率一般不变，甚至降低），这造成磨矿产品变粗和所需比磨矿能耗降低，而磨机功率提高，也将提高磨机处理能力。

（4）半自磨机筒体衬板提升条面角增加。最常用半自磨机筒体衬板提升条面角已经从最初的 5%~9%（几乎垂直），在 20 世纪 90 年代前后提高到了 15%~17%，而现在最常用的为 20%~25%，甚至有报道高达 36%。最初增加提升条面角是为了降低提升条之间的积料。随着钢球直径的增加，钢球对磨机筒体衬板的冲击力指数级增长。为了避免或降低半自磨机筒体衬板毁坏，需要通过调整磨机速度或提升条面角改变钢球的运行轨迹。通常降低磨机速度方案具有磨机功率低和处理能力低的明显缺点。而增加提升条面角则是优先方案。

（5）半自磨机筒体衬板提升条行数降低。最常用半自磨机筒体衬板提升条行数已经从最初的 $2D$ 原则（即提升条行数为以英尺为单位的磨机直径的两倍，D 为磨机直径。例如磨机直径为 36ft（1ft = 0.3m）时，提升条行数为 36×2 = 72），在 21 世纪初前后变成 4/3D 原则，目前已经出现了 1D 原则（通常为高-低或高高-高高配置）。已经有一 40ft 的磨机尝试 27 块高-低衬板（注：高、低提升条各 27 块）和 36 块高-高衬板。最初发现当筒体衬板的提升条间距与高度比比较小时，在相邻的两提升条之间出现积料，导致磨机提升的有效物料量降低（类似于死料），同时降低了磨机的有效磨矿容积。除了上面提到的增加提升条面角外，还有两种常用策略，即采用高-低衬板结构和增加提升条的间距。后者要求减少筒体衬板提升条行数。同时随着磨矿介质钢球的直径增加，也要求增加筒体衬板提升条的间距。常规原则是提升条间距不小于最大钢球的 2 倍但不超过 2.75 倍。同时还要求增加提升条高度以便在提升过程中能把钢球保持在提升条之间。另外随着钢球增大而导致的冲击力增加，为了减少衬板破裂的风险，需要增加衬

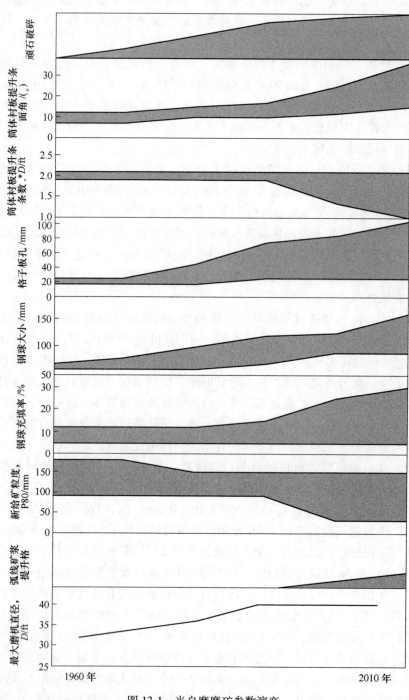

图 13-1 半自磨磨矿参数演变

板的强度，这必能导致提升条的宽度进一步增加。为了保持衬板的提升能力则需要增加提升条的高度。这些变化均会导致筒体衬板提升条行数降低。同时提升条行数的降低允许提升条高度增加，并将提高衬板寿命。但若面角不变会导致物料在提升条工作面滑动时间延长，进而提升高度增加。为了避免提升过高而增加钢球冲击衬板的风险则需要增加提升条面角。

（6）格子板孔趋向于增大。对于硬矿石，最常用半自磨机格子板孔已经从最初的 15~30mm，在 20 世纪 90 年代前后提高到了 60mm 左右，而现在最常用的为 60~75mm，甚至有报道高达 95~105mm。这主要是因为能排出更多的临界粒子，采用能量效率更高的破碎机粉碎，同时提高了处理能力。随着钢球直径的增加也允许增加格子板孔的大小。另外格子板孔的增加提高了允许的最大排出量，提高了磨机物料通过能力和降低了过磨的风险。

（7）新给矿粒度趋向于降低。特别对于硬矿石，增加钢球尺寸并不能完全解决磨矿速率和能耗问题，同时还带来磨机衬板加厚要求和衬板砸坏风险。因此提出了降低给矿粒度的方案。需要相应地调整半自磨机设备和流程结构参数。

（8）弧线矿浆提升格的应用。对于大处理量的磨机，辐射状矿浆提升格能成为制约处理能力提高的瓶颈。为了更有效排出已磨细物料，弧线矿浆提升格的应用趋向于增加。同时，为了增加顽石排出量以便充分利用高能量效率的破碎和充分利用其能量而选择弧线矿浆提升格。值得一提的是，通常顽石破碎机的能力被过高设计。

（9）磨机直径增加。这是为了满足能有效处理更多低品位的矿石。

13.1.2　软矿石的半自磨磨矿流程

依据磨矿介质章节介绍的理论，软矿石的最佳磨矿介质的尺寸比相同粒度的硬矿石小，同时在爆破和初破作业，软矿石形成的粒度也明显低于硬矿石。这两方面因素导致软矿石半自磨磨矿介质尺寸比较小，通常采用小于 90~100mm 钢球。

为了有效滞留这些比较小磨矿介质，半自磨机的格子板开孔一般比较小，通常为 25~30mm，个别磨机部分采用 45mm 格子板孔或配一些大孔顽石窗。同时，软矿石磨矿速度高，操作中易出现磨机载荷偏低问题，这会进一步要求采用小孔格子板且开孔面积小。由于格子板孔小导致顽石粒度小，同时软矿石的顽石率（顽石与新给矿比例）低，即使设计有顽石破碎作业，由于给矿粒度小而破碎效果不佳，对整个流程的影响也不大；同时未经破碎的顽石返回有利于稳定半自磨机载荷，因此通常无需设置顽石破碎机。但是，对于整个矿山寿命而言，通常仅地表矿石为风化易碎矿石，通常越往下开采矿石越来越硬。另外混入围岩的硬度可能明显高于矿石，会导致无顽石破碎的流程适应性大幅度降低。因此，通常仍需考虑设置顽石破碎机，至少预留顽石破碎机的位置和配套的皮带运输机的高差等。

通常从成本的角度，钢球充填率一般也不高，常为 5%~9%。这可能允许一部分大块矿石（特别是抗冲击性能高的部分）作为磨矿介质补充。由于钢球磨矿介质小、矿石起着部分磨矿作用、矿石易碎等原因，半自磨机的排矿粒度比较细，因此可能采用单段磨矿流程（即允许带细分级作业产生最终磨矿产品）。

有些矿山的矿石性质变化比较大，如多供矿点的黄金矿山，有时不得不短时间处理易磨风化矿，但几乎不可能调整半自磨机衬板结构（如格子板孔开孔面积大小）和钢球充填率（主钢球磨损速率比较慢，即使不加钢球，其充填率也需要较长时间才能下降），这时候往往磨机载荷无法保持，易导致磨机衬板磨损加快和钢球相互冲击破裂。解决措施有：（1）在流程设计时允许球磨机旋流器底流（部分）返回半自磨机，以便减轻低磨机载荷的负面影响。（2）对于采用重选回收粗粒金的矿山，其预先筛分的筛上产品是返回半自磨机的更优选择。（3）旁路顽石。（4）如果磨机可变速，降低磨机速度。（5）适当提高磨矿浓度，但应该避免过高，这是因为通常风化矿含黏土矿物易导致磨矿黏度高。过高磨矿浓度可能会导致磨机排矿不连续形成股流现象。

13.1.3　硬矿石的半自磨磨矿流程

半自磨磨矿全开路流程：与全自磨的一样，磨机排矿全部进入下一段磨矿作业。但是由于半自磨钢球磨矿介质的存在会导致磨机排矿偏粗，采取预先旋流器分级的球磨闭路流程时，需要采用小格子板孔限制最大颗粒粒度，特别需要考虑格子板磨损后孔大小。另外，若球磨机给矿太粗，需要采用大直径钢球，这会影响球磨细磨的磨矿效率。如 1984 年 Yvan Vezina 金矿采用开路半自磨磨矿，磨机格子板孔为 20mm×30mm[220]。据早期的报道，半自磨开路流程实例还有 Mercur 和 Goldstrike 金矿[221] 等。

半自磨排矿分级-粗产品返回磨矿流程：既然半自磨磨矿有钢球磨矿介质，这允许半自磨机排矿中粗粒返回半自磨机，这将有利于二段球磨机的细磨。如图 13-2 所示，半自磨机排矿可采用振动筛/细筛、螺旋分级机或旋流器分级。早期的许多黄金矿山采用这种流程，如 Kidston[222]、Paddington[223]、David Bell[224] 金矿，Les Mines Selbaie 铜-锌-银-金矿等。当采用筛分机或旋流器分级时，半自磨机排矿需要采用泵输送到这些分级设备。如果半自磨机排矿中有太大颗粒或太多粗颗粒将造成泵磨损严重，因此半自磨机的格子板开孔也不能太大。例如在早期的 Paddington 选厂，半自磨机的格子板孔为 8mm，并且在模拟和分析过程中仅放大到 15mm[223]。为了减少半自磨机排矿粗粒对泵磨损的影响，可以先采用螺旋分级机分级，其溢流再采用旋流器分级（如图 13-2（d）所示）。这种两段分级工艺还可以实现单段磨矿。由于这种流程采用比较小的格子板孔，对于中、高硬度矿石，并不能排出临界粒子，因此它与现在常规的顽石返回流程有很大差异。其流程的目标往往是提高半自磨机磨矿负荷和降低球磨机最大给矿粒度，有利于实施细磨。

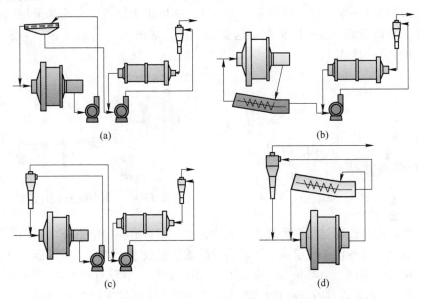

图 13-2　半自磨排矿分级-粗粒级返回闭路流程

（a）筛分分级；（b）螺旋分级机分级；（c）旋流器分级；（d）螺旋分级机-旋流器二段分级

Siddall 和 White[225]在 "The Growth of SAG Milling in Australia" 一文中介绍 20世纪 80 年代澳大利亚半自磨磨矿流程、设备特征和操作等。从该文介绍的 28 个矿山分析得到的数据如下。

全开路半自磨磨矿的矿山：10 个，为 36%；

有顽石破碎作业的矿山：7 个，为 25%；

半自磨排矿直接泵输送到分级设备的矿山：4 个，近 15%；

采用皮带机直接返回顽石磨机的矿山：3 个，为 11%；

半自磨机直接返回顽石的矿山：1 个；

同时有顽石破碎和泵送分级作业的矿山：4 个。

从上面的数据分析可见 20 世纪 80 年代主导半自磨磨矿流程与现在的存在明显区别。

值得一提的是，上面提到矿山的磨矿流程是以前采用的流程，现在流程可能已经改造。例如，Paddington 金选厂现在采用了典型的 SABC 流程。

半自磨顽石返回磨矿流程：在磨机衬板章节中已经介绍到，磨机格子板的通过能力取决于格子板开孔面积、开孔位置和孔的大小。但是格子板开孔面积受制于格子板机械强度。特别是采用大钢球的半自磨机，格子板孔之间的筋必须有足够的宽度和强度。同时，采用大格子板开孔允许排出更多大临界粒子。这需要通过皮带机返回半自磨机给矿。这就是经典的 SAB 流程（如图 13-3 所示）。常采用的半自磨排矿分级设备为圆筒筛（适于中小磨机）和振动筛。有时也采用二段分级，即圆筒筛+振动筛（如图 13-4 所示）。这取决于设备的布局和采用的振动筛筛孔，圆筒筛筛下也可以采用泵送到振动筛，如图 13-4 虚线所示。通常该振动筛可能具有细筛特征。

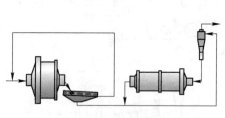

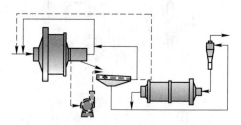

图 13-3　SAB 流程　　　　　　　　　图 13-4　二段分级的 SAB 流程

半自磨顽石破碎返回磨矿流程：从理论上，半自磨机中的钢球可以消除临界粒子，但是其经济性不一定高，而顽石破碎的能量效率比较高、成本低。这就形成了应用最普遍的 SABC 流程。早期的 SABC 流程一般没有缓冲顽石仓（如图 13-5 所示）。但随着顽石破碎机性能提高的要求，现在越来越多矿山采用有顽石缓冲能力的顽石破碎流程，通常为顽石仓（如图 13-6 所示），但也有设计顽石料堆的矿山，甚至两者都有，料堆作为应急设施。

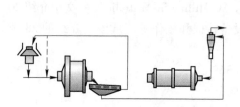

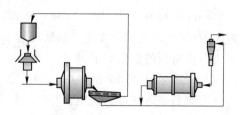

图 13-5　无顽石仓的 SABC 流程　　　　　图 13-6　有顽石仓的 SABC 流程

Chino 矿的生产实践表明顽石破碎对半自磨机磨矿比能耗和处理量的影响程度受到矿石可磨性影响。如图 13-7 所示，当处理软矿石时（即处理量大，比磨矿能耗低的情况），顽石破碎对流程的影响比较小，仅为 10% 左右；但是处理硬矿石时（即处理量小，比磨矿能耗高的情况），顽石破碎能提高处理量近 50%，降低比能耗近 40%。Antamina 矿安装顽石破碎机后处理量提高了 11% 左右。

对于硬矿石，通常采用顽石闭路破碎流程强化顽石粉碎，甚至强化粉碎后的顽石直接进入球磨机流程（如图 13-8 所示）。Batu Hijau 矿的工业试验表明，每减少 1t 破碎顽石返回，半自磨机则可以提高新给矿处理能力 0.5~0.6t[226]。同时，由于部分顽石不返回半自磨机，这将导致半自磨机排出顽石量降低，为了保持合理的顽石排出率，需要增加格子板开孔面积或增大格子板孔，这将进一步有利于通过磨机处理能力。高压辊磨也有应用于强化顽石粉碎，如 Goldcorp 公司的一贵金属矿山和 Penasquito 矿。

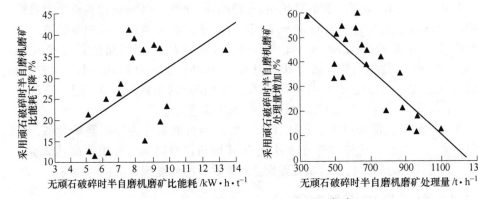

图 13-7 不同矿石时顽石破碎作用[227]

对于磁铁矿矿山，由于除铁问题而不能应用顽石破碎。

对于硬矿石，设置顽石破碎作业通常可以增加 15% 左右的处理能力。

单段半自磨磨矿流程：通常认为单段半自磨磨矿流程仅适于易磨软矿石或规模小的矿山。对于硬矿石，通常需要采用大格子板孔（一般为 60~85mm），因此磨机内不能有效保留细

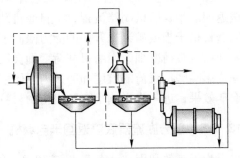

图 13-8 顽石破碎旁路到球磨的 SABC 流程

磨所需要的最佳磨矿介质（磨矿粒度与磨矿介质的相关关系详见磨矿介质章节），实施细磨将降低磨矿效率。如采用小格子板孔不仅降低了通过量，且容易在磨机内形成矿浆池，进而影响磨矿能量效率。因此，单段半自磨机磨矿流程通常面临着磨机功率下降和处理量降低的问题。

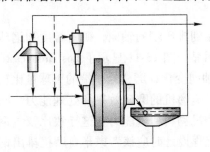

图 13-9 单段磨矿半自磨机流程

尽管单段半自磨磨矿流程实例比较少，但在一些特殊情况下仍有应用，例如 Granny Smith 金矿在 2008~2010 年之间由于缺乏矿石而从经典的 SABC 流程改为单段半自磨磨矿流程（如图 13-9 所示），但有足够矿石时又改回 SABC 流程。

Similco 矿最初设计为单段半自磨磨矿流程，但由于处理能力低而增加了球磨机作业。

加纳共和国的 Tarkwa 金矿：规模为 420 万吨/年或小时处理能力为 525t/h。磨矿采用单段半自磨机工艺。半自磨规格为直径 8.12m×长 12.12m（27ft×42ft），安装功率为 7MW。半自磨机的转速为 60%~75% 临界转速。最大球荷为 18%，格子板开孔尺寸为 35mm。半自磨排矿用一台振动筛分级，+15mm 物料返回半自磨机中，–15mm 给入 9 台一组的 26in（660mm）旋流器与半自磨机构成闭路。半自磨机给矿粒度 F80 = 150mm，旋流器溢流 P80 = 75μm，回路的循环负荷为350%。矿石的邦德棒磨功指数为 20kW·h/t，球磨功指数为 12kW·h/t，磨蚀指数为 0.16。设计的功耗为 16~19kW·h/t。由于扩产的需要，2005 年已决定改造为 SABC 流程。改造后其处理能力提高到 1500t/h 左右。

在南非地区通常采用小径长比（长筒型）半自磨机作为单段磨矿设备，以便更有效实施细磨。这种设备被命名为 ROM 磨机。有时钢球充填率高达 25%~40%，这与传统的球磨机没有明显差别。通常其产品粒度细，单位能耗高。

13.1.4　磨矿流程对磨机载荷的影响

图 13-10 显示了半自磨磨矿流程结构对磨机载荷粒度组成的影响。在有细粒级返回的半自磨机闭路流程，半自磨机载荷粒度细并可能形成矿浆池现象，这表明磨机格子板或矿浆提升格的能力限制了矿浆的快速排出。由于磨机排出能力局限使磨机载荷变细，而磨机载荷变细会反过来增加矿浆穿过磨机载荷的阻力，进一步影响磨机载荷的粒度和磨矿内固体浓度。这些变化都将最终影响磨矿机理和磨矿效果，进一步影响半自磨机内物料粒度组成。

13.1.5　部分旋流器底流返回半自磨机

为了有效利用"无耗"磨矿现象，能有效控制半自磨机载荷或平衡一段与二段磨机工作负荷，许多选厂允许一部分 SABC 流程中旋流器底流返回半自磨机，但是这可能给半自磨磨矿浓度的控制带来困难。对于一些采用重选回收粗粒金的矿山，则是应用的可行性比较高，这是因为重选前有一筛孔为 2~3mm 的分级作业，该筛上产品可以返回半自磨机。

13.1.6　钢球自返回半自磨机

生产实践中观察到，沿半自磨机从给矿端到排矿端的轴向，矿石粒度和钢球数量分布是不同的，这对于长筒型磨机尤为明显。图 13-11 显示了 Los Bronces 矿直径 8.26m×长 4.19m 半自磨机载荷/钢球沿轴向变化，磨机给矿端的钢球量比较少，因此其冲击粉碎能力相对比较弱，这将影响磨机的磨矿效果和处理能力。同时现在趋向于通过增大格子板孔而提高半自磨机物料通过能力，这导致比较大钢球排出和生产成本增加。综合以上两因素，流程设计时应该考虑半自磨机排出钢球通过皮带机自动返回半自磨机的可能性和可行性。

半自磨开路磨矿载荷　　　　　　　　半自磨机粗给矿载荷

半自磨闭路磨矿载荷　　　　　　　　半自磨闭路磨矿载荷
——开放式排矿端　　　　　　　　　　—— 矿浆池

图 13-10　不同磨矿条件下半自磨机载荷情况[228]

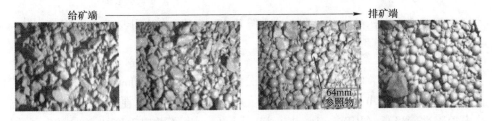

图 13-11　Los Bronces 矿 8.26m×4.19m 半自磨机载荷沿轴向变化[229]

13.2　半自磨流程操作

13.2.1　磨矿介质钢球

　　磨矿介质钢球对半自磨磨矿的影响主要表现为：钢球充填率和最大钢球直径

或钢球大小分布。半自磨磨矿工业实践中，钢球尺寸趋向于增加。这是因为它增加钢球的冲击粉碎能力，这对磨机直径偏小而矿石比较硬的矿山则特别有价值。但是在相同的钢球充填率时，钢球越大则钢球的个数越少，降低了冲击粉碎频率。为了保持相近的磨矿作用频率则需要增加钢球充填率。这也导致半自磨磨矿钢球充填率趋向于增加。

13.2.1.1　钢球大小

半自磨的钢球尺寸一般为 100~140mm。球径太小将导致功耗增加，对粗颗粒的冲击能力偏低而不能使其有效冲击粉碎。增大球径可提高磨矿效率，但超大球径的冲击将增加衬板砸坏的风险并加剧其破裂和消耗。

图 13-12 显示了 Alumbrera 矿石半自磨机采用 125mm（5in）和 152mm（6in）钢球时的处理量对比。当处理软矿石时（即处理量高时），钢球大小对半自磨机处理能力没有明显影响。但处理硬矿石时，采用 152mm 钢球可提高半自磨机处理能力 200t/h 左右（相当于 10%~15%）。图 13-13 显示了中试试验时不同尺寸钢球对不同粒度矿石粉碎率的影响，随着钢球直径增加，中、粗粒级的粉碎率增加。

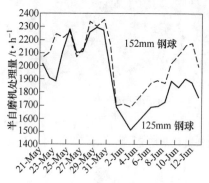

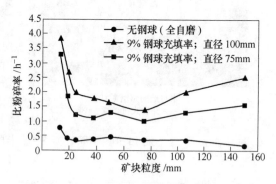

图 13-12　钢球大小对 Alumbrera 半自　　　图 13-13　钢球大小对不同粒度粉碎率影响[231]
　　　　磨机处理量影响[230]

根据 Azzaroni 半自磨磨矿钢球直径公式，粉碎 140~160mm 中等和高硬度矿石（BBWi>15kW·h/t）需要近乎相同大小的钢球。例如，在 St Ives，矿石的抗冲击粉碎性能极高（BBWi=15~17.5kW·h/t），生产发现无论加多少 125mm 钢球都难粉碎大于 150mm 矿石[225]。在 Kidston 矿，钢球直径增大到 150mm[225]。钢球大小对 National Steel Pellet 公司半自磨机处理量影响如图 13-14 所示。

New Afton 选厂[232]采用 159mm 钢球后，钢球消耗量降低了 36% 左右。同时在采用 159mm 钢球前降低了磨机转速，未发生衬板冲击损坏情况和衬板磨损加剧现象。相应地增加了筒体衬板提升条的面角，以便能保持钢球在原来磨机高速时的运行轨迹。另外由于磨机速度降低提高了辐射状矿浆提升格的效率，降低了磨损。

　　一些小型半自磨机有时还采用橡胶衬板，这限制了使用的最大钢球尺寸，一般认为橡胶衬板可采用的最大钢球为100mm。据报道[225]，Broad Arrow 和 Nevoria 矿曾经采用橡胶衬板，但发现橡胶衬板限制其半自磨机的处理能力提高，100mm 钢球冲击能导致橡胶衬板非弹性变形而直接破裂，特别是破裂钢球（如图 13-15 所示）对橡胶衬板的损坏能更强。Nevoria 矿的生产实践发现采用 65mm 钢球处理软矿石则没有出现橡胶衬板撕裂现象。

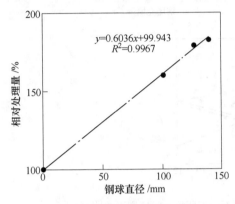

图 13-14　钢球大小对 National Steel Pellet
公司半自磨机处理量影响[233]

图 13-15　破裂钢球

　　采用大于 140mm 钢球导致磨机衬板砸裂的风险大幅度增加。为了减少衬板砸裂风险，需要增加衬板提升条宽度并增大提升条面角以便降低钢球落点位置，这个可能给磨矿流程带来巨大负面影响。因此，降低给矿中最大颗粒粒度可能比采用大于 140mm 钢球的技术方案更可行。

13.2.1.2　钢球充填率

　　图 13-16 显示了钢球充填率对不同硬度矿石的不同粒度粉碎率的影响。不同硬度和粒度的矿块对不同钢球充填率的响应不同，因此合理的钢球充填率受制于给矿硬度、给矿粒度和产品粒度等。

　　但是在通常的生产实践中观察到增加钢球充填率将会大幅度提高半自磨磨矿处理能力，这对于中等和高硬度矿石则十分明显（如图 13-17 中实例），相应地比磨矿能耗降低。

　　通常对于高钢球充填率的半自磨机，其最佳总充填率一般在 25%~35%，而最佳的总充填率与钢球充填率比为 2 左右（即钢球与矿石的堆体积比为 1:1 左右），从这里可以推测出最佳钢球充填率应该在 12%~18%，这与生产实践中观察到数据相一致。但是对于低转速或小格子板孔的中小型磨机，最佳的钢球充填率会高些。

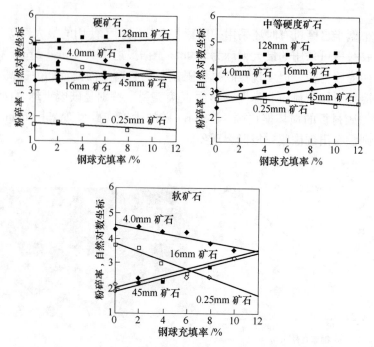

图 13-16　钢球充填率对不同硬度矿石的不同粒度粉碎率影响[234]

　　还有矿山为了提高处理能力，采用高钢球充填率以便获得最大磨机功率（如图 13-18 所示磨机功率随着钢球充填率而增加）和载荷。一般磨机运行功率应该低于其电机安装功率，即磨机最大运行功率是有上限的，不同钢球充填率和总充填率组合实现相近的半自磨机功率，但磨矿效率和处理能力不同。采用高钢球充填率与低总充填率的组合将有助于提高磨矿处理能力，但矿石充填率也不能太小，否则对磨机衬板有巨大负面影响。

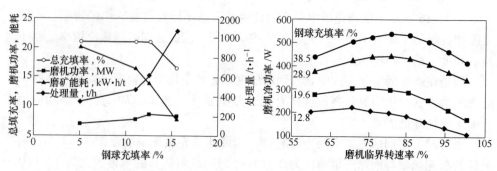

图 13-17　钢球充填率对半自磨磨矿影响　　　图 13-18　钢球充填率对磨机功率影响[237]

（数据来源于 Nelson 等[236]）

13.2.2 给矿预破碎

对于初破设备，存在最小排矿口限制，对于大型旋回破碎机更为明显，一般其最小宽侧排矿口（OSS）为 150mm 以上。因此即使初破设备能力足够仍不可能或很难实现细破功能。

给矿粒度对半自磨机处理能力有巨大影响。这种现象在处理中等和高硬度矿石时普遍观察到（见图 13-19 中工业实例）。增加二段或预先破碎作业则是可行而高效的方案。例如，ASARCO 的 Ray 选厂采用预先破碎后，选厂处理量提高了 48%[237]。

大量的生产实践和研究表明半自磨磨矿最佳给矿粒度分布为：

（1）有一部分粗粒级但最大粒度不宜太大。

（2）中间粒级（通常为−70+30mm）少。

（3）细粒级（<25~30mm）多。

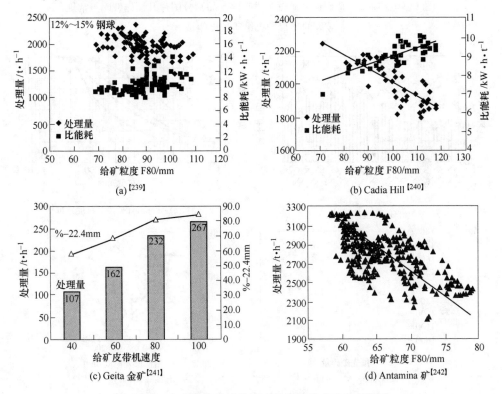

图 13-19 半自磨机给矿粒度对处理能力和比能耗影响

最佳给矿粒度分布应该为双峰分布。图 13-20 显示了 Tarkwa 金矿预先破碎产品与常规破碎产品的粒度组成差异。该矿通过预先破碎提高了磨机处理能力近

40%。更多的工业实例如图 13-21 所示。但给矿粒度的影响程度首先取决于矿石硬度，矿石硬度越高影响越大；其次取决于钢球大小和充填率，钢球越大充填率越高，给矿粒度分布影响越低。

图 13-20　Tarkwa 金矿部分矿石三段破碎产品筛分图片及预先破碎与常规破碎的半自磨机给矿粒度组成[243]

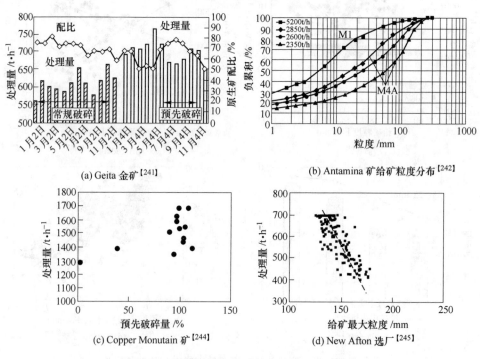

(a) Geita 金矿[241]

(b) Antamina 矿给矿粒度分布[242]

(c) Copper Monutain 矿[244]

(d) New Afton 选厂[245]

图 13-21　预先破碎对处理量影响（工业实例）

尽管细半自磨机给矿导致了处理量大幅度增加，但是同时增加了磨机衬板磨损和维修成本。例如，St. Ives[238]矿采用预先破碎闭路流程，半自磨机给矿 F80

仅为 20mm 左右。如果 F80 增加到 80mm 左右，处理量从 410t/h 水平降低到 190t/h 水平。这种情况下，矿石不能取得任何磨机介质作用，需要保持较高的钢球充填率，这导致磨机衬板磨损严重。

预先破碎能彻底消除矿石的磨矿功能，相应地需要增加磨机的钢球充填率。通常需要增加到 15% 钢球充填率左右，同时总充填率增加到 30% 左右。后者需要调整磨机格子板的设计。例如，ASARCO 的 Ray 选厂 1999 年应用了预先破碎后，导致顽石量增加了一倍，而磨机载荷下降。格子板开孔面积从 11.7% 下降到 9.6% 以便维持磨机载荷在 26%~28% 水平（修改前为 21% 左右），相应地允许钢球充填率从 11% 提高到 13%。同时，可能还需要减小格子板孔的尺寸，还采用多种孔的格子板组合，例如最外侧格子板采用 25~35mm 孔，而其他仍采用常规顽石窗（如 55~65mm 孔）。

1995 年 KCGM 的生产实践表明部分预先破碎取代全部预先破碎更有利于半自磨机的操作控制。采用全部预先破碎时，半自磨机需操作在极高钢球/矿石体积比（15% 钢球充填率、1%~2% 矿石充填率）情况下，而采用部分预先破碎时可以操作在正常情况下，即 13% 钢球充填率和 20% 左右矿石充填率。

预先破碎有时仅是为了降低给矿中的最大矿块粒度，即大块矿石是导致处理能力低的原因。如曾经报道的 Kidston 矿。对于这种情况仅需要增设分级设备，如格筛。

预先破碎改变了半自磨机给矿粒度特性，特别是增加了大量小于格子板孔物料。需要相应地调整半自磨机磨矿参数以适应新的给矿粒度特性，如相对减弱冲击能量强度但增加冲击粉碎频率，同时增强研磨作用。调整的参数通常包括：格子板开孔面积和大小、筒体衬板提升条间距和面角、钢球大小和充填率、排矿筛筛孔、顽石破碎机的排矿口等。

13.2.3 格子板影响

13.2.3.1 格子板孔大小

格子板孔大小不仅影响允许排出半自磨机的最大矿石的粒度还影响物料排出速度。在相同的开孔面积时，格子板孔越大，物料排出量越大。同时最大排出量还受到格子板孔的形状影响。除非需要限制流量否则不宜采用圆形孔。方形孔则适用于片状矿石。工业实践中最常用的为长条形，宽度为 20~85mm。

原来设计/选择半自磨机的格子板孔大小的原则是滞留磨矿介质钢球。当常用小钢球时，格子板孔小，反之亦然。但采用 125~140mm 钢球处理硬矿石时，格子板孔最大尺寸通常为 45~75mm。最初半自磨机格子板孔通常为 10~30mm，这种情况下是否有顽石破碎对半自磨机处理能力影响不大，常规破碎机不能有效破碎这些细顽石，仅改变其近圆形形状。

从工业生产实践案例发现，半自磨机的格子板孔趋向于增加，对于硬矿石则尤其明显。这是因为在相同的开孔面积时，开孔越大允许最大流量越高，允许排出更多的粗临界粒子。例如，Candelaria 选厂[247] 测试了 2.5in（63.5mm）、2.75in（70mm）和 3in（76.2mm）的格子板孔。观察到采用 2.5in 和 2.75in 格子板孔时，钢球卡孔严重，而采用 3in 格子板孔时，卡孔现象明显减轻。采用 2.5in 格子板孔时，前 70~80 天的顽石量明显偏低。与 2.5in 格子板孔相比，3in 格子板孔排出顽石量增加了 30% 左右。即使采用 3in 格子板孔，顽石量仍随着磨损时间线性增加，顽石量从新格子板时的 300t/h 增加到最终的近 600t/h，相应处理量从略高于 1200t/h 增加到近 1800t/h。有报道每增加 1t 破碎顽石可以增加新给矿 1t 左右[247]。但考虑到格子板对滞留钢球作业未进一步增大格子板孔。Collahuasi 矿也观察到类似情况（如图 13-22 所示），显示了格子板孔和提升条面角增加提高了处理能力。

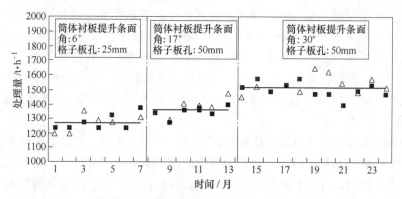

图 13-22　Collahuasi 矿半自磨机格子板孔对处理能力的影响[246]

另外还因为通常顽石破碎机设计能力极高，排出临界粒子越多，顽石破碎机的能量利用越高。但是同时更大钢球排出，造成一列问题。

但是随着半自磨机格子板孔的增大，半自磨机排出钢球的尺寸也会增大，钢球的重量利用率下降。通常新钢球和半自磨机排出钢球的市场价格相差很大，在澳大利亚的 Kalgoorlie 地区，两者的价格相差为 3~4 倍。对于一些偏远地区，由于外运成本高，半自磨机排出钢球价格差可能更大。半自磨机排出钢球的另外一种用途是作为球磨机的磨矿介质，但采用大孔格子板时，半自磨机排出钢球尺寸明显大于球磨机钢球。Paddington 金矿采用橡胶-金属复合格子板，开孔为 75mm×120mm，由于该格子板的柔性和磨损，格子板寿命的后半期半自磨机排出的钢球尺寸平均达 95mm，最大达 105~110mm，而新钢球的尺寸为 125mm。图 13-23 显示半自磨机排出钢球与该矿球磨机钢球尺寸（65mm）的图片对比，因此半自磨机排出钢球并不适于球磨机。这造成大量半自磨机排出钢球囤积（如图 13-24 所

图 13-23　半自磨机排出钢球与
球磨机钢球大小比较

图 13-24　半自磨机排出钢球

示）和生产成本上涨。该矿山提出采用更大钢球提高钢球重量利用率方案。如图
13-25 所示，若钢球直径从 125mm 提高到 135mm 则可以提高钢球重量利用率
15%左右。

　　半自磨机格子板设计时需要考虑格子板磨损后期对磨矿作用和钢球滞留能力
的影响。图 13-26 显示了 Candelaria 矿半自磨机格子板磨损引起的格子板孔变大。
55mm 孔新格子板磨损后，其孔能扩大达近 80mm。

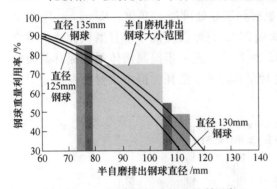

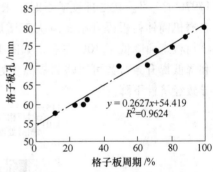

图 13-25　不同直径钢球的重量利用率

图 13-26　磨损周期格子板孔变化[247]

13.2.3.2　格子板开孔面积影响

　　半自磨机格子板开孔面积制约磨机内物料的排出速度，这对于高通过量的磨
机尤为明显。如图 13-27 所示，Sessego 矿的半自磨机处理能力随着格子板开孔面
积增加而提高。

13.2.4　半自磨机筒体衬板

13.2.4.1　提升条行数和面角影响

　　磨机筒体衬板提升条的行数影响了提升条之间的距离，如果提升条行数太多
或间距太小会导致提升条之间积料而降低了有效磨机容积。例如一台 36ft
（10.97m）磨机，采用 250mm 高的提升条，积料厚度为 75~100mm，这将损失有

效磨矿容积近 2%。特别是提升物料数量大幅度降低。但是如果提升条行数太小或间距太大，物料在提升过程中提前从相邻提升条之间滑落，导致提升高度降低和磨机功率下降，这需要采用高磨机转速才能提升更多物料。另外物料从相邻提升条之间滑落（即物料与提升条之间存在相对运动）将导致衬板磨损指数级增加。一般认为如果磨机提升条之间不存在严重积料现象，如果只是简单改变提升条行数和面角对处理能力提升有限。

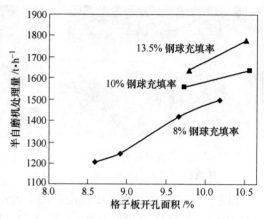

图 13-27　格子板开孔率对处理量影响[248]

Alumbrera 对两台相同尺寸半自磨机进行了不同筒体提升条数量的对比试验，36h 的生产数据表明，48 行提升条的处理量比 36 行的仅低 52t/h（即 1745t/h 比 1797t/h）[230]。在处理硬矿石时，未观察到明显处理能力变化。Kennecott 铜矿半自磨机筒体衬板提升条面角从 7° 增加到 22°，只略微提高了半自磨机性能，但筒体衬板寿命降低了 10% 左右，如图 13-28 所示。进一步提高筒体衬板提升条面角和降低提升条行数可以略微提高了处理量和降低了能耗，但由于衬板寿命变短而导致经济性下降。

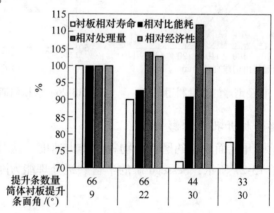

图 13-28　Kennecott 铜矿半自磨机筒体衬板提升条数量和面角的影响[249]

Gol-E-Gohar 铁矿半自磨机筒体衬板提升条面角从 7° 增加到 30°，提高了 20% 处理量（如图 13-29 所示）。但面角增加降低磨机衬板寿命，需要进行经济性评估。

采用更大直径钢球的通常需要增大提升条面角。Freeport 矿最初采用 69 行面角为 12° 的提升条设计，在正常磨机速度时有钢球撞击衬板，后来考虑增加钢球直径从 4.5in（114mm）到 5in（127mm）甚至 5.5in（140mm），38ft 的半自磨机提升条面角增加到 18°~25°。Ernest Henry 矿半自磨机钢球直径从最初 90mm，增加到 105mm 和 125mm，最后采用了 140mm 钢球。与 90mm 和 125mm 钢球相比，140mm 钢球的重量分别增加了近 3 倍和 40%，这大幅度增加磨机衬板撞击毁坏的风险，相应地提升条面角（从 9°增加到 21°），以便降低钢球冲击点。

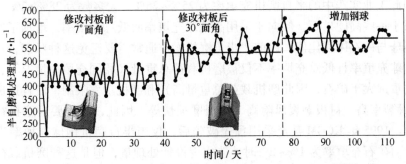

图 13-29　Gol-E-Gohar 铁矿磨机筒体衬板对处理量的影响[250]

当采用预先破碎作业把给矿破碎到 20~30mm 水平，颗间剪切磨矿机理也应该在这种半自磨机磨矿中起着重要作用。采用大提升条间距和略高磨机转速将有利于促进颗间剪切作用或细磨。

半自磨机筒体衬板设计不仅需要考虑新衬板几何形状的影响还需考虑整个筒体衬板寿命周期的变化，甚至可能采用牺牲衬板寿命的方法（即按衬板的磨矿性能，而不是磨损程度，决定是否更换磨机衬板）维持其磨矿性能。

13.2.4.2　形状的影响

图 13-30 显示了 Rail Bar 高-低衬板和 Top Hat 衬板对 Mt Isa 矿半自磨机磨矿性能影响。与 Rail Bar 型衬板相比，Top Hat 型衬板寿命末期时半自磨机处理能力下降不明显，并且 Top Hat 的寿命长近 30%。

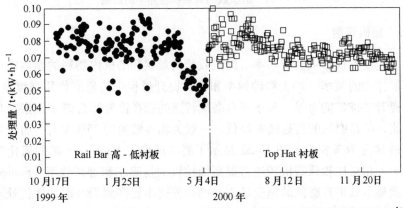

图 13-30　Rail Bar 高-低衬板和 Top Hat 衬板对 Mt Isa 矿半自磨机磨矿性能影响[251]

13.2.5　磨机载荷

半自磨机载荷对不同粒度颗粒的粉碎率影响是不同的。增加磨机载荷通常导致粗粒级粉碎率下降，而细粒级粉碎率提高（如图 13-31 中工业实例），有利于细磨。但通常这与 SABC 或 SAB 流程的常规设计目标（高处理量和粗产品）相左，因此工业实践中的半自磨机充填率为 25%～35%，大多数为 28%±2%。

对于一些高硬矿石，倾向于采用高钢球充填率而低总充填率，增加了磨机载荷中钢球与矿石体积比值。以前，半自磨机操作通常需要避免这种状态，这是因为高钢球充填率且低总充填率不仅被磨机载荷总重量（相同充填率情况下，由于钢球比重远大于矿石，因此磨机载荷总重量高）和磨机功率限制，而且造成钢球磨损/砸裂率高、衬板砸裂风险高、衬板磨损快等。因此，这需要对磨机衬板重新设计。1995 年 KCGM 甚至采用预先破碎后，仅当半自磨机钢球充填率为 15% 左右，而矿石充填率为 1%～2%时才能实现设计处理量，但是这种磨机载荷组合操作极其困难并导致衬板磨损加剧。

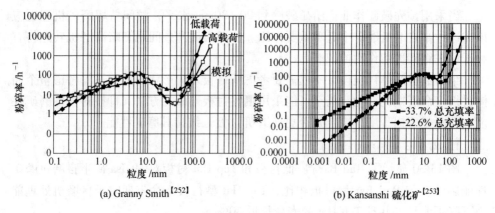

(a) Granny Smith[252]　　　　　　(b) Kansanshi 硫化矿[253]

图 13-31　磨机载荷对颗粒粉碎率的影响

13.2.6　磨机速度

磨机速度不仅影响磨机功率、磨机载荷的形状和磨机内物料的抛落轨迹，还影响磨矿作用的频率（冲击粉碎频率和物料提升过程中的研磨作用强度及频率）和矿浆提升格排矿能力等。对于半自磨机转速的选择需要综合诸多因素。与全自磨机相比，半自磨机的转速通常略低，一般为临界转速的 75%左右，而全自磨机的转速通常为 78%左右。图 13-32 显示了磨机速度对 Kansanshi 矿的氧化矿粉碎率的影响。相对比较低磨机转速将提高细粒级的粉碎率和磨矿效率。Simico 矿的生产实践显示其半自磨机的速度从 76%的临界速率提高到 78%时，磨机处理能力提高了 6%左右[254]。中试规模的半自磨机也观察到类似结果，如图 13-33 所示。

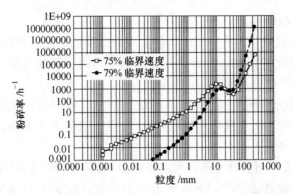

图 13-32 磨机速度对 Kansanshi 矿氧化矿粉碎率的影响[253]

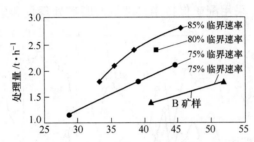

图 13-33 中试半自磨机速度对处理量的影响[255]

13.2.7 配矿

图 13-34 显示了 ASARCO 公司的 Ray 选厂不同硬度矿石的半自磨可磨性差异。数据显示:

(1) 矿石硬度差异往往还造成在爆破和粗破碎作业的产品粒度不同。半自

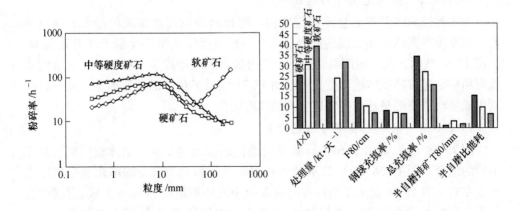

图 13-34 不同硬度矿石粉碎率及半自磨磨矿响应[256]

磨机软、硬给矿粒级相差近 1 倍。

（2）半自磨机处理能力随着矿石硬度增加而降低，比能耗则相反。

（3）当处理软矿石时，由于矿石磨矿速率高而不易维持磨机载荷。尽管钢球充填率低，但产品并不粗。

（4）当处理硬矿石时，磨机有"胀肚"倾向，同时试图通过增加钢球充填率降低磨机总载荷。由于载荷高导致磨矿产品粒度细。磨矿粒度细也是造成磨矿比能耗高的原因之一。

有些矿山的矿石可磨性变化极大，如 OK Tedi 矿石磨矿功指数在 5~16kW·h/t 变化，相应的处理量在 700~3000t/h 范围内变化。配矿是降低半自磨机磨矿有效波动方法。图 13-35 显示了硬矿石配比对 Ray 选厂处理量的影响。许多矿山（特别是黄金矿山）采用配矿保持半自磨机的磨矿处理量和生产操作的稳定性。

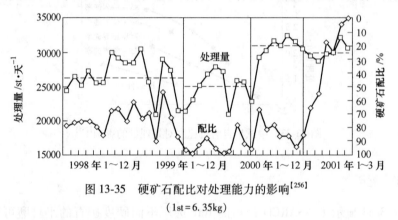

图 13-35　硬矿石配比对处理能力的影响[256]

(1st = 6.35kg)

13.2.8　参数的相互影响

13.2.8.1　磨机充填率与转速

在不超过 80% 临界转速率范围之内，磨机转速越高能实现的最大处理量越高，但是生产实践中能实现的处理量或某一粒级新生成量还受制于磨机充填率。如图 13-36 所示，在一定磨机转速下，获得最大处理量或某一粒级新生成量的磨机充填率是随着磨机转速而变化的。图 13-37 显示了获得最大处理量或某一粒级新生成量时需要的最佳磨机转速与充填率的组合。

13.2.8.2　钢球充填率与总充填率

图 13-38（a）显示了 Sossego 矿半自磨机最大处理量时，钢球充填率与总充填率的组合。图 13-38（b）显示最大处理量发生总充填率与钢球充填率的比值为 2 左右。图 13-39 显示了钢球在磨机载荷中的体积量对 $-75\mu m$ 生成功耗影响。与图 13-38 的数据相似，当钢球在磨机载荷中的体积量为 50% 左右时，生产 $-75\mu m$ 物料的比能耗最低。

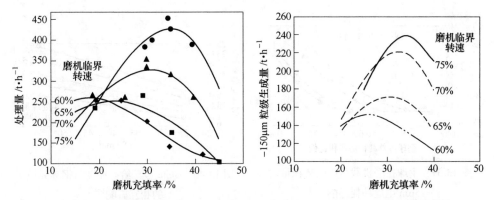

图 13-36 磨机转速和充填率对处理能力或细粒级（-150μm）生产率的影响[257]

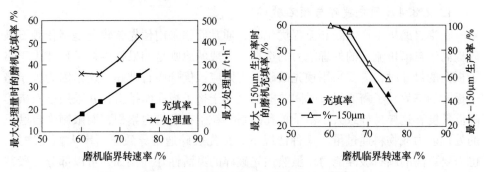

图 13-37 最佳磨机转速与充填率组合[257]

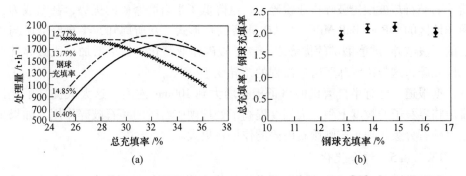

图 13-38 钢球充填率和总充填率对处理量的影响[258]

13.2.8.3 给矿粒度与钢球充填率

图 13-40 显示了 Geita 金矿实现不同处理能力时，钢球充填率与给矿粒度之间关系。从图 13-40 中可见，可以通过提高钢球充填率或/和降低给矿粒度措施提高半自磨机处理能力，其选择往往取决于矿山的实际情况和经济可行性等。当需要达到相同处理能力时，如果给矿粒度增加，则需要提高钢球充填率。

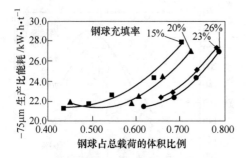

图 13-39　钢球在磨机载荷中的体积量对
−75μm 生成功耗影响[259]

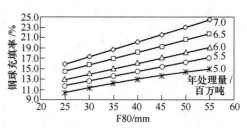

图 13-40　Geita 金矿给矿粒度与钢球充填率
的相互影响[241]

13.2.8.4　预先破碎与顽石破碎

在半自磨机生产实践和流程优化时，通常面临采用预先破碎还是强化顽石破碎提高半自磨机流程的处理能力的选择。一般的原则是如果临界粒子尺寸大于格子板孔的尺寸时，需要采用预先破碎，否则应该优选顽石破碎。这是因为大于格子板孔的临界粒子需要很长时间才能磨至小于格子板孔而排出，并采用顽石破碎降低粒度，这样易导致大于格子板孔的临界粒子在磨机内累积，而限制半自磨机的处理能力或物料通过量。这种情况下，预先破碎通常导致顽石率大幅度增加，也需要更高的顽石破碎能力。虽然预先破碎的灵活性好（例如，可以部分二段甚至三段破碎），但投资高、生产操作成本高。另外，一些本来能被半自磨机有效粉碎的矿石却被预先破碎作业粉碎了，这降低了半自磨磨矿的优势，甚至成为在南非地区的"Rom Ball Mill"（原矿球磨机）形式。众所周知，半自磨磨矿与传统的多段破碎-球磨磨矿的优势之一就是破碎作业简化。如果增加一段破碎甚至二段破碎，这与传统球磨磨矿流程的差异变小。

据报道，已有半自磨机的格子板孔增大到 100mm 左右，这大大提高了允许排出临界粒子的粒度上限，大幅度提高了处理硬矿石时的顽石破碎作用。如果采用对顽石分级处理工艺则顽石破碎的作用将更大。

13.2.8.5　综合优化

现在常采用"Mine-to-Mill"优化方法提高半自磨机处理能力。该方法从采矿爆破开始优化整个粉碎作业链。例如 Antamina 矿的"Mine-to-Mill"优化后，半自磨机处理能力从 2006 年的 2750t/h 提高到 3600t/h 水平，如图 13-41 所示。表13-1 列出了 Los Pelambres 选厂优化结果。

半自磨磨矿优化至少包括如下参数：

（1）新给矿粒度分布和可磨性。

（2）钢球充填率。

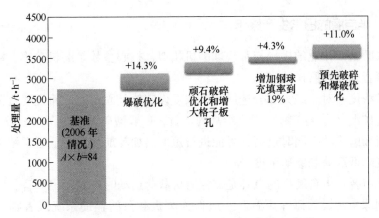

图 13-41　Antamina 矿半自磨机处理能力优化[242]

表 13-1　Los Pelambres 选厂优化[260]

新给矿	t/h	1950~2350	2300~2800
半自磨机钢球充填率	% (v/v)	12~13	13~14
磨机速度	r/min	9.5	8.35~10.0
	C. S.	73	65~78
总充填率	% (v/v)	16	22~27
磨矿浓度	% (w/w)	60	65~70
磨机功率	kW	9500~10200	9500~12380
钢球直径	in	4	5 1/2
格子板孔	mm	25	30
格子板开孔面积	m²	5.58	6.75
提升条行数		72	36
提升条高度	mm	254/222	220
提升条面角	(°)	8	30

（3）钢球直径。

（4）总充填率。

（5）磨机速度。

（6）磨矿内物料浓度。

（7）顽石破碎。

（8）格子板开孔面积和大小。

（9）矿浆提升格能力。

（10）筒体衬板提升条行数和面角。

13.2.9　半自磨的日常生产操作

半自磨磨矿作业的操作与常规球磨机相似，核心参数是磨机功率、载荷、磨机电耳声音强度和磨矿浓度。

磨矿浓度：对于绝大部分选厂磨矿浓度设定值是固定的，而且变化范围比较宽。对含矿泥（黏土矿物）不是很高的矿石，一般磨矿浓度为72%~82%。如果磨机载荷和磨机功率同时过高，可能进行短期增加补加水，降低磨矿浓度，快速冲洗磨机降低载荷和磨矿浓度。

磨机声音：半自磨机的电耳是监控磨机载荷运动时碰撞发出声音，特别是磨矿介质钢球与衬板的碰撞声音。一般作为磨机载荷的辅助系统或者临界情况确定。对于没有载荷称量系统的磨机，声音系统至关重要。

磨机功率和载荷：依据JKMRC磨机载荷与功率模型，允许估计磨机载荷对功率的影响。图13-42显示了依据JKMRC磨机载荷与功率模型计算的某半自磨机载荷、钢球充填率与功率的关系。图13-42（a）显示了该半自磨机总充填率、钢球充填率与半自磨机功率的关系。通常钢球充填率选择的范围应该允许最大磨机功率超过磨机功率的设定最高上限，如图13-42（a）中的梯形区域。如果已知钢球和矿石堆密度则可以计算出图13-42（b）。如果未知则可通过磨机载荷考查获取相关数据。从图13-42中可以观察到磨机功率变化是由于钢球充填率，还是总充填率所影响，进而采取相应措施调整。但是在实际生产中，通常通过补加钢球模式降低磨机载荷甚至功率，这是因为钢球充填率提高会增加磨矿速度和导致磨机总充填率下降，进而磨机功率下降。但如果磨机功率高是由于钢球充填率高引起的，则以上操作可能导致磨机功率更高。但这种情况在生产实践中少有发生，这是因为操作工通常知道常规钢球补加量，不易补加过多钢球。

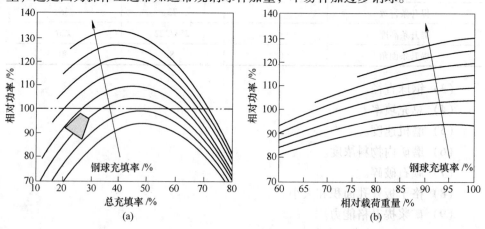

图13-42　某半自磨机操作曲线

需要注意的是，上面模型一般适于高钢球充填率（>8%～10%）的情况，同时也没有考虑大块硬矿石对磨机功率的影响。在生产实践中，适当调整磨机给矿粒度（例如，临时从不同的料堆点给矿）仍是控制磨机载荷和处理量的有效途径之一。

半自磨机磨矿日常生产操作中极少采用增加顽石破碎机排矿口或顽石旁路直接返回策略维持半自磨机功率和载荷。一般仅适用于下游作业限制了处理量提高，或突然矿石变软而磨矿载荷偏低情况。否则通常可以通过增加钢球充填率和处理量来保持半自磨机功率和载荷。

13.3 工业实例

13.3.1 SABC 流程

Sossego 铜矿：于 2004 年建成投产，设计日处理能力 4.1 万吨，矿石邦德功指数为 17～20kW·h/t，Sossego 矿石 $A \times b$ 为 32.2，属于硬矿石。另外一种矿石 Sequeirinho 的 $A \times b$ 为 49.5，采用经典 SABC 流程。主要设备包括 1 台直径 38ft× 长 23ft（直径 11.58m×长 7.0m）半自磨机（装配 20MW 变速的环形电动机），两台直径 22ft×长 29ft（直径 6.70m×长 9.75m）球磨机（每台装机功率为 8MW）和两台 MP800 圆锥破碎机以及两组 33in（838mm）Kerbs 旋流器。

设计的半自磨机给矿粒度 F80 为 150mm。半自磨机正常生产的钢球充填率为 12%，最高为 15%。半自磨机转速上限为临界转速的 82%。半自磨机格子板孔为 76mm（3in），开孔面积为 9%。半自磨机排矿筛筛孔一半为 15mm，另一半为 13mm。平均顽石率为新给矿的 25%左右。

球磨机给矿粒度 F80 为 2.5mm 左右，球磨机钢球充填率为 35%左右。旋流器给矿浓度为 70%左右，球磨机闭路循环载荷为 300%左右。旋流器溢流浓度为 35%左右，而粒度 P80 为 147～210μm。

2004～2006 年间进行 10 次之多的半自磨机格子板优化，磨机处理能力提高了 40%左右，详见表 13-2。

表 13-2 Sossego 矿半自磨机格子板优化[261]

序号	各种顽石窗数量			开孔面积	磨机处理量	
	63.5mm	76.2mm	88.6mm	%	t/h	%
1	32			8.6	1205	100
2	22	10		8.9	1247	103
3		32		9.7	1416	118
4		22	10	10.2	1559	129
5	18	1	13	9.7	1572	130

序号	各种顽石窗数量			开孔面积	磨机处理量	
	63.5mm	76.2mm	88.6mm	%	t/h	%
6	9		23	10.5	1639	136
7		32		10.9		
8		32		10.9		
9		32		10.7	1643	136
10		33		9.9	1694	141

2007 年开始优化半自磨机载荷控制，这是因为多次出现半自磨机衬板损坏导致停产维修。数据分析表明半自磨机载荷偏低是主要原因，且钢球直径高达 130mm。

2007 年还改造了顽石破碎系统。顽石破碎后增加了筛分作业，筛下直接进入球磨机磨矿系统，筛上仍返回半自磨机，提高了半自磨机处理能力 50t/h 左右。

同期，Sossego 矿进行了 "Mine-to-Mill"（采选一体化优化），图 13-43 显示了半自磨机给矿粒度优化的模拟结果。磨机功率和载荷基本不变的情况下，给矿粒度 P80 从 128mm 降低到 59mm，相应地处理量从 700t/h 提高到 1892t/h。通过实践爆破优化，2007 年实践处理量达到了 1731t/h。

Sossego 矿也优化了半自磨机筒体衬板，总衬板块数从最初的 240 降低 180，最后降低到 120。以上的优化使 Sossego 矿半自磨处理量从 2005 年的 1469t/h 提高到 2013 年的 1818t/h，如图 13-44 所示。

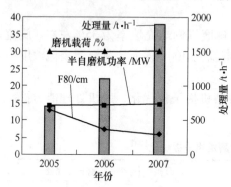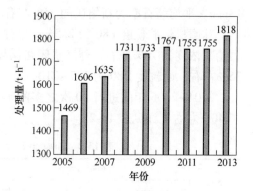

图 13-43　半自磨机给矿粒度影响模拟结果[261]　　　图 13-44　Sossego 矿半自磨机处理量优化[261]

Cadia Hill 金铜矿：采用典型 SABC 流程。半自磨机原来操作条件为：钢球充填率为 15% 左右，矿石充填率为 18% 左右，总充填率为 33% 左右。钢球直径为 125mm，消耗量为 0.50~0.55kg/t。磨机速度为 78% 临界速率，半自磨机功率通常在 19.5MW 水平。磨机排矿圆筒筛筛孔为 15mm×35mm。

2012 年，Cadia Hill 矿增加了高压辊磨进行二次破碎，改造后流程和主要设备参数如图 13-45 所示。与原来操作相比，半自磨机的钢球充填率和总充填率分别下降到 10%~12% 和 21%~23%。半自磨机运行功率从原来的 19.5MW 下降到 13~14MW。高压辊磨的排矿口一般为 60~65mm，工作压力为 125~130bar（12.5~13MPa）。由于采用高压辊磨预先破碎，半自磨机给矿粒度 F80 为 35mm 左右，这导致半自磨机矿石物料比较细而钢球充填率比较高（如图 13-46 所示）。半自磨机处理量达到 2600t/h 水平。

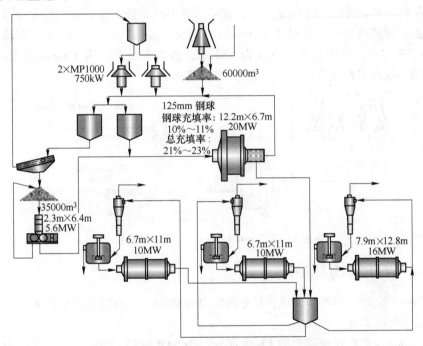

图 13-45　Cadia Hill 矿破碎磨矿作业示意图（2015 年）

图 13-46　Cadia Hill 矿半自磨机急停时载荷情况[262]

13.3.2　SAB 流程

Cerro Corona 金铜矿：位于秘鲁北部。矿石可磨性参数为：$A \times b = 76 \sim 87$；邦德球磨功指数为 11.7kW·h/t，属于易磨软矿石。该矿石黏土矿物含量高。

采用 SAB 流程（如图 13-47 所示）。给矿粒度 P80 为 50~65mm。初破产品直接进直径 7.32m×长 4.42m 半自磨机（装机功率为 3.9MW）。半自磨机转速为 9.6r/min 或 60%临界速率。半自磨机最大钢球直径为 130mm，钢球充填率为 15%左右。半自磨机圆筒筛筛上产品直接返回半自磨机，筛下进入预先分级的球磨闭路。球磨机型号为直径 7.32m×长 10.36m，装机功率为 7.6MW，钢球充填率为 32%左右。分级旋流器直径为 660mm，溢流粒度 P80 为 120μm 或 160μm。处理能力随着矿石性质变化，一般为 750~950t/h。

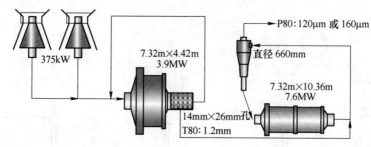

图 13-47　Cerro Corona 金铜矿磨矿流程

13.3.3　半自磨机开路流程

Goldex 金矿：2009 年调试，日处理能力为 8000t。矿石可磨性参数 $A \times b$ 为 32~38，属于难磨矿石。

Goldex 金矿磨矿流程如图 13-48 所示，为 SAB 流程，其中半自磨磨矿为全开路，无返回。半自磨机原新给矿粒度 F80 为 75mm 左右，增加预先破碎作业后为 38mm 左右。

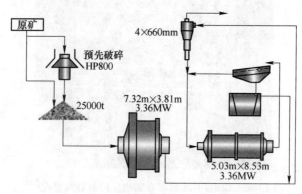

图 13-48　Goldex 金矿磨矿流程

采矿来料进行预先破碎后给入直径 7.32m×长 3.81m 半自磨机（装机功率为 3.36MW）。新格子板孔为 12mm，磨损后平均为 14.5mm×28.5mm，开孔面积为 3.35%。半自磨机钢球充填率为 17%～20%。半自磨机排矿进入预先分级的球磨机（规格为 5.03m×8.53m，功率为 3.36MW）闭路。球磨机排矿进入预先筛分的重选流程。筛子产品返回球磨机，重选尾矿返回旋流器分级。最终磨矿处理粒度 P80 为 140μm 左右。

13.3.4　单段磨矿流程

Bonikro 金矿：2008 年投产，硬矿石设计处理能力为 250t/h。生产初期处理氧化矿，然后是过渡带矿石，然后是硬矿石和少量氧化矿。硬矿石的邦德球磨、棒磨和破碎功指数分别为：15.4kW·h/t，15.5kW·h/t 和 12.3kW·h/t。

采用单段半自磨机磨矿流程（如图 13-49 所示），该流程包括旋流器分级和顽石破碎机双闭路。半自磨机型号为直径 5.34m×长 9.16m（属于长筒型磨机），安装功率为 4.5MW。磨机转速为 76.5% 临界速率。钢球充填率为 22% 左右。

该半自磨机原来采用金属格子板时，格子板孔被钢球卡堵严重，堵塞率达到 80%（如图 13-50 所示），严重影响处理量并需要停车清理。后改为可变形和柔性的橡胶-金属复合格子板，消除了卡堵孔现象。开孔面积为 4.7%。格子板孔为 30mm×60mm 长条。

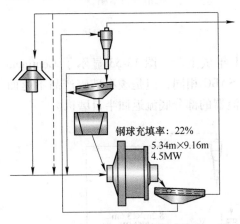

图 13-49　Bonikro 金矿磨矿流程

图 13-50　Bonikro 金矿半自磨机
卡堵的格子板[263]

Yanacocha 金矿：2008 年调试投产。矿石可磨性为：邦德球磨功指数为 15.7～19.2kW·h/t，$A×b$ 为 73，属于易碎硬矿石。设计处理能力为 620t/h。

Yanacocha 金矿采用单段磨矿流程（如图 13-51 所示）。磨机新给矿粒度小于 150mm。该流程包括旋流器分级和顽石直接返回双闭路。半自磨机型号为直径

9.75m×长9.75m（属于方形磨机），安装功率为16.5MW。钢球直径为105mm，充填率为13%～15%，总充填率为18%～25%。最初采用25mm×50mm格子板，钢球卡堵孔严重（如图13-52所示），采用橡胶-金属复合格子板后卡堵现象明显减轻，后配有50mm×80mm顽石窗。磨机排矿圆筒筛筛孔为12.7mm×31.8mm。分级采用10台650mm旋流器。新给矿粒度F80为70～80mm，磨矿粒度P80为150μm左右。

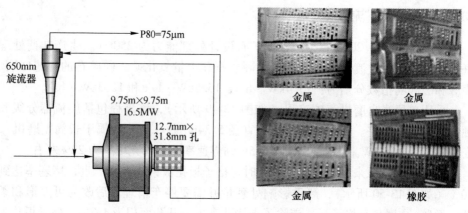

图 13-51　Yanacocha 金矿磨矿流程　　　　图 13-52　Yanacocha 金矿半自磨
　　　　　　　　　　　　　　　　　　　　　　　　机格子板卡堵[264]

13.3.5　其他流程

Centinela 铜金矿：2010 年调试，2011 年试生产。图 13-53 显示了 Centinela 铜金矿磨矿流程。尽管磨矿流程的装备与 SABC 相同，但是顽石破碎产品不返回半自磨机而直接进球磨机。球磨流程中旋流器的部分底流返回半自磨机。

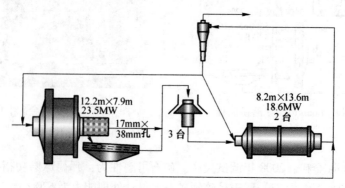

图 13-53　Centinela 铜金矿磨矿流程

原矿采用60in×113in（1.5m×2.9m）旋回破碎机破碎，宽侧排矿口为170～

200mm。初破产品进粗矿石料堆，然后给入直径12.2m×长7.92m半自磨机（装机功率为23.5MW）。最初52行筒体衬板，后来改为36。新格子板孔为70mm。半自磨机钢球实际充填率为15.5%左右。半自磨机排矿采用圆筒筛和振动筛二段分级，筛孔为17mm×38mm。筛上产品（顽石）采用3台Raptor XL1000圆锥破碎机破碎，窄侧排矿口为14~16mm。顽石破碎后给入2台球磨机（规格为直径8.2m×长13.6m，功率为18.6MW），钢球充填率为30%~32%。筛下进入预先分级的球磨闭路。新给矿最大粒度为135mm左右，最终磨矿处理粒度P80为150μm左右，流程处理量为4300t/h水平。

14 粉碎作业功率能量模型

扫码观看彩色图表

14.1 引言

在破碎磨矿性能测试中，实验室试验甚至中等规模连续试验采用的矿石粒度一般通常明显不同于工业设备生产时的矿石粒度。例如，对于全自磨磨矿，最大矿石粒度可达 350～500mm，但是通常 JK 落重实验的最大颗粒粒度仅为 65mm。这意味着存在一个问题，即如何应用小于或等于 65mm 颗粒所测量的指数预测大块矿石在实际工业型磨机内的粉碎行为。这需要开发数学模型把小规模试验和工业生产相连接。粉碎数学模型至少在如下方面是至关重要的。

（1）粉碎作业设计人员计算、选择粉碎设备（如破碎机和磨机）型号。

（2）粉碎作业设计人员优化粉碎过程的能耗，即对于各段破碎磨矿作业设定不同中间产品粒度时，计算和评估其对整个粉碎过程能耗的影响以实现最佳经济性和可行性。

（3）生产技术人员估计粉碎作业的能量效率并发现其中存在的问题并确定粉碎作业的能量效率提高方向。

能量模型今天已成为选厂粉碎作业设计和生产优化的主要手段。

设计阶段：一旦设定了某粉碎作业指标或选定了流程/设备种类，设计人员就可以把矿石的可磨性和硬度参数输入模型软件（如 JK SimMet）就可以计算出比能耗。对于一些模型可能还需要输入设计处理量。进而很容易通过比能耗计算总能耗。依据总能耗再初步选定设备型号或大小并获得一些更详细作业和产品粒度信息。但是，在绝大部分粉碎作业的数学模型中，粉碎设备特征（如磨机直径）也必须输入模型软件。在这种情况下，需要依据工业生产实践案例和设备制造商提供的手册中的产品系列，初步估计设定设备核心参数。然后，模型软件可以计算出所需设备处理能力。如果发现设备选型太大或太小，设计人员需要重复以上步骤直至合理设备选型（通常设备能力应该在某种程度超过所需的能力）。对于磨机选型，它还需要研究磨机在指导载荷情况是否与磨机功率相配，即设计的磨机载荷（充填率）是否能产生所需的磨机运转功率，以及在设定磨机功率时允许的最大磨机载荷，包括矿石和磨矿介质载荷。

生产优化：在这种情况下，设备性能参数和矿石的可破碎性能/可磨性都已经知道，唯一的变量是调整模型中的各段粉碎作业的设备操作参数以及（中间）产品粒度。一般原则是把负荷率已经很高的设备/作业/单元的给矿粒度调小或产品粒度调大。然后进行模拟并检查模拟结果。这可能需要多次重复以上步骤直到所有设备的负荷分担合理或整个流程的产能最大化。值得注意的是，这些模拟软件通常不包括辅助设备的能力，如泵、皮带输送机、管道等。它通常只是能量最优化的结果（类似于热力学结果），是否能实现仍需要研究。例如，当全自磨机给矿粒度降低时，能量模型计算出来的能耗降低，但实践中可能不可行，这是因为给矿粒度变细会导致磨矿介质短缺进而降低磨矿能量效率。

14.2　磨矿能耗模型

14.2.1　全/半自磨机磨矿能耗

14.2.1.1　Morrell 模型

依据 JKMRC 方法，Morrell[265] 报道了如下全自磨机磨矿能耗计算方法：

（1）当产品粒度 P80>750μm 时，需要的总净比能耗为：

$$W = W_a = 4K_c M_{ia} (P80^{-(0.295+P80/1000000)} - F80^{-(0.295+F80/1000000)})$$

式中，W 为总净比能耗，$kW \cdot h/t$；W_a 为粗磨净比能耗，$kW \cdot h/t$；K_c 为流程因子，有、无顽石破碎时分别为 1.0 和 0.95；M_{ia} 为粗矿石磨矿功指数，采用 SMC 测试直接获得，$kW \cdot h/t$；P80 为 80%产品重量通过时的粒度，μm；F80 为 80%给矿重量通过时的粒度，μm。

（2）当产品粒度 P80<750μm 时，粗磨净比能耗为：

$$W_a = 4K_c M_{ia} (750^{-(0.295+750/1000000)} - F80^{-(0.295+F_{80}/1000000)})$$

细磨净比能耗为：

$$W_b = 4M_{ib} (P80^{-(0.295+P80/1000000)} - 750^{-(0.295+750/1000000)})$$

式中，M_{ib} 为球磨机邦德功指数，$kW \cdot h/t$。

总净比能耗为：

$$W = W_a + W_b$$

14.2.1.2　Barratt-Millpower 2000 模型

1986 年，Barratt[266] 提出了一个经验模型用于预测半自磨磨矿功耗，该模型的矿石可磨性参数为邦德磨矿功指数，比能耗计算公式如下：

$$W = 1.25 \left[10CWi \left(\frac{1}{\sqrt{P80_c}} - \frac{1}{\sqrt{F80}} \right) + 10RWi \left(\frac{1}{\sqrt{P80_r}} - \frac{1}{\sqrt{P80_c}} \right) K_r + \right.$$

$$\left. 10BWi \left(\frac{1}{\sqrt{P80_b}} - \frac{1}{\sqrt{P80_r}} \right) K_b \right] - 10BWi \left(\frac{1}{\sqrt{P80_{SAG}}} - \frac{1}{\sqrt{F80_{SAG}}} \right) K_b$$

式中，RWi 和 BWi 分别为破碎、棒磨和球磨功指数，$kW \cdot h/t$；$P80_c$、$P80_r$、$P80_b$ 和 $P80_{SAG}$ 分别为等效于破碎、棒磨、球磨和半自磨磨矿时产品 P80。后两项为固定值，等于 110μm；K_r 和 K_b 分别为棒磨、球磨磨矿所有效率因子的组合。

Barratt 方法现在已经软件化，所有的计算都在计算机软件 Millpower 2000 中完成。

14.2.1.3　SPI 模型

SPI 试验是采用实验室规模的半自磨机进行试验，进而确定相应工业半自磨机的比能耗。SPI 是测量物料闭路磨矿至 P80 为 1.7mm 所需要的时间，单位为 min。SPI 模型预测的全/半自磨磨矿比能耗为：

$$W = k_f k_p k \left(\frac{\text{SPI}}{\sqrt{\text{T80}}}\right)^n$$

式中，k_p 和 k_f 分别为产品和给矿修正因子；T80 是半自磨机产品粒度（注：不一定是排矿粒度），μm；k 和 n 是经验常数。

14.2.1.4　SAG Design 模型

SAG Design 测试采用干式闭路实验室规模试验，但与工业半自磨机的操作条件相同。产品 P80 设为 1.7mm，与 SPI 试验方法一致。比能耗计算公式为：

$$W_{\text{SAG}} = R(16000 + M)/(447.3 \times M)$$

总流程的比能耗 W_T 为：

$$W_T = 10K_f K_p W_{\text{SAG}} \left[\left(\frac{1}{\sqrt{\text{T80}}} - \frac{1}{\sqrt{\text{F80}}}\right) E_5\right] + 10\text{BWi}\left(\frac{1}{\sqrt{\text{P80}}} - \frac{1}{\sqrt{\text{T80}}}\right) K_b$$

式中，R 为 SAG Design 试验磨机的旋转次数；M 为 SAG Design 试验磨机载荷重量，g。

14.2.1.5　SMCC 模型

SMCC 方法采用以上的 Morrell 模型，根据半自磨机给矿 F80 和球磨机溢流 P80 的数据，首先预测整个流程的总比能耗。全/半自磨机流程比能耗预测公式如下：

$$W = K_c F^a 80 \text{DWi}^b \frac{1}{1 + c[1 - \exp(-d \times J_c)]} \phi_c^e f(Ar) g(x)$$

式中，ϕ_c 为磨机临界速率，%；$f(Ar)$ 为磨机径长比函数；$g(x)$ 为磨机排矿圆筒筛或振动筛筛孔；K_c 为流程中顽石破碎机的函数；J_c 为磨机充填率，包括矿石、钢球和水；a、b、c、d、e 和 f 为经验常数。

14.2.1.6　OMC 功率模型

OMC 功率模型的总比能耗公式为：

$$W_T = 10\text{BWi}\left[\left(\frac{1}{\sqrt{75}} - \frac{1}{\sqrt{150000}}\right) f_{\text{SAG}} - \left(\frac{1}{\sqrt{\text{F80}}} - \frac{1}{\sqrt{150000}}\right) - \left(\frac{1}{\sqrt{75}} - \frac{1}{\sqrt{\text{P80}}}\right)\right]$$

式中，f_{SAG} 为半自磨磨矿效率因子，与 T10 和 BWi 相关。

OMC 多参数模型包含了更多的操作函数，如磨机转速，钢球充填率，流程是否有顽石破碎作业等。它的方程与 SMCC 模型十分相似，方程如下：

$$W = a(A \times b)^b F80^c \frac{1}{1 + d[1 - e^{(-g \times J_c)}]} \phi^h f(Ar) f(K)$$

式中，$f(K)$ 为流程中顽石破碎机函数；a、b、c、d、e、g 和 h 为经验常数。

14.2.1.7 Silva-Casali 模型

Silva 和 Casali[267] 观察到半自磨机运转功率与新给矿中-152+25mm 粒级量成正比。半自磨机的比能耗经验公式为：

$$W = 0.063 M_{-152+25} + 75.3 \times J_c - 45 \times \phi_c + \frac{18.3}{M_s}$$

式中，$M_{-152+25}$ 为新给矿中-152+25mm 粒级量的百分数；M_s 为半自磨机总给矿的重量固体浓度，相当于磨矿浓度。

14.2.1.8 能量模型预测结果比较

2015 年 Scinto[268] 等发表了一篇有关各种磨矿能量模型预测结果的比较的论文，结果见表 14-1。尽管预测的总比能耗差异不是很大，但单对半自磨磨矿，预测的比能耗差异高达 28%。特别重要的是既然半自磨磨矿比能耗最大与最小值相差近 50%，该半自磨机的选型应该会不同，这可能导致磨机选型太大或太小。

表 14-1 各种能量模型预测结果比较[268]

案例	模型	比能耗/kW·h·t⁻¹			与平均比能耗的差异/%		
		半自磨机	球磨机	合计	半自磨机	球磨机	合计
1	OMC	8.6	10.4	19.0	-1.9	8.3	2.9
	SMC	9.6	8.4	18.3	9.5	-12.5	-0.9
	Ausgrind	8.1	10.0	18.1	-7.6	4.2	-2.0
2	OMC	12.8	15.7	28.6	5.6	5.0	5.5
	Starkey	13.0	16.0	29.0	7.2	7.0	7.0
	Ausgrind	11.8	14.1	25.9	-2.7	-5.7	-4.4
	MacPherson	10.9	14.0	24.9	-10.1	-6.4	-8.1
3	OMC	9.1	8.4	17.3	3.0	-0.8	0.8
	Ausgrind	8.8	8.8	17.6	-0.4	5.2	2.5
	Survey	8.6	8.0	16.6	-2.6	-4.4	-3.3
4	OMC	13.2	12.3	25.5	19.3	-14.0	0.5
	Ausgrind	12.0	14.6	26.6	8.4	2.1	4.9
	FLSmidth	8.0	16.0	24.0	-27.7	11.9	-5.4

14.2.2　棒磨机磨矿能耗

Bond 和 Rowling 提出了如下方程计算棒磨机功耗：

$$W_r = 10 \times RWi \times \left(\frac{1}{\sqrt{P80}} - \frac{1}{\sqrt{F80}} \right) \times E_1 \times E_2 \times E_3 \times E_4 \times E_5 \times E_6 \times E_7 \times E_8$$

式中，$E_1 \sim E_8$ 为效率因子。

E_1 为磨矿方式（湿式/干式磨矿）因子。湿式和干式磨矿时分别为 1.0 和 1.3。

E_2 为闭/开路流程因子。闭路和开路是分别为 1.0 和 1.2。

E_3 为磨机直径因子。当磨机直径 $D > 3.81\text{m}$ 时，$E_3 = 0.914$；当磨机直径 $D \leqslant 3.81\text{m}$ 时，$E_3 = \left(\dfrac{2.44}{D} \right)^{0.2}$。

E_4 为给矿粒度影响因子。当给矿粒度小于 16mm 时，$E_4 = 1$；当给矿粒度大于 16mm 时：

$$E_4 = \frac{R_r + (RWi - 7) \times \left(\dfrac{F80 - F_{op}}{F_{op}} \right)}{R_r}$$

式中，R_r 为磨矿比，$R_r = \dfrac{F80}{P80}$；F_{op} 为最佳棒磨机给矿粒度，计算公式如下：

$$F_{op} = 16000 \times \sqrt{\frac{13}{RWi}}$$

E_5 为磨矿细度因子。当磨矿产品粒度小于 $75\mu\text{m}$ 时，$E_5 = 1.0$。

E_6 为磨矿比因子，计算公式为：

$$E_6 = 1 + \frac{(R_r - R_{ro})^2}{150}$$

式中，R_{ro} 是最佳破碎比，$R_{ro} = 8 + \dfrac{5 \times (L - 0.5)}{D}$。

E_7 为球磨低破碎比因子，对于棒磨机为 1.0。

E_8 为棒磨磨矿因子。当流程仅有棒磨机时，开路、闭路流程值分别为 1.4 和 1.2；当采用棒磨机+球磨机流程时，开路、闭路流程值分别为 1.2 和 1.0。

14.2.3　球磨/砾磨磨矿能耗

Bond-Rowlings 方法也可以用于设计计算球磨磨矿能耗。球磨机功耗方程如下：

$$W_r = 10 \times BWi \times \left(\frac{1}{\sqrt{P80}} - \frac{1}{\sqrt{F80}} \right) \times E_1 \times E_2 \times E_3 \times E_4 \times E_5 \times E_6 \times E_7 \times E_8$$

式中，$E_1 \sim E_3$ 同棒磨机因子。

E_4也为给矿粒度因子。当给矿粒度小于 4mm 时，$E_4 = 1$；当给矿粒度大于 4mm 时：

$$E_4 = \frac{R_r + (BWi - 7) \times \left(\dfrac{F80 - F_{op}}{F_{op}}\right)}{R_r}$$

式中，F_{op}为最佳球磨机给矿粒度，计算公式如下：

$$F_{op} = 4000 \times \sqrt{\frac{13}{BWi}}$$

E_5为磨矿细度因子。当磨矿粒度小于 75μm 时，$E_5 = \dfrac{P80 + 10.3}{1.145 \times P80}$。

E_6为棒磨机破碎比因子。对于球磨，$E_6 = 1.0$。

E_7为球磨机破碎比因子。当 $R_r < 6.0$ 时，$E_7 = \dfrac{2 \times (R_r - 1.35) + 0.26}{2 \times (R_r - 1.35)}$。

E_8为棒磨磨矿因子，对于球磨机为 1.0。

14.3 磨机功率能力模型

14.3.1 扭矩-力臂模型

当仅考虑把磨机物料从载荷最低点（脚趾处）提升到最高的（肩部）位置时，所对抗重力需要的能量，采用扭矩-力臂模型计算磨机的扭矩（T）和磨机运转功率如下：

$$T = W_c g R_c \sin\alpha$$

$$P = \frac{2\pi NT}{60}$$

式中，W_c为磨机载荷重量；g 为重力加速度；N 为磨机转速，r/min；R_c 为磨机中心至磨机载荷重心的距离；α 为磨机载荷偏角。

一个常规基于扭矩-力臂模型的经验磨机功率表达式如下：

$$P = f_\rho(\rho_c) f_\alpha(\alpha) f_J(J_c) f_D(D) f_L(L) f_N(N)$$

然而实际中各种这种滚筒式磨机功率与磨机载荷的关系与上面公式计算的值有或大或小的差异，这主要是因为模型没有考虑如下因素：（1）磨机内物料（包括钢球和矿石）下落冲击时，磨机筒体回收的能量；（2）磨机载荷之间的互相滑动而引起磨机载荷之间的互相摩擦作用的能耗等。

14.3.2 Morrell 磨机功率模型

1996 年，Morrell[269]提出了一种简化的磨机载荷几何形状，如图 14-1 所示。Morrell 模型依据磨机内固体重量和矿浆体积预测磨机载荷的总体积、比重和重心位置。

磨机载荷"脚趾"位置的夹角为：

$$\theta_T = A[1 - e^{-B(\phi - \phi_c)}] + \frac{\pi}{2}$$

式中，θ_T为磨机载荷"脚趾"夹角，弧度；ϕ为试验或工业磨机的临界转速；ϕ_c为磨机的临界转速率；A和B为与磨机总充填率相关的参数，$A = 2.5307 \times (1.2796 - J_c)$，$B = 19.42$。

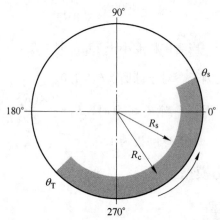

图 14-1　格子板型磨机载荷几何形状简化图

磨机在"肩部"位置夹角为：

$$\theta_S = \frac{\pi}{2} - \left(\theta_T - \frac{\pi}{2}\right) \times (E + F \times J_c)$$

式中，θ_S为磨机载荷"肩部"位置夹角，弧度；E和F为与磨机临界速率相关的因子，$E = 0.3386 + 0.1041 \times \phi$，$F = 1.54 - 2.5673 \times \phi$。

磨机载荷内径R_s计算公式为：

$$R_s = \frac{D}{2}\left(1 - \frac{2\pi\beta J_c}{2\pi + \theta_S - \theta_T}\right)^{0.5}$$

式中，β是经验模型函数，与由磨机载荷"脚趾"、"肩部"和内表面形状的磨机载荷形状相关。

Morrell 模型的磨机净功率为：

$$P = KD^{2.5}L\rho_c J_c \frac{5.97\phi_c - 4.43\phi_c^2 - 0.985 - J_c}{(5.97\phi_c - 4.43\phi_c^2 - 0.985)^2} \times$$

$$\phi_c\{1 - (1 - 0.954 + 0.135J_c)\exp[-19.12(0.954 - 0.135J_c - \phi_c)]\}$$

当磨机空载时，磨机运转功率P_0计算公式为：

$$P_0 = 1.68D^{2.05}[\phi_c(0.667L_t + L)]^{0.82}$$

式中，L_t 为磨机椎体部分长度；D 为磨机有效直径，计算公式为 $D = D_{shell} - H_{liner}$，$D_{shell}$ 为磨机公称（筒体）直径；H_{liner} 为磨机筒体衬板厚度；L 为磨机有效长度。

14.3.3　MacPherson-Turner 磨机功率模型

1980 年，MacPherson 和 Turner[270] 提出了一个简单干式全自磨机功率方程，表达式如下：

$$P = 0.992 D^{2.8} L \rho_c$$

式中，ρ_c 为磨机载荷（包括矿石、钢球和水）密度，t/m^3。

14.3.4　Rose-Sullivan 磨机功率模型

Rose 和 Sullivan[271] 从理论上推导出磨机功率模型，它假定磨机功率与临界速率（ϕ_c）成正比，且矿石与钢球在磨机内的运动行为是相同的。并假定磨机载荷（给矿钢球和矿石）的孔隙率为 0.4。最终干式磨矿磨机功率方程为：

$$P = 1.12 \times 10^{-3} (D^{2.5} L \rho_b) \left(1 + \frac{0.4 \rho_s J_v}{\rho_b}\right) \phi_c f(J_b)$$

式中，$f(J_b)$ 为磨机钢球载荷的方程。当 $J_b < 50\%$ 时：

$$f(J_b) = 3.045 J_b + 4.55 J_b^2 - 20.4 J_b^3 + 12.9 J_b^4$$

14.3.5　Bond 模型

Bond[272] 提出了如下经验模型计算球磨机主轴的输出功率：

$$P = 7.33 \phi_c J_b (1 - 0.937 J_b) \left(1 - \frac{0.1}{2^{9-10\phi_c}}\right) \rho_b D^{2.3} L$$

对于湿式球磨机，单位重量磨矿介质的能耗为：

$$\frac{P}{W_b} = 15.6 D^{0.3} \phi_c (1 - 0.937 J_b) \left(1 - \frac{0.1}{2^{9-10\phi_c}}\right) \rho_b$$

钢球重量计算公式为：

$$W_b = \frac{\pi}{4} D^2 \rho_b L (1 - J_v)$$

式中，J_b 为磨机介质（钢球）充填率；ρ_b 为钢球密度；J_v 为磨机介质钢球的孔隙率。

14.3.6　Rowlands 磨机功率模型

基于 Bond 磨机功率模型，发现当球磨机直径大于 3.3mm 时，最大钢球尺寸会影响球磨机的运转功率。Rowlands 和 Kjos[273,274] 修正钢球尺寸对磨机功率影响因子，公式如下：

$$S_{\text{b}} = 1.102 \times \left(\frac{B - 12.5 \times D}{50.8} \right)$$

式中，B 为最大钢球尺寸，mm；S_{b} 为磨机载荷中钢球影响因子，kW/t 钢球。

进而，修正后的 Bond 磨机功率模型为：

球磨机：　$\dfrac{P}{W_{\text{b}}} = 4.879 D^{0.3} (3.2 - 3J_{\text{b}}) \phi_{\text{c}} \left(1 - \dfrac{0.1}{2^{9-10\phi_{\text{c}}}} \right) + S_{\text{b}}$

同时需要对 Bond 磨机功率模型进行修正。详细修正因子见球磨/砾磨磨矿能耗部分。

对于其他两种传统磨机，也提出了类似的经验方程，如下：

棒磨机：　$P = 1.7524 \dfrac{\pi}{4} D^{2.33} L \times 0.8 J_{\text{r}} \rho_{\text{r}} (6.3 - 5.4 J_{\text{r}}) \phi_{\text{c}}$

砾磨机：　$P = 10 \sin\alpha D^{2.3} L \rho_{\text{c}} (3.2 - 3J_{\text{pe}}) \phi_{\text{c}} \left(1 - \dfrac{0.1}{2^{9-10\phi_{\text{c}}}} \right)$

式中，J_{r} 和 J_{pe} 分别为棒和砾石的充填率；ρ_{r} 为棒磨矿介质密度；α 为磨机载荷夹角。

类似地，也需要对以上磨机功率方程进行修正。

14.3.7　Austin 磨机功率模型

1990 年，Austin 提出了一个类似于 Bond 模型的模型，但它是用计算全/半自磨机的功率，它涉及动力学和可能的能量平衡。磨机筒体部分的功率为：

$$P = K D^{2.5} L (1 - A J_{\text{c}}) \left[(1 - J_{\text{v}}) \left(\frac{\rho_{\text{s}}}{M_{\text{s}}} \right) J_{\text{c}} + 0.6 J_{\text{b}} \left(\rho_{\text{b}} - \frac{\rho_{\text{s}}}{M_{\text{s}}} \right) \right] \phi_{\text{c}} \left(1 - \frac{0.1}{2^{9-10\phi_{\text{c}}}} \right)$$

式中，A 和 K 为经验回归常数，分别为 1.03 和 10.6；J_{v} 为矿石和钢球堆的孔隙率，即空隙占整个磨机载荷比例，例如：0.3 或 30%；ρ_{b} 和 ρ_{s} 分别为钢球和矿石的密度；J_{b} 为钢球充填率。

1994 年，Austin 和 Concha[275] 开发了一个既适于低径长比，也适于高径长比磨机的方程。该模型还考虑了筒体部分和给矿、排矿两端椎体部分对磨机功率的影响。全/半自磨机能量消耗计算公式如下：

$$P = K_{\text{p}} D^{2.5} L \rho_{\text{c}} J_{\text{c}} (1 - A_{\text{p}} J_{\text{c}}) (1 + F_{\text{p}}) \phi_{\text{c}} \left(1 - \frac{0.1}{2^{9-10\phi_{\text{c}}}} \right)$$

式中，K_{p} 和 A_{p} 为常数；（$1+F_{\text{p}}$）为磨机椎体部分修正因子。

14.3.8　Blanc 磨机功率模型

Doering International 的 Blanc[276] 提供了如下球磨机功率的近似方程：

$$P = \frac{K W_{\text{c}} \sqrt{D}}{1.3596}$$

式中，K 为与磨机载荷有关的参数，其数值见表 14-2。

表 14-2 模型的修正因子 K 与磨矿介质及充填率的关系[276]

磨矿介质	磨矿介质充填率				
	0.1	0.2	0.3	0.4	0.5
钢球直径大于 60 mm	11.9	11.0	9.9	8.5	7.0
钢球直径小于 60 mm	11.5	10.6	9.5	8.2	6.8
锥段磨矿介质 Cylpebs	11.1	10.2	9.2	8.0	6.0
铁/钢质磨矿介质（平均）	11.5	10.6	9.5	8.2	6.8

14.3.9 Loveday-Barratt 磨机功率模型

1978 年，Loveday 发表了一个简单的半自磨机功率模型，公式如下：

$$P = P_N D^2 L \rho_c$$

式中，P_N 为经验"功率数"，它随磨机充填率和速度相关。

ρ_c 计算公式如下：

$$\rho_c = \left(\frac{J_b}{J_c} \rho_b + \frac{J_s}{J_c} \rho_s \right) \times (1 - J_v) + J_v \rho_p$$

式中，J_s 为矿石充填率。

14.3.10 Silva-Casali 磨机功率模型

Silva 和 Casali 观察到，大块矿石（ $-152+25$mm）也影响半自磨机的功率，其磨机功率模型为：

$$P = D^2 \times L \times \left(0.0348 M_{-152+25} + 26.4 \times J_c - 6.7 \times \phi_c + \frac{4}{M_s} \right)$$

14.3.11 Morgardshammar 磨机功率模型

Morgardshammar 采用了一个常规扭矩-力臂模型计算各种磨机的功率，它的经验模型为：

$$P = K_m W_c R_c n$$

式中，K_m 为湿式磨矿磨机种类因子。对于棒磨机，$K_m = 1/1800$；对于格子型球磨机，$K_m = 1/1200$；对于溢流型球磨机，$K_m = 1/1470$；对于砾磨机，$K_m = 1/1200$。

R_c 与棒磨、球磨和砾磨机充填率的关系如图 14-2 所示。

当磨机介质充填率为 45% 时，磨机功率估算方程如下：

对于棒磨机： $P = 6.776 D^{2.467} L$

对于球磨机： $P = 10.552 D^{2.2014} L$

对于砾磨机： $P = 3.55 D^{2.7031} L$

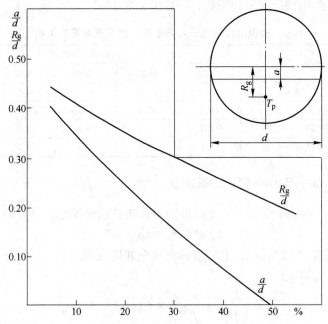

图 14-2　R_c 与棒磨、球磨和砾磨机充填率的关系[277]

15　信息（IT）时代的选厂生产监控

扫码观看彩色图表

在选厂中央操作控制系统诞生前，由于传统的多段闭路破碎-球磨磨矿典型工艺的高稳定性，选矿工艺技术人员或工程师获得生产信息速度慢且信息量有限，他们的主要技术工作通常为制定各作业的操作参数，定期或不定期考查生产情况，发现问题，提出方案和实施优化等，通常并不实时监控生产过程。

随着传感技术与控制的发展和人工成本上升，许多工业发达国家（如澳大利亚）选厂一线操作人员越来越少。例如位于南澳的一个年处理量超过 1000 万吨的铜浮选厂，包括 2 个全自磨磨矿流程、1 个半自磨磨矿流程、1 个球磨再磨流程、2 个系列的粗-扫选以及 3 段精选作业，每班仅有 6~7 名操作工。另一实例为在西澳的一镍矿，生产工艺包括 3 段 2 闭路的破碎-球磨磨矿工艺、单系列的粗-扫选以及 2 段精选作业、浮选和浓缩药剂配制、精尾矿浓缩、镍精矿压滤、尾矿库排放、地下水供水及淡化作业等，每班仅有 5 名操作工。这限制了操作工仍像选厂中央操作控制系统诞生前一样实施主动生产运行状态的现场检测，而是越来越依赖选厂中央操作控制系统发现和处理问题（注：至今在浮选作业方面仍缺乏有效的控制，仍需要有经验的操作工现场观察浮选现象并配合在线品位/粒度分析仪的分析作出判断和解决问题）。另外，随着操作更复杂的全/半自磨磨矿工艺的出现，特别采用单段磨矿流程时，这需要专业人员（例如工程师）积极参与日常生产的监控并及时处理问题。专业人员对选厂生产情况的实时监控和数据分析显得日趋重要。获取的生产信息速度越快，对生产做出的反应越快。这进一步要求整合整个选厂的不同作业信息和不同来源信息（例如设备运转信息、分析部门的样品分析结果、地质部门的工艺矿物学）形成一个公共信息平台，为数据分析和决策提供基础，有利于实现公司的生产目标和提高经济效益。

目前，选厂通常采用的中央控制系统为 Distributed Control System（DCS）或 Supervisory Control and Data Acquisition（SCADA），通常该系统有自己的专用网络系统和极高的安全系统。因此，通常限制从公共网络直接进入选厂中央控制系统的服务器。否则，不仅会增加该服务器的工作负荷降低中控室的操作反应速度，而且非中控室人员的主动或误操作等容易造成操作混乱并增加事故风险。因此，通常有两种方法实现实时生产数据的获取。

一种是建立镜像服务器，通过单向数据传送方式把中央控制操作系统服务器的数据拷贝到此镜像服务器上，然后任何注册用户可在个人电脑安装几乎与中央控制室使用的 DCS 一样的操作系统，但是其系统没有任何操作功能以免误解或误操作。这样用户可以在包括办公室在内的任何地方获得生产信息。该方案的优点是信息用户与中控室操作人员的系统的界面几乎完全一样，这样方便在交流时快速确定设备或信息点。但是它也有如下固有缺陷：

（1）用户获取了许许多多他们不需要的信息，信息没有针对性，浪费信息系统资源。本书的作者之一曾应用过这样的系统，每天早上 7 点左右，整个矿山的网络系统堵塞严重，几乎不管内网外网都无法正常工作。这是因为参加每天早会相关人员，包括选矿工程师、生产管理人员、维修工程师和管理人员等都在运转该系统，了解过去 24 小时的生产情况或低产/停产原因，为 7：30 的早会做准备。实际上，该系统不得不限制同时使用/登录用户的数量。一些用户无法及时获得信息，而另一方面用户又获取了许多他们不需要的信息。

（2）极其有限的生产信息统计功能。对于大部分 DCS 系统，增加统计功能将不可避免增加系统的负荷，通常 DCS 仅有选矿工程师列出的必要的统计信息，如班或日生产时间和处理量。甚至不适于做长期累积，这是因为系统一旦断电可能失去已有累积部分。例如，当做季度处理量累积时，如果中间出现 PLC 或/和 DCS 断电，累积将重新开始。

（3）不能依据用户需要而灵活开发新的分析和统计功能。既然 DCS 通常是由专业人员开发的，通常不希望时不时地要求开发新功能，这对于没有专门的控制工程师的中小矿山尤为重要。通常这些中小矿山会同专业控制公司进行日常维护和定期现场检测。

（4）DCS 系统通常极其困难输入其他生产必需信息，如来自于地质、采矿和实验室分析的数据，不能形成一个统一的数据库系统用于选厂生产和设备状态的分析，即仍需要其他数据库系统存储这些信息，这样给信息存储和获取带来巨大困难。

提取生产信息的能力对维修和工程改造设计也极其重要。因此，另一种方案为历史数据库。

15.1　历史数据库

历史数据库又称为生产数据库或操作数据库，它是一软件程序用于记录和提取生产和工艺生产过程的数据。这些信息被存储在一个以时间为序列的数据库中，这样既节省了硬盘空间又有利于快速提取信息。时间序列数据经常采用趋势线展示或采用列表方式列出一定时间段（例如：过去 8h、昨天或去年）数据。

历史数据库可能还有实时查询功能，它通过一个中央存储器收集整个生产设施或跨多地点的数据，如图 15-1 所示。各种信息将从许多不同的来源处通过界面/接口自动收集并汇聚到一个公共平台进行分析。可以从如下各种设施中收集种类各异的信息：

（1）PLC（Programmable Logic Controllers）。PLC通常用于控制整个生产工艺过程的一小部分或基本部分，如一台设备或一个作业单元。

（2）DCS（Distributed Control System），包括操作工修改操作参数、停启设备、DCS控制整个生产设施等。

（3）专有仪器仪表界面（例如：智能电子设施）。数据直接从仪器仪表而不是从（中央）控制系统传给历史数据库，例如电子皮带秤、流量计等。

（4）实验室仪器，如粒度分析仪、XRF（荧光分析仪）和电子秤。

（5）手工输入，例如：操作工定期巡视生产线而记录的各种手动仪器读数。

（6）允许派生的信息或相关关系的信息。

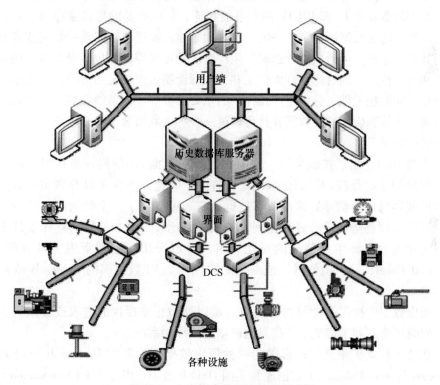

图15-1　生产历史数据库结构示意图

历史数据库拥有一个组成结构或管理框架以确保从分散的数据源汇总到一个简单统一的数据库。这个数据库可能开始的时候比较小，然后能扩展到成千上万用户和百万级标签（代表一个信息的代码或编号。例如磨机运转功率数据记录在一个标签下）。历史数据库通过界面/接口允许从第三方的各种系统中收集数据，提供了一种开放式数据整合模式，应用于第三方。

历史数据库可以记录整数、实数、位元（如：开或关，停或转）、文字信息（如产品名称）、从一个有限清单中的选项（如：停、低和高）。历史数据库能记录的信息种类包括：

模拟信号读数　　　　温度、压力、料位、重量、速度
数字信号读数　　　　阀门、限位开关、电机转/停、离散料位传感器
产品信息　　　　　　产品名称、批次、材料、原材料等
质量信息　　　　　　工艺生产和产品限度、用户要求限度
报警信息　　　　　　超出信号局限、回归正常信号
统计信息　　　　　　平均值、标准偏差、移动平均值

第一步是把所有需要进历史数据库的数据源与安装有数据库（如：澳大利亚矿山常用的数据库 PI 和 PHD）的服务器相连，并以必要的保真度存储这些原始数据。通常历史数据库提供一些统一工具用于输入或提取时间系列数据或非时间系列数据。这样，可形成整个选矿厂生产情况的可视界面，包括资产设备的运转性能和生产情况，同时还允许操作工和工程师绘制生产情况趋势线、研究不同生产变量之间的相关性、分析生产操作中的重要参数等。为了能让整个公司人员可以接触、了解和应用这些数据并且可以进一步扩大数据源，有必要建立资产数据分类分组目录。

不像 DCS（集散控制系统）或 HMI（人机界面），他们一般只能显示一个短时间内的实时数据，而历史数据库允许生产制造厂不仅可以看到实时数据还可以极其容易回看数年以来的所有数据。它还可以用于多个时间段生产情况比较，可以采用趋势图重叠或数据列表方式进行比较。例如，目前特殊条件下生产与一年前的良好生产情况的对比。用户可以采用一系列常用工具（例如：Microsoft Excel、网页浏览器）或专门的软件（如 PI 数据库的 ProcessBook）获取信息。

历史数据库提供了常规需要的防火墙以便防止非授权的进入或提取历史记录。同时还能有利于避免生产信息网络堵塞或控制系统过载。

在澳大利亚矿业界，最常用的两种历史数据库为美国 Honeywell 公司 PHD（Process History Database）数据库和美国 OSIsoft 公司，PI（Plant Information System）数据库。其他实时数据库还有美国 Wonderware 公司，Industrial SQL Server，简称 INSQL；美国 GE Intellution 公司的 iHistorian；美国 InStep 公司的 eDNA（enterprise Distributed Network Architecture）；美国 AspenTech 公司的 InfoPlus；美国 Aspen 公司的 IP21（InfoPlus. 21）等。

15.2　整个生产链的统一信息系统

历史数据库可以独立应用于一个区域或多个区域，但它的更高价值在于应用

于一个机构的整个设施，同一部门或跨部门的许多工厂。数据可以集中成一个简单历史数据库，即镜像服务器，见图15-2中的可扩展结构。它采用无缝数据界面，数据收集故障转移和自动历史恢复等确保海量数据的维护，确保用户能进入、提取或应用一个统一的长时间的生产信息的数据库。这个统一系统将有助于跨区域跨部门发现诊断问题，查找根本原因。

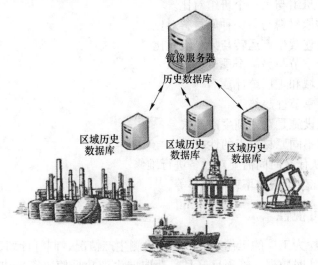

(a) 跨区域跨工厂数据结构

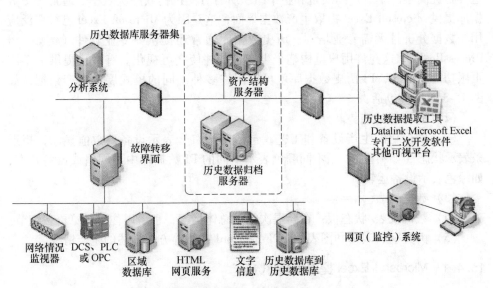

(b) 不同数据源跨区域跨工厂数据结构

图 15-2　分布式可扩展历史数据库结构

15.3　数据统计功能

历史数据库明显的优点之一是它能建立一段时间内的参数的相关关系，除了常规以时间轴的统计外，还包括：

（1）白班与夜班对比。

（2）一个班组与另一个班组对比。

（3）一种原材料与另一种原材料对比。

（4）一段连续生产运转与另一段相比。

（5）一个季节与另一个季节相比。

（6）跨区域和工厂统计。

（7）分析季节性趋势。

（8）确认设施是否达到生产要求

（9）比较不同原材料组的性能

（10）确认什么时间需要对设备进行维修

（11）优化生产线效率或利用率等。

15.4　数据可视性

历史数据库为工厂的工作人员更好地检测生产情况、制订计划、实施和做正确决策提供了实时数据。管理良好且易获取的生产数据使决策更快更有针对性，这样将提高生产率、产品质量和整个组织所有分支机构或层次效率。通常历史数据库提供 Microsoft Excel 提取生产数据界面，这是因为 Microsoft Excel 已被广泛应用于数据分析且无需专业培训。历史数据库通常还提供一专业软件（例如：PI ProcessBook），这允许用户重构整个生产工艺并使之可视化。有时也提供一个网页版功能。例如，PI 历史数据库就可以用许多种不同的模式展示生产数据，如图 15-3 所示，包括：

（1）时间轴的趋势。

（2）图形化的生产设备和工艺，包括图形符号表示设备，数值显示，矩形条表示状态（如料位），用不同颜色表示不同的 PI 数据库中不同值或设备状态，如绿色表示设备运转。

（3）数据列表。

（4）数值仪表/状态板：在高层次纵观总体情况，也可以往下浏览更多细节。

（5）由文字、表格和图表的 PDF 或 Word 文档等方式描述的生产情况。

15.4.1　Microsoft Excel 提取和分析数据

Microsoft Excel 有软件包添加（add-in）功能，可安装历史数据库的数据连接接口软件包，如 PI 历史数据库的 Datalink。这样可充分利用 Microsoft Excel 强大的数据分析功能进行灵活的数据分析及数据可视化。既然它利用了极其常用的

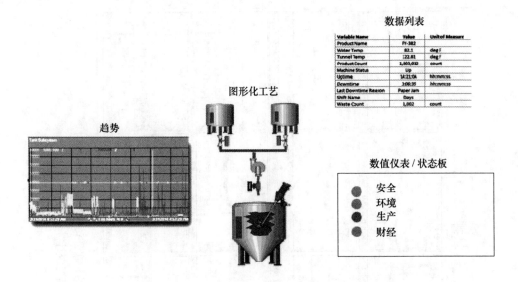

图 15-3　应用 PI 数据库开发的各种可视界面例图

Office 软件的子软件，这对于新手用户而言很容易上手且工作效率会很高。一旦生产信息从历史数据库服务器下载，它能为终端用户产生一个可视性数据显示。进而，这些数据能被进一步处理并绘制图表，如图 15-4 和图 15-5 中的实例所示。特别重要的是这给所有的相关人员（如选矿工程师、设备操作工和中控操作工等）提供了数据源按自己模式设计和编制关键设备的实时监控界面。对于 PI 数据库的 Datalink，它还提供了一个实时趋势线功能，见图 15-6 中的实例。如图 15-5 中的实例，可以在 Microsoft Excel 中开发一些特别生产单元的实时生产情况的监控，实时监控各种因素的变化，甚至包括从变量中计算出来的参数。在此实例中，旋流器的循环载荷可以被实时监控并分析旋流器分级性能的变化。

15.4.2　生产工艺重构和监控

通过专业历史数据库的专业二次开发软件（例如 PI 数据库的 ProcessBook）重新组建生产工艺流程反映生产和设备运行状态。在这些软件中，可以用图标表示生产工艺中的设备或设施，如破碎机、磨机、泵和运输皮带机等。然后，它们后台包含有与历史数据库服务器中数据、外来数据或任何计算值的链接，用于展示或反映设备或设施的性能和状态。像流量或磨机功率等这类信息可以直接显示并用于生产效果监控和分析。图 15-7 ~ 图 15-13 显示了一些选厂监控界面的实例（内部网页版）。实时数据统计可以用于计算每种消耗品的消耗总量、单位消耗量、最小值、最大值、标准偏差等。消耗品的统计可以适用于每个资产、每条生产线或每台磨机。甚至，还能设立合理的设备报警。

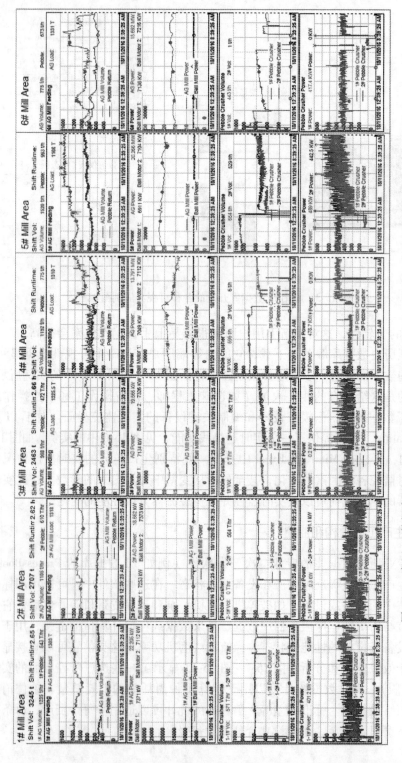

图 15-4　应用 PI 数据库的 Datalink 功能在 Microsoft Excel 上开发的，在公司内部网页上的实时分析―监控界面：核心设备运转趋势和生产情况统计

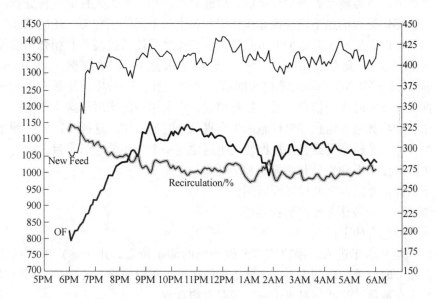

图 15-5　应用 PI 数据库的 Datalink 开发的 Microsoft Excel 实时全自磨磨矿
旋流器运行情况分析-监控图（每 2min 自动更新一次）

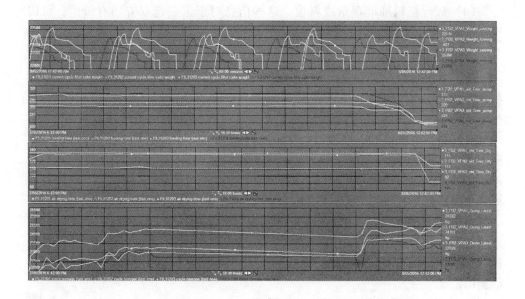

图 15-6　应用 PI 数据库的 Datalink 开发的实时生产参数趋势分析-监控

生产或设备运转参数测量分类后，就能对资产和生产工艺性能进行分析。生产工艺性能指标表信息不仅应该让操作工和该生产单元的工程师，还应该让整个公司人员都能看见。实时数据的可视性或可获得性是连续提高和互相合作的关键之一。最好的方案是采用内部网页技术显示这些实时数据，如 Microsoft Sharepoint 或 SAP NetWeaver 等技术展示，管理人员、员工甚至外部人员能进入这些网页获得实时生产信息。通过这种模式，广大用户能实时了解生产指标、库存清单、产品数量等信息并对设施的生产提供及时的反馈。这样生产了一种相互合作的环境，及时意见或想法反馈使之迅速建立一个个小的专门项目，以更有效提高生产操作水平和充分利用能源和消耗品。

下面详细介绍各个监控界面实例。

图 15-7：初破作业生产监控界面。

该界面包含如下信息：

（1）运矿卡车进入、停留或离开破碎站的卸矿位置，用于确定采矿供矿状态，以便及时与采矿协调需要更多或更少的运矿卡车以便提高处理量，同时最低化运矿卡车数量。这些信息对于采、选双方均有益。

（2）统计破碎矿石吨数和有效运作时间（即实施破碎作用的时间）。

（3）初破碎机自身状态，包括主轴高度（能用于估计破碎机的排矿口）、运转功率、润滑油温等。操作工和工程师（如选矿工程师）可以通过这些信息监控设备状态并及时提供技术支持或更正不合理操作或设置。

（4）破碎粗料堆堆存量或料位。这些信息对于采、选双方均有价值，可以用于及时调整生产计划确保磨矿供料。

图 15-8 和图 15-9：磨矿和分选监控界面。

这个界面包括一个实时选矿工艺物料平衡图和关键设备的主要运行指标。特别值得指出的是它可以实现类似 DCS 控制系统的报警性能。例如，当泵的轴封水流量低于预设的低"L"值时，其背景将变成黄色；当低于预设的低低"LL"值时，背景变为红色。类似地，这样是设置也可以应用于磨机功率、磨机载荷、顽石破碎机功率等。与图 15-9 略有不同，图 15-8 还提供了主要操作参数的趋势线，包括磨机功率和载荷，旋流器给矿率和操作压力、顽石仓料位等。这是该区域操作工一个非常有用的工具。

对于图 15-9，它更灵活，这是因为只有对此监控界面的数据连击两下就会弹出趋势线。用户可以把弹出窗口拉到想要的地方，并可以改变窗口大小、时间（横坐标）跨度和纵坐标数值范围。当个人电脑配有双（多）显示屏时将更加灵活实用。

图 15-10：整个选厂生产状态监控界面。

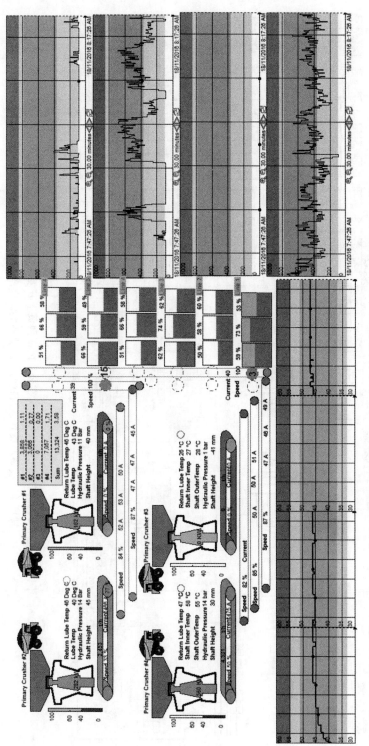

图 15-7 应用 PI 数据库的 ProcessBook 在公司内部网页上开发的实时分析-监控界面：初破作业核心设备运行状态、趋势和生产情况

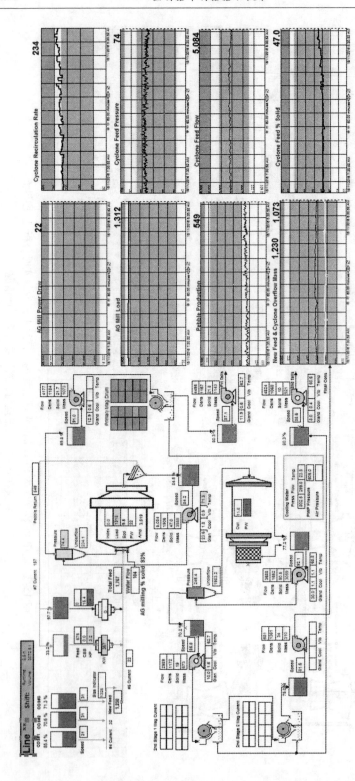

图 15-8 应用 PI 数据库的 ProcessBook 在公司内部网页上开发的实时分析-监控界面：
选厂生产线核心设备运行状态、趋势和关键生产作业参数

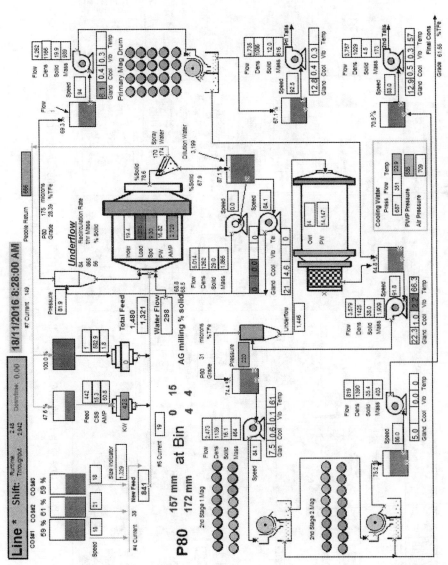

图 15-9 应用 PI 数据库的 ProcessBook 在公司内部网网页上开的实时分析—监控界面：
选厂生产线核心设备运转情况和各作业的关键生产参数

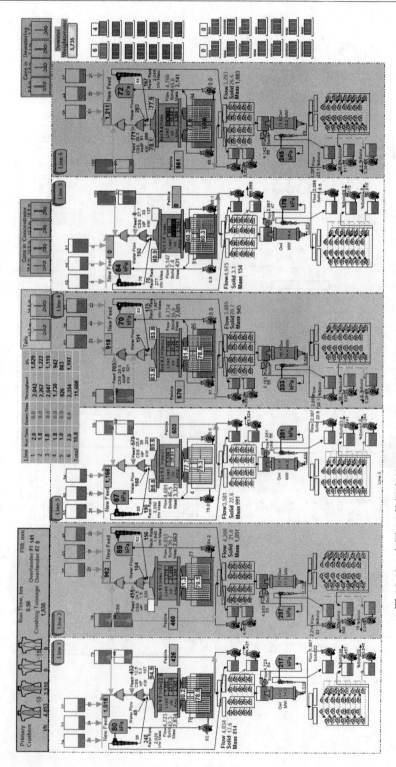

图 15-10 应用 PI 数据库的 ProcessBook 在公司内部网页上开发的实时分析—监控界面：
整个选厂核心设备运行状态和选矿指标

该界面是为选厂甚至公司高管层设计的，他们可以轻而易举地获得关键生产信息，如哪些区域不在生产状态（还可能确认哪台设备故障导致整个生产线停车）和生产率。设备状态采用颜色标识，即绿色=设备运转。对于一定技术背景的用户，关键操作参数也已列出可分析生产运转情况。

图 15-11：浓密监控界面。

该界面设计用于监控浓密机浓缩效果，产品（即精矿和尾矿）存储水平和长距离精矿管道输送到码头地区的脱水车间情况。值得一提的是下面的横向矩形图表示精矿在输送过程中的位置。黑色部分代表精矿，而淡黄色则代表工艺水。这些信息对于选厂和压滤车间的操作工（特别是中控工）特别有价值，压滤车间操作工可利用它确认精矿到达时间并确保有足够空间存储这些精矿矿浆；对于选厂操作工，他们需要确认在下一次输送前有足够的空间存储新生产的精矿，或者需要向上级汇报调整生产计划以保障精矿存储和输送。

图 15-12：脱水车间监控界面。

其作用类似于生产线的监控界面，主要为该区域操作工和一线生产管理人员设计。

图 15-13：水平衡监控界面。

该监控界面专门为水资源监控和管理而设计，包括整个选厂各种水资源的消耗和供应情况。

除了监控生产外，从操作工的角度来看，还应该设置"通知"系统，以便一旦观察到非正常情况或生产指标一直恶化及时给相关人员发出提示或通知。当生产消耗超过平均值的物料或物资下降到低于设定的最小存储限度时，也可以自动产生通知并发送给相应部门或人员，如经理、维修部门或技术支持中心。信息接收用户（如工程师）制定商业规则，设定通知标准或触发条件，或实时统计质量控制系统触发通知。反馈信息将有利于操作或资产管理人员快速评估问题并作出修正动作，这将提高生产效率，避免浪费材料，提高处理量。因此，生产操作、维修、公司能力（技术）中心等能通过此信息平台充分合作并快速决定相应生产或设备运行策略或分析根本原因，进而制定长期商业能力提高和创新的策略和目标。

通过历史数据库可以生成关键绩效指数（KPI），这些 KPI 应用于动态绩效管理体系，分析运转良好、有问题、性能下降、停或维修状态时的不同生产操作状态。进而通过历史数据库整合每一种状态下的整个生产成本（包括能源、水、钢铁、化学药剂等），并关联所报告的矿石种类、硬度、工艺矿物学等和最终回收率以及品位。

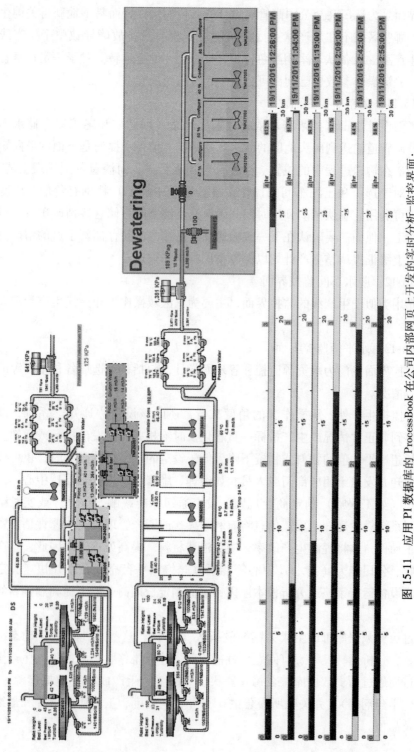

图 15-11 应用 PI 数据库的 ProcessBook 在公司内部网页上开发的实时分析-监控界面：
选厂浓密设备运行状态和远程产品输送过程

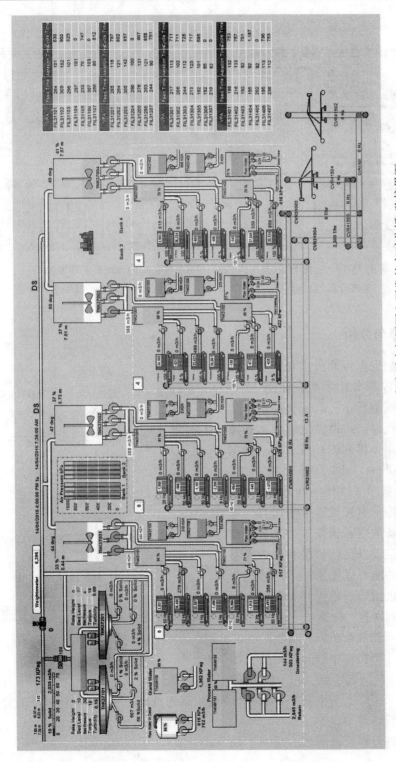

图 15-12 应用 PI 数据库的 ProcessBook 在公司内部网页上开发的实时分析-监控界面:
产品压滤车间设备运转和生产

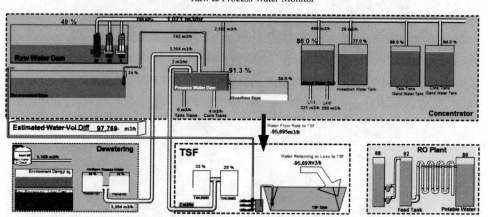

图 15-13　应用 PI 数据库的 ProcessBook 在公司内部网页上开发的
实时分析-监控界面：选厂水平衡，包括工艺水、原水、饮用水

15.5　停车分析

　　历史数据库可能提供和开发出用户需求的停车分析系统，如图 15-14 中的结构框架所示。该系统能收集数据、计算指标，并提供记录数据的图形（如 Pareto 排列图）或表格（数据透视表，Pivot Table）等可视结果，通常可以显示于 Microsoft Excel 类的电脑软件中或直接发送电子报告。综合实时设备数据和操作工手工输入信息可以确定设备运转情况和记录停车原因。该功能可以把原始数据转变为有用信息进而揭示趋势和发现以前没有的观察到问题，包括：

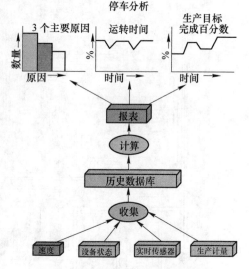

图 15-14　停车记录和分析案例

　　（1）操作规章或培训问题。

　　（2）生产操作中的问题转换（即解决了原来的问题，但引起了新问题）。

　　（3）采用一个与原来产品不同产品时引起的更换、维修和消耗频率的变化。

　　（4）设备磨损。

　　（5）原材料质量问题。

（6）操作工失误造成的设备问题。

15.6 事件记录

事件是指重要的生产、产品、安全、环境或商务中有价值过程，通常以时间为坐标。在 PI 数据库系统，发生事件可以采用 PI 的"Event Frames"（事件记录结构）。该系统一般不是按时间系列查找，PI 的 Event Frames 允许用户很容易查找 PI 系统中以时间为轴的特性事件种类，如查找过去 30 天的所有的环境事故。通过 PI 的 Event Frames，PI 系统能发现、存储、查找比较和分析重要事件和相关数据。

15.7 依据设备状态而制定的维修

如图 15-15 所示，依据设备状态而制定的维修是：

（1）一种预防性维修策略。

（2）当需要并在有利时机而进行的维修。

（3）在有效寿命前更换维修。

（4）利用实时数据判断是否需要维修并发出维修工作需求。

（5）应用备用或半备用设备和传感器。

（6）手动制定维修，即基于公司书面规章而手工制定。

（7）半自动制定维修，即一旦电脑判断设备状态超过了设定极限，系统自动发送信息给相关人员，然后相关人员进行干预（判断识别等）。

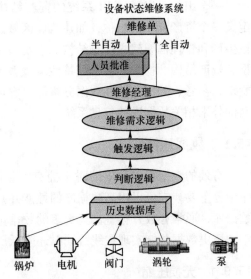

图 15-15 以设备状态为基准的
维修计划流程案例

（8）全自动，即一旦电脑判断设备符合设定条件，系统自动生成维修需求。

例如，旋流器给矿泵叶轮磨损监控和更换。历史数据库软件可以对该泵的速度变化、出口流量和压头进行监控，并综合已运行时间判断是否需要更换叶轮还是需要调整摩擦环的间距。

15.8 资产结构 Asset Framework

随着可获得数据种类增加和数量增加，整个组织机构有各种数据源并存储在不同地方或系统，甚至是互相隔离的地方。一个部门可能有关于工厂某方面的一些信息并存储在一个地方，而同时另一部门可能有同一资产的另外信息。因此，几乎没有人能看见整个公司的商业情况，同时也很难综合所有的信息发现影响因素或事件的相关关系或公司商业运作情况的明显变化。公司需要寻找一个方式组织、（对内）发布和管理公司的数据信息并允许用户在做关键决定时可以容易地获取所需相关信息。

除了按时间顺序的数据记录外，资产管理（Asset Management）越来越成为一个企业管理重要方面。资产管理系统将有助于用户容易地浏览大量和高频数据。一旦有合理时间跨度实时数据记录，就可以建立资产组织机构，这样有助于更方便浏览某资产的所有相关数据。进而，公司可以按一定的逻辑记录和分类发生的各种各样"事件"。这样，系统可以自动触发文字短信和电子邮件通知有关人员，避免由于他们没有在电脑屏幕前监控生产过程而错过关键信息。

一个组织可以通过 PI 系统的资产结构管理体系（Asset Framework，PI AF）定义一个资产统一的名称，如建筑、区域、设备、仪器、传感器、阀门等。一般按生产和管理框架建立信息结构。它是一个简单存储系统，用于存储资产导向模型、资产结构、物品、设备和特性。该系统整合了各种来源的信息以便了解事件始末、参考、分析总结和数据分析等。它可以包括一个或多个实时历史数据库和其他外来相关数据库的信息系统。

15.9　数据压缩

有效的数据存储和压缩对于拥有大量（高达百万级）数据标签的实时数据库十分重要，它可以提高数据库的性能并减少维护工作量。对于一般选厂的历史数据库，通常有数万标签甚至更多的数据量，强大的压缩逻辑将允许轻松存储数年的历史数据并能实现在线，同时还降低历史数据库成本。

15.9.1　无损压缩

大多数信息的表达都存在着一定的冗余度，通过采用一定的模型和编码方法，可以降低这种冗余度。Huffman 编码是无损压缩中非常著名的算法之一。WinRar 和 WinZip 等软件都采用了类似 Huffman 编码的压缩方式。这些压缩方法的共同特点是：压缩和解压过程中，信息不会发生变化。在实时数据库中，也可以采用这些无损压缩技术，但是在实现时，必须要考虑压缩和解压缩的效率。如果某个压缩算法的压缩比非常高，但是其解压的速度非常慢，则不宜用于实时数据库，否则，用户查询数据时必须耐心等待。

15.9.2　有损压缩

相对于无损压缩，有缩压缩肯定会丢失一些信息，但必须要保证这些丢失的信息不能影响系统数据的精度。在其他领域中也有有损压缩的应用，例如：JPG图像压缩就是一种有损压缩，MP3 声音压缩也是一种有损压缩。在实时数据库中，有损压缩主要有两种方法：死区压缩和趋势压缩。

（1）死区压缩。所谓死区就是定义某一测点的值不变的范围。采用死区压缩就是记录该点死区之外的数据值。例如有一测点 A，定义其死区为 1%，上次记录的测点值为 110.00，而这次采集的测点值为 111.00，两者差值（111−110）/110<1%，系统认为此次测点值在该点的死区范围内，则认作测量值不变化，系统不记录该值。若下一次测点值为 120.00，那么两者差值（120−110）/110>1%，系统认为此次测点值在该点的死区范围外，则认为数值发生了变化，记录该数值。

（2）趋势压缩：是根据测点的阶段性趋势进行压缩，原则上只记录满足趋势条件的起点和终点。PI 历史数据库的压缩技术是该类算法的典范。一般的趋势压缩如图 15-16 所示，如果在某两时刻某测点的值保持者一定趋势，在此趋势上下的两条容差线将是下一时刻点的死区范围，若下一时刻在此两条容差线之间，则不记录此值，同时两条容差线将适用于下一时刻。若下一时刻在此两条容差线之外，则记录该值，趋势发生改变，两条容差线将发生改变，下一时刻测点将按改变后的容差线来判断。

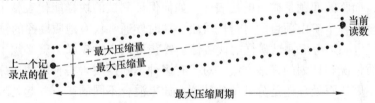

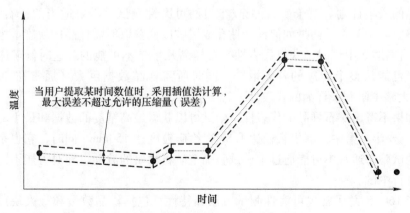

图 15-16　PI 数据库数据压缩示意图[278]

16 矿石粉碎性能测试

16.1 引言

合适的流程选择和设备选型不仅主要考虑投资和生产成本也受矿石可选性的限制。对于大部分矿石粉碎流程，通常破碎机和磨机构成的粉碎作业占整个投资的主体。因此，这要求对矿石的粉碎性能进行测试，甚至包括中试规模试验，以便能确定粉碎流程的准确能力和规格，特别是磨机的型号和产能。如果磨机选择的太大，投资额太高损失太大；如果磨机选型太小，达不到选矿指标要求，则会导致产值损失。矿石性能数据也用于分析估计生产成本和消耗，包括能耗、磨损衬板更换，对于半自磨机还有钢球消耗。另外，有些终端用户还能会对矿石性能测试提出更高要求，例如要求高可靠的矿石性能数据，检查试验的测试程序，高测试结果的重复性和测试的重复率等。

首先，面临的问题是矿石的代表性。如何保证测试的块样能代表整个矿床的性质。甚至在一个矿山项目的可行性阶段，这时候通常仅有地质勘探的钻孔（岩芯）样，但也必须考虑测试矿样的代表性。要获得代表性矿样，就必须了解整个矿床的地质情况和计划的开采方法。对于有多种不同性质岩石种类的矿床，必须确定混合不同矿石处理还是分开单独处理。如果混合不同的矿石一起处理，需要确定何种混矿比例以及每种矿石的矿石块度大小和数量，用于矿石粉碎性测试试验。要获得这些数据则需要地质、采矿和选矿工程师一起参与整个项目并决定矿石样品的采集计划。对于矿石的全/半自磨可磨性测试，需要适当的矿石块度，因此需要与相关人员商量如何设计钻孔或爆破以便获取所需样品的块度。当需要全/半自磨磨矿中试时，获得代表性矿石样品几乎是不可能的。这时候矿床还未揭开不可能从整个矿床的各处取样。同时所需样品数据巨大（通常在200t水平），大幅度限制了样品的代表性。

如果不考虑矿石样品的代表性，中试可以获得最高精度的数据和最小的放大比例，全/半自磨中试磨机直径达 1.8m，给矿粒度达 150mm。同时，它也是成本最高的试验，通常不可能通过中试试验确定矿石性质的波动，即对可能不同的矿石都进行中试。

表 16-1 汇总了常规可磨性测试方法和特性，包括样品数量和最大块度。对于粉碎作业的设计必须能获得矿石如下信息：是否适应全/半自磨磨矿，所需磨矿功率，最佳磨矿条件和磨矿流程结构。如何进行全/半自磨磨矿可磨性测试仍

没有统一的标准，市场上至少有 6 种不同的小型试验方法，即 MacPherson、邦德磨矿功指数系列、Advanced Media Competency、DWT/SMC、SPI 和 SAG Design。这可能是由于全自磨磨矿比较复杂的原因造成的，这促使全球这方面大量专业咨询人员开发自己的方法和模型来表达和反映其复杂性。JK 落重试验已广泛地应用于产生一个类似于经典邦德磨矿功指数的落重功指数（DWi），它与传统磨矿功指数一样通过比能量消耗和模型方法估计出全/半自磨的处理能力，这种方法在澳大利亚特别常用。通过数据模型直接建立落重功指数 DWi 与 JK Tech 落重试验矿石粉碎性参数 A 和 b 的关系。采用功耗方案或路线建立了 DWi 和广泛的生产全/半自磨磨矿流程的比能耗的相关关系。既然它也与单点抗压强度或单轴压缩强度建立了相关关系，因此它也可以推广到采矿岩石性质标定。

表 16-1　矿石可磨性测试方法[279]

可磨性	设备大小	最大粒度		产品粒度	需要样品量	消耗样品量	种类	达到稳态	数据库
	m	mm	岩芯	mm	kg	kg		是/否	是/否
邦德低能冲击试验		76.2	PQ/HQ		25	10	单个颗粒	否	是
Media Competency	1.83	165	—		750	300	批次	否	是
MacPherson	0.46	32	NQ	1.18	175	100	连续	是	是
JK 落重试验		63	PQ/HQ		75	25	单个颗粒	否	是
SMC 测试		31.5	任何		204	5	单个颗粒	否	是
JK 旋转粉碎测试	0.45	53	HQ		75	15	单个颗粒	否	是
SAG Design	0.49	38.1	NQ	1.7	10	8	批次	否	是
SPI	0.305	38.1	NQ	1.7	10	2	批次	否	是
全自磨中试	1.75	200	—	各种	>50000	>50000	连续	是	是
高压辊磨小型试验	0.25	12.7	BQ	3.35	400	360	闭路	是	是
SPT	N/A	19.1	BQ	3.35	10	7	闭路	是	是
高压辊磨中试	0.9	50	—	各种	>2000	>2000	连续	是	是
邦德棒磨功指数	0.305	12.7	任何	1.18	15	5	闭路	是	是
邦德球磨功指数	0.305	3.35	任何	0.149	10	5	闭路	是	是
Mod Bond	0.305	3.35	任何		2	1.2	批次	否	是

表 16-2 比较了各种最普遍工艺设备和粉碎性能（可碎性和可磨性）测试时的典型粒度（变化）范围。既然任何磨矿理论都是不完美的，且矿石硬度随粒度而变化，因此总原则是可磨性试验的给矿和产品粒度应该尽可能与要采用的工业设备的粒度对应。例如，当设计初磨球磨磨矿时，采用标准邦德球磨功指数试验，但对于二段球磨磨矿，它通常采用 Levin 试验。如果一段磨矿粒度 P80 为 125μm，进行邦德球磨功指数测量时的磨矿粒度也应该为 P80=125μm。

表 16-2　各种矿石可磨性测试矿石粒度比较[279]

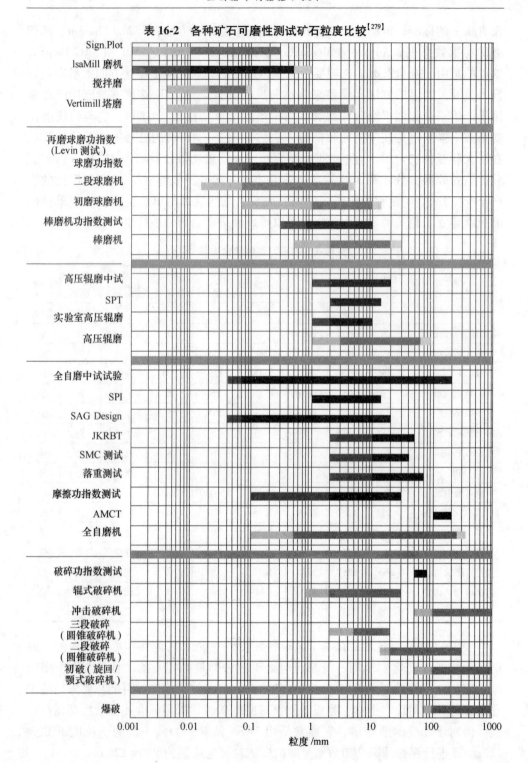

全/半自磨不同于常规磨矿，其全部或部分介质为被磨物料本身。它是随着给矿粒度组成及其物理特性的变化而变化的。因此自磨不能像常规磨矿那样仅凭矿石可磨性试验（获得矿石功指数）即可选择计算磨矿设备，它需要进行更充分的试验研究工作和更可靠是试验数据。这数据直接影响全/半自磨流程的选择和设备规格的确定。20 世纪 50~60 年代，由于试验问题，全/半自磨的应用曾出现过某些偏差和教训，甚至到 21 世纪的今天仍不时有全/半自磨磨矿流程未达产的报道。70 年代以来对全/半自磨试验工作更加重视，普遍认为新建矿山要采用全/半自磨工艺必须进行半工业规模的试验。这思路和做法一直延续到 90 年代。自磨半工业试验结果虽然可靠，但工作量大、费用高并需要大量矿样。对某些未开发矿山要采取如此之多有代表性矿样是相当困难甚至是不可能的。为此多年来许多组织研究开发了用少量矿样的实验室试验代替半工业试验的方法。多年来这方面的研究取得了进展，现在许多新建矿山是根据实验室全/半自磨试验结果进行全/半自磨工艺设计和建设。

这些试验通常测试代表性矿石样品，但特别是对于大型矿山或有限配矿情况下，可能需要进行矿石性质变化程度的测试。建议在全/半自磨流程设计时进行如下 3 个层次试验：

（1）对于大部分矿石，一个小样品（大约 50kg）足够判断是否适于全/半自磨磨矿，并初步估计磨矿能耗。

（2）第二层次试验需要大概 500kg 样品，进行小型磨机试验，可以确认试验结果是否与前面的一致。

（3）第三层次，也是最准确的试验，采用直径 1.76m×长 0.59m（6ft×2ft）全/半自磨进行试验。每一种测试矿石需要 20~200t 样品。试验提供了准确信息用于确定最优磨矿粒度和流程设计，数据通常合乎工业设备选型要求。

16.2 SMC 测试

SMC 全/半自磨可磨性测试一种测试矿石粉碎性质，进而用于预测其粉碎流程的处理能力。除了综合 JK 落重试验和 SMC 数字模拟器外，对矿石的全/半自磨磨矿流程设计，SMC 测试通常还包括如下粉碎性能的测试：

（1）单轴压缩强度测试（UCS）。

（2）单点载荷测试（PLT），Is50。

（3）邦德棒磨功指数测试（BRWi）。

（4）邦德球磨功指数测试（BBWi）。

（5）JK Tech/邦德破碎功指数测试（CWi）。

（6）全自磨磨损功指数测试（Ai）。

JK 落重试验的本质是矿石的抗冲击粉碎性能测试，仅适用于以冲击粉碎为主的全/半自磨磨矿。

16.2.1　样品

可以对两种矿石样品进行 SMC 可磨性测试。一是从破碎后的物料中挑选的岩石块，其粒度应该与测试要求粒度相近，如图 16-1（a）所示；二是从钻孔的岩芯样割取，采用金刚锯锯取大小相似的块作为试验样品，如图 16-1（b）所示。当只有有限的岩芯的时候，普遍采用后一种方法。几乎任何岩芯样均可，甚至已经切四分之一圆也可以。图 16-2 比较了两种制备样品的测试结果，试验数据表明这两者样品制备方法对测量的可磨性结果没有明显影响。

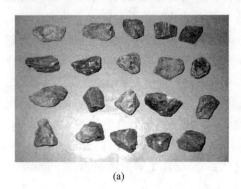

（a）　　　　　　　　　　　　　　（b）

图 16-1　SMC 试验样品选择[280]

（a）破碎的岩石样；（b）从岩芯切割的样品

所需试验样品数量取决于可获取样品的来源。对于岩芯样，四分之一的岩芯样一般已经足够，但需要地质和选矿工程师决定哪一部分用于 SMC 可磨性测试。对于绝大部分情况，15～20kg 已经完全满足一套简单试验的要求。SMC 试验后的样品还可以再用于像邦德球磨功指数类的试验。

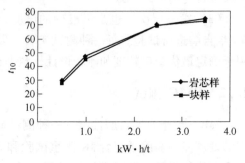

图 16-2　岩芯样与粉碎后大块
矿石测试结果对比[280]

16.2.2　测试样品数量

所需测试样品数量与矿床的矿石性质变化程度相关，而与采用的可磨性试验方法相关性不大。同时，最终数据使用者也影响所需样品数量。因此，预可研所需样品数相对比较少，但若需要建立地质-选矿模型用于比较准确预报日磨矿流程处理能力，所需样品数量至少高一个数量级。在所有的情况下，一般采用分阶段方法采取样品并进行实验室的测量以便使成本最小。每一阶段设计应该是基于以前试验所获得的知识、信息或数据而设计的。特别是应该考虑矿石性质变化，不仅需要考虑矿坑的空间位置还需要考虑矿石绝对硬度值。

从预可研阶段就应该开始积累矿床粉碎性质的有用信息。图16-3中的数据提供了一些简单计算的基础，它可以指导专业人员估算所需样品数量以便能进行矿床可粉碎性能的最初分析。

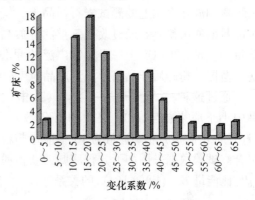

图 16-3 矿床中矿石的落重功指数 DWi 分布[280]

（1）当矿石性质变化量为15%~25%时，10个样品测试数据就可以获得偏差仅为10%的平均硬度或可磨性，可信度为90%。

（2）当矿石性质变化量为35%~40%时，需要40个样品。

（3）最少样品数为10个。

从这10个样品的测试数据可以分析或估计出真正的矿石性质变化程度，进而估计出还需要多少样品试验才能满足预可研阶段的数据精度要求。如果表明矿石性质波动程度达到35%~40%，则还需要30个样品。

随着设计阶段逐步走向最终的可行性研究，需要更精确的数据预测前几年矿石性质和处理能力。这可能需要进行进一步的矿石性质标定。但是，初期试验结果应该可以提供一个坚实的数据基础，并用于选择样品的位置和数量。

SMC试验是测量63~12.2mm矿块抗冲击粉碎的能力。全套落重试验通常需要对5个粒级进行测试，即典型为63~55mm，45~38mm，31.5~25mm，22.4~19mm和16~13.2mm。但是普遍进行3个粒级测试，有时甚至仅进行一个粒级（建议为31.5~26.5mm）的测试。SMC可磨性测试建议粒级为：-31.5+26.5mm、-22.4+19.0mm和-16.0+13.2mm。然后是测量53mm×37.5mm颗粒的摩擦磨损性能。最后测量30个岩石颗粒的密度用于评估平均密度和离差。

16.2.3 落重试验

对于全/半自磨磨矿，有两种主要矿石粉碎机理：冲击粉碎（高能粉碎作用）和摩擦粉碎（低能粉碎作用）。JK落重试验是测量矿石的特殊样品的冲击和摩擦粉碎参数：

（1）摩擦粉碎参数 t_a，由滚筒磨试验测量。

（2）冲击粉碎参数 A 和 b，由高能的JK落重测试仪测量。

JK 落重测试仪结构如图 16-4 所示。基本原理为：一钢质落重由绞盘提升到一个设定高度后，由一个空气开关释放这个落重，在重力作用下下落到放在钢砧上的测试岩石样品上，实施给定能量的冲击粉碎。通过改变落重的释放高度或落重的重量，可以产生一个非常广泛的冲击能量输入范围。粉碎后样品筛分测量产品粒度分布。

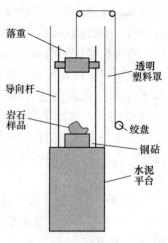

图 16-4　落重试验测试机示意图

通过这种方式，获得一套 t_{10}（冲击试验产品中小于原来粒度 1/10 尺寸的百分数）和 E_{cs}（净比冲击能量）值，通常为 15 个能量与粒度的组合。试验数据采用如下方程回归，获得粉碎量 t_{10} 与比能量 E_{cs}（kW·h/t）的关系。

$$t_{10} = A(1 - e^{-bE_{cs}})$$

参数 A 和 b 通过以上模型回归获得，然后输入 SMC 软件获得落重功指数（DWi）。该 DWi 也可以通过如下经验模型[281]计算出来。在 JKSimMet 模拟软件中，这些常数与设备信息和操作条件一起用于分析和预测全/半自磨的磨矿性能。

$$DWi = \frac{96.703\rho_s}{(A \times b)^{0.992}}$$

抗冲击能力随颗粒粒度而变化，这些变化对粉碎设备功率计算很重要，同时也需考虑全/半自磨机矿石耐冲击性，即可能作为磨矿介质的能力。一些矿石表现出抗冲击能力明显随颗粒粒度增加而减弱，而另一些则不明显随粒度而变化。而反趋势的随颗粒粒度增加而抗冲击能力增加的现象是极其罕见的。大部分经常观察的趋势是随冲击能量（E_{cs} 值）降低而斜率降低。但是对于全/半自磨磨矿，斜率和低能粉碎时的 t_{10} 绝对值很重要，这是因为这些数据代表了矿石磨矿介质是否能在磨机内生存下来的指标。如果 t_{10} 值与颗粒粒度增加明显向上趋势，通过外延法获得颗粒到 100~200mm 粒度范围（常规磨矿介质粒度范围）情况，进而可以推论出这些粒度矿石是否足够硬并生存下来。如果在低能量范围的 t_{10} 绝对值足够高，也是同样情况。这个试验还可以估计 Mia（粗粒滚筒式磨机功指数），Mih（高压辊磨功指数）和 Mic（破碎功指数）参数。

图 16-5 显示了 JK $A \times b$ 参数与半自磨磨矿比能耗的相关关系。

16.2.4　抗摩擦磨损测试

依据 JK 粉碎模型，当颗粒大于 0.75mm 时，颗粒粉碎主要归结于冲击破碎，而当颗粒小于 0.75mm 时，颗粒粉碎主要归结于摩擦磨剥作用。实践上，全/半

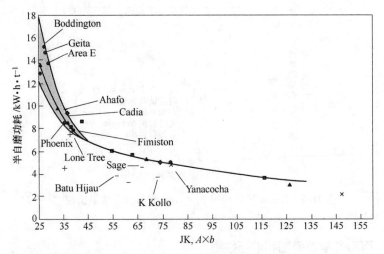

图 16-5　JK $A \times b$ 值与半自磨比能耗的关系[282]

自磨机能磨矿至 P80＝75μm 水平。摩擦粉碎参数 t_a 是由滚筒磨机磨矿模式决定的。标准摩擦磨损测试采用直径 305mm×305mm 实验室磨机，其筒体提升条为 4mm×6mm，转速为 70% 的临界速度，磨矿时间 10min。矿样为 3kg −55＋38mm 颗粒。磨矿产品然后筛分确定通过 4.57mm 的 t_{10} 的百分数。模型中摩擦磨损参数 t_a 定义为：

$$t_a = \frac{t_{10}}{10}$$

16.2.5　A 和 b 参数值的确定

对于标准的 SMC 试验，颗粒粒度应该为 30mm 左右。如图 16-6 所示，既然 $A \times b$ 值随颗粒大小而变化，采用非标准大小颗粒而测量的数值需要通过 SMC 试验数据库进行标定。图 16-6 显示了采用指定 28mm 颗粒而进行的 SMC 试验结果。进行一些试验检验标定效果，即用 SMC 试验数据库进行了标定，同时也采用了与落重试验相关的标定系数。图 16-7 显示了非常好的

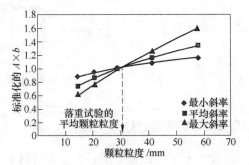

图 16-6　测试样品的粒度与产品
A 和 b 的关系[280]

相关散点图，数据库数据标定的效果略高于落重试验测试结果。如图 16-6 所示，如果采用 5 粒级落重试验，还可以从趋势上读出 $A \times b$ 的值。

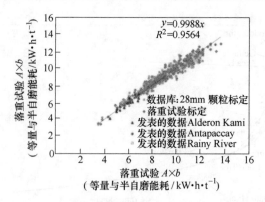

图 16-7　28mm 颗粒 SMC 测试 $A{\times}b$ 值与落重结果比较[280]

16.2.6　可磨性指数范围和矿石性质

矿石的冲击粉碎性能由如下两参数反映，A 和 b。这两参数的乘积，$A{\times}b$，被发现与矿石的抗冲击能力有相关关系（低值代表矿石比较硬）。JK 落重试验所测试的可磨性参数的典型范围和矿石分类显示于图 16-8。

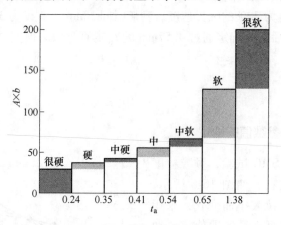

图 16-8　矿石可磨性分类

16.2.7　矿床可磨性分析案例

澳大利亚—磁铁矿项目，一个进行了 66 个落重试验。如图 16-9（b）所示，$A{\times}b$ 值变化范围为 24~54，平均值为 32，为中等到高（全/半自磨）难磨程度。图 16-9（b）显示随着往矿床深部开采，$A{\times}b$ 值趋向于降低，即可磨性下降。在矿床顶部位置，有些矿石样品的 $A{\times}b$ 值比较大（可磨性好或比较软），这与地表不同地点的氧化程度有关，这可能导致矿床前期磨矿处理量变化比较大，特别是采用全自磨磨矿时可能出现缺少矿石磨矿介质现象，应该考虑建立地质-选矿可磨性数据库，以便及时有效指导配矿工作提高全自磨磨矿的稳定性和可操作性。同时还观察到随着矿床往下开采，矿石可磨性变化幅度降低，这可能与上部高频率的"软"矿石有关。综合矿床越深矿石越难磨的特性，矿床开采后期矿石性质比较稳定，可以降低配矿的必要性，同时矿石趋硬磨机处理量可能降低，需要进行工艺和生产操作调整，如爆破设计、初破设备的排矿口等。相应地，落重功指数 DWi 也存在类似的现象，如图 16-10 所示。它也显示矿床越深，"软"矿石越少。

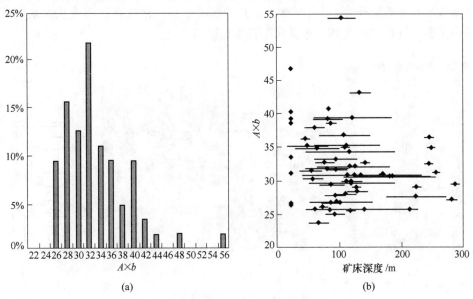

(a)   (b)

图 16-9　矿石可磨性 $A \times b$ 分布和随矿床深度变化

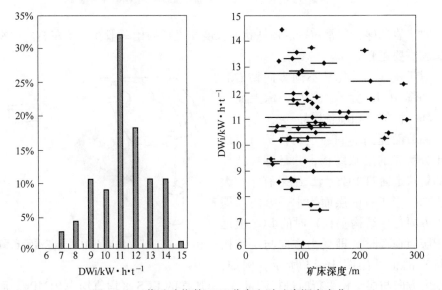

图 16-10　落重功指数 DWi 分布和随矿床深度变化

16.3　单轴压缩强度

单轴压缩强度（UCS）是岩石强度的最基本参数之一，是最常见的测量和预测岩石破裂性能的试验方法。测试过程中，不断增加实施在矿石样品表面的压力强度直到该样品破裂或粉碎，见图 16-11（a）中装置。这时的强度即为 UCS 值。对于矿石，该强度的测量单位通常为 MPa，通常用于破碎机的选择和评估，也是判断该矿石是否适于全/半自磨磨矿工艺的标准之一。钻孔岩芯样或从大块矿石钻出来的圆柱形样均可用于单轴压缩强度试验测试。

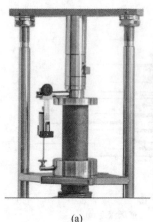

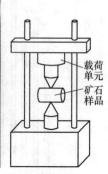

(a)　　　　　　　　　　　　　　　　　　(b)

图 16-11　矿石强度测量装置

（a）UCS 测量装置；（b）单点载荷抗压试验设备图片和示意图

对于岩芯样，通常被锯成短柱状，长度与直径的比一般在 2.5 左右。两端头测试前需要抛光。

对于块样，首先从不同方向钻岩芯样，如图 16-12 所示。然后，像上面的岩芯样一样切割和准备样品。

和前面提到的同一项目，矿石表现为十分明显的层状结构，并且圆柱状样品的层状走向对 UCS 测试结果有非常大的影响。当矿石的层面为水平方向（即受力方向与层结构垂直）时的 UCS 值远大于层面垂直时（即受力方向与层结构平行）的值，如图 16-13 所示。例如，

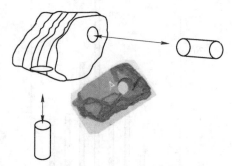

图 16-12　从大块矿石中钻岩芯样示意图

当受力方向与层结构平行时进行测量，3 个块样的 UCS 平均值均为 91MPa，而这

个 3 个块样的另一方向（受力方向与层结构垂直）的 UCS 平均值高达 321MPa。另外，后者的破碎模式为通常的剪切破坏，而前者的破碎模式为折断，如图 16-13 所示。既然钻孔岩芯样的圆柱走向是与矿石层是垂直的，因此应该意识到勘探时期测量的 UCS 值在很大程度上是不正确的。当然，这个时期也只有岩芯样供试验测试。依据粉碎原理，特别是磨矿原理，在全/半自磨磨矿阶段，大块矿石应该趋向于沿着脆弱的矿石层之间破裂。因此，所测量的层状铁矿石岩芯样的 UCS 值应该不能用于有效评估该矿石是否适于全/半自磨磨矿。在此矿山调试和全自磨磨矿前期生产中发现缺少矿石磨矿介质并且不得不提高给矿 P80 以保持全自磨磨矿效果。

水平层面 UCS=183MPa

A11316 SAMPLES(B)

垂直层面 UCS=109MPa

图 16-13　单轴抗压测试粉碎情况

单点抗压强度测试（PLT）一种常用的岩石力学测试标准之一，用于测量岩石强度。PLT 是把矿石样品放在两钢锥形（注：锥头是平的）之间，实施压力直至样品破裂，如图 16-11（b）中装置和测量。对于一种给定材料，PLT 与 UCS 呈现线性关系。

在同一项目，一共进行了 55 个样品的 UCS 测试。如图 16-14 所示，其数量范围为 34~599MPa，第 50 和 80 百分比时的数值分别为 320MPa 和 430MPa 左右。因此，矿石硬度分级为高到极高。同时 UCS 也随矿床深度而变化，总体上讲

UCS 随深度而增加幅度不大。

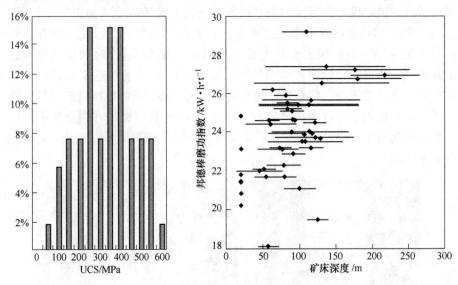

图 16-14　矿石单轴抗压强度分布和随矿床深度的变化

16.4　邦德功指数

邦德功指数或可磨/可碎性试验已经广泛应用于选矿行业，为粉碎作业提供基础数据，在给定物料和给定处理量条件下用于计算破碎机、棒磨或球磨机所需粉碎能量，进而设计破碎/磨矿流程和破碎机/磨机选型等。该方法由 Fred Bond 于 1952 年提出，1961 年进行修正。它采用"闭路"流程（即磨矿和筛分组成）测试。通常，棒磨机磨矿筛分粒度为 1180μm，但是对于球磨机，其产品粒度是变化的，尽可能与将来实践的磨矿粒度相近。采用闭路磨矿模拟实践生产操作情况，对于球磨机，需要达到一个稳定 250% 的循环载荷。每一个循环时，首先采用指定磨矿条件（包括磨矿介质大小与数量和固定的磨机旋转圈数）磨矿，磨机排矿用给定筛孔的筛分级除去筛下，取代的是等重量的新给矿，这样总矿石载荷保持在原来值。重复以上循环直至每个循环产生的筛下产品重量相同。然后通常再进行 3 个循环确保达到平衡。最后，通过邦德方程计算邦德功指数 BWi。值得注意的是依据 SMC 方法，邦德球磨功指数与全/半自磨磨矿处理量和所需能量没有相关关系，但在一些模型中，可以直接采用邦德破碎和磨矿功指数预测全/半自磨磨矿能耗。但是 BWi 仍是一个判断矿石全/半自磨、棒/球磨可磨性的明确清晰的指标。

一旦知道了矿石的邦德功指数 BWi，理论上就可以采用邦德公式计算从任何给矿粒度到任何磨矿粒度所需能耗。但实际上更复杂，这是因为邦德功指数 BWi

不是物料的常数，它随着产品磨矿粒度而变化。因此，一般要求试验测量邦德功指数 BWi 时，采用的筛孔必须能获得等同于工业应用时的磨矿粒度或相近。

邦德功指数家族包括各种不同的功指数。

16.4.1　邦德冲击破碎功指数（CWi）测试

矿石的破碎功指数是采用冲击破碎性测试装置（如图 16-15 所示）进行的。选择的样品在两冲击锤之间粉碎。试验结果用于初破设备选型（例如所需装机功率）以及协助二、三段破碎机的选择。测试样品为天然水分（注：不需要干燥）。典型测试样品也是天然状，它代表了进破碎机矿石天然破碎状态。应该避免采用"用过"的样品，如钻孔样或被锯锯过的样。"用过"样品趋向于产生低能量值。一套测试是 20 个样品。

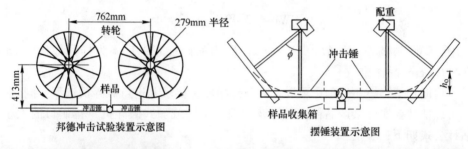

邦德冲击试验装置示意图　　　　　　　　摆锤装置示意图

图 16-15　破碎功指数测试装置[283]

测试步骤如下：

（1）把样品放在两个冲击锤之间的样品座上。样品的两平行侧面与冲击锤杆垂直，即与冲击锤的冲击面平行。样品必须能保持在其位置而不表面翻转。需要标识样品位置，以便整套试验时样品位置相同。

（2）调整两个冲击锤支点的距离使之与样品的厚度几乎相同。

（3）两冲击锤自然下垂并紧靠样品，用直尺测量和记录样品厚度，单位为 mm。

（4）把两冲击锤提升到某高度，其势能恰好低于设定粉碎能量。每个冲击锤的设定值相同。该测试装置可以预先标定，能量输入量是一套多个 4ft-lbs （5.44N·m）大小组合，用于平衡冲击锤。

（5）关上安全门（注：安全门上有安全连锁保护），然后触发限位触发器，冲击锤下旋冲击样品。

（6）检测样品是否明显破裂，即样品整个破碎。如果没有破碎，把样品放回再测试一次。样品摆放必须与原来一样以便每次冲击在同一位置。如果样品第一次就破裂，试验结果应该无效，因为不知道何等低的能量就能破碎样品。

（7）冲击锤增加 4 ft-lbs 能量，再次测试。重复试验直至破碎。冲击掉小片或小块不能作为"明显"破碎。

岩石样品的破碎机功指数计算公式如下：

$$CWi = 53.49 \frac{E_b}{t} \times \frac{1}{SG}$$

式中，CWi 为破碎功指数，kW·h/t；E_b 为粉碎能量，J；t 为样品厚度，mm；SG 为矿石样品比重。

依据邦德第三粉碎理论可以计算破碎净能量要求并进行破碎机选型。同时它还可以估计要实现某产品粒度时的破碎机（旋回或颚式破碎机）排矿口的大小，估计公式如下：

$$P80 = 25400 \times OSS \times (0.04 \times CWi + 0.40)$$

$$P80 = 25400 \times CSS \times 7ECC \times (0.02 \times CWi + 0.70)/(7ECC - 2CSS)$$

式中，OSS 为宽侧排矿口，in；CSS 为窄侧排矿口，in；ECC 为偏心距，in。

16.4.2　邦德摩擦磨损指数 Ai 测试

试验测试的摩擦磨损指数 Ai 可以用于估计钢质磨矿介质磨损率以及破碎机、棒磨机和球磨机衬板磨损率。如图 16-16 所示，摩擦磨损测试设备是一个双转式搅拌筒，其转速为 632r/min，但只有一个搅拌板，其材质为 Bisalloy 合金，硬度为 500 Brinell。

标准试验步骤如下：

（1）4 个样品，每个样品重量为 400g，粒度为 -19+12.7mm。每个样品在测试装置中处理 15min。

图 16-16　摩擦磨损指数 Ai 测试装置

（2）测试结束后，该搅拌板称重测量磨损量，称重精度为 0.10mg。摩擦磨损指数等值于该搅拌板的重量损失，采用的表述单位为 g。

（3）4 个 15min 测试产品混合后筛分。

邦德研发了如下相关公式计算粉碎过程中单位能耗的磨损量。

设备种类	磨矿介质磨损率/kg·(kW·h)$^{-1}$	衬板磨损率/kg·(kW·h)$^{-1}$
湿式棒磨	$0.16 \times (Ai - 0.020)^{0.2}$	$0.016 \times (Ai - 0.015)^{0.3}$
湿式球磨	$0.16 \times (Ai - 0.015)^{0.33}$	$0.012 \times (Ai - 0.015)^{0.3}$
干式球磨	$0.023 \times (Ai)^{0.5}$	$0.0023 \times (Ai)^{0.5}$
破碎机（旋回、颚式或圆锥破碎机）		$0.041 \times (Ai + 0.22)$
辊式破碎机		$0.098 \times (Ai)^{0.667}$

16.4.3 邦德棒磨功指数 RWi 测试

邦德棒磨机功指数是采用直径 0.305m×长 0.610m 的倒角棒磨机，采用波形衬板，转速为 46r/min。邦德棒磨功指数磨机如图 16-17 所示。磨矿介质是 6 根直径 31.8mm 和 2 根直径 44.5mm 的钢棒，长度为 0.53m，总重量为 33.380kg。

测试步骤为：

（1）测试样品破碎至 100%小于 12.7mm。样品缩分用于功指数测试。

（2）采用标准试验磨机磨已知体积（1250mL）矿石，磨机运转给定旋转圈数。

（3）磨矿后物料采用一定大小孔（一般为 1180μm）的筛子筛分，除去细粒级。

（4）添加新给料和筛上产品一起组成下一次磨矿的给矿，总重量与原来的相等。

（5）调整每个循环试验时的磨机旋转圈数使之达到稳定循环载荷。

（6）邦德棒磨功指数计算公式如下：

$$RWi = \frac{62.0}{Pi^{0.23} \times Grp^{0.25} \times \left(\dfrac{10}{\sqrt{P80}} - \dfrac{10}{\sqrt{F80}}\right)} \times 1.102$$

式中，RWi 为棒磨机功指数，kW·h/t；Pi 为可磨性测试时的筛孔尺寸，mm；Grp 为平衡时磨机转一圈的平均产量，g/r；P80 为平衡时磨矿产品 80% 重量通过时的粒级，mm；F80 为给矿 80%重量通过时的粒级，mm。

图 16-18 显示了上例中邦德棒磨功指数随矿床深度的变化。邦德棒磨功指数明显随着矿床深度而倾向于增加。这种趋势与前面的硬度趋势相同。

16.4.4 邦德球磨机可磨性测试

邦德球磨机可磨性测试与棒磨机功指数测试相似。它需要 10kg 小于 3.35mm（6 目）物料。这些物料应该阶段破碎至 100%通过 3.35mm，通常试验只需要不

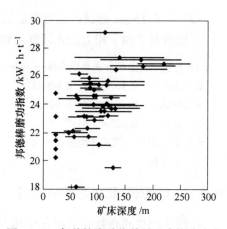

图 16-17　邦德棒磨机功指数测量磨机　　图 16-18　邦德棒磨功指数随矿床深度变化

到 5kg。测试采用细筛（典型为 65～270 目）的闭路测试流程。筛孔的选择通常是满足实现工业生产的最终产品 P80。试验闭路流程的循环载荷载荷为 250%。

　　MinnovEX Technologies 对原来标准邦德球磨机功指数测试步骤进行了修改，它采用 1.2kg 破碎至小于 3.35mm。测试仍采用标准邦德球磨机试验，磨矿时间固定，相当于开路试验。磨矿给矿和产品均进行粒度分析，然后采用一个合适模型计算修改后测试程序的功指数。修改后的邦德球磨功指数试验结果必须有足够的标准邦德球磨机功指数标定，通常为总量的 10%。修改后邦德球磨功指数测试适于矿石性质变化大的矿床矿石评估，这是因为它采用开路磨矿，因此大幅度降低了试验成本（更少的矿样和试验时间）和整个测试时间，但并不危及试验数据的质量。虽然它没有与一个一定孔的筛形成闭路，但试验可以用于模拟任何闭路筛，这对于工业生产设定粒度范围比较大将非常实用，或者那些不能确定最终粒度的情况。

　　标准邦德球磨机为直径 0.305m × 0.305m，磨机内圆角，衬板为光滑衬板。给排矿门为 100mm × 200m 开口，见图 16-19 中照片。转速为 70r/min，并需要计算磨机旋转圈数。磨矿介质为 285 个钢球，总重量为 20.125kg。典型的商业测试试验采用 25 个直径 38.1mm（1.5in）钢球，39 个直径 31.75mm（1.25in）钢球，60 个直径 25.4mm（1in）钢球，69 个直径 22.23mm（7/8in）钢球和 93 个直径为 19.1mm（3/4in）钢球。

图 16-19　邦德球磨机功指数测量磨机

标准测试步骤如下：

（1）矿石样品阶段破碎至 100%通过 3.35mm。破碎后样品缩分备用。

（2）给定体积（一般为 700mL）矿石倒入标准邦德球磨机磨矿，计算/记录磨机旋转圈数。

（3）磨矿排矿采用一给定孔（通常的范围为 75～600μm）的筛筛分，除去筛下。

（4）筛上再添加新矿至原来的总重量，作为下一循环的给矿。

（5）调整每次磨机旋转圈数直至达到稳定循环载荷。

（6）邦德球磨功指数计算公式如下：

$$BWi = \frac{44.5}{Pi^{0.23} \times Grp^{0.82} \times \left(\frac{10}{\sqrt{P80}} - \frac{10}{\sqrt{F80}}\right)} \times 1.102$$

式中，BWi 为球磨功指数，kW·h/t。

在前面提到的项目中，一共进行了总共 93 个邦德球磨机功指数 BBWi。该项目的邦德球磨机功指数平均值为 17.9kW·h/t，变化范围为 12.5～24.2kW·h/t，列为中等至非常难磨矿石。图 16-20 显示了 BBWi 分布，从图 16-20 中可见，其呈现双峰分布形式。一个峰值位于 15～16kW·h/t，而另一个峰值在 18～20kW·h/t，这暗示了整个矿床有两种不同矿石，分别为中等和高难磨矿石。进一步的研究发现，随着矿床深度增加，"中等硬度"矿石频率降低，特别是上部 50m 的"中等硬度"矿石量很高。图 16-21 显示了邦德球磨机功指数随测量时间的变化。

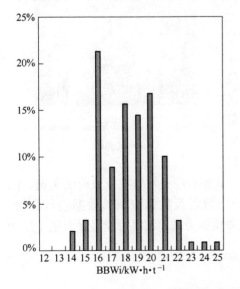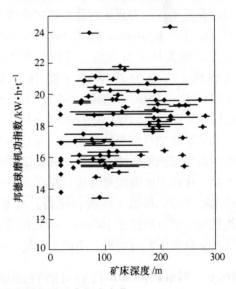

图 16-20 邦德球磨功指数分布图和随矿床深度变化

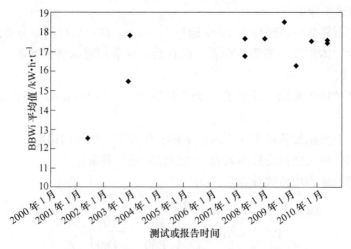

图 16-21 邦德球磨功指数 BBWi 与测试阶段关系

有兴趣地观察到了邦德球磨机功指数随测试时间呈现上升趋势，这可以是因为随着勘探进行，更多深部矿石才能获得进而可以进行测试。

16.5 Advanced Media Competency 测试

Advanced Media Competency（AMCT）测试方法由 Orway 矿物咨询公司和 Amdel 研发。设计该实验目的是评估全自磨磨矿时，磨矿介质生存能力或矿石作为磨矿介质的能力。矿样为从 104mm 到 165mm 的 5 个粒级，10 块大块矿石样品。实验磨机为滚筒式磨机，大小为直径 6ft × 长 1ft（直径 1.83m × 长 0.305m），如图 16-22 所示。磨机旋转 500 圈，然后排出进行粒度分析。存留下来的矿块进行破裂能量实验，包括 5 个粒级的系列邦德低能冲击试验。破裂试验提供

图 16-22 Advanced Media Competency 测试磨机

了第一次破裂所需能量与岩石粒度的关系。其相对应关系是数据分析的关键，同时也综合考虑邦德（棒磨和球磨）磨矿功指数以及数据库中的数据进行分析。既然最大矿石块度达 165mm，因此该磨矿介质能力试验结果可能是最合适于用于反映全自磨中矿石磨机介质能力问题。

16.6 MacPherson 自磨可磨性测试

MacPherson 自磨可磨性测试是由 Arthur MacPherson 研发，是一套连续干式全/

半自磨磨矿试验装备。磨机直径为
457mm（18in），钢球充填率为 8%。
试验需要达到一个稳定状态，它类
似于一个小型干式全/半自磨试验
机组。如图 16-23 所示，该机组包
括一台直径 457mm×长 152mm 干式
半自磨机、给料机、干式空气分级
机、筛分机、通风机、除尘器和控
制系统等设备组成。Syntron 给料机
将料仓中的物料给入干式半自磨
机。通风机产生的空气流将磨后物
料送往一台立式分级机和一台旋流
器组成的两段分级系统。立式分级

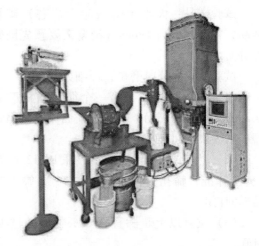

图 16-23　MacPherson 全自磨可磨性测试机组[284]

机底流送往一台筛孔为 14 目的筛分机进行筛分，粗产品（循环负荷）返回干式
半自磨机给料仓。用一台袋式除尘器从空气流中回收磨后物料。磨机筒体下方安
装有微型麦克风，其控制系统将连续调整给矿量以便保持声音在预设水平，同时
磨机充填率允许达到 25%。通过调节空气流量控制磨矿循环载荷在 5%。这个试
验可以有效测试组分可磨性差异，特别矿石组分性质变化大的矿床的全自磨磨矿
情况，即矿石中硬和难磨组分是否能生存下来作为磨矿介质。

　　试验样品：典型样品数量为 100~175kg，最大粒度超过 32mm（1~1/4in），
但其数量必须保证足够样品能使试验达到稳态或最少运转 6h。

　　试验结束后，所有产品进行粒度分析。卸出磨机载荷进行观察，并进行粒度
分析和测量各粒级矿石的密度。最终产品由三种料流混合组成，即 14 目筛下、
旋流器底流以及袋式除尘器中的粉尘。这样可以评估是否有某种矿石的大块倾向
于在磨机中累积，并改变磨机载荷颗粒密度，使之与给矿密度不同（注：可以初
步判断累积矿石种类，磨机载荷重量及对磨机运转功率的影响等）。磨机功率、
处理量和产品粒度分布信息可以用于计算磨矿比能量输入，并获得 MacPherson
全自磨功指数 AWi。

16.7　SAG Design 测试

　　SAG Design 测试方法是由 SAG Design 咨询集团研发，它采用分段磨矿方法。
该试验采用实验室半自磨机，型号为直径 0.488m×长 163mm（19.2in×6.4in），
如图 16-24 所示。试验操作条件是：总充填率为 26%，其中矿石充填率为 15%，
钢球充填率为 11%（矿石体积为常数）。磨机转速为 76% 的临界速度。磨矿介质
为：直径 51mm 和 38mm 各占 50%，总重量为 16kg。

试验样品：大于 10kg（半个岩芯）矿石样品，粒度 P80 为 19mm（通常需要预先破碎筛分）。

试验步骤为分段磨矿，详细如下：

（1）对于硬矿石，第一个循环磨机磨矿 462 圈（大约 10min）。对于软矿石则需要缩短磨矿圈数或时间。

（2）然后排出磨矿产品，采用 12 目筛（美国标准，筛孔为 1.41mm）筛分，筛上产品返回再磨。

（3）重复以上步骤直至 60%物料通过 12 目筛。

（4）然后，不除去筛下，连续磨矿至 80%通过 12 目筛。

图 16-24　Mill SAG Design 测试磨机

磨矿产品再进一步进行邦德球磨功指数试验。SAG Design 测试直接结果是磨至 80%通过 1.7mm 所需要的磨机旋转圈数。

磨矿功率预测公式为：

半自磨机净运转功率（kW·h/t）= Revs × (16000 + M)/(447.3 × M)

式中，M 为试验矿石重量，g，体积为 4.5L；Revs 为以上试验达到产品 P80 = 1.7mm 时，总累积磨机旋转圈数。

16.8　半自磨功指数（SPI）测试

半自磨功指数（SPI）测试是测量从给矿粒度 F80 = 12.7mm 磨至产品粒度 P80 = 1.7mm 所需时间（单位为 min）。磨矿时间越长表明越难磨。实验室试验采用磨机型号为直径 304.8mm×长 101.6mm。磨矿介质为直径 31.8mm 钢球，充填率为 15%。每次测试矿样为 2kg。磨矿模式与 SAG Design 测试相近，给矿矿样进行反复循环分批磨矿。每个循环后卸出磨内物料进行筛分，筛下作为产品，筛上作为循环负荷返回磨机进行下一循环磨矿直至 80%通过 1.7mm。如果产品未到达产品粒度要求（即 P80 = 1.7mm），整个矿样再次重复以上分段磨矿过程。最终获得粉磨时间和产品粒度的关系曲线。

测试样品：每次试验需要 2kg 样品，最大粒度为 19mm（3/4in），但是通常需要总共 10kg 样品，粒度为小于 38.1mm（1.5in）。这些样品允许用于破碎功指数试验以便估计初破作业产品粒度分布。

该测试方法的最大优点是矿样少，因此它适于对矿床的地质-选矿性质的全面研究，即对整个矿床的矿石性质进行测试并产生地质-选矿可磨性或可选性数据库。SPI 测试结果然后转换成磨矿比能耗，进而用于预测工业磨机的生产或应用于 CEET2 软件设计流程。

半自磨磨矿比能耗 E（kW·h/t）计算公式如下：

$$E = C_1 \times \left(\frac{\mathrm{SPI}}{\sqrt{\mathrm{P80}}} \right)^{C_2}$$

式中，C_1 和 C_2 为常数。

对于全自磨磨矿，则需要引入一个修正因子。

16.9　JK 旋转式粉碎测试仪（JKRBT）

JK 旋转粉碎测试仪是由 Julius Kruttschnitt 矿物研究中心研发的新技术，是落重试验的另一种选择方案，用于测量 t_{10}。该系统包括一个手工操作的旋转给矿机和有驱动系统的转子-定子装置。该系统配有控制单元。其直径为 450mm，转速高达 5000r/min，有 3 个给矿辐射状通道，如图 16-25 所示。选择粒度的颗粒通过给矿机进入转子，然后随机性分配到 3 个导向通道之一。颗粒在通道中被加速，然后从转子周边甩出。颗粒以已知速度冲击到环周边的钢砧上，可以准确计算比冲击能量。分批试验样品冲击破碎，从转子底下的收集仓回收产品进行粒度分析，最后确定 t_{10}。

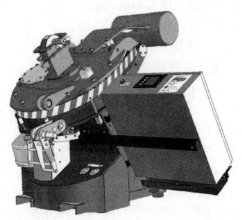

图 16-25　JK 旋转式粉碎性能测试机[285]

JKRBT 能处理粒度从 1mm 到 45mm 颗粒，比能量水平为 0.001～3.8kW·h/t。在标准的 JKRBT 试验程序，测试从 13.2mm 到 45mm 的 4 个粒级，每个粒级进行 3 水平冲击能量试验，这与落重试验相同。作为试验的一部分，它也采用与落重试验相同的程序和滚筒磨测量了抗摩擦粉碎参数 t_a。JKRBT 试验需要大约 100kg 矿石样品，包括了测试 t_a 的试验样品。岩石样品必须在 $-53+12.5$mm 粒级范围，或者直接不小于50mm的整岩芯样。

16.10　高压辊磨试验

　　既然高压辊磨粉碎机理（挤压矿床粉碎）明显不同于传统粉碎设备，因此需要专门试验来评估高压辊磨的粉碎性能。图16-26显示了一台实验室规模的高压辊磨。

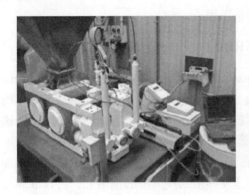

图 16-26　高压辊磨实验室设备

　　高压辊磨工艺的特点是粉碎作用首先随着输入比能量增加而增加至一局限点，在此之后粉碎作用增加很少或几乎不增加，其粉碎作用示意图如图16-27所示。该点是通常所知的能量饱和点（Energy Saturation Point，ESP）。对于要研究的矿床，通常需要最少6个试验以便获得在不同高压辊磨工作压力下的有效粉碎特性。比能量设定常规范围为

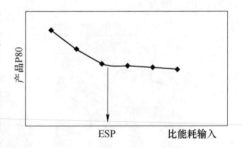

图 16-27　高压辊磨产品 P80 与
输入比能量的关系

0.5~3.0 kW·h/t，对应的比压力为2~6N/mm²，试验采用的设定值取决于矿石的强度和其他性质。对于测试矿石的变化性试验，比能量输入值应该在预先选定的并已经确定的 ESP。通常还需要测试给矿水分的影响，这一点对于高压辊磨应用于处理顽石粉碎特别重要。

　　有时，高压辊磨也进行闭路试验，通常采用6目筛筛分。每个试验最低样品重量为25kg；如果是确定能量饱和点ESP试验则需要样品120~150kg。

16.11　高压辊磨静压（SPT）测试

　　静压（Static Pressure Test，SPT）测试是另外一种评估矿石的高压辊磨粉碎

性能的测试方法。它是一小规模矿石样品抗静压试验，用于评价高压辊磨粉碎所需要的比能量。该试验设备包括一台液压设备，压力可控制最大到 55MPa。试验样品放在一个钢质圆柱筒中，直径为 100mm，高度为 200mm。试验机组和抗压样品容器如图 16-28 所示。

　　测试样品：样品颗粒 100% 通过 19mm 且 80% 通过 12.7mm（即 P80 = 12.7mm），这与直径为 0.25m 的实验室小型高压辊磨试验样品一样，因此可以直接比较。对于完整测试，即闭路测试，只需要 7kg 样品，而对于一个简化版试验，它需要 3kg 样品，因此它可以进行大量样品的测试，特别适用于测试整个矿床的矿石变化性试验。

图 16-28　SPT 测试装置

　　对于完整版闭路测试程序，每个循环产生的小于 3.35mm 物料被筛分除去，取代的是新给矿和筛上一起进行下一个循环试验。该循环试验直至产生的小于 3.35mm 量不变。通常需要运作 5 个或 6 个循环。最后 3 个循环的平均比能量 E（kW·h/t）和测量的给矿粒度 F80 和产品粒度 P80 用于计算高压辊磨可磨性指数（High Pressure grindability Index，HPI）。类似于邦德功指数，高压辊磨比能量 E 的技术公式如下：

$$E = 10 \times \mathrm{HPI} \times \left(\frac{1}{\sqrt{\mathrm{P80}}} - \frac{1}{\sqrt{\mathrm{F80}}} \right)$$

16.12　中试

　　由于成本效益和在项目初期不易获得大量代表性矿样，通常不进行全/半自磨磨矿中试，特别是那些中小规模项目。但是有设计人员强烈建议进行中试以便获得更高可信水平的数据。通常情况下，实验室试验测量了矿石的破碎性和可磨性，应用这些粉碎参数和能量等模型就可以预测选厂情况，包括处理量、产品粒度 P80、循环载荷等。但是如果需要为下游的选矿试验生产样品，也有必要进行中试。对于非常规矿石或考虑非常规流程时，一般也强烈建议进行中试。应该注意到模型是有一定的局限性的，只有当他们的输入参数正确时才可能获得比较准确的输出数据。

16.13　矿石抗磨能力和硬度

　　测量的矿石全/半自磨抗磨能力通常表达为 $A \times b$、DWi、SPI 等，它直接与全/

半自磨比能量和处理能力相关。然而，矿石硬度或邦德功指数对球磨比能量需求和磨矿粒度有巨大影响。很重要的是了解它们的相关关系。特别是设计全/半自磨＋球磨磨矿工艺时，它需要考虑初磨和二段磨矿之间的负荷量分配以便实现最大处理量。表 16-3 列举了综合矿石全/半自磨抗磨性和硬度两大性质而对矿石进行的分类。图 16-29 显示了某项目落重功指数 DWi 和邦德功指数 BWi 的相关关系，该图分为 4 个区域。黑点代表了典型的设计标准（是基于 DWi 和 BWi 的 80 百分位数设定的），这种设计思路拥有比较小的常规设计安全。但是，当处理落重功指数 DWi 比较低的矿石时，将导致高全/半自磨机处理能力但磨矿粒度比较粗，进而会改变一段与二段磨机之间的磨矿能量/负荷分配。这意味着按高抗磨性（难磨）而设计磨矿流程时，会导致所设计的球磨机将功率不足将达不到设计的磨矿粒度，进而可能牺牲金属回收率。因此在流程设计时，需要考虑仔细矿石的全/半自磨抗磨性和硬度的实际相关关系或实际存在的各种情况，谨慎选择这些参数的设计值。

表 16-3　矿石可磨性和硬度分类[286]

项　　目		BBWi/kW·h·t⁻¹			
		<10	10~15	15~20	>20
DWi/kW·h·m⁻³	>8	软	中等硬	硬	很硬
		抗磨能力高	抗磨能力高	抗磨能力高	抗磨能力高
	4~8	软	中等硬	硬	很硬
		抗磨能力中等	抗磨能力中等	抗磨能力中等	抗磨能力中等
	<4	软	中等硬	硬	很硬
		易碎	易碎	易碎	易碎

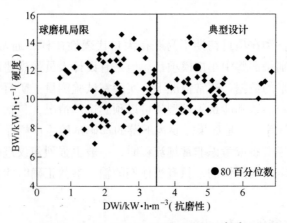

图 16-29　某项目矿石粉碎性能分布[286]

设备图示说明

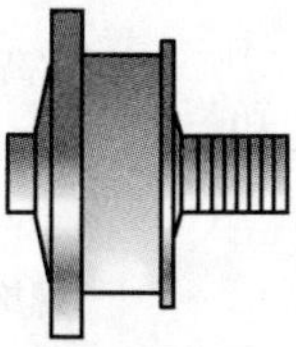	全/半自磨机
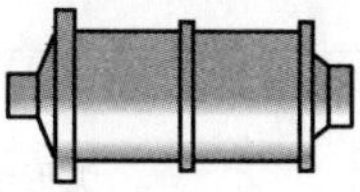	球磨机或砾磨机
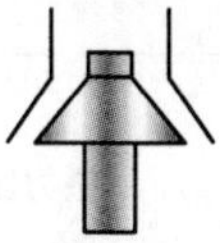	旋回破碎机/圆锥破碎机
	旋流器
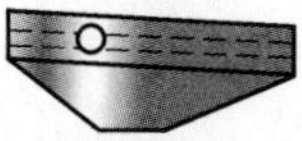	（多层）振动筛或香蕉筛
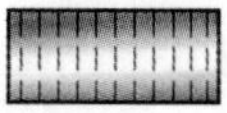	圆筒筛
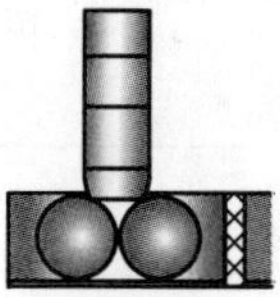	高压辊磨
	（顽石）料仓
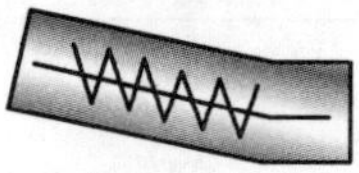	螺旋分级机
	低磁场滚筒式永磁机

	磁滑轮
	高场强/高梯度磁选机
	螺旋溜槽
	弧形细筛
	磁力脱水/脱泥槽
	浮选机
	（尼尔森）重选离心机
	浓密机
	皮带输送机
	塔磨
	颚式破碎机

资 料 来 源

【1】 Lynch, Rowland, 2009. History of Grinding. ISBN 0-87335-238-6. Published by the Society for Mining, Metallurgy, and Exploration, Inc. 122.

【2】 Tozlu, Fresko, 2015. Autogenous and semi-autogenous mills 2015 update. SAG Conference 2015.

【3】 2017. http://www.chinabaike.com/z/keji/ck/808662.html.

【4】 Guozhi Huang, 2005. Modelling of Sulphide Minerals-Grinding Media Electrochemical Interaction during Grinding, PHD dissertation. Ian Wark Research Institute, University of South Australia, September 2005.

【5】 Powell, et al. 2011. The strengths of SAG and HPGR in flexible circuit designs. In: Major, K., Flintoff, B. C., Klein, B. and McLeod, K., SAG 2011. International Autogenous Grinding, Semi-autogenous Grinding and High Pressure Grinding Rolls Technology 2011, Vancouver BC, Canada.

【6】 Lane, Fleay, La Brooy, 2002, Selection of Comminution Circuits for Improved Efficiency, IIR Conference on Crushing and Grinding, October 2002, Kalgoorlie.

【7】 Levanaho, Lahteenmaki and Koivistoinen, 2001. Economics of Autogenous Grinding, SME Annual Meeting Colorado.

【8】 Powell, et al. 2011. The strengths of SAG and HPGR in flexible circuit designs. In: Major, K., Flintoff, B. C., Klein, B. and McLeod, K., SAG 2011. International Autogenous Grinding, Semi-autogenous Grinding and High Pressure Grinding Rolls Technology 2011, Vancouver BC, Canada.

【9】 Lane, Siddall, 2002. SAG Milling in Australia-Focus on the Future, Metallurgical Plant Design and Operating Strategies, AusIMM, April 15~16.

【10】 Putland, 2006. Comminution circuit selection-key drivers and circuit limitations. SAG conference, 2006: Ⅱ342~355.

【11】 Koivistoinen, Virtanen, Eerola, et al. 1989. A comminution cost comparisaon of traditional metallic grinding, semiautogenous grinding (SAG) and two-stage autogenous grinding. SAG Conference, 1989: 413~428.

【12】 http://www.ironore2015.ausimm.com.au/Media/ironore2015/presentations/S4B%20-%20Wacker.pdf.

【13】 Adam, Hirte, 1973. Autogenous grinding, the long and the short of it, AIME Annual Meeting, Chicago, Illinois, SME of AIME.

【14】 Manlapig, Seitz, Spottiswood, 1980. Analysis of the breakage mechanisms in autogenous grinding, in M Digre (ed.), Proceedings of the autogenous grinding seminar, BVLI/Bergforskningen, Trondheim, Norway, Vol. 1, A3/1~14.

【15】 Epstein, 1948. Logarithmico-Normal Distribution in Breakage of Solids, Industrial & Engineering Chemistry, 40 (12): 2289~2291.

【16】 Stanley 1974. The autogenous mill: a mathematical model derived from pilot-and industrial scale experiment, University of Queensland, Australia.

【17】 Austin, Weymont, Prisbrey, Hoover, 1977. Preliminary results on the modeling of autogenous

grinding, in RV Ramani (ed.), APCOM '76: proceedings of the fourteenth international sympo-
sium on the application of computers and mathematics in the mineral industry, AIME, Soc of Min
Eng, University Park, PA, USA, 207~226.

【18】 Austin, Barahona, Weymont, Suryanarayanan, 1986. An improved simulation model for semi-au-
togenous grinding, Powder Technology, 47(3):265~283.

【19】 Leung, 1987. An energy based, ore specific model for autogenous and semi-autogenous grinding
mills, University of Queensland, Australia.

【20】 Morrell, Finch, Kojovic, Delboni, 1994. Modelling and simulation of large diameter autogenous
and semi-autogenous mills, in 8th European Symposium Comminution, Stockholm, Sweden, Vol.
1, 332~343.

【21】 Kojovic, 1988. The development and application of Model-an automated model builder for mineral
processing, University of Queensland, Australia.

【22】 Mutambo, 1992. Further development of an autogenous and semi-autogenous mill model,
University of Queensland, Australia.

【23】 Morrell, Morrison, 1996. AG and SAG mill circuit selection and design by simulation, in AL Mu-
lar, DJ Barratt & DA Knight (eds), International autogenous and semiautogenous grinding tech-
nology, University of British Columbia, Department of Mining and Mineral Process Engineering,
Vancouver, Vol. 2, 769~790.

【24】 Morrell, Banini, Latchireddi, 2001. Developments in AG/SAG mill modelling, in AL Mular, DJ
Barratt & DA Knight (eds), International autogenous and semi-autogenous grinding technology,
University of British Columbia, Department of Mining and Mineral Process Engineering, Vancou-
ver, Vol. 4, 71~84.

【25】寇珏，孙春宝，刘洪均，徐涛. SABC 碎磨过程的模拟与优化 [J]. 东北大学学报（自
然科学版），2015，36（12）：1743~1747.

【26】 White, 1905. The theory of the tube mill. The journal of the chemical, metallurgical, and mining
society of South Africa. May: 290~305.

【27】 Davis, 1919. Fine crushing in ball mills. AIME Trans. 61: 250~296.

【28】 McIvor, 1983. Effects of speed and liner configuration on ball mill performance. Mining Engi-
neering, Jun: 617~622.

【29】 Metso, 2002. Basics in Mineral Processing, Chapter 01: Size Reduction, 18.

【30】 Powell, 1991. The design of rotary-mill liners, and their backing materials. Journal of the South
African Institute of Mining and Metallurgy. 91(2): 63~75.

【31】 Cleary, 2001. Charge behaviour and power consumption in ball mills: sensitivity to mill operating
conditions, liner geometry and charge composition. Int. J. Miner. Process, 63: 79~114.

【32】 Dahner, Bosch, 2010. Total primary milling cost reduction by improved liner design.
Comminution '10, Vineyard Hotel, Cape Town, South Africa.

【33】 http://www.shzbzg.com/hyzx/890.html.

【34】 Parks, 1996. Liner designs, materials and maintenance practices for large primary mills-past,
present, and future. Proceedings of SAG 1996: 881~903.

【35】金属构件失效分析磨损失效 . https://wenku. baidu. com/view/610fa65e55270722192ef751. html.

【36】Valderrama, et al, 1996. The role of cascading and cataracting in milling liner wear. SAG Conference 1996: 843~856.

【37】Eyre, 1976. Wear characteristics of metals. Tribology international, October: 203~212.

【38】王景荣，王景利，王景会，王荣伟，凌海军，承德荣茂铸钢有限公司，2016. 一种适于半自磨机使用的多元合金衬板及其加工工艺 . CN 106086656 A.

【39】Gates, et al, 2008. Effect of abrasive mineral on alloy performance in the ball mill abrasion test. Wear, 265: 865~870.

【40】Norman, Hall, 1969. Abrasive wear of ferrous materials in Climax operation. Book: Evaluation of wear testing published by American society for testing and materials, Printed in Union City, N. J. : 91~114.

【41】Moore, et al, 1988. Factors Affecting Wear in Tumbling Mills: Influence of Composition and Microstructure. International Journal of Mineral Processing, 22: 313~343.

【42】http://www. huazn. com/mtbd/277. html.

【43】Shaeri, Saghafian, Shabestari, 2010. Effects of Austempering and Martempering Processes on Amount of Retained Austenite in Cr-Mo Steels (FMU-226) Used in Mill Liner. Journal of iron and steel search international, 17(2) : 53~58.

【44】Hu et al, 2005. Heat treatment of multi-element low alloy wear-resistant steel. Materials Science and Engineering A, 396: 206~212.

【45】http://www. naimochenban. cn/manganese/.

【46】Inthidech, Sricharoenchai and Matsubara, 2006. Effect of Alloying Elements on Heat Treatment Behavior of Hypoeutectic High Chromium Cast Iron. Materials Transactions, 47(1) : 72~81.

【47】http://www. ask-chemicals. com/cn/foundry-products/casting-defect-prevention. html.

【48】Norman. 1974, A Review of Materials for Grinding Mill Liners. Symposium on Materials for the Mining Industry, Climax Molybdenum Company, 207~218.

【49】Greater mill availability by using VULCO rubber mill liners. www. weirminerals. com.

【50】Eriksson, 2006. Impact resistant poly-met shell liners for SAG mills. SAG Conference 2006: Ⅲ 60-66.

【51】Ellsworth, 2011. Application of metal magnetic liners in the US iron ore industry. http://en-us. eriez. com/Products/MML/.

【52】Powell, 1991. The design of rotary-mill liners, and their backing materials. J. S. A fr. Inst. Min. Metal. , 91(2) : 63~75.

【53】Twidle, et al, 1990. Evaluation of mill liners at East Driefontein Gold Plant. J. S. Afr. Inst. Min. Metal. , 90(5) : 119~121.

【54】Du, et al, 2006. Three-body Impact Corrosion-Abrasion: Studying for Low Carbon High Alloy Liner in Ore Grinder. JMEPEG, 16: 746~751.

【55】Powell, et al. , 2006. The selection and design mill liners. SME Annual Conference-Advances in Comminution, 331~376.

【56】 Outokumpu. The science of comminution. http://docentes. uto. edu. bo/njacintoe/wp-content/uploads/Grinding_Fundamentals. pdf.

【57】 Mishra, Rajamani, 1992. The discrete element method for the simulation of ball mills. Appl. Math. Modelling. 16: 598~604.

【58】 Rezaeizadeh, et al, 2010. Experimental observations of lifter parameters and mill operation on power draw and liner impact loading. Minerals Engineering, 23: 1182~1191.

【59】 Powell, Vermeulen, 1994. The influence of liner design on the rate of production of fines in a rotary mill. Minerals Engineering, 7(2/3): 169~183.

【60】 Powell, 1991. The effect of liner design on the motion of the outer grinding elements in a rotary mill. Int. J. of Mineral Processing, 31: 163~193.

【61】 Djordjevic, Shi, Morrison, 2004. Determination of lifter design, speed and filling effects in AG mills by 3D DEM, Minerals Engineering, 17(11~12): 1135~1142.

【62】 Coles, Chong, 1983. New liner design improves Aerofall mill throughput. Mining Engineers, November, 1983: 1556~1560.

【63】 Fuerstenau, Abouzeid, 1985. Scale up of lifters in ball mills. Int. J. of Mineral Processing, 15: 183~192.

【64】 Royston, 2007. Semi-autogenous grinding (SAG) mill liner design and development. Minerals & Metallurgical Processing, 24(3): 121~132.

【65】 Takalimane, 2014. Evaluating the influence of lifter face angle on the trajectory of particles in a tumbling mill using PEPT. University of Cape Town.

【66】 Royston, 2007. Semi-autogenous grinding (SAG) mill liner design and development. Minerals & Metallurgical Processing, 24(3): 121~132.

【67】 Bigg, Raabe, 1996. Studies of lifter height and spacing: past and present. SAG Conference 1996: 999~1005.

【68】 Yahyaei, Banisi, 2010. Spreadsheet-based modeling of liner wear impact on charge motion in tumbling mills. Minerals Engineering, 23: 1213~1219.

【69】 Banisi, Hadizadeh, 2007. 3-D liner wear profile measurement and analysis in industrial SAG mills. Minerals Engineering, 20: 132~139.

【70】 Yahyaei, et al, 2009. Modification of SAG mill liner shape based on 3-D liner wear profile measurements. Int. J. Miner. Process. 91: 111~115.

【71】 Magotteaux, 2010. Presentation by Magotteaux to CPMM.

【72】 Nordell, Potapov, 2001. Comminution simulation using discrete element method (DEM) approach-from single particle breakage to full-scale SAG mill operation. SAG Conference 2001: IV235~251.

【73】 Toor, Franke, Powell, Bird, Waters, 2013. Designing liners for performance not life. Minerals Engineering. 43~44: 22~28.

【74】 Powell, Valery, 2006. Slurry pooling and transport issues in SAG mills. Proceedings SAG2006-Operations and Maintenance, International Conference on Autogenous and Semiautogenous Grinding Technology.

【75】LaMarsh, 2015. Grinding optimization of the new Afton concentrator. SAG Conference 2015.

【76】Rajamani, et al, 2015. Pulp lifter flow modeling study in a pilot scale mill and application to plant scale mills. SAG conference, 2015.

【77】Latchireddi, Morrell, 1997. A laboratory study of the performance characteristics of mill pump lifter. Minerals Engineering, 10(11): 1124~1233.

【78】Latchireddi, Morrell, 2006. Slurry flow in mills with TCPL — An efficient pulp lifter for ag/sag mills. Int. J. Miner. Process. 79: 174~187.

【79】Latchireddi, 2007. Turbo Pulp Lifter (TPLTM)-An Efficient Discharger to Improve SAG Mill Performance. 39th Annual Meeting of the Canadian Mineral Processors, January 23 to 25, 2007 Ottawa, Ontario, Canada.

【80】Powell, et al, 2006. The selection and design mill liners. SME Annual Conference-Advances in Comminution. 331~376.

【81】Rezaeizadeh, et al, 2010. An experimental investigation of the effects of operating parameters on the wear of lifters in bumbling mills. Mineral engineering, 23: 558~562.

【82】SME Mining Engineering handbook edited by P. Darling, 2011. Society for Mining, and Exploration, Inc. (SME), ISBN 978-0-87335-264-2.

【83】Kalala, et al, 2008. Study of the influence of liner wear on the load behaviour of an industrial dry tumbling mill using the Discrete Element Method (DEM). Int. J. Miner. Process. 86: 33~39.

【84】Almond, Valderama, 2004. Performance enhancement tools for grinding mills. International Platinum Conference 'Platinum Adding Value', The South African Institute of Mining and Metallurgy, 2004: 103~110.

【85】Sloan, et al, 2001. Expert systems on SAG circuits: three comparative case studies. Proc. SAG 2001 conference, Vol.2, Vancouver, Canada, 346~357.

【86】Morrell, Valery, 2001. Influence of Feed Size on AG/SAG Mill Performance. SAG Conference 2001, Vancouver, Canada, 203~214.

【87】Bank, 2014. Copper Mountain: mill throughput increasing over 35,000 tpd with increase in minus 1 inch ore in mill feed. Scotia Daily Mining Scoop, 5 February 2014. Retrieved from http://www.scotiaview.com.

【88】Morrell, Morrison, 1996. AG and SAG mill circuit selection and design by simulation. SAG Conference 1996 Vancouver, Canada, 769~790.

【89】Simkus, Dance, 1998. Tracking Hardness and Size: Measuring and Monitoring ROM Ore Properties at Highland Valley Copper, AusIMM Mine to Mill Conference, Brisbane, Australia, 113~120.

【90】Wennen, Murr, 2011. Autogenous mill feed preparation to reduce unit energy consumption. SAG Conference 2011.

【91】Karageorgos, et al, 1996. Copper concentrator autogenous grinding practices at Mount Isa mines limited. SAG Conference 1996: 145~163.

【92】Dance, 2001. The importance of primary crushing in mill feed size optimization. SAG Conference, 2001: I 189~202.

【93】Mclvorl, Greenwood, 1996. Pebble used and treatment at Cleveland-Cliffs' autogenous milling op-
erations. SAG Conference 1996: 1129~1141.

【94】MacPherson, Turner. in Mineral Processing Plant Design, AX. Mular and R. B. Bhappu (eds),
SME-AIME, New York, 1980: 279~305.

【95】Burger, et al, 2006. Batu Hijau Model for Throughput Forecast, Mining and Milling Optimization
and Expansion Studies. Advances in Comminution, Edited by Komar S. Kawatra, SME 2006.

【96】Murr, et al, 2015. Blasting influence on comminution. SAG Conference 2015.

【97】Junior, et al, 2011. Kinross Paracatu, start up and optimisation of SAG circuit. SAG Conference
2011.

【98】Kim, 2010. An experimental investigation on the effect of blasting on the impact breakage or
rocks. (Master's thesis). Department of Mining Engineering, Queen's University, Kingston, ON.

【99】Eloranta, 2001. Optimized Iron Ore Blast Designs for SAG/AG Mills. SAG Conference 2001:
I262~270.

【100】Pastika et al, 1995. Improved Fragmentation for Mine Cost Reduction. Proceedings of the 68th
Annual meeting of the Minnesota Section of the AIME and 56th Symposium, Duluth, MN
185~192.

【101】Castillo, Bissue, 2011. Evaluation of secondary crushing prior to SAG milling at Newmont's
Phoenix operation.

【102】Wirfiyata, Khomaeni, 2015. Batu Hijau mill throughput optimization: milling circuit configuration
strategy based on ore characterization. SAG Conference 2015.

【103】Kanchibotla, et al, 2015. Mine to mill optimization at Paddington gold operation. SAG Confer-
ence 2015.

【104】Bueno, et al, 2015. Multi-component autogenous pilot trials. SAG Conference 2015.

【105】McKen, Chiasson, 2006. small-scale continuous SAG testing using the Macpherson Autogenous
grindability test. SAG Conference 2006: IV299~ IV314.

【106】唐新民. 提高磨机处理能力和能源利用率的研究. 矿山机械, 2003 (1): 16~19.

【107】李国保, 唐新民. 球磨机钢球大小的试验研究. 矿山机械, 2005 (4): 12~14.

【108】Cho, et al, 2013. Optimum choice of the make-up ball sizes for maximum throughput in tumbling
ball mills. Powder Technology, Vol. 246, 625~634.

【109】段希祥. 我国粗磨球磨机钢球尺寸状况的分析. 矿冶工程, 1998, 18 (1): 23~26.

【110】Jordan, et al, 2014. Ball size effect analysis in SAG grinding. XXVII Internal Mineral Processing
Congress, Santiago Chile.

【111】Morrell, Finch, Kojovic, Delboni, 1994. Modelling and simulation of large diameter autogenous
and semi-autogenous mills, in 8th European Symposium Comminution, Stockholm, Sweden, Vol.
1, 332~343.

【112】Sepúlveda, 2001. A phenomenological model of semi-autogenous grinding processes in a Moly-
Cop tools environment. SAG Conference 2001: IV301~315.

【113】Sepúlveda, Muranda, Jofré, 2015. Updated on the modeling of semi-autogenous grinding
processes in a Moly-Cop tools environment. SAG Conference 2015.

【114】许伟，杨黎升，唐新民，吴照银. 半自磨机钢球大小的研究. 冶金设备，2007（2）：19~22.

【115】Bueno, et al, 2011. Multi-component autogenous pilot trials. SAG Conference 2011.

【116】Bueno, et al, 2011. The dominance of the competent. SAG Conference 2011.

【117】Kojovic, 2011. An energy based approach to quantifying the response of Ag/Sag mills to ore blends. SAG Conference 2011.

【118】Loveday, 2010. The Small Pebble Process for Reducing Ball and Power Consumption in Secondary Grinding. XXV International Mineral Processing Congress 2010: 981~994.

【119】van Drunick, et al, 2015. The Navachab optimization history; exceeding SAG performance benchmarks. SAG Conference, 2015.

【120】Vanderbeek, 2004. State of the SAG. Plant Operators' Forum 2004: 141~146.

【121】Bremer, 2008. Pipeline Flow of Settling Slurries. Presentation to Institution of Engineers Australia (Mechanical Branch), 2008.

【122】Bootle, 2002. Selection and Sizing of Slurry Pumps. In Mineral Processing Plant Design, Practice, and Control. Edited by Mular, A., L., Halbe, D, N., Barratt, D., J., Society of Mining Engineers. Littleton, Colorado, 2002: 1373~1402.

【123】Abulnaga, 2002. Slurry Systems Handbook. McGraw-Hill Handbooks, New York, 2002.

【124】Bird, Briggs, 2011. Recent Improvements to the Gravity Gold Circuit at Marvel Loch. Metallurgical Plant Design and Operating Strategies (MetPlant 2011).

【125】Rantanen, Lahtinen, Schumache, 1996. Operation of "Outogenius" type grinding at Forrestania Nickel Mines. SAG conference 1996: 217~232.

【126】Engelhardta, et al, 2015. The Cadia HPGR-SAG circuit-from design to operation-the commissioning challenge. SAG Conference, 2015.

【127】Tavani, Williams, Hart, 2015. Reflections on HPGR circuit operation at Newmont Boddington gold. SAG Conference 2015.

【128】Morrell, Valery, 2001. Influence of feed size on AG/SAG mill performance. In: D Barratt et al, Proceedings of an International Conference on Autogenous and semi-autogenous Grinding Technology. SAG 2001, Vancouver BC, (234~246). 30 Sept~3 Oct 2001.

【129】Koivistoinen, Levanaho, 2006. The role of critical-sized material in AG and SAG grinding. SAG conference 2006: Ⅱ 246~257.

【130】McIvor, Greenwood, 1996. Pebble Use and Treatment at Cleveland-Cliffs' Autogenous Mill Operations. Proceedings of the International Autogenous and Semiautogenous Grinding Technology, SAG 96, (3): 1129~1141.

【131】O' Bryan, 1996. Dealing with Critical Size Material: Application of Conical Crushers. SAG 96 Conference, (3): 1142~1160.

【132】Mosher, Banini, Supomo, Mular, 2006. SAG Mill Pebble Crushing: A Case Study of PT Freeport Indonesia' s Concentrator #4. SAG 06 Conference, (2): 407~421.

【133】Morley, 2006. High Grinding Pressure Rolls-A Technology Review. In Advances in Comminution, (15~39), SME.

【134】Powell, etc, 2015. Full precrush to SAG mills-the case for changing this practice. SAG conference Vancouver, 2015.

【135】Condori, Rech, Winnett, 2011. Investigation of sorting technology to remove hard pebbles from an autogenous milling circuit. SAG Conference, 2011.

【136】Mainza, et al, 2011. AG milling with and without pebbles recycle-effect on multi-component ore deportment and throughput. SAG Conference, 2011.

【137】O' Bryan, 2006. Dealing with critical size material: application of conical crushers. SAG Conference 2006: 1142~1160 .

【138】Jankovic, Valery, Clarke, 2006. Design and implementation of an AVC grinding circuit at BHP Billiton Cannington. SAG Conference, 2006: II 290~300.

【139】Bearman, Munro, Evertsson, 2011. Crushers-An Essential Part of Energy Efficient Comminution Circuits. MetPlant Conference 2011.

【140】Crawford, Zheng, Manton, 2009. Incorporation of pebble crusher specific energy measurements for the optimization of SABC grinding circuit throughput at Telfer. 10th Mill Operators Conference.

【141】Hulthén, Evertsson, 2008. On-line optimization of crushing stage using speed regulation on cone crushers, Proc. of XXIV International Mineral Processing Congress, 2396~2402, Beijing, China.

【142】van der Meer, Fernandez, 2015. Pebble Crushing by HPGR. SAG Conference, Vancouver, 2015.

【143】Honaker, Wang, Ho, 1996. Application of the Falcon Concentrator for fine coal cleaning. Minerals Engineering, 9(11): 1143~1156.

【144】http://www. flsmidth. com/en-US/Industries/Categories/Products/Classification/Hydrocyclones/ Hydro cyclone + Accessories/CycloWash.

【145】Bradley, 1965. The Hydrocyclone, Pergamon, Oxford, 1965.

【146】Svarovsky, 1984. Hydrocyclones, Holt, Rinehart and Winston, 1984.

【147】Kelsall, 1952. A study of the motion of solid particles in a hydraulic cyclone, Trans. Inst. Chem. Eng. 1952(30): 87~108.

【148】Reid, 1971. Derivation of an equation for classifier performance curves. Canadian Metallurgical Quarterly, 10 (3): 253~254.

【149】Plitt, 1971. The analysis of solid-solid separations in classifiers. CIM Bulletin 64 (708): 42~47.

【150】Kawatra, Bakshi, 1996. On-line measurement of viscosity and determination of flow types for mineral suspensions. Int. J. Miner. Process. 47: 275~283.

【151】Finch, 1983. Modelling a Fish-hook in Hydrocyclone Selectivity Curves. Powder Technology, 36.

【152】Flintoff, Plitt, Turak, 1987. Cyclone Modelling: A Review of Present Technology. CIM Bulletin, 39~50.

【153】Kelsall, Holmes, 1960. Proc. int. Min. Proc Cong., Inst. Min. Metall., London, 1960: 159.

【154】Luckie, Austin, 1975. Ann. AIME Meet., Am. Inst. Mm. Eng., Denver, 1975.

【155】Rouse, Clayton and Brookes, 1987. 3rd Int. Conf Hydrocyclones, BHRA, Cranfield, Sept. 1987.

【156】Stairmand, 1951. The Design and Performance of Cyclone Separators. Trans. Inst. Chem.

Eng. , Vol. 29, 356.

【157】 Tarr, 1976. IADC Conference on Hydrocyclones, Dallas, May, 1976.

【158】 Multotec Process Equipment, 2002. Hydro cyclone with elongate inlet. US 20020112998 A1.

【159】 Turner, et al, 2001. Best hydrocyclone operating practices for Sag mill circuits. SAG Conference, 2001: Ⅲ408~421.

【160】 Arterburn, 1999. The sizing and selection of hydrocyclones. Krebbs Engineering, Menlo Park, CA, 1999.

【161】 Heiskanen, 2000. Experimental hydrocyclone roping models. Chemical Engineering Journal. 80 (2000) : 289~293.

【162】 Concha, et al, 1996. Air core and roping in hydrocyclones. Int. J. Miner. Process. 1996(44~ 45) : 743~749.

【163】 Olson, Turner. Hydrocyclone selection for plant design.

【164】 Braun, Bohnet, 1990. Influence of feed solids concentration on the performance of hydrocyclones. Chem. Eng. Technol. 13: 15~20.

【165】 Water, 2012. The influence of slurry viscosity on hydrocyclone performance. Master Thesis, University of Cape Town.

【166】 Abbott, 1967. The use of Bretby hydrocyclones for the thickening and recovery of fines. Coal Prep. , March/April.

【167】 Plitt, Flintoff, Stuffco, 1987. Roping in hydrocyclones, in: P. Wood (Ed.) , Proceedings of the 3rd International Conference on Hydrocyclones, Oxford, BHRA, Elsevier, Amsterdam, 1987: 21~34.

【168】 Shen, 1989. Design and analysis of magnetic hydrocyclones. Master degree thesis, Mcgill Univeristy.

【169】 Premaratne, Rowson, 2003. Development of a magnetic hydrocyclone separation for the recovery of titanium from beach sands. Physical Separation in Science and Engineering, 2003, 12 (4) : 215~222.

【170】 Frleker, 1985. Magnetic Hydrocyclone Separator, Trans. Instn min. metall (Sect. C) , 94, (September 1985) .

【171】 Watson, 1983. Cycloning in Magnetic Fields. AIME/SME Preprlnt 83-335. Presented at the SME-AIME Fall Meeting and Exhiblt, Salt Lake City, Utah, October: 19~21.

【172】 Mainza, Powell, Knopjes, 2004. A comparison of different cyclones in addressing challenges in the classification of the dual density UG2 platinum ore. International Platinum Conference ' Platinum Adding Value' , . The South African Institute of Mining and Metallurgy, 2004.

【173】 Chine, Concha, Meneses, 2014. A 2 model of the flow in hydrocyclones. COMSOL conference 2014 Cambridge.

【174】 Obeng, Morrell, 2003. The JK three-product cyclone—performance and potential applications. Int. J. Miner. Process. 2003(69) : 129~142.

【175】 http: //www. concordeng. com. au/products/process-equipment/densifiers/.

【176】 Ibrahim, Ahmed, Farghaly, 2007. Performance of three-product hydrocyclone: distribution of the feed solids content in the product streams. Journal of Engineering Sciences, Assiut University, March 2007, 35(2): 527~544.

【177】 Bretney E. Water Purifier. U. S. patent No. 453, 105, May 26, 1891.

【178】 Bergström, 2006. Flow field and fibre fractionation studies in hydrocyclones. Doctoral Thesis, KTH, Stockholm.

【179】 Kemper, et al, 2006. Method for fractionating an aqueous paper fibre suspension and hydrocyclone for carrying out said method. Patent application WO2006032427.

【180】 Chu, et al. , 2004. Enhancement of hydrocyclone separation performance by eliminating the air core. Chemical Engineering and Processing 2004(43): 1441~1448.

【181】 Tue Nenu, Yoshida, 2009. Comparison of separation performance between single and two inlets hydrocyclones. Advanced Powder Technology 2009(20): 195~202.

【182】 Weir website. https: //www. global. weir/products/hydrocyclones.

【183】 Jocobs, Korte, 2013. The three-product cyclone: adding value to South African coal processing. J. S. Afr. Inst. Min. Metall. Vol. 113 n. 11 Johannesburg Nov. 2013.

【184】 Tue Nenu, et al, 2009. Separation performance of sub-micron silica particles by electrical hydrocyclone, Powder Technology 2009(196): 147~155.

【185】 https: //www. petradiamonds. com/wp-content/uploads/Cullinan-Plant-Presentation-27-July-2015- FINAL. pdf.

【186】 https: //www. lucaradiamond. com/mine-operations-and-exploration/karowe-mine-summary.

【187】 http: //ww1. global3digital. com/gem/dlibrary/documents/GD-Ghaghoo-Mine-Presentation. pdf.

【188】 http: //www. shoregold. com/_ resources/Reports/shore_ technical_ report_ 20110826. pdf.

【189】 Morrell, Morrison, 1996. AG and SAG mill circuit selection and design by simulation. SAG conference 1996: 769~790.

【190】 Powell, Vallery, 2006. Slurry pooling and transport issues in SAG mills. SAG conference 2006: I 133~152.

【191】 Mainza, et al, 2006. A review of SAG circuits closed with hydrocyclones. SAG conference, 2006.

【192】 Machnitosh, 2002. Design of a Modern Milling Facility for RoM Milling of Witswatersrand Ore. Mine Metallurgical Manager's Association of South Africa.

【193】 Powell, 2002. South African progress on closing the design gap between High-and Low-aspect SAG mills. Proceedings 34th annual meeting of the Canadian Mineral Processors, Jan. 22-24, Ed J Nesset, published CIM, Canada. 189~204.

【194】 Mainza, Powell, Morrison, 2006. A review of SAG circuits closed with hydrocyclones. SAG Conference 2006.

【195】 Powell, et al, 2011. LKAB autogenous milling of magnetite. SAG Conference, 2011.

【196】 Condori, et al, 2011. From Open Cast to Block Cave and the effect on the autogenous milling circuit at palabora mining copper. SAG Conference 2011.

【197】 Tian, et al, 2015. Operation and optimisation of the Sino Iron's AG milling circuit. SAG Conference, 2015.

【198】 Morrell, Kojovic 1996. The influence of slurry transport on the power draw of autogenous and semi-autogenous mills. SAG Conference 1996.

【199】http://orway. com. au/wp-content/uploads/2015/10/Optimisation-Kambalda. pdf.

【200】Larsen, Cooper, Trusiak, 2001. Design and Operation of Brunswick's AG/SAG Circuit. SAG conference 2001. Mining and Mineral Process Engineering, University of British Columbia, Vancouver, B. C. , Canada.

【201】Jalery, et al, 2015. Diagnosis of process health, its treatment and improvement to maximise plant throughput at Goldfields Cerro Corona, SAG conference Vancouver 2015.

【202】Morrell, et al. 1996. Modelling and simulation of large diameter autogeneous and semi-autogeneous mills. Int. J. Mineral. Process. 1996, 44~45: 289~300.

【203】Karageorgos, et al. 1996. Copper concentrator autogenous grinding practices at Mount Isa mines limited. SAG Conference 1996: 145~163.

【204】McIvor, Weldum, 2004. Fully Autogenous Grinding from Primary Crushing to 20 Microns. 147-152. Improving and Optimizing Operations: Things That Actually Work! Plant Operators' Forum 2004. Edited by Edward C. Dowling Jr. and John I. Marsden Published by the Society for Mining, Metallurgy, and Exploration, Inc. 8307 Shaffer Parkway Littleton, CO 8012.

【205】Powell, et al. 2015. Common operational issues on SAG mill circuit. SAG conference, Vancouver, 2015.

【206】Moys, 1993. A model of mill power as affected by mill speed, load volume, and liner design. J. S. Afr. fnst. Min. Metall. , Vol. 93, no. 6. Jun. 1993: 135~141.

【207】Forssberg, Schonert, 1996. "Comminution 1994", Proceedings of the 8th European Conference on Comminution.

【208】Lane, 2007. Some observations regarding SAG milling, Ninth Mill Operators' Conference, Fremantle, WA. 9~13.

【209】Kojovic, et al, 2011. Upgrading the JK SAG mill model. SAG conference 2011.

【210】Powell, Morrell, Latchireddi, 2001. Developments in the understanding of South African style SAG mills. Minerals Engineering 14, 1143~1153.

【211】Valery Jnr, Morrell, 1995. The development of dynamic model for autogenous and semi-autogenous grinding. Minerals Engineering, 8(11): 1285~1297.

【212】Bakshi, Shoop, Kawatra, 1996. Effect of pulp rheology on autogenous grinding efficiency. SAG Conference 1996, Mining and Mineral Process Engineering, UBC Vancouver, B. C. Canada.

【213】van der Westhuizen, Powell 2006. Milling curves as a tool for characterising SAG mill performance. In: Mular, et al. , (Ed.), Proceedings of International Autogenous and Semiautogenous Grinding Technology 2006, September 24~27, I. CIM, 217~232.

【214】Hart, et al, 2001. Optimisation of the Cadia Hill SAG mill circuit. SAG Conference 2001.

【215】Tian, et al, 2015. Operation and Process Optimization of Sino Iron's AG Milling Circuits. SAG Conference 2015.

【216】Jankovic, Valery, Clarke, 2006. Design and implementation of an AVC grinding circuit at BHP Billiton Cannington. SAG conference 2006. Department of Mining Engineering University of British Columbia, Vancouver, B. C. , Canada.

【217】Metso HP 系列圆锥破碎机设备手册.

【218】Jacobson, Lamminmaki, 2013. Pilot study on the influence of the eccentric speed on cone crusher production and operation. SME annual meeting. Feb. 24-27, 2013, Denver, CO. Preprint 13-048.

【219】Powell, Perkins, Mainza, 2011. Grindcurves applied to a range of SAG and AG mills. Proceedings International autogenous and semiautogenous grinding technology 2011, Sep. 25-28, Ed. Flintoff et al, Published CIM.

【220】Veillette, Courchesne, 1989. Semi-autotenous grinding at Cambior's Yvan Vezina gold mill. SAG Conference 1989: 311~322.

【221】Thomas, 1989. SAG mills and Barrick Gold. SAG Conference 1989: 229~252.

【222】Knoght, Medina, Babcock, 1989. Comminution circuit comparison conventional vs. semi-autogenous. SAG Conference 1989: 217~228.

【223】Nice, Gray, 1989. Design and operation of the SAG circuit at Pancntinental's Paddington gold operation. SAG Conference 1989: 295~310.

【224】Meyer, 1989. SAG mill operating experience a the Hemlo, Ontario, Canada David Bell mine concentrator. SAG Conference 1989: 333~346.

【225】Siddall, White, 1989. The growth of SAG milling in Australia. SAG Conference 1989: 169~189.

【226】Burger, et al, 2006. Batu Hijau-seven years of operation and continuous improvement. SAG Conference 2006: Ⅰ 120~132.

【227】Vanderbeek, 1996. Grinding circuit evolution at Chino mines company. SAG Conference 1996: 25~40.

【228】Mainza, Powell, Morrison, 2006. A review of SAG circuits closed with hydrocyclones. SAG Conference 2006: Ⅱ 326~341.

【229】Powell, et al, 2006. The value of rigorous surveys-the Los Bronces experience. SAG Conference 2006: Ⅰ 233~248.

【230】Sherman, 2001. Optimization of the Alumbrera SAG mills. SAG Conference 2001: Ⅰ 60~75.

【231】Loveday, et al, 2006. An investigation of rock abrasion and breakage in a pilot-scale AG/SAG mill. SAG Conference 2006: Ⅲ 379~386.

【232】LaMarsh, 2015. Grinding optimisation of the new Afton concentrator. SAG Conference 2015.

【233】Murr, Wennen, 1996. Update-NSPC's SAG circuit. SAG Conference 1996: 1213~1227.

【234】Morrell, Morrison, 1989. Ore charge, ball load and material flow effects on an energy based SAG mill model. SAG Conference 1989: 697~712.

【235】Nelson, Valery Jr, Morrell, 1996. Performance characterisatics and optimisation of the Fimiston (KCGM) SAG mill circuit. SAG Conference 1996: 233~248.

【236】Solomon, Tshimanga, Mainza, 2015. Improving plant performance by optimizing selected design and operating variables for the RoM ball mill-A SAG/ball hybrid type mill. SAG Conference 2015.

【237】Mcghee, et al, 2001. SAG feed pre-crushing at ASARCO's Ray concentrator: development, implementation and evaluation. SAG Conference 2001: I 234~247.

〖238〗Atasoy, et al, 2001. Primary versus secondary crushing at St. Ives (WMC) SAG mill circuit. SAG Conference 2001: I 248~261.

〖239〗Morrell, Valery, 2001. Influence of feed size on AG/SAG mill performance. SAG Conference 2001: I 204~214.

〖240〗Hart, et al, 2001. Optimisation of the Cadia Hill SAG mill circuit. SAG Conference 2001: I 11~30.

〖241〗Mwehonge, 2006. Crushing practice impact on SAG milling: addition of secondary crushing circuit at Geita gold mine. SAG Conference 2006: II 356~371.

〖242〗Rybinski, et al, 2011. Optimisation and continuous improvement of Antamina comminution circuit. SAG Conference 2011.

〖243〗Mainza, et al, 2001. Improved SAG mill circuit performance due to partial crushing of the feed at Tarkwa gold mine. SAG Conference 2015.

〖244〗Westendorf, Rose and Meadows, 2015. Increasing SAG mill capacity at the Copper Mountain mine through the addition of a pre-crushing circuit. SAG Conference 2015.

〖245〗LaMarsh, 2015. Grindign optionsaiton of the New Afton concentrator. SAG Conference 2015.

〖246〗Villouta, 2001. Collahuasi: after two years of operation. SAG Conference 2001: I 31~42.

〖247〗Kendrick, Marsden, 2001. Candelaria post expansion evolution of SAG mill liner design and milling performance, 1998-2001. SAG Conference 2001: III 270~287.

〖248〗Delboni, 2006. Optimisation of the Sossego SAG mill. SAG Conference 2006: I 39~50.

〖249〗Bird, et al, 2001. Eveoution of SAG mill shell liner design at Kennecott Utah copper' s Copperton concentrator. SAG Conference 2001: III 256~269.

〖250〗Maleki-Moghaddam, Yahyaei, Banisi, 2011. Converting AG to SAG mills: the Gole-E-Gohar iron ore company case. SAG Conference 2011.

〖251〗Lawson, et al, 2001. Evolution and optimisation of the copper concentrator autogenous grinding practices at Mount Isa mines limited. SAG Conference 2001: I 302~313.

〖252〗Dance, et al, 2011. Conversion of the Barrick Granny Smith grinding circuit to single stage SAG milling. SAG Conference 2011.

〖253〗Bepswa, et al, 2015. Insights into different operating philosophies-influences of a variable ore body on comminution circuit design and operation. SAG Conference 2015.

〖254〗Smith, 1989. Increasing mill throughput at Similco. SAG Conference 1989: 323~332.

〖255〗Lisso, et al, 2015. The influence of speed on a pilot SAG mill with a high ball load. SAG Conference 2015.

〖256〗Mcghee, et al, 2001. SAG feed pre-crushing at ASARCO' s Ray concentrator: development, implementation and evaluation. SAG Conference 2001: I 234~247.

〖257〗Westhuizen, Powell, 2006. Milling curves as tool for characterising SAG mill performance. SAG Conference 2006: I 127~132.

〖258〗Machado, et al, 2011. SAG mill operations in Sossego mine. SAG Conference 2011.

〖259〗Powell, et al, 2015. Full pre-crush to SAG mills-the case for changing this practice. SAG Conference 2015.

【260】 Villanueva, 2001. Los Pelambres cocnentrator operative experience. SAG Conference 2001: Ⅳ 380~398.

【261】 Mendonca, et al, 2015. Sossego SAG mill-10 years of operation and optimzaitons. SAG Conference 2015.

【262】 Engelhardt, et al, 2015. The Cadia HPGR_SAG circuit-ffrom design to operation-the commissioning challenge. SAG Conference 2015.

【263】 Kirigin, 2015. Grate design consideration-Bonikro gold mine SAG mill, Ivory coast. SAG Conference 2015.

【264】 Burger, et al, 2011. Yanacocha gold single stage SAG mill design, operation, and optimization. SAG Conference 2011.

【265】 Morrell, 2009. Predicting the overall specific energy requirement of crushing, high pressure grinding roll and tumbling mill circuits. Mineral Engineering, Vol. 22: 544~549.

【266】 Barratt, Allan, 1986. Testing for autogenous and semiautogenous grinding: a designer's point of view. Minerals and Metallurgical Process, 65~74.

【267】 Silva, Casali, 2015. Modelling SAG milling power and specific energy consumption including the feed percentage of intermediate size particles. Minerals Engineering 2015(70): 156-161.

【268】 Scinto, Festa, Putland, 2015. OMC power-based comminution calculations for design, modelling and circuit optimization. 47th Annual Candian Mineral Processors Operators Conference, Ottawa, Ontario, 2015, January 20-22.

【269】 Morrell, 1996. Power draw of wet tumbling mills and its relationship to charge dynamics—Part 1: a continuum approach to modelling of mill power draw. Transactions of the Institute of Mining and Metallurgy, 105: C43~C53.

【270】 MacPherson, Turner, 1980. Mineral Processing Plant Design. In A. I. Mular, R. B. Bhappu, A. Mular, R. Bhappu (Eds.), Mineral Processing Plant Design. Nova Iorque: SME-AIME, 279~305.

【271】 Rose, Sullivan, 1957. Ball, Tube and Rod Mills, Constable, London, 1957.

【272】 Bond, 1961. British Chemical Eng. 1961(6): 378, 543.

【273】 Rowland, 2002. Selection of rod mills, ball mills and regrind mills. Page 710 in Mineral Processing Plant Design, Practice and Control. Edited by A. L. Mular, D. N. Halbe, and D. J. Barratt. Littleton, CO: SME.

【274】 Rowlands, Kjos, 1980. Rod and ball mills in Mular AL and Bhappu R B Editors Mineral Processing Plant Design 2nd edition. SME Littleton CO, 1980, Chapter 12: 239.

【275】 Austin, Concha, 1994. Diseño y Simulación de Circuitos de Molienda y Clasificación (Vol. 1). Santiago: Universidad Técnica Federico Santa María Ediciones.

【276】 Doering International, Retrieved: December 10, 2003, from http://www. cylpebs. com/mahlkoerper/fragebogen/critspeed. htm.

【277】 Morgardshammar handbook.

【278】 www. osisoft. com.

【279】 Verret, Chiasson, McKen, 2011. SAG mill testing-an overview of the test proc3dures available to characterize ore grindability. SAG Conference, 2011: 159.

【280】 www. smctesting. com/documents/about_ smc_ test. pdf.

【281】 Doll. Calculating DWi from a drop weight test result. From website www. sagmilling. com.

【282】 Morrell, 2011. Mapping orebody hardness variability for AG/SAG/crushing and HPGR circuits. SAG Conference 2011.

【283】 https://www. 911metallurgist. com/blog/bond-impact-crushing-work-index-procedure-and-table-of- crushability.

【284】 Mcken, Chiasson, 2001. Small-scale continuous SAG testing using the MacPherson autogenous grindability test. SGS technical paper 2001-46. www. sgsgroup. de.

【285】 https://www. industrysearch. com. au/jk-rotary-breakage-tester/p/71442.

【286】 Putland, 2006. Comminution circuit selection-key drivers and circuit limitations. SAG Conference, 2006: Ⅱ 342~355.

参 考 文 献

［1］ABB. Drives systems for grinding Solutions for all applications.

［2］Ahrens, Gonser. Technical and commercial benefits of gearless mill drives for grinding applications. SME Annual Meeting ［C］. Borenv Net, 2007, 7(2) : 204~252.

［3］Alkac. Modeling flow in pulp lifter channels of grinding mills with computational fluid dynamics ［R］. The University of Utah, 2011.

［4］Asomah. Improved models of hydrocyclones ［D］. University of Queensland, JKMRC, Australia, 1996.

［5］Asomah. Improved models of hydrocyclones ［R］. JKMRC, University of Queensland, 1996.

［6］Bakshi, Shoop, Kawatra. Changes in autogenous grinding performance due to variation in slurry rheology ［C］. Proc. of Autogenous and Semi-autogenous Grinding Technology, University of British Columbia, Vancouver, 1996, 1: 361~372.

［7］Castro. An investigation of pulp rheology effects and their application to the dimensionless type hydrocyclone models ［R］. JKMRC, 1990.

［8］Commons-Fidge. Grinding mill conceptual design developments ［D］. University of Southern Queensland, 2010.

［9］Danecki, Kress. Grinding mill gear drives for the future ［C］. IEEE Technical Conference, San Juan, Puerto Rico, 1995.

［10］de Paiva Bueno. Development of a multi-component model structure for autogenous and semi-autogenous Mills ［D］. The University of Queensland, 2013.

［11］Finch. Modelling a fish-hook in hydrocyclone selectivity curves ［J］. Powder Technology, 1983: 36.

［12］Flintoff, Plitt, Turak. Cyclone modelling: a review of present technology ［J］. CIM Bulletin, 1987: 39~50.

［13］Herbst, Pate. Dynamic simulation of size reduction operations from mine to mill ［J］. Australasian Institute of Mining and Metallurgy Publication Series, 1998, 43(4) : 243~248.

［14］Kawatra. Advances in comminution ［J］. Society for Mining Metallurgy, 2006.

［15］Kawatra, Bakshi, Rusesky. Effect of viscosity on the cutsize of hydrocyclone classifiers ［J］. Minerals Engineering, 1996, 9(8) : 881~891.

［16］Kawatra, Bakshi, Rusesky. The effect of slurry viscosity on hydrocyclone classification ［J］. International Journal of Mineral Processing, 1996, 48: 39~50.

［17］Koivistoinen, Levanaho. The role of critical-sized material in AG and SAG grinding ［C］. SAG Conference 2006: II 246-257.

［18］Latchireddi, Morrel. Slurry flow in mills: grate-pulp lifter discharge systems (Part 2) ［J］. Minerals Engineering, 2003, 16: 635~642.

［19］Leung. An energy-based ore specific model for autogenous and semi-autogenous grinding ［D］.

University of Queensland, JKMRC, Australia, 1987.

[20] Lynch, Rao. Modeling and scale-up of hydrocyclone classifiers [C]. 11th International Mineral Processing Congress, Cagliari, Italy, 1975: 245~269.

[21] Lynch Rowland. The history of grinding [R]. Society for Mining, Metallurgy, and Exploration, Inc. Colorado, 2005.

[22] Maerz. Automated online optical sizing analysis [C]. SAG Conference, 2001: II 251~269.

[23] Mitchell. Improved relationships for discharge in SAG/AG mills [D]. The University of Queensland, 2015.

[24] Morgan, et al. Advanced technology variable speed mill drives with hyper synchronous capability [C]. SAG Conference 2001: II 142~156.

[25] Morrell, Kojovic. The influence of slurry transport on the power draw of autogenous and semi-autogenous mills [C]. The International Conference on Autogenous and Semi-autogenous Grinding Technology, Vancouver, BC, Canada, 1996: 48~57.

[26] Morrell, Latchireddi. The operation and interaction of grates and pulp lifters in autogenous and semi-autogenous mills [C]. the Seventh Mill Operators' Conference, AusIMM, Kalgoorlie, Australia, 2000: 13~20.

[27] Morrell, Latchireddi. The operation interaction of grates and pulp lifters in autogenous and semi-autogenous mills [C]. The Seventh Mill Operators' Conference, AusIMM, Kalgoorie, Australia, 2000.

[28] Morrell, Morrison. AG and SAG mill circuit selection and design by simulation [C]. Vancouver, Canada, 1996.

[29] Morrell, Stephenson. Slurry discharge capacity of autogenous and semi-autogenous mills and the effect of grate design [J]. International Journal of Mineral Processing, 1996, 46: 53 ~72.

[30] Nageswararao. Further developments in the modelling and scale up of industrial hydrocyclones [R]. University of Queensland, 1978 .

[31] Nageswararao. A generalised model for hydrocyelone classifiers [C]. AusIMM Proc, 1995, 300 (2): 21.

[32] Nageswararao. A critical analysis of the fish hook effect in hydrocyclone classifiers [J]. Chemical Engineering Journal, 2000, 80: 251~256.

[33] Nageswararao. Flow split and water split in industrial hydrocyclones [C]. American Filtration and Separation Society, 2001.

[34] Napier-Munn, Morrell, Morrison, et al. Mineral comminution circuits-their operation and optimisation Centre [R]. University of Queensland, 1996.

[35] Narasimha, Brennan, Mainza, et al. Towards improved hydrocyclone models-contributions from computational fluid dynamics [C]. XXV International Mineral Processing Congress, Brisbane, Australia, 2010.

[36] Narasimha, Sripriya, Banerjee. CFD modelling of hydrocyclone-prediction of cut size [J]. Inter-

national Journal of Mineral Processing, 2004, 75(1~2) : 53~68.

[37] Plitt, Kawatra. Estimating the cut (d_{50}) size of classifiers without product particle-size measurement [J]. International Journal of Mineral Processing, 1979, 5: 364~378.

[38] Plitt. A mathematical modeling of the hydrocyclone classifier [J]. CIM Bulletin 69, 776, 1976: 114~123.

[39] Plitt, Finch, Flintoff. Modeling the hydrocyclone classifier [C]. Proceedings of the European Symposium on Particle Technology, Amsterdam, 1980: 790~804.

[40] Powell, et al. The selection and design of mill liners [C]. SME Annual Conference-Advances in Comminution, Colorado, USA, 2006: 331~376.

[41] Proceedings of the International Conference on Autogenous and Semi-autogenous Grinding Technology, SAG1989, Vancouver, BC.

[42] Proceedings of the International Conference on Autogenous and Semi-autogenous Grinding Technology, SAG1996, Vancouver, BC.

[43] Proceedings of the International Conference on Autogenous and Semi-autogenous Grinding Technology, SAG2001, Vancouver, BC.

[44] Proceedings of the International Conference on Autogenous and Semi-autogenous Grinding Technology, SAG2006, Vancouver, BC.

[45] Proceedings of the International Conference on Autogenous and Semi-autogenous Grinding Technology, SAG2011, Vancouver, BC.

[46] Proceedings of the International Conference on Autogenous and Semi-autogenous Grinding Technology, SAG2015, Vancouver, BC.

[47] Putland. An overview of single stage autogenous and semiautogenous grinding mills [C]. IIR Crushing and Grinding Conference, Perth, Australia, 2005.

[48] Roper, Manueco, Bradley. Application of the hyper SER drive to SAG mills [C]. SAG Conference 2006: Ⅱ 85~96.

[49] Rosario. Comminution circuit design and simulation for the development of a novel high pressure grinding roll circuit [D]. The University of British Columbia, 2010.

[50] Royston. Practical experience in the design and operation of semi-autogenous grinding (SAG) mill liners [C]. Proceedings of the Ninth Mill Operators' Conference, Fremantle, 2007: 147~154.

[51] Royston, Denlay. Design and performance of curved SAG mill pulp lifters [C]. Proceedings of the SME Annual Meeting, 1999, 52: 1~3.

[52] Royston. Curved pulp lifters for AG and SAG mills-current experience [C]. Proceedings of the SME Annual Meeting, Salt Lake City, Utah, 2000, 14: 1~3.

[53] Royston. SAG mill pulp lifter design, discharge and backflow [C]. Proceedings of the SME Annual Meeting, Salt Lake City, Utah, 2005, 49: 1~6.

[54] Thomas. Development of SAG mil motor drives [C]. SAG Conference 1989: 621~638.

[55] Tischler, Kennedy. Availability and reliability of Siemens' gearless drives [C]. SAG Conference, 2011.

[56] Valey Jr, Morrell. The development of a dynamic model for autogenous and semi-autogenous grinding [J]. Minerals Engineering, 1995, 8(11): 1285~1297.

[57] van de Vijfeijken. Mills and GMDs [C]. 30 International Mining, 2010: 30~31.

[58] Van Heerden. Development of autogenous milling at palabora [C]. Proceedings SAG 1996, Vancouver, Canada, 1996.

[59] Wills. Mineral Processing Technology-An Introduction to the Practical Aspects of Ore Treatment and Mineral Recovery [M]. 8 版. Butterworth-Heinemann, 2015.